SketchUp 2014 建筑设计案例教程

郭惠 主编

人民邮电出版社

北京

图书在版编目（CIP）数据

SketchUp 2014建筑设计案例教程 / 郭惠主编. -- 北京 : 人民邮电出版社, 2016.3 (2021.12重印)
ISBN 978-7-115-40424-4

Ⅰ. ①S… Ⅱ. ①郭… Ⅲ. ①建筑设计－计算机辅助设计－应用软件－教材 Ⅳ. ①TU201.4

中国版本图书馆CIP数据核字(2015)第236523号

内 容 提 要

本书是一本全面介绍中文版 SketchUp 2014 基本功能及实际应用的书，完全针对零基础读者编写，是入门级读者快速全面掌握 SketchUp 的必备图书。

本书从 SketchUp 2014 的基本操作入手，结合大量的可操作性的实用案例，全面深入地阐述了 SketchUp 的软件入门、基础工具、材质与贴图以及建模和动画等方面的技术。在本书的最后，通过四个大型的场景建设案例向读者展示了建筑方案设计、城市规划设计、园林景观设计和室内设计等实例的思路和方法。

本书非常适合作为 SketchUp 软件入门参考书，尤其是零基础读者。本书所有内容均采用中文版 SketchUp 2014 进行编写。

◆ 主　　编　郭　惠
　责任编辑　邹文波
　责任印制　沈　蓉　彭志环

◆ 人民邮电出版社出版发行　　北京市丰台区成寿寺路 11 号
　邮编　100164　　电子邮件　315@ptpress.com.cn
　网址　http://www.ptpress.com.cn
　北京天宇星印刷厂印刷

◆ 开本：787×1092　1/16
　印张：20　　　　　　　2016 年 3 月第 1 版
　字数：410 千字　　　　2021 年 12月北京第 6次印刷

定价：49.80 元（附光盘）

读者服务热线：(010)81055256　印装质量热线：(010)81055316
反盗版热线：(010)81055315

前　言

SketchUp 是一款深受广大建筑设计师、景观设计师、室内设计师、城市规划师等专业人士喜爱的软件。当前高校逐渐将 SketchUp 当作重要的专业课程开设。为了能够帮助高校的教师及学生熟练掌握本软件，特编著此书。

本书主要讲解了 SketchUp 的基础工具及高级工具的应用，并在此基础上通过课堂练习、技术看板、课后习题三个板块强化基础知识。本书结合大量实际工程案例，强调软件的实用性，强化学生的动手能力。

本书分为 10 章，各章主要包括以下内容。

第 1 章初识 SketchUp：介绍 SketchUp 的诞生及发展，以及 SketchUp 软件所适用的行业领域和软件自身的特点，同时讲述软件的安装与卸载。

第 2 章 SketchUp 基础入门：介绍 SketchUp 操作界面设置方法、视图的设置、图层管理器的应用及阴影和雾效的设置方法，通过对基础界面的认识，初步熟悉 SketchUp 软件。

第 3 章 SketchUp 基础工具：介绍在建模过程中绘图和编辑的常用工具、基础工具以及简单模型的创建方法。

第 4 章材质与贴图的设置：介绍材质和贴图工具的应用以及各种不同的贴图方法。

第 5 章 SketchUp 高级建模技巧：介绍高级工具群组与组件的使用方法，以及几种模型交错的方法、剖面工具的高级技法。

第 6 章文件的导入与导出：介绍 SketchUp 与 AutoCAD、3ds Max 等相关图形处理软件的数据共享，AutoCAD 文件的导入与导出、二维图像的导入与导出、三维模型的导入与导出。

第 7 章商务会所模型创建：介绍商务会所的建筑特点及案例分析，以及在 SketchUp 中创建商务会所的详细步骤，包括将 CAD 图形导入 SketchUp 中精细建模。

第 8 章住宅小区规划：介绍概念规划及 SketchUp 辅助应用，小区规划的基本思路，以及通过导入图片在 SketchUp 中直接创建模型的技巧。

第 9 章别墅庭院景观：介绍用 SketchUp 创建别墅庭院景观的基本流程，以及营造景观场景的手法。

第 10 章地中海风格客厅及餐厅设计：介绍地中海风格装修的概述，以及用 SketchUp 创建地中海风格的室内设计方法。

本书提供了完整的知识框架体系，便于读者对知识、技巧从整体到细节的全面掌握。本书最大的特点就是在深入讲解工具的基础之上，强化练习，从第 1 章开始直至第 10 章都有针对性地结合实际案例，在课堂练习和课后习题的学习中强化软件的实践应用能力。本书最具特色的是引入“技术看板”这一环节，深化了各个工具的性能，克服了同类型教材中对工具讲解浅显这一普遍问题。

初学 SketchUp 软件的读者可以很快地掌握工具的使用及基本作图流程，同时可以适时地深入理解工具的功能，掌握各工具的精髓，很快成为设计师行业的“高手”。本书配套光盘中有编者录制的视频教学录像以及所有案例的源文件。

书中提示一方面来自作者多年工作经验的总结，还有部分是根据本书初稿完成后，参与内部测试的读者的反馈进行的专门设计。这些提示有助于开拓读者的思路，将某一知识、技巧扩展应用，做到举一反三、触类旁通。

编者

2016 年 1 月

目　录

第 1 章

初识 SketchUp

本章介绍

SketchUp 是一款简单易上手、建模过程直观、拥有简单友好操作界面的 3D 建模软件，适合建筑师、城市规划师、景观设计师、室内设计师、制片人、游戏开发者，以及相关专业人员使用。

学习目标

- SketchUp 的诞生和发展
- SketchUp 的下载和安装
- SketchUp 的卸载

技能目标

- 规划、建筑设计中的应用
- 园林景观、室内设计中的应用
- SketchUp 的特点

1.1 SketchUp的诞生和发展

3D Warehouse 模型库是 SketchUp 最具亮点的地方。用户可以使用 Google 账户在该网站（http://skecthup.google.com/3dwarehouse/）上传制作好的模型，也可以浏览和下载其他用户上传的模型和组件。

@Last Software 公司开发了最初的 SketchUp。该公司成立于 1999 年，位于科罗拉多州博尔德市。SketchUp 作为通用性的三维建模软件，在 2000 年首次商业销售展览上便获得了最佳精品奖。SketchUp 先后经历了 5 个版本，软件的功能也日趋强大。

2006 年 3 月 14 日，@Last Software 公司为 Google Earth 开发的插件吸引了 Google，而后 Google 收购了该公司。该事件之后，用户便可以使用 SketchUp 创建 3D 模型并放入 Google Earth 中，也使得 Google Earth 呈现的地图更加立体、接近现实。

SketchUp 6 在 2007 年 1 月 9 日正式发行，并且配套推出了包含二维矢量和页面布局工具，使用户无须借助第三方软件便可轻松创建演示文档的 Google SketchUp LayOut。

SketchUp 7 在 2008 年 11 月 17 日正式发行，该版本添加了 3D Warehouse 搜索、浏览器组件，同时对一些自动断开交接线等功能进行改进，增加了一些功能，更加完善了 LayOut 2。

SketchUp 8.0 于 2010 年 9 月 1 日在 Google 3d basecamp 中发布。在该版本中，用户不必在使用 SketchUp 的时候打开 Google Earth，因为该版本中增加了大量来自 Google Map APL 获得的带颜色的地形信息。用户也可以查找其他用户上传的 3D 模型，只需在 3D Warehouse 中搜索地理空间信息。此外，还增加了新的布尔运算工具。

1.2 SketchUp 的应用领域

对于 SketchUp，即便是不熟悉计算机的设计师也可以很快掌握该软件，因为该软件拥有简单易学且强大的建模工具。Sketch 是一个专业的草图绘制软件。通过该软件，设计师可以很直接、很方便地与委托方进行交流。该软件融合了铅笔画的优美与自然笔触，可以迅速地创建、显示和编辑三维模型。

SketchUp 是一款不只面向渲染成品或施工图的设计工具，更是一款直接面向设计方案创作过程的软件。该软件可以充分表达设计师的思想，而且可以实现设计师和客户即时沟通的需要。同时，由该软件制作出的成品可以导入其他渲染软件中，制作出照片级的商业效果图。

SketchUp 可以满足专业的室内设计、建筑设计、城市规划设计、景观设计、平面设计、工业设计和效果图制作，以及 Google Earth 爱好者、自建住宅的业主等多个行业人员的使用要求，应用的领域十分广泛。

1.2.1 城市规划设计中的应用

处理城市及其邻近区域的工程建设、经济、社会、土地利用布局，及对未来发展预测的学科便是城市规划。城市规划是城市管理的龙头，是建设和管理的依据，处于规划、建设、运行三个阶段之首。它的对象偏重于城市物质形态的部分，涉及城市中产业的区域布局、建筑物的区域布局、道路及运输设施的设置、城市工程的安排，主要内容有空间规划、道路交通规划、绿化植被和水体规划等内容。

SketchUp 被广泛用于控制性详细规划、修建性详细规划，以及城市设计等规划内容中不是无迹可寻的。SketchUp 直观便捷的操作界面符合规划师的要求，无论是宏观的城市形态还是具体的详细规划，都可以使用 SketchUp 进行分析和表现。

图 1-1 所示为结合 SketchUp 设计的城市规划案例。

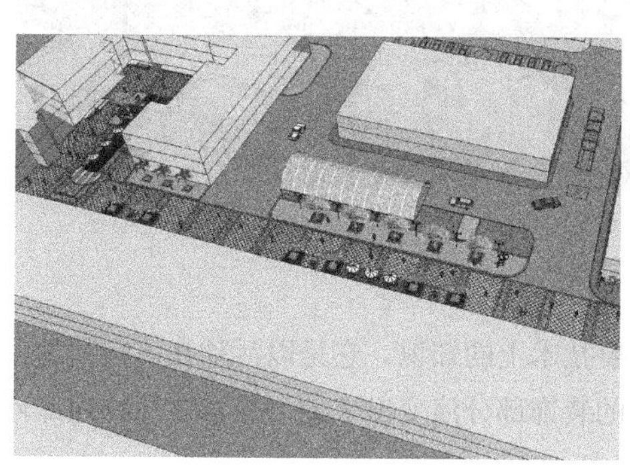

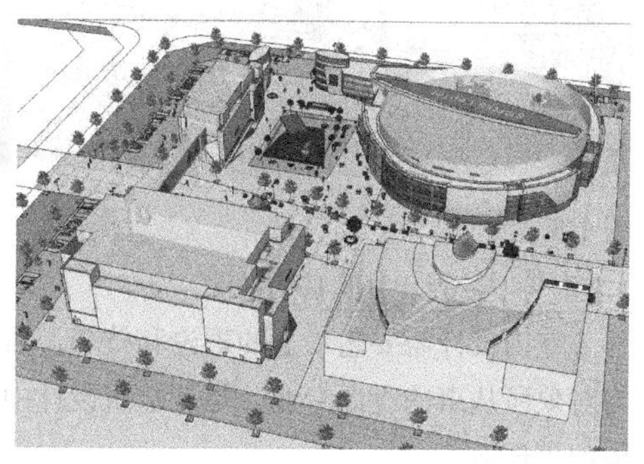

图 1-1

1.2.2 建筑方案设计中的应用

SketchUp 是一款专业性较强的设计软件，尤其在创意设计方面更有着强大的功能。在具体的建筑设计中，较大程度上减少了建筑师们的重复劳动，因而大大提高了工作效率。除此之外，它还可以帮助建筑师们实现快速修改方案的目的，使其与各方面的沟通以及审图等程序更加方便、直观。

SketchUp 在建筑设计中的应用可以分为初步构思阶段、细部设计阶段和方案对比阶段这 3 个阶段。每个阶段缺一不可。通过这 3 个阶段的制作，可以更准确地按照客户的要求制作出高质量的模型。

图 1-2 所示为在 SketchUp 中设计的建筑方案模型。

图 1-2

1.2.3 园林景观设计中的应用

SketchUp 软件类似手绘的效果，深受景观设计师的喜爱，而且这种效果非常适合表现景观设计场景。依托 Google 强大的 3D Warehouse 模型库，丰富的景观素材可以大大提高绘图效率，还可以启发设计的思路。

图 1-3 所示为园林景观设计案例。

图 1-3

1.2.4 室内设计中的应用

室内设计需要艺术上的理论和技巧，需要技术上的知识。它是以活动在该空间的人为对象所从事的设计专业，是从建筑设计中的装饰部分演变出来的，是对建筑物内部环境的再创造。

建筑的功能和业主的喜好决定着设计的风格。手绘的效果图虽然具有艺术表现力，但是其尺度不容易掌控，场景的真实性也不好表现。其他的建筑软件渲染出来的成品只能作为效果图使用。不同的是，SketchUp 既可以精确建模，让客户直观地体会室内空间效果，也可以结合渲染插件制作效果图。图 1-4 所示为室内设计的案例。

图 1-4

1.3 SketchUp 的特点

SketchUp之所以深受广大设计师的喜欢,正是因为其具有很多软件无法比拟的优点。本小节就来详解 SketchUp 软件的一些优点。

1.3.1 界面友好、工具图标可视化

SketchUp 软件的界面非常简洁、友好和直观。在软件内的所有操作都在同一视口中进行。工具栏中的工具都是图标可视化显示，可以很直观地表达工具的用途。用户还可以自定义工具栏中工具的显示与隐藏，以及调整工具的位置。

1.3.2 建模方法简单直观

不同于其他建模软件在建模时要频繁地切换视口，SketchUp 所有的操作均可在同一视口中完成。在 SketchUp 中，组成模型的三个最基本的元素是点、线、面。模型的绘制就是连点成线、连线成面、拉面成体，如图 1-5 所示。

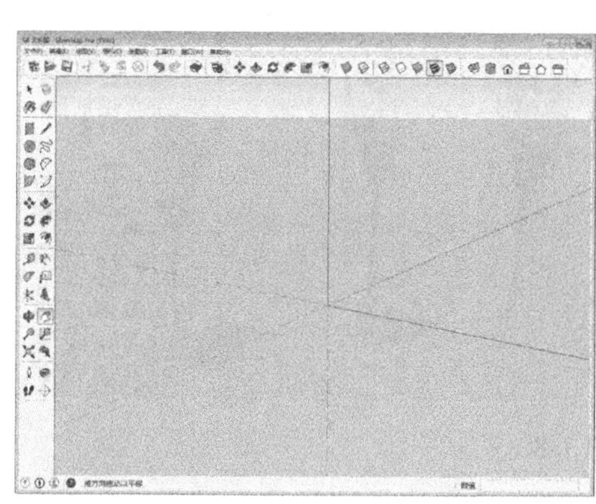

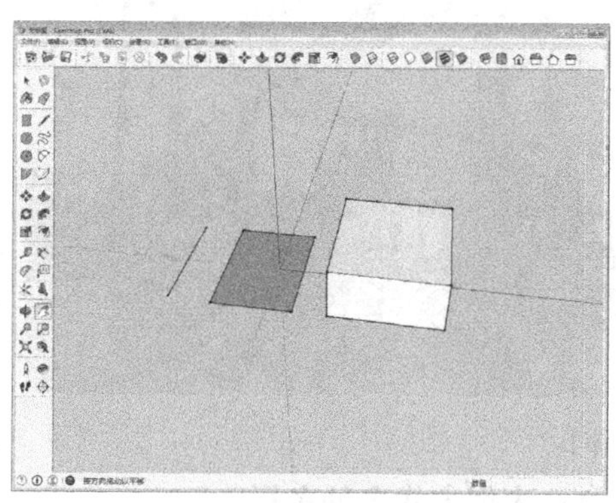

图 1-5

1.3.3 材质调整方式便捷

在 SketchUp 中，材质的调节也非常简单直观，不需要用户凭经验或者记住大量的材质参数对模型材质进行大概性的调节。该软件的材质调节面板可以即时显示材质调节的效果，如图 1-6 所示。

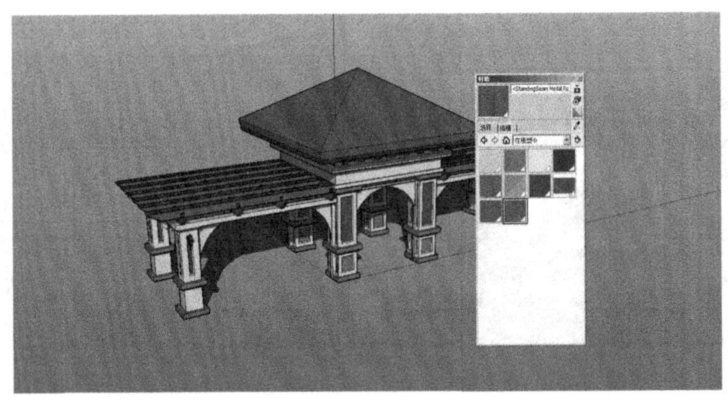

图 1-6

1.3.4 地理信息系统和光影分析功能

定义太阳方位和位置，可以通过在 SketchUp 中选择国家和城市来定义或者直接输入城市的经纬度。该软件中内置了全球大部分国家的地理位置信息。需要观察软件中物体的受影和投影情况时，可执行“窗口>阴影”命令，在弹出的“阴影设置”对话框中设置参数。使用该功能提高了模型的真实性，如图 1-7 所示。

1.3.5 智能的分组方式

在 SketchUp 中可以将模型建立成组件或者群组，如图 1-8 所示。建立群组，可以理清模型的条理，方便管理。而组件的应用可以提升建模和修改的效率。在同样的组件中，更改其中一个其他的便可以同步更新。另外，组件还具有面向相机、剖切开口等强大的功能。

图 1-7

图 1-8

1.3.6 表现方式多种多样

SketchUp 的表现风格偏向手绘效果，不需要后期的渲染便可直接导出效果图。SketchUp 还有多种模型显示模式，如线框模式、消隐线模式、着色模式、X 光透视模式等。这些模式是根据辅助设计侧重点不同而设置的，如图 1-9 所示。

1.3.7 良好的数据兼容性

SketchUp 可以通过数据交换与 AutoCAD、3ds Max 等相关的图形处理软件和建模软件共享数据成果，执行“文件>导出>三维模型”命令即可，如图 1-10 所示，用来弥补

SketchUp 软件在某些方面的不足。此外，SketchUp 在导出平面图、立面图和剖面图的同时，建立的模型还可以提供给渲染师用 Piranesi 或 Artlantisl 等专业图像处理软件渲染成效果图。

图 1-9

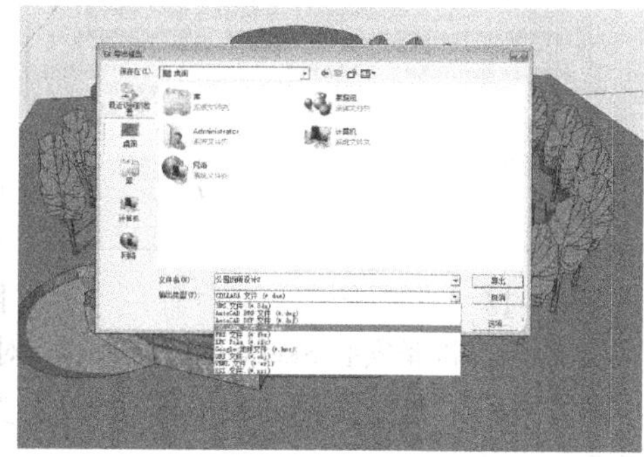

图 1-10

1.4 SketchUp 的安装与卸载

在使用 SketchUp 软件之前，首先要学会软件的安装和卸载。本节就来详细讲解。

1.4.1 安装 SketchUp

（1）可以通过购买光盘或者网络下载（如 http://www.sketchup.com/intl/ZH-CN/download）的方法获得 SketchUp 的安装程序，双击运行安装程序，启动安装初始化命令，如图 1-11 所示。

（2）在弹出的“SketchUp Pro 2014 安装”对话框中单击“下一个”按钮，运行安装程序，如图 1-12 所示。

图 1-11

图 1-12

（3）在弹出的“最终用户许可协议”对话框中，勾选“我接受许可协议中的条款”选项，并单击“下一个”按钮，如图 1-13 所示。

（4）在“目标文件夹”对话框中可以修改文件的安装路径，单击“更改”按钮设置路径，或者直接选用默认的安装路径，设置完成后单击“下一个”按钮，如图 1-14 所示。

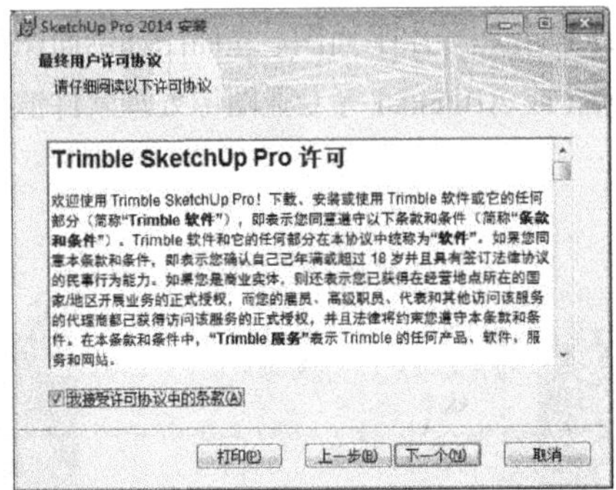

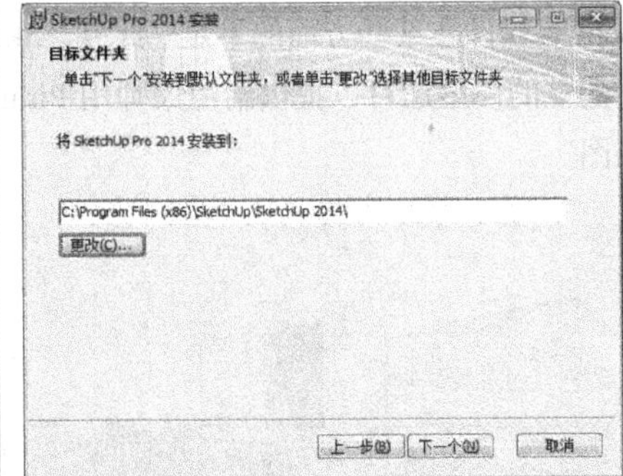

图 1-13　　　　图 1-14

（5）在“准备安装 SketchUp Pro 2014”对话框中单击“安装”按钮，如图 1-15 所示。

（6）显示“已完成 SketchUp Pro 2014 的安装向导”后，单击“完成”按钮，如图 1-16 所示。

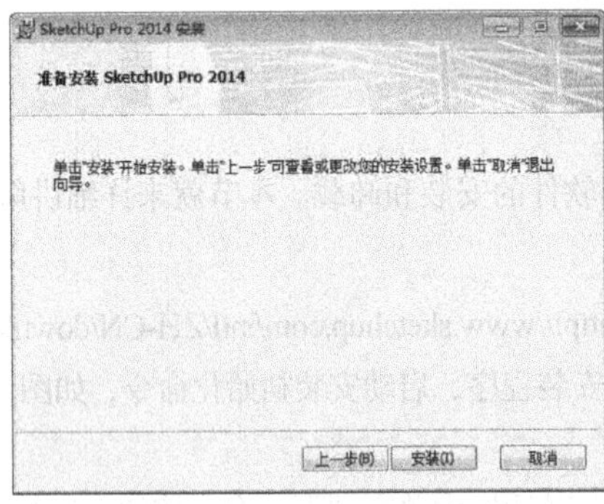

图 1-15　　　　图 1-16

1.4.2 卸载 SketchUp

SketchUp 没有自带的卸载程序，因此需要借助于 Windows 系统的卸载程序。执行“开始>控制面板”命令，在弹出的“控制面板”对话框中选择“程序”，如图 1-17 所示。在弹出的“卸载或更改程序”对话框中选择“SketchUp 2014”，单击右键进行卸载，如图 1-18 所示。

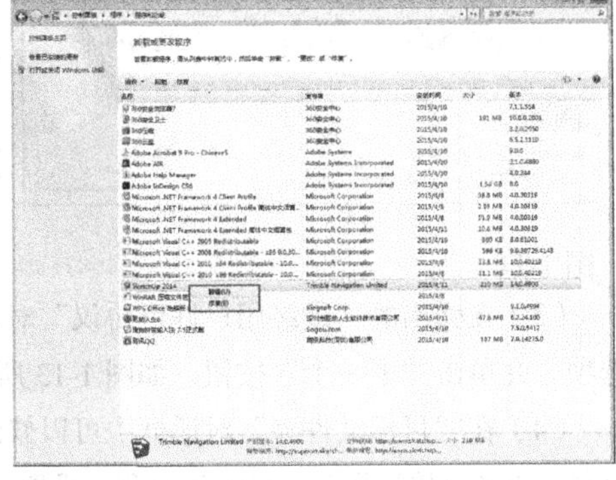

图 1-17　　　　图 1-18

课后习题

1. 最早设计 SketchUp 的公司是什么公司？成立于哪一年？
2. SketchUp 的应用领域有哪些？
3. 简述 SketchUp 在各个领域中的具体表现。
4. SketchUp 的模型显示模式都有哪些？
5. SketchUp 可以与哪些软件共享数据成果？

第 2 章

SketchUp 基础入门

本章介绍

本章对 SketchUp 2014 界面设置、视图设置、层管理器设置、阴影和雾效设置做系统的介绍，并结合【课堂练习】、【技术看板】和【课后习题】，使读者完全适应 SketchUp 的操作环境，为后面的学习打下坚实的基础。

学习目标

- 软件界面及初始设置
- 操作界面基本视图的设置方法
- 层管理器的设置及使用方法
- 阴影及雾效的设置方法

技能目标

- 场景界面单位和快捷键的设置
- 视图显示及风格的设置
- 天空、地面和水印的显示和设置
- 层的创建、隐藏、重命名、删除和快速清理
- 阴影、雾化和柔化边线的设置

2.1 软件界面及初始设置

本节要点

SketchUp 软件的操作界面非常简洁直观，和大多数软件一样容易上手。这一节将着重介绍 SketchUp 软件的操作界面，以及绘图环境的基本设置。

2.1.1 SketchUp 操作界面基本介绍

打开 SketchUp 2014，操作界面的菜单栏共分为文件(F)、编辑(E)、视图(V)、相机(C)、绘图(R)、工具(T)、窗口(W)、帮助(H) 8 个菜单，这 8 个菜单的下拉菜单中包含了 SketchUp 所有的操作命令。SketchUp 操作界面有横、竖两个工具栏，中间的空白区域为 SketchUp 的工作区域，如图 2-1 所示。

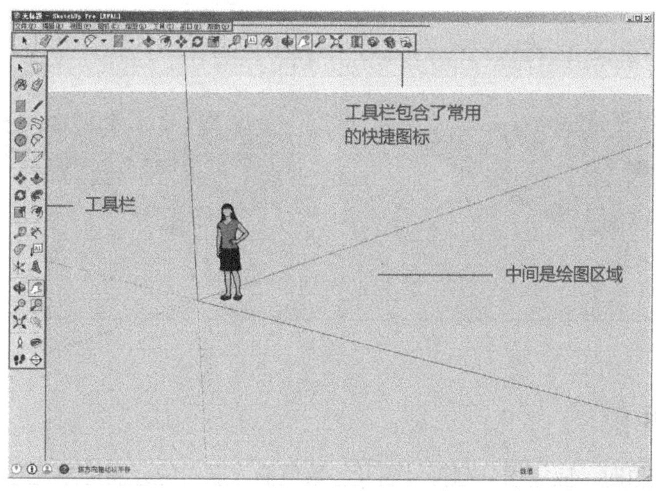

图 2-1

状态栏位于操作界面的左下角。创建图形时，选择不同的工具，在状态栏中都会有相应的提示。如图 2-2 所示，单击工具栏“矩形”图标，可以看到从开始创建矩形到创建完成，状态栏中都会有相应的提示。

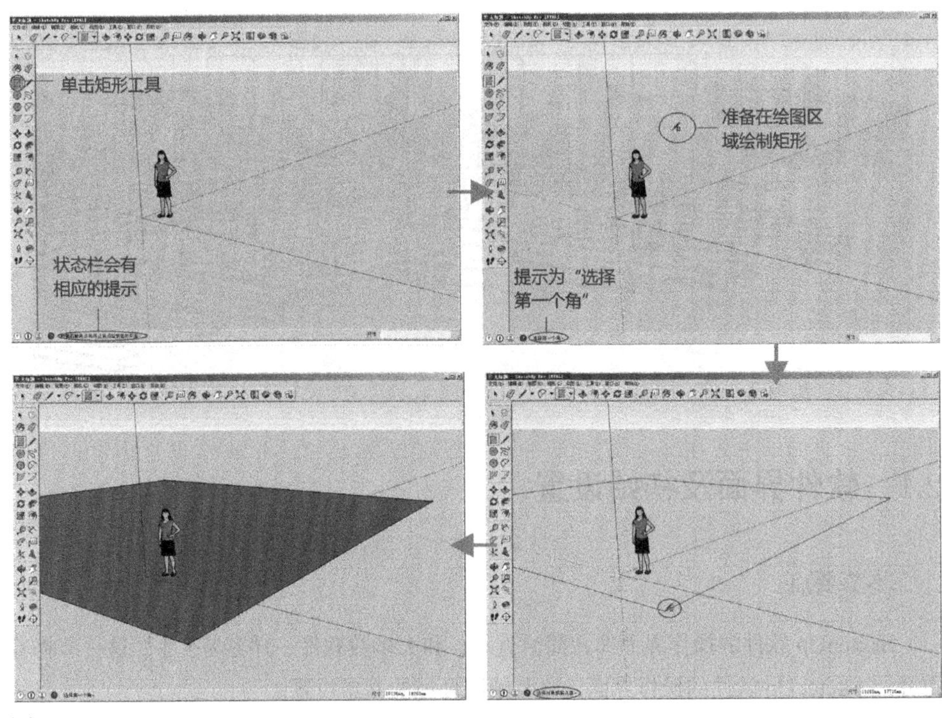

图 2-2

数值输入框位于操作界面的右下角。在创建图形的时候，可以根据实际的尺寸要求在数值输入框中输入相关数值，如长度、角度等，可以精确建模或定位。如图 2-3 所示，单击“矩形”图标，在工作区绘制矩形，接着在数值输入框中输入“15000，15000”，按下 Enter 键完成创建，创建的矩形长宽尺寸即 15 000 mm × 15 000 mm。

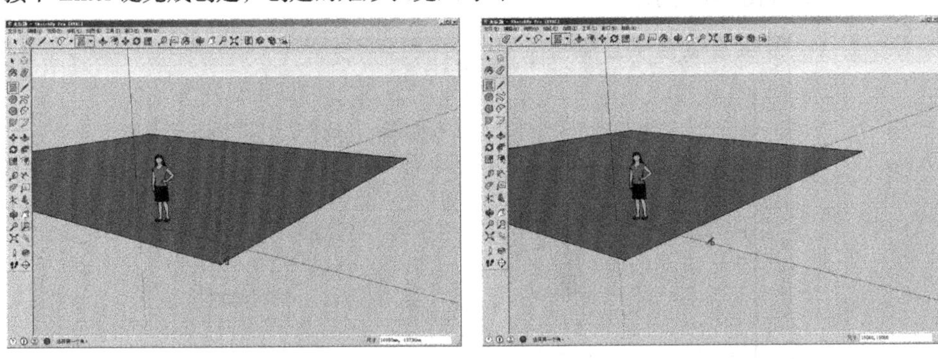

图 2-3

技术看板

在输出数值时，应该用分割符号隔开。数值输入框中的分隔符号，应该是在英文输入状态下的逗号，否则输入的数值将无法生效。

2.1.2 操作界面单位的设置

SketchUp 软件在初次使用之前，应先设置软件的单位。一般将单位设置为公制毫米，精度设置为“0mm”。执行“窗口>模型信息”命令，在弹出的面板中设置单位，如图 2-4 所示。设置完毕之后，按下键盘上的 Enter 键即可。

还有一种设置单位的方法，就是指定模板。执行菜单中的“窗口>系统设置”命令，在弹出的“系统设置”面板中将模板指定为毫米模板，如图 2-5 所示。设置完毕之后，重新开启软件设置即可生效。

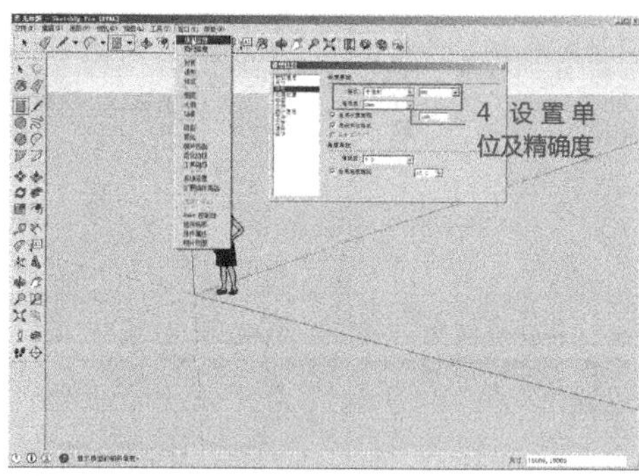

图 2-4

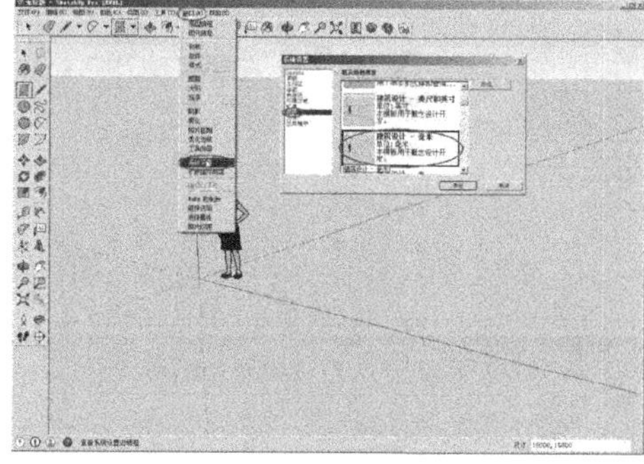

图 2-5

技术看板

每次使用 SketchUp 软件的时候，都需要重新设置单位。所以在实际操作当中，建议读者直接将模板指定为毫米模板，以后开启 SketchUp 时，将会固定为毫米单位。

2.1.3 场景坐标系的设置

打开 SketchUp 软件，可以看到在工作区域有一个三色的坐标轴，如图 2-6 所示，其中绿色坐标轴为 X 轴向，红色坐标轴为 Y 轴向，蓝色坐标轴为 Z 轴向。实线轴表示坐标轴正方向，虚线轴表示坐标轴负方向。

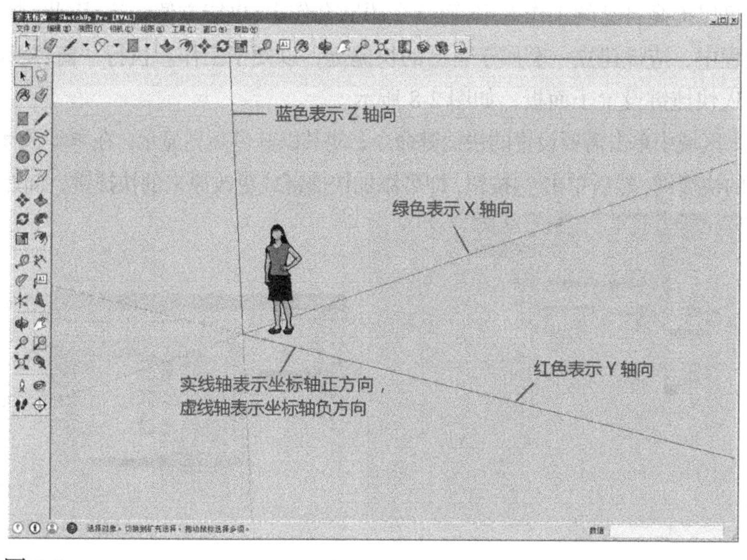

图 2-6

一般使用系统默认的坐标系就行。但是因为每个人都有不同的操作习惯，所以也可以根据自己的操作习惯对坐标轴的原点和轴向进行重新设置。单击工具栏中的“坐标轴”图标，在工作区域重新指定坐标轴原点的位置，单击鼠标左键确定原点，然后转动鼠标确定红色坐标轴的位置，单击鼠标左键确定红色 Y 轴定位；接下来转动鼠标以确定绿色坐标轴的位置，单击鼠标左键确定绿色 X 轴定位，如图 2-7 所示。

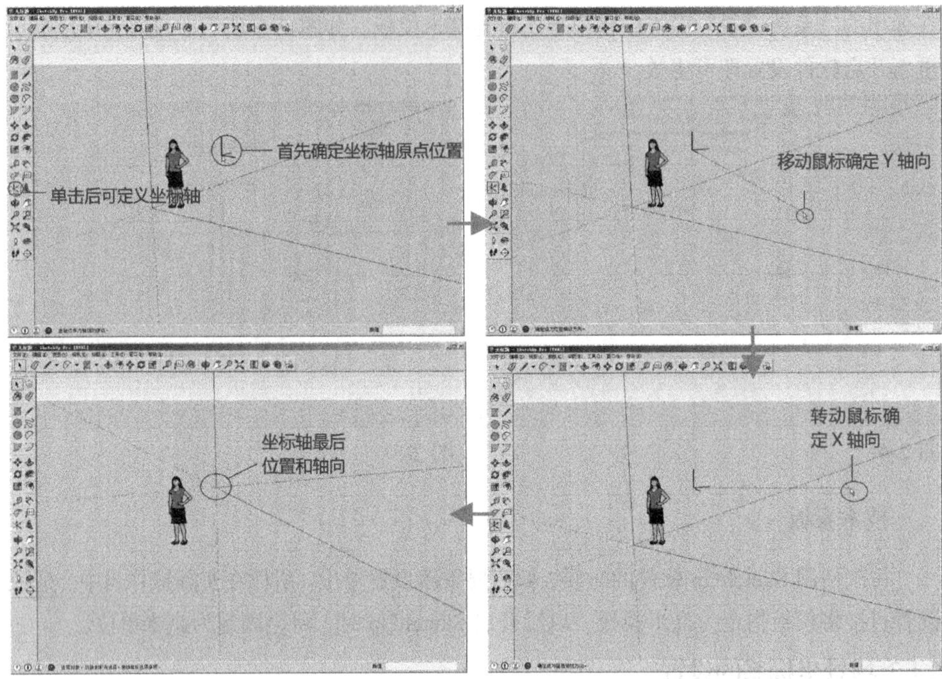

图 2-7

2.1.4 操作命令快捷键的设置

使用快捷键可以简化操作过程。在日常工作当中，学会快捷键的使用是非常重要的。这样不仅可以提高自己的工作效率，而且在团队合作中，也能方便交流。因此，在 SketchUp 的使用过程中，应该建立一套属于自己的快捷键，以便于工作。执行“窗口>系统设置”命令，进入快捷键设置子面板，如图 2-8 所示。

在 功能 区域中单击需要设置的快捷键命令，使其以蓝色高亮显示，在 添加快捷方式 栏中输入新设定的快捷键，然后单击按钮，即可添加快捷键或更改原来的快捷键，如图 2-9 所示。

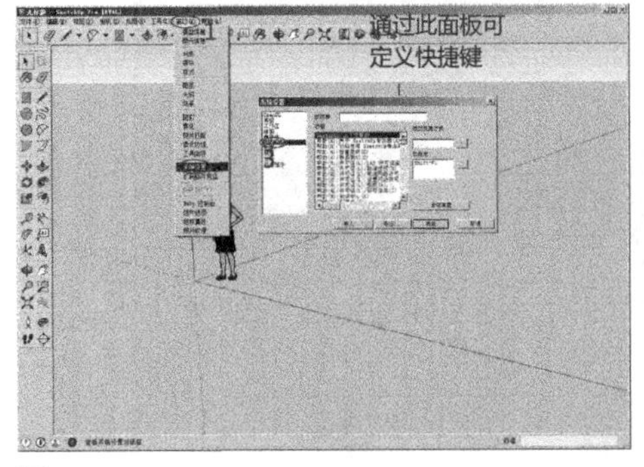

图 2-8

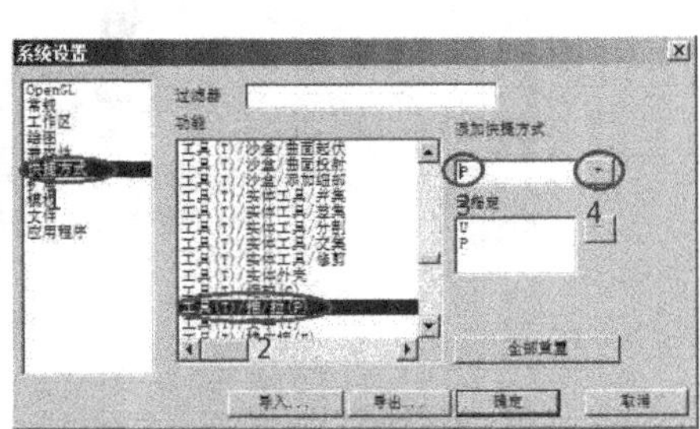

图 2-9

2.1.5 工具栏中快捷图标的设置

SketchUp 2014 的工具栏有横、竖两个子栏目，包含了系统的一些命令图标。执行“视图>工具栏”命令，打开“工具栏”对话框，可以看到 SketchUp 工具栏中的快捷图标都在这里，通过勾选可以进行添加或取消，如图 2-10 所示。

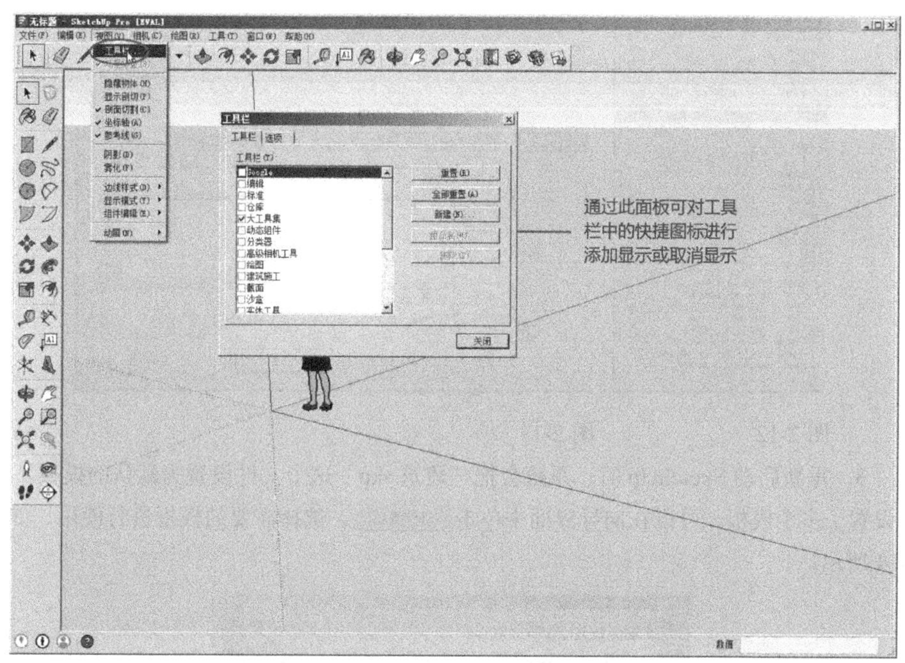

图 2-10

可以对快捷图标进行增减或重新排列，这些都可以在 工具(T) 菜单中完成。将最常使用的图标放在工具栏中，这样按照自己的习惯放置可以提高工作效果，如图 2-11 所示。

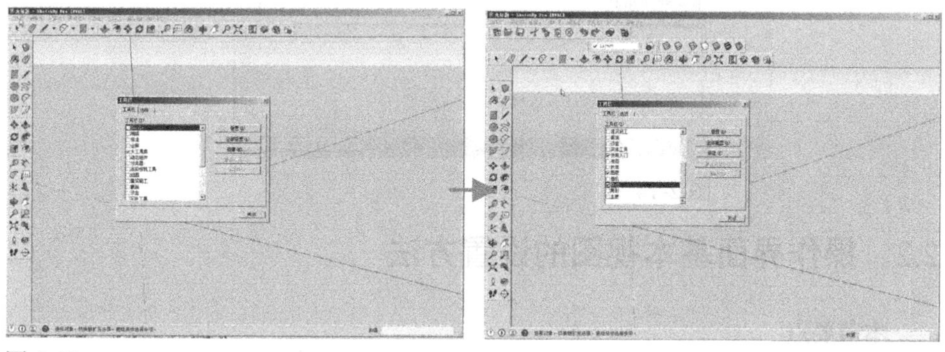

图 2-11

【课堂练习】 将设定好的场景设置为模板

原始文件：无

实例文件：无

视频文件：DVD\视频文件\Chapter02\将设定好的场景设置为模板.avi

难易指数：★☆☆☆☆

1. 调整好场景风格和系统设置后，执行“文件>另存为模板”命令，如图 2-12 所示。

2. 在弹出的“保存为模板”对话框中的名称:框中输入模板名称，如“建筑”，也可以在说明:框中添加模板注释信息，然后勾选☑ 设为预设模板复选框，最后单击“保存”按钮，完成模板设置，如图 2-13 所示。

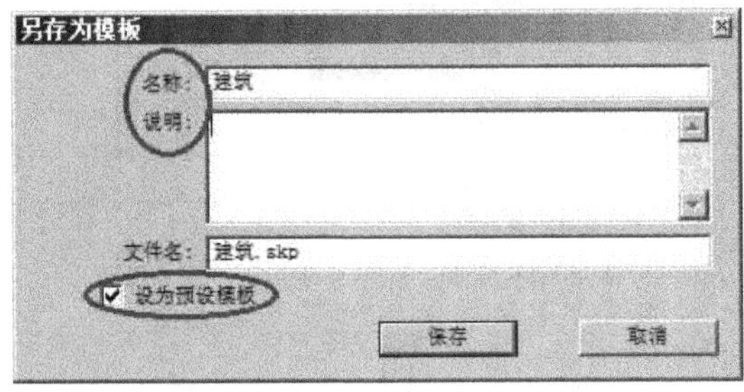

图 2-12　　　　　　图 2-13

3. 重新启动 SketchUp 时，系统会把“建筑.skp”这个文件设置为默认的模板。如果设置了多个模板，可以在向导界面中单击 选择模板 ，选择需要的模板进行使用，如图 2-14 所示。

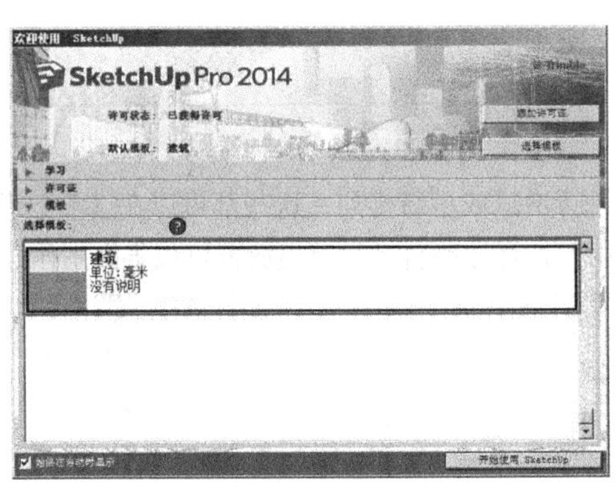

图 2-14

2.2 操作界面基本视图的设置方法

本节要点

如何设置 SketchUp 软件的操作界面基本视图是本节的要点。其中包括标准视图的切换，剖面视图的显示与设置，视图风格、边线效果、模型面的颜色及背景天空、地面的显示和设置方法，最后还讲解了水印的设置和使用。

2.2.1 标准视图的切换

打开 SketchUp 软件，执行“文件>打开”命令，选择配套光盘中的 DVD\素材文件\Chapter02\house.skp 文件，如图 2-15 所示。这里将使用这个场景来介绍 SketchUp 2014

的一些基本操作命令。执行“视图>工具栏”命令，勾选☑视图，在工具栏中开启标准视图的快捷图标。

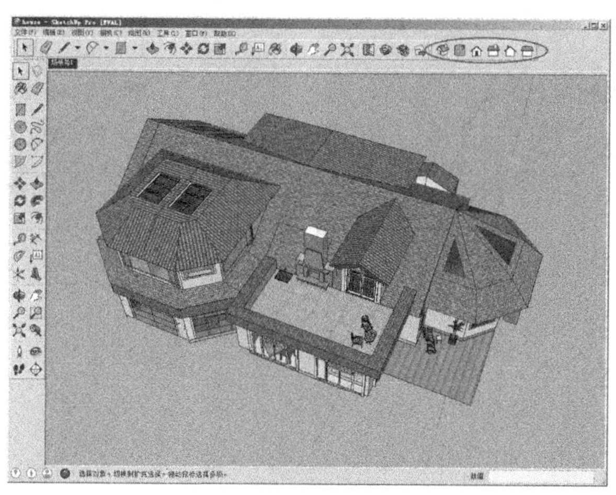

图 2-15

（1）SketchUp 默认视图是透视图，在制作过程中需要在各个三维视图之间来回切换，首先来介绍标准视图的切换方法。如图 2-16 所示，单击工具栏中的“俯视图”（快捷键 F2）、“前视图”（快捷键 F3）、“右视图”（快捷键 F5）、“后视图”（快捷键 F6）、“左视图”（快捷键 F4）、“透视图”（快捷键 F8）按钮，可以分别转换至相应的视图模式。

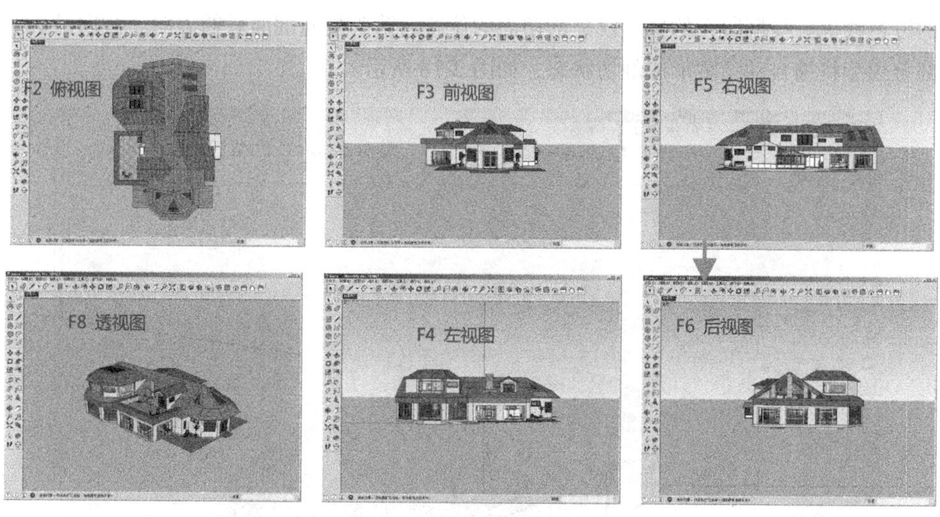

图 2-16

（2）在工作的过程中，有时还要切换到轴测图进行观察。单击菜单中的相机(C)命令，勾选平行投影(A)，即可转换到轴测图，如图 2-17 所示。单击菜单中的“相机>透视图”命令，即可返回透视图。

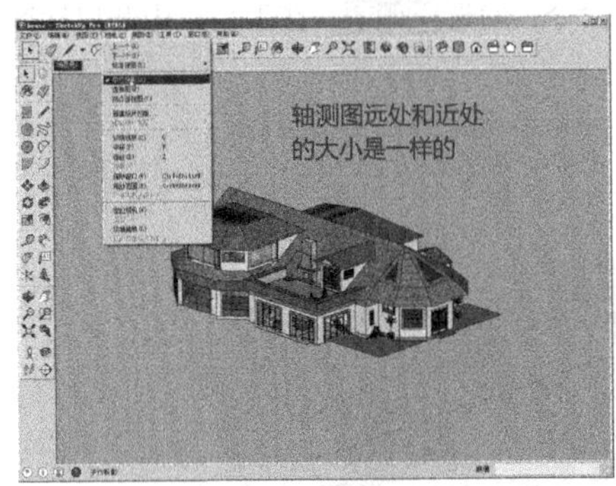

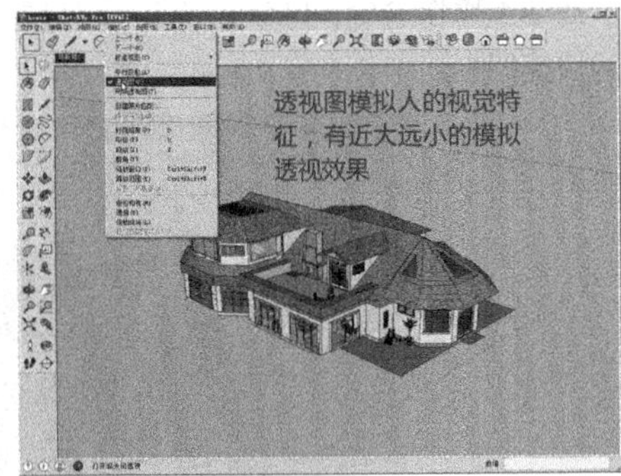

图 2-17

技术看板

透视图和轴测图是不一样的。透视图模拟人的视觉特征，使物体有近大远小的模拟透视效果。而轴测图虽然也是三维视图，却没有这种近大远小的关系，物体近处和远处的大小是一样的。

2.2.2 剖面视图的显示和设置

为了展现建筑内部的结构关系，在绘制建筑施工图时，剖面视图是必不可少的。单击工具栏中的“剖面”图标，在场景中单击鼠标之后，工作区域会出现带有方向箭头的橙色线框。线框所在的位置就是剖切面的位置，箭头指向剖面后的方向，背向箭头的部分模型将被自动隐藏形成剖切状态，如图 2-18 所示。

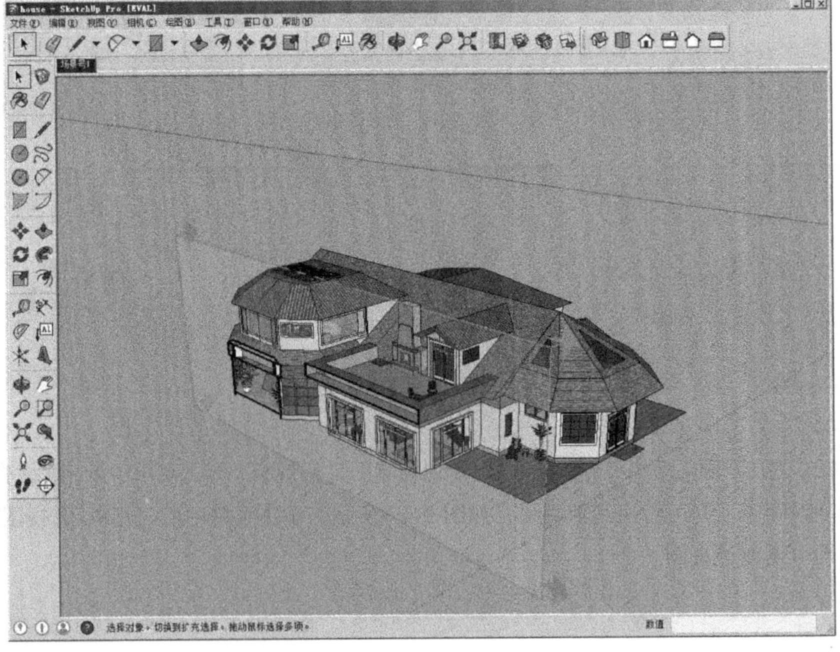

图 2-18

（1）使用“移动” 工具或“旋转” 工具，可以移动或旋转橙色线框，调整剖切的位置，如图 2-19 所示。

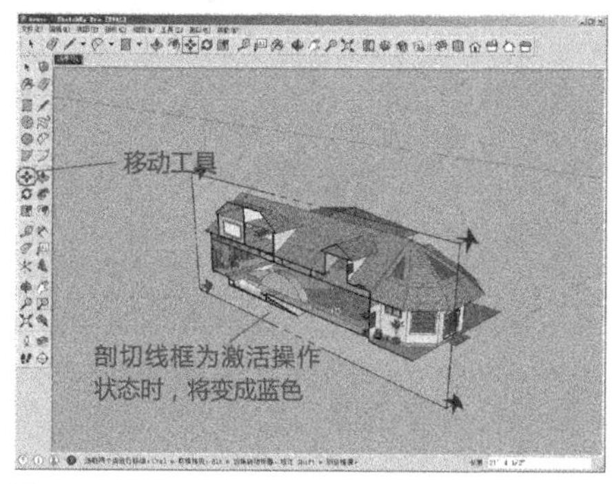

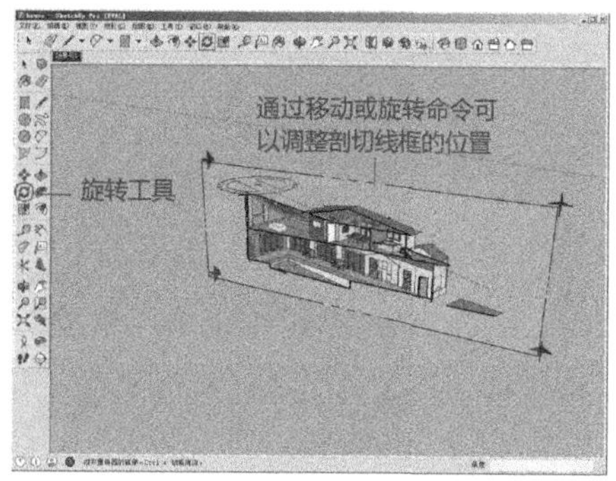

图 2-19

（2）单击“选择”工具选择剖切线框，使其以蓝色高亮显示，单击鼠标右键，会弹出一个下拉菜单，主要功能有删除(E)、隐藏(H)、翻转(R)、显示剖切、对齐视图(V)，如图 2-20 所示。

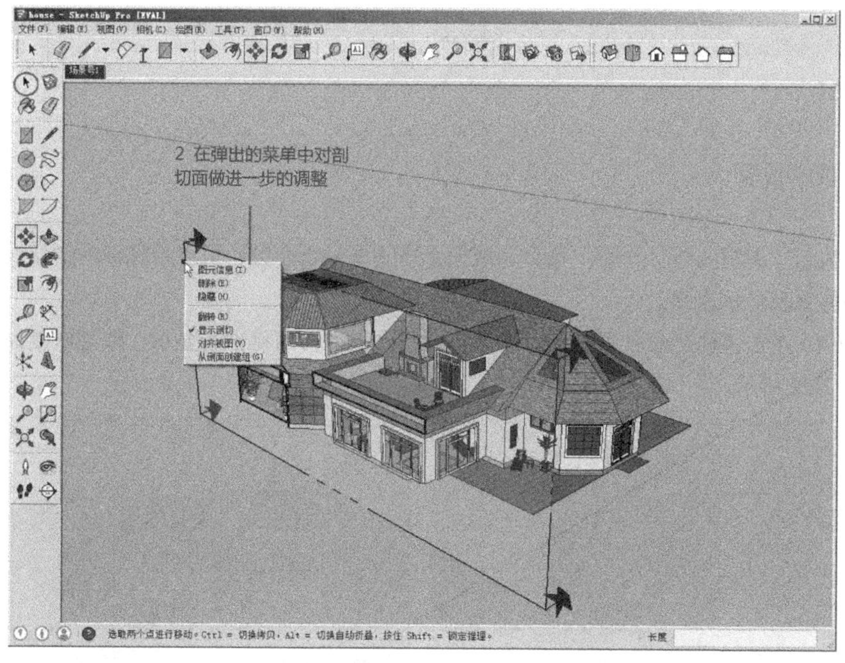

图 2-20

（3）单击隐藏(H)选项，剖切线框将会被隐藏，这样可以更清楚地观察剖切面。单击翻转(R)命令，剖切面会翻转 180°，而原来隐藏的部分会显示出来，原来显示的部分将被隐藏。显示剖切选项默认为勾选，当取消勾选时，剖面将不会显示。单击对齐视图(V)命令，视图将转换成平面剖切视图，如图 2-21 所示。

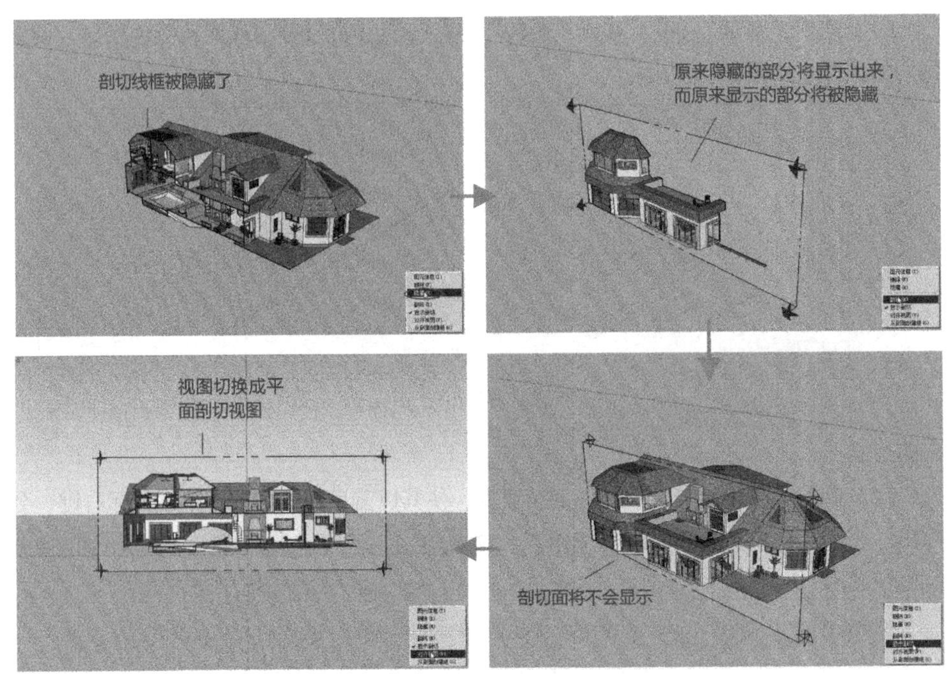

图 2-21

技术看板

执行“编辑>显示>全部”命令，或按下 Shift+A 组合键，可以将隐藏的剖切线框或者物体重新显示出来。

（4）单击 删除(E) 命令后，剖切线框将被删除，剖切面将不会显示，模型恢复原状，如图 2-22 所示。

图 2-22

2.2.3 视图显示方式的设置

在碰到非常复杂的大场景空间时，为了更直观地观察和操作模型，需要在不同的显示模式下来回切换。可以在工具栏中调出显示方式的快捷图标。具体操作方法是：执行“视图>工具栏” 命令，在弹出的“工具栏”对话框中勾选“样式”，如图 2-23 所示。

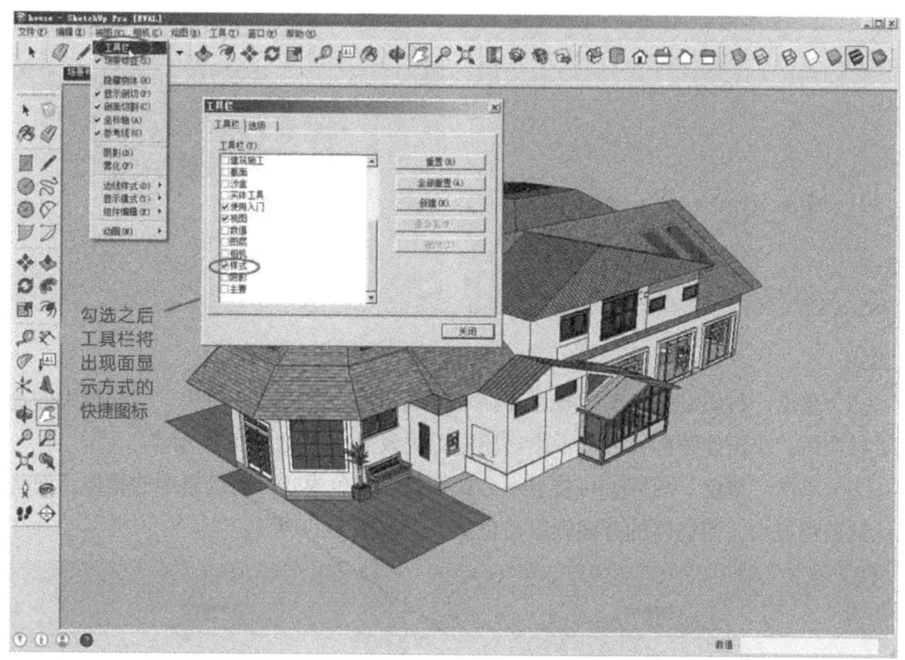

图 2-23

（1）单击“X 光透视模式”图标可将显示方式切换为 X 光透视模式，场景中所有的物体会以半透明方式显示，可以很方便地查看模型的内部结构。再次单击该图标即可恢复正常模式，如图 2-24 所示。

（2）单击“线框显示”图标可将显示方式切换为线框显示模式，此时，场景中所有的物体将以线框方式显示。在操作复杂的大场景空间时，切换成线框模式会加快运算速度，如图 2-25 所示。

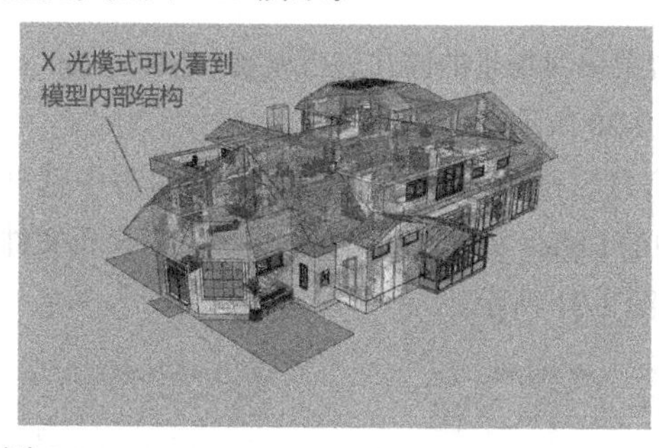

图 2-24

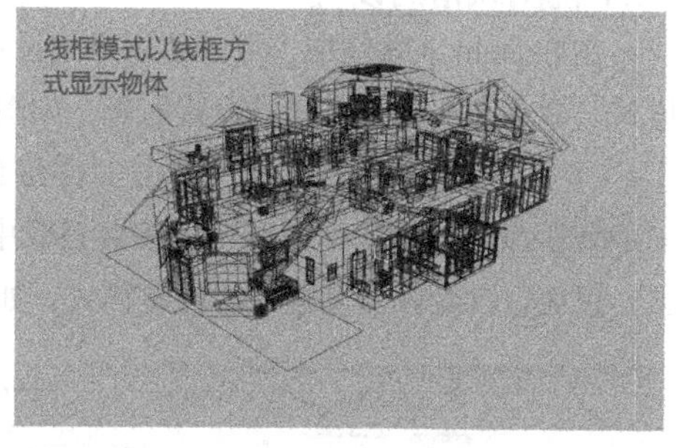

图 2-25

（3）单击“消隐”图标可将显示方式切换为消隐模式。此模式是在线框模式的基础上将被挡在后部的物体隐去，使用户无法观测到模型的内部，如图 2-26 所示。

（4）单击“阴影”图标可将显示方式切换为阴影模式，此模式是将模型的表面用颜色来表示，如图 2-27 所示。

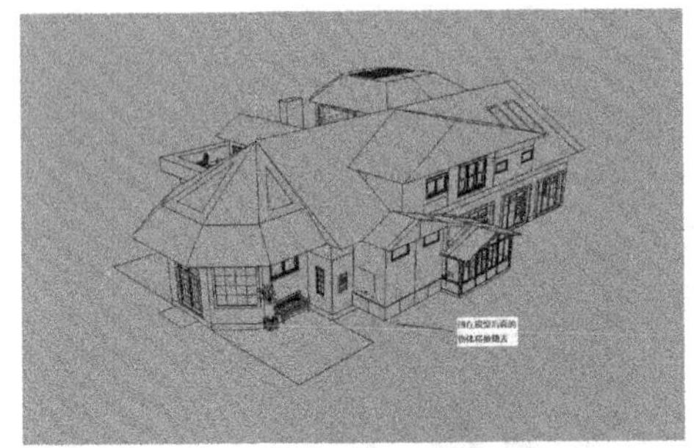

图 2-26　　　　　　　　　　　　　　　　图 2-27

（5）单击“材质贴图”图标可将显示方式切换为材质贴图模式。当场景中的物体赋予材质后，单击此图标，可显示出材质贴图的效果，如图 2-28 所示。

（6）单击“单色”图标可将显示方式切换为单色模式。此场景中的物体正面将以默认的白色显示，而物体的背面则以蓝色显示，如图 2-29 所示。

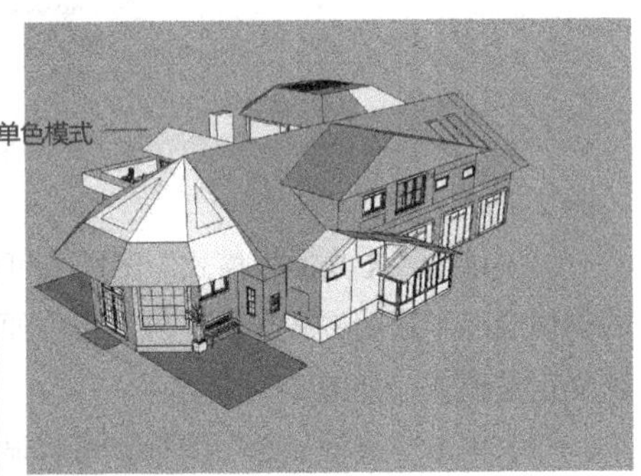

图 2-28　　　　　　　　　　　　　　　　图 2-29

2.2.4 视图风格的设置

在 SketchUp 软件中，可以使用样式设置菜单对场景的样式进行调整。执行“窗口>样式”命令，即可开启样式设置面板，如图 2-30 所示。

（1）进入 选择 子面板，单击“详细信息”图标，在弹出的下拉列表中选择 打开和创建材质库...，载入 SketchUp 安装目录中的 Styles 文件夹。此文件夹中有 7 个子文件夹，里面包含着软件设置好的所有样式，如图 2-31 所示。

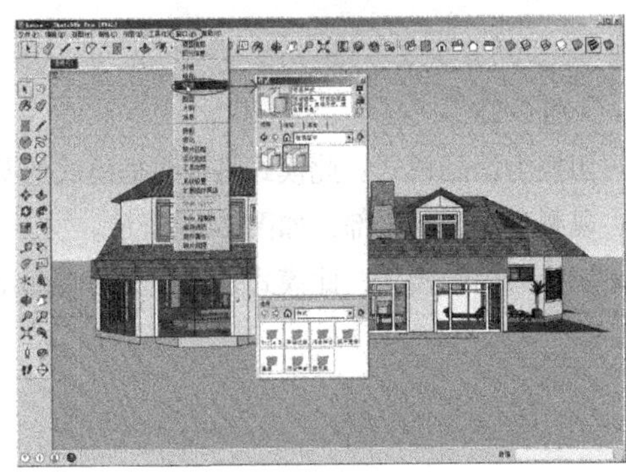

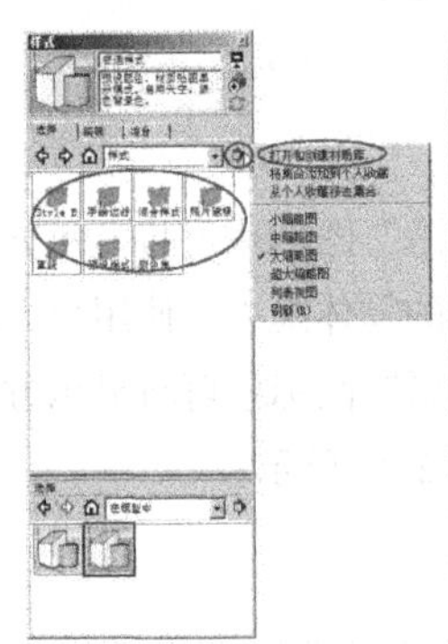

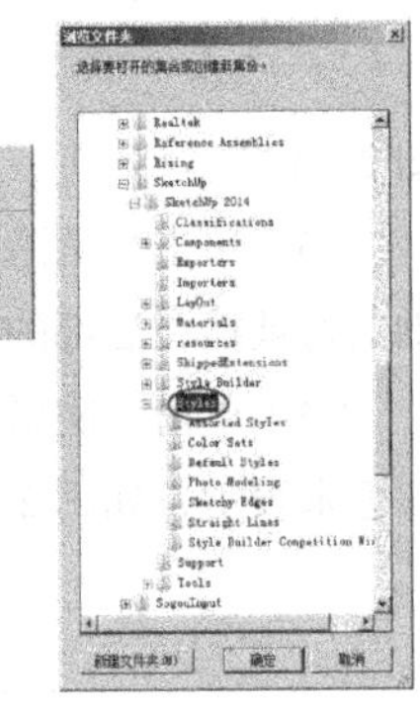

图 2-30　　　　　　　　　　　　　　　　图 2-31

（2）用鼠标双击文件夹中的样式图标就可以更换图像风格了，如图 2-32 所示。

图 2-32　　　　　　　　　　　　　　　　图 2-33

（3）单击风格设置面板中的返回首页图标，就可返回原始默认风格，然后按照图 2-33 所示单击原始风格图标就可以了。

2.2.5 边线效果的显示和设置

在样式设置面板中单击编辑按钮，在编辑选项卡中单击“边线设置”图标，可以进入边线设置子面板中。接下来介绍边线的显示和设置方法，如图 2-34 所示。

（1）勾选☑边线之后，模型的边线将在视图中显示出来；取消勾选□边线，模型将不会显示出边线，如图 2-35 所示。

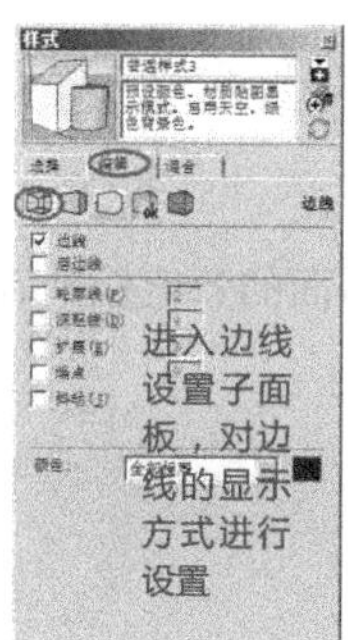

图 2-34　　　　　图 2-35

（2）勾选☑后边线之后，模型后面物体的边线将会被显示出来，如图 2-36 所示。只有勾选☑边线之后才能激活☑后边线。

图 2-36

（3）勾选☑轮廓线(P)之后，模型边线会变成较粗的线条，如图 2-37 所示。还可以通过☑轮廓线(P)后面的数值设置线条的粗细。

图 2-37

（4）勾选 ☑ 深粗线(D) 之后，模型边线会变成较粗的深色线条，后面的数值控制着线条的粗细，如图 2-38 所示。

图 2-38

（5）勾选 ☑ 扩展(E) 之后，模型边线的交汇处会出现出头的扩展线，后面的数值控制着线条的粗细，如图 2-39 所示。

图 2-39

（6）勾选 ☑ 端点 之后，模型边线的交汇处会出现较粗的端点线，后面的数值控制着端点线的粗细，如图 2-40 所示。

图 2-40

（7）勾选☑抖动(J)之后，模型的边线会变成一种弯曲变化的手绘线条，如图 2-41 所示。

图 2-41

2.2.6 模型面的颜色设置

在样式设置面板中单击编辑按钮，在编辑选项卡中单击“平面设置”图标，进入面设置子面板。在该面板中可以设置模型面的颜色，如图 2-42 所示。

（1）正面颜色主要是对模型正面的颜色进行设置，系统默认颜色为白色，可以单击后面的色块对模型正面色进行调整。如图 2-43 所示，将场景显示模式设置为单色观察效果。

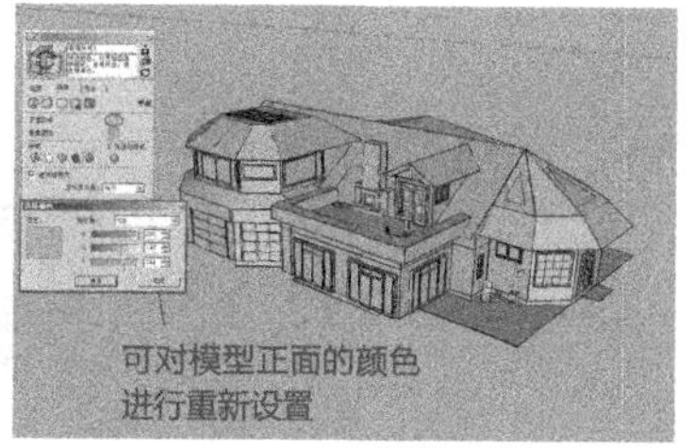

图 2-42　　　　　图 2-43

（2）背面颜色主要是对模型背面的颜色进行设置，系统默认颜色为蓝色，通过单击后面的色块可对背面色进行调整，如图 2-44 所示。

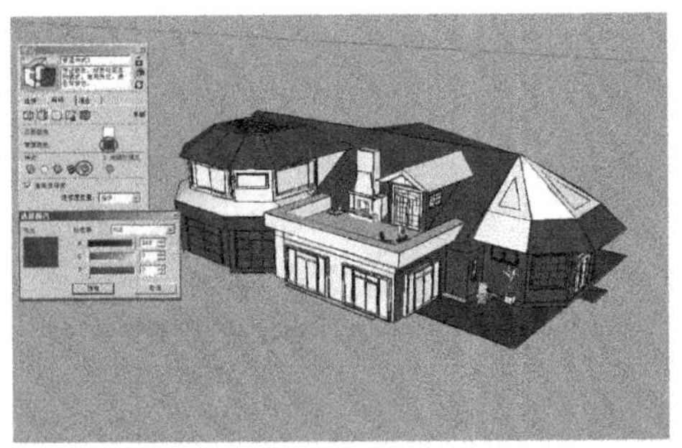

图 2-44

（3）☑ 启用透明度 默认为勾选，具有透明属性的物体在该视图中将正常显示。取消勾选之后，具有透明属性的物体将显示为不透明，如图 2-45 所示。在操作复杂的大场景时，取消勾选 □ 启用透明度 可加快运算速度。

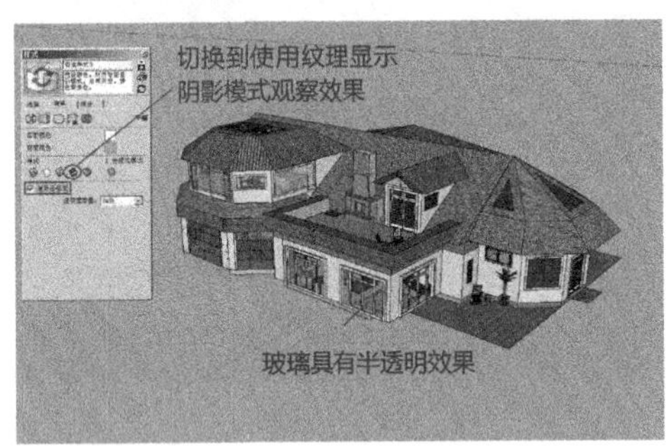

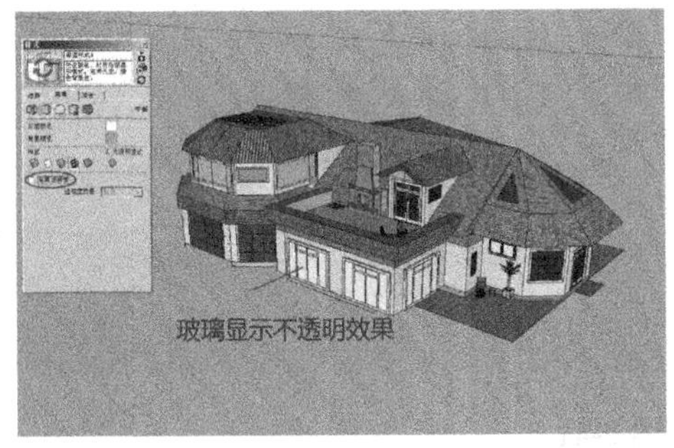

图 2-45

2.2.7 背景天空、地面的显示和设置

在样式设置面板中单击 编辑 按钮，在 编辑 选项卡中单击“背景设置”图标，进入背景设置子面板，对场景的背景天空和地面进行设置，如图 2-46 所示。

（1）背景 决定着场景画面的背景颜色，单击后面的色块可对颜色进行调整，如图 2-47 所示。

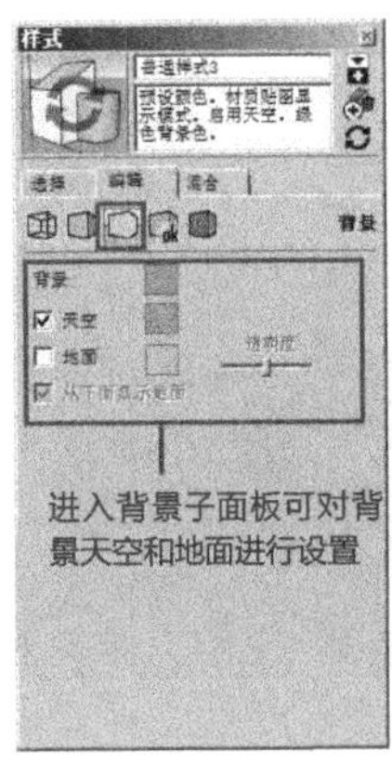

图 2-46　　图 2-47

（2）☑ 天空 选项默认为勾选，该选项决定着场景天空的颜色，可以通过后面的色块

来调整，如图 2-48 所示。取消勾选「天空」后，天空色将以地面背景色来显示。

图 2-48

（3）「地面」选项决定着地面的颜色，该选项默认为关闭，通过后面的色块可以调整地面的颜色，如图 2-49 所示。

图 2-49

【课堂练习】 创建颜色渐变的天空

原始文件：DVD\素材文件\Chapter02\水景别墅.skp

实例文件：DVD\实例文件\Chapter02\创建颜色渐变的天空.skp

视频文件：DVD\视频文件\Chapter02\创建颜色渐变的天空.avi

难易指数：★☆☆☆☆

1. 打开配套光盘 DVD\素材文件\Chapter02\水景别墅.skp 文件，执行“窗口>样式”命令，在“样式”面板中将天空的颜色设置为蓝色，如图 2-50 所示。

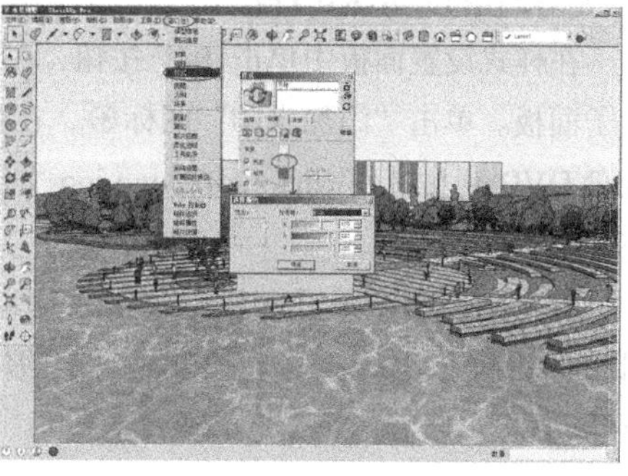

图 2-50

2. 执行“窗口>雾化”命令，然后在“雾化”面板中勾选☑显示雾化，接着取消☐使用背景颜色，最后单击后面的颜色框，将颜色调为黄色，如图 2-51 所示。

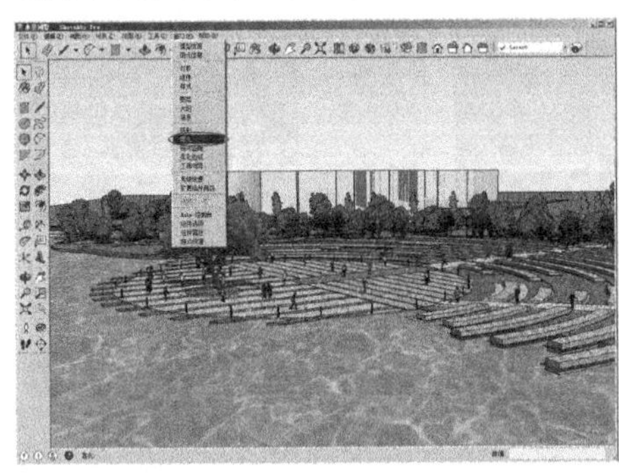

图 2-51

3. 把雾化栏中的 2 个滑块分别拉至两端，这样就可以看到天空由下至上由黄色过渡到蓝色的效果了，如图 2-52 所示。

图 2-52

2.2.8 水印的显示和设置

在样式设置面板中单击编辑按钮，在面板中单击“水印设置”图标，进入水印设置子面板。单击“添加水印”图标⊕，在弹出的“选择水印”对话框中设置水印为配套光盘 DVD\素材文件\Chapter02\logo.jpg 文件，接着依照图 2-53 所示进行操作，水印即可在视图中显示出来。

（1）在水印设置子面板中单击水印缩略图，使其以蓝色高亮显示，接着单击“编辑水印设置”图标，在弹出的水印编辑面板中可以对水印进行设置，如图 2-54 所示。

图 2-53　　　　　　　　　　　　　　　　　　　　图 2-54

（2）混和 决定着水印的透明程度，如图 2-55 所示。

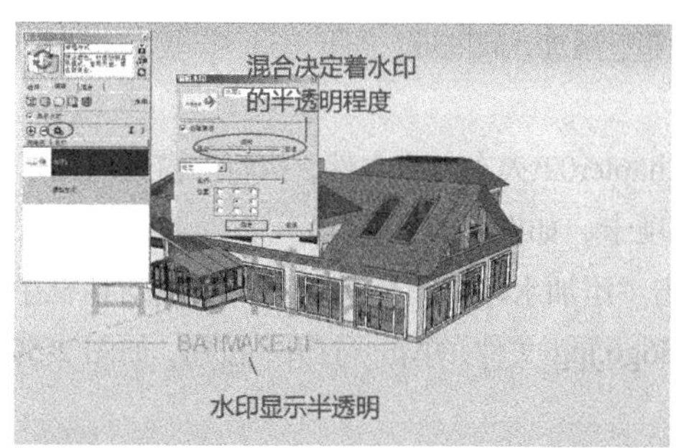

图 2-55

（3）比例: 决定着水印的比例大小，如图 2-56 所示。

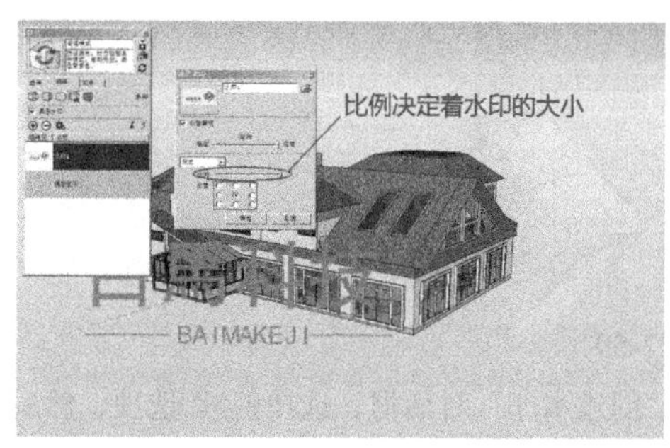

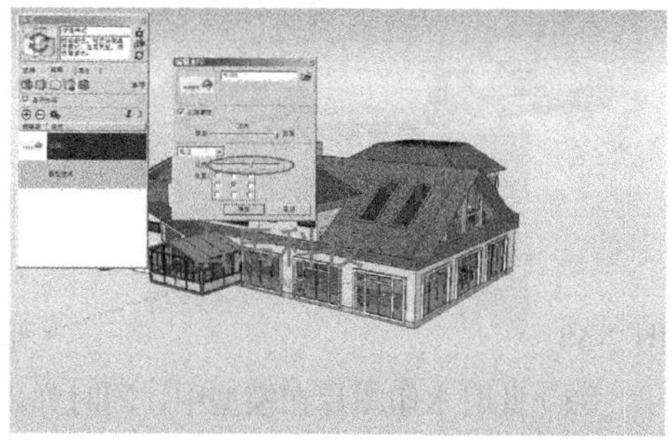

图 2-56

（4）位置: 决定着水印在视图中的位置，如图 2-57 所示。

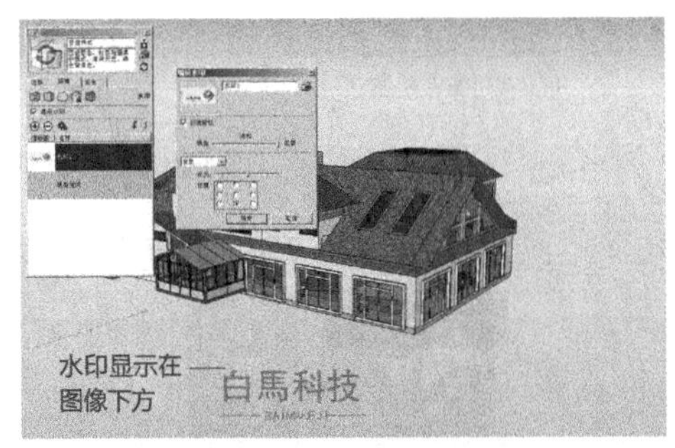

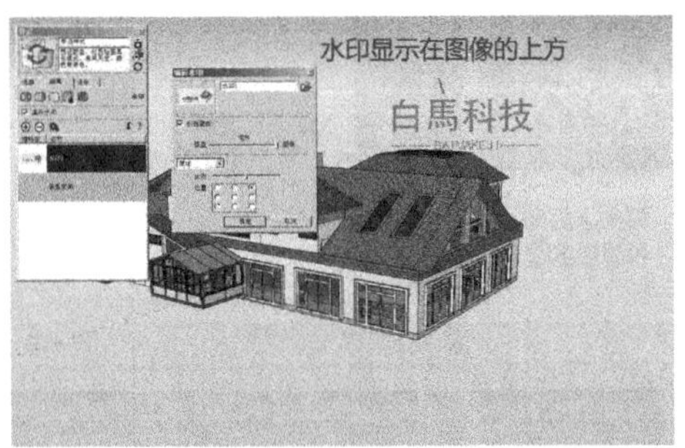

图 2-57

【课堂练习】为模型添加水印

原始文件：DVD\素材文件\Chapter02\火车.skp

实例文件：DVD\实例文件\Chapter02\为模型添加水印.skp

视频文件：DVD\视频文件\Chapter02\为模型添加水印.avi

难易指数：★☆☆☆☆

（1）打开配套光盘中的 DVD\素材文件\Chapter02\火车.skp 文件，执行“窗口>样式”命令，在弹出的“样式”面板中打开编辑选项卡，如图 2-58 所示。

（2）单击“水印设置”按钮，接着单击“添加水印”图标，在弹出的对话框中选择配套光盘中的 DVD\素材文件\Chapter02\logo.jpg 文件，单击“打开”按钮，如图 2-59 所示。

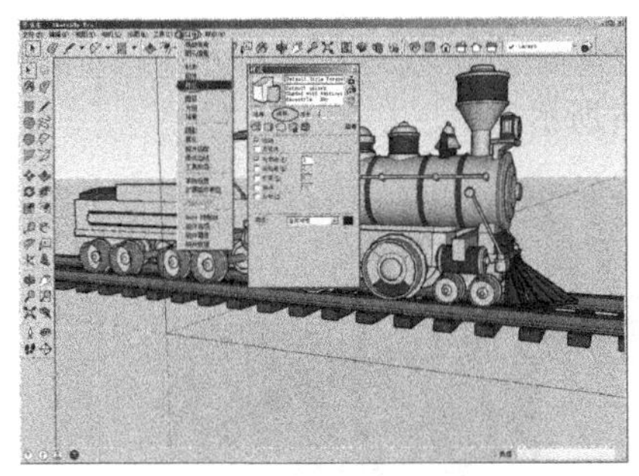

图 2-58

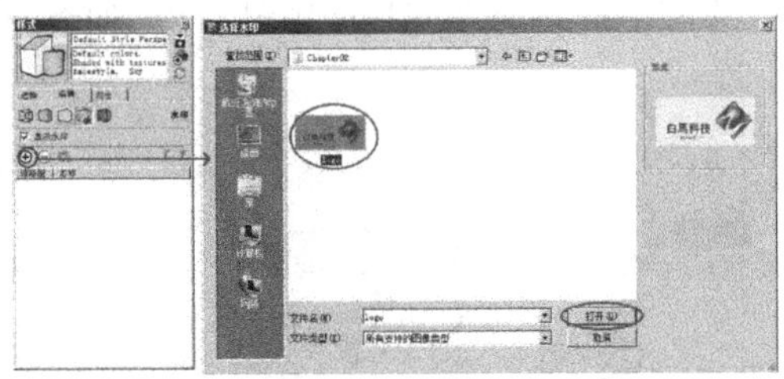

图 2-59

（3）此时水印图片在模型中，同时弹出“创建水印”对话框，选择覆盖选项，然后单击下一个 >>按钮，如图 2-60 所示。

（4）在“创建水印”对话框中会出现使用颜色亮度创建蒙版水印以及改变图片透明度的提示。在此不创建蒙版，将透明度的滑块移到最右端，不进行透明显示，然后单击下一个 >>按钮，如图 2-61 所示。

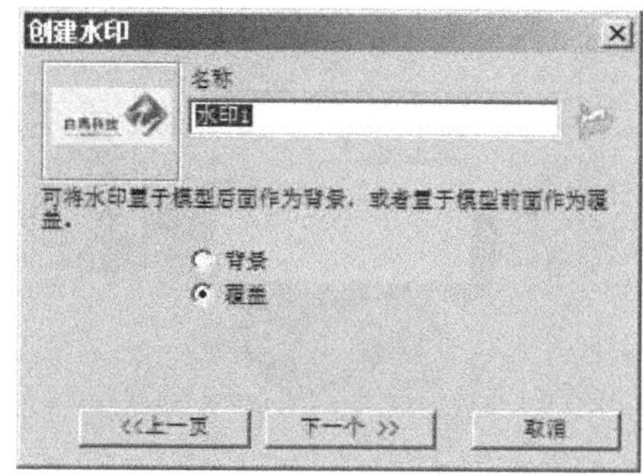

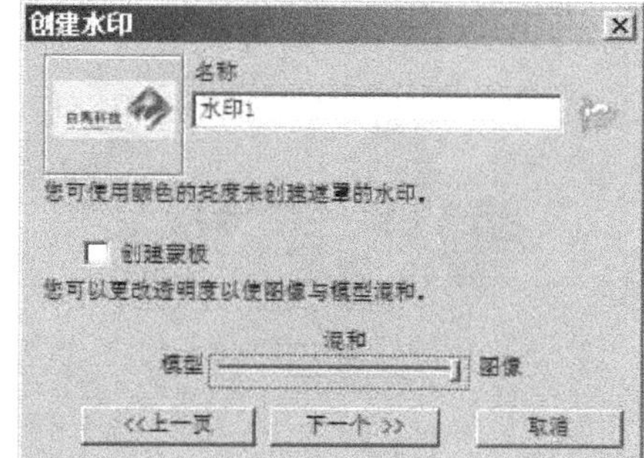

图 2-60　　　　图 2-61

（5）继续在“创建水印”对话框中单击 在屏幕中定位 选项，在右侧的定位按钮板上单击右下角的点，然后单击按钮，如图 2-62 所示。

（6）现在可以发现水印图片已经出现在界面的右下角了，如图 2-63 所示。

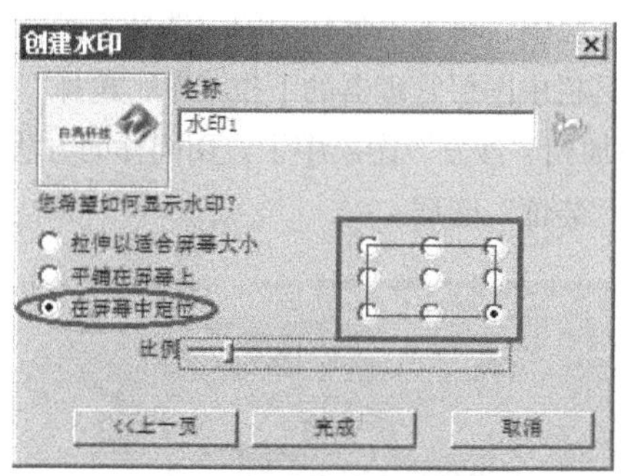

图 2-62　　　　图 2-63

2.3　层管理器的设置及使用方法

本节要点

在组织和管理复杂场景中的对象时，就会用到层管理器。灵活运用层管理器不但可以方便地对繁多的元素进行管理，还可以通过隐藏当前操作的图层来加快系统运算速度，提高工作效率。这一节就来介绍 SketchUp 2014 层管理器的设置方法。

2.3.1 新层的创建方法

在 SketchUp 2014 操作界面中，打开配套光盘 DVD\素材文件\Chapter02\sofa.skp 文件，这个场景中包含 3 个实体，分别是沙发、地毯和装饰，并且这 3 个实体都在 Layer0 当中，如图 2-64 所示。单击菜单中的“视图>工具栏”，勾选☑图层，就可以将层管理器的快捷图标调入到工具栏中。接下来将使用这个场景来讲解新层的创建方法。

（1）单击工具栏中的“图层管理器”图标，或按下键盘上的 Shift+E 组合键，可以弹出图层管理面板，如图 2-65 所示。

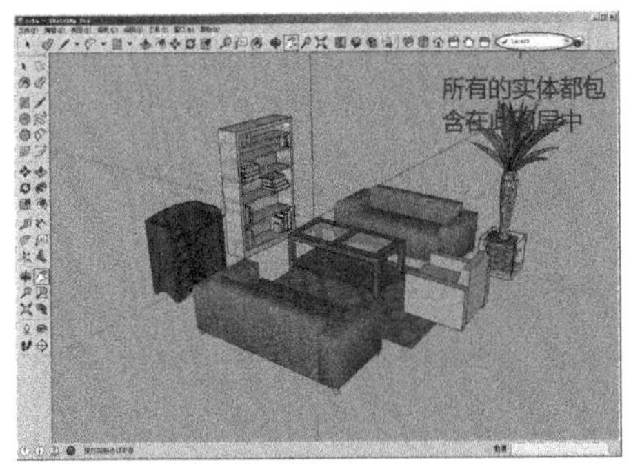

图 2-64

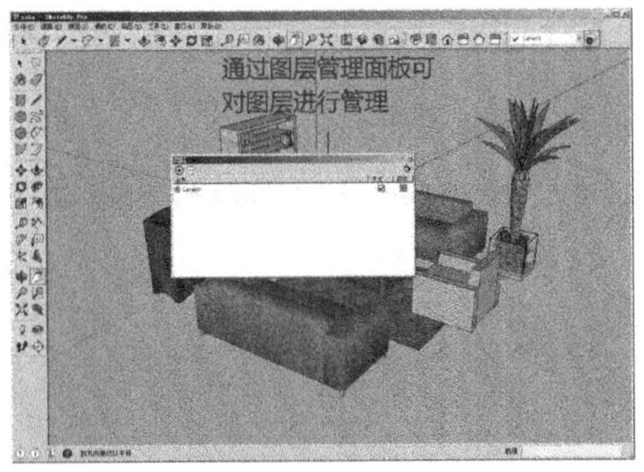

图 2-65

（2）单击图层管理面板中的“添加图层”图标⊕，添加新的图层，并将新层命名为“沙发”。使用同样的方法添加两个新的图层，分别命令为“地毯”和“装饰”，如图 2-66 所示。

（3）下面将场景中的实体分别归入各自的图层中，单击工具栏中的“选择工具”图标，然后单击视图中的沙发物体，再单击工具栏中图层管理器的下拉菜单，选择“沙发”，如图 2-67 所示，场景中的沙发物体就添加到“沙发”图层中了。用同样的方法，将地毯和装饰物体分别添加到“地毯”图层和“装饰”图层。

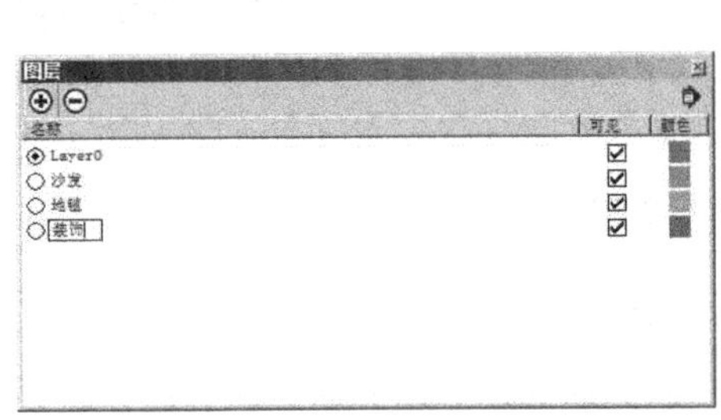

图 2-66

图 2-67

技术看板

（1）在默认状态下，✓ Layer0 为当前图层。图层前面的黑色圆点即表示该图层为当前图层，当前图层是可以随意切换的。

（2）新创建的模型都会自动添加进当前图层中。

2.3.2 图层的隐藏、重命名、删除及快速清理

在图层管理面板中，取消图层的勾选就可以隐藏此图层，如图 2-68 所示。

（1）需要注意的是，当图层处于当前图层状态时，是无法进行隐藏的。如图 2-69 所示，将“沙发”图层设置为当前图层，取消勾选，系统会提示无法进行隐藏。

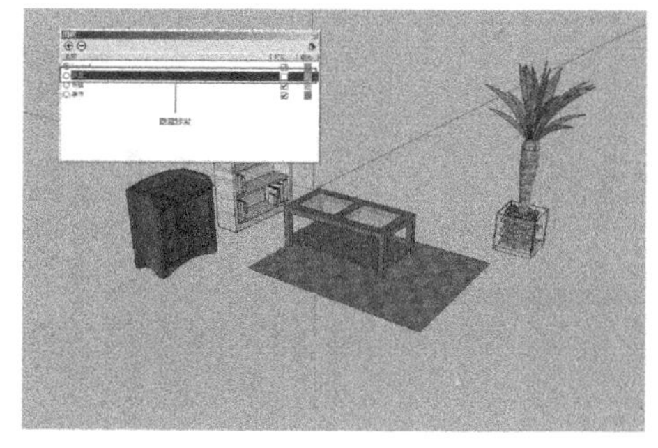

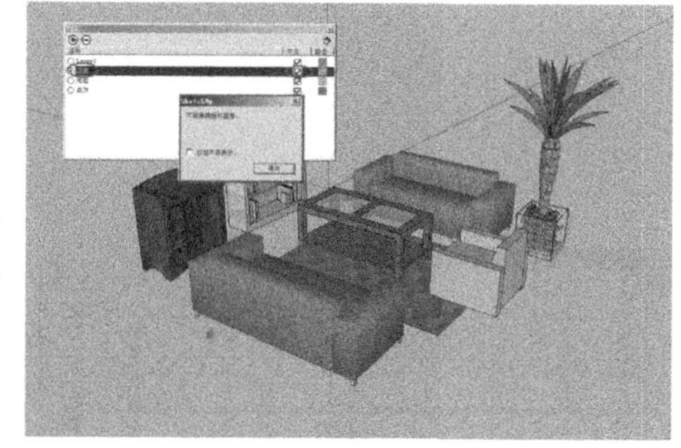

图 2-68　　　　　　　　　　　　　　　　图 2-69

（2）在图层管理器中选择要重命名的图层，使其以蓝色高亮显示，接着用鼠标单击此图层，就可以重新命名了，如图 2-70 所示。

（3）在图层管理器面板中选择“地毯”图层，使其以蓝色高亮显示，接着单击“删除图层”图标⊖，就可以删除该图层。但如果图层中包含物体，此时系统会有相应的选项提示，如图 2-71 所示。

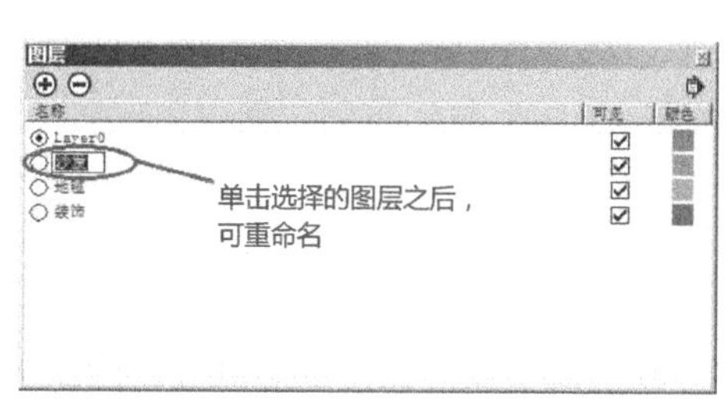

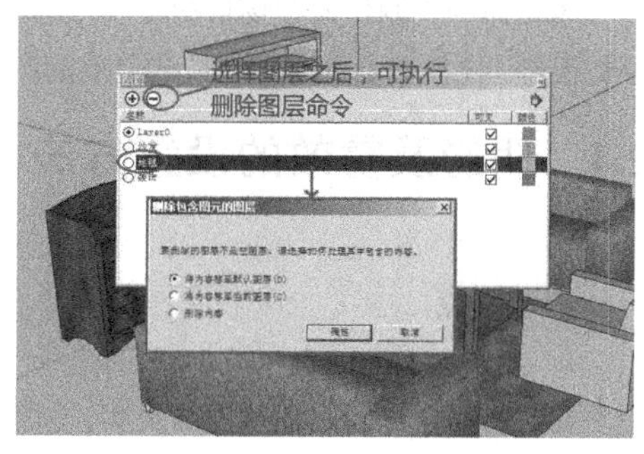

图 2-70　　　　　　　　　　　　　　　　图 2-71

技术看板

（1）将内容移至默认图层(D) 表示所删除图层的内容将会自动移动到默认图层，即 Layer0 中。

（2）将内容移至当前图层(C) 表示所删除图层的内容将自动移到当前图层，及黑色小圆点所在的图层。

（3）删除内容 表示图层的内容将和图层一起被删除。

（4）系统默认的图层 Layer0 是无法删除的。

（5）在图层管理器面板中单击“添加图层”图标⊕，重新添加 4 个新图层，如图 2-72 所示。这 4 个新建图层为空层，即里面不包含任何物体。

（6）单击“详细信息”图标，在弹出的下拉菜单中选择 清除 选项，如图 2-73 所示，可以看到上述步骤中所创建的空层被快速删除了。

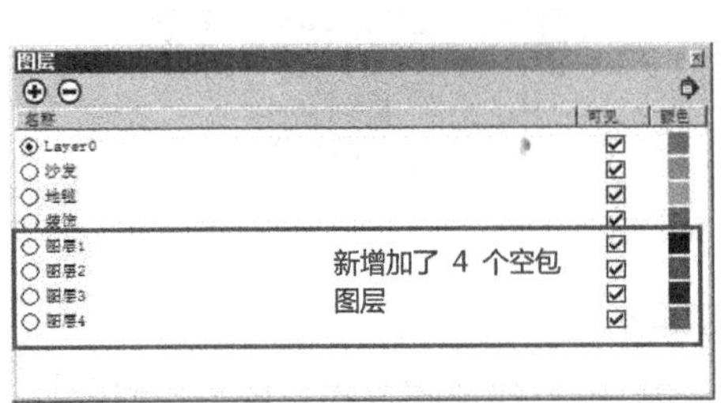

图 2-72

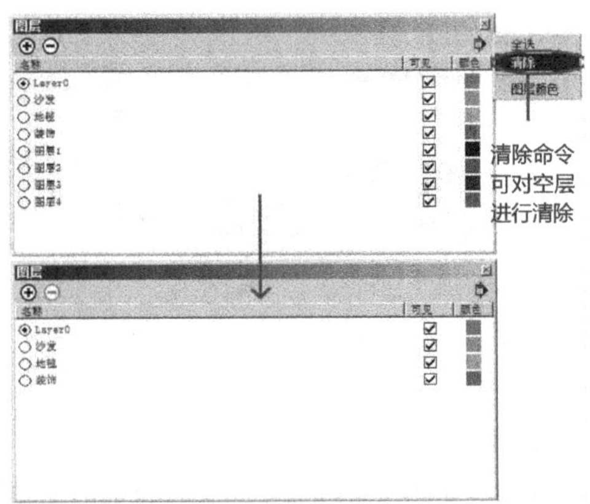

图 2-73

技术看板

清除 命令在制作大型场景的时候，起到很大的作用。由于大型场景对象繁多，图层分类很细，往往会不可避免地造成空层的产生，而 清除 命令可以有效地对图层进行管理。

2.4 阴影及雾效的设置方法

本节要点

要想将一个场景表现得更加真实，就需要知道场景在受灯光和环境影响的时候，是会产生阴影和雾效的。这样会使场景中的物体更加立体并有景深效果。SketchUp 软件也有自己的一套阴影和雾效系统，这一节就来介绍阴影和雾效的设置方法。

2.4.1 设置地理阴影

单击菜单中的“窗口 > 阴影”命令，开启阴影设置面板，阴影的相关参数就在这个面板中进行设置，如图 2-74 所示。

（1）首先开启阴影。单击“显示/隐藏阴影”图标，将模型的阴影显示出来，如图 2-75 所示。

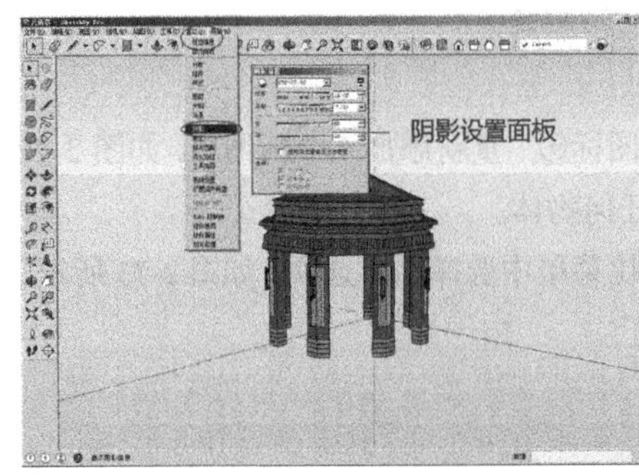

图 2-74

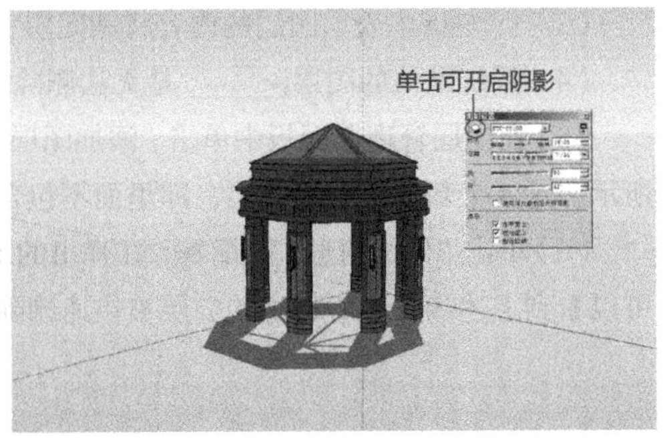

图 2-75

技术看板

因为阴影的开启会极大消耗系统的资源，所以建议在进行初步调整或建模时，可以不必开启阴影，等到最终成图时再单击“显示/隐藏阴影”图标开启阴影。

（2）通过调整时间滑条，或直接在时间框中输入具体时间，可以控制从早上6时30分到下午5时之间的阴影投射情况，如图2-76所示。

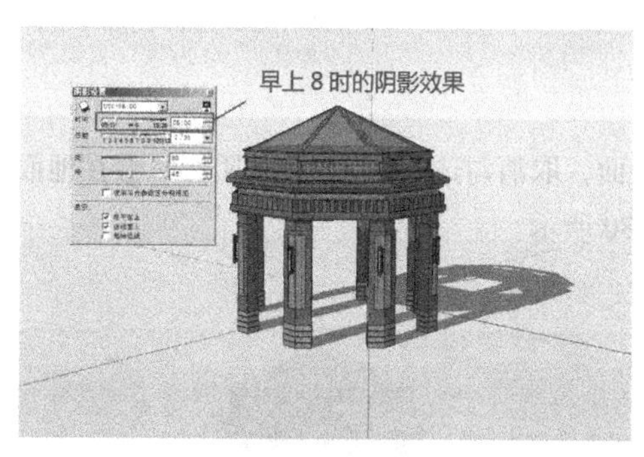

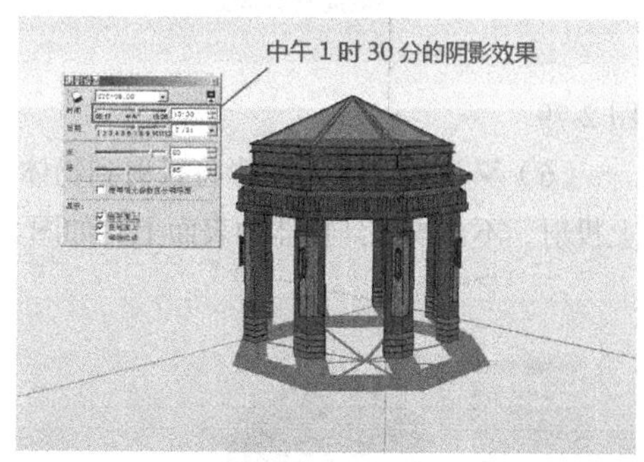

图 2-76

（3）通过调整日期滑块，或直接在日期框中输入具体日期，可以控制一年四季的阴影投射情况，如图2-77所示。

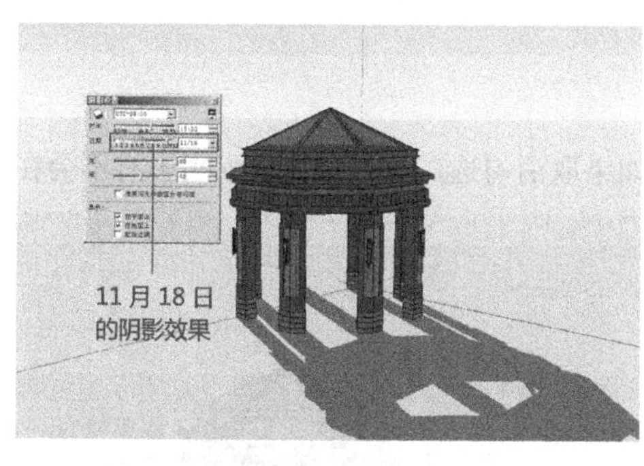

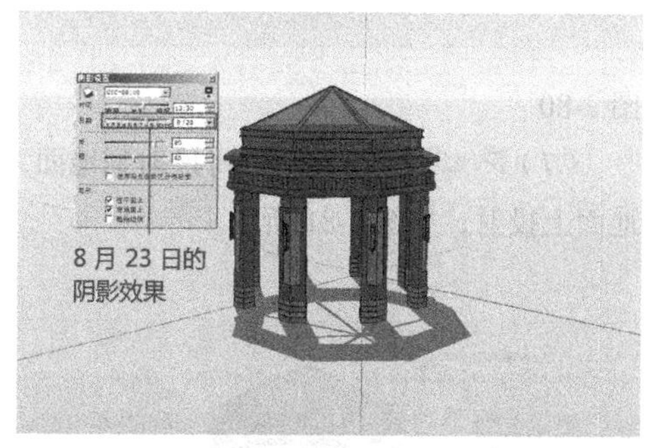

图 2-77

（4）通过调整亮滑条，可以控制光线的强弱，如图2-78所示。

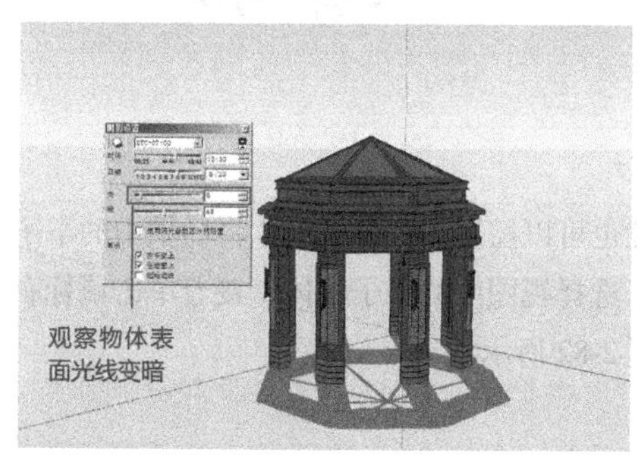

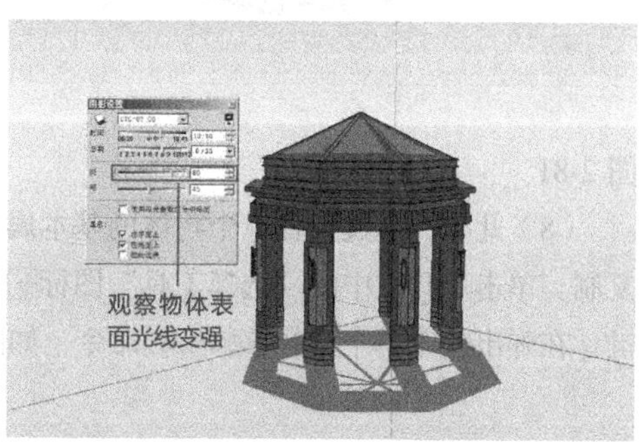

图 2-78

（5）通过调整暗滑块，可以控制阴影的明暗度，如图2-79所示。

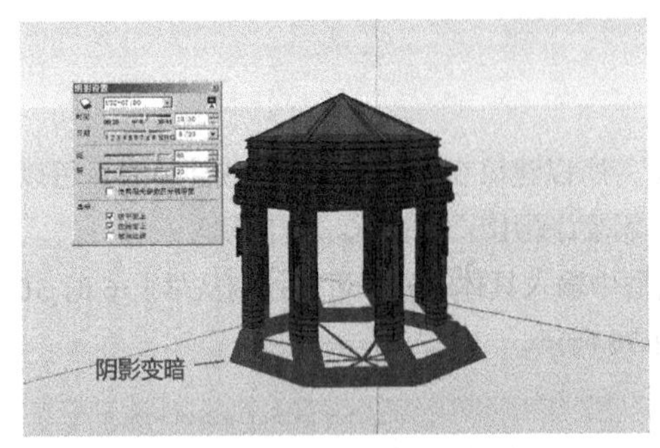

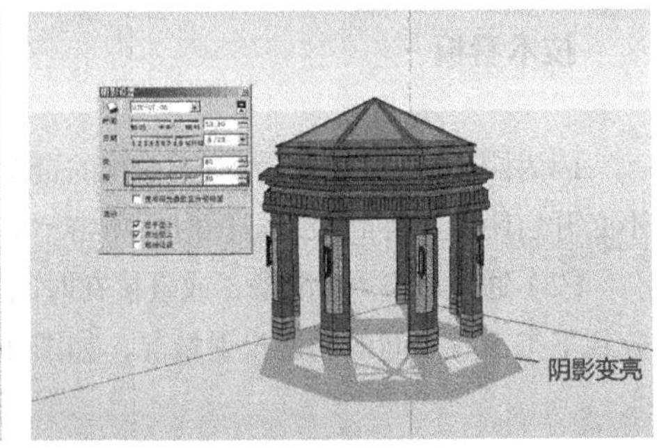

图 2-79

（6）☑在平面上表示阴影将投射到物体表面，取消勾选☐在平面上表示阴影只会在地面上投射，不会投射到物体的表面上，如图 2-80 所示。

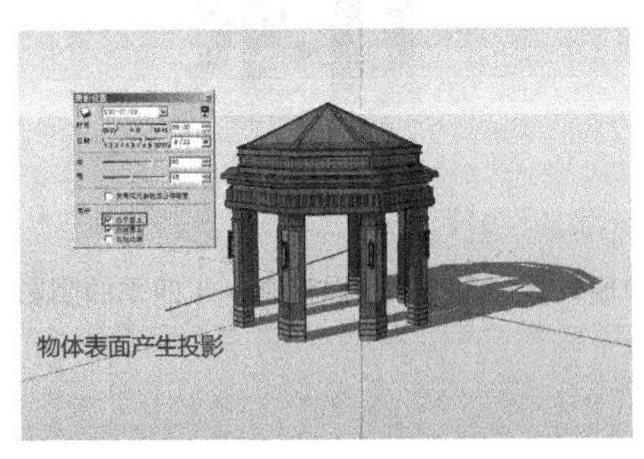

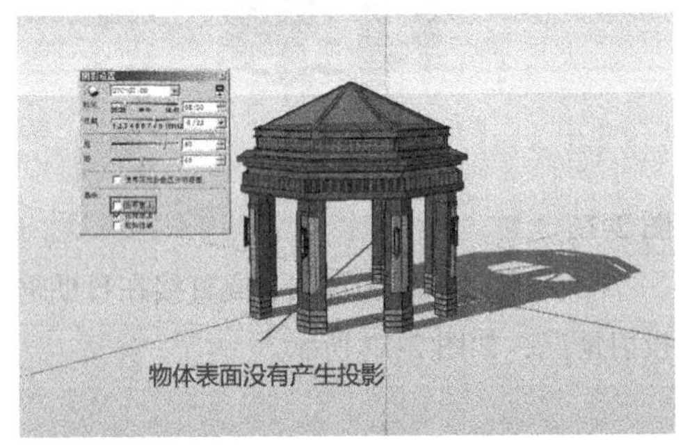

图 2-80

（7）☑在地面上表示阴影将投射到地面，如果取消勾选☐在地面上，表示阴影将不会在地面上投射，如图 2-81 所示。

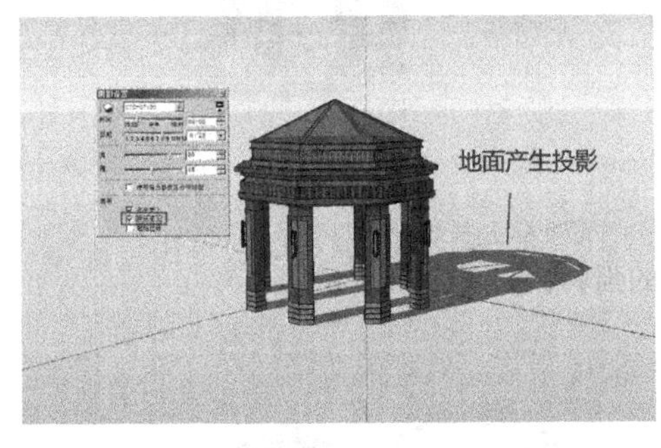

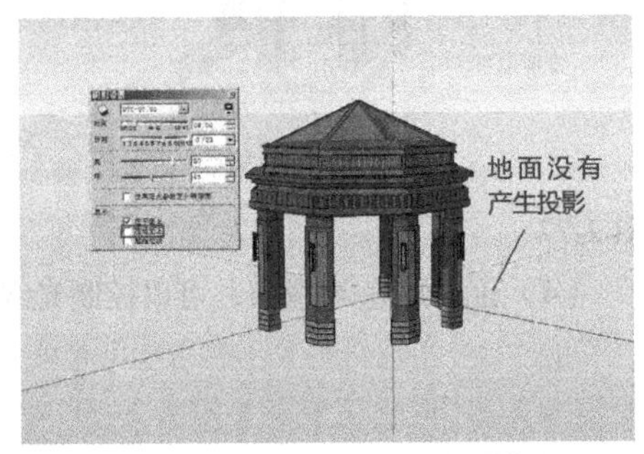

图 2-81

（8）此外，通过设置单个物体的基本属性也可以控制阴影的投射，将场景中的亭子复制。单击工具栏中的“选择工具”图标，选择视图中的亭子物体，接着单击鼠标右键，在弹出的菜单中选择图元信息(I)命令，如图 2-82 所示。

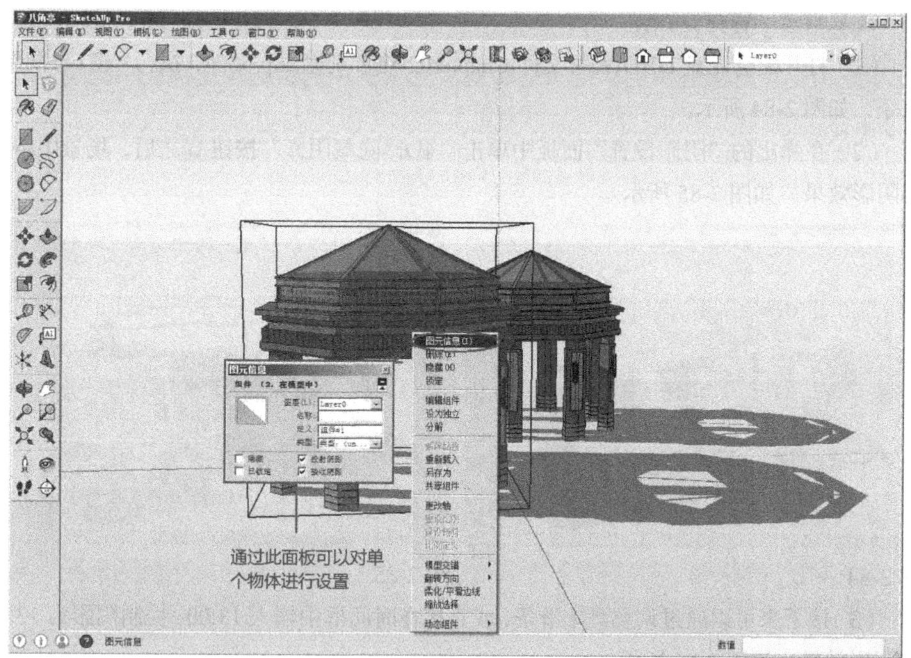

图 2-82

（9）在图元信息面板中取消勾选□投射阴影，视图中的建筑模型将不会投射阴影；取消勾选□接收阴影，视图中的建筑模型将不会接收投影，如图 2-83 所示。

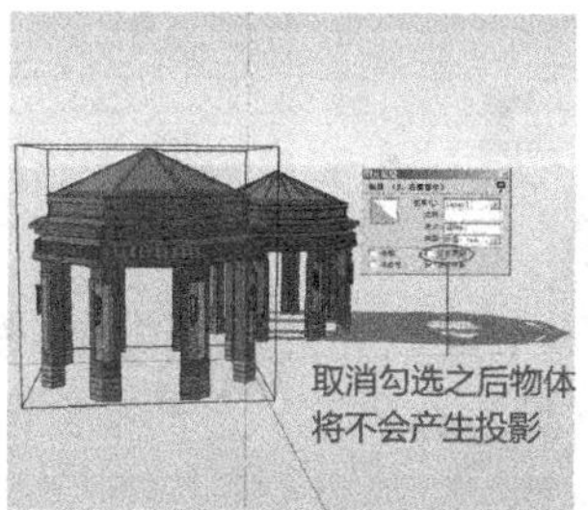

图 2-83

技术看板

□投射阴影和□接收阴影选项和阴影设置中的☑在平面上、☑在地面上选项的异同：二者都是用于控制地面是否产生阴影和物体表面是否产生阴影的，物体的□投射阴影和□接收阴影可以控制单个物体的阴影效果，而阴影设置的☑在平面上和☑在地面上则控制场景全部物体的阴影效果。

【课堂练习】 显示冬至日的光影效果

原始文件：DVD\素材文件\Chapter02\热带别墅.skp

实例文件：DVD\实例文件\Chapter02\显示冬至日的光影效果.skp

视频文件：DVD\视频文件\Chapter02\显示冬至日的光影效果.avi

难易指数：★☆☆☆☆

（1）打开配套光盘 DVD\素材文件\Chapter02\热带别墅.skp 文件，执行“窗口>阴影”命令，如图 2-84 所示。

（2）在弹出的“阴影设置”面板中单击“显示\隐藏阴影”按钮之后，场景中将显示阴影效果，如图 2-85 所示。

图 2-84

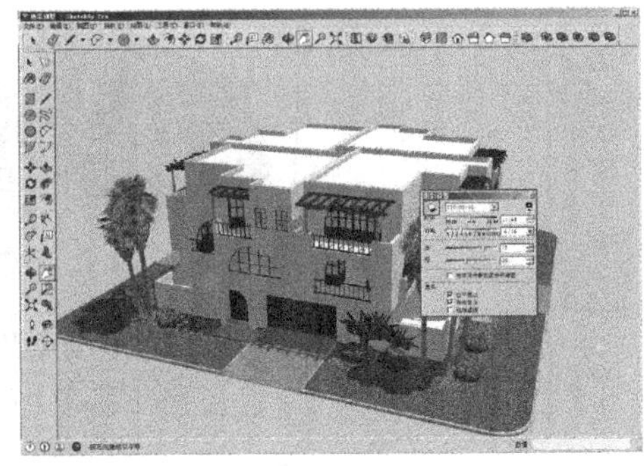

图 2-85

（3）接下来可以通过调整时间滑条，或直接在时间框中输入 13:00，控制阴影为 13:00 的阴影效果，如图 2-86 所示。

（4）最后通过调整日期滑条，或直接在时间框中输入 12 月 22 日，光影效果即为冬至日效果，如图 2-87 所示。

图 2-86

图 2-87

2.4.2 设置环境雾化

单击菜单中的“窗口>雾化”命令，可以开启雾化面板，雾化就在这个面板中进行控制，如图 2-88 所示。

（1）首先开启雾化，勾选☑显示雾化，视图中将显示出雾的效果，如图 2-89 所示。

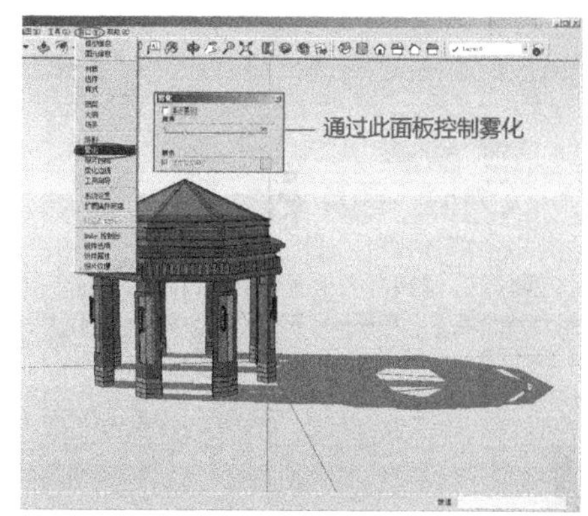

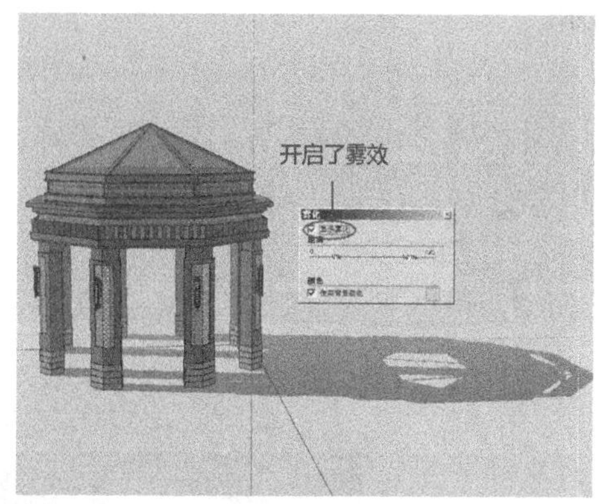

图 2-88　　图 2-89

（2）接下来设置雾的距离。雾的距离将通过 0%和 100%两个滑条在 0~∞（正无穷大）之间进行调节。滑条 0%控制着雾效的起始位置，它越靠近 0，表示当前视角中雾效的起始位置越近；它越靠近∞（正无穷大），表示在当前视角中雾效的起始位置越远，如图 2-90 所示。

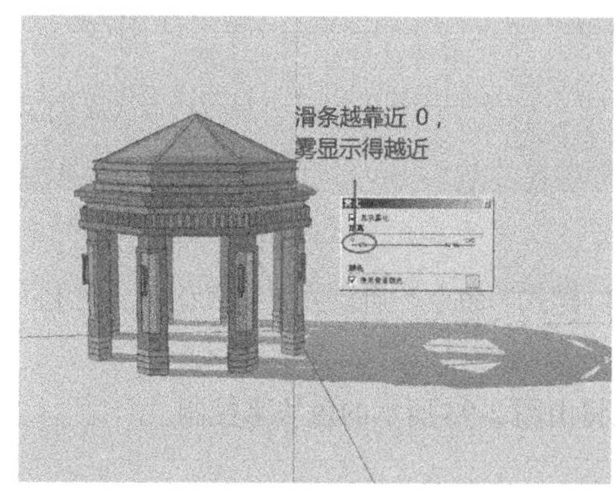

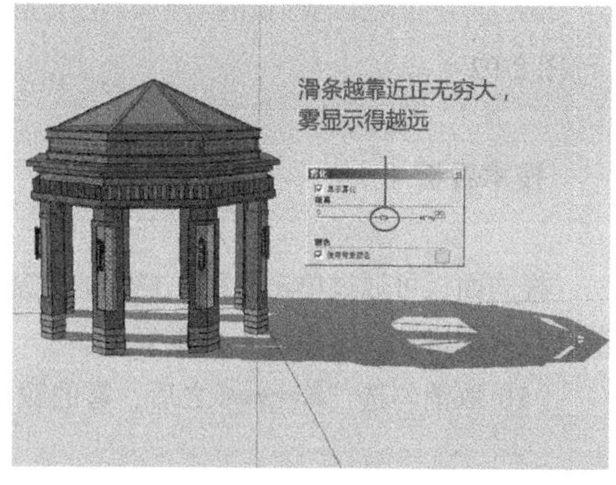

图 2-90

（3）滑条 100%控制着雾的浓度。它越靠近 0，表示在当前视角中雾越浓厚；它越靠近∞（正无穷大），表示在当前视角中雾越稀薄，如图 2-91 所示。

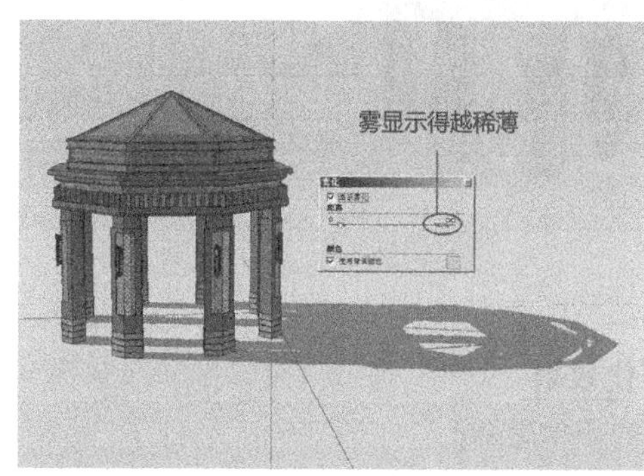

图 2-91

（4）下面介绍雾颜色的设置方法。在默认状态下，雾的颜色由背景色控制，如图 2-92

所示。

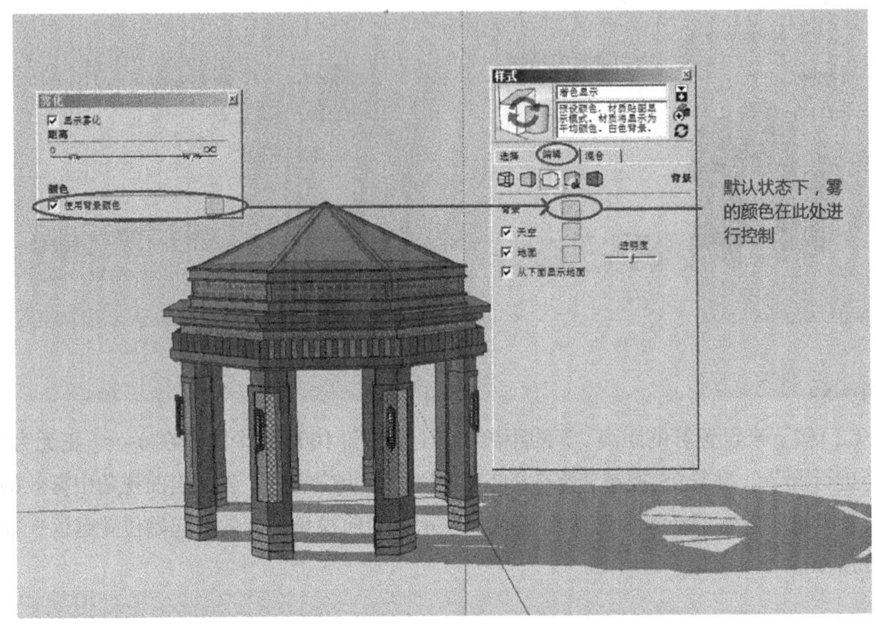

图 2-92

技术看板

样式面板可通过单击主菜单栏中的“窗口>样式”命令开启。关于样式面板，在上一节已经详细讲述，这里就不再重复了。

（5）取消勾选☐使用背景颜色之后，雾的颜色将由图 2-93 所示的色块来控制。

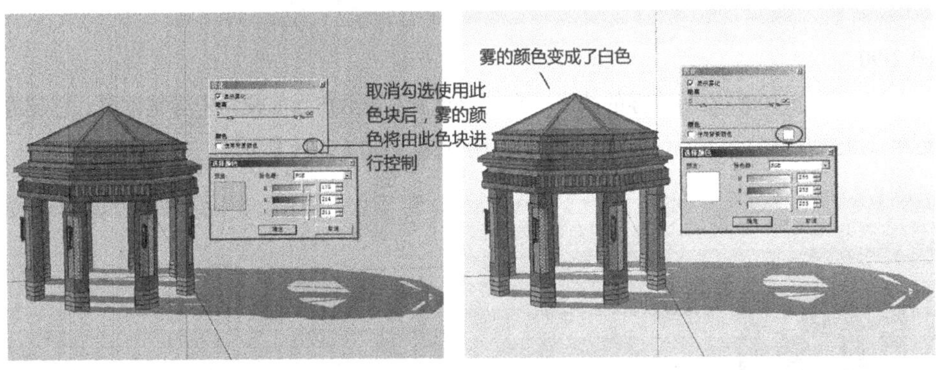

图 2-93

【课堂练习】 为场景添加特定颜色的雾化效果

原始文件：DVD\素材文件\Chapter02\简约小木屋.skp

实例文件：DVD\实例文件\Chapter02\为场景添加特定颜色的雾化效果.skp

视频文件：DVD\视频文件\Chapter02\为场景添加特定颜色的雾化效果.avi

难易指数：★☆☆☆☆

（1）打开配套光盘 DVD\素材文件\Chapter02\简约小木屋.skp 文件，执行“窗口>雾化”命令，如图 2-94 所示。

（2）在弹出的“雾化”面板中勾选☑ 显示雾化，然后取消☐ 使用背景颜色选项，如图 2-95 所示。

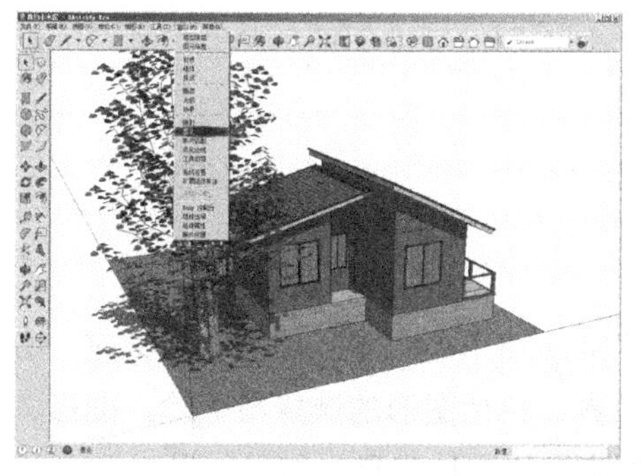

图 2-94

图 2-95

（3）单击☐ 使用背景颜色后面的颜色框，在弹出的“选择颜色”面板中选择所需颜色即可，如图 2-96 所示。

（4）场景显示了该颜色的雾化效果，调节距离 100% 的滑块，加深雾的浓度，如图 2-97 所示。

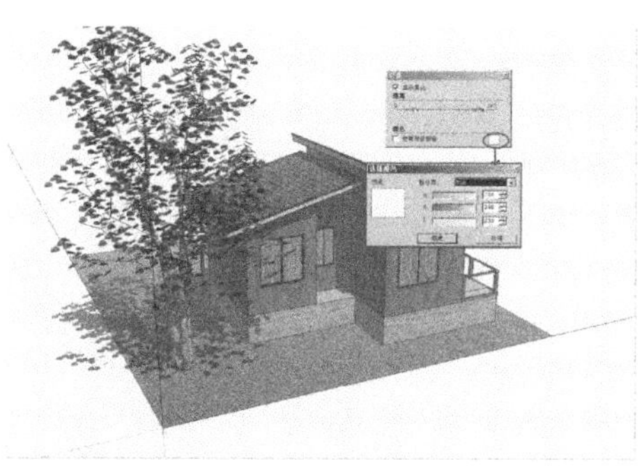

图 2-96

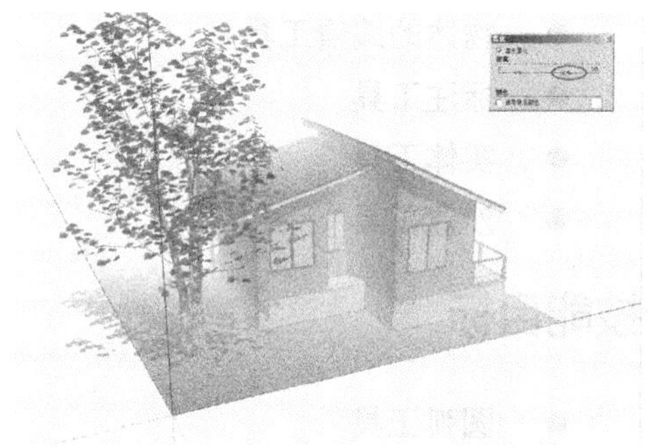

图 2-97

课后习题

1. 如何设置“选择”工具的快捷键？
2. 如何快速切换视图到“前视图”状态？
3. 如何设置场景天空颜色为黄色？
4. 如何为场景添加指定水印？
5. 如何为场景添加紫色的雾效？
6. 如何调出“图层”面板？
7. 指定日期及时间的雾效如何制作？
8. 如何为场景设置粉色的雾效？

第 3 章

SketchUp 基础工具

本章介绍

“工欲善其事，必先利其器。”在使用 SketchUp 软件进行方案创作之前，必须熟练掌握 SketchUp 的一些常用的绘图工具，包括图形的选择与删除，圆形、矩形等基本形体的绘制，生成三维体块时使用的推拉工具，缩放、移动和旋转等编辑物体的工具，灵活使用辅助线绘制精准模型以及模型的尺寸标注等操作。

学习目标

- 绘图工具
- 物体的编辑工具
- 标注工具
- 实体工具
- 沙盒工具

技能目标

- 圆弧工具
- 物体的旋转和旋转复制
- 图形的路径跟随
- 沙盒工具
- 实体工具

3.1 常用工具

本节要点

“选择”工具是所有软件中最基本的工具。在使用的过程中，建议将空格键定义为“选择”工具的快捷键，养成用完其他工具之后随手按一下空格键的习惯，这样就会自动进入选择状态。

3.1.1 一般选择

（1）SketchUp 的选择工具非常强大，而且易于操作。在 SketchUp 操作界面中打开配套光盘 DVD\素材文件\Chapter03\家具.skp 文件，如图 3-1 所示。场景中的物体已经进行了成组的操作，在工具栏单击“选择”工具或执行“工具>选择”命令，在场景单击鼠标左键即可选择物体。

（2）要选择场景中的所有可见物体时，按下快捷键 Ctrl+A 或执行“编辑>全选”命令即可实现；取消全选时，按下快捷键 Ctrl+T 或在场景空白处单击鼠标即可，如图 3-2 所示。

图 3-1

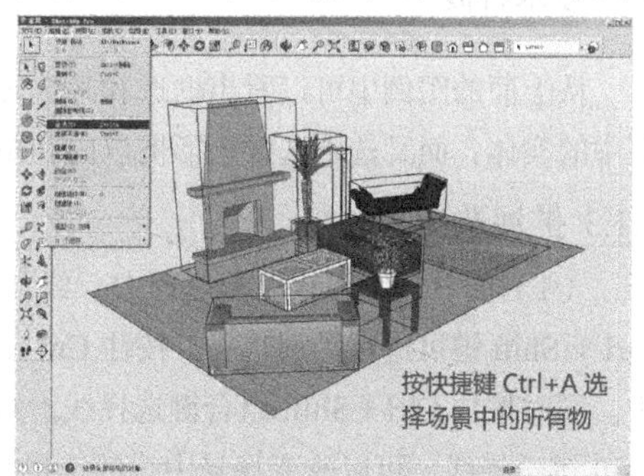

图 3-2

3.1.2 框选与叉选

（1）在使用软件的过程中，如果要同时选择场景中的多个物体，可以单击“选择”工具进行框选，在场景中从左向右拖拽出一个矩形框，快速选择多个物体，如图 3-3 所示，没有被矩形框完全选中的物体将不会被选中。

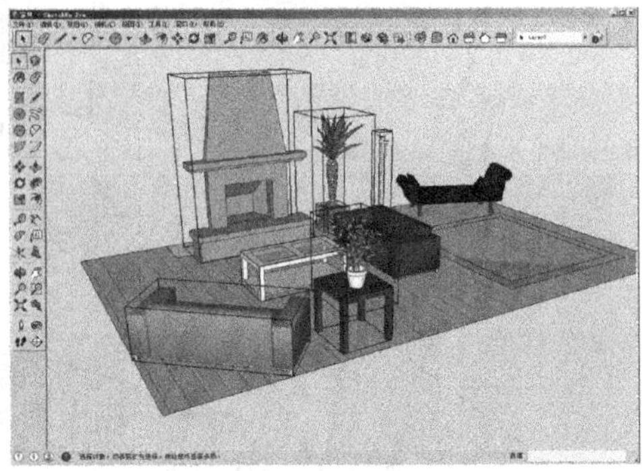

图 3-3

（2）使用“选择”工具进行叉选。与框选相反，叉选是从右向左拖出一个矩形框对场景中的物体进行选择，如图 3-4 所示。没有被矩形框完全框选中的物体，依然可以被选中。

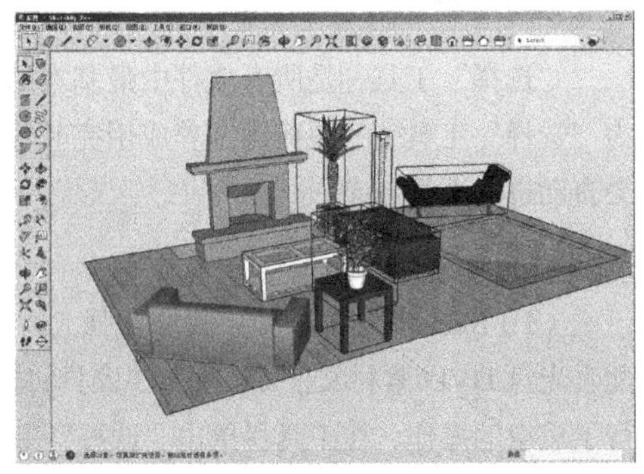

图 3-4

技术看板

从上面的图例中可以看出框选和叉选之间的区别，即框选只能选择完全包含在矩形框中的实体，而叉选则选择矩形框以内和矩形框所接触到的所有实体。

3.1.3 扩展选择

（1）在平时使用软件的过程中，经常需要对模型进行加选或减选。使用键盘上的 Ctrl + Shift 键可进行扩展选择。按住 Ctrl 键选择线，可以将选择的线添加到已选的实体中。同时按住 Ctrl + Shift 组合键选择线，则可以将选择的线从已选的实体中减去。按住 Shift 键选择线，可以改变场景中线的选择状态，如图 3-5 所示。

图 3-5

（2）在选择一个完成的实体时，可以单击物体上的线或者面，然后双击可以选择面及与面相关的线（或线及与线相关的面），三击该物体则可选择物体的所有元素，如图 3-6 所示。

图 3-6

（3）选择物体的线或面之后，单击鼠标右键也可以进行关联的选择。先选择沙发的一个面，单击鼠标右键，在弹出的菜单中执行“选择>边界边线”命令，即可将面内所有的边线都选择出来；执行“选择>连接的平面”命令可将与所选面相邻的面都选择出来；执行“选择>连接的所有项”命令可将元素所在的整个物体都选择出来；执行“选择>同一图层的所有项”命令可选择元素所在图层上的所有物体；执行“选择>使用相同材质所有项”命令可选择场景中与元素相同材质的所有物体。图 3-7 展示了“边界边线”和“连接的所有项”的选择结果。

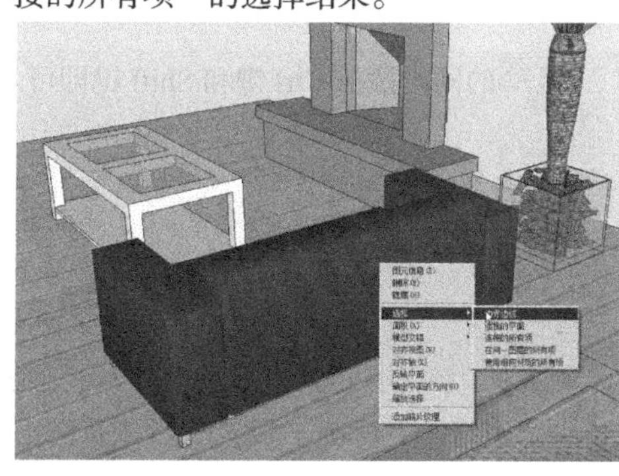

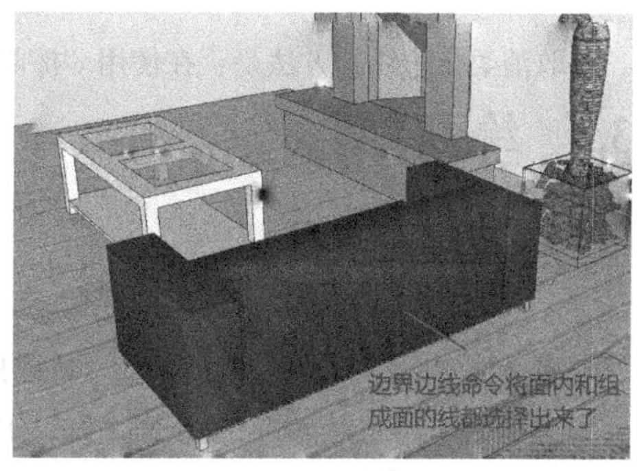

图 3-7

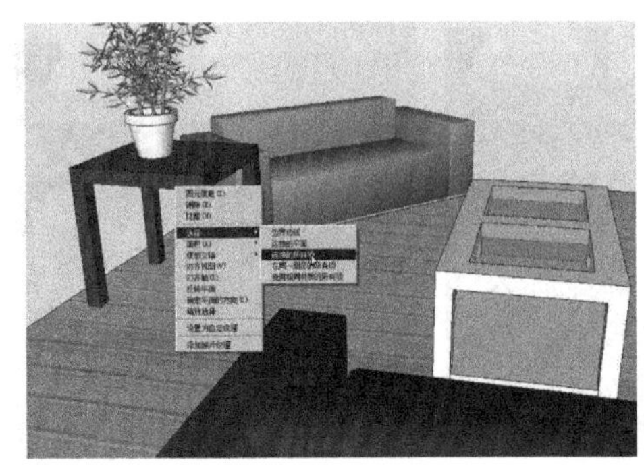

图 3-7（续）

3.1.4 删除图形

1．删除物体

删除物体的方法：首先选择“擦除”工具，在想要删除的几何体上面单击即可将其删除；按住鼠标左键不放，在要删除的物体上拖拽，此时物体会高亮显示，松开鼠标左键即可全部删除；如果不小心选中了不想删除的几何体，可以在删除之前按下 Esc 键取消操作。

在拖拽鼠标的时候，可能会因为鼠标移动过快会漏掉一些线，这时只需重复拖拽操作即可。

如果是要删除大量的线，可以先使用“选择”工具进行选择，然后按 Delete 键删除。

2．隐藏边线

隐藏边线的方法是：在使用“擦除”工具的同时按住 Shift 键即可。

3．柔化边线

柔化边线的方法是：在使用“擦除”工具的同时按住 Ctrl 键即可。

4．取消柔化边线

取消柔化边线的方法是：在使用“擦除”工具的同时按住 Ctrl 键和 Shift 键即可。

3.2 绘图工具

本节要点

本节详细介绍 SketchUp 软件的二维图形绘制工具。该工具组共有 6 个工具，分别是“矩形”工具、“直线”工具、“圆”工具、“圆弧”工具、“多边形”工具和“手绘线”工具。

3.2.1 矩形工具

在绘制基本矩形平面的时候一定会用到“矩形”工具▨，单击工具栏中的“矩形”工具图标▨或执行“绘图>形状>矩形”来激活矩形工具。激活后就可以在视图中任意拖拽鼠标，指定对角点来创建矩形平面，如图 3-8 所示。

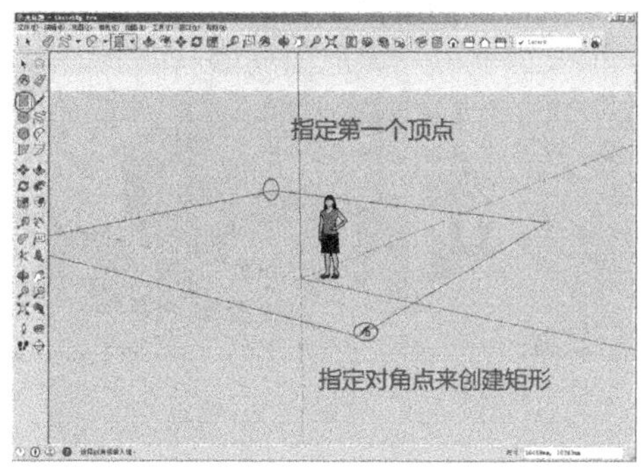

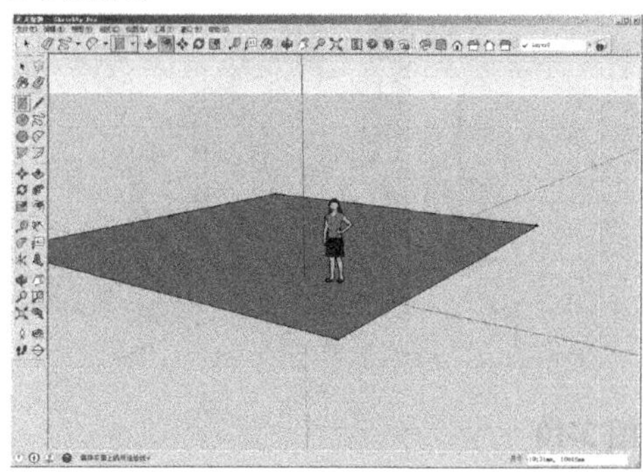

图 3-8

（1）SketchUp 可以精确地创建平面。当指定一个顶点后，在尺寸输入框中输入数值后就可以创建固定尺寸的平面了。需要注意的是，在输入尺寸时，需要用“”将其分隔开。指定一个顶点后，移动光标会出现正方形和黄金分割提示，此时就可以创建正方形和黄金分割比例的平面了，如图 3-9 所示。

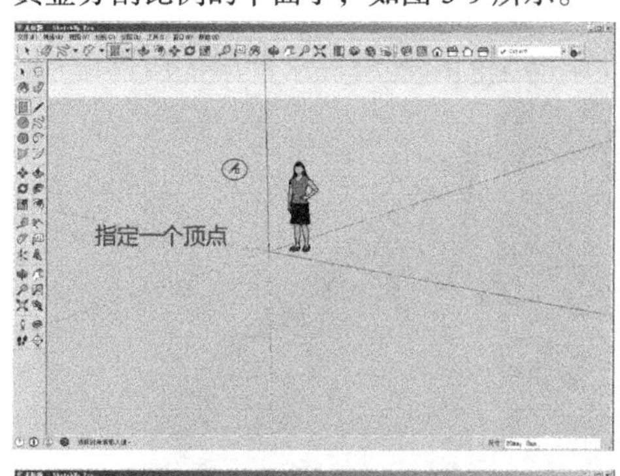

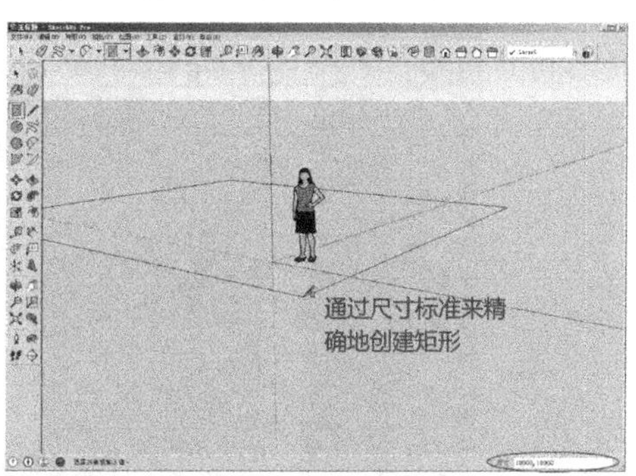

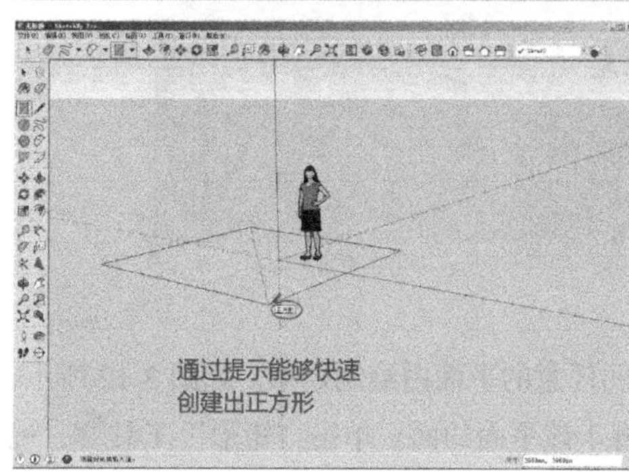

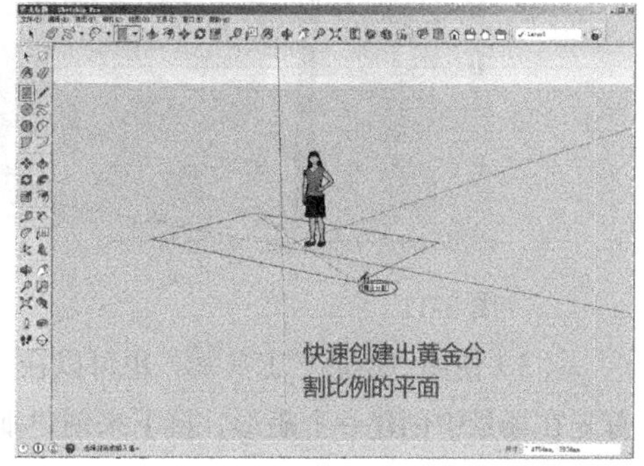

图 3-9

（2）使用“矩形”工具▨也可以在已有物体上创建平面。打开配套光盘中的 DVD\素材文件\Chapter03\房子.skp 文件，如图 3-10 所示。这是一整套房屋结构模型，要在房屋外墙上制作一个窗洞。单击“矩形”工具▨，将鼠标移动到房屋外墙墙面上。当出现蓝色的点并提示[在平面上]时，单击鼠标指定一个顶点。当出现[黄金分割]点的提示时，再单击鼠标完成平面创建。

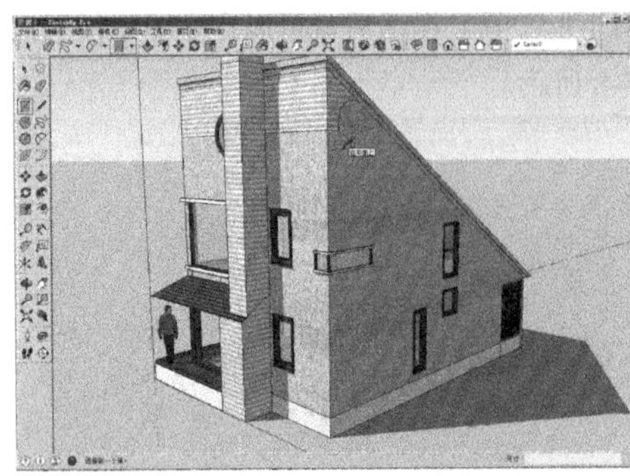

图 3-10

技术看板

我们经常用到的建模手段就是在已有物体上创建平面，选择“推/拉”工具，单击创建的平面向内推，直到出现[在平面上]的提示，然后单击鼠标完成窗洞的创建，如图 3-11 所示。可以看到在已有物体上绘制矩形，可以对面进行分割。

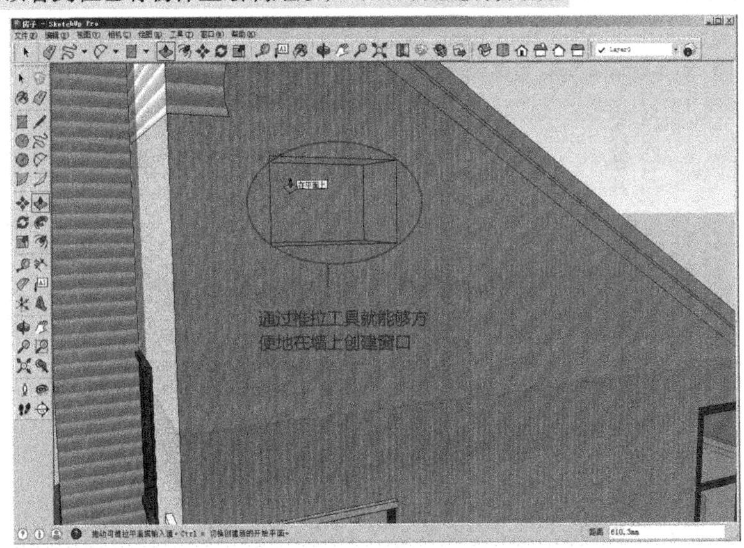

图 3-11

（3）使用“矩形”工具，也可以在空间任意的平面内绘制矩形。如图 3-12 所示，首先在场景中创建一个矩形，接下来创建垂直于该平面的面。单击“矩形”工具，确定矩形第一个顶点，移动鼠标在垂直面内寻找矩形第二个点，找到正确的方向后，按住 Shift 键锁定方向，当出现提示时，单击鼠标左键完成垂直矩形的创建。

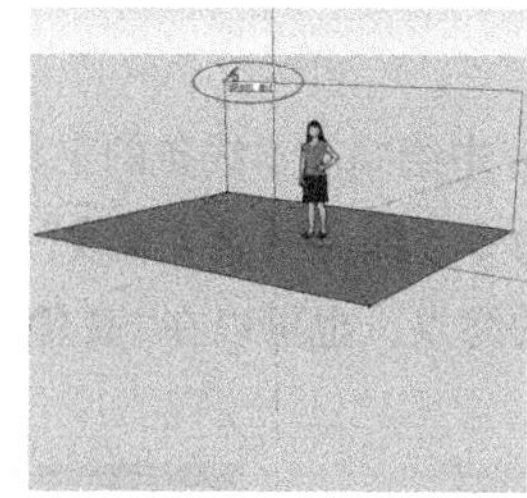

图 3-12

【课堂练习】 创建指定大小的矩形面

原始文件：无

实例文件：DVD\实例文件\Chapter03\创建指定大小的矩形面.skp

视频文件：DVD\视频文件\Chapter03\创建指定大小的矩形面.avi

难易指数：★☆☆☆☆

（1）打开 SketchUp 软件，执行“窗口>模型信息”命令，在弹出的“模型信息”面板中选择“单位”，设置单位为“mm”，如图 3-13 所示。

（2）单击工具栏中的“矩形”工具按钮，在绘图窗口拖拽鼠标，绘制矩形，如图 3-14 所示。

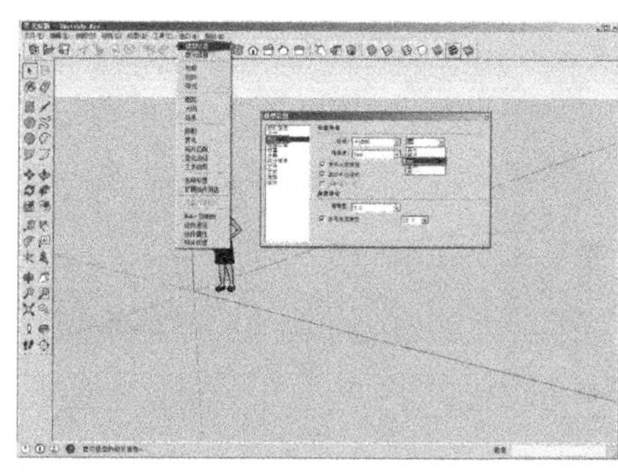

图 3-13

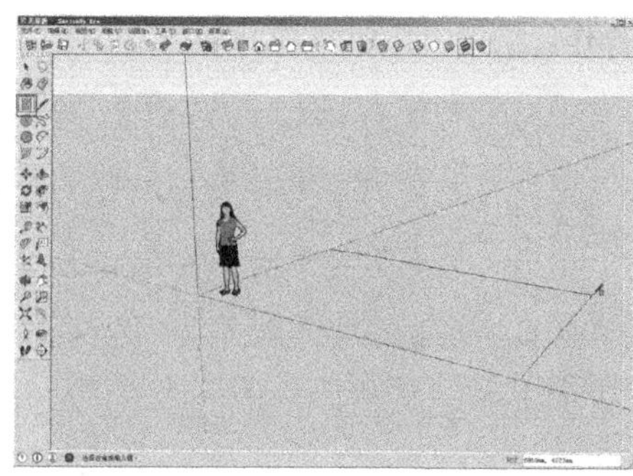

图 3-14

（3）选择“矩形”工具按钮，拖拽鼠标的同时，在尺寸输入框中输入“5000，3000”，数字中间用逗号隔开，如图 3-15 所示。

（4）输入完文字后，按下 Enter 键，结束操作，矩形面创建完成，如图 3-16 所示。

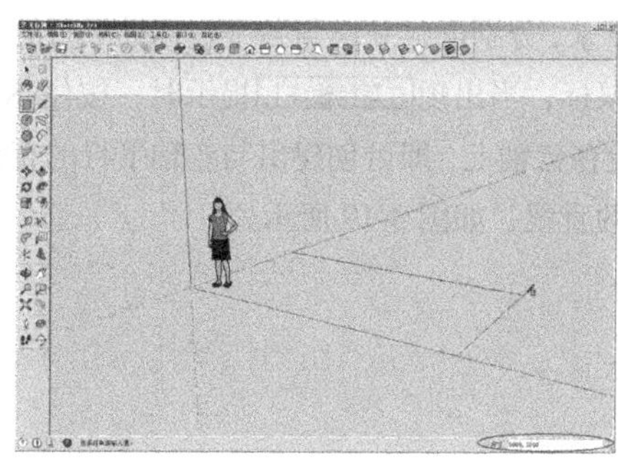

图 3-15

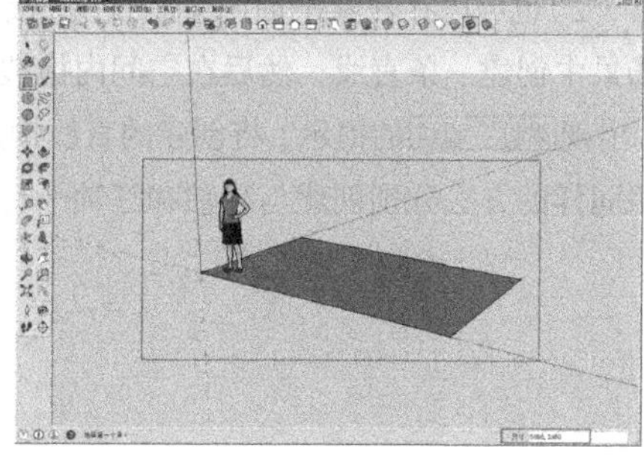

图 3-16

3.2.2 直线工具

“直线”工具是 SketchUp 中绘制基本线条的工具。在工具栏中单击“直线”工具或执行“绘图>直线>直线”命令，即可激活“直线”工具。在绘制直线的时候，首先指定直线的起点，再绘制直线的终点，也可以在长度输入框中输入数值精确创建直线，如图 3-17 所示。

图 3-17

（1）在创建完成的直线上继续移动鼠标，会出现相应的状态提示，如图 3-18 所示，分别指定点在当前直线上的位置，如端点、在边线上和中点，这样可以方便我们进行下一步操作。

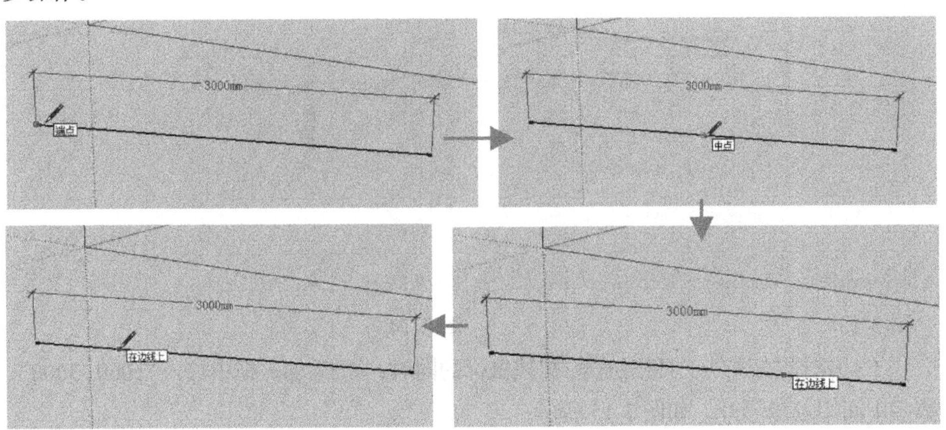

图 3-18

（2）也可以在任意平面内绘制直线。接下来，分别创建一条与各个坐标轴平行的线。在场景中创建一条直线，然后在空间内拖拽鼠标，当出现在蓝色轴线上提示时，按住 Shift 键，出现限制在 直线的提示，将创建的直线锁定在蓝轴上，即可创建出与蓝轴平行的直线。按照同样的方法分别创建与绿轴和红轴平行的直线，如图 3-19 所示。

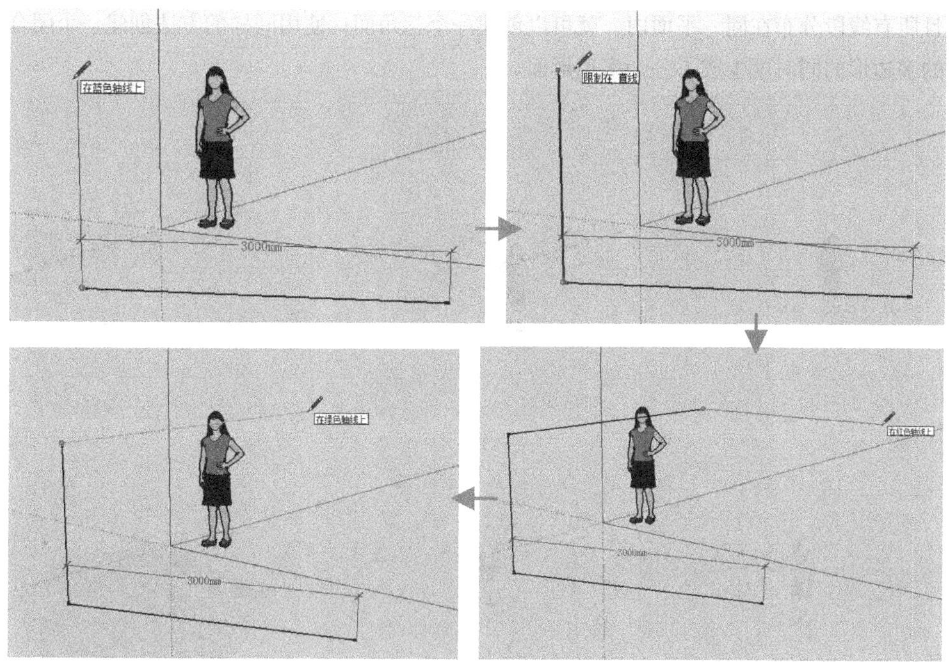

图 3-19

（3）在创建平行、垂直等直线的时候，SketchUp 强大的捕捉和追踪功能有很大的作用，并且这种追踪功能是自动开启的。如图 3-20 所示，单击“直线”工具，指定起点后，捕捉方向出现和边线平行时，可以创建与原直线平行的线；在直线外指定起点，向原直线移动，待出现垂直于边线时，创建的直线与原直线垂直。

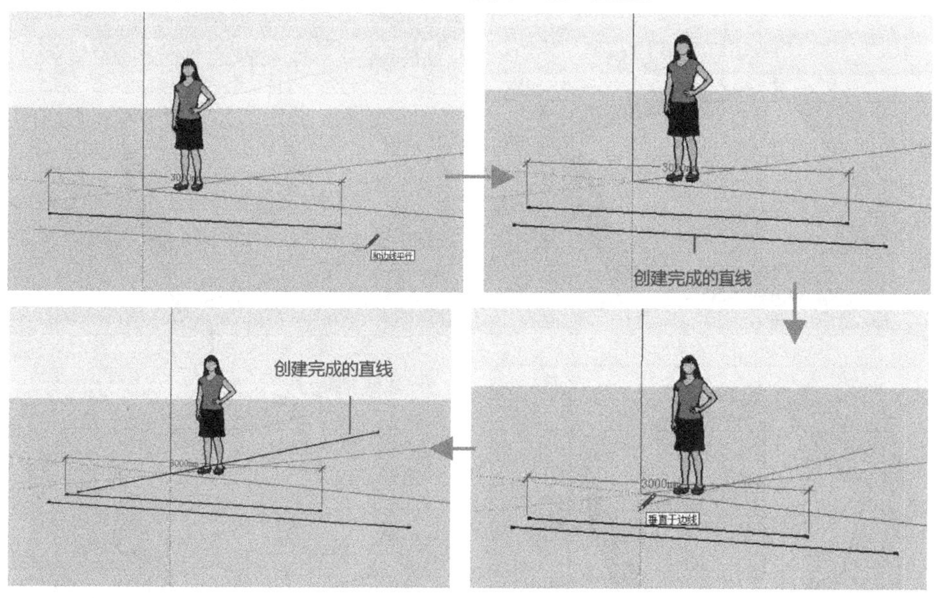

图 3-20

（4）“直线”工具也可以创建面。但是，绘制出来的闭合线段必须分布在同一平面内，这样 SketchUp 才能创建出平面。如图 3-21 所示，创建一个闭合的三角形线段，且所有线段分布在同一平面内，就可以创建一个三角面；使用同样的方法创建一个闭合的多边形的同时就生成了一个多边形面。

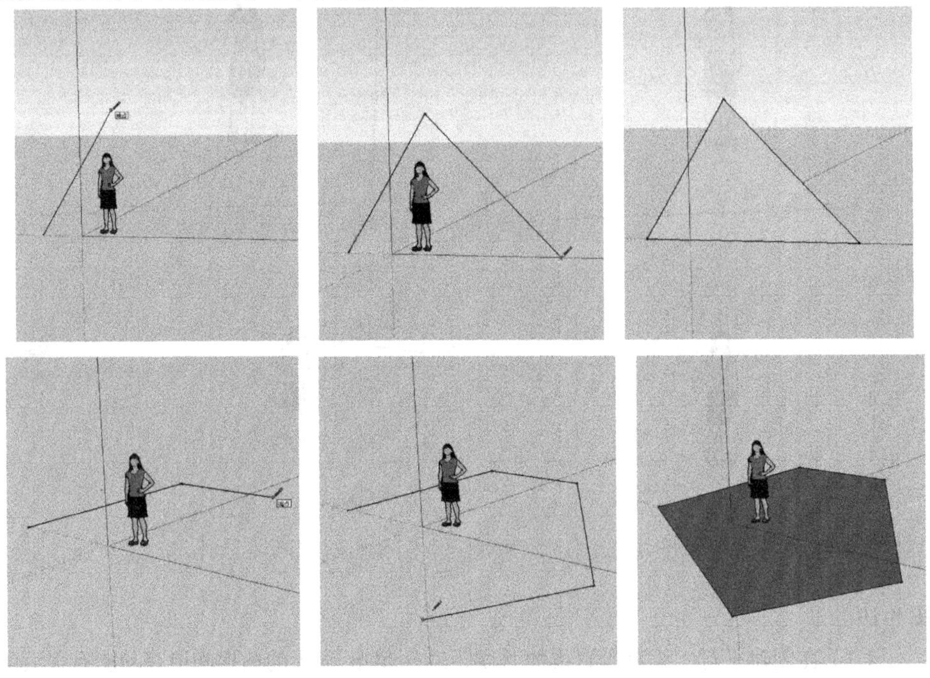

图 3-21

（5）在制作的过程中，如果要对平面进行分割，也可以使用“直线”工具。如图 3-22 所示，将起点和终点都指定在平面的边线上，平面被分割成了两部分。

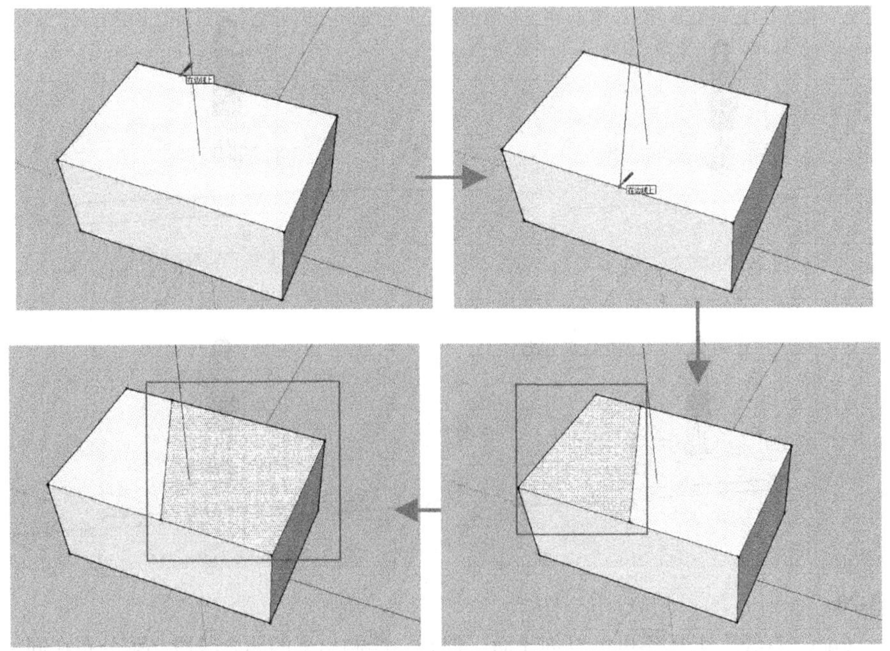

图 3-22

技术看板

SketchUp 中对于对平面产生分割平面的线段以细线显示，对于没有对平面产生分割作用的线段则以粗线表示，如图 3-23 所示。

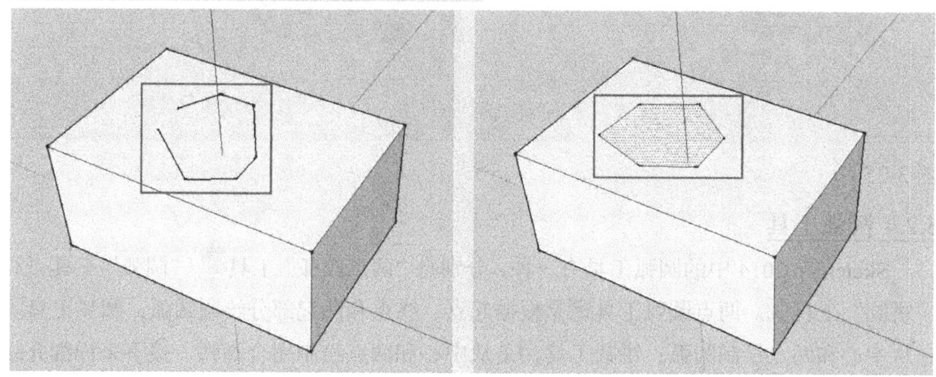

图 3-23

3.2.3 圆工具

“圆”工具是 SketchUp 软件中绘制圆形的基本工具。在工具栏单击“圆”工具图标或执行“绘图>形状>圆”命令，激活“圆”工具。在场景中单击指定圆心，然后移动鼠标可调整圆的半径（半径值会在数值输入框中动态显示，也可以在此直接输入半径值），接着再次单击即可完成圆的绘制，如图 3-24 所示。

图 3-24

圆是由正多边形组成的，所以正多边形的边数越多，绘制的圆也就越光滑，反之亦然。在 SketchUp 软件中，当执行圆心后，在半径输入框中输入“数字 S”，就可以设置圆的边数，如图 3-25 所示。

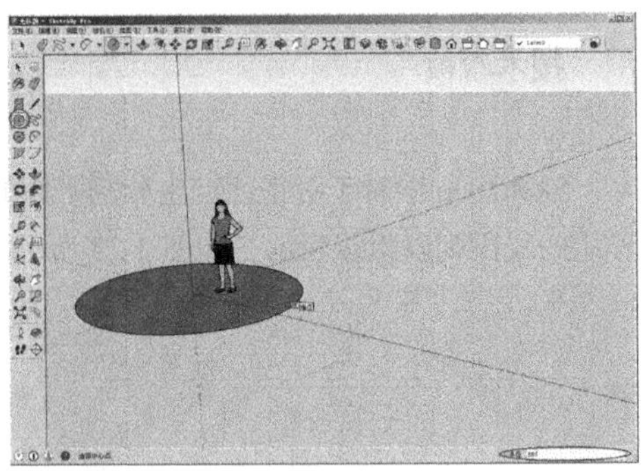

图 3-25

3.2.4 圆弧工具

SketchUp 2014 中的圆弧工具有三种，分别是“两点圆弧”工具、“圆弧”工具和“饼圆”工具。两点圆弧工具是根据起点、终点和凹起部分绘制圆弧；圆弧工具是从中心和两点绘制圆弧；饼圆工具是从中心和两点绘制闭合圆弧。接下来详细介绍圆弧工具。

1．两点圆弧工具

（1）单击工具中的“两点圆弧”工具或执行“绘图>圆弧>两点圆弧”命令，激活工具。此时，状态栏提示 选择开始点。。指定开始点之后，拖拽鼠标指定圆弧终点，然后通过推拉弧线来确定弧度，如图 3-26 所示。

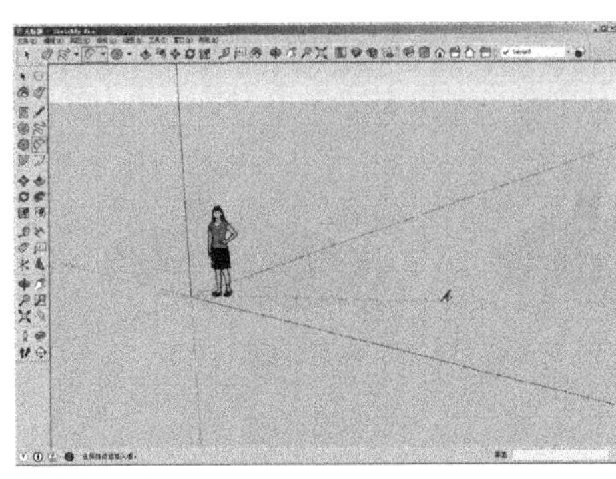

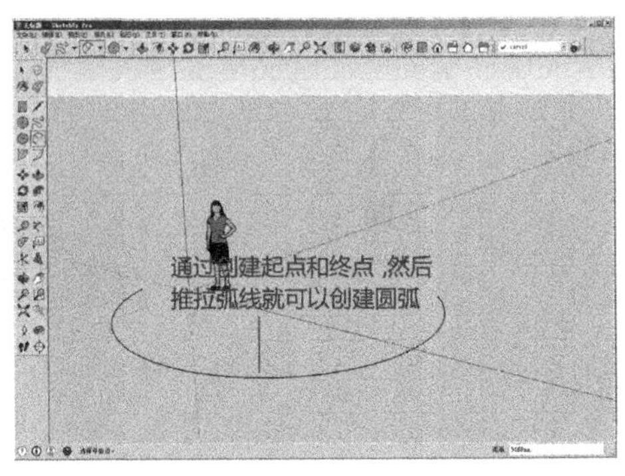

图 3-26

（2）指定圆弧的两个端点后，推拉弧线时出现半圆时，即可创建半圆弧；也可以在长度输入框中设置弧线的长度，在 弧高 输入框中设置弧线的高度，如图 3-27 所示。

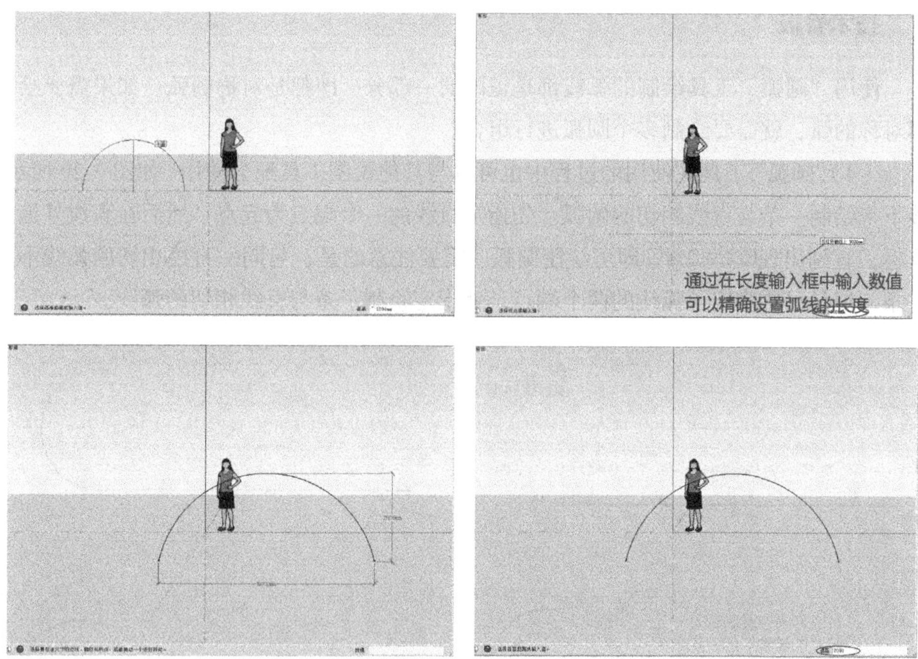

图 3-27

（3）和“圆形”工具一样，圆弧也可以在弧高输入框中输入“数字 s”来改变圆弧的段数，如图 3-28 所示。

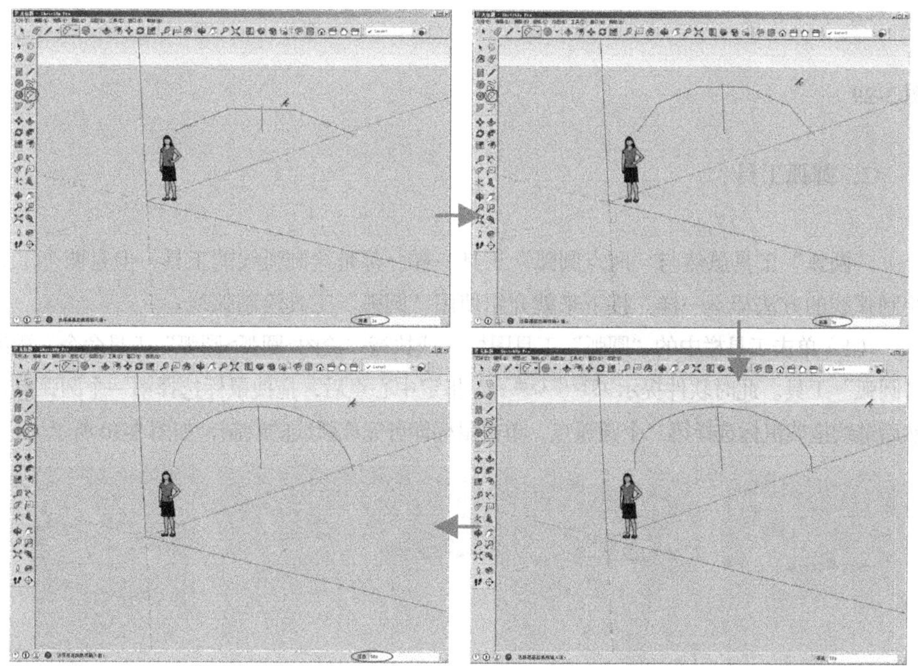

图 3-28

技术看板

使用“圆弧”工具绘制的弧线都是正圆的一部分，即都是对称圆弧。如果需要绘制不对称的弧，就需要绘制多个圆弧进行组合。

（4）“圆弧”工具在使用的过程中也可以与其他绘图工具配合使用。如图 3-29 所示，接下来绘制一条与直线相切的圆弧。先指定直线的一个端点为起点，然后在直线外拖拽鼠标，直到出现在顶点处相切即可绘制圆弧。需要注意的是，与同一直线相切的弧线不止一条，但是只要确定了弧线的两个端点，就指定绘制一条与直线相切的弧线。

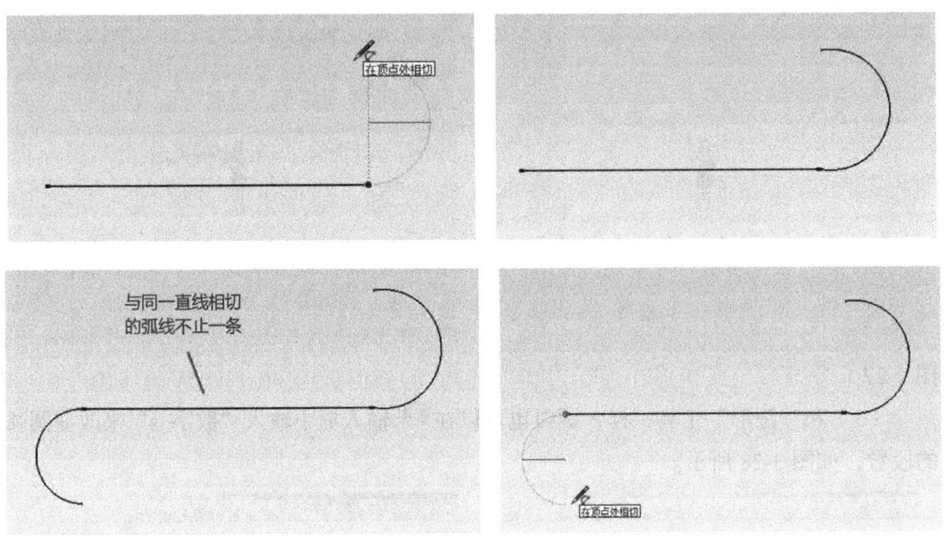

图 3-29

2．圆弧工具

“圆弧”工具虽然与“两点圆弧”工具一样，都是绘制弧线的工具，但是两个工具绘制弧线的方法却不一样。接下来就介绍使用“圆弧”工具绘制弧线。

（1）单击工具栏中的“圆弧”工具图标或执行“绘图>圆弧>圆弧”工具命令，激活“圆弧”工具。此时软件提示选择中心点。，指定中心点后，拖拽鼠标选择第一个圆弧点，然后继续拖拽鼠标选择第二个圆弧点，单击鼠标即可完成弧线的绘制，如图 3-30 所示。

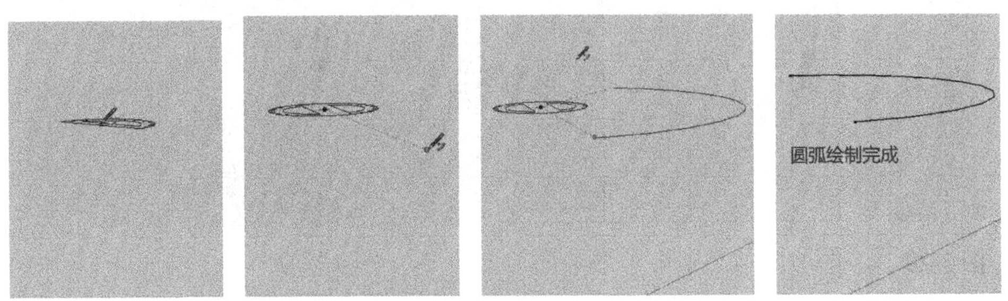

图 3-30

（2）精确创建圆弧的方法是：指定圆弧的中心点之后，在 半径 输入框中输入数值，确定第一个圆弧点，然后在 角度 输入框中输入角度数，确定圆弧角度和第二个圆弧点，如图 3-31 所示。

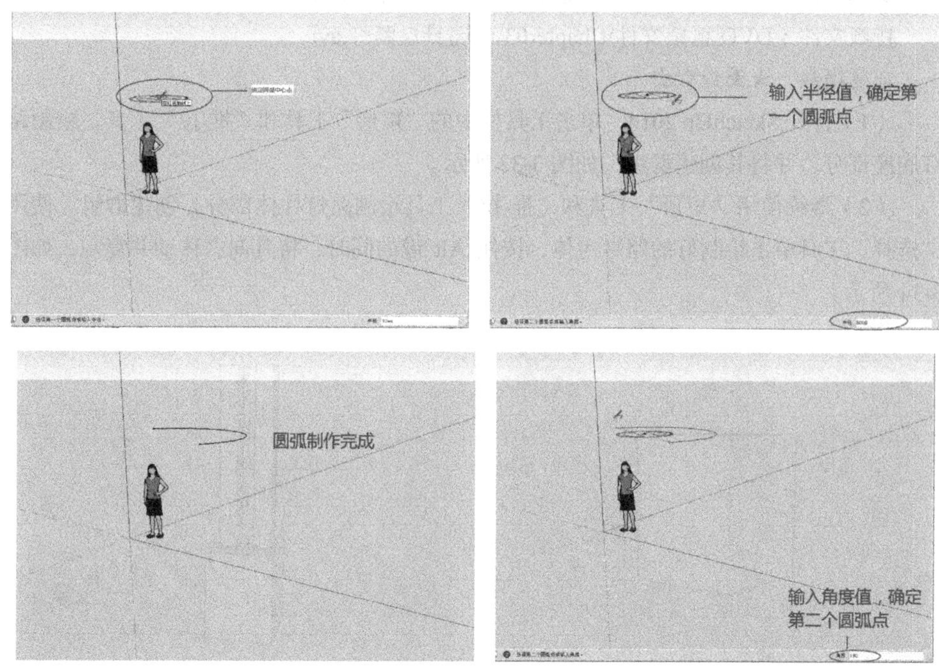

图 3-31

（3）“圆弧”工具可以通过在 角度 输入框中输入“数字 s”来改变圆弧的段数，这里就不再赘述。

3．饼圆工具

“饼圆”工具的用法和“圆弧”工具是一样的。不同之处在于，“圆弧”工具绘制的是弧线，而“饼圆”工具绘制的是闭合的圆弧，如图 3-32 所示。

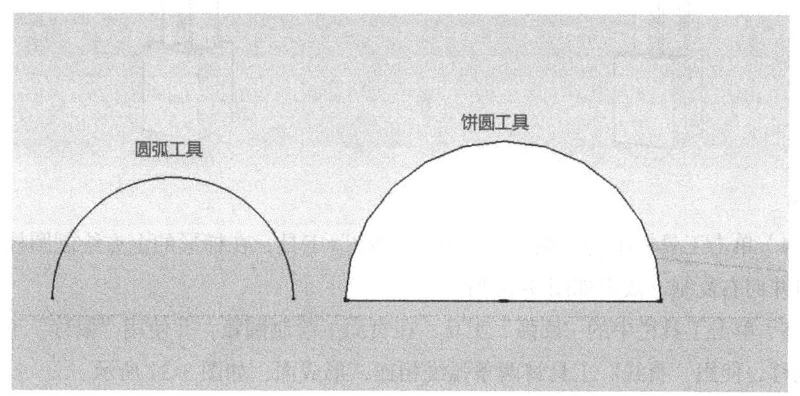

图 3-32

【课堂练习】 创建景观路灯

原始文件：无

实例文件：DVD\实例文件\Chapter03\创建景观路灯.skp

视频文件：DVD\视频文件\Chapter03\创建景观路灯.avi

难易指数：★★☆☆☆

（1）打开 SketchUp 2014，单击工具栏中的“矩形”工具和“推/拉”工具，绘制路灯底座部分，并将其创建群组，如图 3-33 所示。

（2）继续使用“矩形”工具和“推/拉”工具绘制路灯柱体部分，创建群组。使用“选择”工具单击绘制好的路灯主体，按住 Alt 键的同时，将其向右移动并复制，如图 3-34 所示。

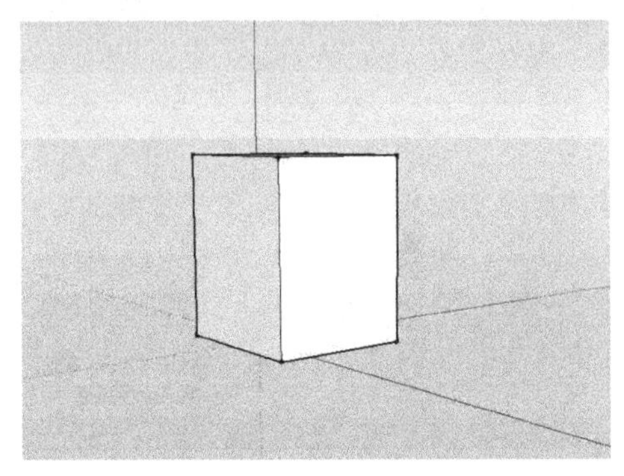

图 3-33

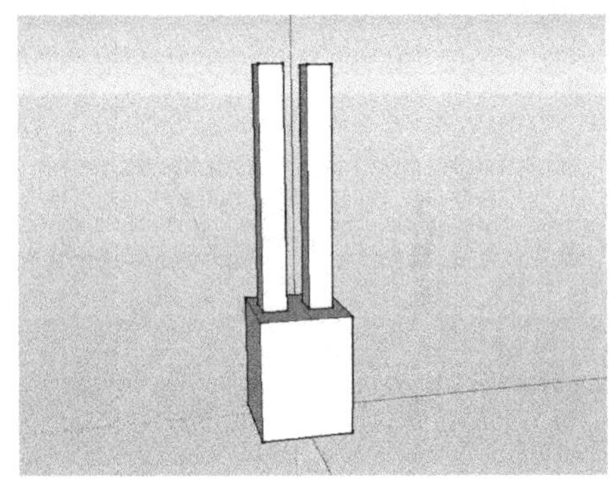

图 3-34

（3）单击工具栏中的“直线”工具，在“右视图”中绘制一个梯形面，然后单击“推/拉”工具，将梯形面推出厚度，如图 3-35 所示。

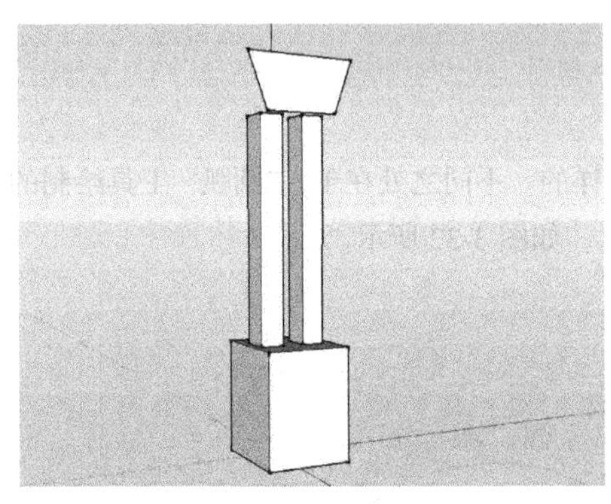

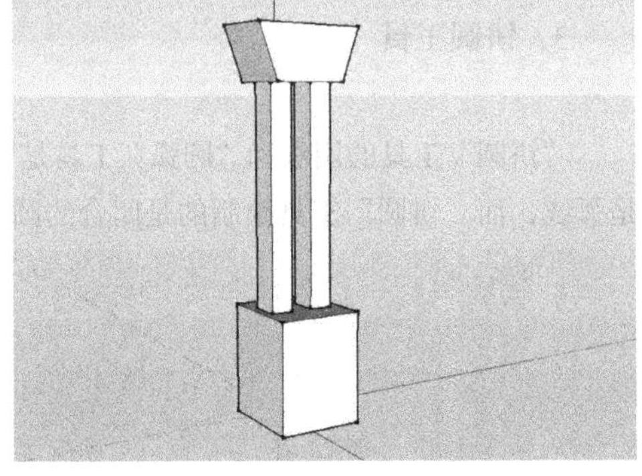

图 3-35

（4）单击工具栏中的“圆”工具和“推/拉”工具，在梯形的上方绘制圆柱体，创建群组并向右复制，效果如图 3-36 所示。

（5）单击工具栏中的“圆弧”工具，在页面上绘制圆弧，并使用“偏移”工具对其进行偏移，使用“直线”工具将两条弧线相连，形成面，如图 3-37 所示。

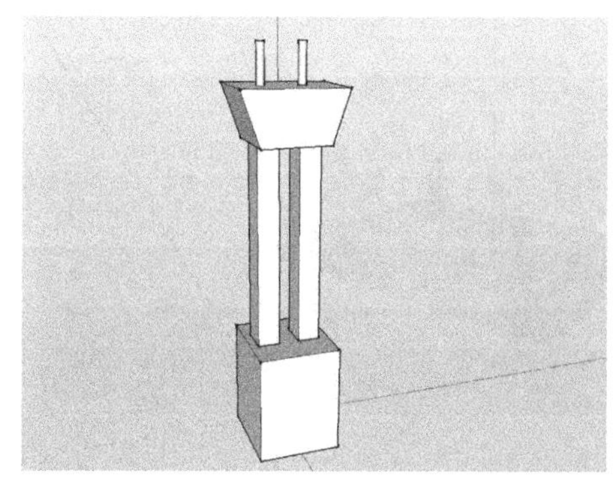

图 3-36

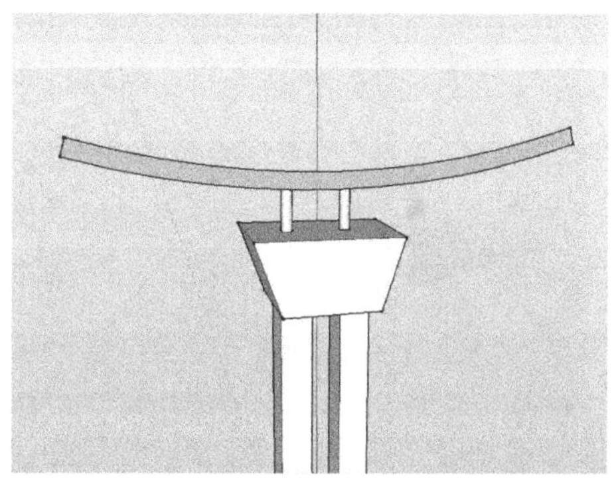

图 3-37

（6）使用“推/拉”工具对圆弧面进行推拉。最后，为路灯添加材质和阴影效果，案例效果如图 3-38 所示。

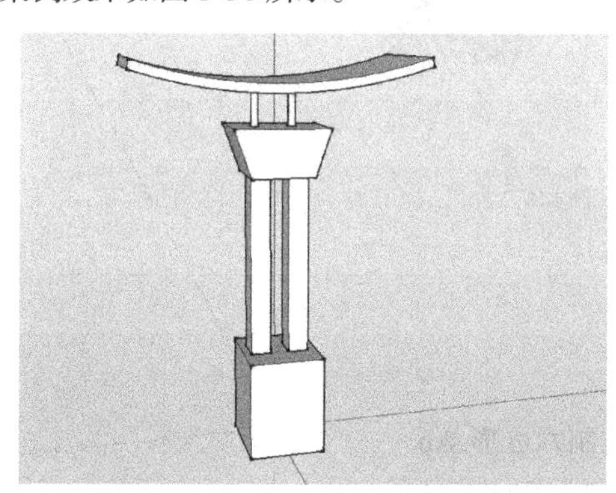

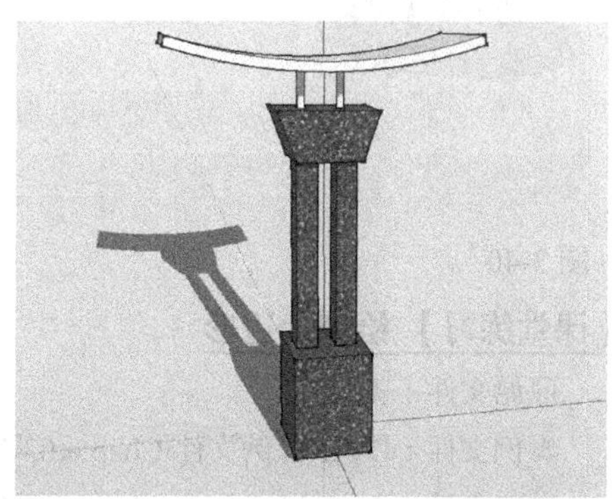

图 3-38

3.2.5 多边形工具

（1）使用“多边形”工具可以绘制任意边数的工具。单击工具栏中的“多边形”工具或者执行“绘图>形状>多边形”命令，即可激活该工具。先选择中心点，然后指定边线上的点，即可创建多边形，如图 3-39 所示。

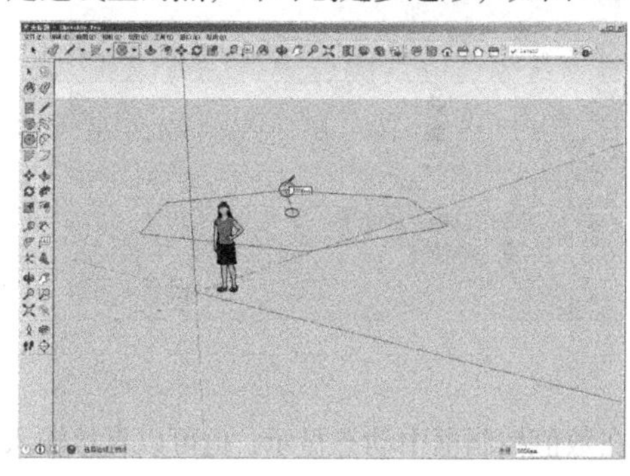

图 3-39

（2）可以在 半径 输入框中输入“数字 s”来改变多边形的边数。如图 3-40 所示，如果将边数设置得非常多，那么绘制出来的多边形就非常接近圆形。

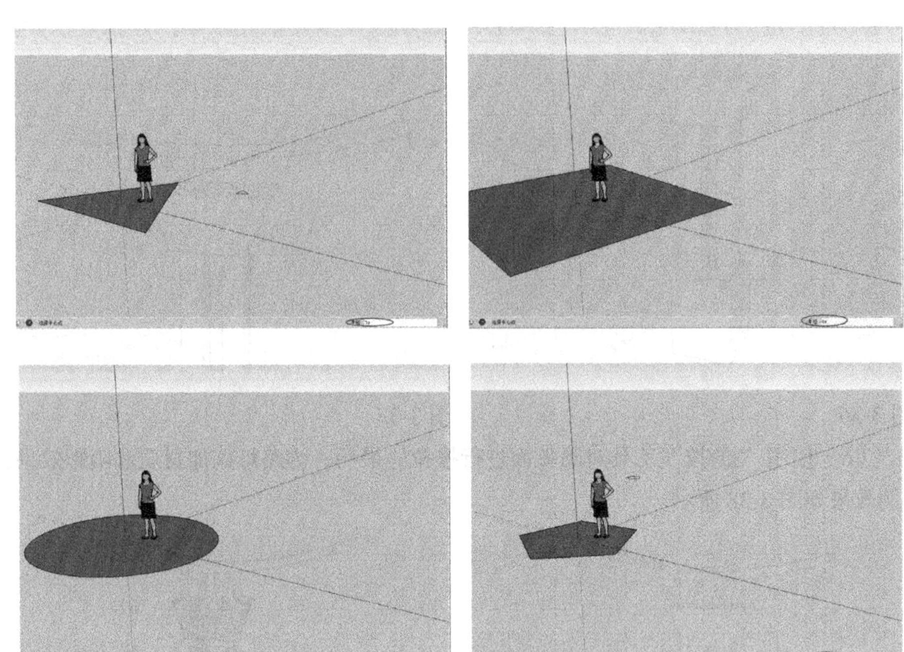

图 3-40

【课堂练习】 绘制六边形

原始文件：无

实例文件：DVD\实例文件\Chapter03\绘制六边形.skp

视频文件：DVD\视频文件\Chapter03\绘制六边形.avi

难易指数：★☆☆☆☆

（1）打开 SketchUp 2014，单击工具栏中的“多边形”工具，在边数输入框中输入 6s，然后单击鼠标左键确定圆心的位置，如图 3-41 所示。

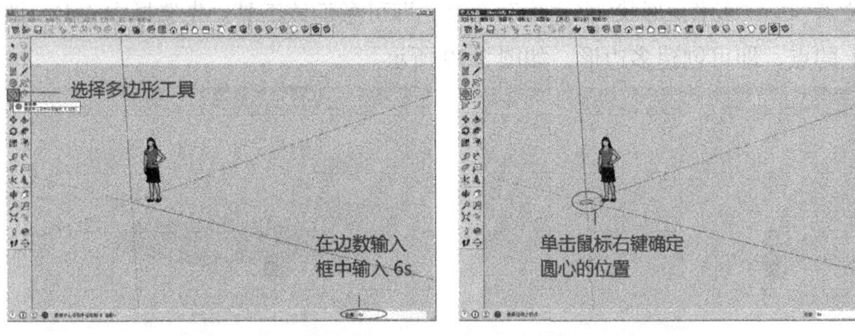

图 3-41

（2）移动鼠标调整圆的半径，半径值会在数值控制框中动态显示；也可以直接输入一个半径值，如 1 500 mm，按下 Enter 键完成六边形的绘制，如图 3-42 所示。

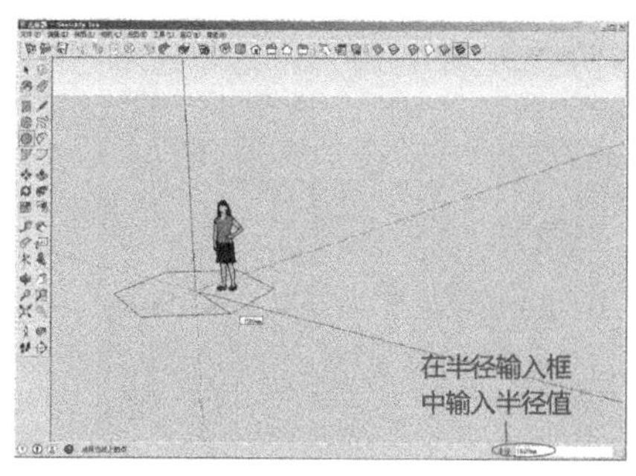

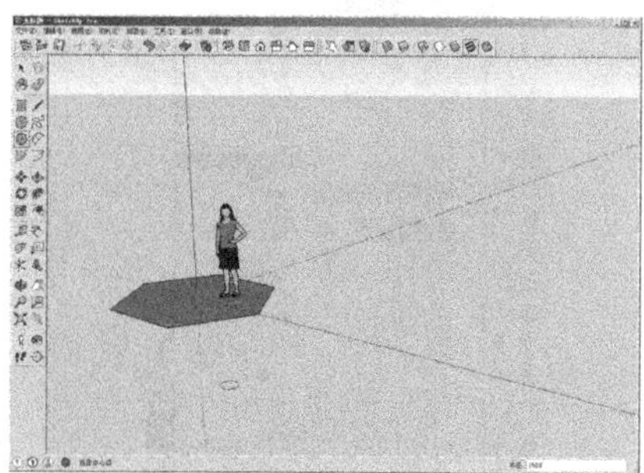

图 3-42

3.2.6 手绘线工具

使用“手绘线”工具可以绘制任意的线条，单击工具栏中的“手绘线”图标或执行“绘图>直线>手绘线”命令，激活该工具。需要注意的是，在绘制曲线的时候，绘制笔触的速度决定着曲线的圆滑程度，速度越慢，曲线越圆滑，如图 3-43 所示。按住 Shift 键可以绘制出比较细的曲线。

图 3-43

3.3 物体编辑工具

本节要点

本节主要介绍 SketchUp 中物体的编辑工具，其中包括面的推拉、物体的移动和复制、旋转和旋转复制、图形的偏移复制、物体的缩放、等分方法、图形的路径跟随等。

3.3.1 面的推拉

SketchUp 中的“推/拉”工具类似于 3ds Max 软件中的挤出工具。根据对象的不同，SketchUp 会进行相应的几何变换，包括移动、挤压和挖空。“推/拉”工具可以完全配合 SketchUp 的捕捉参考工具使用。

（1）单击工具栏中的“推/拉”工具或执行“工具>推/拉”命令，可以激活该工具，如图 3-44 所示。

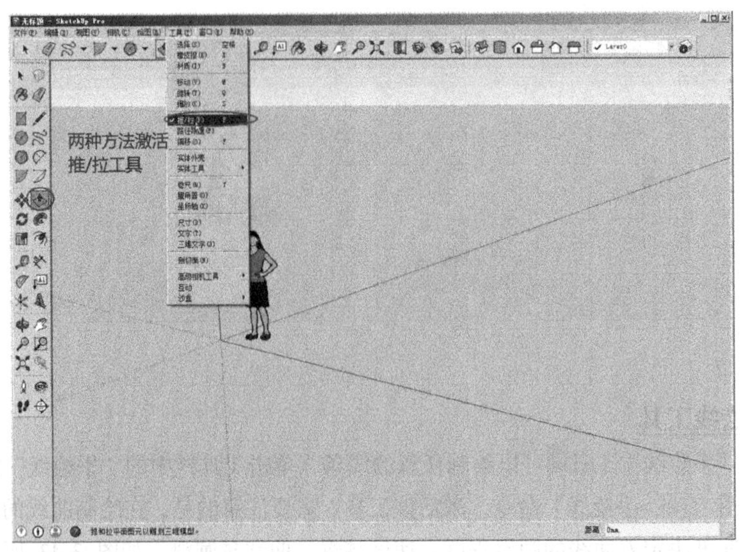

图 3-44

技术看板

“推/拉”工具只能作用于表面，因此不能在“线框”显示模式下进行操作。

（2）对面进行推拉的具体方法是：选择“推/拉”工具，在物体表面单击左键，然后拖拽鼠标到合适的位置，按下鼠标左键完成操作。也可以对物体进行精确推拉，在表面上单击，拖拽鼠标，在距离中输入精确的数值，推拉的方向用正负号控制，如图 3-45 所示。

图 3-45

（3）执行“文件>打开”命令，打开配套光盘中的 DVD\素材文件\Chapter03\搁物架.skp 文件，使用该文件来学习“推/拉”工具的挖空操作，完成一个推/拉操作后，使用鼠标左键双击其他物体会自动应用同样的推/拉操作，如图 3-46 所示。

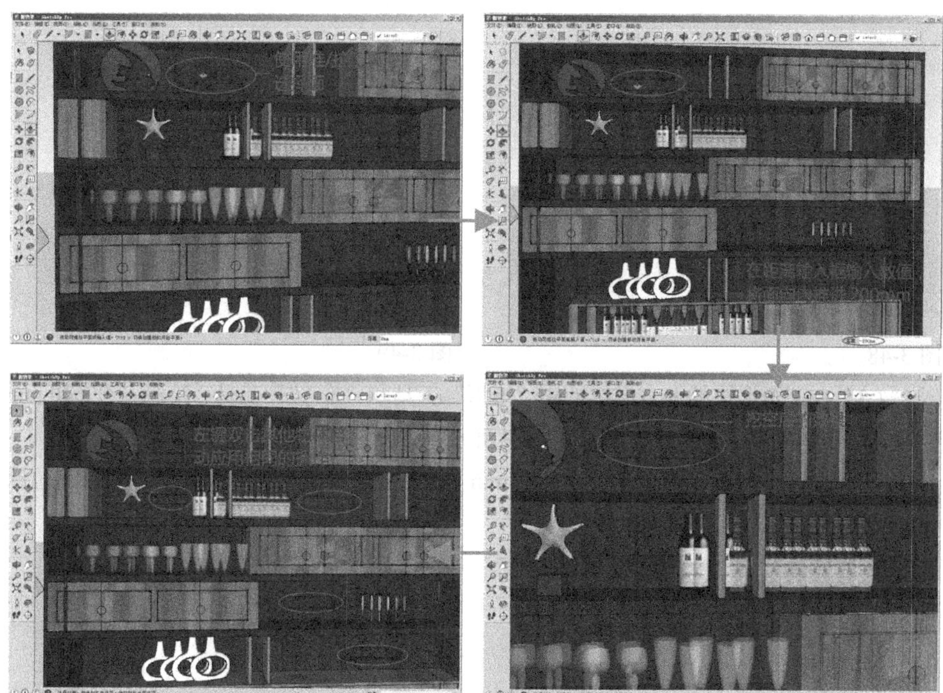

图 3-46

（4）“推/拉”工具配合 Ctrl 键的使用，可以复制一个新的面进行推拉操作，如图 3-47 所示，选择面后按住 Ctrl 键，此时图标上出现了一个加号，就可以进行推拉操作了。

图 3-47

【课堂练习】 制作床头柜

原始文件：无

实例文件：DVD\实例文件\Chapter03\创建床头柜.skp

视频文件：DVD\视频文件\Chapter03\创建床头柜.avi

难易指数：★★☆☆☆

（1）打开 SketchUp 2014，单击工具箱中的“矩形”工具，在场景中绘制一个 600 mm × 400 mm 的矩形面，如图 3-48 所示。

（2）使用“推/拉”工具，将矩形面向上推拉 30 mm 的高度，将矩形进行群组，如图 3-49 所示。

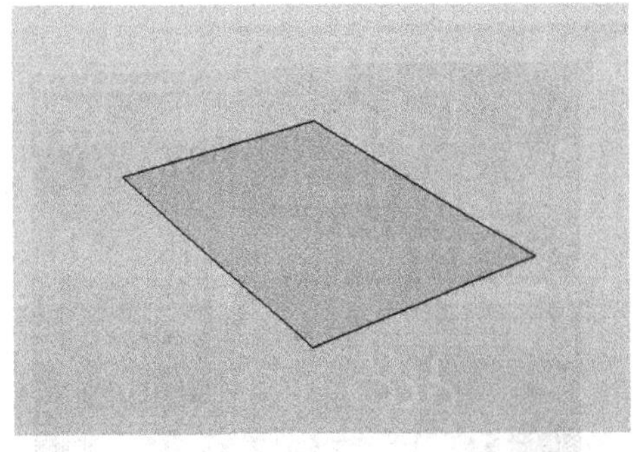
图 3-48

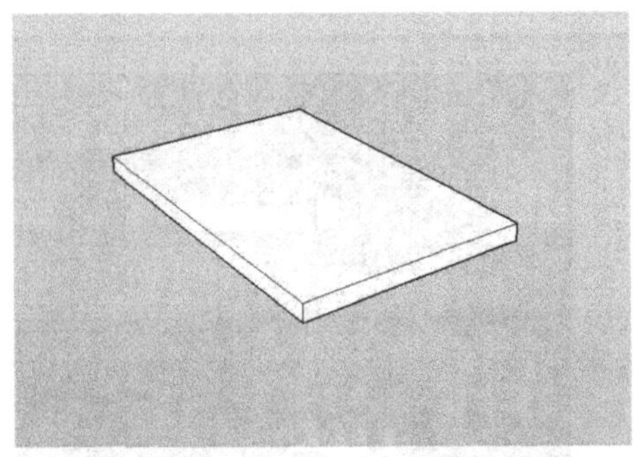
图 3-49

（3）在该矩形块的上方继续使用“矩形”工具和“推/拉”工具，绘制一个 640 mm × 440 mm、高度为 750 mm 的矩形，将其群组，如图 3-50 所示。

（4）在大矩形的表面创建一个 400 mm × 200 mm、高度为 20 mm 的矩形，座位床头柜的抽屉，如图 3-51 所示。

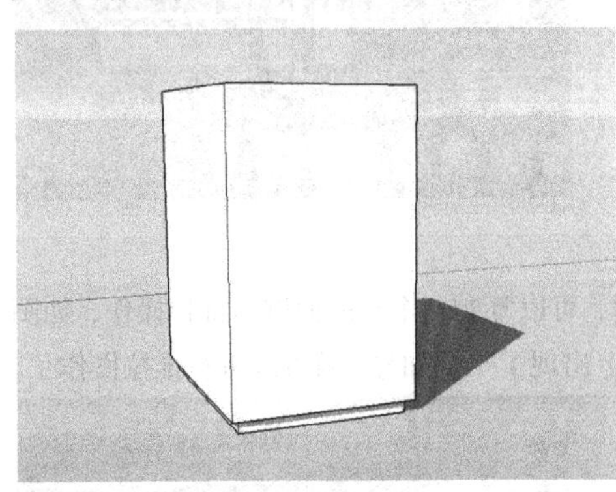
图 3-50

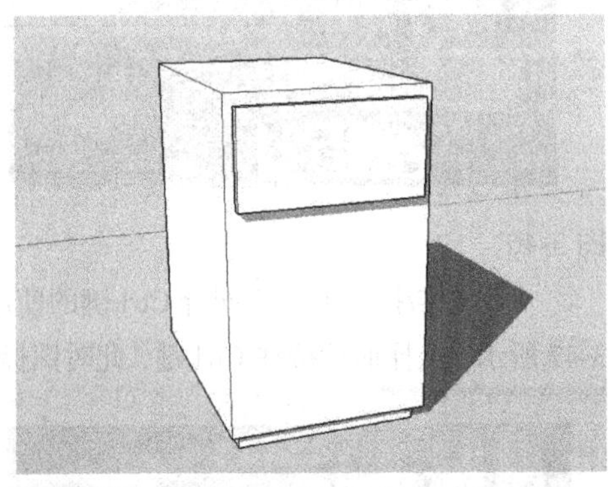
图 3-51

（5）使用“圆”工具，在抽屉的表面绘制一个半径为 8 mm 的圆，使用“推/拉”工具将其推拉至 3 mm 的高度，和抽屉矩形一起进行群组，如图 3-52 所示。

（6）选择抽屉模型，使用“移动”工具按住 Ctrl 键，将其向下复制，在 长度 输入框中输入 210 mm，按 Enter 键确认，再次输入 2x，完成抽屉的复制，如图 3-53 所示。

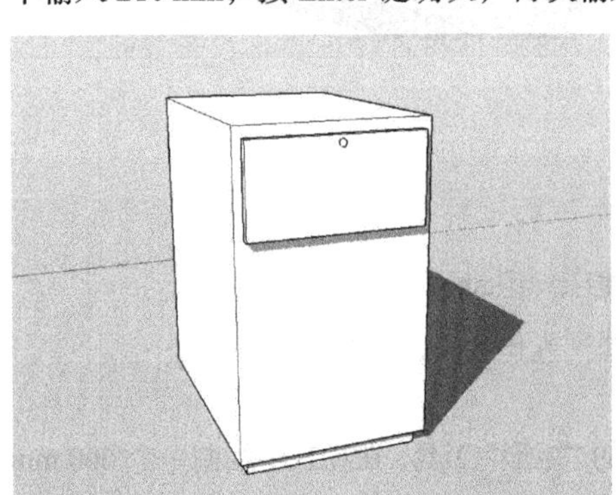
图 3-52

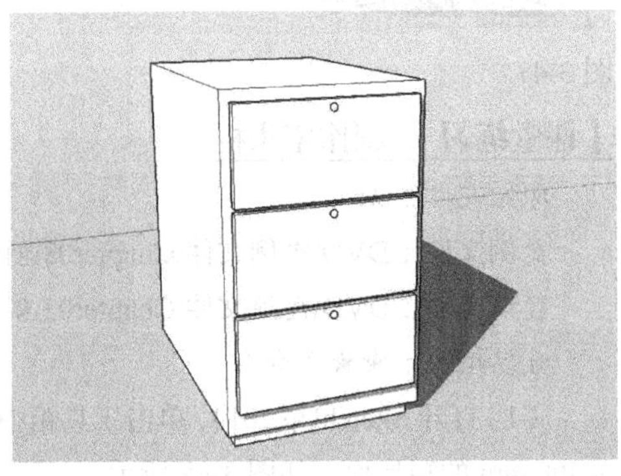
图 3-53

（7）单击工具栏中的“材质”工具，为床头柜添加材质，包括两种，一种是木质材质，另一种是黑色材质，案例效果如图 3-54 所示。

图 3-54

3.3.2 物体的移动和复制

执行“文件>打开”命令，打开配套光盘中的 DVD\素材文件\Chapter03\茶几.skp 文件。在 SketchUp 中，使用“移动”工具可以移动、拉伸和复制几何体。执行“工具>移动”命令也可激活该工具。选择屏幕内任意一点作为移动的起始点，即可移动该物体，然后单击鼠标确定移动终点，如图 3-55 所示，也可以在 长度 输入框中输入数值来精确移动。

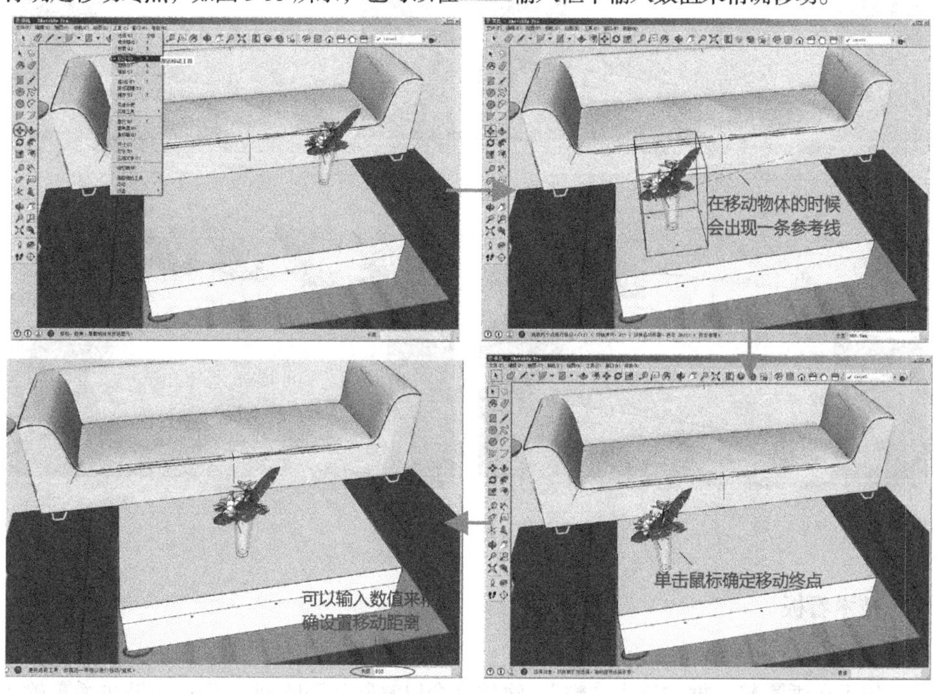

图 3-55

（1）在移动物体的同时按住 Crtl 键，此时光标上会出现一个加号，移动时便会复制出一个新物体，如图 3-56 所示。也可以在选择物体后按住键盘上的 Crtl+C 组合键和 Ctrl+V 组合键来复制物体。

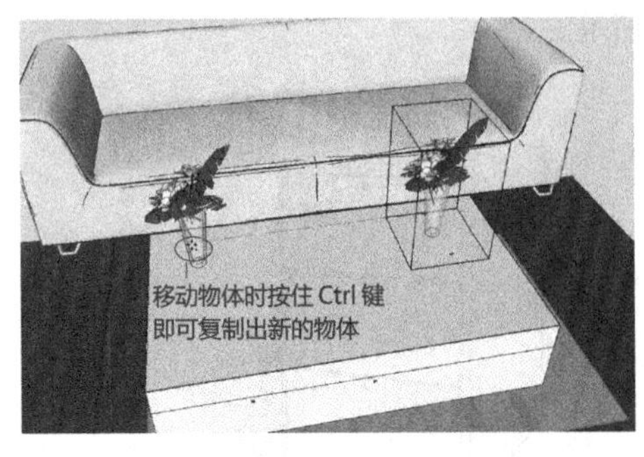

图 3-56

（2）使用“移动”工具也可以对物体进行阵列复制。完成一个对象的复制后，在长度输入框中输入“*数字”或“/数字”就可以阵列出新物体。值得注意的是，阵列复制的物体与原物体都在移动轨迹的直线上，如图 3-57 所示。

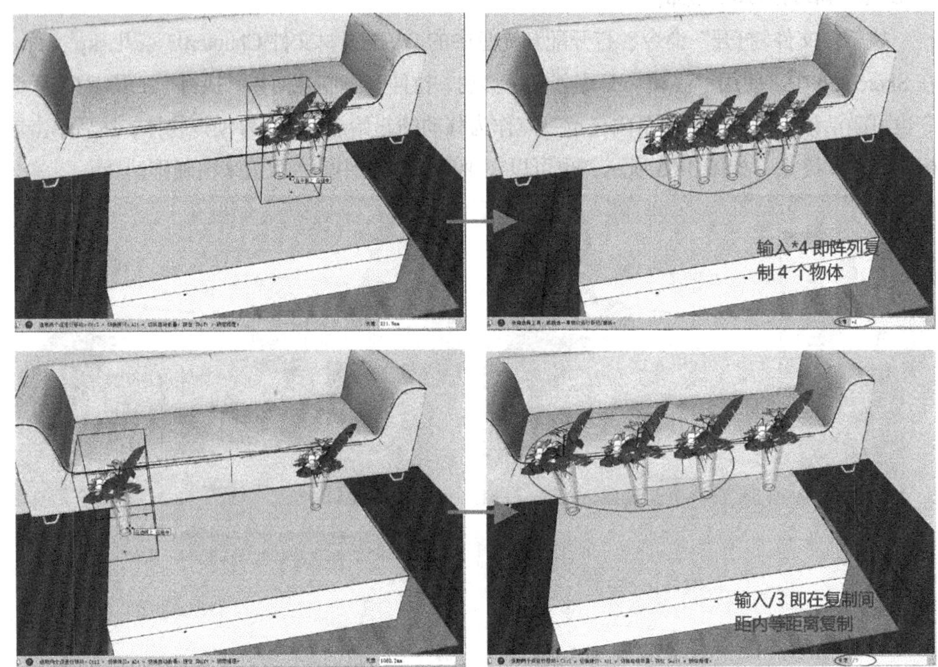

图 3-57

技术看板

如果在长度输入框中输入“*3”，物体将会以复制间距阵列 3 份；如果在长度输入框输入“/3”，则物体会在复制间距内等距离复制 3 份。

（3）当移动几何体上的一个元素时，SketchUp 会按需要对几何体进行拉伸。可以使用这个方法对点、边线和表面进行移动，也可以通过移动线段来拉伸一个物体，如拉伸屋顶，如图 3-58 所示。

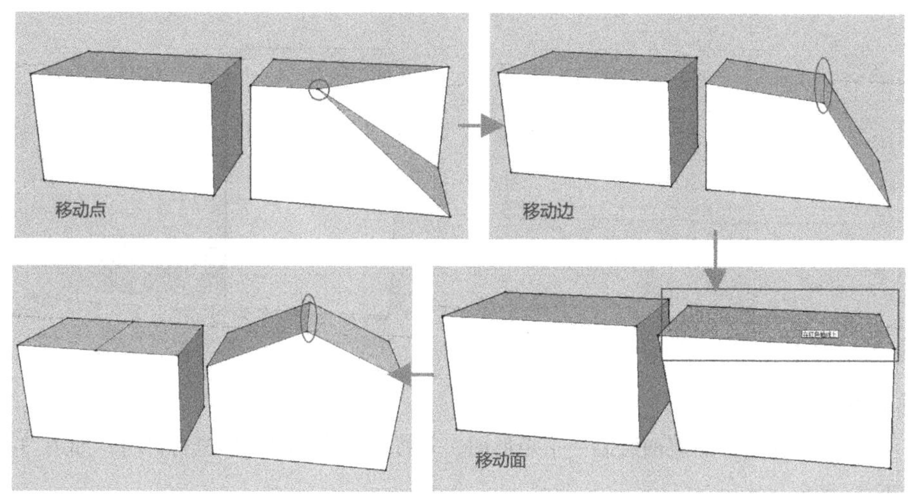

图 3-58

【课堂练习】创建鞋柜

原始文件：无

实例文件：DVD\实例文件\Chapter03\创建鞋柜.skp

视频文件：DVD\视频文件\Chapter03\创建鞋柜.avi

难易指数：★★☆☆☆

（1）打开 SketchUp 2014，单击工具栏中的“矩形”工具，在场景中绘制一个 800 mm × 400 mm 的矩形面。使用“推/拉”工具，将矩形面向上推拉 30 mm 的高度，将矩形进行群组，如图 3-59 所示。

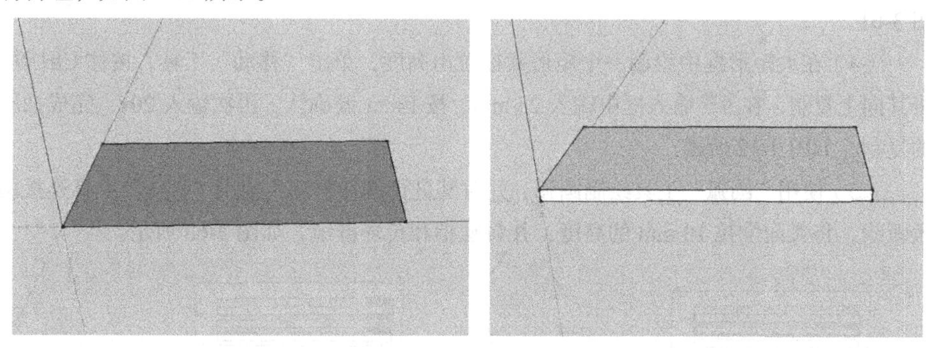

图 3-59

（2）继续使用“矩形”工具绘制 450 mm × 400 mm 的矩形面，并将其向上推拉 600 mm 的高度，如图 3-60 所示。

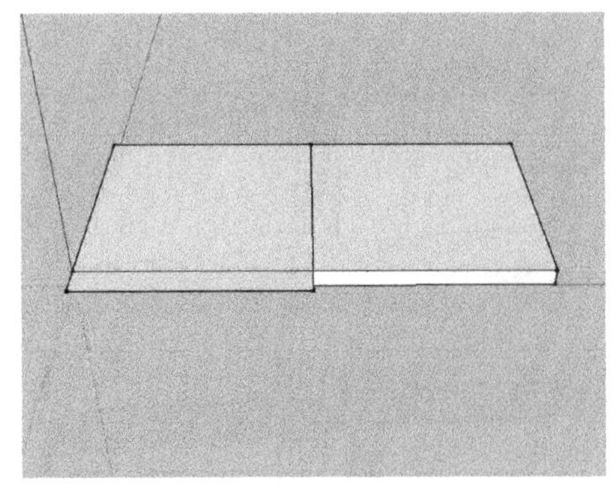
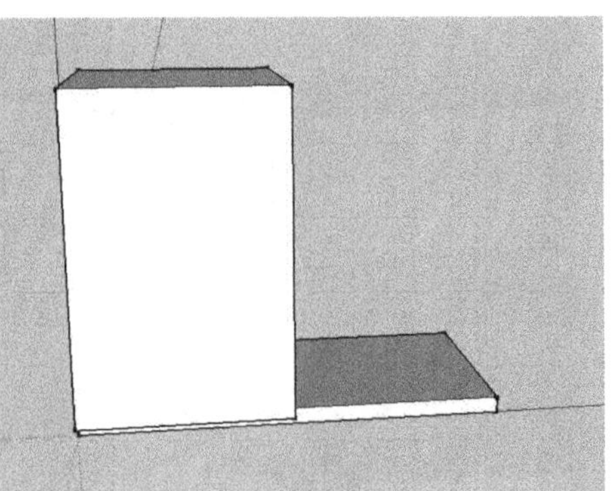

图 3-60

（3）在大矩形的表面绘制一个矩形面，并将其删除，将矩形进行群组，如图 3-61 所示。

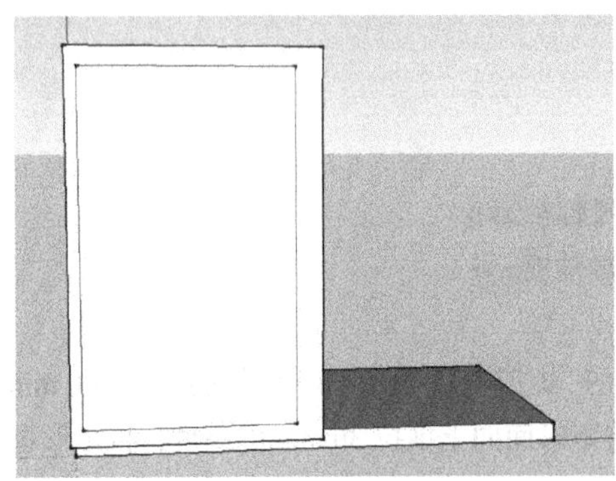
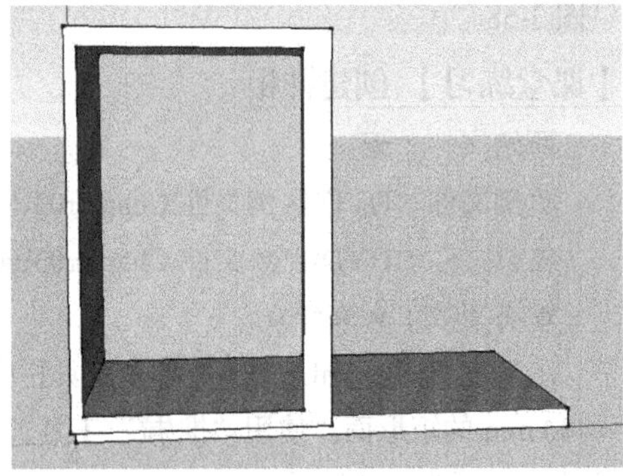

图 3-61

（4）在大矩形框中绘制一个矩形并推拉出高度，单击“移动”工具，按住 Ctrl 键，将其向上复制，在长度输入框中输入 25 mm，按 Enter 键确认，再次输入 20x，完成抽屉的复制，如图 3-62 所示。

（5）使用“圆弧”工具绘制圆弧，并对其进行偏移复制，使用“直线”工具连接两条弧线，将弧面推拉 10 mm 的高度，并将鞋柜和拉环群组，如图 3-63 所示。

图 3-62

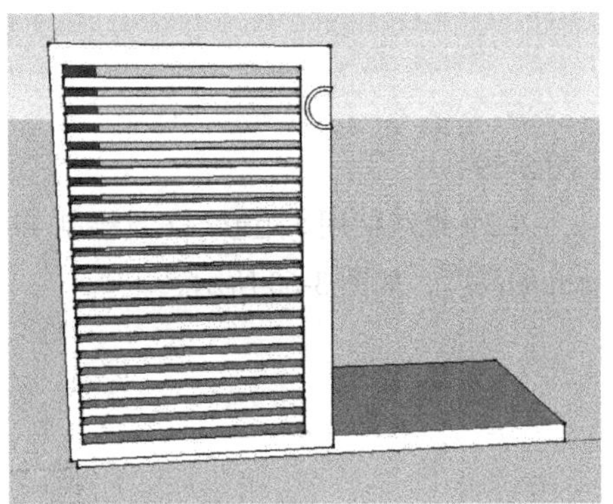

图 3-63

（6）使用“移动”工具和“缩放”工具，对鞋柜进行镜像复制，如图 3-64 所示。

（7）为鞋柜添加木纹材质和阴影，效果如图 3-65 所示。

图 3-64

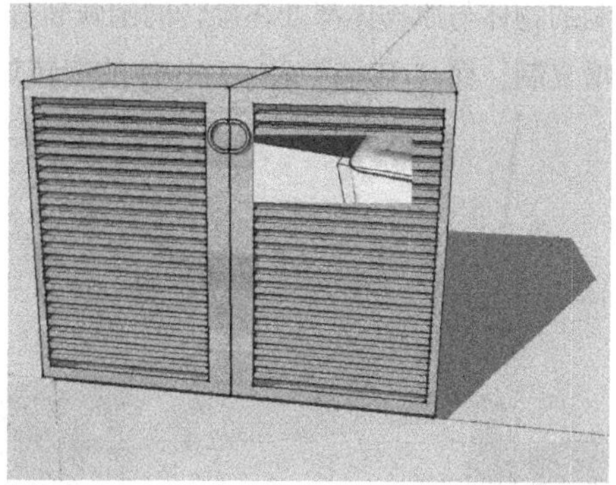

图 3-65

3.3.3 物体的旋转和旋转复制

使用“旋转” 工具可以在同一平面实现对一个或多个物体进行角度变化。在工具栏中单击“旋转”工具或执行“工具>旋转”命令激活该工具，出现量角器图标，确定旋转方向，然后单击鼠标指定旋转中心点，再次单击鼠标选择旋转的始边进行旋转即可，如图 3-66 所示。

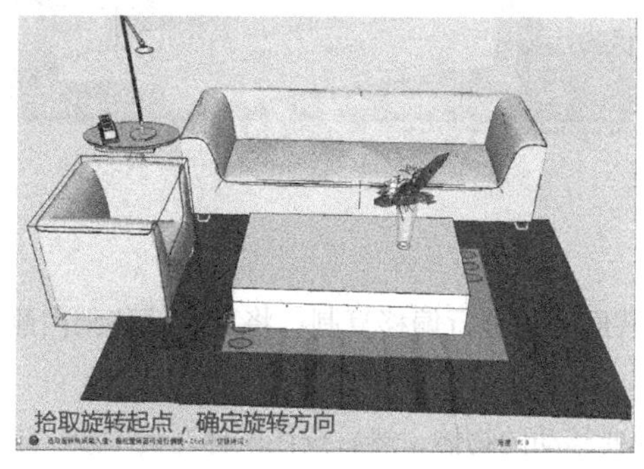

图 3-66

（1）也可以对物体进行旋转复制操作。当执行旋转操作时，按住 Ctrl 键就能对物体进行旋转复制，而原本物体保持不变，如图 3-67 所示。

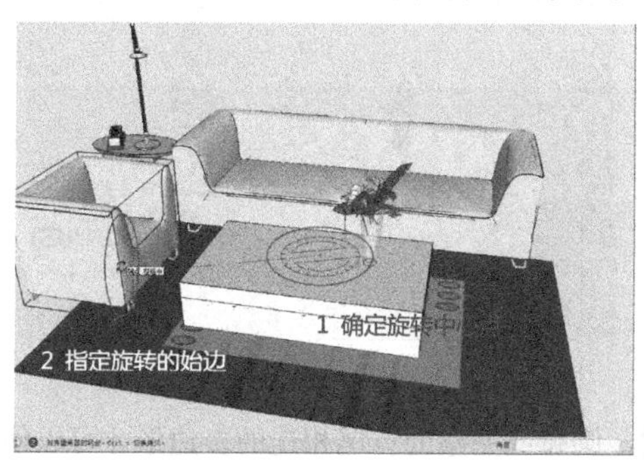

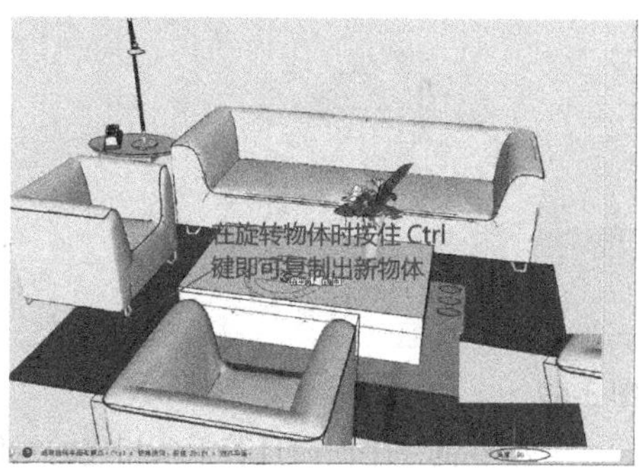

图 3-67

（2）使用“旋转”工具对物体进行阵列。按住 Ctrl 键，先旋转复制出新物体，然后在角度输入框中输入"*数字"或"/数字"阵列出新物体。需要注意的是，阵列复制的物体与原物体都处在旋转的圆弧轨迹上。其中"*数字"表示对物体旋转角度进行倍增复制，而"/数字"表示对物体的旋转角度进行分布复制，如图 3-68 所示。

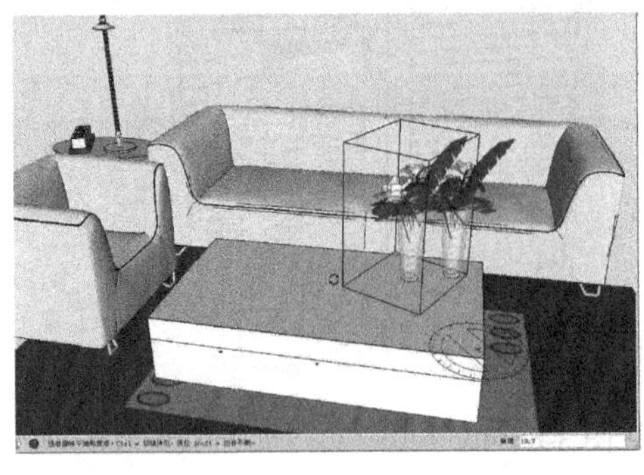
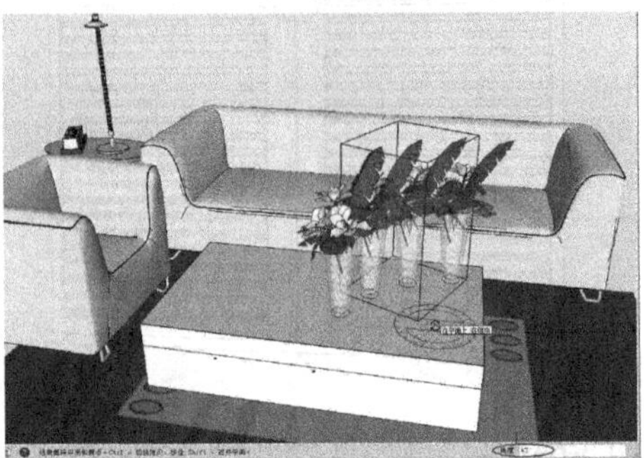
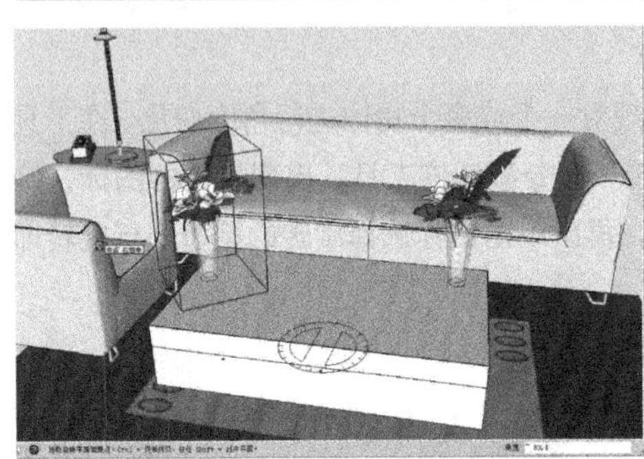

图 3-68

3.3.4 图形的偏移复制

使用"偏移"工具可以对表面或一组共面的线进行偏移复制，将对象偏移到内侧或外侧，偏移之后会产生新的表面。

（1）"偏移"工具的使用方法：先选择要移动的物体，然后按住鼠标左键不放，进行拖拽即可完成偏移。也可以在数值输入框中输入数值进行精确偏移，如图 3-69 所示。

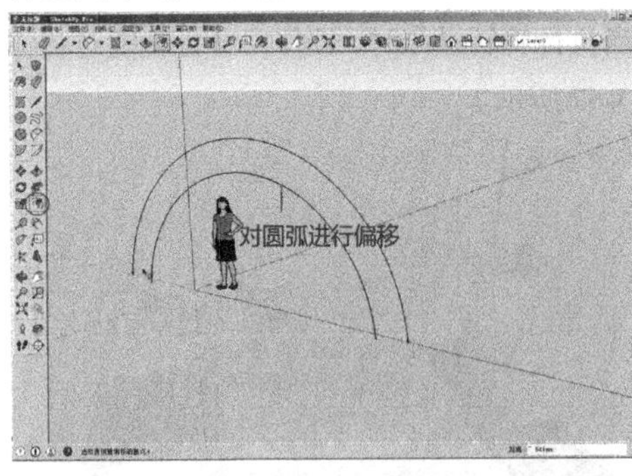

图 3-69

（2）在同一平面内且若干条相连的线体、圆弧或完整的首尾相连的多边形才可以使用偏移，单独一条直线不能使用偏移复制工具，如图 3-70 所示。

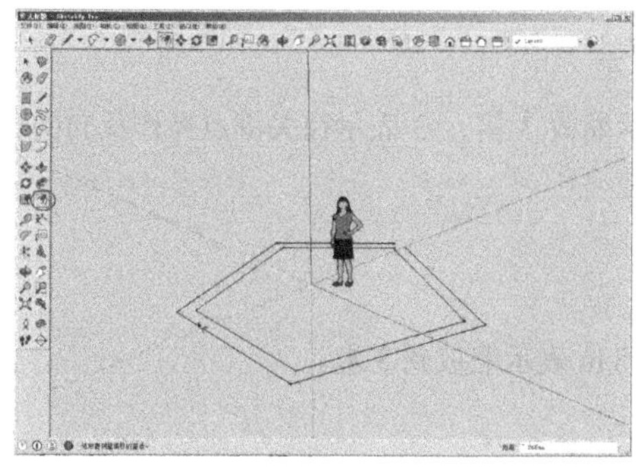

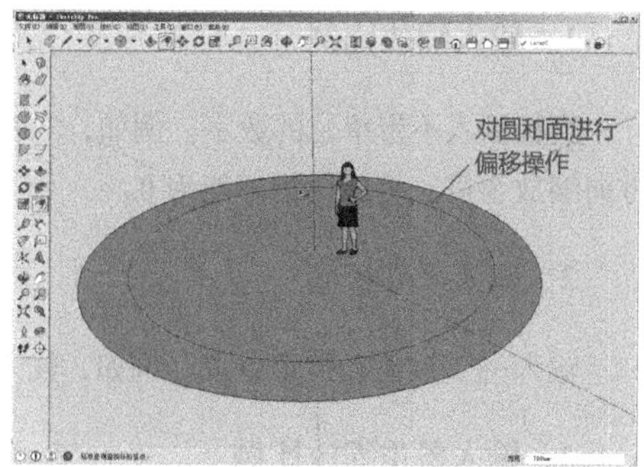

图 3-70

3.3.5 物体的缩放

在操作软件的过程中，会遇到创建的物体尺寸不合适，这时就需要使用“缩放”工具对物体进行缩放。

（1）在工具栏中单击“缩放”工具或执行“工具>缩放”命令激活该工具。这时物体会出现外轮廓和关键点，当出现统一调整比例 在对角点附近时就可以进行等比缩放了，如图 3-71 所示。

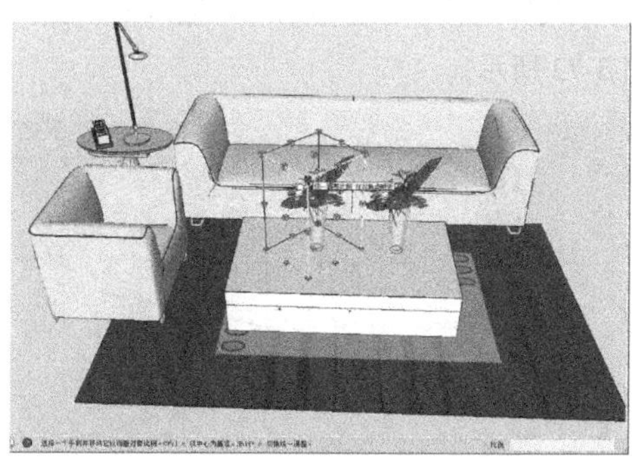

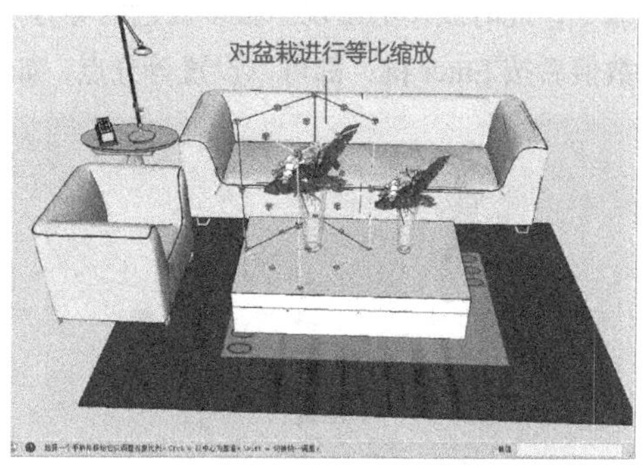

图 3-71

（2）当激活“缩放”工具后，选择出对角线之外的其他缩放方向，则均为非等比缩放，如图 3-72 所示。

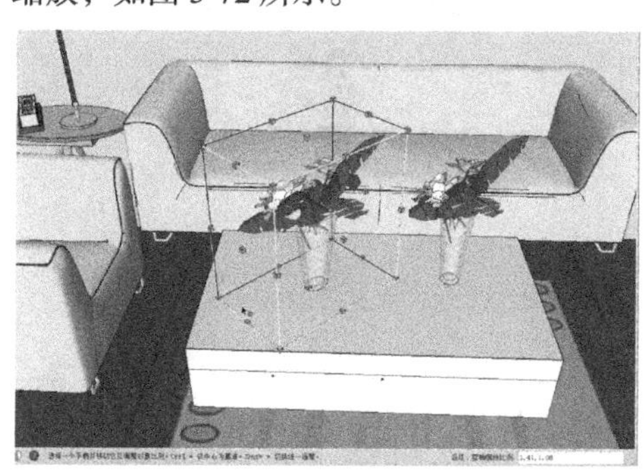

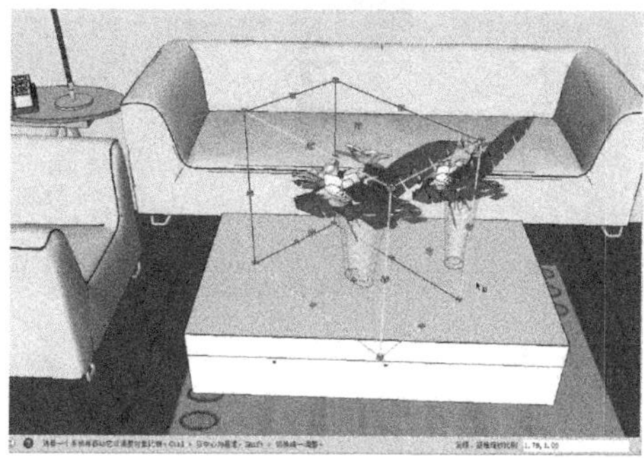

图 3-72

（3）在缩放的时候，数值控制框会显示缩放比例，也可以在数值中输入数值，方式有 3 种。

1．输入缩放比例

直接输入不带单位的数字。例如，3 表示缩放 3 倍，-3 表示往关键点操作反向的反方向缩放 3 倍。缩放比例不能为 0。

2．输入尺寸长度

输入一个数值并指定单位。例如，输入 3 m 表示缩放到 3 米。

3．输入多重缩放比例

一维缩放需要一个数值；二维缩放需要两个数值，用逗号隔开；等比例的三维缩放也需要一个数值，但非等比例的三维缩放却需要 3 个数值，分别用逗号隔开。

3.3.6 物体的等分方法

SketchUp 提供了等分线段的功能，它可以将任意的单一线体进行等分，包括直线、圆、圆弧、正多边形。

（1）接下来对线体进行等分。选择线体，单击鼠标右键，在弹出的菜单中选择 拆分(D) 命令，此时线体上出现了很多红色的等分点，在线体上移动鼠标或在 段 输入框中输入数值后按 Enter 键，都可以设置等分点，如图 3-73 所示。

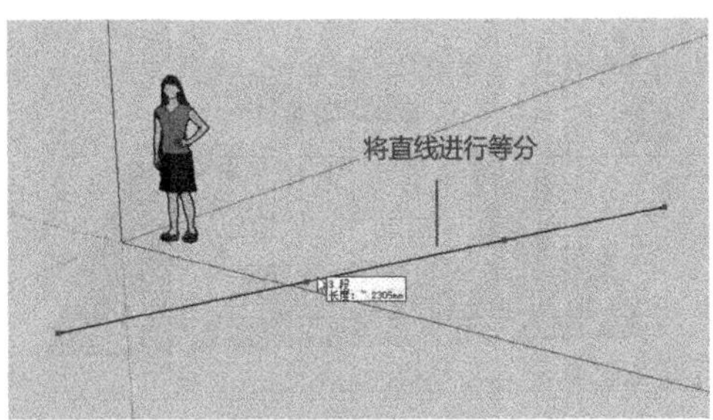

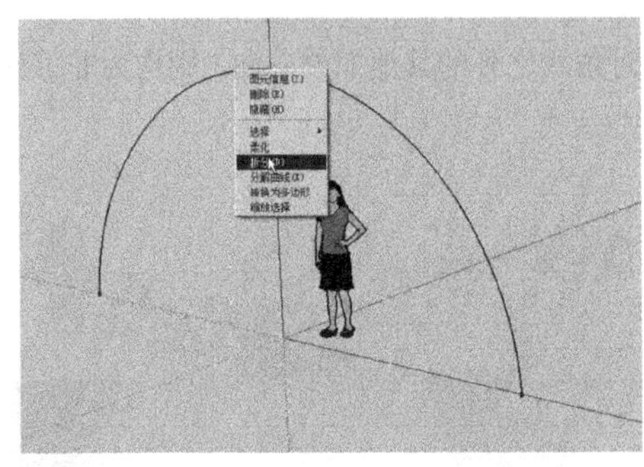
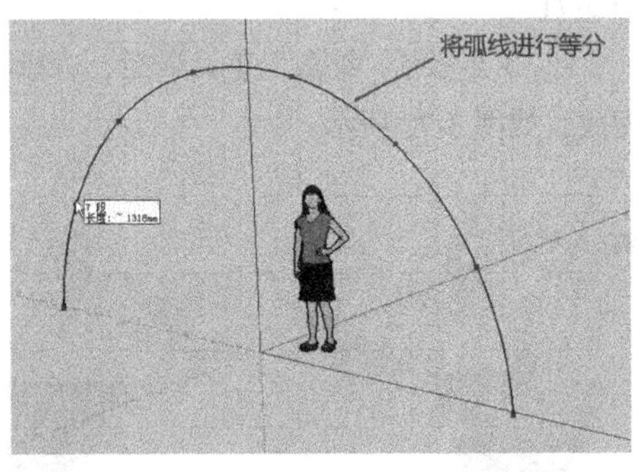

图 3-73

（2）继续将圆和正多边形按照同样的方法进行等分，如图 3-74 所示。

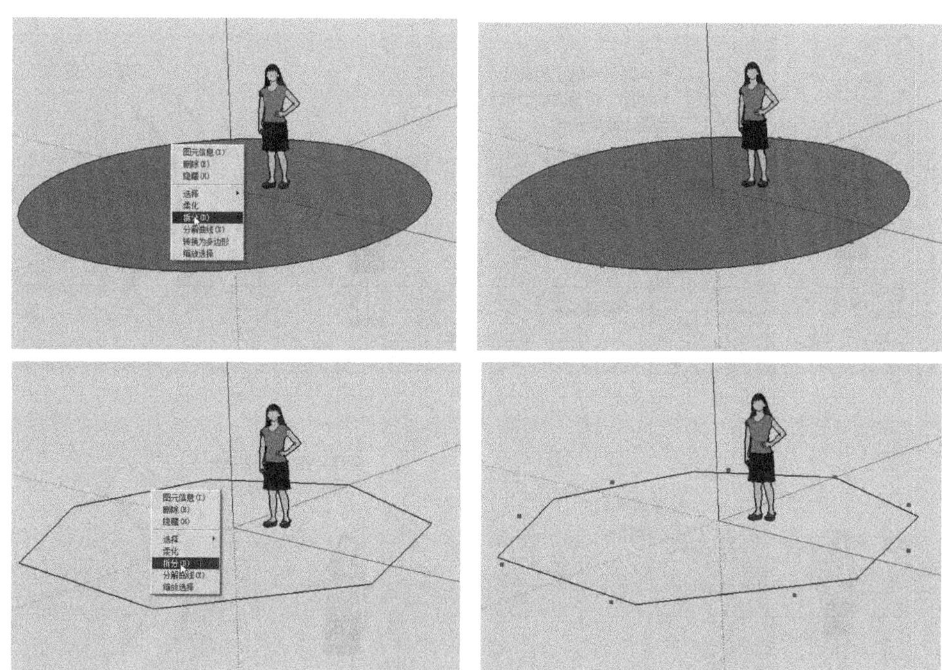

图 3-74

3.3.7 图形的跟随路径

SketchUp 中的“路径跟随”工具类似 3ds Max 中的放样命令，可以将路径和图形结合起来，从而创建复杂的几何体。

（1）单击工具栏中的“路径跟随”工具或执行“工具>路径跟随”命令激活该工具，确定跟随的路径，绘制一个与路径垂直的剖面图形，如图 3-75 所示。

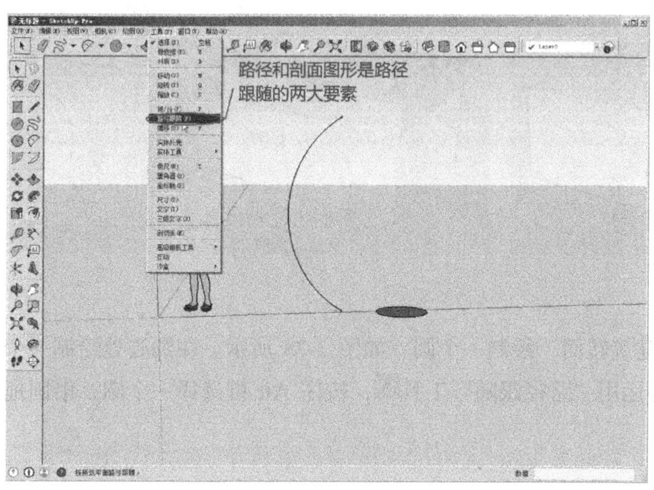

图 3-75

（2）使用“路径跟随”工具，单击剖面，沿着路径移动鼠标，此时边线会变成红色，并且图形别挤压出来，再次单击鼠标完成操作。也可以使用“选择”工具，先选择一个连续的边线作为路径，然后运用“路径跟随”工具单击剖面即可，如图 3-76 所示。

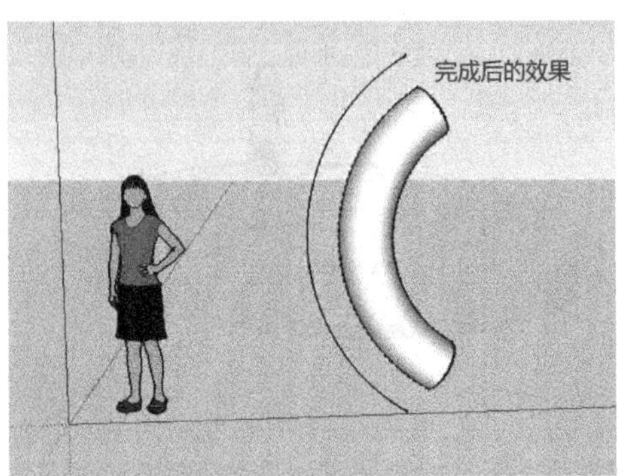

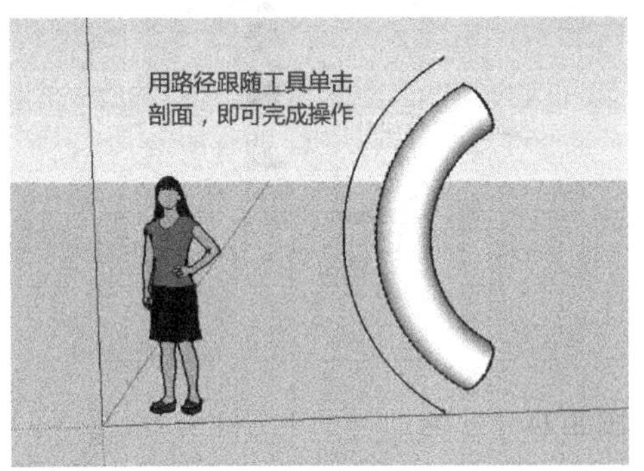

图 3-76

（3）在平面上进行路径跟随，方法与上述相同。绘制一个沿路径放样的剖面，确定此剖面与路径垂直相交。激活“路径跟随”工具单击剖面，在边线上拖拽鼠标进行跟随，此路径将自己闭合，如图 3-77 所示。

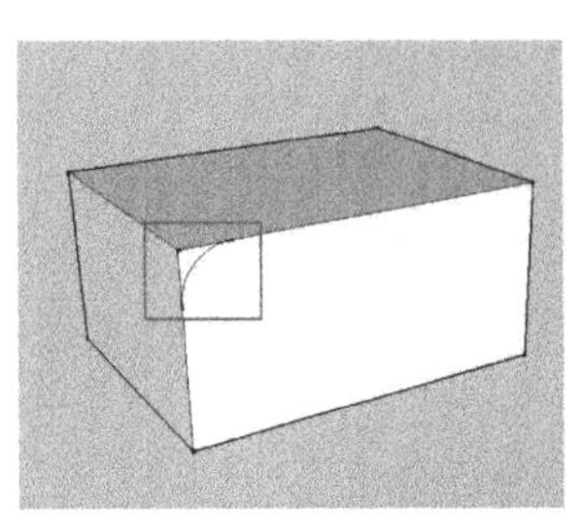

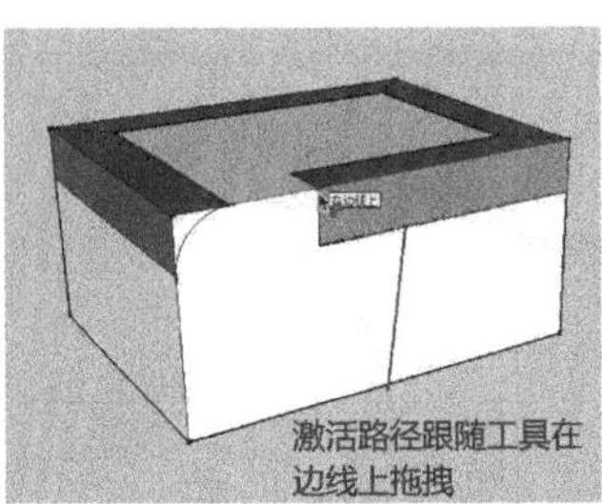

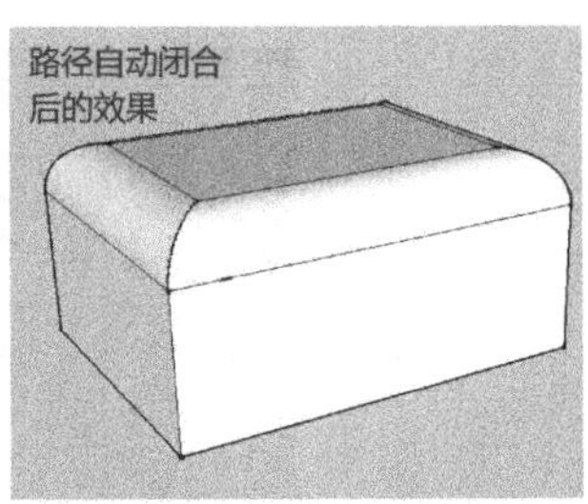

图 3-77

（4）创建旋转面，绘制一个圆，如图 3-78 所示。在圆心处绘制一个与现有圆垂直的等大圆，再运用“路径跟随”工具，按住 Alt 键选择一个圆，沿圆拖拽鼠标即可创建球体。

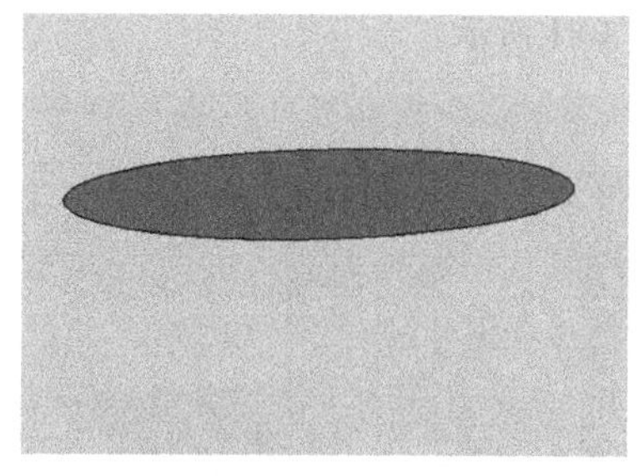 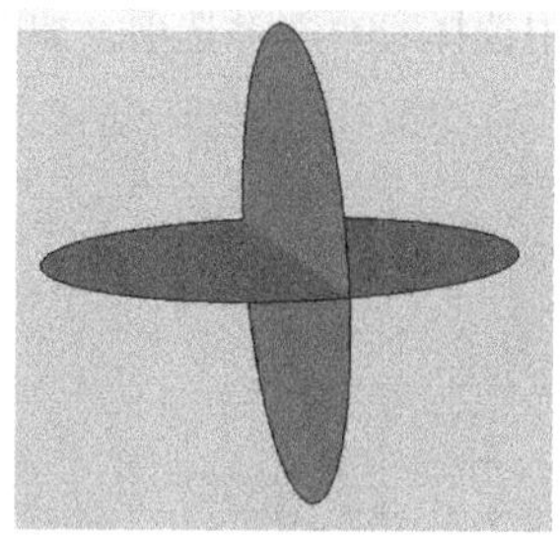 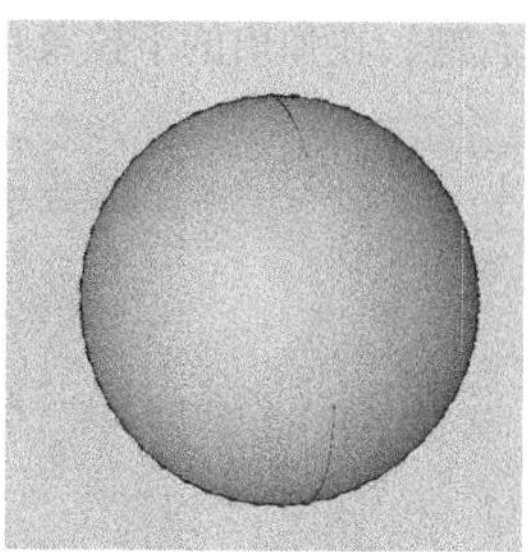

图 3-78

【课堂练习】创建装饰画

原始文件：无

实例文件：DVD\实例文件\Chapter03\创建装饰画.skp

视频文件：DVD\视频文件\Chapter03\创建装饰画.avi

难易指数：★★☆☆☆

（1）单击工具栏中的“矩形”工具，在前视图绘制一个矩形面，使用“圆”工具和“直线”工具在俯视图绘制不规则的面，如图 3-79 所示。

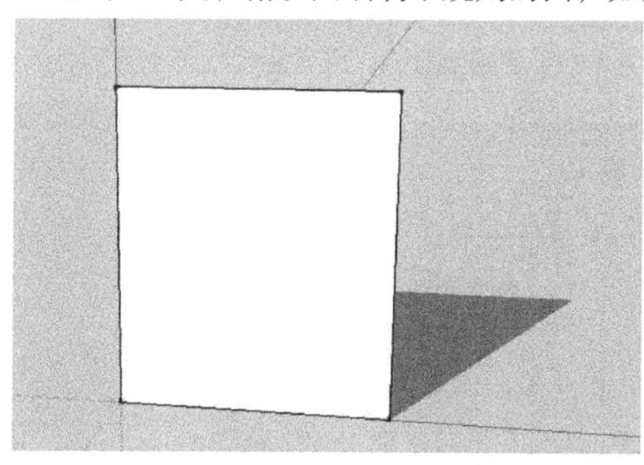 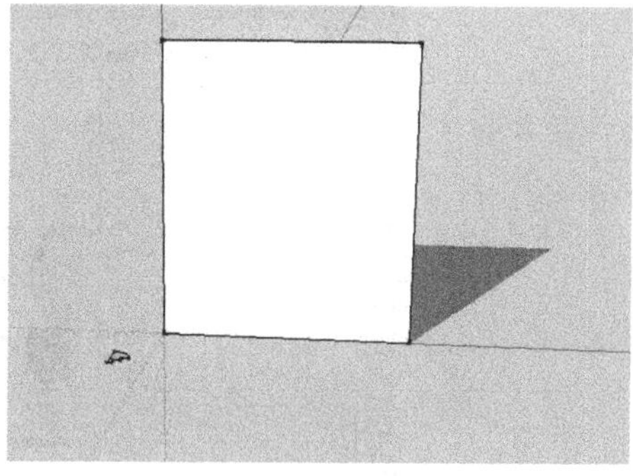

图 3-79

（2）选择矩形面，单击工具栏中的“路径跟随”工具，在不规则面上单击，即可制作出装饰画框，如图 3-80 所示。

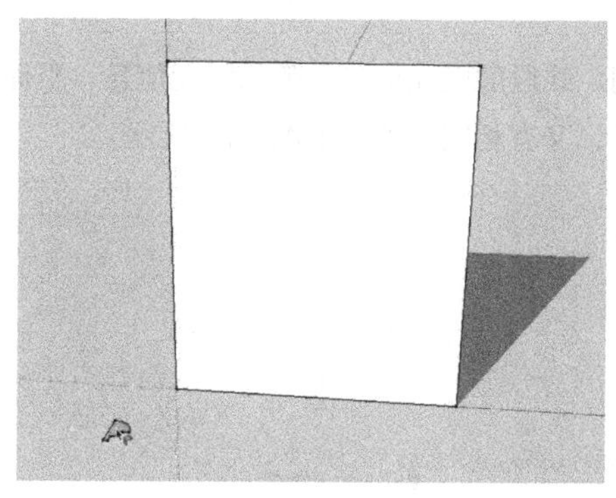 

图 3-80

（3）单击工具栏中的“材质”工具，为中间的面和装饰框赋予材质，然后单击鼠标右键，在弹出的下拉菜单中选择柔化/平滑边线选项，如图 3-81 所示。

图 3-81

3.3.8 图元信息

执行“窗口>图元信息”可以打开图元信息对话框，在这里不仅能够查阅物体的相关信息，还能对物体的特定属性进行修改。也可以在物体上用鼠标右键单击图元信息(I) 调出该面板，如图 3-82 所示。

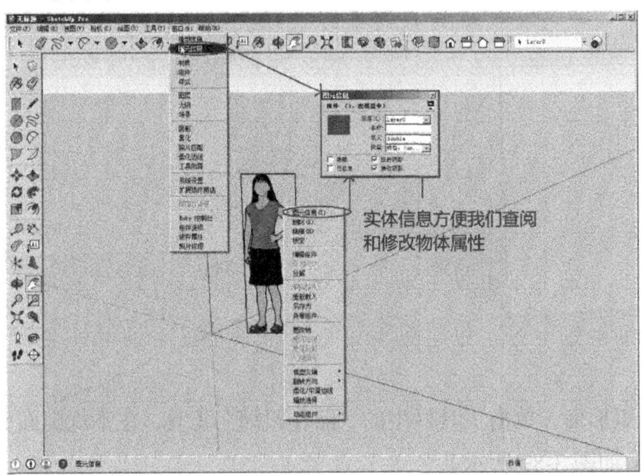

图 3-82

物体不同，图元信息所包含的内容也不同。线段的图元信息、弧的图元信息、平面和圆柱体的图元信息，相互之间既有不同之处，又有相同之处，如图 3-83 所示。

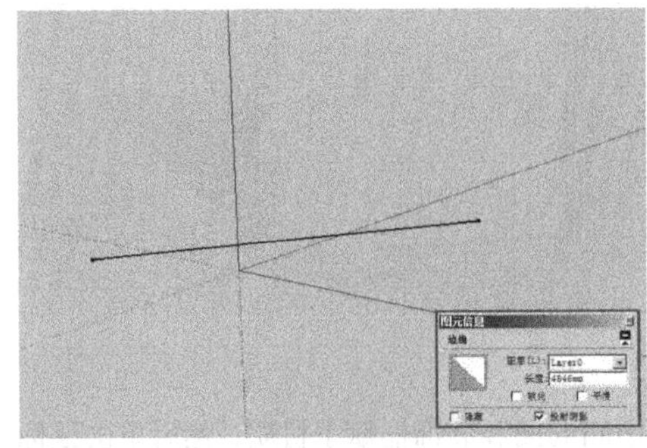
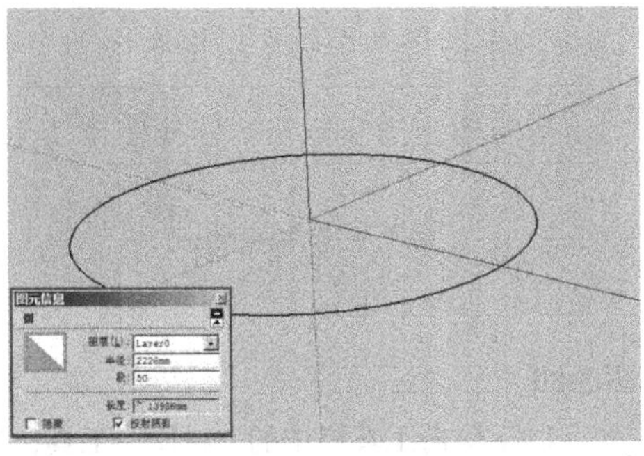

图 3-83

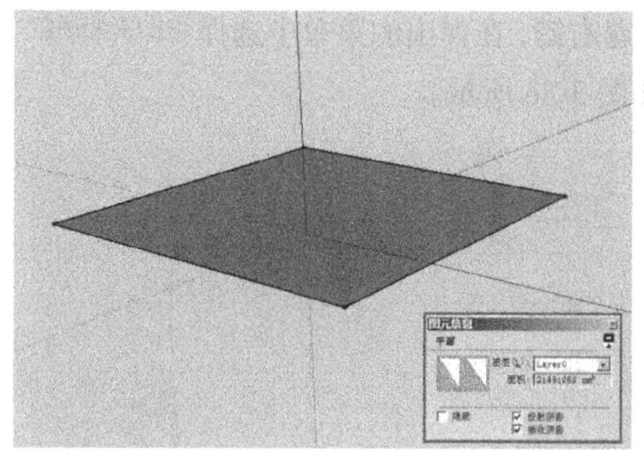

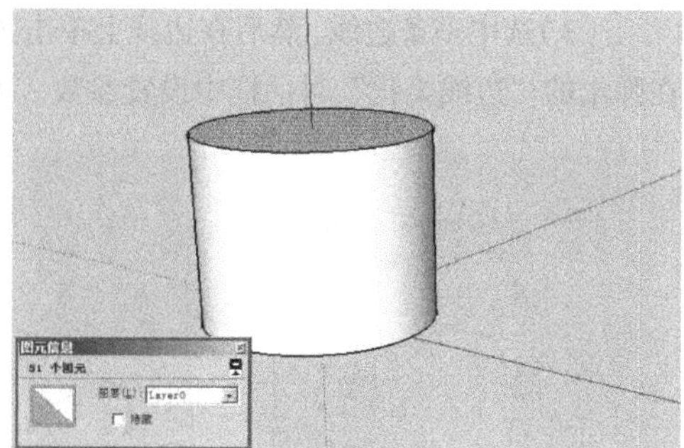

图 3-83（续）

3.3.9 柔化边线

要想使有棱角的形体看起来更光滑，可以对其进行柔化处理。柔化处理之后可以减少曲面的可见折线。使用更少的面边线曲面，也可以使相邻的表面在渲染中能均匀过渡渐变。柔化后的边线实际上还存在于模型当中，只是被自动隐藏了，执行“视图>隐藏物体”命令，即可显示。

1．柔化边线的方法

柔化边线有 5 种方法：

（1）使用“擦除”工具的同时按住 Ctrl 键，可以对边线进行柔化，如图 3-84 所示。

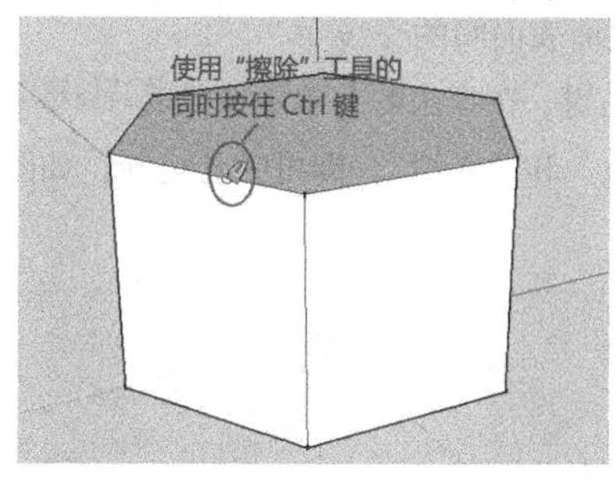

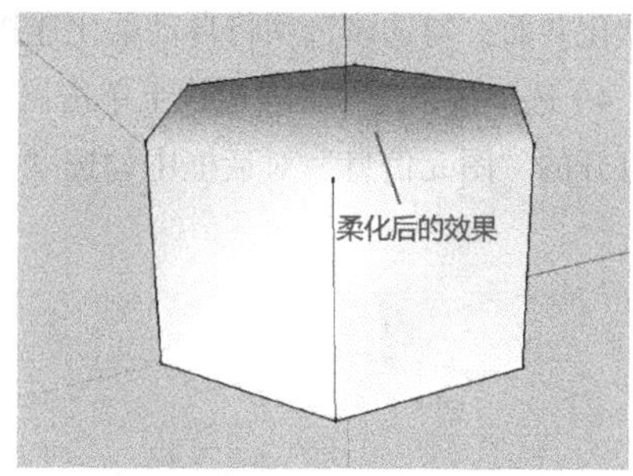

图 3-84

（2）在需要柔化的边线上单击鼠标右键，在弹出的菜单中选择“柔化”命令，如图 3-85 所示。

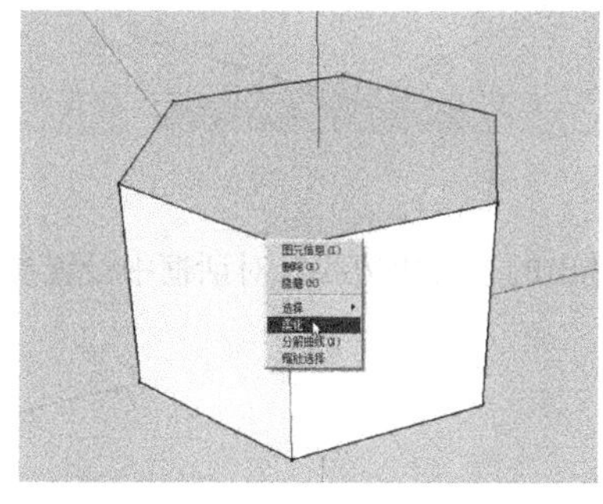

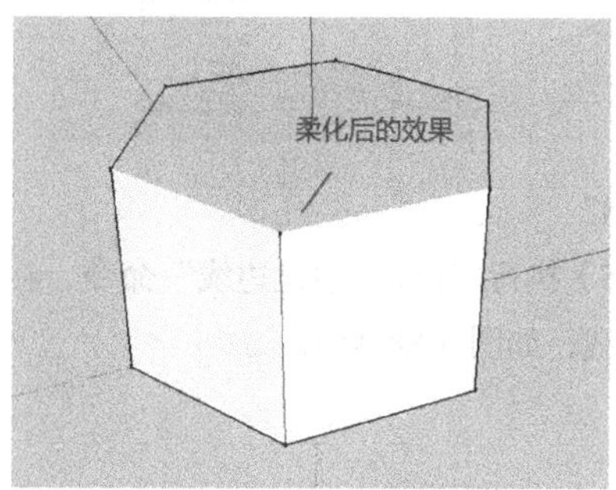

图 3-85

（3）选中多条边线，然后在边线上单击数遍右键，在弹出的菜单中选择柔化/平滑边线，在弹出的“边线柔化”对话框中设置参数，如图 3-86 所示。

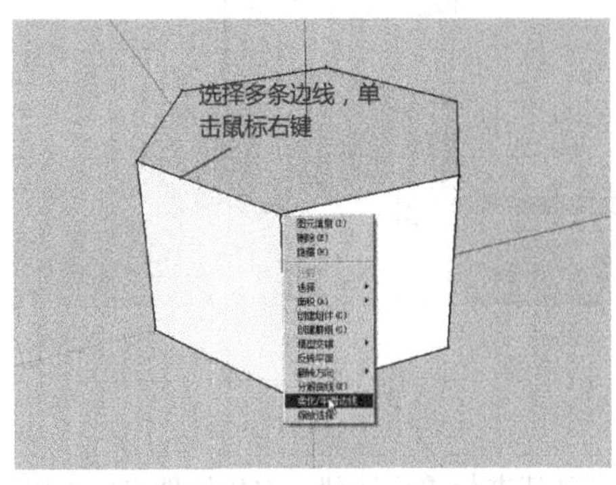

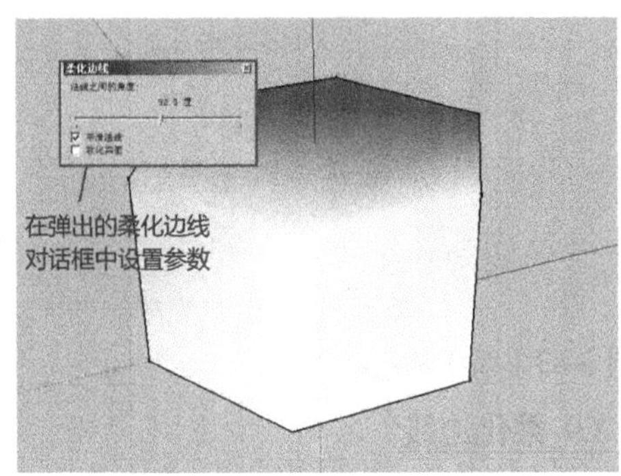

图 3-86

技术看板

法线之间的角度滑块：拖动该滑块可以调节光滑角度的下限值，超过此值的夹角都将被柔化。

平滑法线：勾选该选项可以用来指定对符合允许角度范围的夹角实施光滑和柔化效果。

软化共面：勾选该选项将自动柔化连接共面表面间的交线。

（4）选中多条边线，在边线上单击鼠标右键，在弹出的菜单中选择图元信息(I)，接着在打开的“图元信息”对话框中勾选“柔化”和“光滑”，即可柔化边线，如图 3-87 所示。

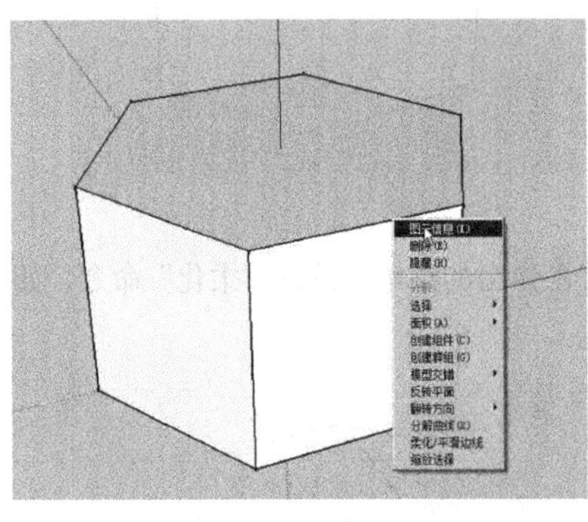

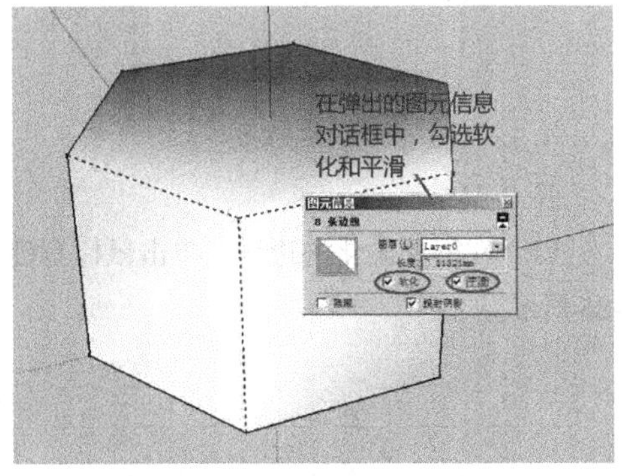

图 3-87

（5）执行“窗口>柔化边线”命令，在弹出的“柔化边线”对话框中设置参数即可柔化边线，如图 3-88 所示。

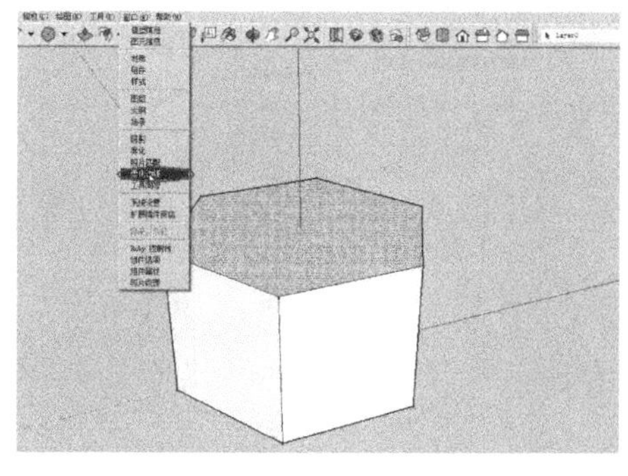

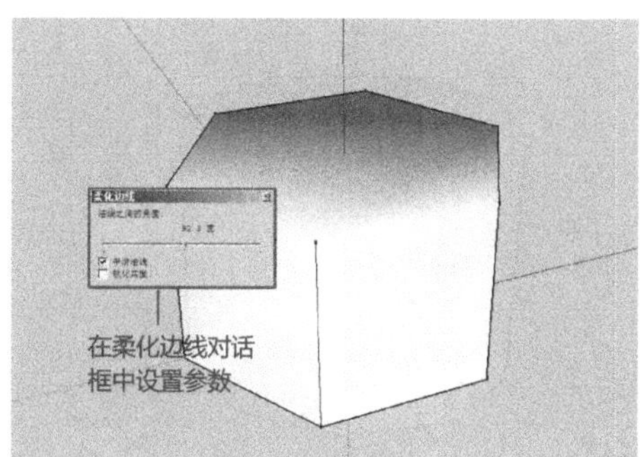

图 3-88

2．取消柔化边线的方法

取消边线柔化效果的方法同样有 5 种，与柔化边线的 5 种方法相对应。

（1）使用“擦除”工具的同时按住 Ctrl+Shift 组合键，可以取消对边线的柔化，如图 3-89 所示。

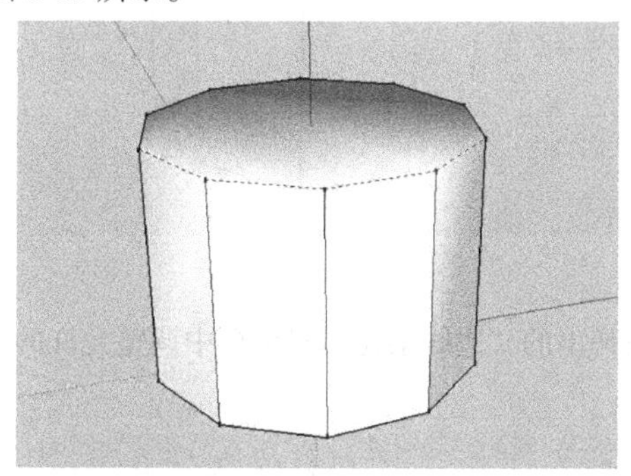

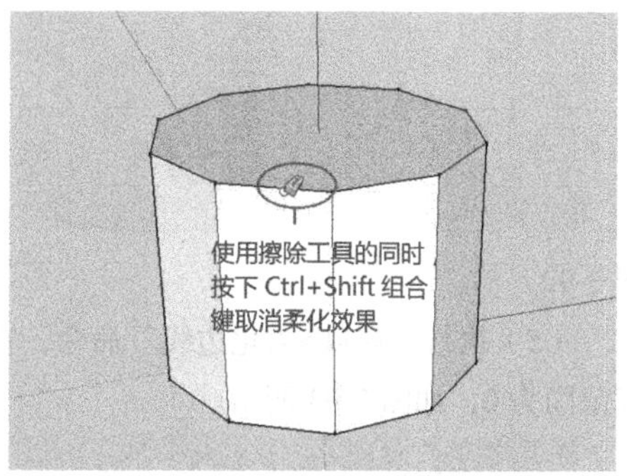

图 3-89

（2）在柔化的边线上单击鼠标右键，然后在弹出的菜单中执行“取消柔化”命令，如图 3-90 所示。

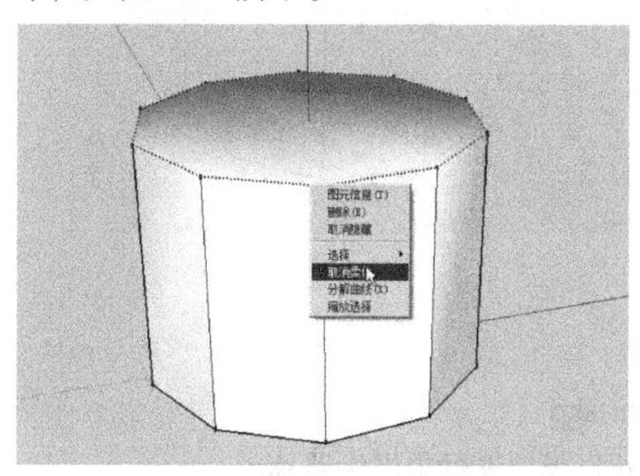

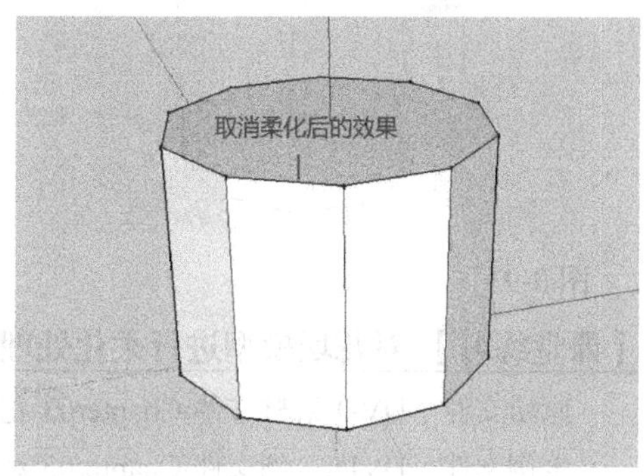

图 3-90

（3）选中多条柔化边线，在边线上单击鼠标右键，在弹出的菜单中选择柔化/平滑边线，接着在“柔化边线”对话框中调整允许的角度范围为 0，如图 3-91 所示。

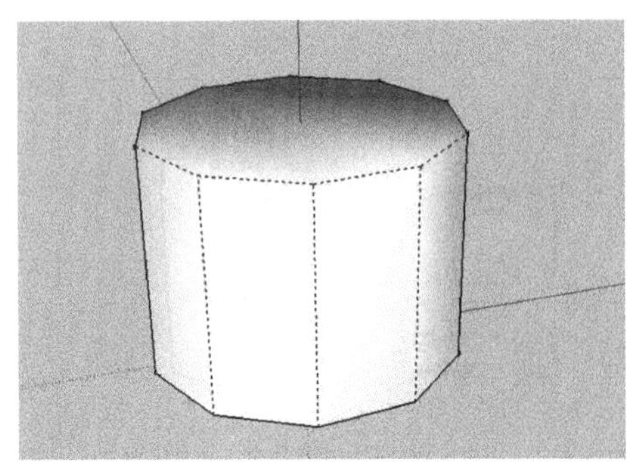
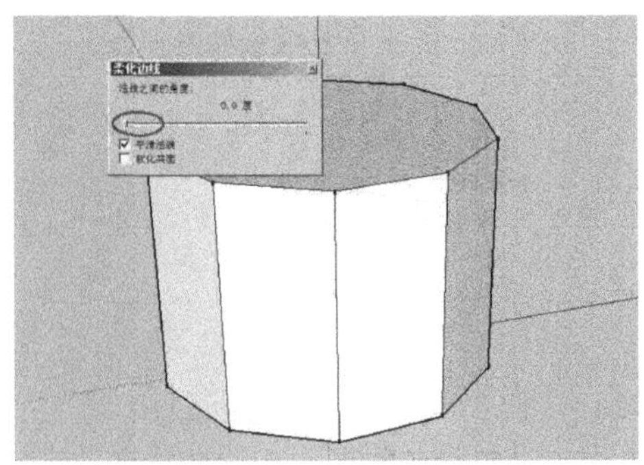

图 3-91

（4）在柔化的边线上单击鼠标右键，在弹出的菜单中选择 图元信息(I)，在 图元信息(I) 对话框中取消“柔化”和“光滑”选项的勾选，如图 3-92 所示。

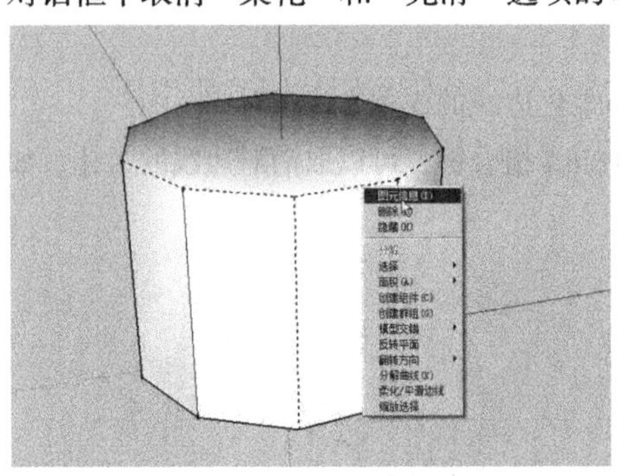
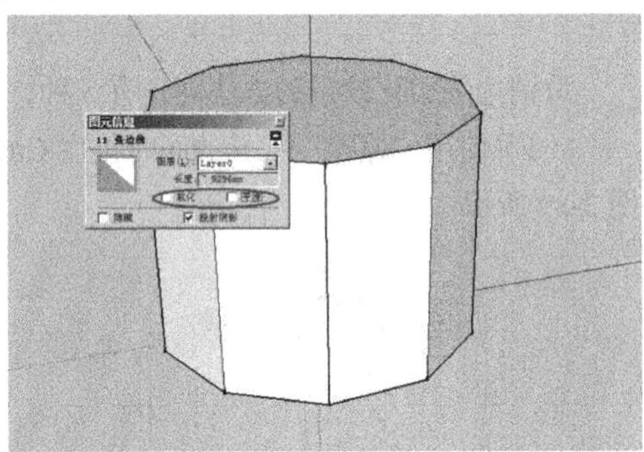

图 3-92

（5）执行“窗口>柔化边线”命令，在弹出的“边线柔化”对话框中调整允许的角度范围为 0，如图 3-93 所示。

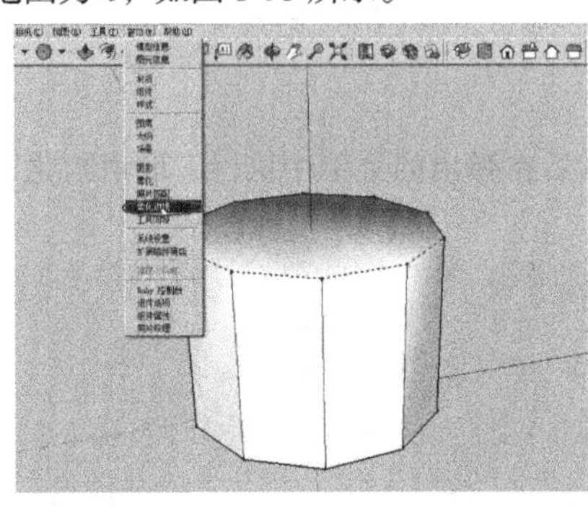
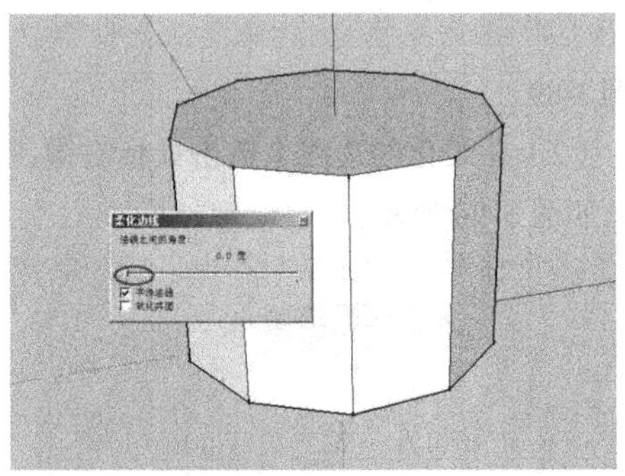

图 3-93

【课堂练习】对花坛模型进行柔化处理

原始文件：DVD\素材文件\Chapter03\花坛.skp

实例文件：DVD\实例文件\Chapter03\对花坛模型进行柔化处理.skp

视频文件：DVD\视频文件\Chapter03\对花坛模型进行柔化处理.avi

难易指数：★☆☆☆☆

（1）打开配套光盘 DVD\素材文件\Chapter03\花坛.skp 文件，场景为花坛模型，如

图 3-94 所示。

（2）执行“编辑>全选”命令或按下快捷键 Ctrl+A 全选场景中的所有物体，如图 3-95 所示。

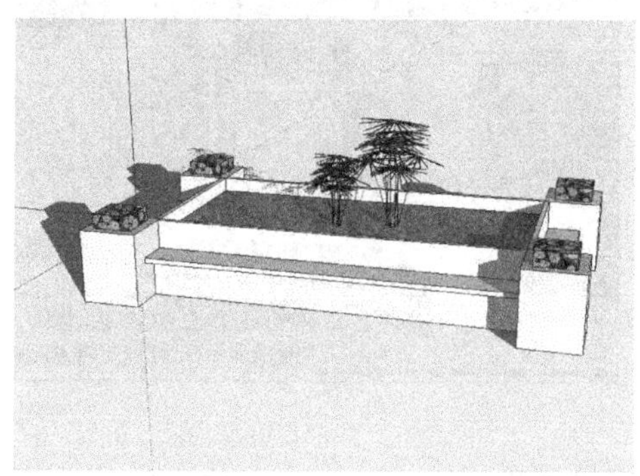

图 3-94

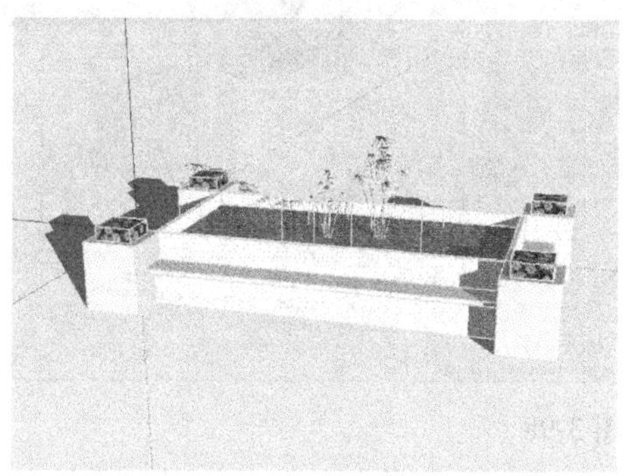

图 3-95

（3）单击鼠标右键，在弹出的下拉菜单中选择 柔化/平滑边线 ，会弹出“柔化边线”编辑器，如图 3-96 所示。

（4）调整“柔化边线”的数值到满意的效果，完成对模型的柔化处理，如图 3-97 所示。

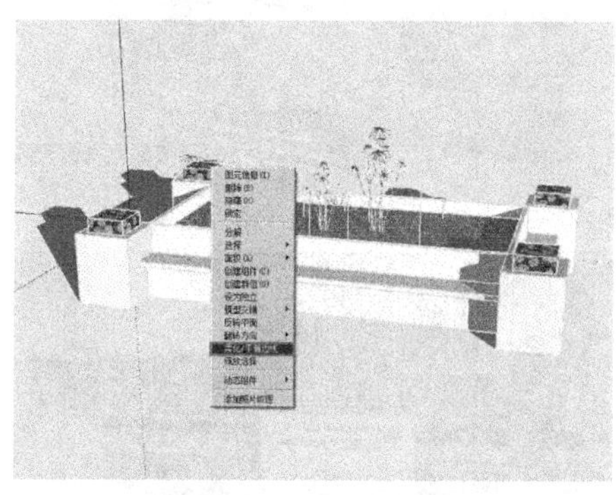

图 3-96

图 3-97

3.4 构造工具

本节要点

本节将详细介绍 SketchUp 软件中的辅助定位工具，其中包括卷尺工具和量角器工具。卷尺工具主要是测量距离，创建引导线、引导点，调整整个模型的比例；而量角器工具主要是测量角度并创建参考线。

3.4.1 卷尺工具

当我们需要知道场景中某根线段的长度或某段距离时，就要用到“卷尺”工具。

（1）打开配套光盘中的 DVD\素材文件\Chapter03\阁楼.skp 文件。单击工具栏中的“卷尺”工具或执行“工具>卷尺”命令激活该工具，然后在需要测量的起始点处单击鼠标开始测量，在中点处单击鼠标结束测量，如图 3-98 所示，测量结果会显示在右下角的 长度 输入框内。

图 3-98

（2）在测量完成后，可以在 长度 输入框中修改模型的尺寸，此时的修改会使整个场景的模型都发生同比例的缩放，如图 3-99 所示。

图 3-99

（3）“卷尺”工具也可以绘制辅助线。首先来看用“卷尺”工具绘制线段延长线的方法。选择一个端点作为延长线的起点，然后在空间中捕捉延长线的方向，单击鼠标即可创建延长线，如图 3-100 所示。

图 3-100

（4）下面使用“卷尺”工具绘制与线段平行的辅助线。使用“卷尺”工具单击目标线段，然后在上面拖出一条无限长的虚线，如图 3-101 所示。

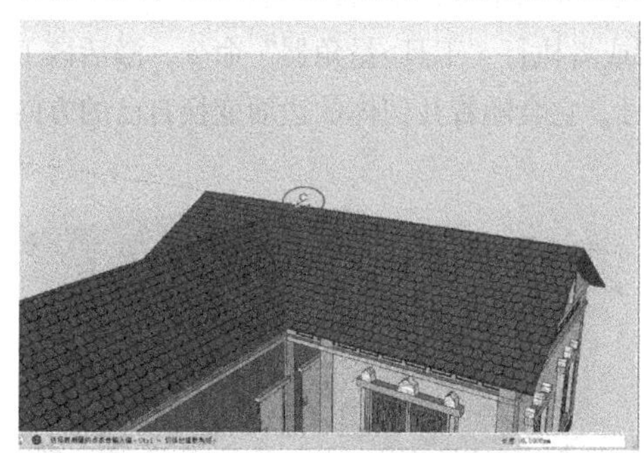

图 3-101

（5）也可以通过在长度输入框内输入数字来精确设置辅助线的偏移值，如图 3-102 所示。

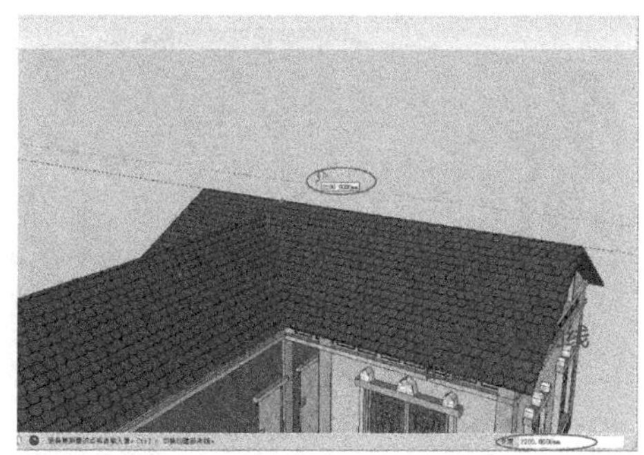

图 3-102

技术看板

在 SketchUp 软件中，辅助线之间以及辅助线与其他几何形体之间，也会出现相交、平行等空间关系。它们产生的平行线和交点都是可以捕捉的，如图 3-103 所示。

图 3-103

3.4.2 量角器工具

“量角器”工具可以测量场景中任何几何体的角度，也可以绘制参考线。

（1）单击工具栏中的“量角器”工具或者执行“工具>量角器”命令，激活该工具。激活之后，场景中会出现一个量角器符号，它会随着几何体的边面变换自己的方向和颜色，如图 3-104 所示。

图 3-104

（2）首先选择需要测量的角度顶点，单击鼠标定位量角器，选择待测角的一条边作为始边，再移动鼠标选择待测角的终边，即可测量出角度，角度会显示在 角度 输入框里，如图 3-105 所示。在测量的同时会在待测角的终边上产生一条辅助线。

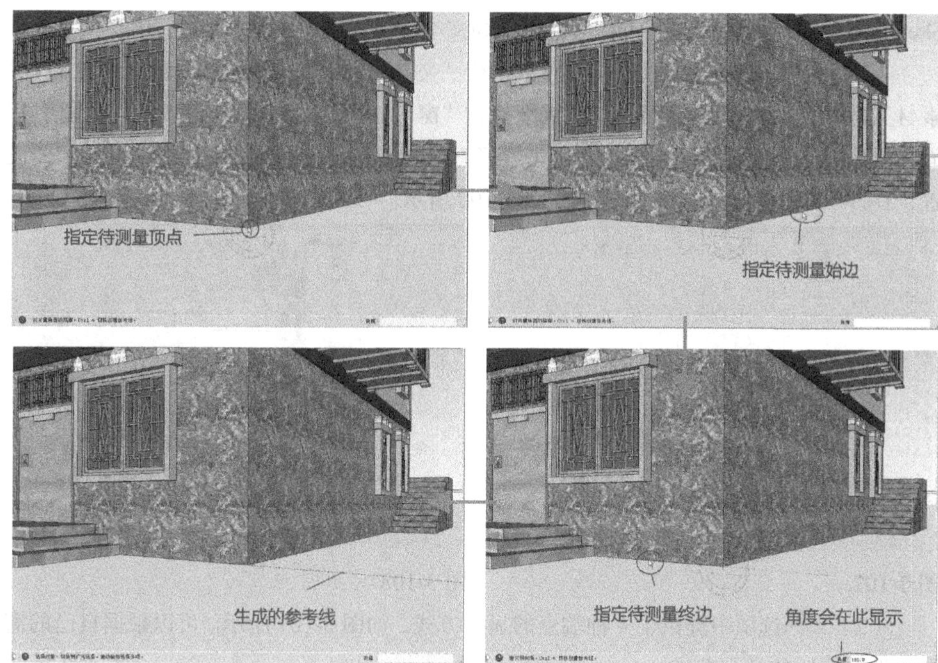

图 3-105

（3）创建精确角度辅助线的方法与上述类似。先选择并指定待测角，单击鼠标确定待测角的始边，在 角度 输入框里输入数值，即可创建指定角度的辅助线，如图 3-106 所示。输入正值代表逆时针方向计算角度，输入负值则代表顺时针方向计算角度。

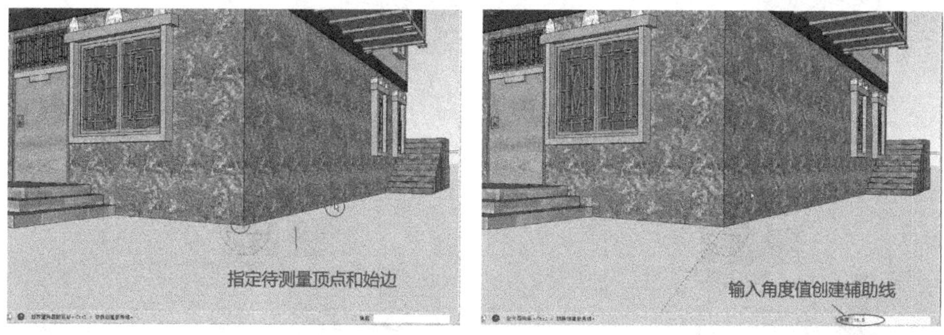

图 3-106

3.5 标注工具

本节要点

本节详细介绍 SketchUp 的标注工具，主要包括尺寸标注和文本标注。接下来首先介绍标注样式的设置。

3.5.1 标注样式的设置

SketchUp 最大的亮点就是方便、精确的标注系统。作为一款建筑草图设置软件，SketchUp 无论是在方案设计还是在施工图的设计中，其准确的标注都能发挥很大的优势。

SketchUp 提供了两种标注方式：尺寸标注和文本标注，如图 3-107 所示。

（1）首先对标注的样式进行设置。执行“文件 > 打开”命令，打开配套光盘 DVD\素材文件\Chapter03\卧室.skp 文件，继续执行“窗口>模型信息”命令，打开“模型信息”面板，选择尺寸栏设置标注样式，单击字体...按钮，在弹出的对话框中进行字体设置，在端点:中可以设置标注引线，如图 3-108 所示。

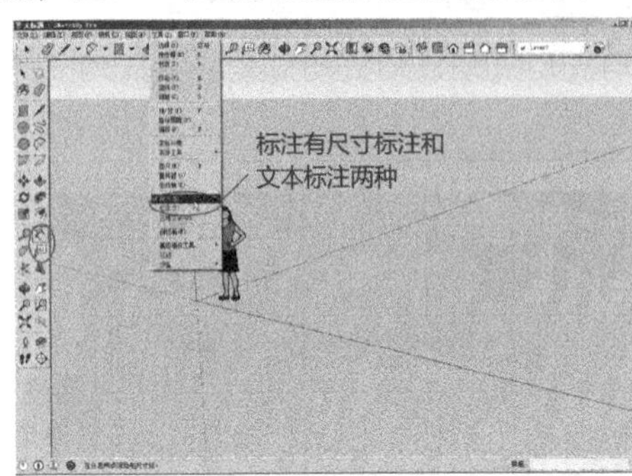

图 3-107

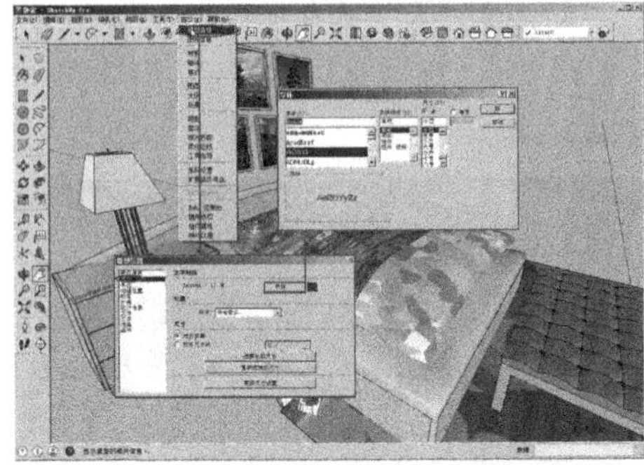

图 3-108

（2）端点:选项中提供了 4 种端点的显示方式，如图 3-109 所示。可以根据自己的需要，选择合适的显示方式。

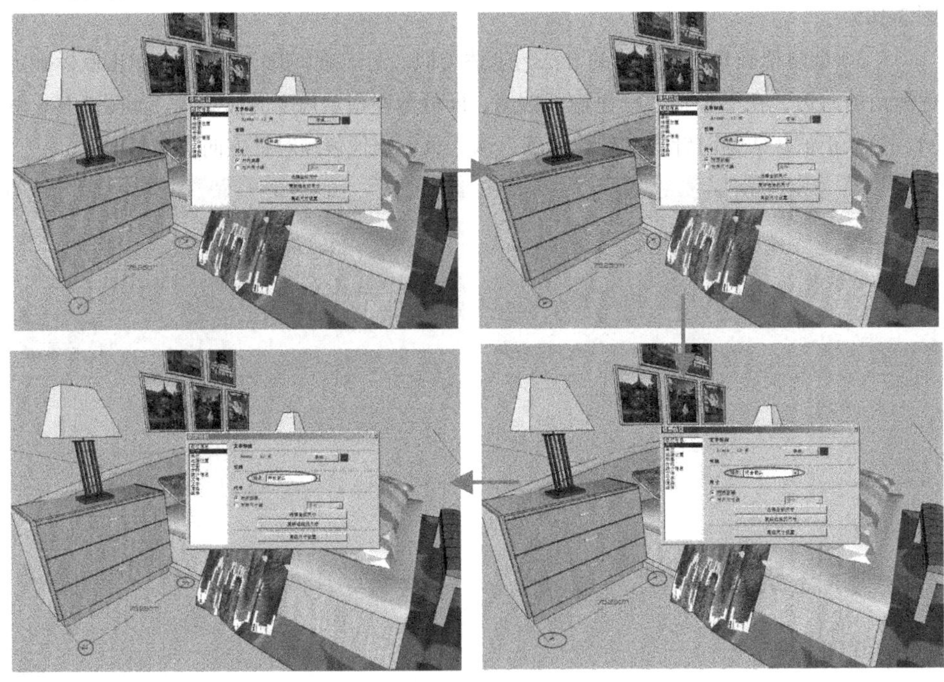

图 3-109

（3）在尺寸中则可以对标注的显示方式加以设置，如图 3-110 所示，进一步调整标注与引线的位置关系。

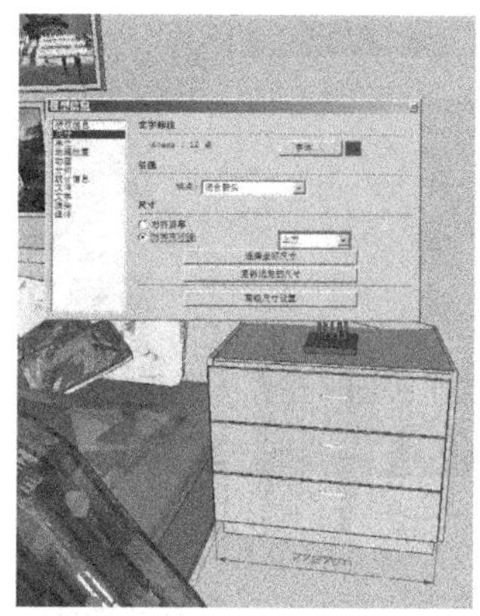

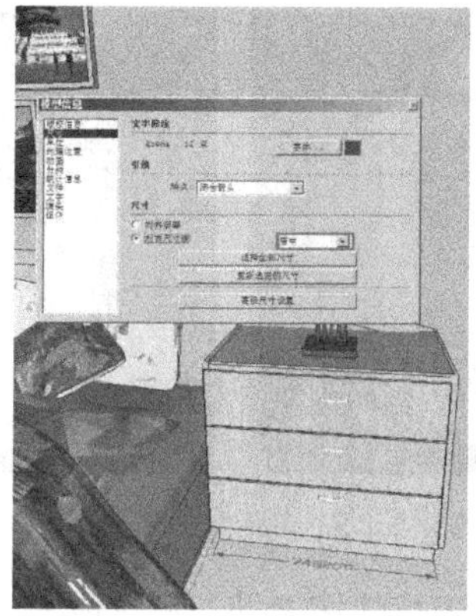

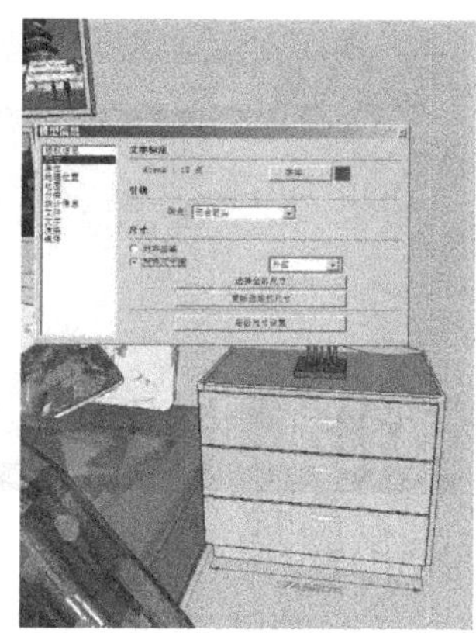

图 3-110

3.5.2 尺寸标注

（1）执行“文件>打开”命令，打开配套光盘中的 DVD\素材文件\Chapter03\卫生间.skp 文件。单击工具栏中的“尺寸”工具或执行“工具>尺寸”命令，激活该工具。需要注意的是，尺寸标注的引出点只能是“端点”、“交点”、“中点”和边线。先来看对场景中模型长度的测量标注，如图 3-111 所示。

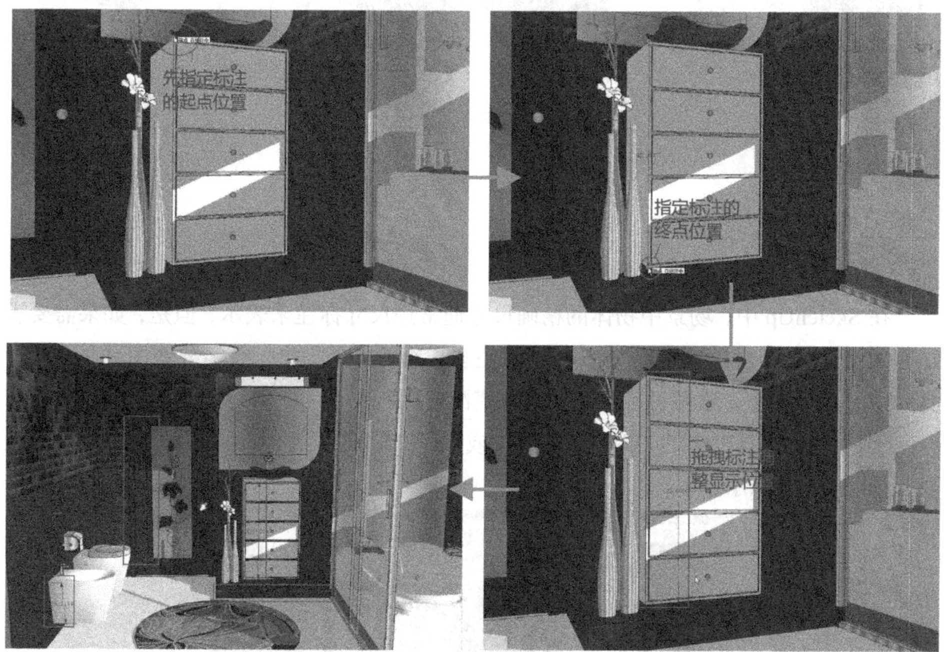

图 3-111

（2）接下来使用“尺寸”工具测量场景中的圆弧物体的半径，选择该圆弧，SketchUp 会自动计算其半径，如图 3-112 所示。

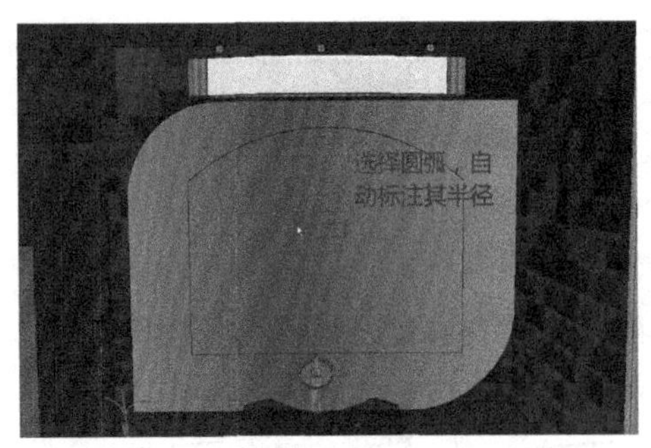

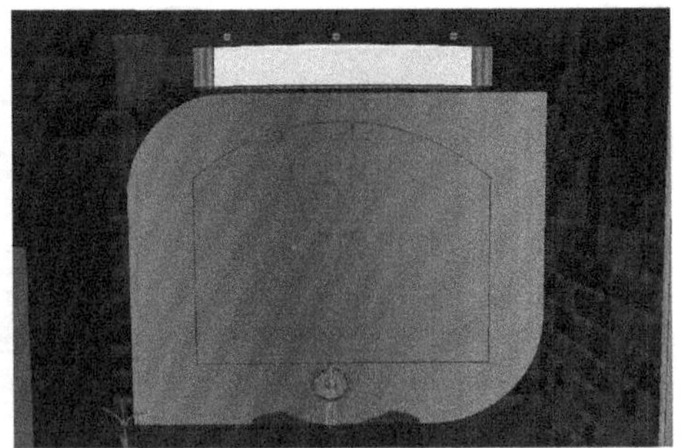

图 3-112

（3）使用“尺寸”工具对圆形物体进行测量标注。需要注意的是，所有的标注数值都是软件测量出来的，但是当使用者有特殊需要时，这些值也是可以修改的，如图 3-113 所示。

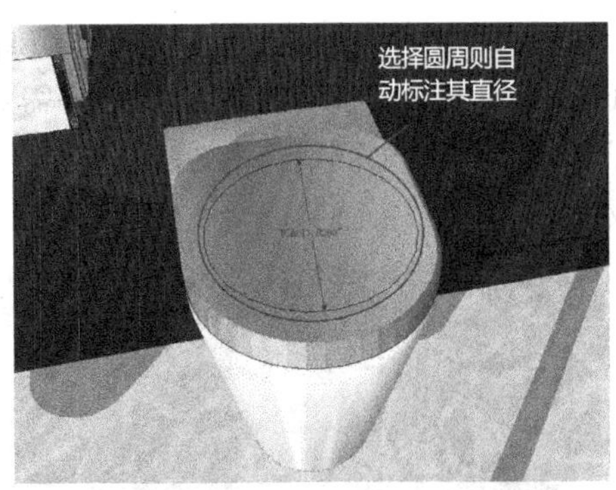

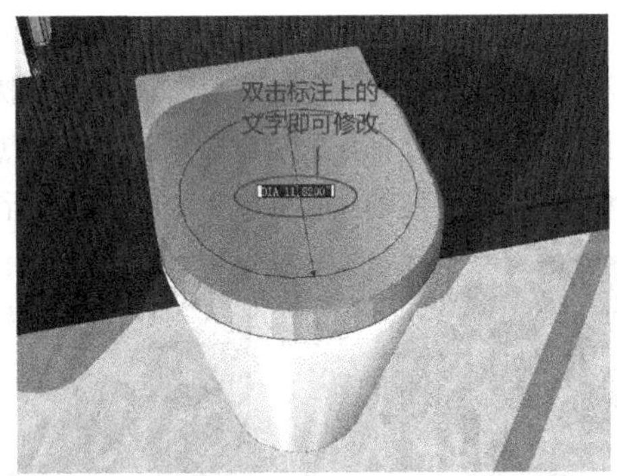

图 3-113

3.5.3 文本标注

在 SketchUp 中，场景中物体的精确尺寸通常用尺寸标注来表示；但是，如果需要表达例如细部构造、材料类型、制作工艺等更多更细的场景信息，就需要使用“文字”工具。一般情况下，这两种标注方式需要搭配使用。

（1）单击工具栏中的“文字”工具或执行“工具>文字”命令，激活“文字” 工具，如图 3-114 所示。

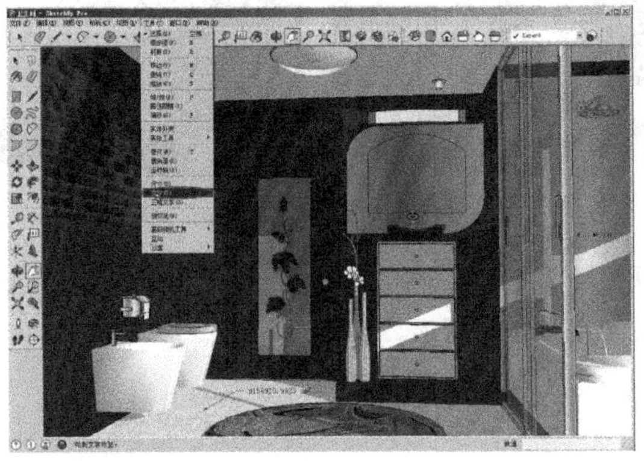

图 3-114

（2）使用“文字”工具，在场景模型上双击鼠标，标注信息则会附着在模型表面。也可以在需要标注的地方按住鼠标左键不放，然后将标注信息拖拽到空白处，如图 3-115 所示。

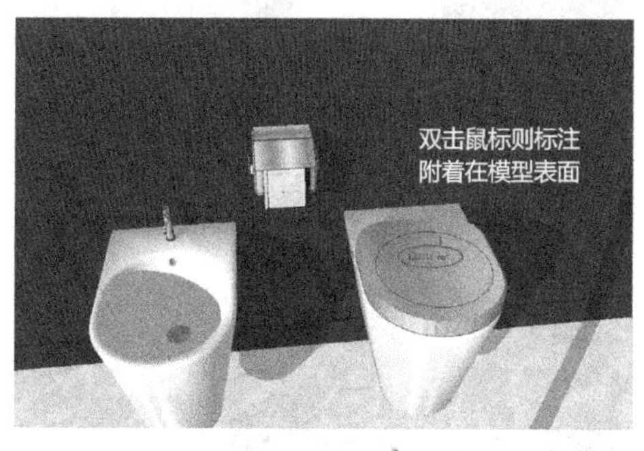

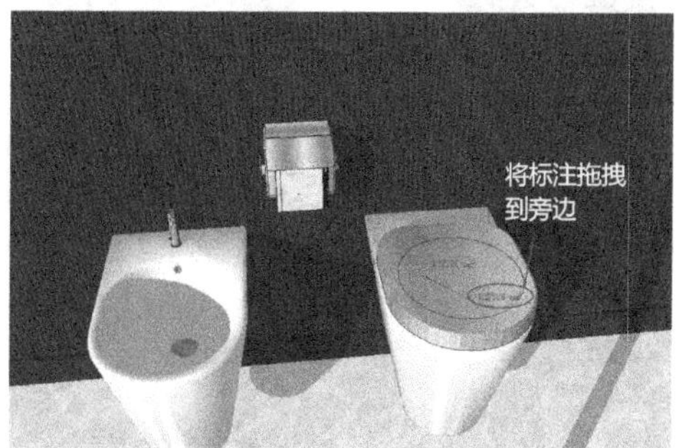

图 3-115

（3）一般情况下，SketchUp 默认对封闭区域进行标注时，显示该区域的面积；对线段标注时，会显示线段长度；对弧线标注时，显示弧线上标注点的坐标值，如图 3-116 所示。

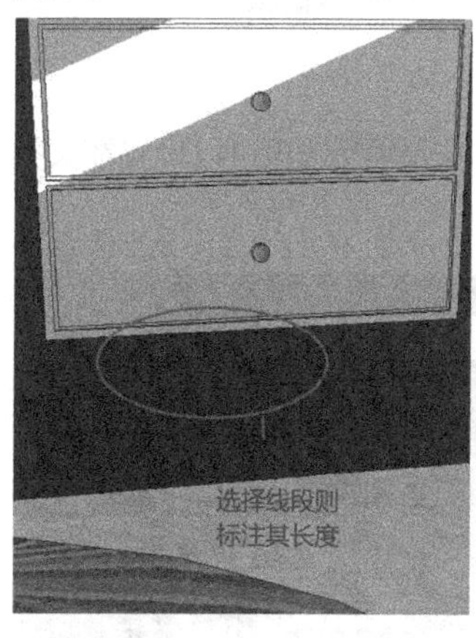

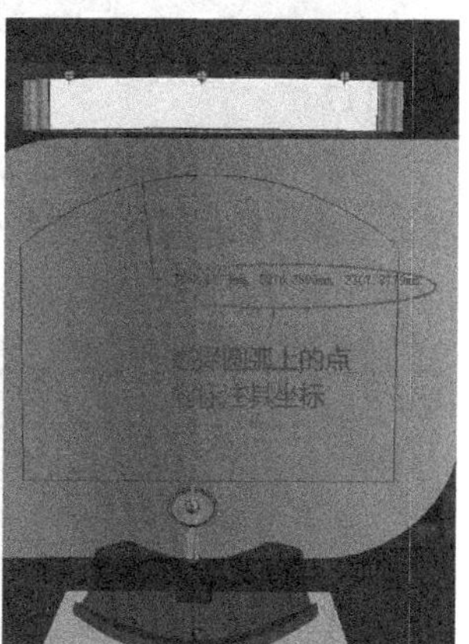

图 3-116

3.5.4 修改标注

（1）在 SketchUp 中，尺寸标注和文本标注都是可以修改的。在标注上单击鼠标右键，弹出菜单，选择 编辑文字(D) 选项，或者双击标注，即可修改标注，如图 3-117 所示。场景中的标注过多时，也可以对标注使用 删除(E) 或 隐藏(H) 命令进行清理。

图 3-117

（2）在修改“文本”标注时，用鼠标单击文本标注，选择箭头选项可以设置箭头类型，选择引线选项可以选择引线方式，如图 3-118 所示。

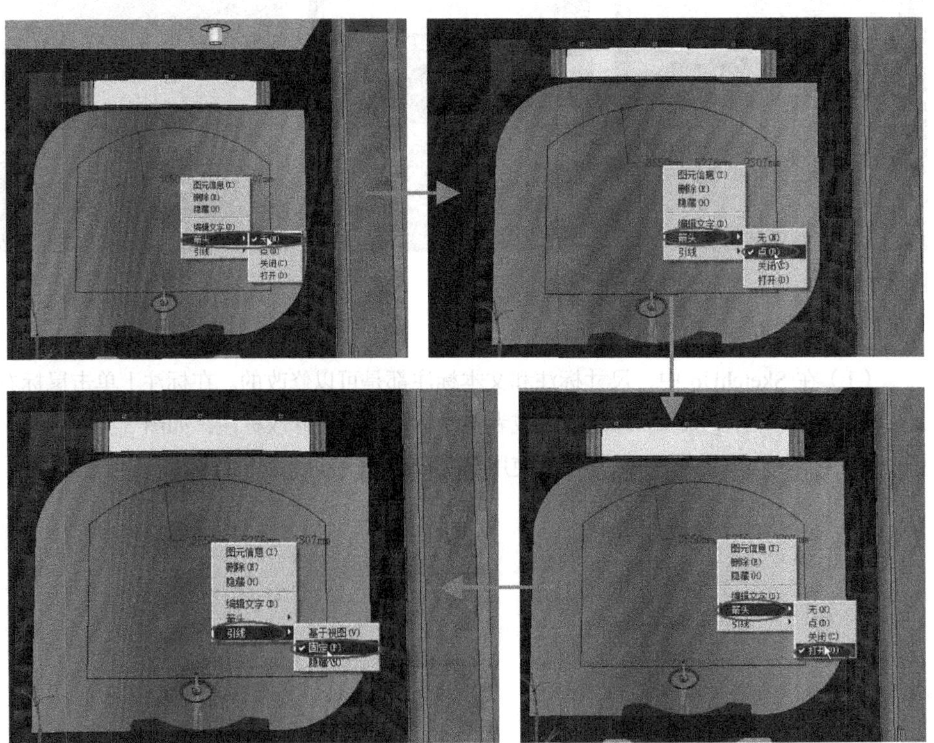

图 3-118

3.5.5 三维文字

SketchUp 从 6.0 开始增加了“三维文字”工具，该工具被广泛应用于广告设计、logo 制作和雕塑文字等。

（1）单击工具栏中的“三维文字”工具或执行“工具>三维文字”命令，会弹出“放置三维文字”对话框，如图 3-119 所示。

（2）在“放置三维文字”对话框的文本框中输入文字，单击 放置 按钮，即可创建三维文字，如图 3-120 所示。

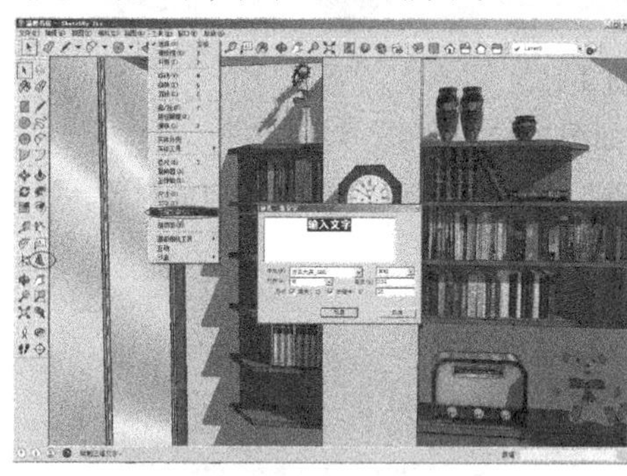

图 3-119

图 3-120

（3）文字创建后，自动成组。可以将文字拖拽至合适的位置，并使用“缩放”工具对文字进行随访，如图 3-121 所示。

图 3-121

【课堂练习】 为景区大门添加名称

原始文件：DVD\素材文件\Chapter03\大门.skp

实例文件：DVD\实例文件\Chapter03\为景区大门添加名称.skp

视频文件：DVD\视频文件\Chapter03\为景区大门添加名称.avi

难易指数：★☆☆☆☆

（1）执行“文件>打开”命令，打开配套光盘 DVD\素材文件\Chapter03\大门.skp 文件，如图 3-122 所示。

（2）单击工具箱中的“三维文字”工具，在弹出的“放置三维文字”对话框中输入“遗址公园”，更改字体为“方正水黑简体”，然后单击“放置”按钮 放置 ，将其放置到相应的位置，如图 3-123 所示。

图 3-122　　图 3-123

（3）使用“缩放”工具调整文字大小，如图 3-124 所示。

（4）单击“材质”工具，在弹出的“材质”编辑器中为文字赋予相应的材质，效果如图 3-125 所示。

图 3-124　　图 3-125

3.6　实体工具

SketchUp 强大的模型交错功能，可以在组与组之间进行并集、交集和布尔运算。“实体”工具栏中包含了执行这些运算的工具。

执行“视图>工具”命令，在弹出的“工具栏”对话框中勾选☑实体工具 复选框，调出实体工具，如图 3-126 所示。

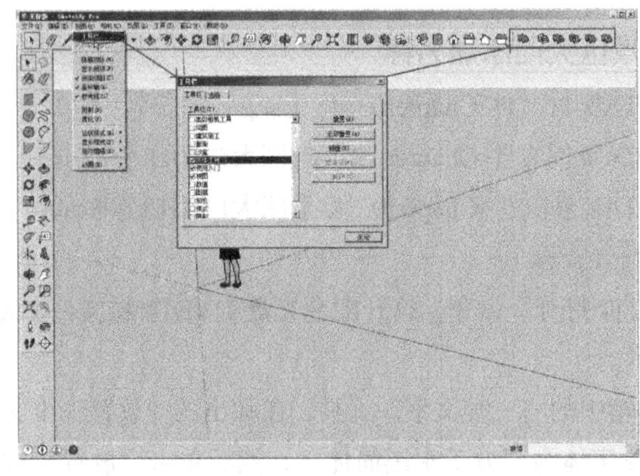

图 3-126

3.6.1 实体外壳

"实体外壳"工具主要用于对指定的几何体加壳，使其变成一个群组或组件。

（1）激活"实体外壳"工具，然后在绘图区域中移动鼠标，鼠标显示为 ，这时选择一个组，选择圆柱体组件，如图 3-127 所示。

（2）选择圆柱体之后，鼠标显示为 ，这时选择第二个组件，选择立方体组件，如图 3-128 所示。

（3）完成选择后，两个组件会自动合并为一体，相交的边线都会被自动删除，如图 3-129 所示。

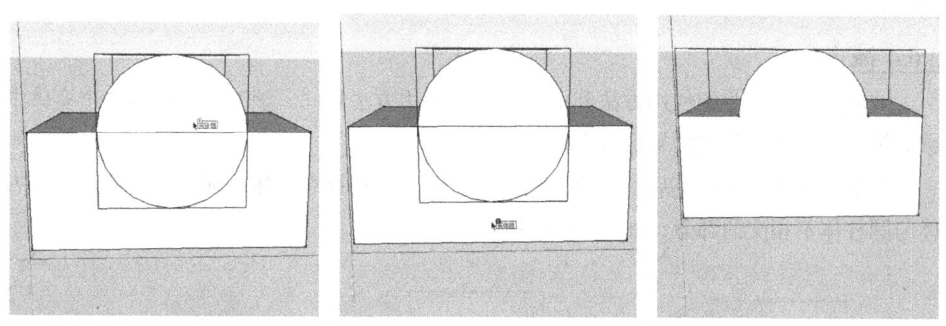

图 3-127　　图 3-128　　图 3-129

技术看板

外壳工具的使用必须符合两个条件：（1）几何体必须是全封闭的；（2）几何体的面数必须在 6 个面以上，符合这两个条件才可以对几何体加壳。

3.6.2 相交

"相交"工具会保留两个组件相交的部分，删除不相交的部分。该工具的使用方法和"实体外壳" 相似，激活"相交"工具后，也会出现选择第一个组件和第二个组件的提示，完成选择后会保留两个组件相交的部分，如图 3-130 所示。

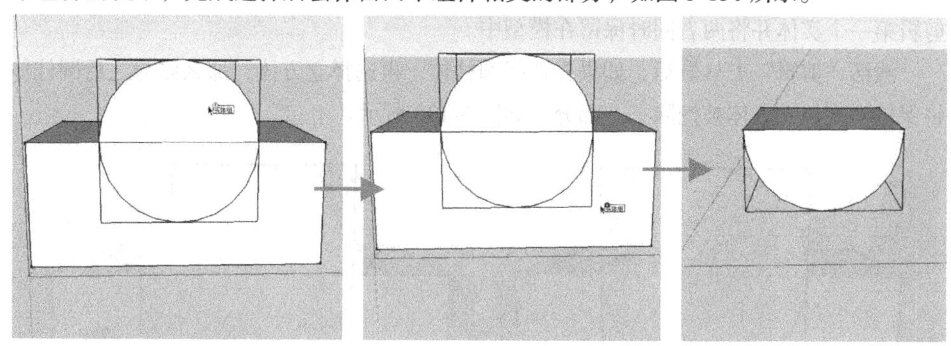

图 3-130

3.6.3 联合

"联合"工具是将两个组件进行合并的工具，删除相交的部分，运算完成后两个物体将成为一个物体，该工具在效果上和"实体外壳"工具是相同的，如图 3-131 所示。

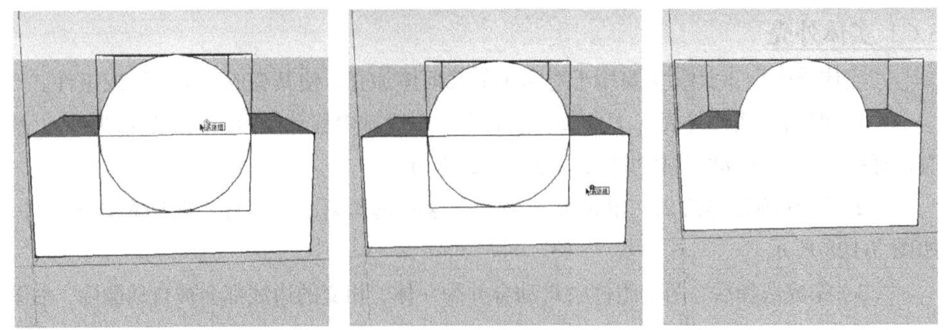

图 3-131

3.6.4 减去

“减去”工具的使用方法和上述工具的使用方法相同。该工具是从第二个实体中减去第一个实体并仅将结果保留在模型中。

激活“减去”工具后，如果先选择圆柱体，再选择立方体，那么保留的就是立方体与圆柱体不相交的部分，如图 3-132 所示。

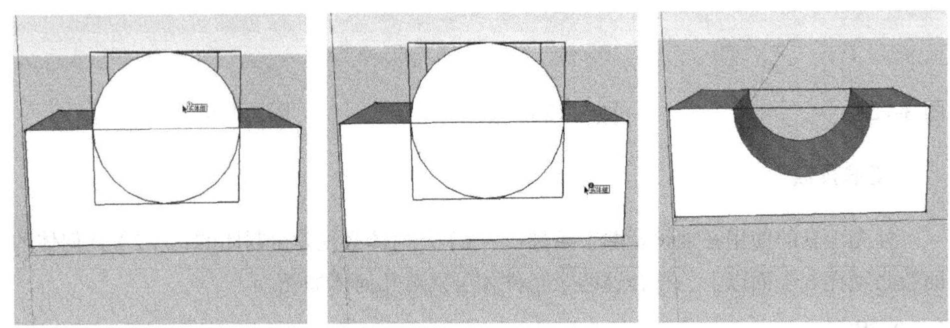

图 3-132

3.6.5 剪辑

激活“剪辑”工具，根据提示选择第一个和第二个物体之后，将使用第二个实体剪辑第一个实体并将两者同时保留在模型中。

激活“剪辑”工具后，如果先选择圆柱体，再选择立方体，那么修剪之后圆柱体将保持不变，立方体被挖除了一部分，如图 3-133 所示。

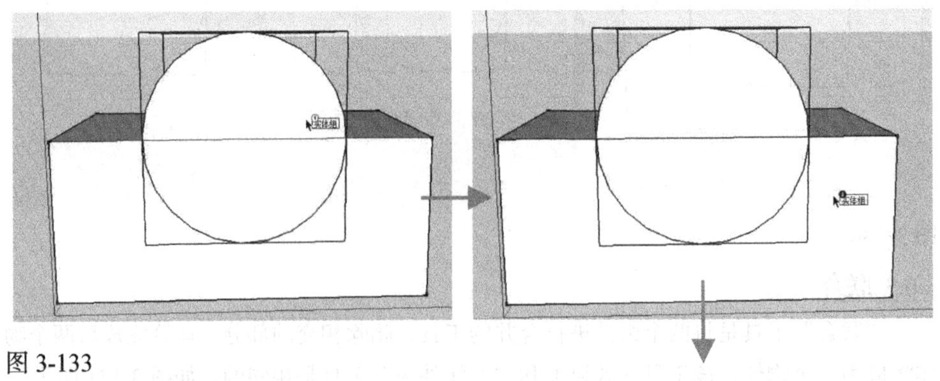

图 3-133

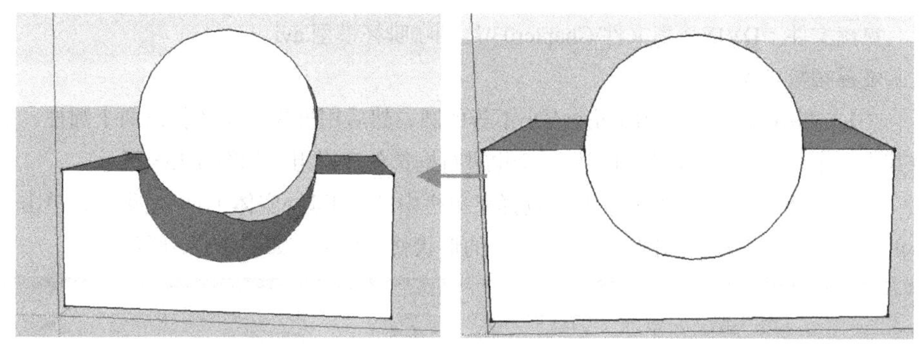

图 3-133（续）

3.6.6 拆分

使用“拆分”工具可以将两个实体相交的部分分离成单独的新物体，原来的两个物体将被修剪掉相交的部分，只保留不相交的部分，如图 3-134 所示。

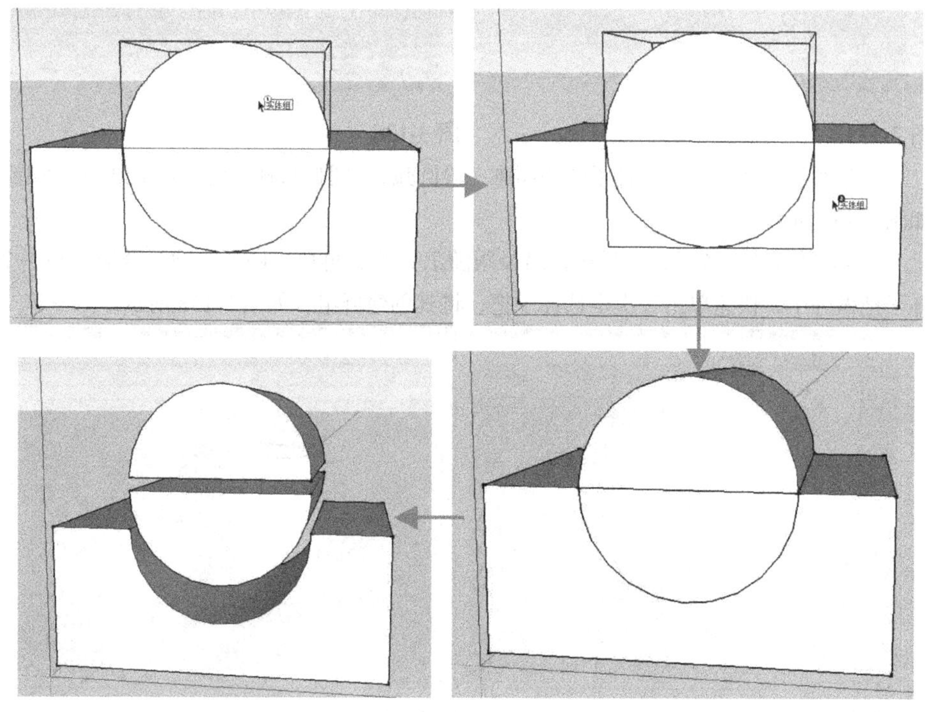

图 3-134

技术看板

如果有 3 个或 3 个以上物体，系统会自动将选择的前两个物体进行操作之后，再与第 3 个物体进行布尔运算，以此类推。

【课堂练习】绘制咖啡杯模型

原始文件：无

实例文件：DVD\实例文件\Chapter03\绘制咖啡杯模型.skp

视频文件：DVD\视频文件\Chapter03\绘制咖啡杯模型.avi

难易指数：★☆☆☆☆

（1）利用圆工具画出两个大小不等的圆，然后用推拉工具拉出两个圆柱，框选其中一个圆柱将其创建群组，另一个也进行框选创建群组，如图 3-135 所示。

（2）将两个圆柱重叠到一起，选择菜单栏中的“工具>实体工具>差集”，单击较小的圆柱，再单击较大的圆柱，一个杯子的形状就出来了，如图 3-136 所示。

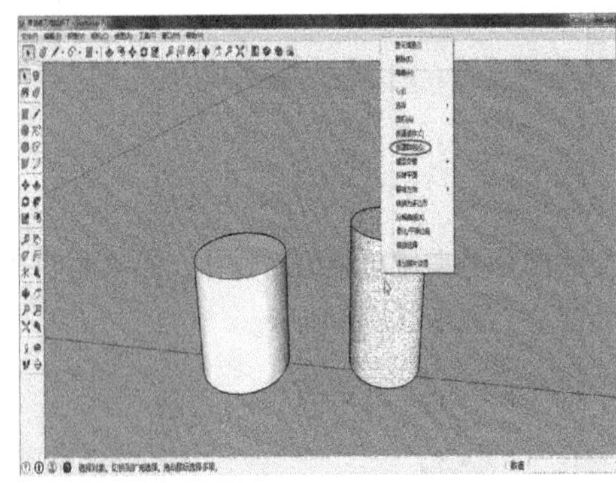

图 3-135

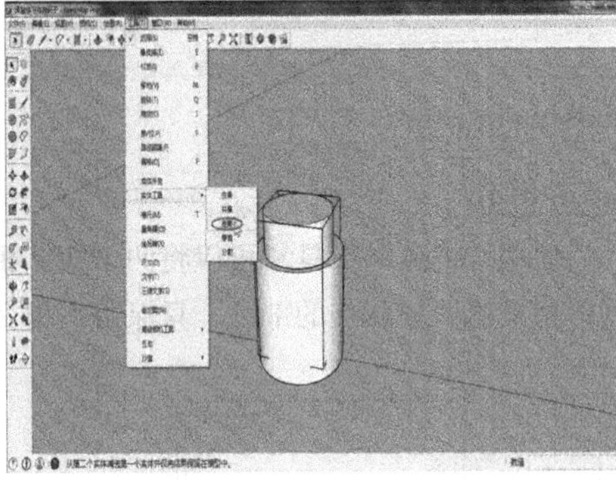

图 3-136

（3）利用圆弧工具在杯子的侧面画一段圆弧，在圆弧与杯子的交点上画一个小圆，如图 3-137 所示。

（4）单击选中圆弧，然后选择路径跟随工具，再单击画的小圆，就能看到一个杯子把做好了，快速单击三次全选杯子把，将其创建群组，如图 3-138 所示。

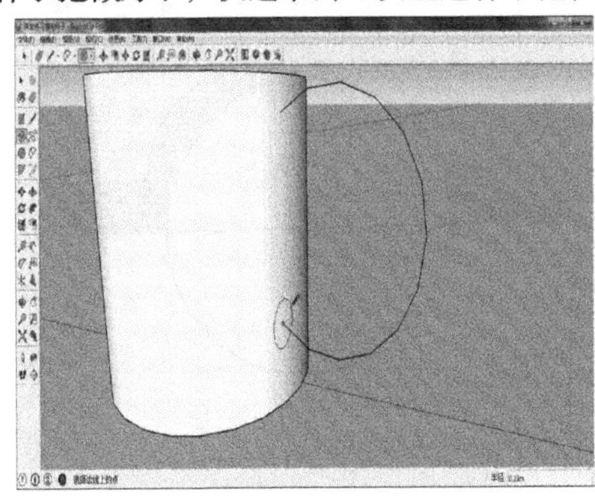

图 3-137

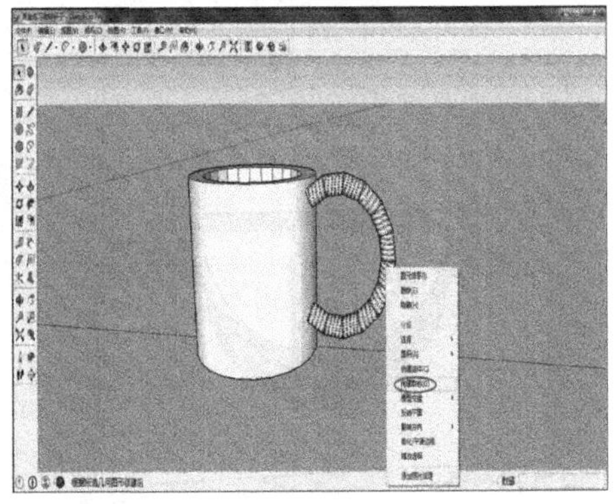

图 3-138

（5）将杯子把移动到杯子上，使其连接在一起，同时选中杯子与杯子把，选择菜单栏中的“工具>实体工具>并集”，一个杯子整体就完成了，如图 3-139 所示。

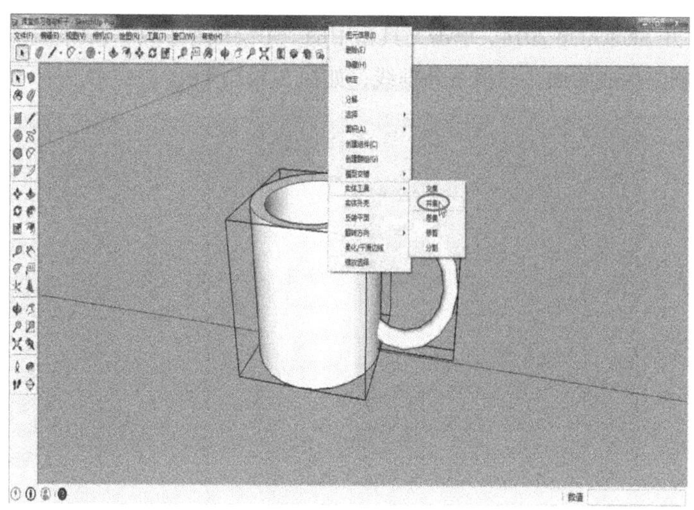

图 3-139

3.7　沙盒工具

SketchUp 中的沙盒工具常用于创建地形。执行“视图>工具栏”命令，在弹出的“工具栏”对话框中勾选☑沙盒，调出沙盒工具栏，如图 3-140 所示。

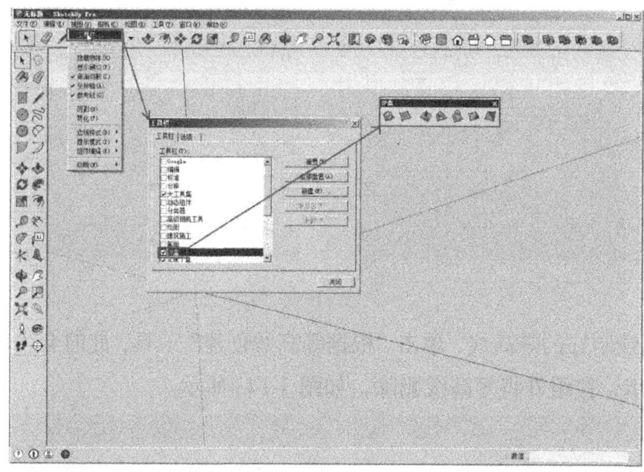

图 3-140

3.7.1 根据等高线创建

执行“绘图>沙盒>根据等高线创建”命令，激活“根据等高线创建”工具。该工具可以使封闭且相邻的等高线形成三角面。等高线可以是直线、圆弧、圆、曲线等。使用该工具可以将这些闭合或不闭合的线封闭成面，从而形成坡地。

【课堂练习】 绘制地形

原始文件：无

实例文件：DVD\实例文件\Chapter03\绘制地形.skp

视频文件：DVD\视频文件\Chapter03\绘制地形.avi

难易指数：★☆☆☆☆

（1）打开 SketchUp 2014，单击工具箱中的“手绘线”工具，在俯视图中绘制地形，绘制完成后删除生成的面，只留下外框线，如图 3-141 所示。

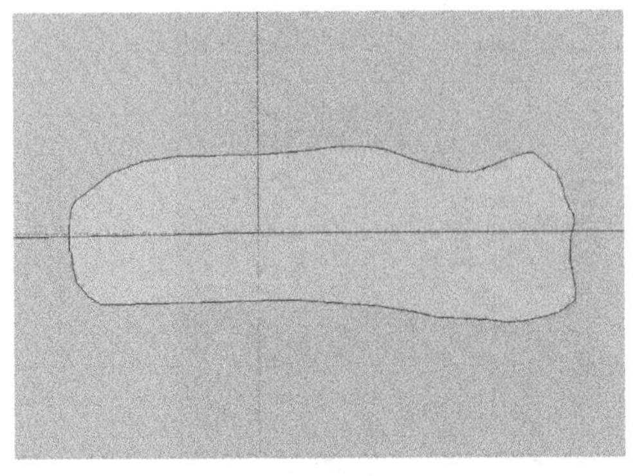
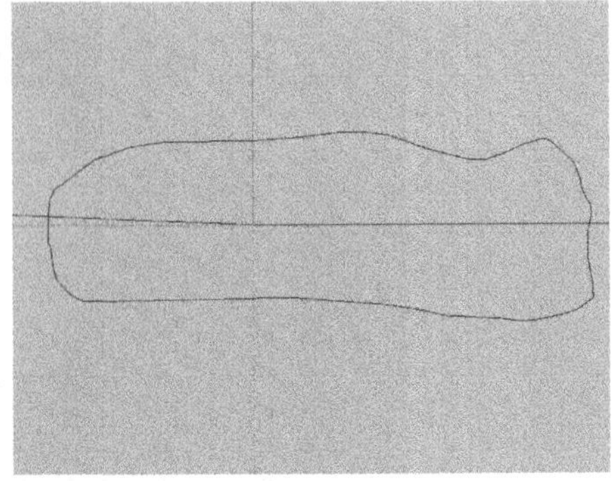

图 3-141

（2）使用同样的方法在俯视图中绘制闭合线段，单击工具箱中的“移动”工具，将闭合线段向上移动，如图 3-142 所示。

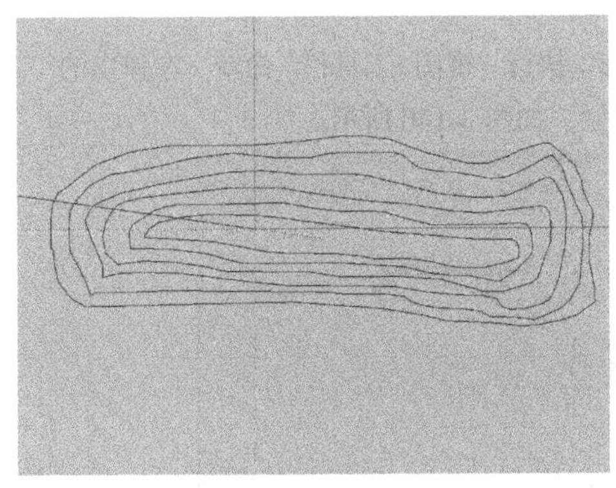
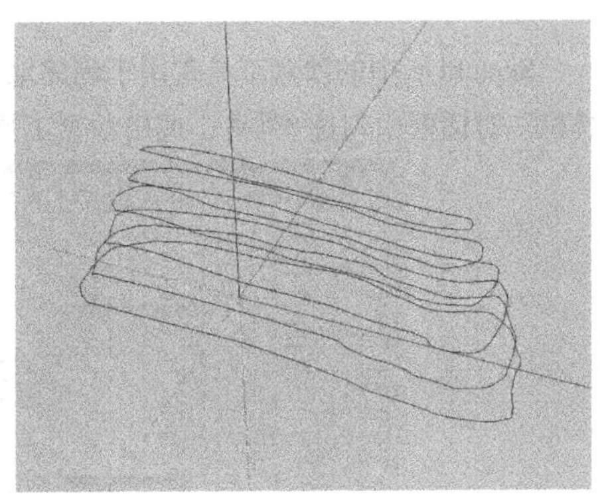

图 3-142

（3）全选绘制好的等高线，单击“根据等高线创建”工具，此时会生成地形等高线，自动形成一个组，在组外将等高线删除，如图 3-143 所示。

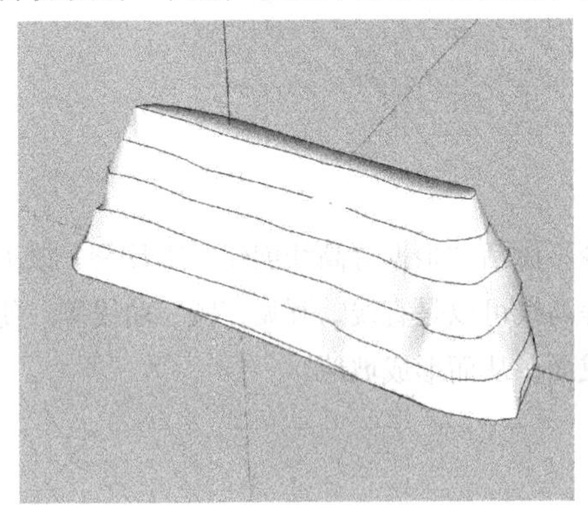

图 3-143

3.7.2 根据网格创建

执行“绘图>沙盒>根据网格创建”命令，即可激活“根据网格创建”工具。该工具创建的地形只是大体的地形空间，不是十分准确。如果需要准确的地形，还是要使用“根据等高线创建”工具。

【课堂练习】绘制网格平面

原始文件：无

实例文件：DVD\实例文件\Chapter03\绘制网格平面.skp

视频文件：DVD\视频文件\Chapter03\绘制网格平面.avi

难易指数：★☆☆☆☆

（1）打开 SketchUp 2014，执行“绘图>沙盒>根据网格创建”命令，激活“根据网格创建”工具。此时控制栏会提示输入栅格间距，在栅格间距输入框中输入 3 000，按下 Enter 键确定，如图 3-144 所示。

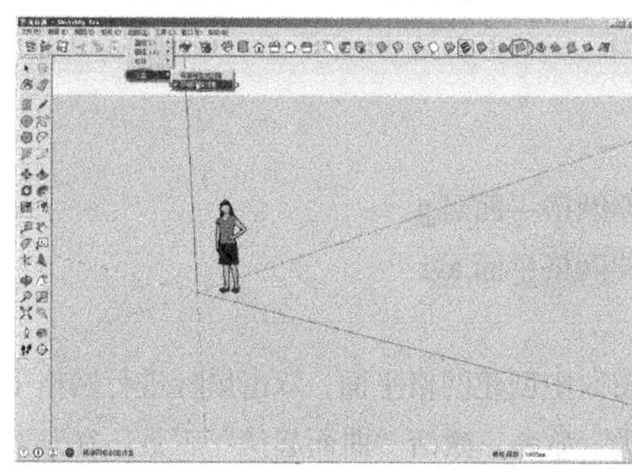
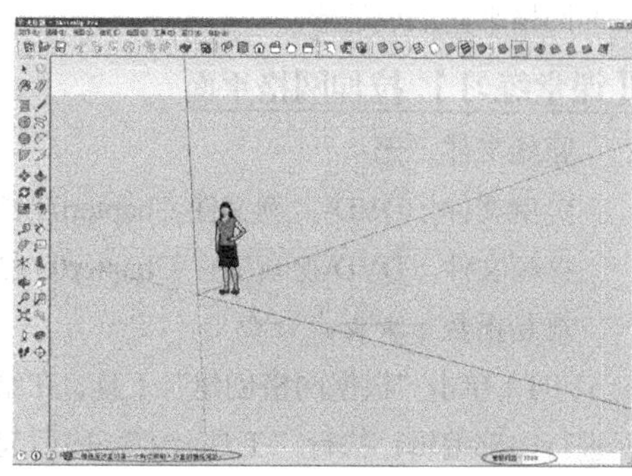

图 3-144

（2）确定了栅格间距后，单击鼠标左键确定起点，移动鼠标拖拽至目标长度；也可以在长度输入框中输入长度，如图 3-145 所示。

（3）确定了起点和长度之后，继续在绘图区中拖拽鼠标绘制网格平面，到合适大小的时候单击鼠标左键，完成网格的绘制，如图 3-146 所示。

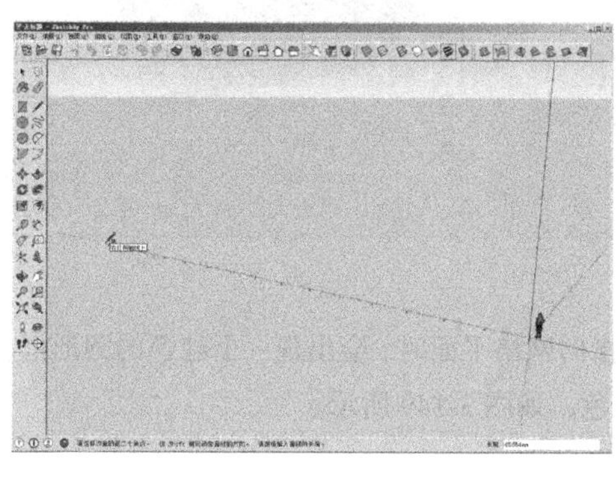

图 3-145

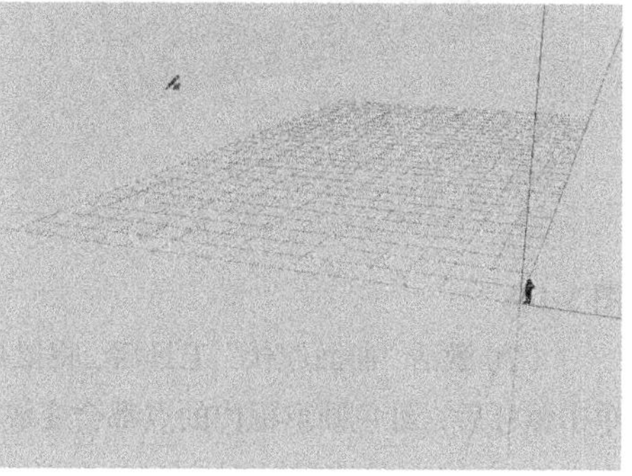

图 3-146

（4）完成绘制后，网格会自动封闭，并会形成一个组，如图 3-147 所示。

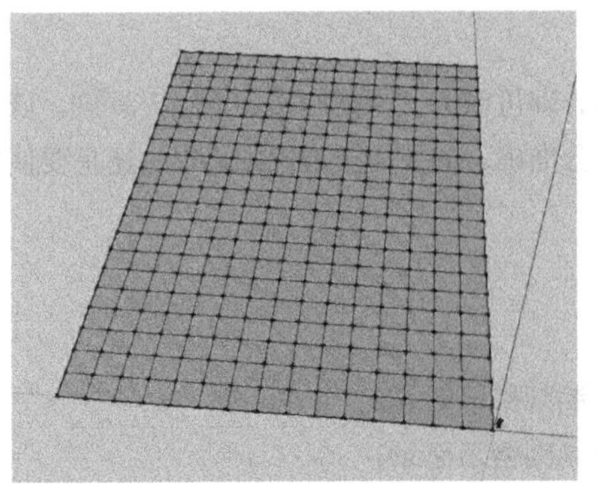
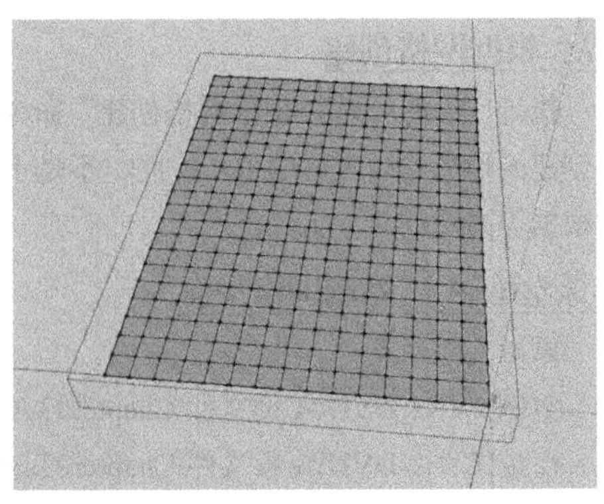

图 3-147

3.7.3 曲面起伏

曲面起伏工具可以将网格中的部分进行曲面拉伸，可以向上拉伸和向下拉伸，通过拉伸网格平面形成地形。

【课堂练习】 拉伸网格平面

原始文件：无

实例文件：DVD\实例文件\Chapter03\拉伸网格平面.skp

视频文件：DVD\视频文件\Chapter03\拉伸网格平面.avi

难易指数：★★☆☆☆

（1）单击“根据网格创建”工具，在绘图区中创建网格平面，双击鼠标进行网格平面进行内部编辑；执行“工具>沙盒>曲面起伏”命令，激活“曲面起伏”工具，在半径输入框内输入数值，如图 3-148 所示。

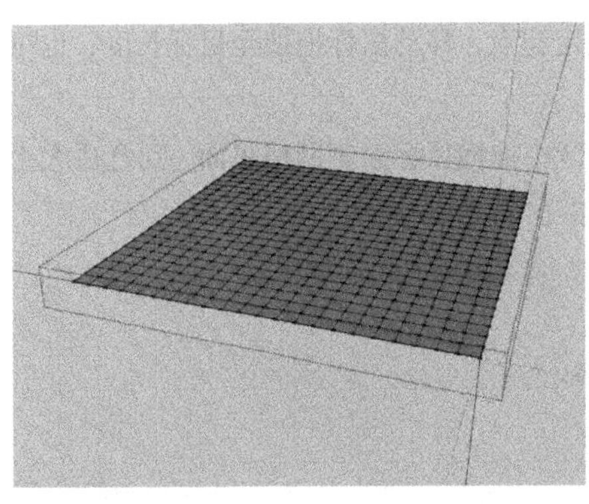
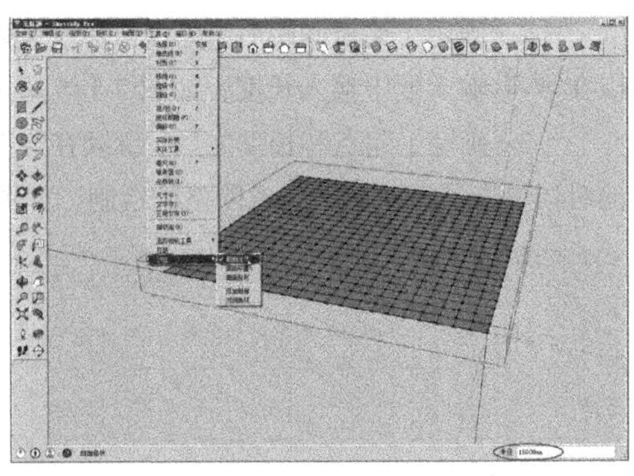

图 3-148

（2）激活“曲面起伏”工具后，将鼠标指向网格平面时，会出现一个红色的圆形框，单击鼠标后，红色圆形框内的点都会变成黄色，如图 3-149 所示。

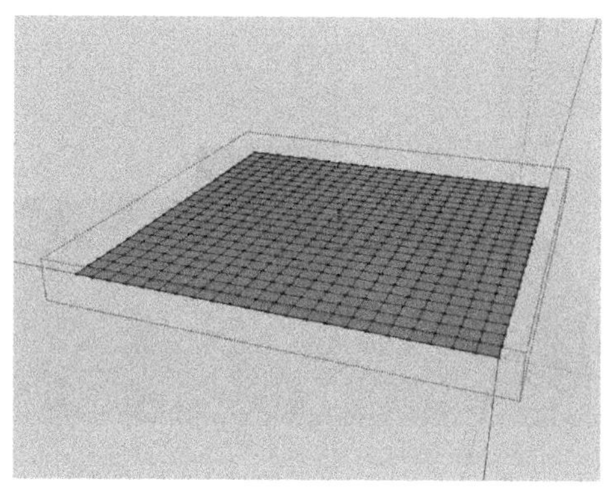
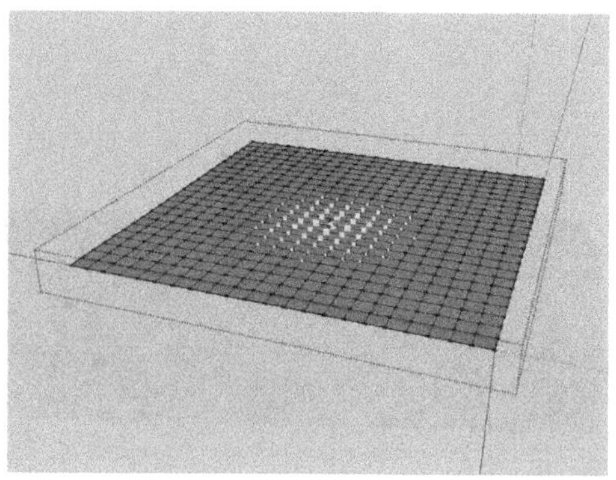

图 3-149

（3）在网格平面上视图不同的点处上下拖拽鼠标拉伸出地形，也可以在 偏移 输入框中控制拉伸高度，如图 3-150 所示。

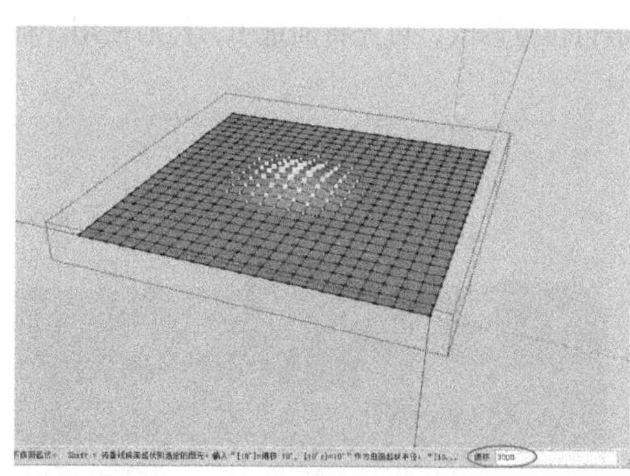
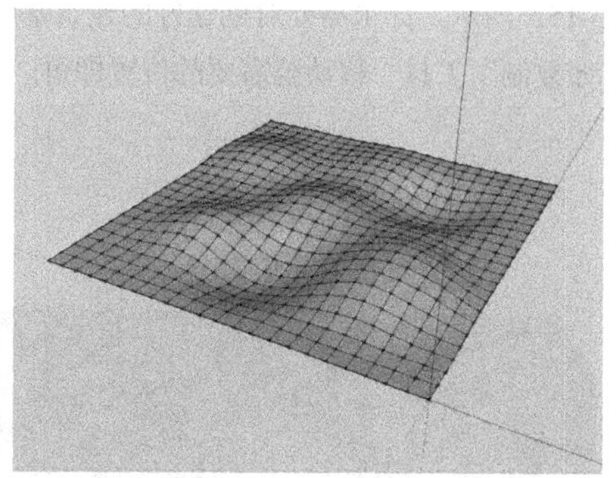

图 3-150

3.7.4 曲面平整

单击工具栏中的“曲面平整”工具，可以在复杂的地形表面上创建建筑物的基础面和平整场地，使建筑物基面与地面完整地结合。

【课堂练习】 使用曲面平整工具创建坡地建筑基础地面

原始文件：DVD\素材文件\Chapter03\坡地建筑.skp

实例文件：DVD\实例文件\Chapter03\使用曲面平整工具创建坡地建筑基础地面.skp

视频文件：DVD\视频文件\Chapter03\使用曲面平整工具创建坡地建筑基础地面.avi

难易指数：★★☆☆☆

（1）打开配套光盘 DVD\素材文件\Chapter03\坡地建筑.skp 文件，在视图中调整好建筑物与地面的位置，使建筑物正好位于要创建的建筑基面的垂直上方，然后单击“曲面平整”工具，单击建筑物的地面，此时建筑物地面会出现一个红色的线框，该线框表示建筑投影面的外延距离。在数值控制框内可以指定线框外延距离的数值，线框会根据输入数值的变化而变化，如图 3-151 所示。

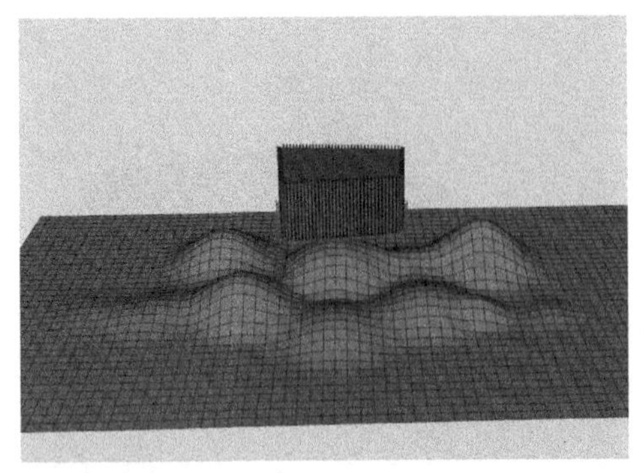
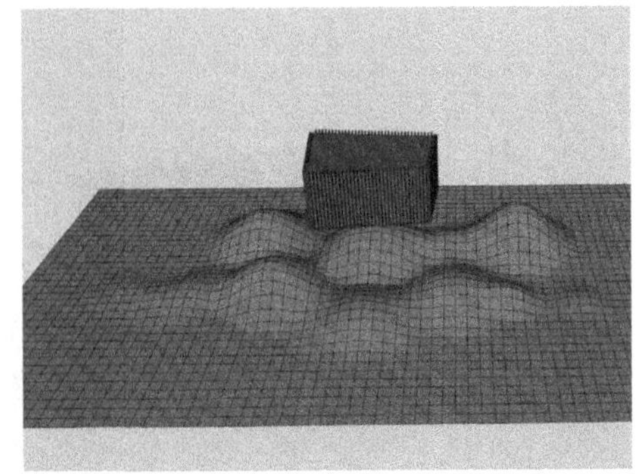

图 3-151

（2）确定外延距离后，将鼠标移动到地形上，单击鼠标左键后将变为上下箭头状，并进行拖移，将地形拉伸一定的距离，最后将建筑物移动到创建好的建筑基面上，如图 3-152 所示。如果需要对创建好的建筑基面进行位置修改，可先将面选中，然后使用“移动/复制”工具 移动至需要的位置即可。

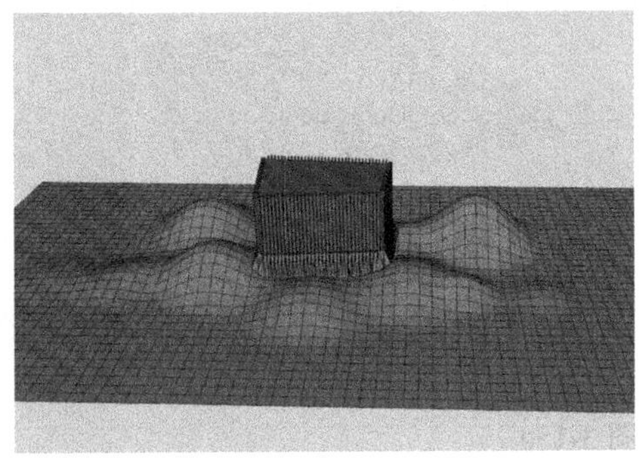

图 3-152

3.7.5 曲面投影

单击工具栏中的“曲面投影”工具，可以将物体的形状投影到地形上。“曲面平整”工具是在地形上建立一个基底平面，使建筑物与之结合；而“曲面投影”工具是在地形上划分一个投影物的形状。

【课堂练习】使用曲面投影工具创建山地道路

原始文件：DVD\素材文件\Chapter03\地形.skp

实例文件：DVD\实例文件\Chapter03\使用曲面投影工具创建山地道路.skp

视频文件：DVD\视频文件\Chapter03\使用曲面投影工具创建山地道路.avi

难易指数：★★☆☆☆

（1）打开配套光盘 DVD\素材文件\Chapter03\地形.skp 文件，绘制一个平面，并放置在地形的正上方，将该面制作成组件，然后单击“曲面投影”工具，并依次单击地形和平面，此时地形的边界会投影到平面上，如图 3-153 所示。

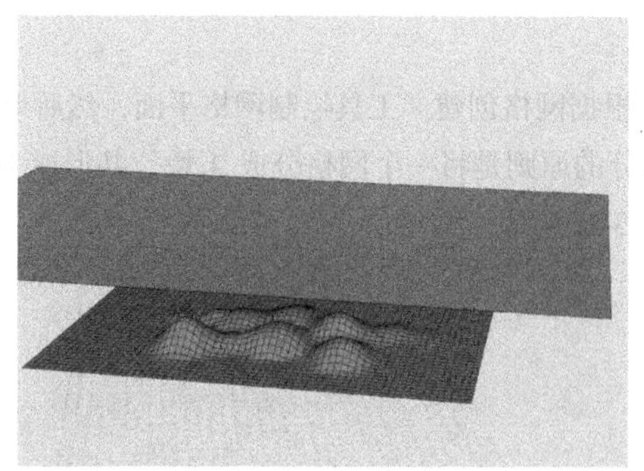
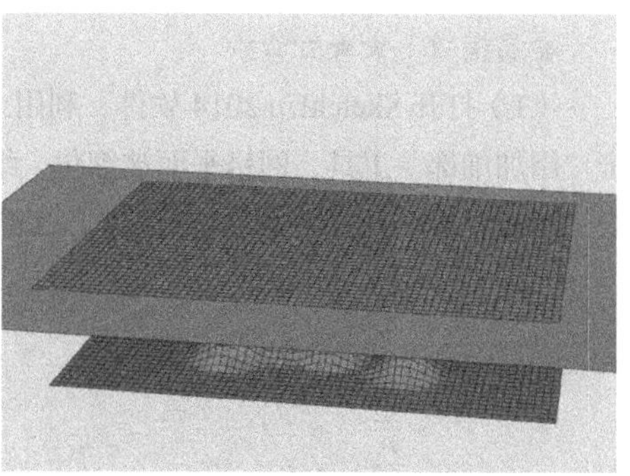

图 3-153

（2）将投影后的平面制作为组件，然后在组件外绘制需要投影的道路面图形，使其封闭成面，删除多余的部分，只保留需要投影的部分，如图 3-154 所示。

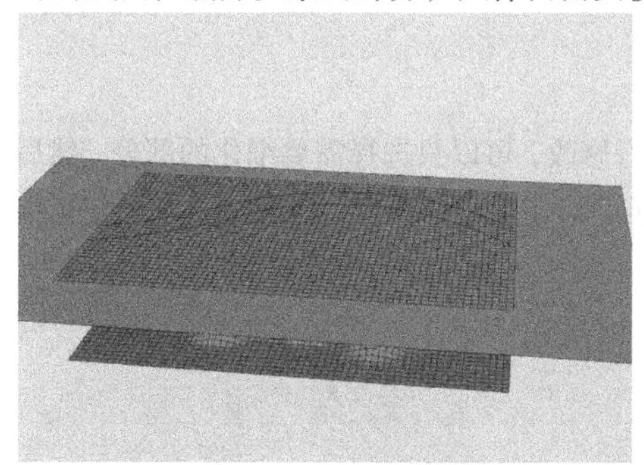
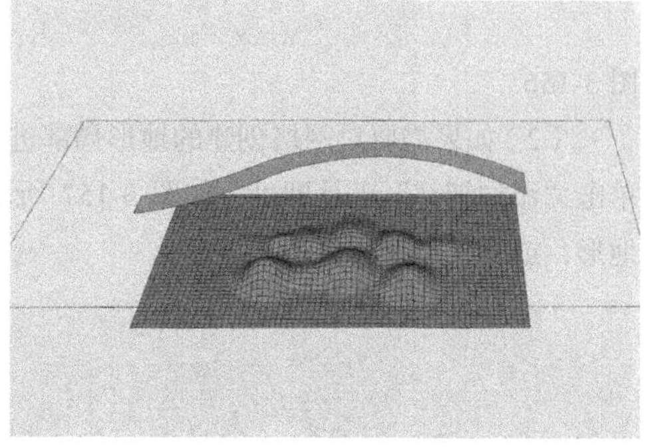

图 3-154

（3）选择制作好的道路图形，然后单击“曲面投影”工具，接着在地形上单击鼠标左键，此时道路线会按照地形的起伏自动投影到地形上，如图 3-155 所示。

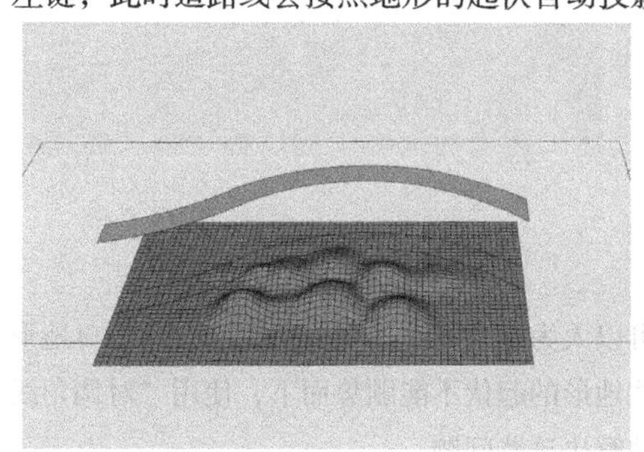
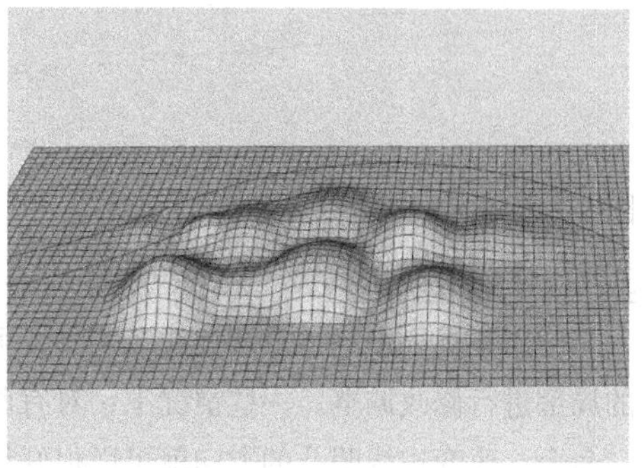

图 3-155

3.7.6 添加细部

使用工具栏中的“添加细部”工具，可以在根据网格创建地形不够精细的情况下，对网格进行进一步的细化修改。

【课堂练习】 使用添加细部工具修改网格创建的地形

原始文件：无

实例文件：DVD\实例文件\Chapter03\使用添加细部工具修改网格创建的地形.skp

视频文件：DVD\视频文件\Chapter03\使用添加细部工具修改网格创建的地形.avi

难易指数：★★☆☆☆

（1）打开 SketchUp 2014 软件，利用“根据网格创建“工具绘制网格平面，然后单击“添加细部”工具，网格平面被细化。细分的原则是将一个网格分成 4 块，共形成 8 个三角面，但坡面的网格会有所不同，如图 3-156 所示。

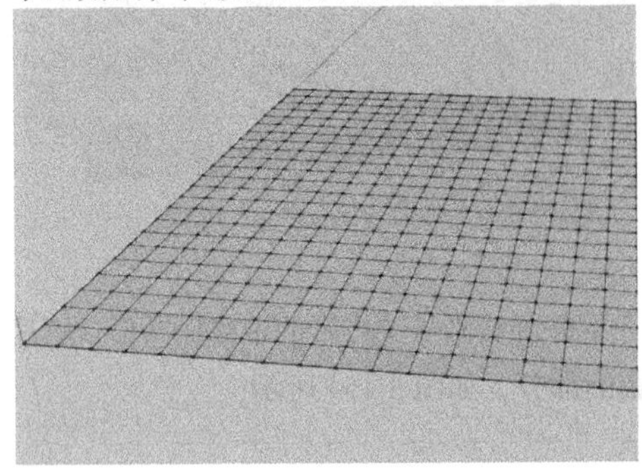

图 3-156

（2）如果需要对网格创建的地形局部进行修改，可以只选择需要细化的部分，然后单击“添加细部”工具即可，如图 3-157 所示。对于成组的地形，需要进入其内部选择地形，或将其炸开后再选择地形。

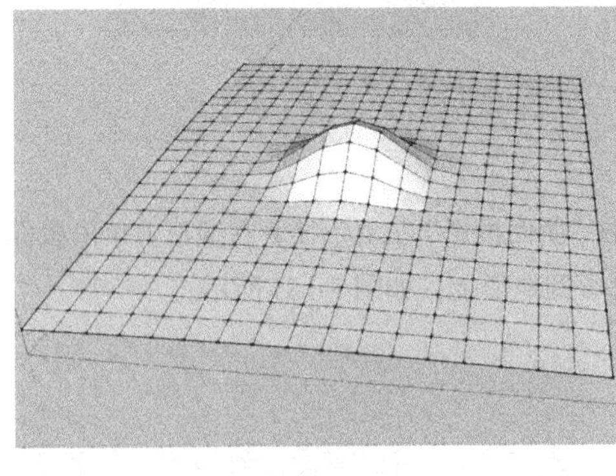
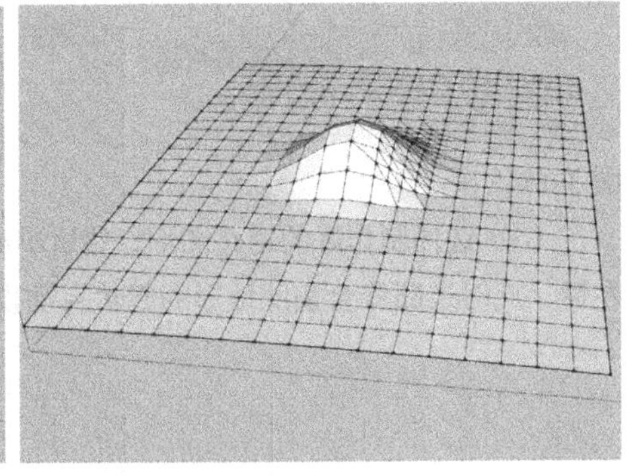

图 3-157

3.7.7 对调角线工具

使用工具栏中的“对调角线”工具，可以人为地改变地形网格边线的方向，对地形的局部进行修改调整。一些情况下，对有些地形的起伏不能顺势而下，使用“对调角线“命令，改变边线凹凸的方向就可以很好地解决这些问题。

【课堂练习】 使用对调角线工具改变地形坡向

原始文件：DVD\素材文件\Chapter03\地形 2.skp

实例文件：DVD\实例文件\Chapter03\使用对调角线工具改变地形坡向.skp

视频文件：DVD\视频文件\Chapter03\使用对调角线工具改变地形坡向.avi

难易指数：★★☆☆☆

（1）打开配套光盘 DVD\素材文件\Chapter03\地形 2.skp 文件，首先虚显隐藏物体，观察修改部分，然后执行“视图>隐藏物体“菜单命令，将网格隐藏的对角线显现出来，如图 3-158 所示。

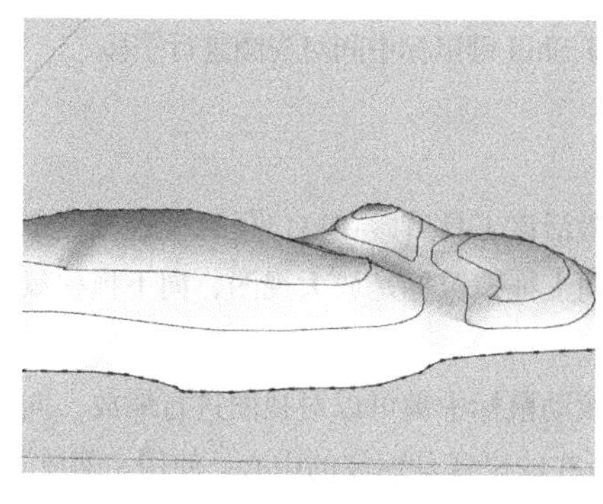
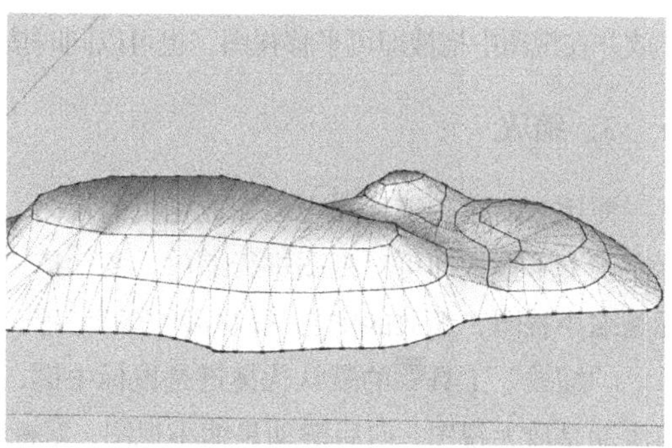

图 3-158

（2）从显示的网格线可以看到，网格底部的边缘并没有随着网格的起伏顺势而下，单击“对调角线”工具，然后在需要修改的位置上单击鼠标左键，即可改变边线的方向，如图 3-159 所示。

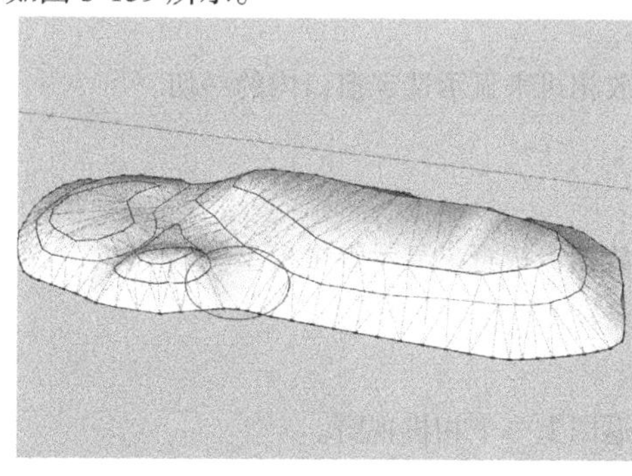
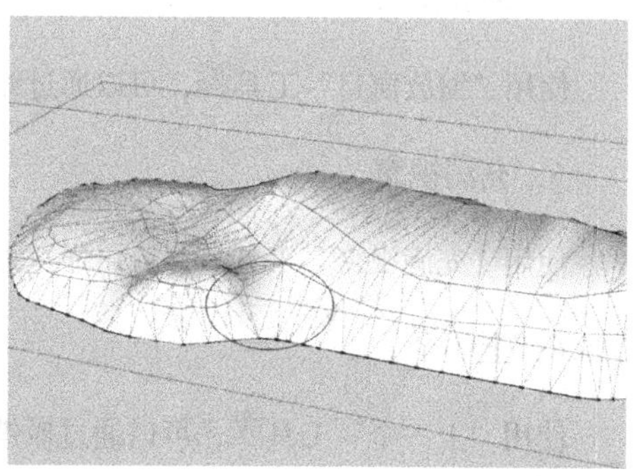

图 3-159

3.8 相机工具和漫游工具

“相机”工具共有 6 个工具，分别是“环绕观察”工具、“平移” 工具、“缩放”工具、“缩放窗口”工具、“充满视窗”工具和“上一个”工具。“漫游”工具共有 3 个工具，分别是“定位相机”工具、“绕轴旋转”工具和“漫游”工具。

3.8.1 相机工具

1．环绕观察

使用“环绕观察”工具可以将相机视野环绕模型。激活该工具后，按住鼠标左键不放并在视图中拖拽即可旋转视图。在不激活该工具的情况下，按住鼠标中键不放并在视图中拖拽鼠标也可旋转视图。

技术看板

在 SketchUp 软件中，鼠标中间默认为“环绕观察”工具的快捷键。

2．平移

使用“平移”工具可以在垂直或水平方向上平移相机。激活该工具后，按住鼠标左键不放并在视图中拖拽即可平移视图，也可以同时按住 Shift 键鼠标中间对视图进行平移。

3．缩放

使用“缩放”工具可以缩放相机的视图。激活该工具后，在窗口任意位置按住鼠标左键上下拖拽即可对视图进行缩放。要知道，向上拖拽鼠标是放大视图，向下拖拽鼠标是缩小视图，缩放的中心是鼠标所在的位置。

“缩放”工具的默认快捷键是鼠标中键，滚动鼠标中键可以对视图进行缩放，向前滚动是放大视图，向后滚动是缩小视图，鼠标所在的位置是缩放的中心。使用“缩放”工具双击视图区的某处，则此处将会在视图中居中显示。

在实际的工作当中经常需要调整相机视野。激活该工具后，可以在 视角 35.00 度 输入框中输入准确的数值来设置相机视野。

4．缩放窗口

使用“缩放窗口”工具，可以通过缩放相机来显示选定窗口内的一切。

5．充满视窗

使用“充满视窗”工具，可以通过缩放相机视野来显示整个模型。

6．上一个

使用“上一个”工具，可以通过撤销返回上一个相机视野。

3.8.2 漫游工具

1．定位相机

使用“定位相机”工具，可以按照具体的位置、视点高度和方向定位相机的视野。放置了相机的位置后，可以在数值输入框中输入自己需要的高度。

“定位相机”工具有两种不同的使用方法：一种是通过单击鼠标放置相机，另一种是通过单击鼠标并拖拽来放置相机。下面分别讲解这两种使用方法。

（1）单击鼠标

如果只需要人眼视角的视图，那么可以使用这个方法。该方法使用的是当前的视点方向，通过单击鼠标左键将相机放置在拾取的位置上，并设置相机高度为通常的视点高度。

（2）单击鼠标并拖拽

激活“定位相机”工具后，单击鼠标左键不放确定相机所在的位置，然后拖拽鼠标到需要观察的点即可。该方法可以准确地定位相机的位置和视线。

将相机放置好后，会自动激活“绕轴旋转”工具，这样可以从该点向四周观察。也可以通过再次输入不同的视点高度来进行调整。一般透视图的视点高度为 0.8 ~1.6 m。0.8 m 的视点高度是模拟儿童眼睛看建筑。

2．绕轴旋转

“绕轴旋转”工具是以固定点为中心转动相机视野来观察模型的。观察内部空间时经常用到该工具，也可以在放置相机后用来查看当前视点的观察效果。

该工具的使用方法比较简单，激活后，单击鼠标左键不放并拖拽即可观察视图，也可以在数值输入框中输入指定视点的高度。

3．漫游

“漫游”工具是以相机为视角漫游，并且该工具还可以固定实现高度。只有激活“透视显示”模式，该工具才会有效。

激活“漫游”工具后，在视图任意位置单击鼠标左键，将会放置一个十字符号＋，这是鼠标参考点的位置。按住鼠标左键不放并拖拽，向上移动是前进，向下移动是后退，向左移动是左转，向右移动是右转。需要注意的是，距离鼠标参考点越远，移动的速度越快。

【课堂练习】漫游步行街

原始文件：DVD\素材文件\Chapter03\漫游步行街.skp

实例文件：DVD\实例文件\Chapter03\漫游步行街.skp

视频文件：DVD\视频文件\Chapter03\漫游步行街.avi

难易指数：★☆☆☆☆

（1）打开配套光盘DVD\素材文件\Chapter03\步行街.skp文件，执行“相机>透视图”命令，如图3-160所示。

（2）单击工具箱中的“漫游”工具，在视点高度输入框中输入视点高度值：10 000 mm，按下Enter键确定，如图3-161所示。

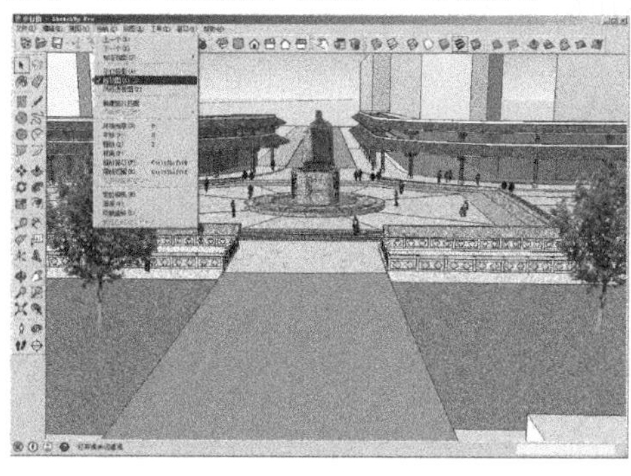

图3-160

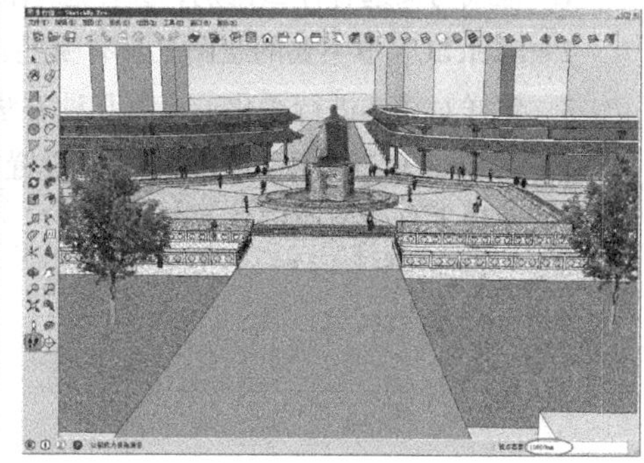

图3-161

（3）按住鼠标中键的同时上下拖拽鼠标来调整视线的方向，此时鼠标会变为。图3-162所示为向下移动鼠标中键和向左移动鼠标中键的效果。

图 3-162

（4）按下 Esc 键取消视线的方向，鼠标变为脚步状态，现在就可以实现场景漫游了。按住鼠标左键进行自由移动，就像在场景中自由行走一样；也可以通过键盘上的方向键进行控制，向上是前进，向下是后退，也可以左右移动，如图 3-163 所示。

图 3-163

【课后习题】

1. 框线与叉选有什么区别，具体怎么操作？
2. SketchUp 中主要的绘图工具有哪些？
3. 怎样对物体进行柔化，有哪几种方法？
4. 在 SketchUp 中添加的文字怎样设置字体、字号等参数？
5. 实体工具的主要用途有哪些？

第 4 章

材质与贴图的设置

本章介绍

SketchUp 的材质库非常强大，可以应用于边线、表面、文字、剖面、组合组件中，并且可以实时显示材质效果。赋予材质之后，也可以很方便地修改材质的名称、颜色、透明度、尺寸大小以及位置等属性特征，这是 SketchUp 的最大特征之一。

学习目标

- 材质编辑器
- 创建和赋予基本材质
- 贴图的简单应用
- 组件和群组材质的设置

技能目标

- 组件和群组材质的设置
- 贴图坐标的调整
- 转角贴图
- 圆柱体的无缝贴图
- PNG 贴图

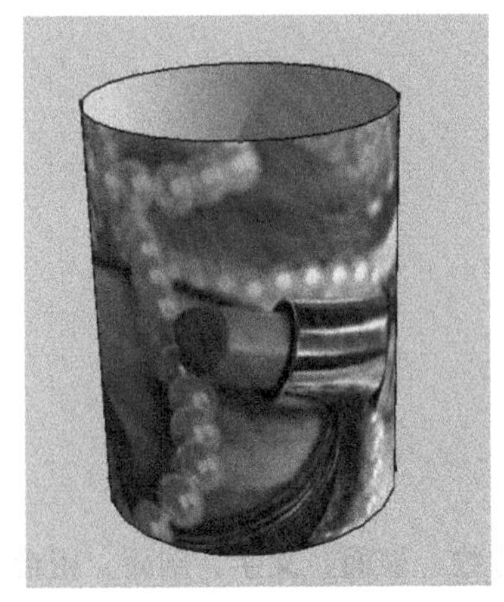

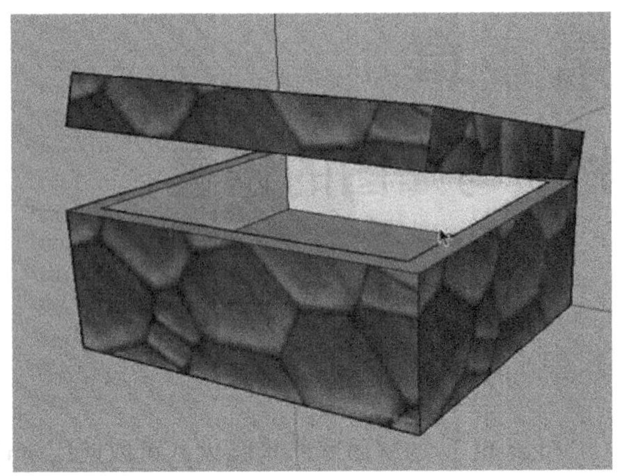

4.1 材质的设置方法

本节介绍 SketchUp 材质功能的应用,包括材质的提取、填充和坐标调整等。SketchUp 拥有很强大的材质库，可以应用于边线、表面、文字、剖面以及组合组件中，并可以实时显示材质效果。

4.1.1 材质编辑器

执行“窗口>材质”命令，即可打开“材质”编辑器，如图 4-1 所示。

“名称”文本框：选择一个材质后，在“名称”文本框中将会显示材质的名称。也可以在这里为材质重新命名，如图 4-2 所示。

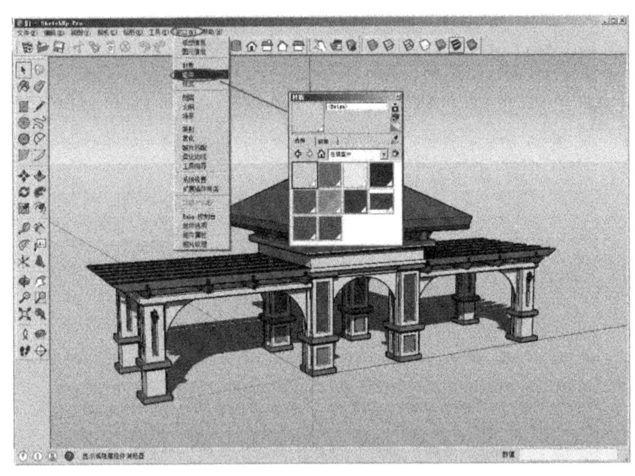

图 4-1

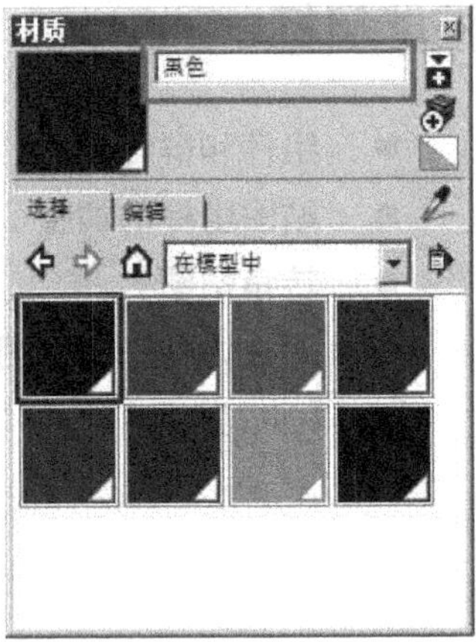

图 4-2

“创建材质”按钮：单击该按钮，将弹出“创建材质”对话框，可以设置材质的名称、颜色、大小等属性，如图 4-3 所示。

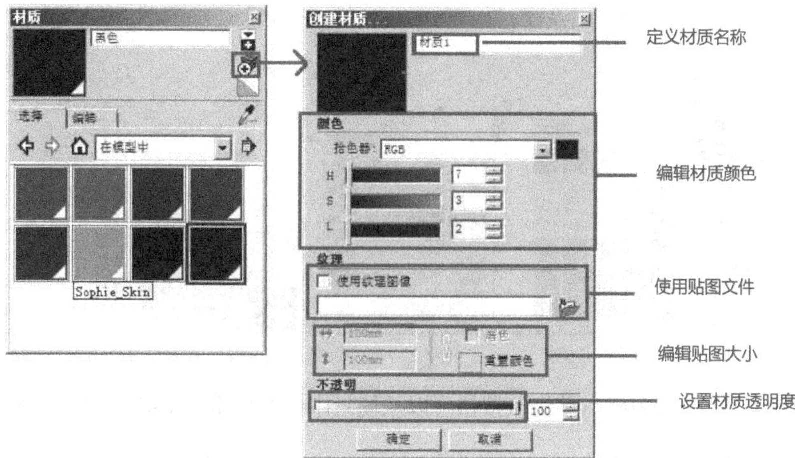

图 4-3

1．选择选项卡

“选择”选项卡的界面如图 4-4 所示。

图 4-4

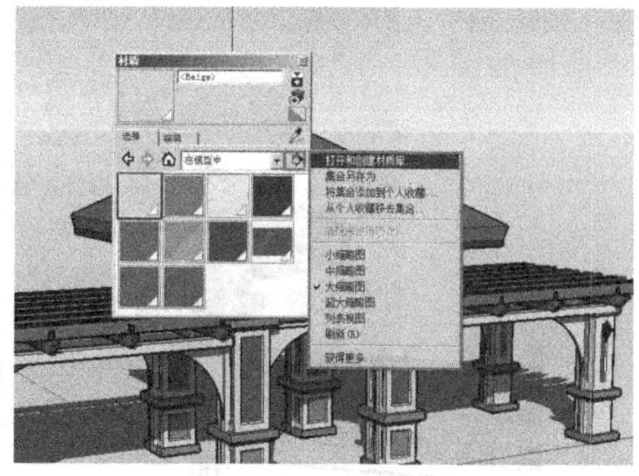

图 4-5

“后退”按钮/“前进”按钮：在浏览材质库时，使用这两个按钮可以前进或者后退。

“在模型中”：单击该按钮可以快速返回“在模型中”材质列表。

“详细信息”按钮：单击该按钮会弹出一个快捷菜单，如图 4-5 所示。

打开或创建材质库：该命令用于载入一个已经存在的文件夹或者创建一个文件夹到“材质”编辑器中。执行该命令弹出的对话框中不能显示文件，只能显示文件夹。

将集合添加到个人收藏：该命令用于将选择的集合添加到个人收藏。

从个人收藏移去集合：该命令用于将选择的集合从个人收藏移去集合。

小缩略图 / 中缩略图 / 大缩略图 / 超大缩略图 / 列表视图：“列表视图”命令用于将材质图标以列表状态显示，其余 4 个命令用于调整材质图标显示的大小，如图 4-6 所示。

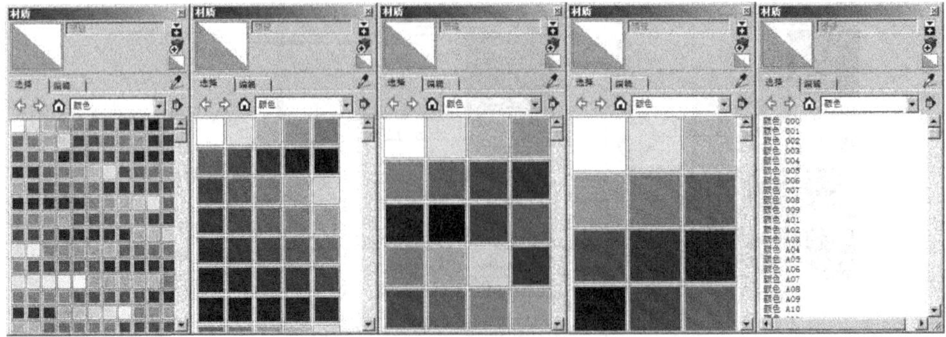

图 4-6

“样本颜料”工具：单击该按钮可以从场景中提取材质，并将其设置为当前材质。

2．编辑选项卡

“编辑”选项卡的界面如图 4-7 所示。

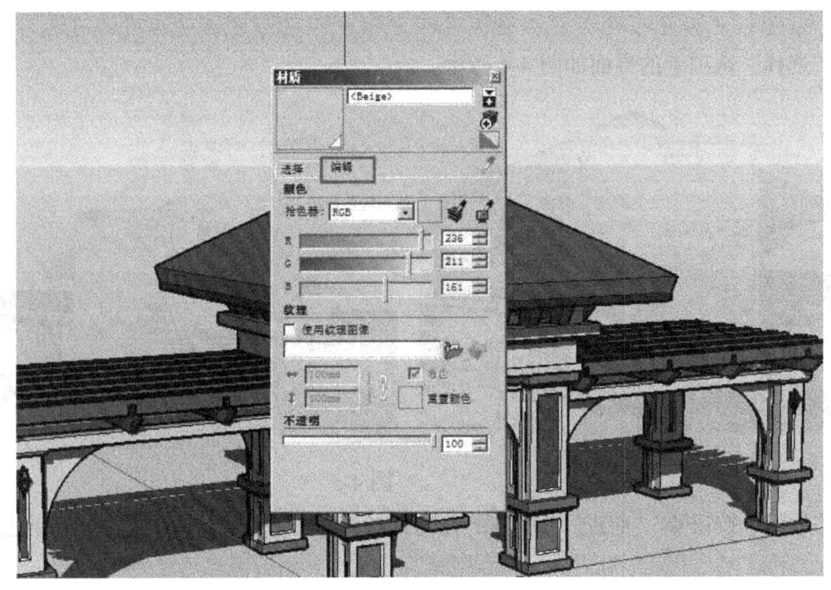

图 4-7

拾色器：在该项的下拉列表中可以选择 SketchUp 提供的 4 种颜色体系，如图 4-8 所示。

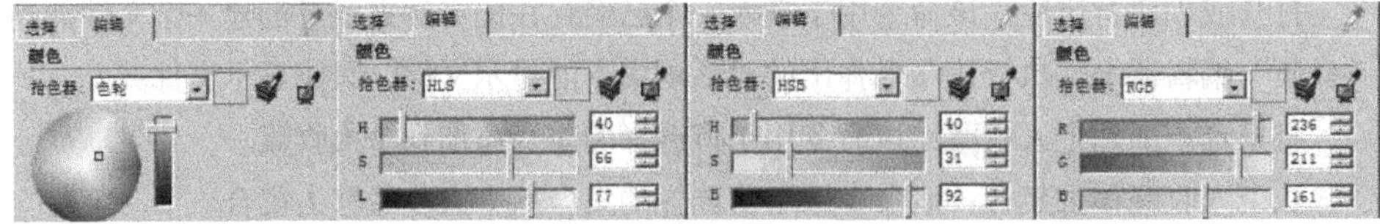

图 4-8

色轮：使用这种颜色体系可以从色盘上直接取色。也可以使用鼠标在色盘内选择需要的颜色，选择的颜色会在“点按开始使用这种颜料绘画”窗口实时显示。色盘右侧的滑块可以调节色彩的明度，越向上，明度越高，越向下，明度越低。

HLS：HLS 分别代表色相、亮度和饱和度，这种颜色体系最适合调节灰度值。

HSB：HSB 分别代表色相、饱和度和明度，这种颜色体系最善于调节非饱和颜色。

RGB：RGB 分别代表红色、绿色和蓝色，RGB 颜色体系中的 3 个滑块是互相关联的，改变其中的一个，其他两个滑块颜色也会改变。

“匹配模型中对象的颜色”按钮：单击该按钮将从模型中取样。

“匹配屏幕上的颜色”按钮：单击该按钮将从屏幕中取样。

“高宽比”文本框：在该文本框中输入数值可以修改贴图单元的大小，默认的高宽比是锁定的，单击“锁定/解除锁定图像高宽比”按钮即可解锁，此时图标变为。

透明度：材质的透明度介于 0~100 之间，值越小越透明。对表面应用透明材质，可以使其具有透明性。通过“材质”编辑器可以对任何材质设置透明度，而且表面的正反两面都可以使用透明材质，也可以单独一个表面用透明材质，另一面不用。

4.1.2 创建和赋予基本材质

（1）材质是边线模型质地的最好途径。创建出来的模型赋予材质，再配合 SketchUp 的光影效果，就能最快速地得到直观且风格独特的图画效果。打开配套光盘 DVD\素材文件\Chapter04\house.skp 文件，如图 4-9 所示。

（2）单击“材质”工具按钮或执行“窗口>材质”命令，调出材质面板，最初 SketchUp 中创建的几何体被自动赋予默认材质，如图 4-10 所示。

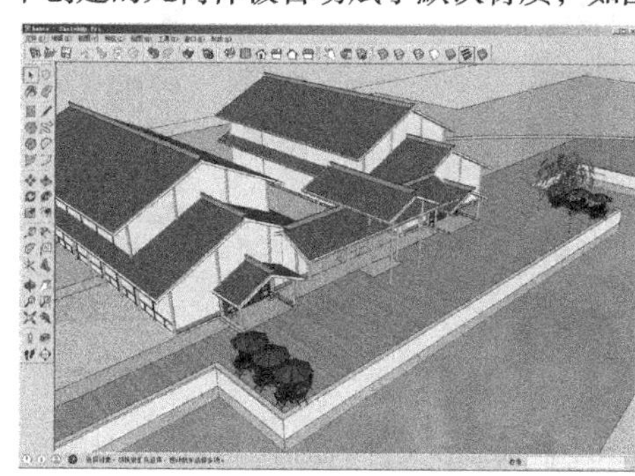

图 4-9

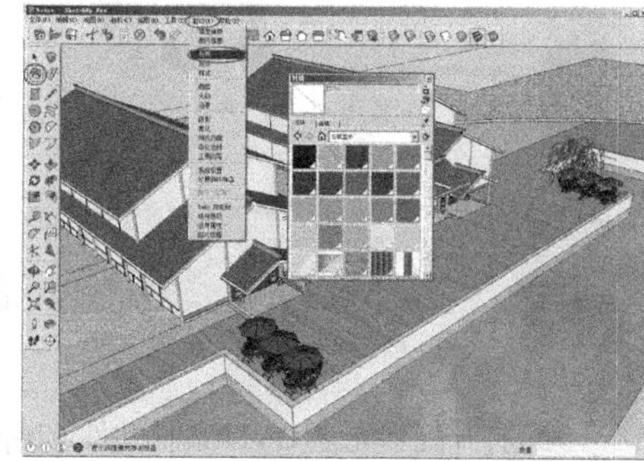

图 4-10

（3）材质贴图将位图赋予模型，并可以精确调整位图的平铺尺寸，在锁定状态下是按比例调整，在解除锁定状态下可以随意调整比例。此外，材质的不透明度也是可以调整的。在 不透明 中可以对材质进行半透明设置，值越小，材质越透明，如图 4-11 所示。

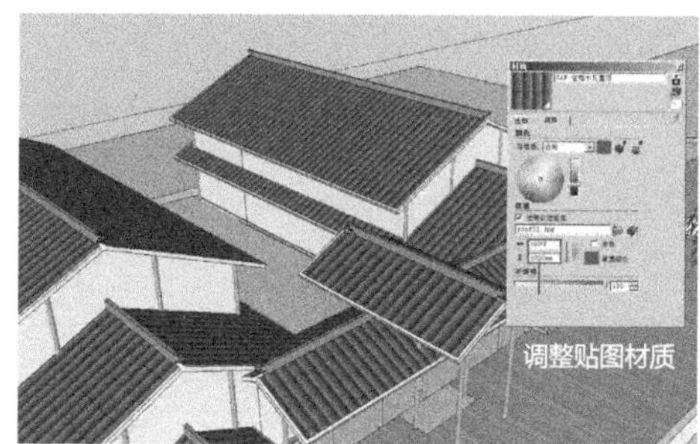

图 4-11

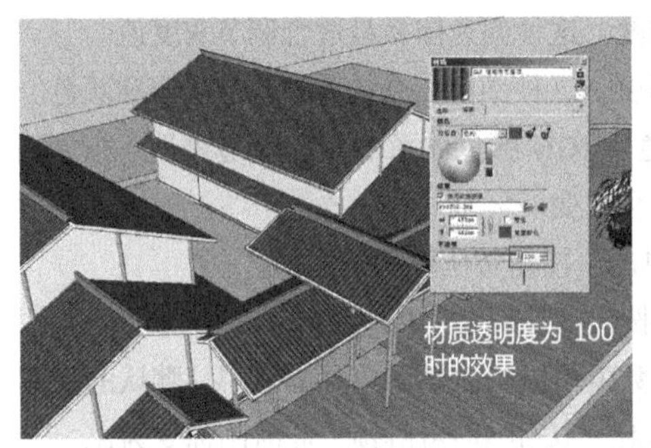

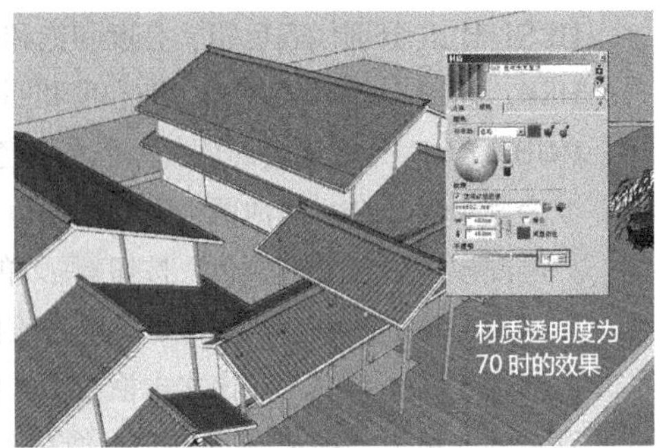

图 4-11（续）

4.1.3 组件和群组材质的设置

（1）打开配套光盘 DVD\素材文件\Chapter04\圆柱.skp 文件。一旦使用群组或创建组件后，就可使用“材质”工具，将材质一次性赋予群组或组件内的所有面。若要赋予每个面不同的材质，则需要双击进入组件，编辑单个面。值得注意的是，在组件内编辑的面，在组件外是不能赋予材质的，如图 4-12 所示。

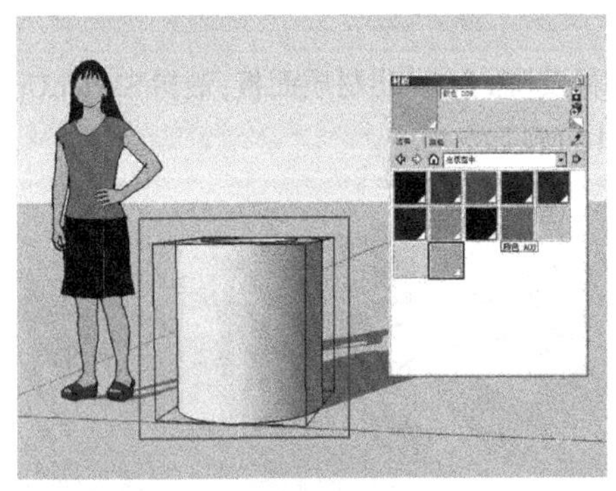

图 4-12

（2）打开配套光盘 DVD\素材文件\Chapter04\盆栽.skp 文件。激活“材质”工具后，按住 Ctrl 键出现图标时，会赋予材质到所有相关联的面；按住 Shift 键出现图标时，会赋予材质到模型中的所有面；按住 Ctrl+Shift 组合键出现时，会赋予材质到相同物体上的所有面，如图 4-13 所示。

图 4-13

4.2 贴图

在“材质” 编辑器中可以使用 SketchUp 自带的材质库。但是，材质库中只有一些最基本的贴图，在实际的工作中还需要我们自己动手制作贴图。

4.2.1 贴图的简单应用

如果需要从外部获得贴图纹理，可以在“材质”编辑器的“编辑”选项卡中勾选“使用纹理图像”或者单击“浏览”按钮，弹出“选择图像”对话框。该对话框用于选择贴图并将其导入 SketchUp 中。从外部导入贴图时，应该控制其大小，必要的时候可以使用压缩的图像格式来减小文件量。

【课堂练习】 创建笔记本屏幕贴图

原始文件：DVD\素材文件\Chapter04\笔记本.skp

实例文件：DVD\实例文件\Chapter04\创建笔记本屏幕贴图.skp

视频文件：DVD\视频文件\Chapter04\创建笔记本屏幕贴图.avi

难易指数：★★☆☆☆

（1）打开配套光盘 DVD\素材文件\Chapter04\笔记本.skp 文件，如图 4-14 所示。

（2）执行“窗口>材质”命令，或单击“材质”工具按钮，打开“材质”编辑器，在“编辑”选项卡中单击“使用纹理图像”，如图 4-15 所示。

图 4-14

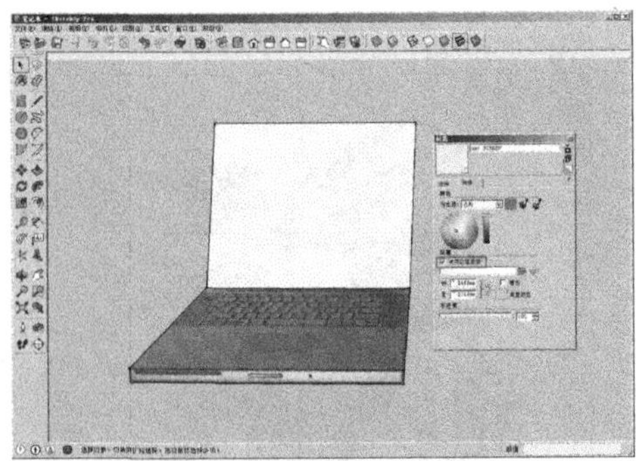

图 4-15

（3）在弹出的“选择图像”对话框中，打开配套光盘 DVD\素材文件\Chapter04\pingmu.jpg 贴图，单击“打开”按钮。效果如图 4-16 所示。

（4）将材质赋予显示器，如图 4-17 所示。

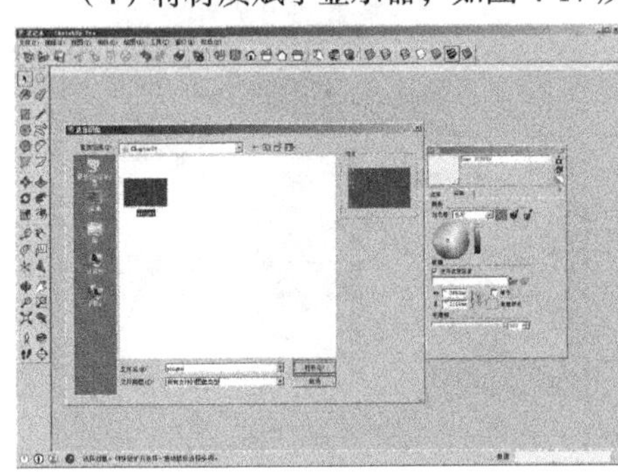

图 4-16

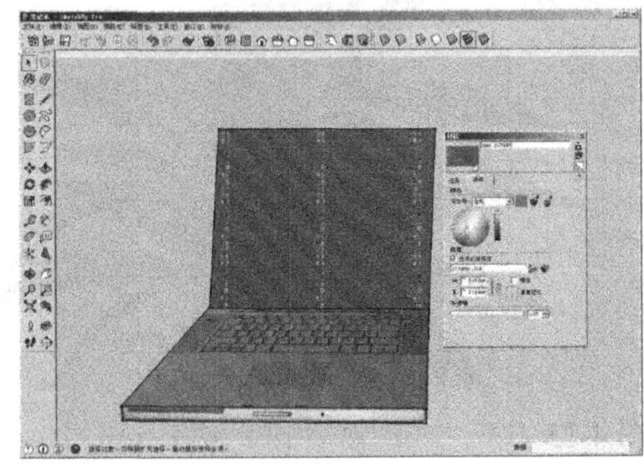

图 4-17

（5）选择赋予材质的显示器，单击鼠标右键，在弹出的菜单中选择“纹理>位置”选项，激活红、黄、蓝、绿 4 色别针，如图 4-18 所示。

（6）单击鼠标右键，在弹出的菜单中选择“镜像>左/右”，将贴图镜像，如图 4-19 所示。

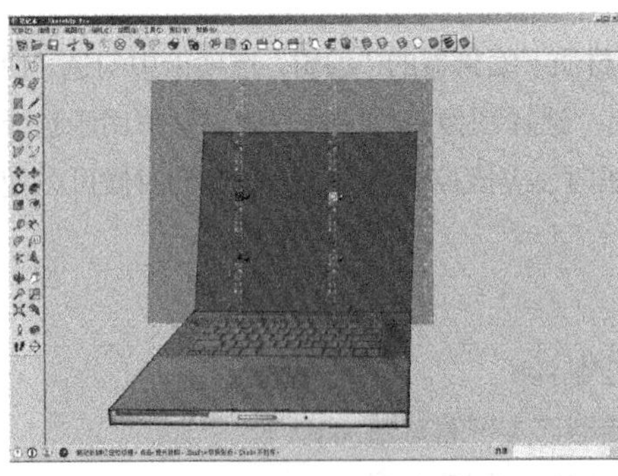

图 4-18

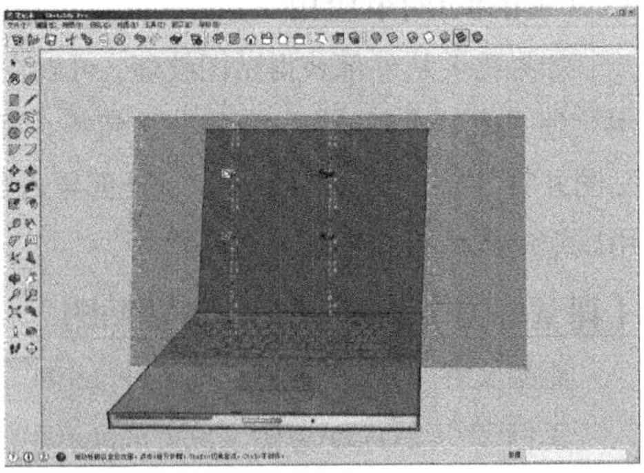

图 4-19

（7）调整贴图的大小和位置，使得贴图与显示器契合。然后按下 Enter 键完成贴图的调整，如图 4-20 所示。

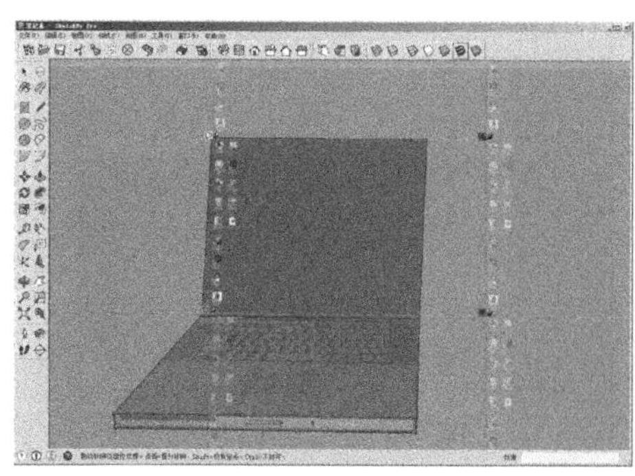

图 4-20

4.2.2 贴图坐标的调整

SketchUp 的贴图是作为平铺对象应用的。不管表面是垂直、水平或者倾斜，贴图都附着在表面上，不受表面位置的影响。贴图坐标能有效运用于平面，但是不能赋予到曲面。如果要在曲面上显示材质，可以将材质分别赋予组成曲面的面上。

SketchUp 的贴图坐标有两种模式，分别为“锁定别针”模式和“自由别针”模式。

1．锁定别针模式

在物体的贴图上单击鼠标右键，在弹出的菜单中选择“纹理>设置”选项，此时物体的贴图将以透明方式显示，并且会出现红、黄、蓝、绿 4 色别针，每个别针都有其特有的功能，如图 4-21 所示。

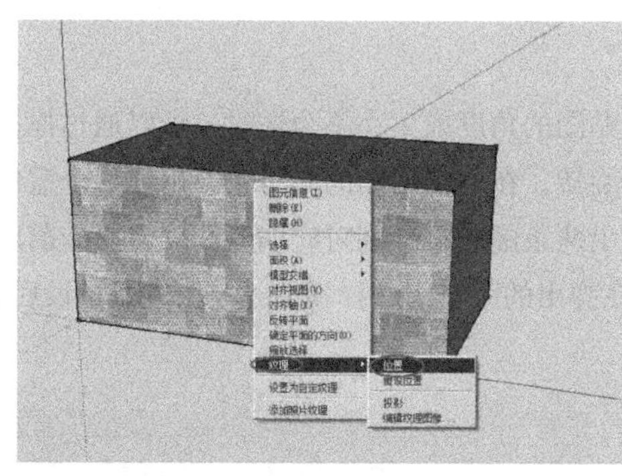

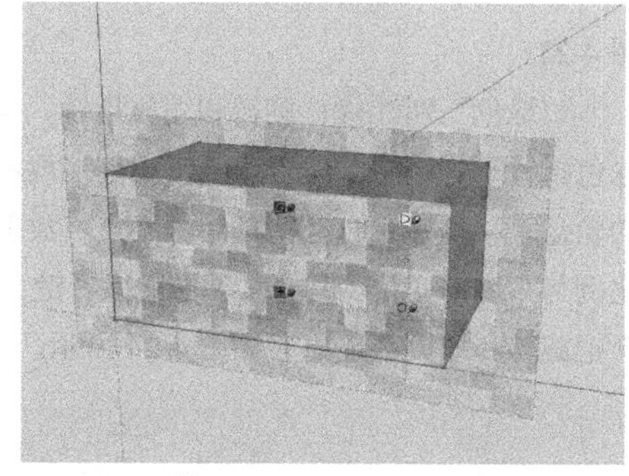

图 4-21

“蓝色”别针▱：拉伸和倾斜别针。拖拽蓝色别针时，可以对贴图进行拉伸和倾斜，在调整贴图大小的同时设置贴图的角度，如图 4-22 所示。

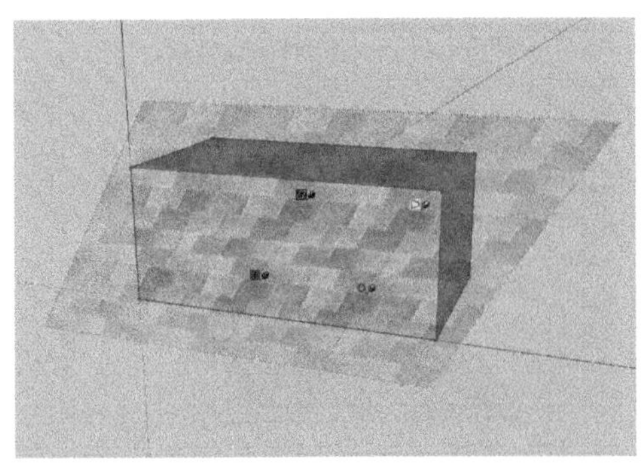
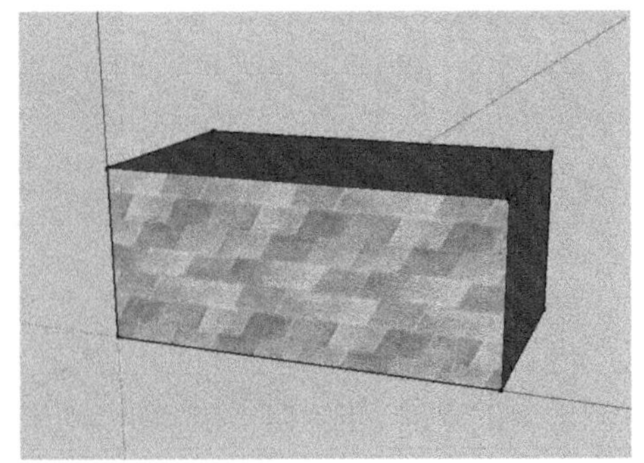

图 4-22

“红色”别针：移动别针。当贴图的位置不合适时，可以通过拖拽红色别针来调整贴图位置，如图 4-23 所示。

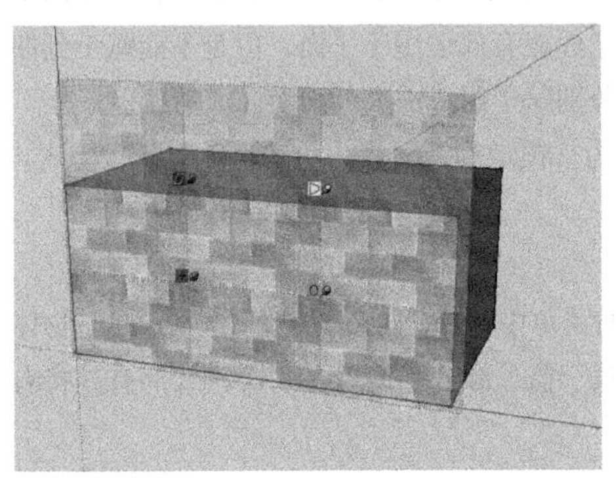
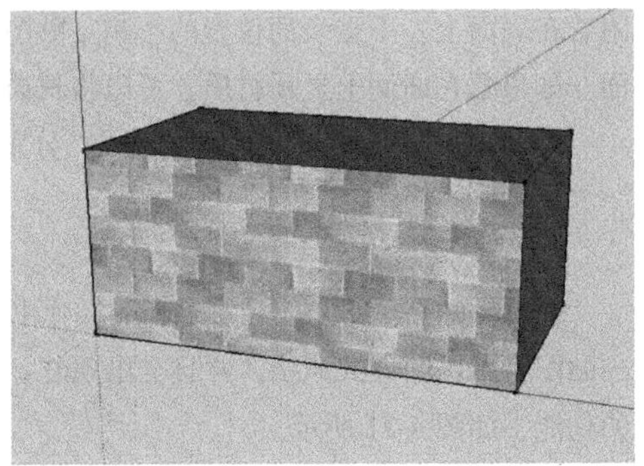

图 4-23

“绿色”别针：旋转和缩放指针。当贴图的角度或大小不合适时，可以通过拖拽绿色指针来将贴图以任意角度按比例缩放和旋转。在旋转贴图的同时，会出现一个蓝色的轮盘，移动鼠标时从轮盘的中心点将放射出两条虚线，分别对应缩放和旋转操作前后比例与角度的变化。也可以单击鼠标右键，在弹出的菜单中选择 重设 选项。进行重设后，会把旋转和缩放都还原，如图 4-24 所示。

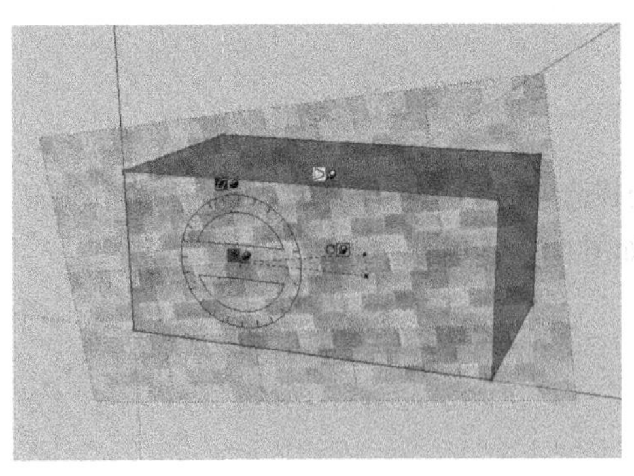
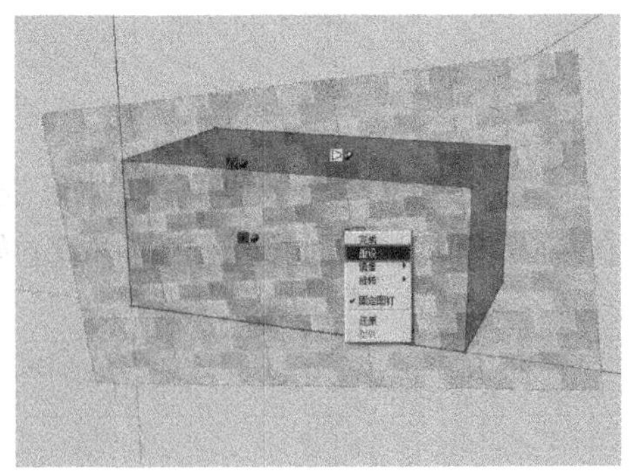

图 4-24

“黄色”别针：扭曲别针。拖拽黄色的别针可以对贴图进行梯形变形操作，也可以形成透视效果，如图 4-25 所示。

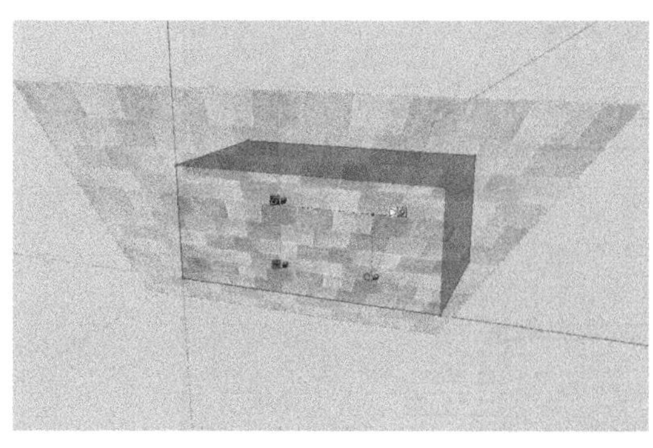

图 4-25

在对贴图进行编辑时，按 Esc 键可以随时取消操作。完成贴图的调整后，单击鼠标右键，在弹出的菜单中选择 完成 选项，或者按 Enter 键确定即可。

2．自由别针模式

“自由别针”模式适合设置和消除照片的扭曲。在“自由别针”模式下，别针相互之间都不限制，可以将别针拖拽到任何位置。选中贴图，单击鼠标右键，在弹出的菜单中取消“锁定别针”前面的勾，即可将“锁定别针”模式调整为“自由别针”模式，此时 4 个彩色别针都会变成相同的黄色别针，如图 4-26 所示。

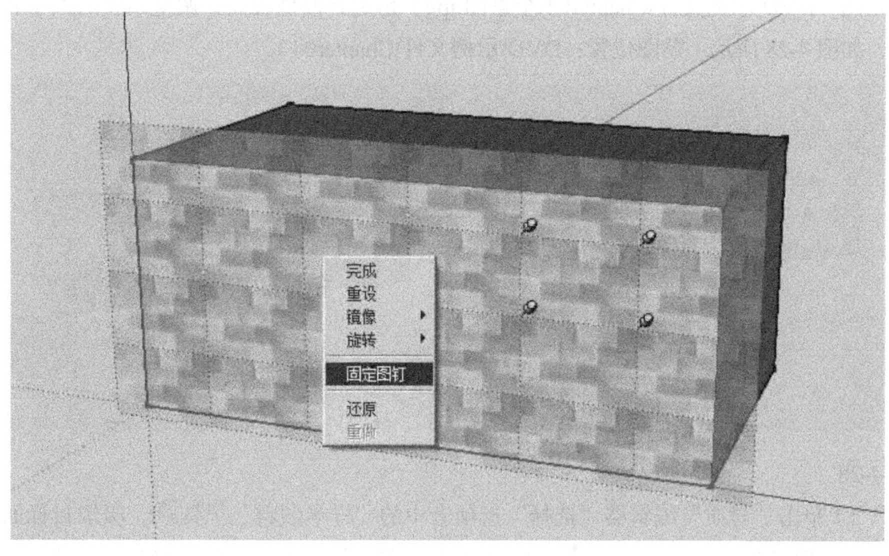

图 4-26

技术看板

为了更好地锁定贴图的角度，可以在“模型信息”管理器中设置角度的捕捉为 15°或者 45°，如图 4-27 所示。

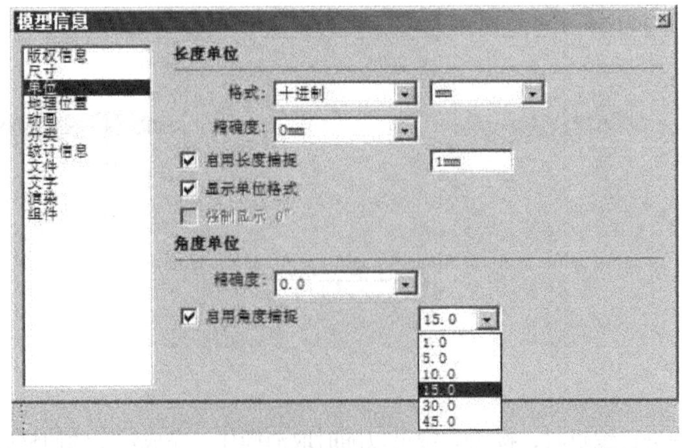

图 4-27

4.2.3 贴图的技巧

1．转角贴图

在实际的工作当中，经常会碰到模型的表面不是完全的平面，比如矩形的转角处。这时就需要让贴图纹理在转角处进行对齐。

（1）打开 SketchUp 软件，使用“矩形”工具和“推/拉”工具，制作一个立方体。将贴图（DVD\示例文件\Chapter04\全景图.jpg）指定到模型表面，调整贴图的大小和位置，如图 4-28 所示（贴图位置：DVD\示例文件\Chapter04）。

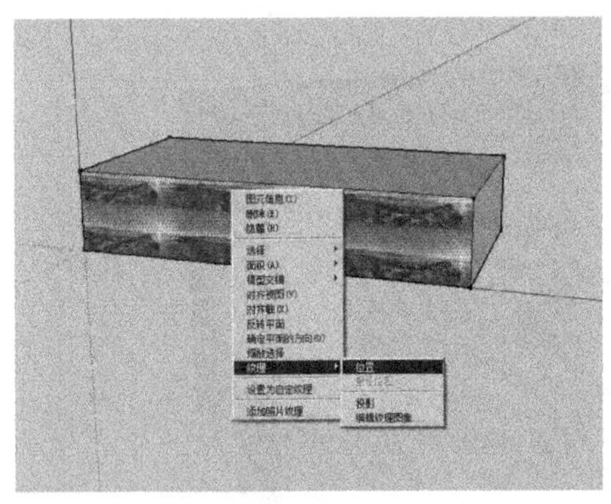

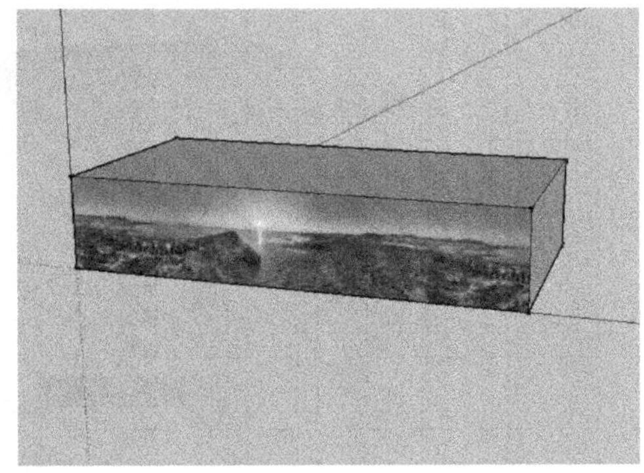

图 4-28

（2）单击“材质”编辑器“选择”选项卡中的“样本颜料”工具，吸取目标面的材质，此时“样本颜料”工具会自动变为“材质”工具，然后将其指定到另一个表面上即可对齐纹理，如图 4-29 所示。

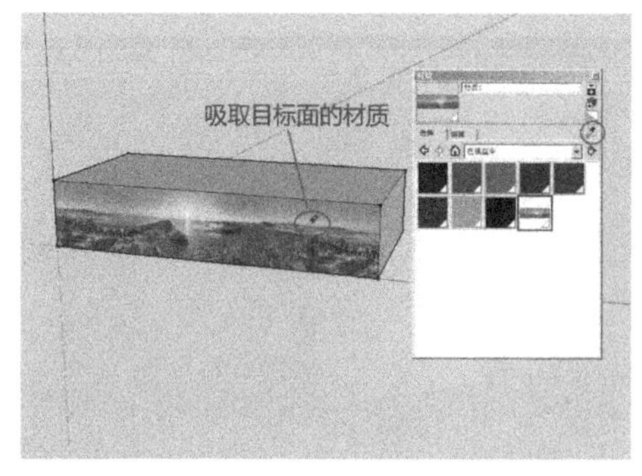

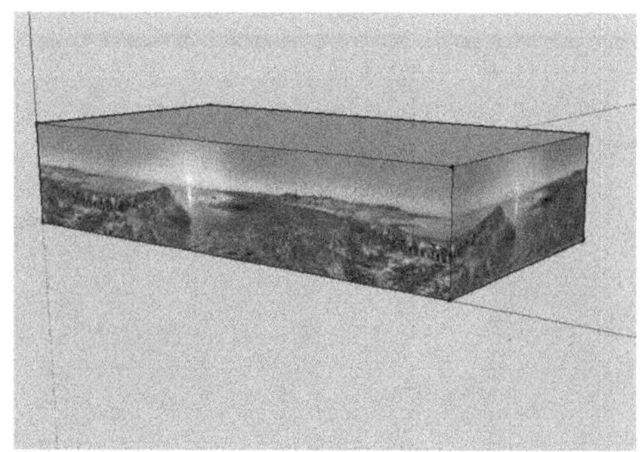

图 4-29

【课堂练习】 创建藏宝箱

原始文件：无

实例文件：DVD\实例文件\Chapter04\创建藏宝箱.skp

视频文件：DVD\视频文件\Chapter04\创建藏宝箱.avi

难易指数：★★☆☆☆

（1）利用矩形工具画出一个矩形，然后用推拉工具拉出一个长方体，利用偏移工具对顶面的矩形进行偏移，接着使用推拉工具向下推出一个空腔，框选整体将其成组。一个藏宝箱的下半部分就完成了，如图 4-30 所示。

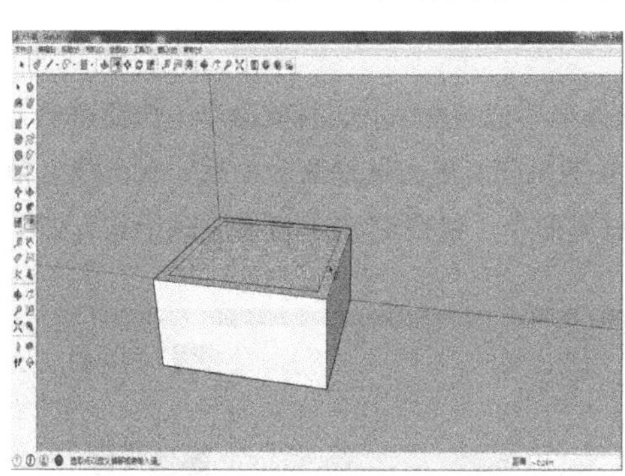

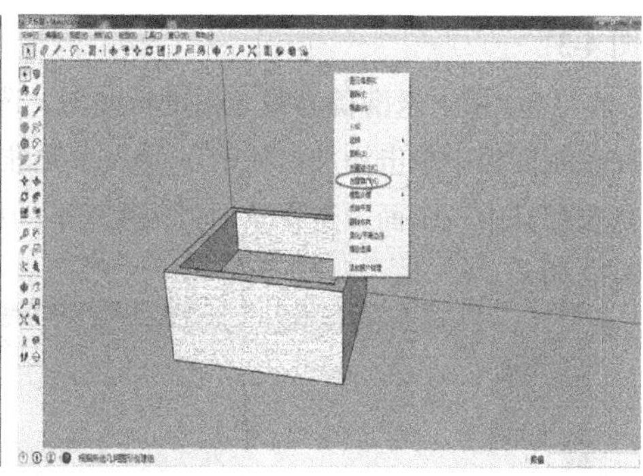

图 4-30

（2）对藏宝箱下半部分进行框选，选择菜单栏编辑(E)下的复制命令（快捷键 Ctrl+C），再使用菜单栏编辑(E)粘贴命令（快捷键 Ctrl+V），复制完以后，通过缩放命令对复制的整体进行变形，就制作出一个藏宝箱的上半部。再通过旋转命令对藏宝箱的上半部进行旋转，并放置到合适位置。一个藏宝箱就制作完成了，如图 4-31 所示。

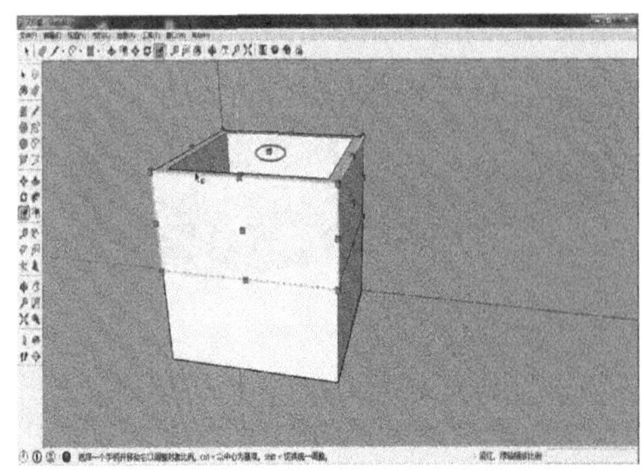

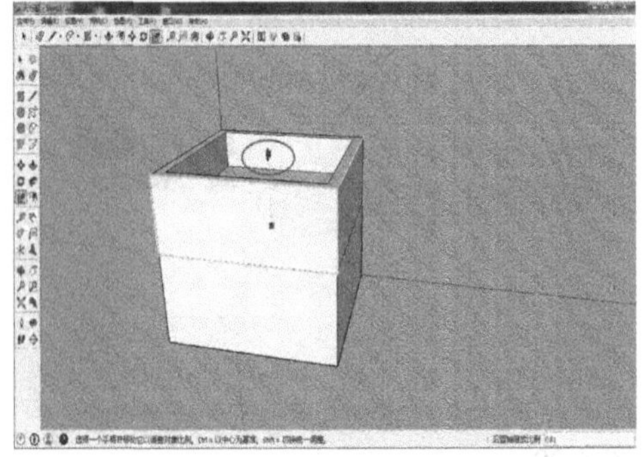

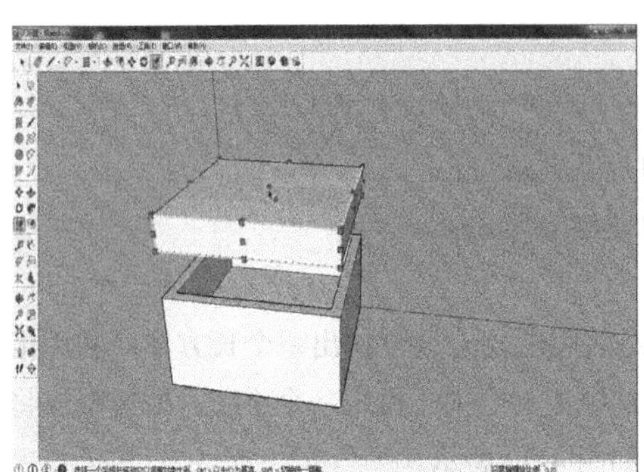

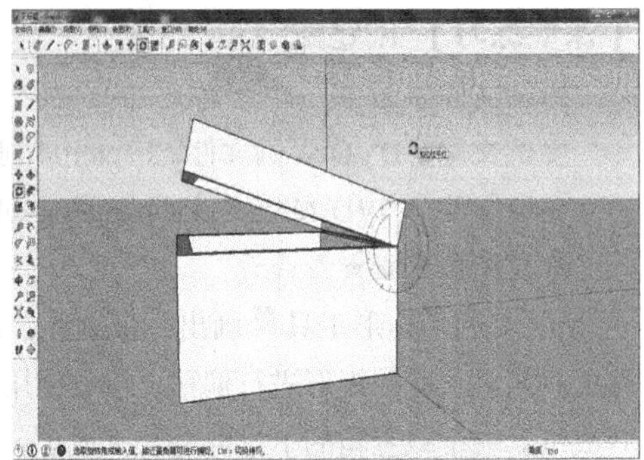

图 4-31

（3）接下来准备为藏宝箱进行贴图，选择菜单栏工具(T)下的材质命令（快捷键 B），在控制面板中单击添加材质，导入事先准备的贴图。单击选择命令后，双击藏宝箱并选择其中一个面，选择菜单栏工具(T)下的材质命令（快捷键 B）将材质赋予它，如图 4-32 所示。

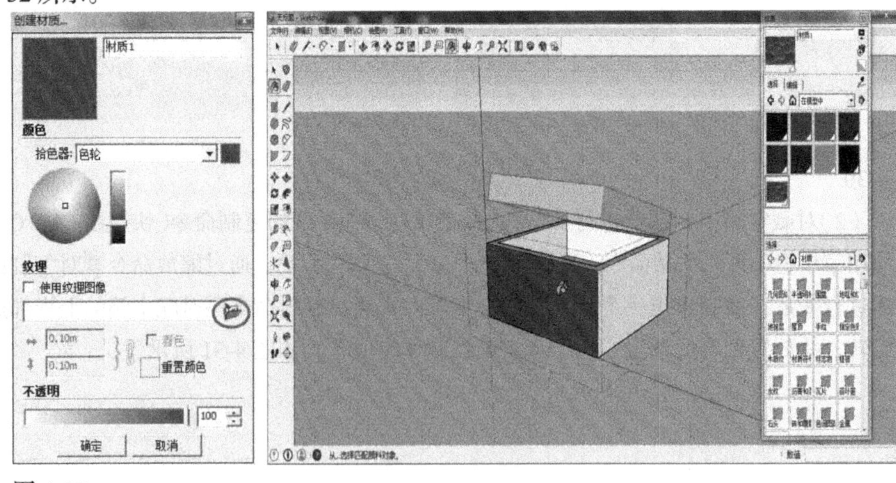

图 4-32

（4）选择贴图面，选择纹理、位置，单击红色按钮调整贴图位置（绿色图钉可调整纹理比例和旋转纹理、黄色图钉移动纹理、蓝色图钉可以调整纹理比例或修剪纹理），如图 4-33 所示。

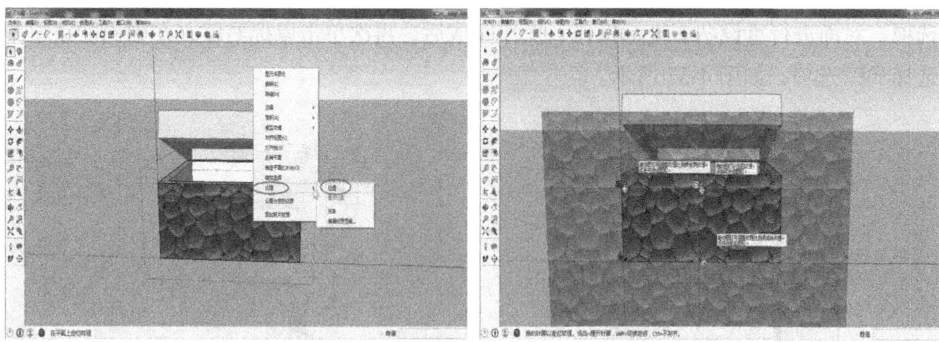

图 4-33

（5）调整好纹理的位置和大小之后，单击选择其他面，单击样本颜料并选取已经贴的图片，将其赋予其他几个面，案例最终效果如图 4-34 所示。

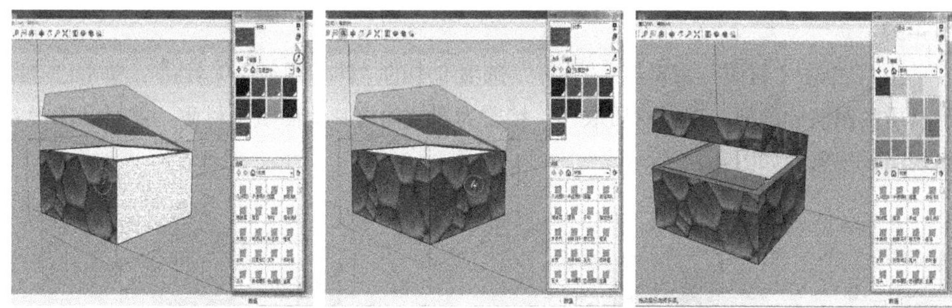

图 4-34

2．圆柱体的无缝贴图

在为圆柱体赋予材质时，有时候虽然材质能够完全包裹住物体，但是在连接时还是会出现错位的情况，这时就要利用物体的贴图坐标和查看隐藏物体来解决。

（1）打开 SketchUp 软件，使用“圆”工具和“推/拉”工具，制作一个圆柱体，删除顶面。将贴图（DVD\示例文件\Chapter04\化妆品.jpg）指定到模型表面，调整贴图的大小和位置，如图 4-35 所示。

（2）执行“视图>隐藏物体”命令，将物体的网格线显示出来，如图 4-36 所示。

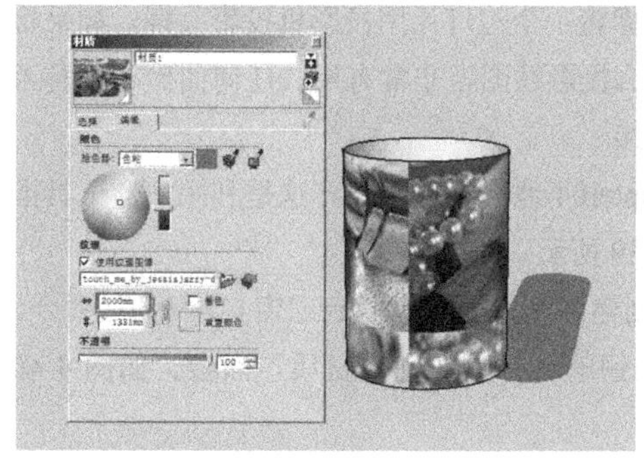

图 4-35

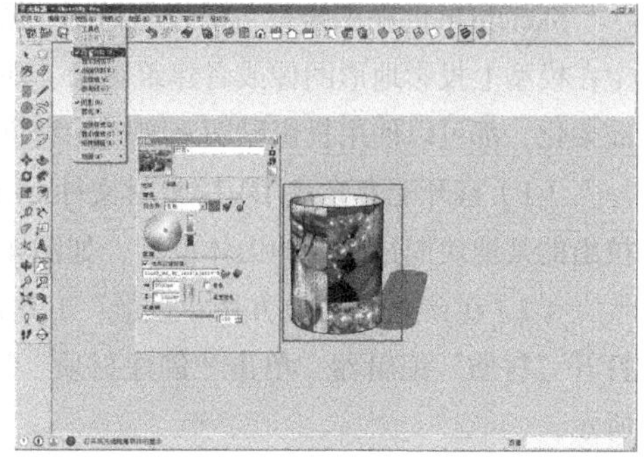

图 4-36

（3）选择圆柱体的其中一个面，单击鼠标右键，在弹出的菜单中执行“纹理>位置”

选项，对面进行重设贴图坐标操作，操作完成后，再次单击鼠标右键，在弹出的菜单中选择完成选项，如图 4-37 所示。

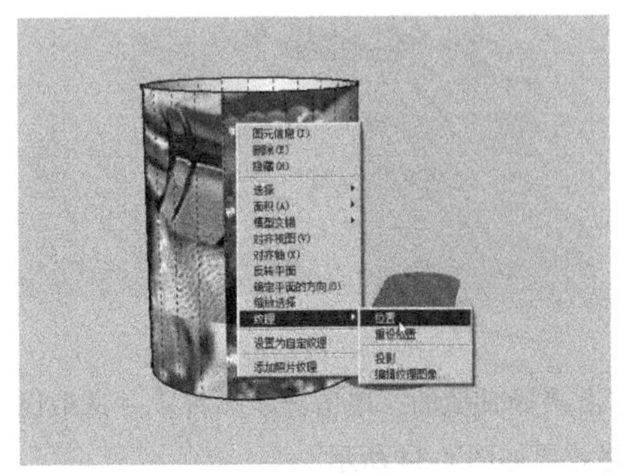

图 4-37

（4）单击“材质”编辑器 “选择”选项卡中的“样本颜料”工具，单击已经赋予材质的圆柱体的面，进行材质取样，接着为圆柱体的其他面赋予材质，此时贴图没有出现错位现象，如图 4-38 所示。

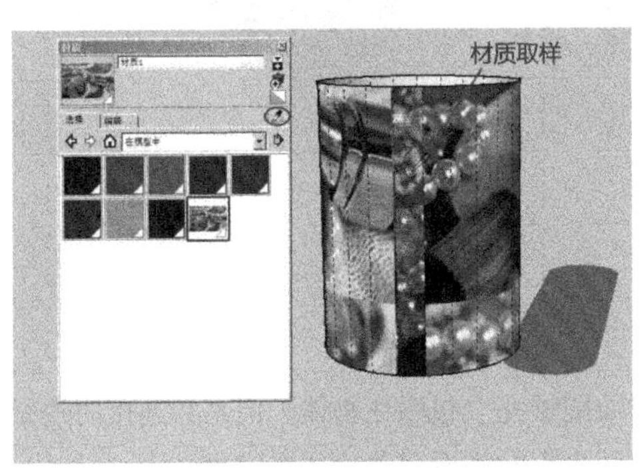

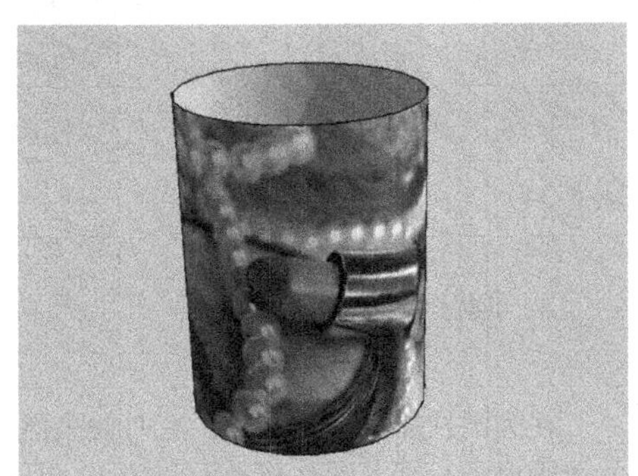

图 4-38

3．投影贴图

SketchUp 的贴图坐标可以投影贴图，就像将一个幻灯片用投影机投影一样。如果希望在模型上投影地形图像或者建筑图像，那么投影贴图就非常有用。任何曲面不论是否被柔化，都可以使用投影贴图来实现无缝拼接。

（1）打开配套光盘 DVD\素材文件\Chapter04\地形.skp 文件，这是利用沙盒工具推拉出的某地块周边重要的山体模型，如图 4-39 所示。

（2）在该地形的上方用“矩形”工具创建一个矩形面。执行“窗口>材质”命令，打开“材质”编辑器，单击“创建材质”按钮，打开“创建材质”面板，如图 4-40 所示。

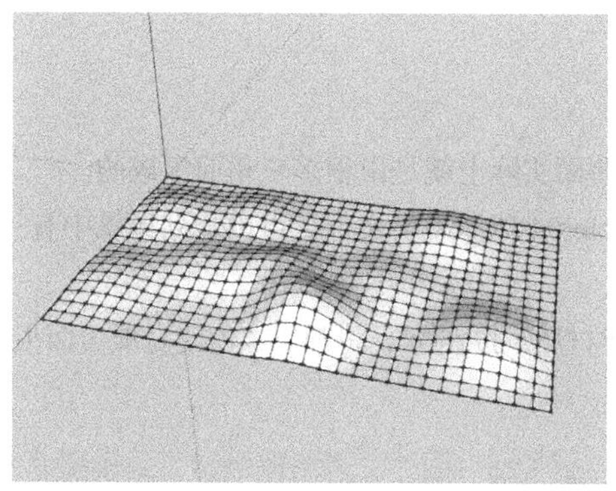

图 4-39

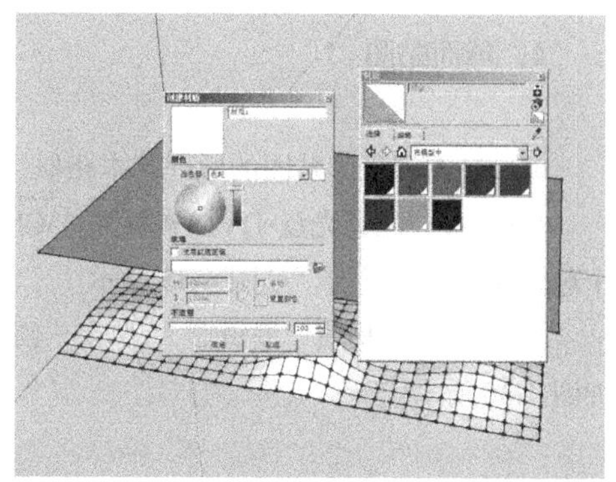

图 4-40

（3）勾选“使用纹理图像”，在弹出的“选择图像”对话框中选择 DVD\素材文件\Chapter04\“卫星图.jpg”贴图，将贴图赋予矩形面，如图 4-41 所示。

（4）在贴图上单击鼠标右键，在弹出的菜单中选择“纹理>投影”选项。如果“投影”选项是自动开启的，可以直接执行该命令。如果没有开启，勾选打开此选项，如图 4-42 所示。

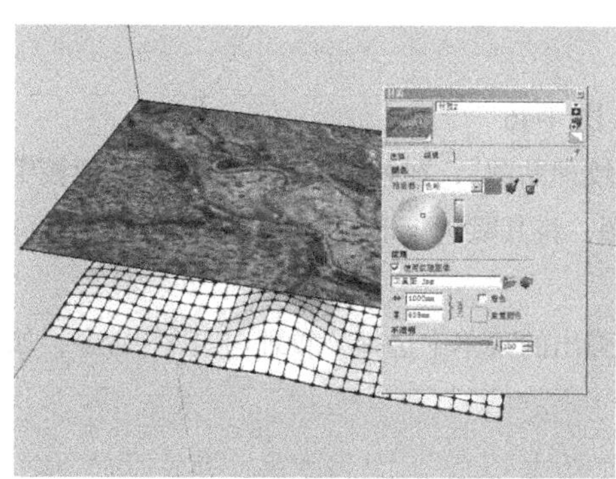

图 4-41

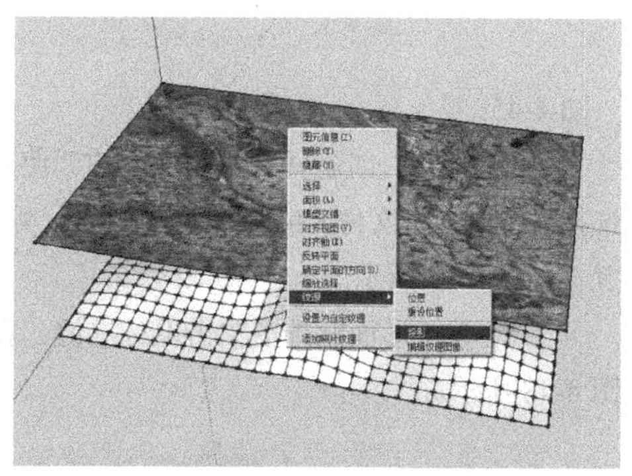

图 4-42

（5）单击“材质”编辑器“选择”选项卡中的“样本颜料”按钮，然后单击贴图，进行材质取样，将提取的材质赋予地形模型，如图 4-43 所示。

（6）这种方法可以构建较为直观的地形地貌特征，对整个城市进行大区域的环境分析是比较具有现实意义的一种分析方法，如图 4-44 所示。

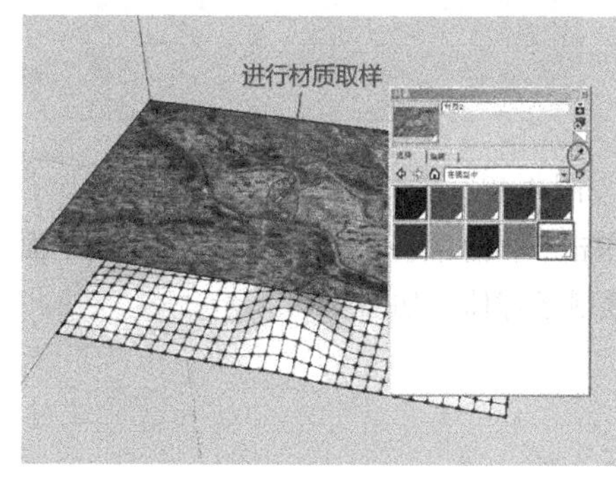

图 4-43

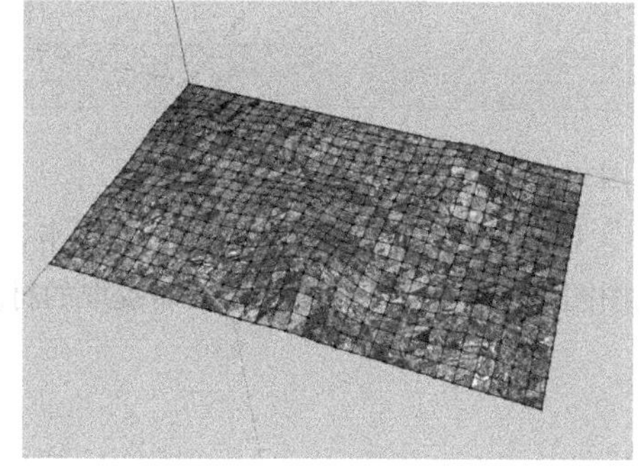

图 4-44

4．球面贴图

球面贴图和投影贴图的原理基本相似，曲面实际上就是由很多三角面组成的。

（1）打开配套光盘 DVD\素材文件\Chapter04\球体.skp 文件，可以看到场景中有一个球体和一个矩形面，如图 4-45 所示。

（2）打开“材质”编辑器，单击“创建材质”按钮，将弹出“创建材质”面板，如图 4-46 所示。

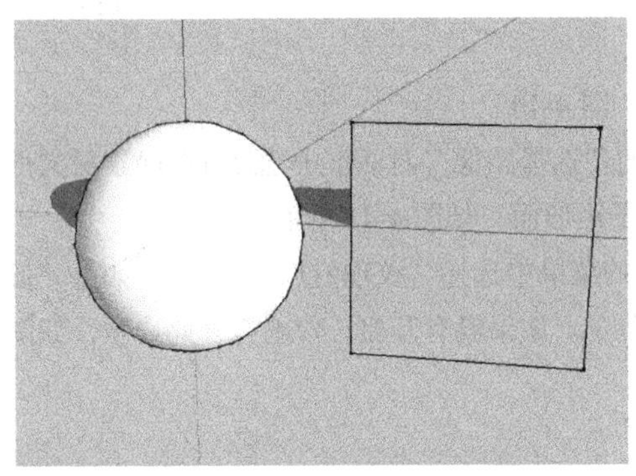

图 4-45

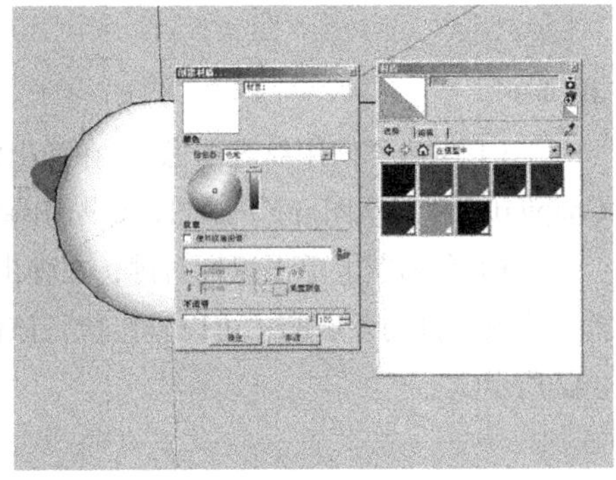

图 4-46

（3）勾选“创建材质”面板中的“使用纹理贴图”，在弹出的“选择图像”面板中选择 DVD\素材文件\Chapter04\地图.bmp 贴图，将其赋予矩形面，并调整贴图大小和位置，如图 4-47 所示。

（4）在矩形面贴图上单击鼠标右键，在弹出的菜单中选择“纹理>投影”命令，如图 4-48 所示。

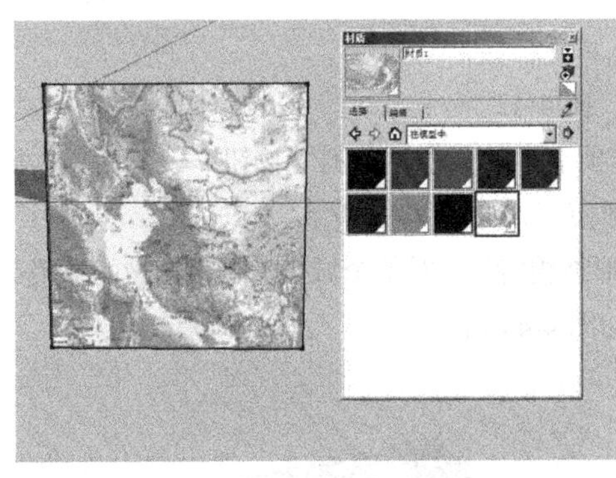

图 4-47

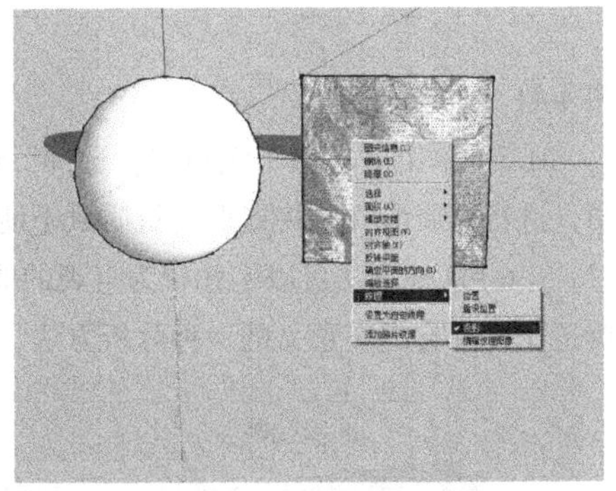

图 4-48

（5）选中球体，单击“选择”选项卡，单击“样本颜料”按钮，接着单击平面的贴图图像，进行材质取样，最后将提取的材质赋予球体，如图 4-49 所示。

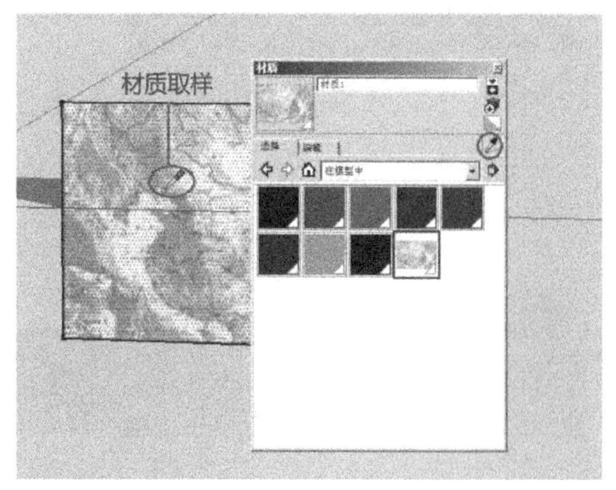

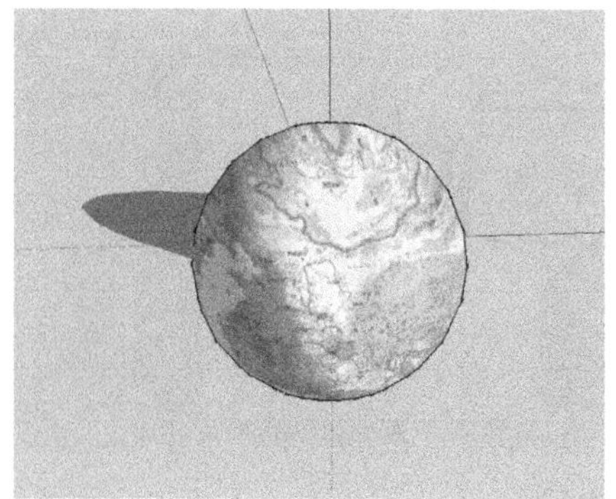

图 4-49

5．PNG 贴图

镂空贴图图片格式要求为 PNG 格式，或者带有通道的 TIF 格式和 TGA 格式。在“材质”编辑器中可以直接调用这些格式的图片。另外，SketchUp 不支持镂空显示阴影。要想得到正确的镂空阴影效果，需要将模型中的物体平面进行修改和镂空，尽量与贴图大致相同。

（1）打开 Photoshop 软件，执行“文件>打开”命令，打开配套光盘 DVD\素材文件\Chapter04\树木.jpg 文件，双击背景图层将其解锁，如图 4-50 所示。

（2）单击工具箱中的“魔棒工具”按钮，选中树木以外的区域，按 Delete 键删除，如图 4-51 所示。

图 4-50

图 4-51

（3）执行“文件>存储为”命令，将图片另存为 PNG 格式，然后在“PNG 选项”对话框的“交错”选项中选择“无”，如图 4-52 所示。

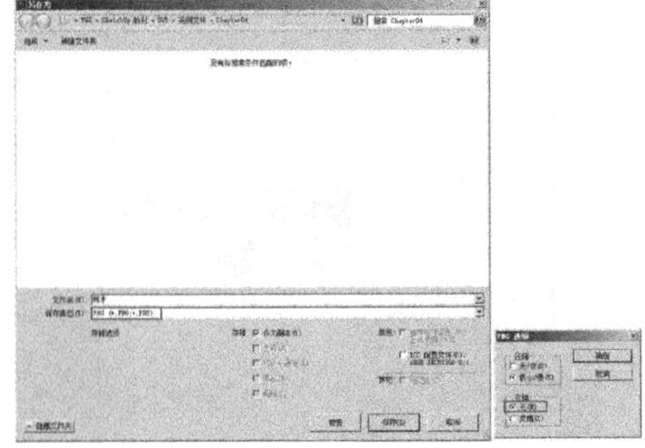

图 4-52

（4）打开 SketchUp 软件，执行“文件>导入”命令，将生成的 PNG 图片导入 SketchUp 中，将树木主干的中心点对齐坐标轴的原点，如图 4-53 所示。

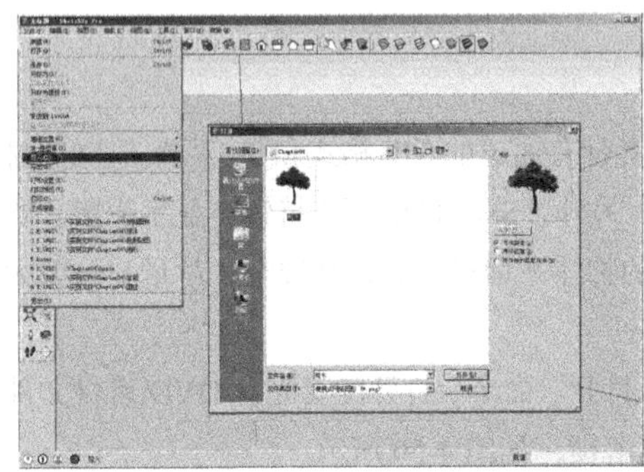

图 4-53

（5）选择导入的图片，单击鼠标右键，在弹出的菜单中选择 分解 选项，使用“手绘线”工具描绘出树木的轮廓，删除轮廓以外的边线，如图 4-54 所示。

图 4-54

（6）执行“窗口>样式”命令，打开“样式”面板，单击“编辑”选项卡，取消所有勾选，将树木边线不显示，如图 4-55 所示。

（7）全选树木，执行“编辑>创建组件”命令，在弹出的“创建组件”对话框中为组件命名为 tree01，并勾选“总是朝向相机”和“阴影面向太阳”选项。这样，一个 2D 的树木组件就创建完成了，如图 4-56 所示。

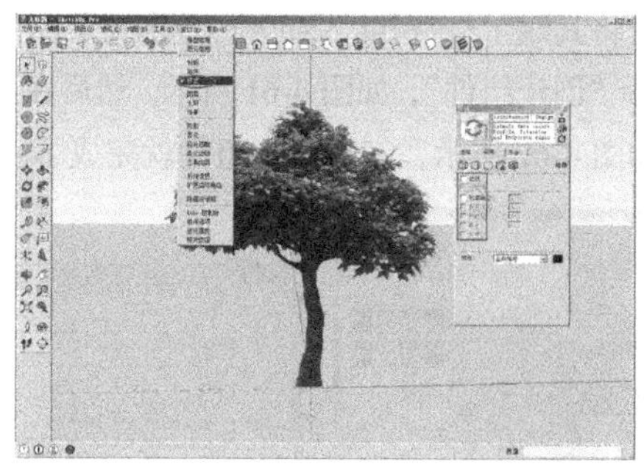

图 4-55

图 4-56

【课堂练习】 创建三维树木组件

原始文件：无

实例文件：DVD\实例文件\Chapter04\创建三维树木组件.skp

视频文件：DVD\视频文件\Chapter04\创建三维树木组件.avi

难易指数：★★☆☆☆

（1）利用圆工具画出一个圆，然后用推拉工具拉出一个圆柱，按住 Ctrl 键使用继续在圆柱上拉出五个圆柱。使用调整其位置，如图 4-57 所示。

（2）选中单个圆，使用，按住 Ctrl 键在对角线处拉动，作出一颗树，如图 4-58 所示。

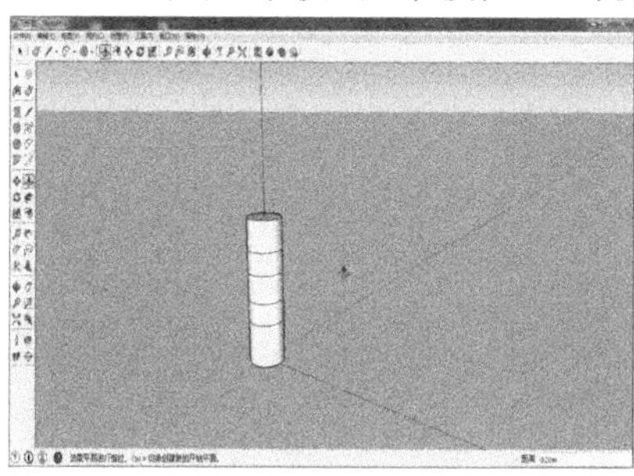

图 4-57

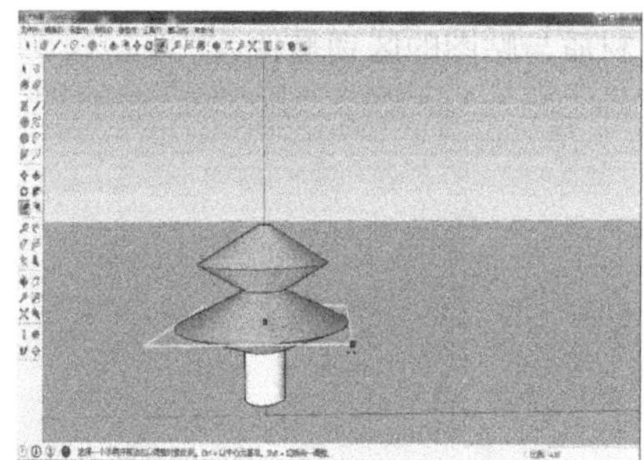

图 4-58

（3）在树的顶部利用矩形工具画出面积大于树的投影的矩形，如图 4-59 所示。

（4）选择材质，将材质赋予矩形。右键单击矩形表面，选择“纹理>投影”，如图 4-60 所示。

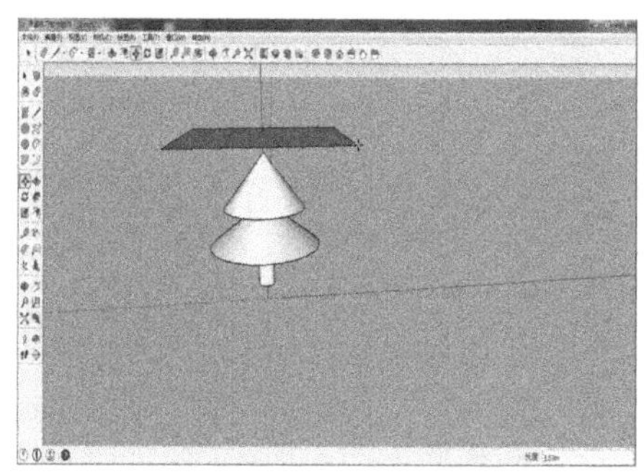

图 4-59

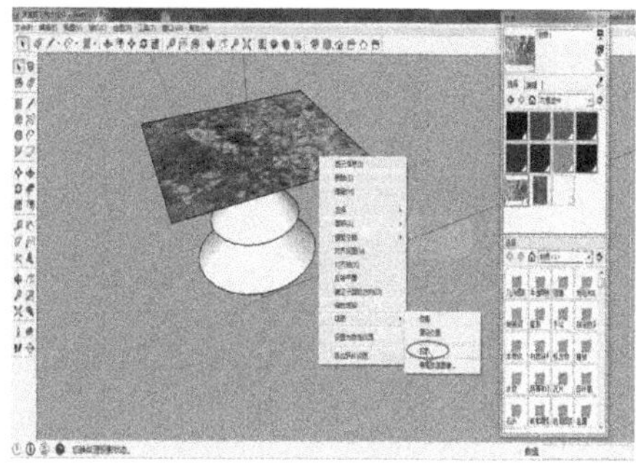

图 4-60

（5）使用样本颜料，单击矩形贴图，将其赋予 “树叶”部分；单击树干贴图，将其赋予树干；框选整个整体，右击鼠标选择“创建组件”，如图 4-61 所示。然后在“对齐”中选择“水平”，单击“创建”按钮，如图 4-62 所示，三维树木组件就完成了。

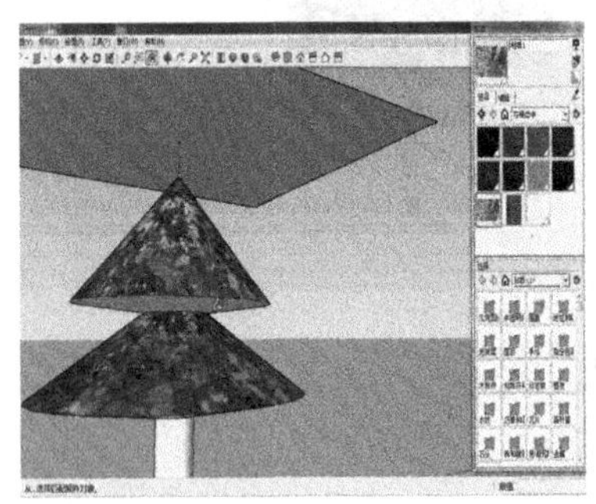

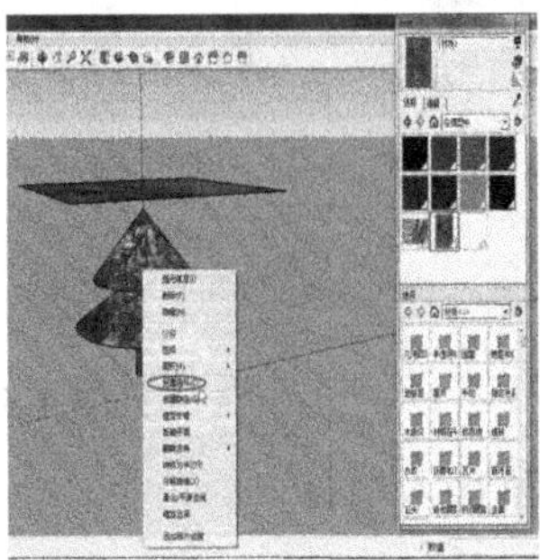

图 4-61

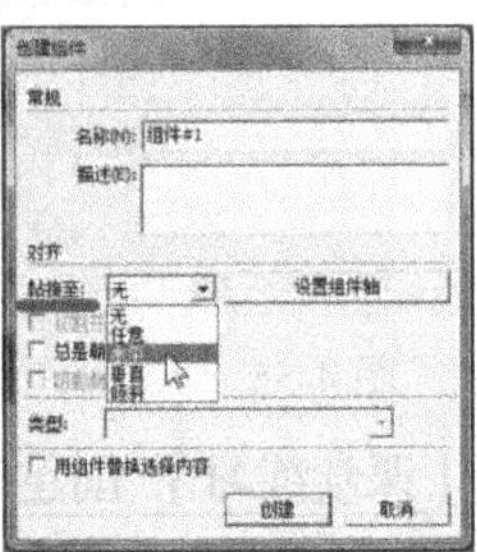

图 4-62

课后习题

1. 怎样创建并赋予模型材质？
2. 材质编辑器的两个选项卡分别是什么？
3. 本章中讲到了几种贴图，分别是什么？
4. 如何调整贴图坐标？
5. 材质与贴图的区别是什么？

第 5 章

SketchUp 高级建模技巧

本章介绍

本章主要介绍 SketchUp 软件中群组和组件的使用技巧，以及一些高级的建模技巧。群组和组件的功能在实际的工作中有很大的作用。

学习目标

- 组件的创建、撤销和锁定
- 群组的编辑
- 组件的撤销和修改
- 动态组件工具栏
- 群组和组件的区别与联系

技能目标

- 剖面工具的高级技法
- 镜像工具的使用技巧
- 创建转折面的技巧
- 创建几种模型交错
- SketchUp 中功能键的妙用

5.1 群组和组件的使用技巧

本节要点

群组是一些点、线、面或者实体的集合，与组件的区别在于，没有组件库和关联复制的特性。但是群组可以作为临时性的群管理，并且不占用组件库，也不会使文件变大，所以使用起来是很方便的。

5.1.1 群组的创建、撤销和锁定

群组可以对一个或多个物体进行编组，使之更便于管理，在实际工作中很实用。

（1）打开配套光盘中的 DVD\实例文件\Chapter05\餐桌.skp 文件，如图 5-1 所示。该场景由茶具和一套桌椅 8 个物体组成，本节使用这个场景来介绍。

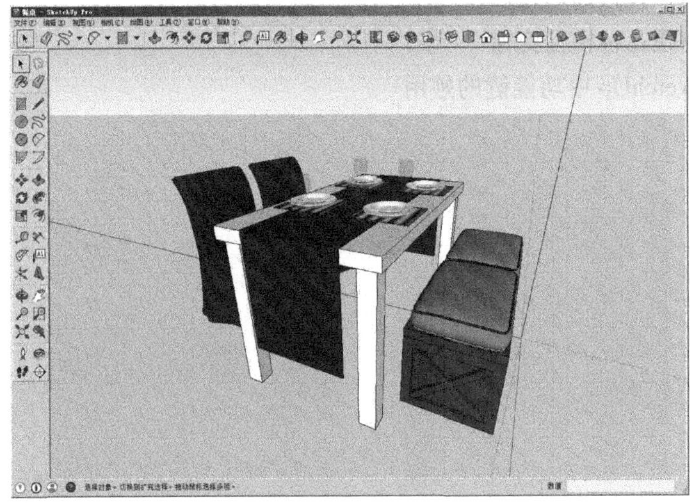

图 5-1

（2）先来介绍群组的创建。单击“选择”工具，框选视图中的所有物体或按下键盘上的 Ctrl+A 组合键，执行“编辑>创建组”命令之后，场景中的所有物体会组合为一个物体，物体外侧会显示出高亮的边界盒，如图 5-2 所示。

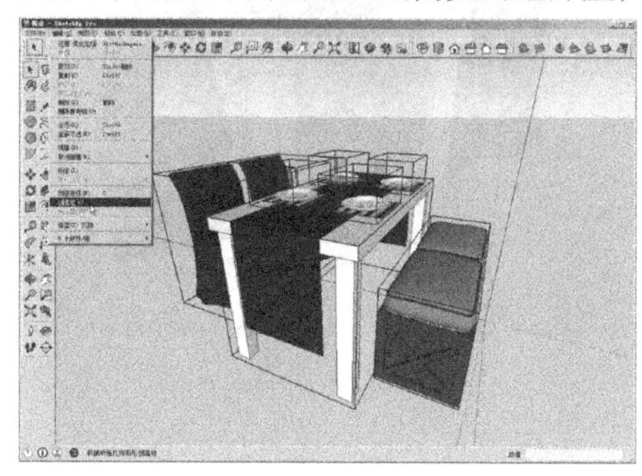
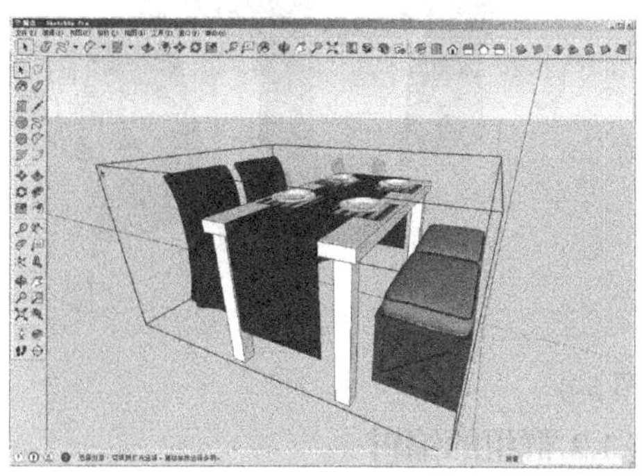

图 5-2

（3）也可以锁定群组。选中群组，单击鼠标右键，在弹出的下拉菜单中选择锁定选项，可将选定群组锁定，锁定之后，物体外侧会显示出红色高亮的边界盒。锁定后的群组无法进行任何操作。再次单击鼠标右键，在弹出的下拉菜单中选择解锁选项，可将锁定的群组解锁，如图 5-3 所示。

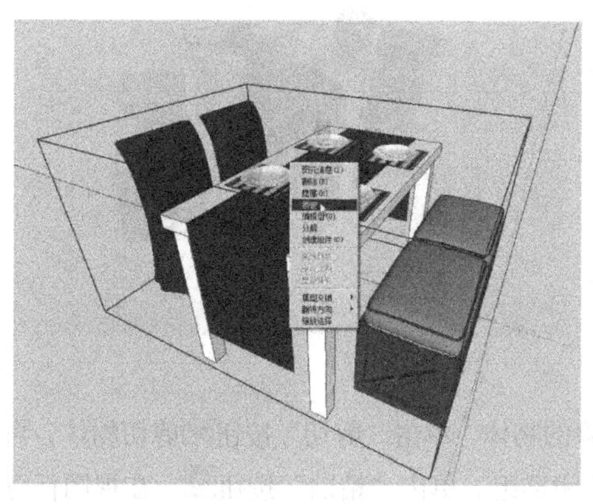
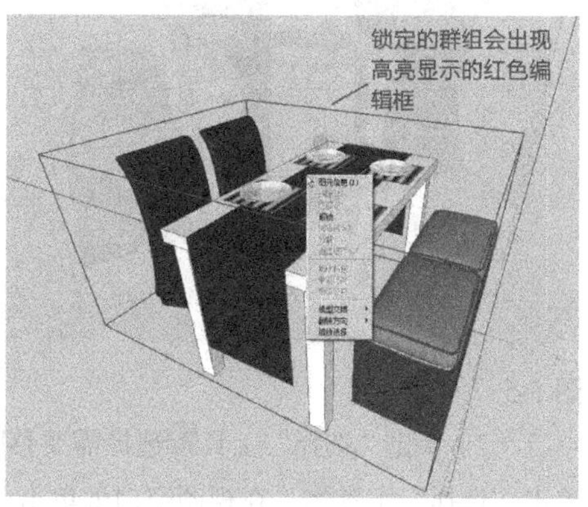

图 5-3

技术看板

在实际的操作过程中，及时对物体进行群组，并对群组进行锁定，可以在后续的制作中避免不必要的损失。

（4）撤销群组时，选择群组物体，单击鼠标右键，在弹出的下拉菜单中选择分解选项就可以把物体重新分解成原来的物体，如图 5-4 所示。

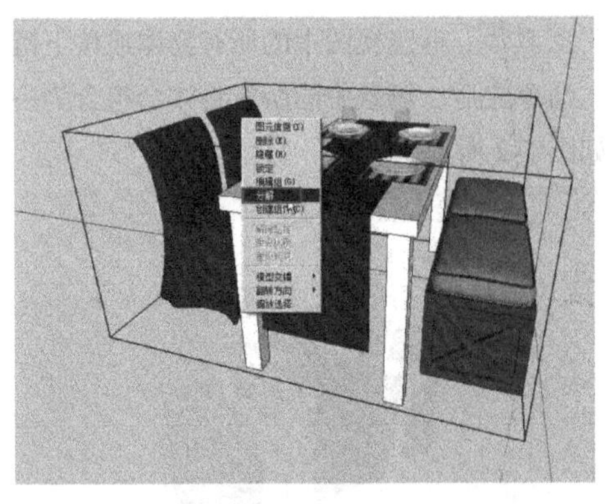
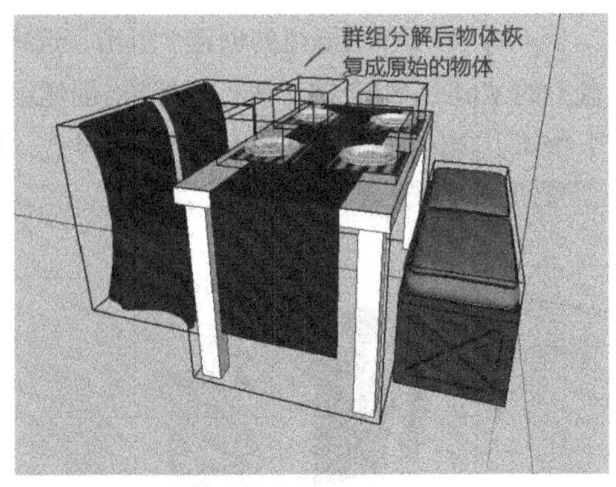

图 5-4

5.1.2 群组的编辑

（1）接下来介绍群组元素的添加和移除。创建群组后，单击鼠标右键，在弹出的下拉菜单中选择编辑组(G)选项，或直接双击群组，也可以使群组处于被编辑状态，如图 5-5 所示。

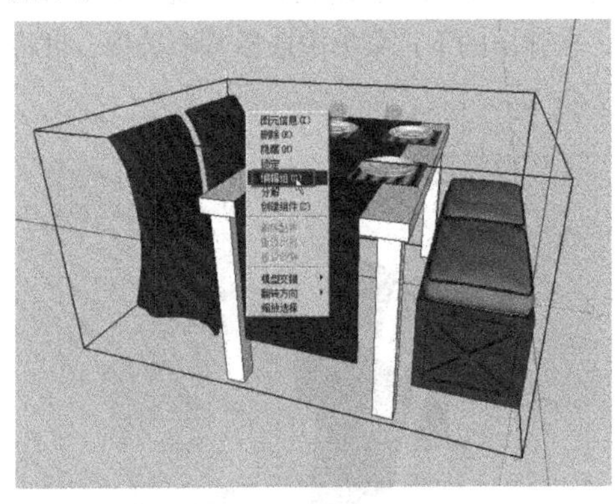
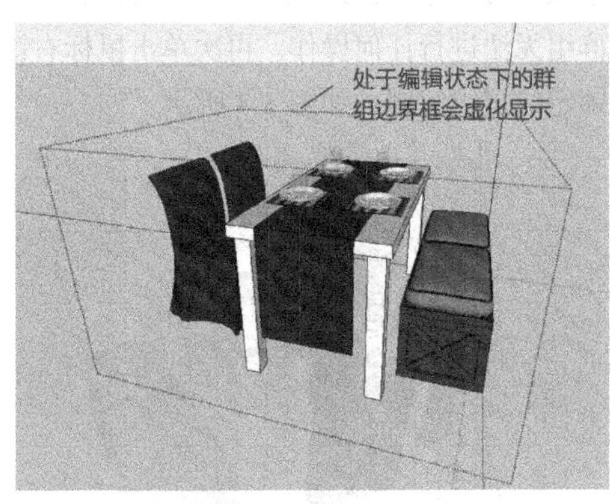

图 5-5

（2）单击“选择”工具选择需要移除的物体，单击“剪切”按钮剪切物体，再单击“选择”工具，在视图空白处单击关闭群组。单击“粘贴”按钮，在视图任意位置单击鼠标以粘贴模型，如图 5-6 所示，可以看到椅子物体已经移到了群组的外边。

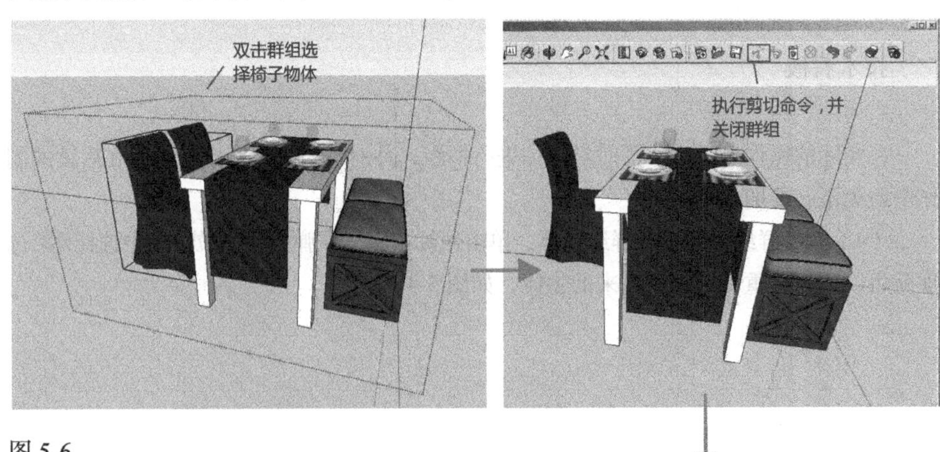

图 5-6

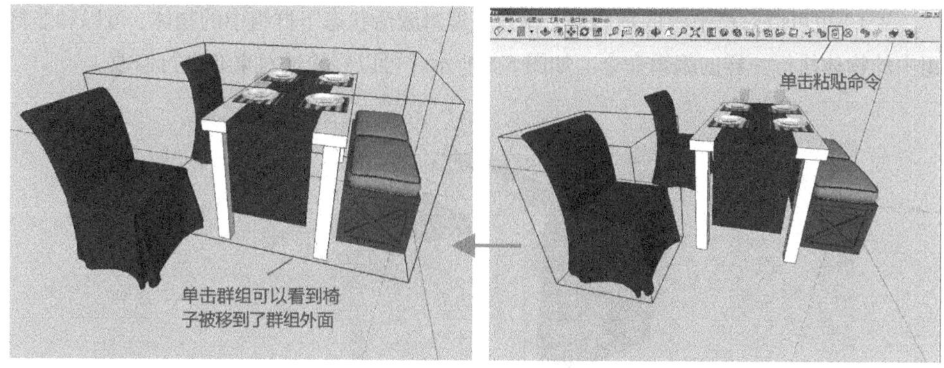

图 5-6（续）

技术看板

在对物体“剪贴”之后，“粘贴”之前，一定要先关闭群组，否则，粘贴之后模型还是会在群组中。

（3）将物体添加至群组与将物体移除群组的操作正好相反。单击“选择”工具选择需要添加进群组的物体，单击“剪切”按钮剪切物体，然后双击群组物体使群组为被编辑状态，单击“粘贴”按钮，在视图中指定粘贴位置，如图 5-7 所示。此时，椅子物体被重新添加进群组中。

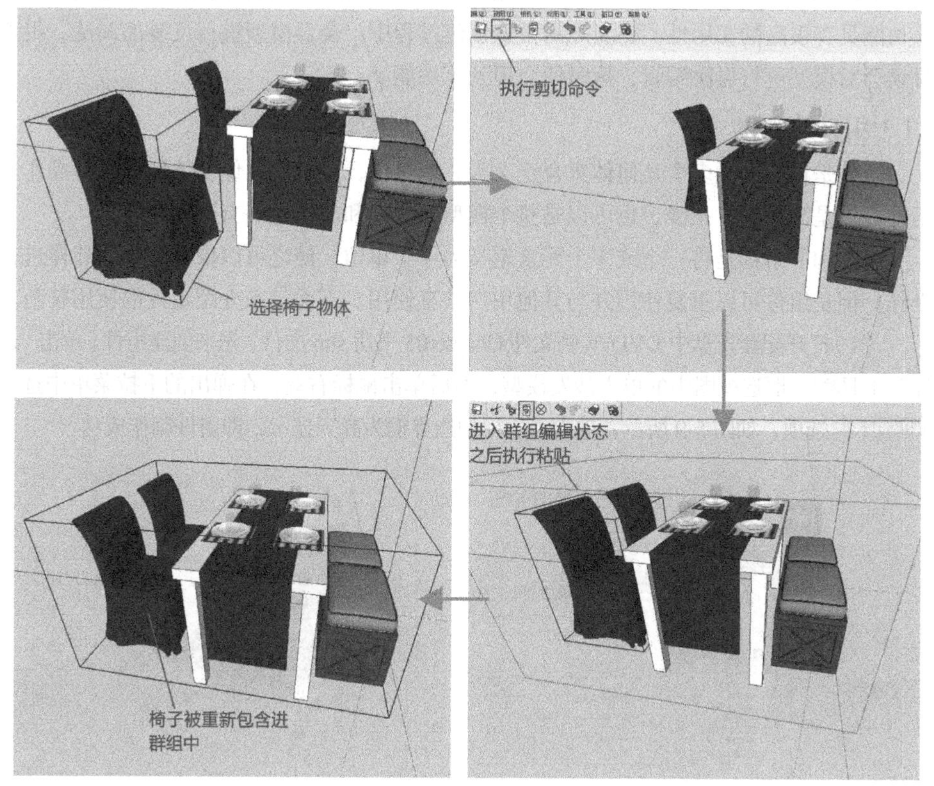

图 5-7

（4）也可以对群组内的物体进行修改。编辑激活状态下群组中的物体，可以和非群组中的物体执行一样的编辑命令。如图 5-8 所示，可以轻松地对桌布进行修改。

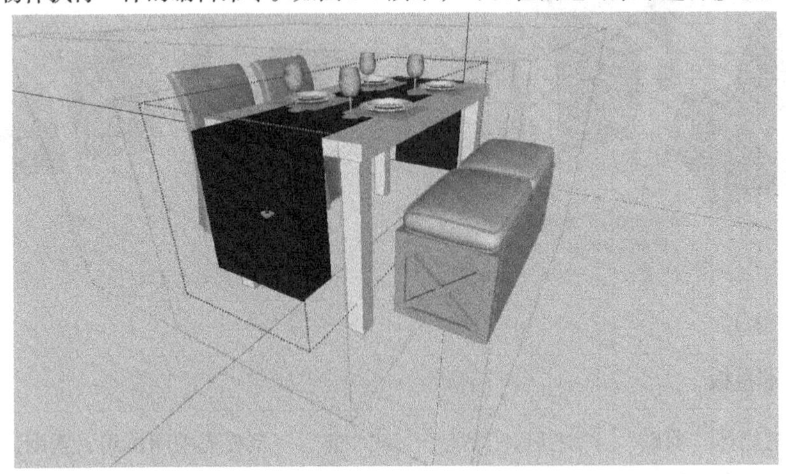

图 5-8

技术看板

SketchUp 可以在不破坏原群组、不解开群组的情况下，对群组内的元素进行编辑，该功能具有很高的实用性。在实际的模型创建过程中，会对模型进行反复的调试。很多时候会对模型进行再次编辑，这时便会用到该功能。

5.1.3 组件的创建

组件是将一个或多个几何体集合定义为一个单位，使之可以像物体那样进行操作。组件可以是简单的一条线，也可以是整个模型，尺寸和范围也没有限制。

组件和群组都是将一个或多个元素定义为一个单位，使之可以像一个物体那样进行操作。但是组件可以重复使用并与其他用户共享使用。下面就来介绍组件的使用技巧。

（1）打开配套光盘中 DVD\实例文件\Chapter05\书房.skp 文件，先来创建组件。单击“选择”工具，框选视图中的单人沙发模型，然后单击鼠标右键，在弹出的下拉菜单中选择创建组件(C)选项，如图 5-9 所示，单人沙发模型边界框为高亮显示，即组件制作成功。

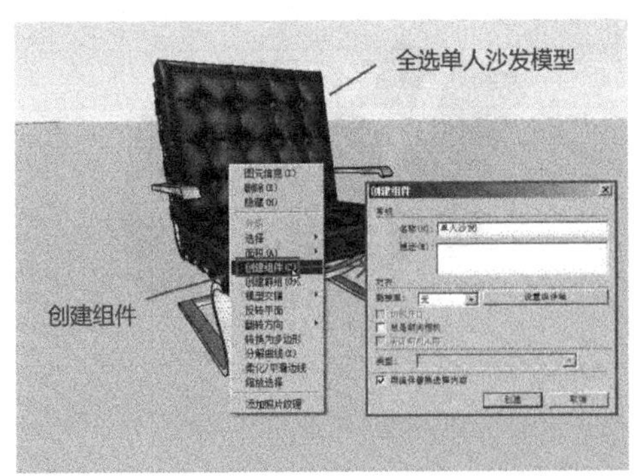

图 5-9

（2）执行“窗口>组件”命令，可以开启组件面板。单击图标可以看到，创建的单人沙发组件出现在组件列表中，如图 5-10 所示。

（3）当需要使用单人沙发组件的时候，只需单击组件面板中的单人沙发组件，然后在视图中要加载组件的地方单击即可，如图 5-11 所示。

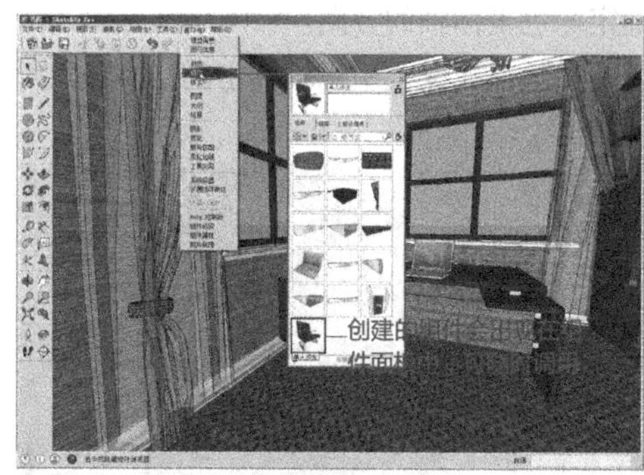

图 5-10

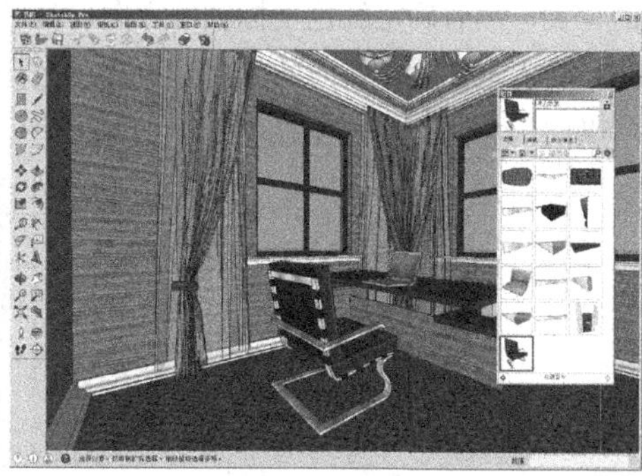

图 5-11

（4）介绍完组件的创建和调用之后，接下来详细介绍创建组件时出现的组件设置面板，如图 5-12 所示。

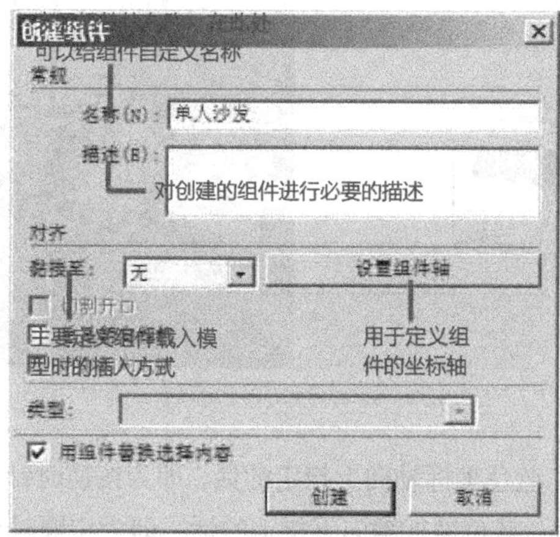

图 5-12

技术看板

（1）规范的命名可以使用户在组件繁多的复杂场景中轻易地确认所需的组件。

（2）黏接至: 的意思是，当载入组件的时候会自动吸附到模型上。载入门窗或需要靠墙的家具时，这是一个比较实用的功能。SketchUp 2014 的黏接有 5 种方式可供选择，分别是：

无 表示载入组件时不与场景中的模型产生黏接。

任意 表示载入组件时可以和模型的任意面产生黏接。

水平 表示载入组件时只与模型的水平面产生黏接。

垂直 表示载入组件时只与模型的垂直面产生黏接。

倾斜 表示载入组件时只与模型的倾斜面产生黏接。

（5）设置组件轴 用来确定组件以哪个方向或哪个面插入模型，可以定义组件的坐标轴。单击该按钮之后，视图中会出现坐标轴，用来定义组件。第一个点确定组件插入点的位置，然后确定红色坐标轴的方向，最后确定绿色坐标轴的方向。

插入组件时，横向的方向是由红色坐标轴决定的，而绿色坐标轴确定的是插入组件时纵向的方向，如图 5-13 所示。

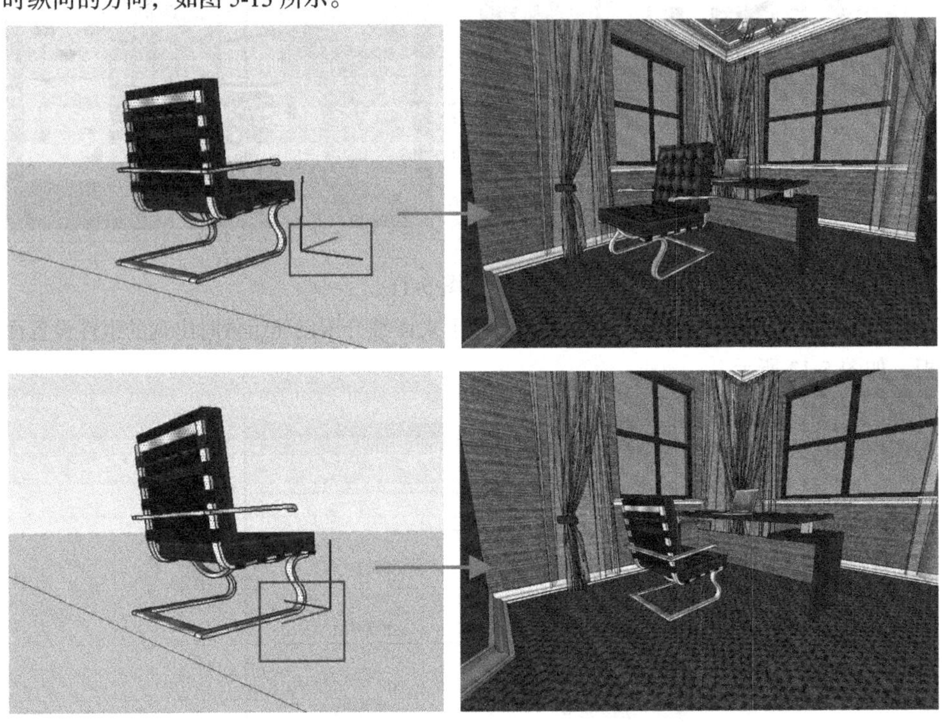

图 5-13

（6）要注意的是，蓝色坐标轴向上指定的话，即为按逆时针方向确定的轴向，表示调入组件时将正向视图；蓝色坐标轴向下指定的话，即为按顺时针方向确定，表示调入组件时将背向视图，如图 5-14 所示。

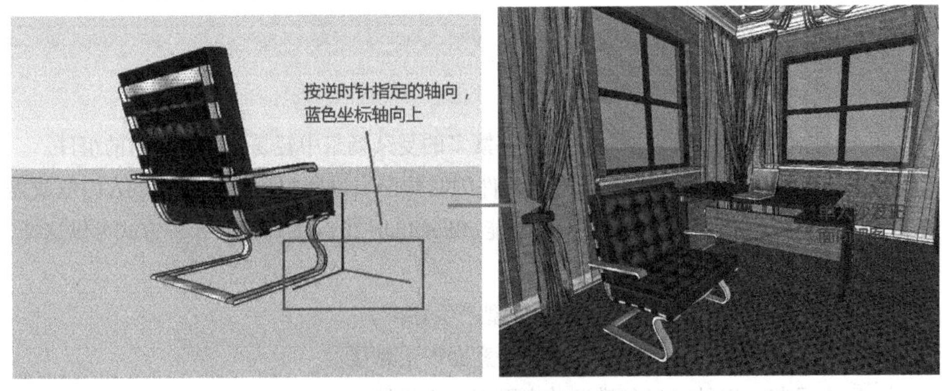

图 5-14

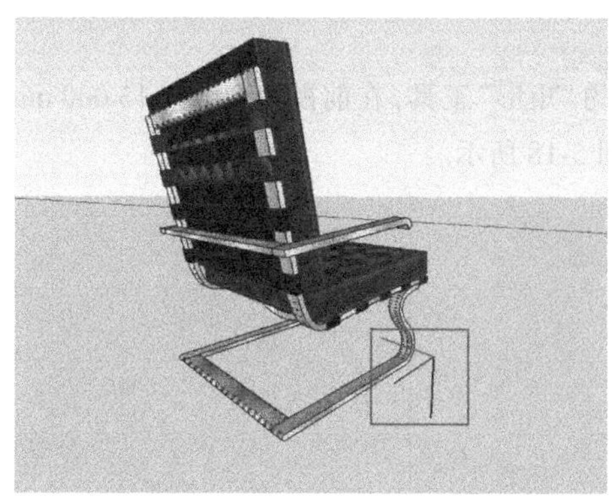

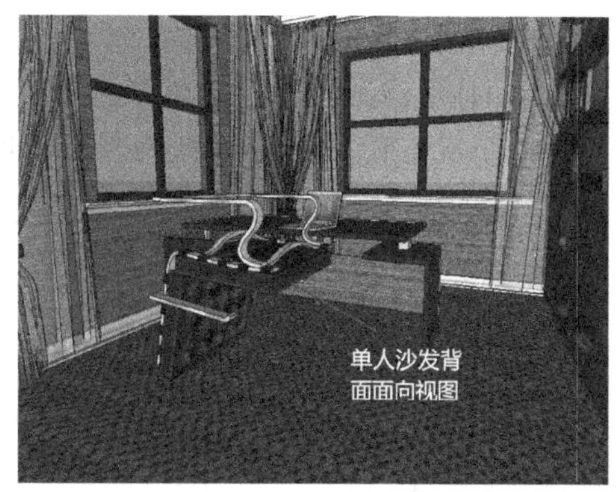

图 5-14（续）

（7）□ 切割开口 表示组件是否在粘合表面切口。勾选☑ 切割开口 之后，组件将在与表面相交的位置剪切，如图 5-15 所示。

（8）□ 总是朝向相机 表示组件是否总是朝向相机。如图 5-16 所示，以场景中的人物为例创建群组，勾选☑ 总是朝向相机 之后，组件将总是面向当前视图。

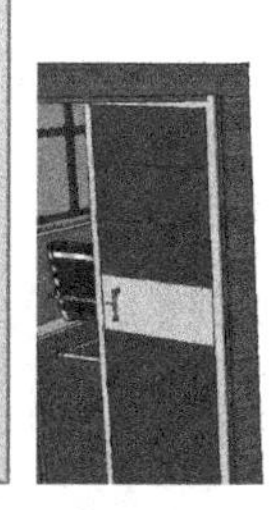

图 5-15　　　　图 5-16

（9）勾选☑ 总是朝向相机 之后，□ 阴影朝向太阳 选项才能被激活。勾选☑ 阴影朝向太阳 之后，阴影将总是朝向太阳照射的地方，如图 5-17 所示。勾选该选项之前，首先执行“窗口>阴影”命令，开启阴影之后就可以看到勾选☑ 阴影朝向太阳 之后的效果。

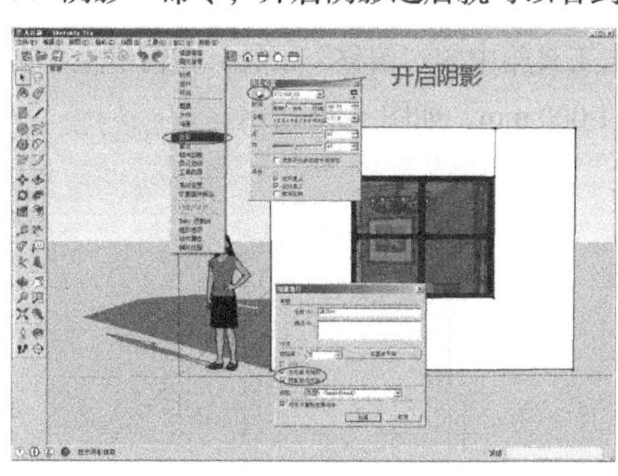

图 5-17

【课堂练习】 创建窗户组件

原始文件：无

实例文件：DVD\实例文件\Chapter05\创建窗户组件.skp

视频文件：DVD\视频文件\Chapter05\创建窗户组件.avi

难易指数：★★☆☆☆

（1）打开 SketchUp 软件，单击工具箱中的“矩形”工具，在前视图中绘制 15 000 mm × 20 000 mm 矩形，删除矩形的上边线，如图 5-18 所示。

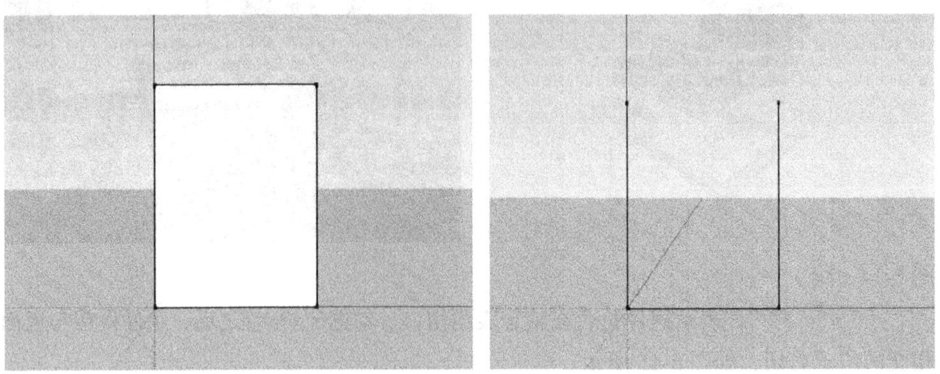

图 5-18

（2）单击工具箱中的“圆弧”工具，在矩形上绘制弧线，在 弧高 数值输入框中输入 6 000 mm，设置弧高，如图 5-19 所示。

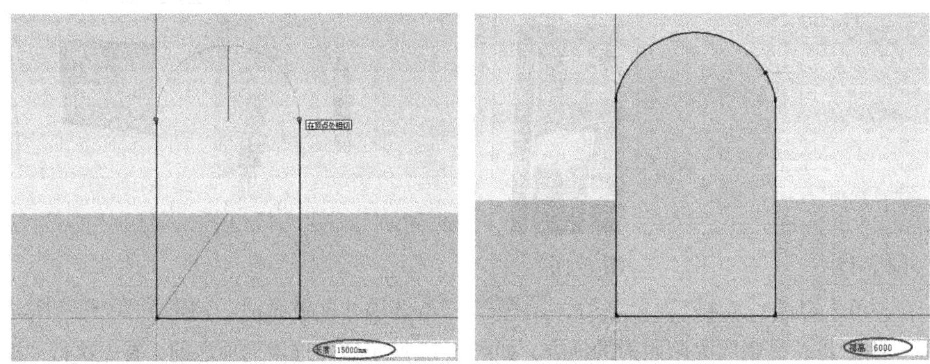

图 5-19

（3）按下快捷键 Ctrl+A 全选窗户，单击工具箱中的“偏移”工具，在窗户上单击鼠标左键并向内拖拽，在 距离 输入框中输入 1 000 mm，如图 5-20 所示。

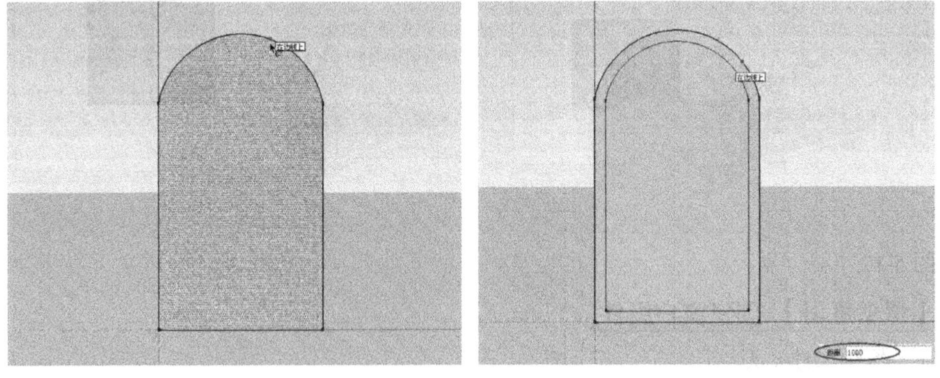

图 5-20

（4）单击工具箱中的“推/拉”工具，选择面进行推拉，在 距离 输入框中输入 1 000

mm，如图 5-21 所示。

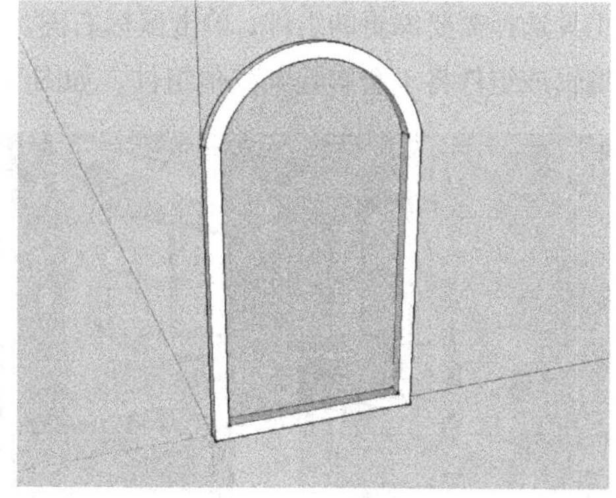

图 5-21

（5）使用“圆”工具和“推/拉”工具绘制圆柱体，制作窗框；最后为窗户添加材质和阴影，全选窗户将其制作为组件，效果如图 5-22 所示。

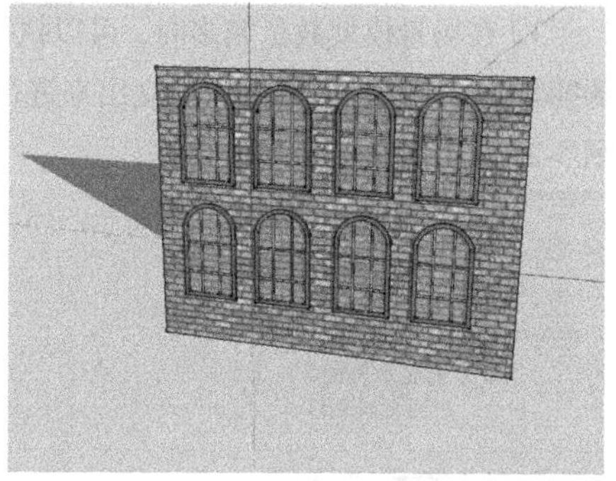

图 5-22

5.1.4 组件的撤销、修改

组件的撤销、锁定、解锁以及编辑的方法和上节中群组的完全一样，这里不再重复讲述了。但是，不同之处需要强调一下。

（1）相同组件具有关联的属性。所以，当对组件内部元素进行编辑的时候，所有相同的组件都会发生变化。如图 5-23 所示，在屋内调入两个单人沙发模型，选中其中一个，使用“缩放”工具编辑，可以看到另外一个单人沙发组件也发生了同样的变化。

图 5-23

（2）如果只需要对一个组件进行编辑，而且不影响其他相同组件，可以使用“选择”工具选择需要编辑的组件，单击鼠标右键，在弹出的下拉菜单中选择设为独立选项。此时，编辑该组件将不会影响到其他组件，如图 5-24 所示。

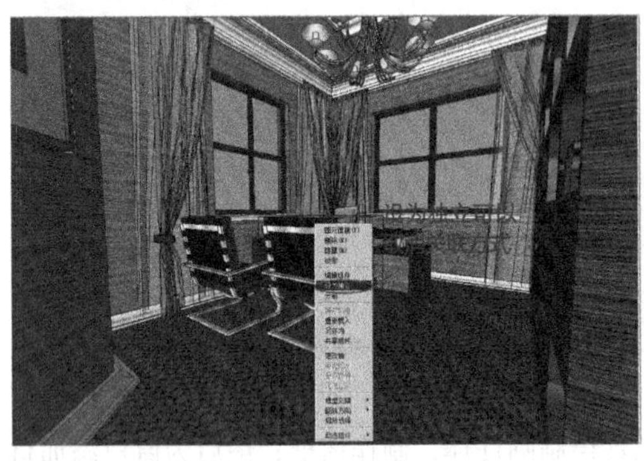

图 5-24

（3）在场景模型数量繁多时，可以执行“视图>组件编辑”命令，勾选隐藏剩余模型或隐藏类似的组件选项，可将组件独立出来进行编辑，这样可以方便操作，提高工作效率，如图 5-25 所示。

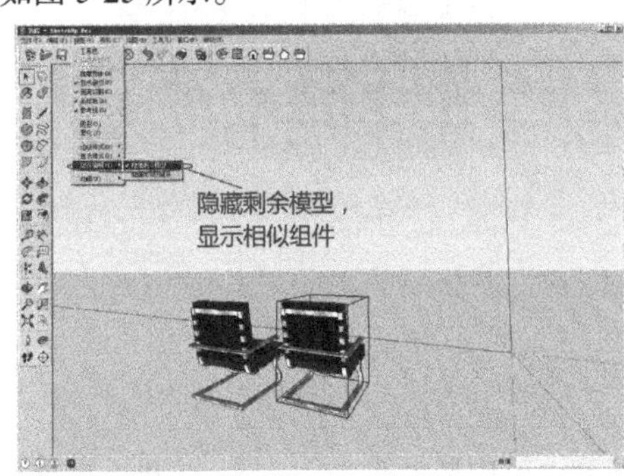

图 5-25

【课堂练习】创建建筑立面凸窗

原始文件：无

实例文件：DVD\实例文件\Chapter05\创建建筑立面凸窗.skp

视频文件：DVD\视频文件\Chapter05\创建建筑立面凸窗.avi

难易指数：★★★☆☆

（1）首先利用矩形工具在立面绘制出一面矩形墙面，如图 5-26 所示。接着使用矩形工具与直线工具绘制出如图 5-27 所示的窗框图形。

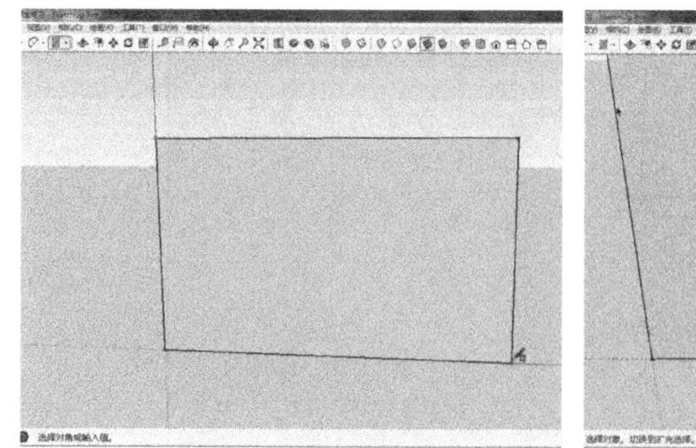

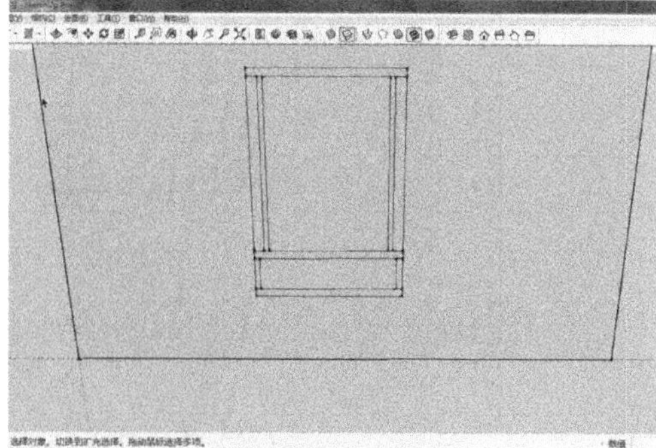

图 5-26　　　　　　　　　　　　图 5-27

（2）使用推拉工具将窗台与窗檐拉伸出来，如图 5-28 所示。选择矩形工具，在窗台上画出窗子的窗框，然后使用推拉工具拉伸至窗檐，如图 5-29 所示。同时将窗口推出，删除推出的墙面，如图 5-30 所示。

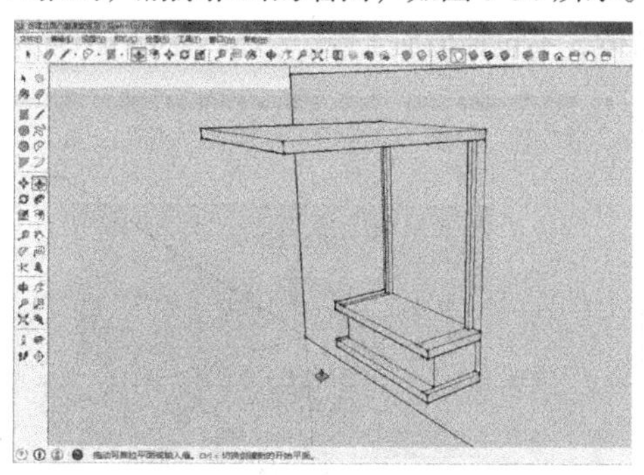

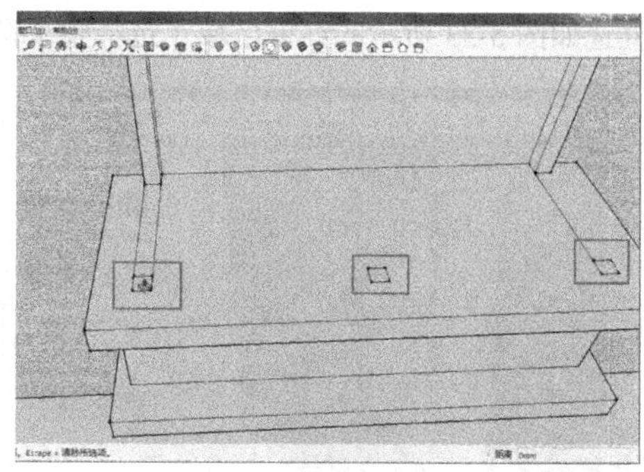

图 5-28　　　　　　　　　　　　图 5-29

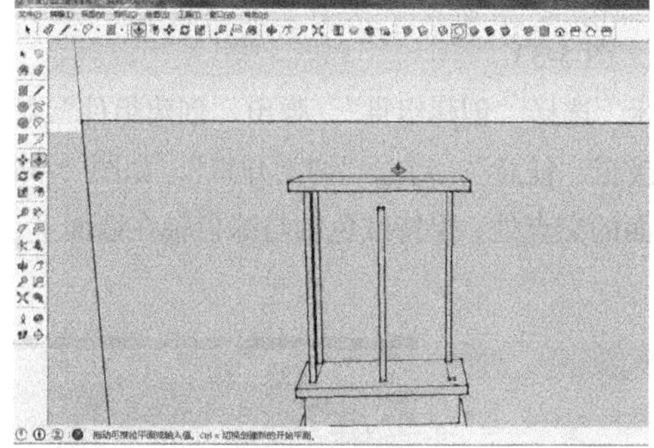

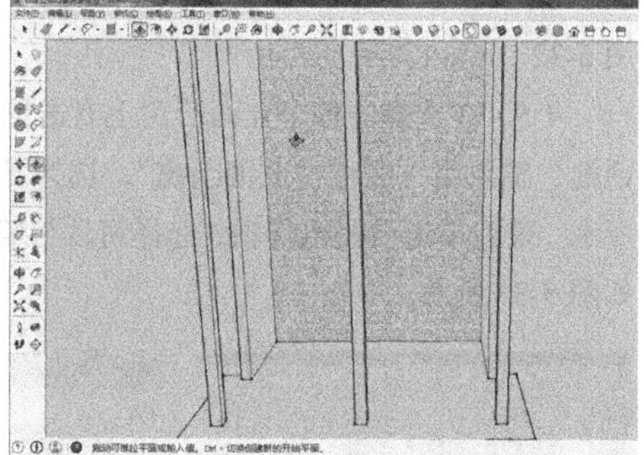

图 5-30

（3）使用直线工具绘制出玻璃，立面凸窗就制作完成了，如图 5-31 所示。

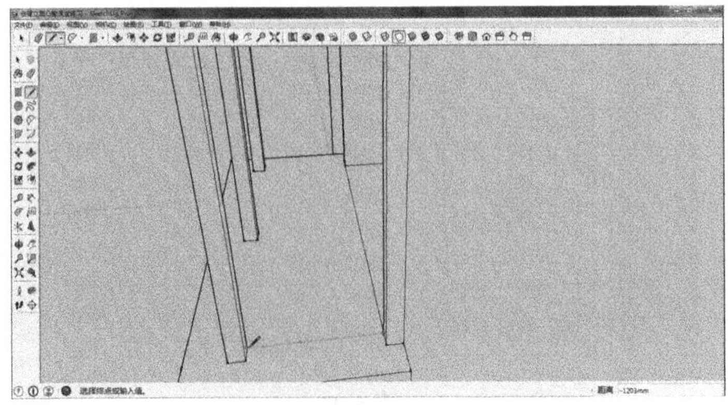

图 5-31

（4）接下来准备为立面凸窗进行贴图，选择菜单栏 工具(T) 下的材质命令（快捷键 B），分别将材质赋予玻璃、窗台、窗檐、窗框、墙体，最终如图 5-32 所示。单击选择命令框选如图 5-33 所示的红框区域（选择整个窗体，不包括墙面）。

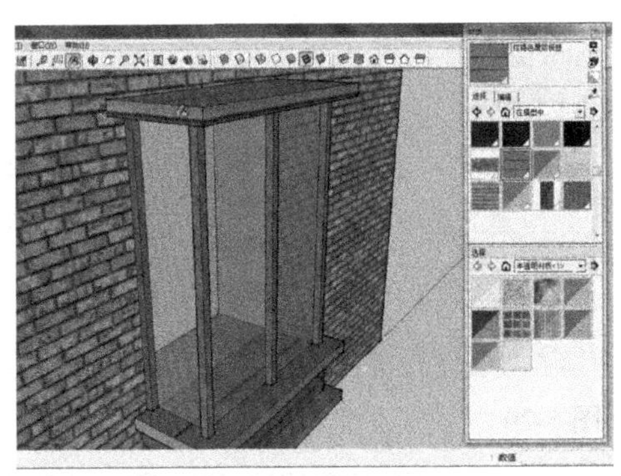

图 5-32

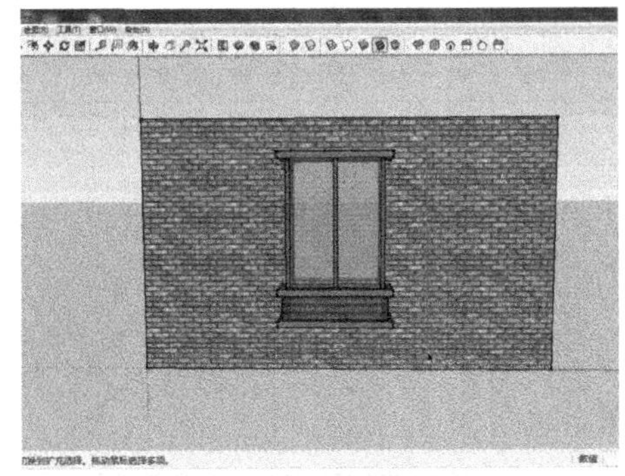

图 5-33

（5）在选择的整个立面凸窗上右击鼠标，选择“创建组件”。弹出“创建组件”对话框，输入组件名称“立面凸窗”，选择黏接至“任意”，勾选“切割开口”，如图 5-34 所示。最后单击设置组件轴，选择窗台与墙面的交点处，保持红色轴与绿色轴在墙面上，如图 5-35 所示。

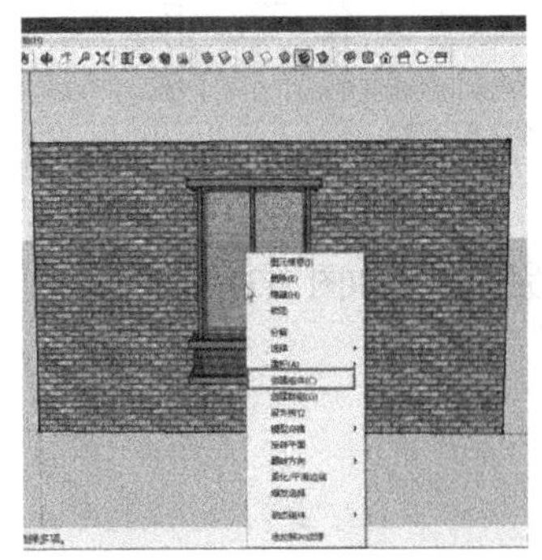

图 5-34

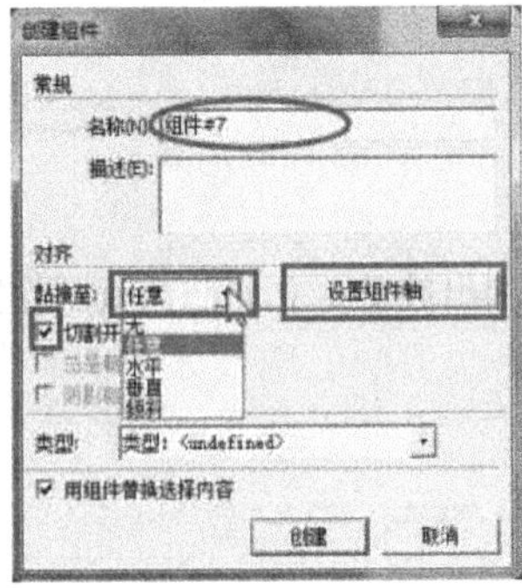

图 5-35

（6）到这里，立面凸窗组件就创建完毕。单击菜单栏 窗口(W) 下的“组件”，单击“在模型中” ，就可以选择立面凸窗的组件了，如图 5-36 所示。

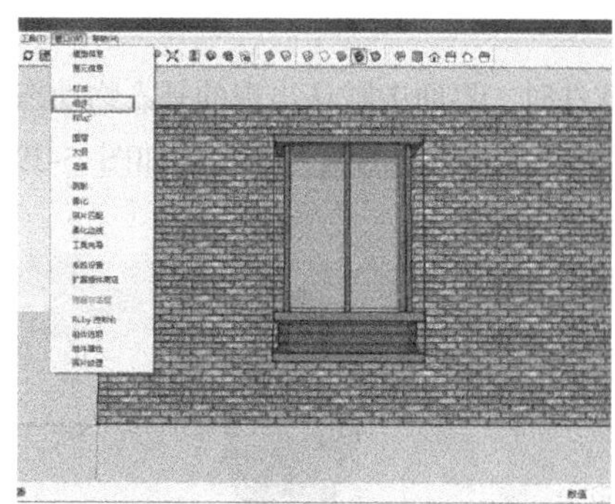
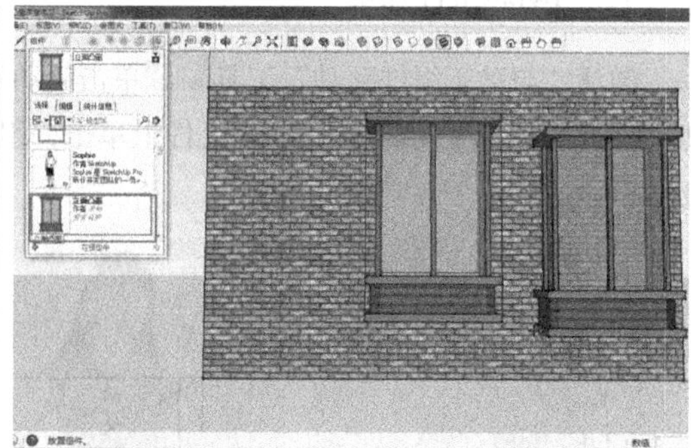

图 5-36

5.1.5 组件的插入

在 SketchUp 中有两种插入组件的方法，接下来逐一讲解。

方法 1：执行“窗口>组件”命令，在弹出的组件编辑器中，单击 选择 选项卡，选中一个组件，然后在绘图区单击，即可将选择的组件插入当前视图。

方法 2：执行“文件>导入”命令，将组件从其他文件中导入当前视图，也可将另一个视图中的组件复制粘贴到当前视图中（必须使用相同的 SketchUp 版本）。

SketchUp 2014 自带了一些 2D 人物组件，这些人物组件可以随着视线的转动面向相机。使用方法是直接将其拖拽到绘图区即可，如图 5-37 所示。

当组件被插入当前模型时，SketchUp 会自动激活“移动”工具，并且会自动捕捉组件坐标的原点，组件将其内部坐标原点作为默认的插入点。在插入组件之前更改其内部坐标系，可改变默认的插入点。

执行“窗口>模型信息”命令，在弹出的“模型信息”对话框中勾选 ☑ 显示组件轴线 即可显示组件内部坐标系，如图 5-38 所示。

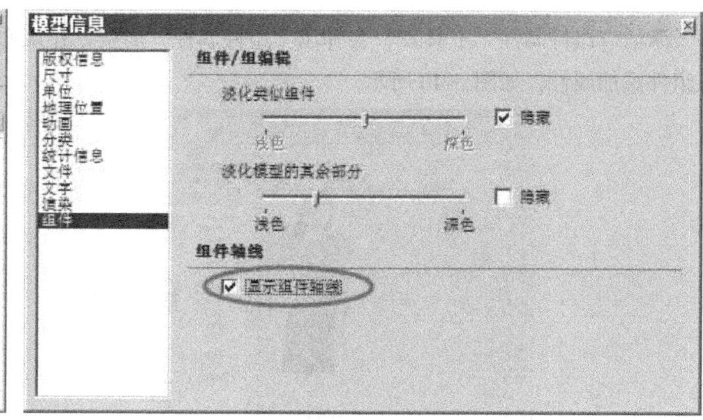

图 5-37　　图 5-38

5.1.6 动态组件工具栏

“动态组件”工具栏中共有 3 个工具，分别是“与动态组件互动”工具、“组件选项”工具和“组件属性”工具。

1．与动态组件互动

激活“与动态组件互动”工具，单击启动软件时，界面中默认出现的是人物动态组件，此时鼠标变为，在动态组件上单击，组件会显示不同的属性效果，如图 5-39 所示。

图 5-39

2．组件选项

激活“组件选项”工具，场景中会弹出“组件选项”面板。

3．组件属性

激活“组件属性”工具，会弹出“组件属性”面板。在该面板中可以为选中的动态组件添加属性，如图 5-40 所示。

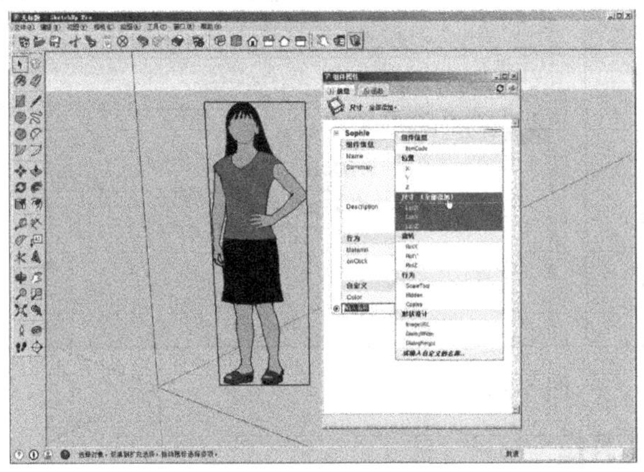

图 5-40

5.1.7 群组和组件的区别与联系

群组和组件，你中有我，我中有你，既有相同的属性，也有各自的区别。

1. 群组的优势

群组有以下 5 个优势：

（1）快速选择：要想选中一个群组内的所有元素，只需选中该群组即可。

（2）几何体隔离：群组内的物体和群组外的物体相互隔离，操作互不影响。

（3）协助组织模型：要形成一个具有层级结构的组，可以将几个组再次编组。

（4）提高建模速度：用组来管理和组织划分模型，有助于节省计算机资源，提高建模和显示速度。

（5）快速赋予材质：分配给组的材质会由组内使用默认材质的几何体继承，而事先指定了材质的几何体不会受影响，这样可以大大提高赋予材质的效率。当组被分解以后，此特性将无法应用。

2. 组件的优势

组件与组类似，但是多个相同的组件之间有关联性，可以进行批量操作，在与其他用户或其他 SketchUp 组件之间共享数据时也更为方便。

组件的优势有以下 6 点：

（1）独立性：组件可以是独立的物体，小至一条线，大至住宅、公共建筑，包括附着于表面的物体，如门窗、装饰构架等。

（2）关联性：对一个组件进行编辑时，与其关联的组件也将被编辑。

（3）附带组件库：SketchUp 附带了一系列预设组件库，并且支持自建组件库，只需将自建的模型定义为组件，并保存到安装目录 Components 文件夹中即可。在“系统设置”对话框的“文件”面板中，可以查看组件库的位置，如图 5-41 所示。

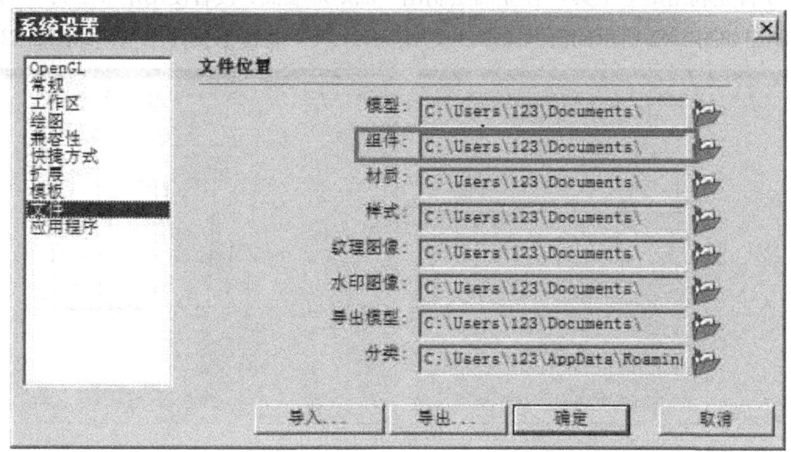

图 5-41

（4）与其他文件链接：组件除了存在于创建它们的文件中，还可以导出到别的SketchUp文件中。

（5）组件替换：组件可以被其他文件中的组件替换，这样可以满足不同精度的建模和渲染要求。

（6）特殊的行为对齐：组件可以对齐到不同的表面上，并且在附着的表面上创建切口。

3. 群组与组件的关系

群组与组件的共同特性就是它们都可以将模型的一组元素制作成一个整体，这样利于在实际工作中对场景的编辑和管理。

群组有两个比较重要的作用：

第1个是"选择集"。对于一些复杂的模型，选择的时候会比较麻烦，计算机荷载也比较繁重，需要隐藏一部分物体加快操作速度。这时群组的优势就显现了，可以通过群组快速选到所需要修改的物体而不必逐一选取。

第2个是"保护罩"。当在群组内编辑时，可以完全不必担心对群组以外的实体进行误操作。

组件在拥有群组的一切功能的同时，还能够实现关联修改，比群组更加强大。对于相似组件（通过复制得到的若干组件），编辑其中一个组件时，其余关联组件也会一起改变；而对于相似群组（通过复制得到的若干群组），编辑其中一个时，其余的不会发生改变。

【课堂练习】创建立面开口窗

原始文件：无

实例文件：DVD\实例文件\Chapter05\创建立面开口窗.skp

视频文件：DVD\视频文件\Chapter05\创建立面开口窗.avi

难易指数：★★★☆☆

（1）首先利用矩形工具在立面绘制出一面矩形墙面，接着使用矩形工具与直线工具绘制出如图5-42所示的窗框图形。使用推拉工具将窗框拉伸出来，如图5-43所示。

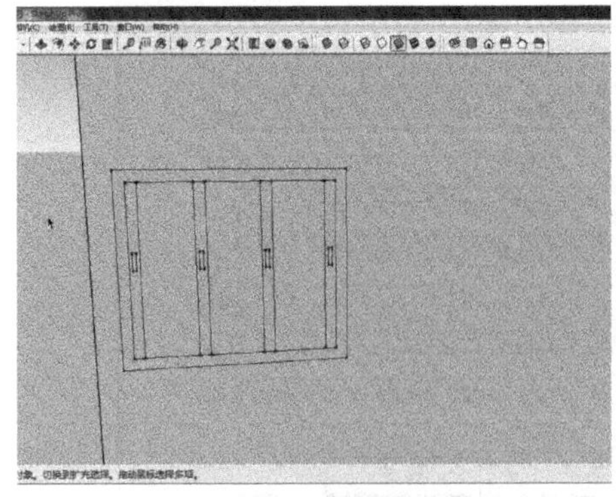

图5-42

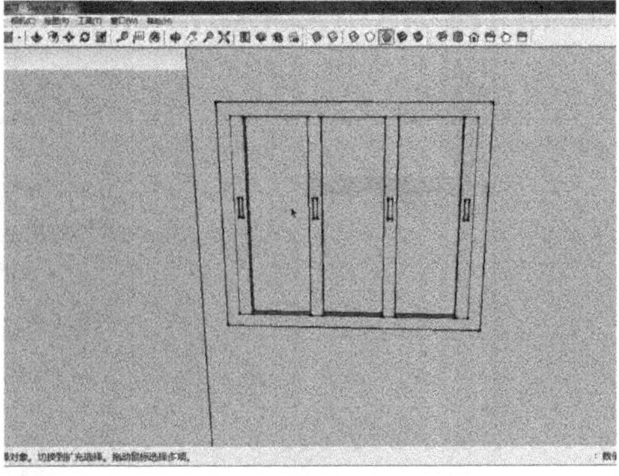

图5-43

（2）单击选择命令，按住 Ctrl 键选择三块玻璃，鼠标右击选择将其创建群组，如图 5-44 所示。接着框选整个窗体后，按住 Shift+Ctrl 组合键将玻璃减选，然后鼠标右击窗框将其创建群组，如图 5-45 所示。

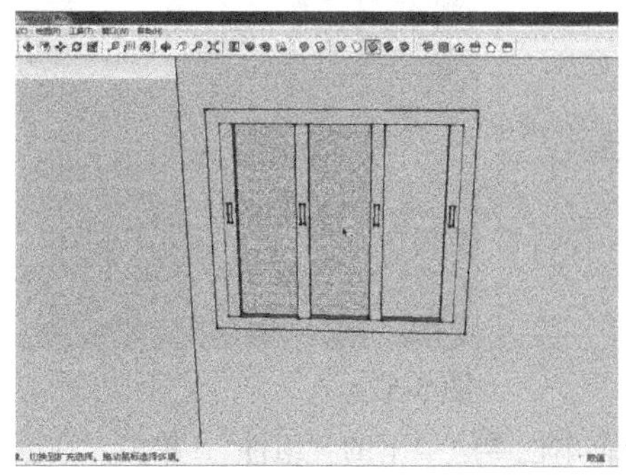

图 5-44

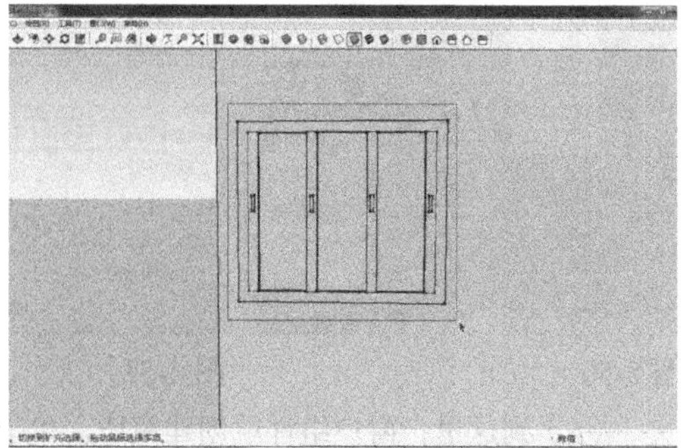

图 5-45

（3）选择工具栏的环绕观察（鼠标滚轮），移动到窗户的背面，如图 5-46 所示。利用矩形工具与推拉工具绘制出窗户的窗台并将其拉出，如图 5-47 所示。

图 5-46

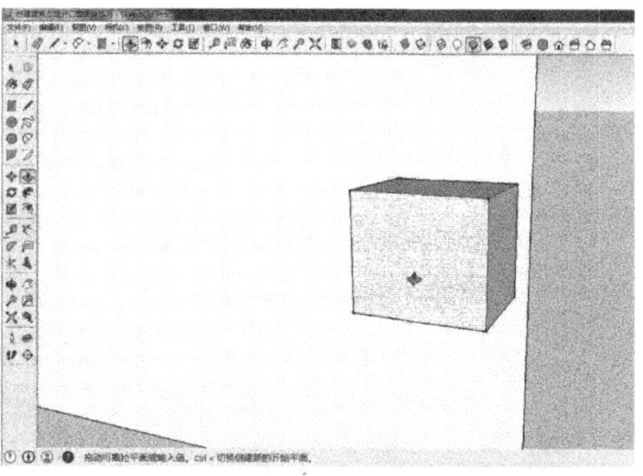

图 5-47

（4）删除多余的面，使窗户制作完成，如图 5-48 所示。接下来准备为窗户进行贴图，选择菜单栏工具(T)下的材质命令（快捷键 B），分别将材质赋予玻璃、窗框、墙体，最终如图 5-49 所示。

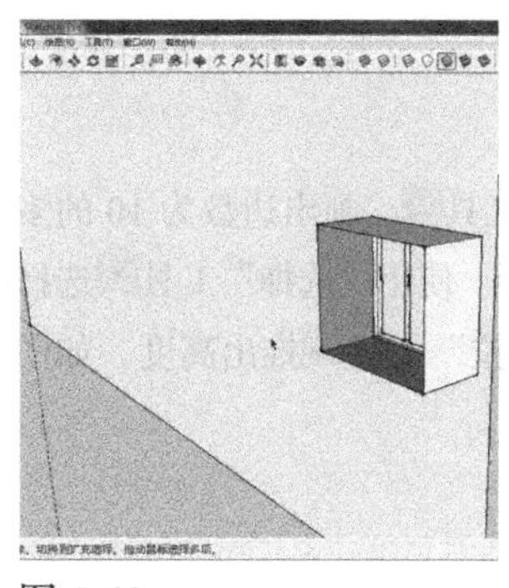

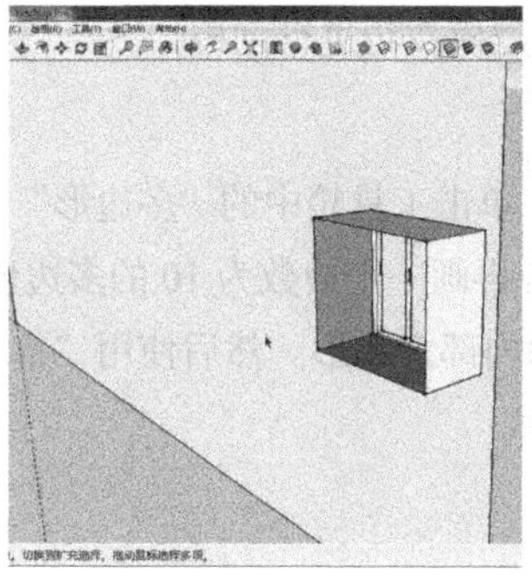

图 5-48

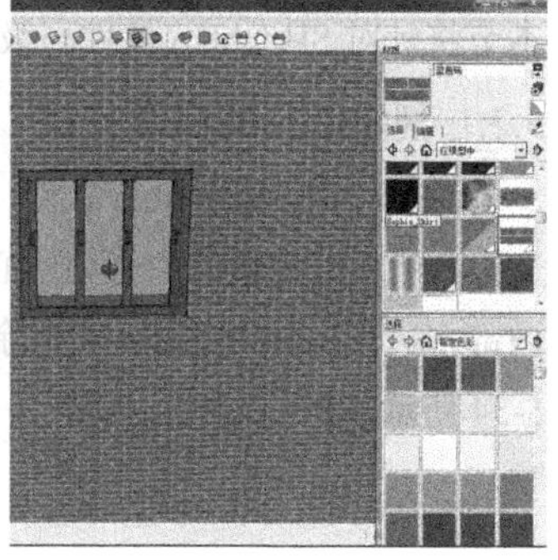

图 5-49

（5）框选整个窗户，鼠标右击将其“创建组件”， 如图 5-50 所示。弹出“创建组件”对话框，输入组件名称“窗户”，选择黏接至“任意”，勾选“切割开口”， 如图 5-51

所示。最后单击设置组件轴，选择窗台与墙面的交点处，保持红色轴与绿色轴在墙面上，如图 5-52 所示。

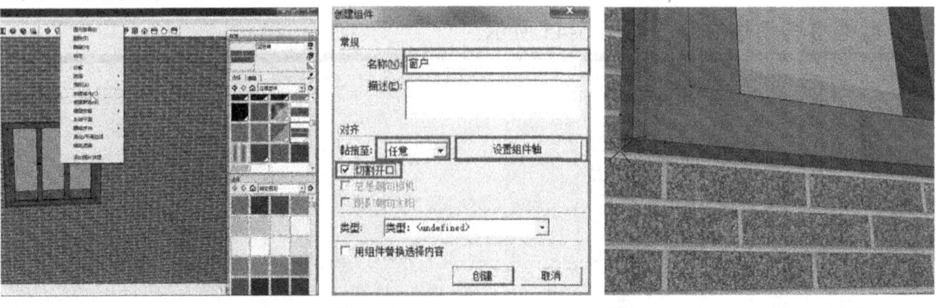

图 5-50　　图 5-51　　图 5-52

（6）到这里，窗户组件就创建完毕。单击菜单栏 窗口(W) 下的“组件”，单击“在模型中”，就可以选择窗户的组件了，如图 5-53 所示。

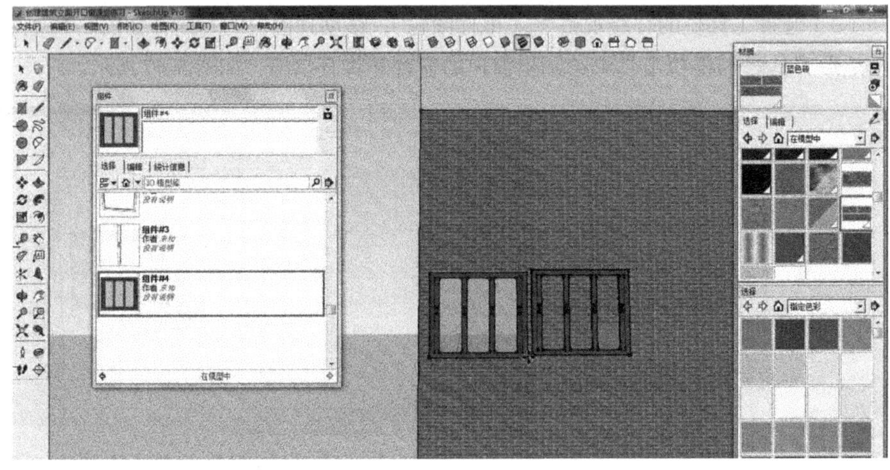

图 5-53

5.2　高级建模技巧剖析

SketchUp 软件命令非常简洁、易懂，但是在具体使用的过程中会有很多的使用技巧。本节将针对 SketchUp 软件高级建模技巧进行剖析。

5.2.1 剖面工具的高级技法

（1）打开 SketchUp 软件，单击工具箱中的“多边形”工具，画出边数为 10 的多边形。然后以多边形中心为中心再画一个边数为 10 的多边形。使用“选择”工具选择内部多边形，按 Delete 键删除内部多边形。然后使用“推/拉”工具推出高度，如图 5-54 所示。

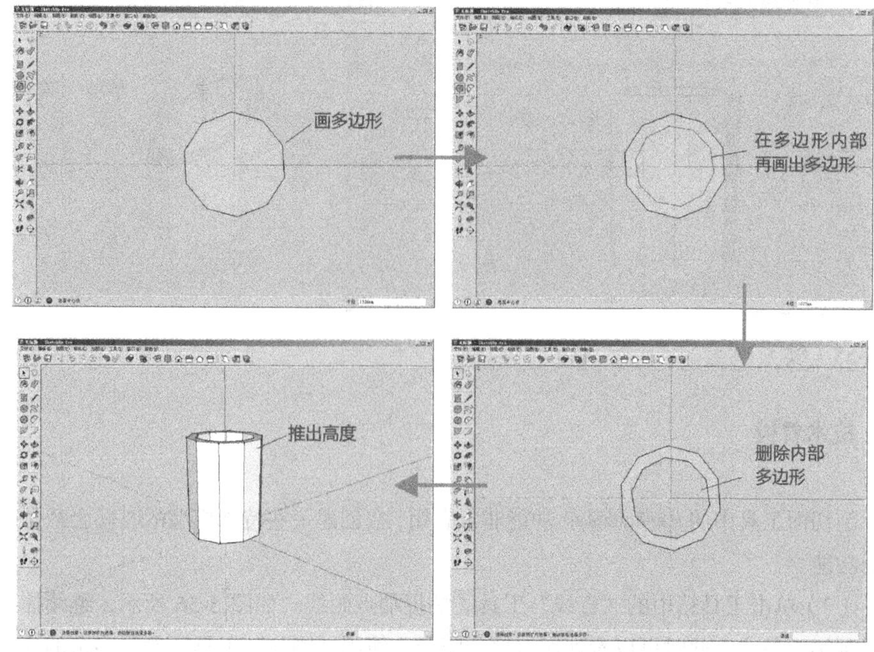

图 5-54

（2）单击工具箱中的“剖切面”工具添加剖面。然后使用“旋转”工具旋转剖切面，在剖切面上单击鼠标右键，在弹出的菜单中选择从剖面创建组(G)选项，这样多边形就按剖面工具标记的位置分成了上下两截。使用“选择”工具选择剖切面，按 Delete 键删除剖切面。选择刚形成的剖面物体，单击鼠标右键，在弹出的菜单中选择分解选项。使用“选择”工具选择多边形上半部分，并按 Delete 键删除柱体上半部分，如图 5-55 所示。

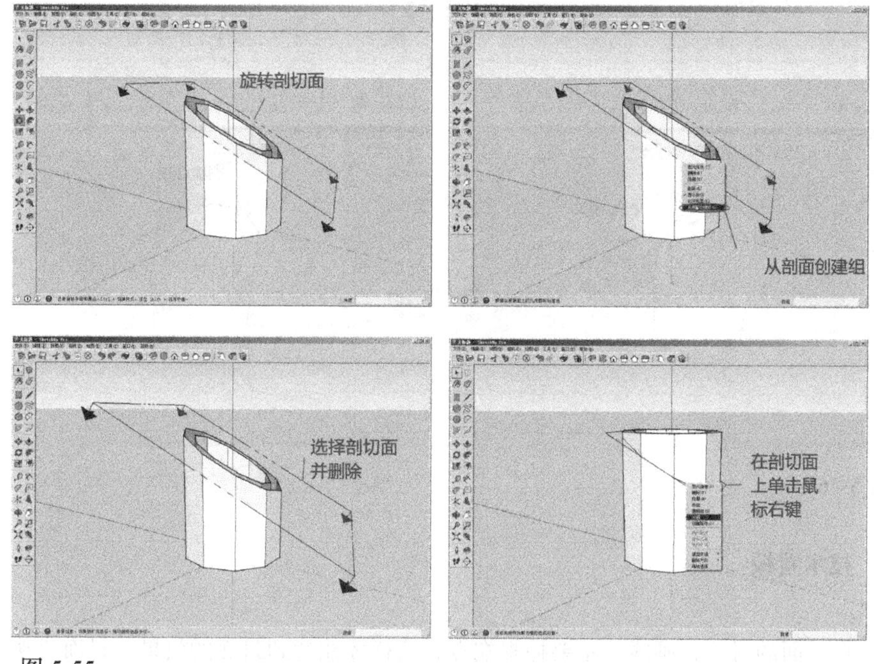

图 5-55

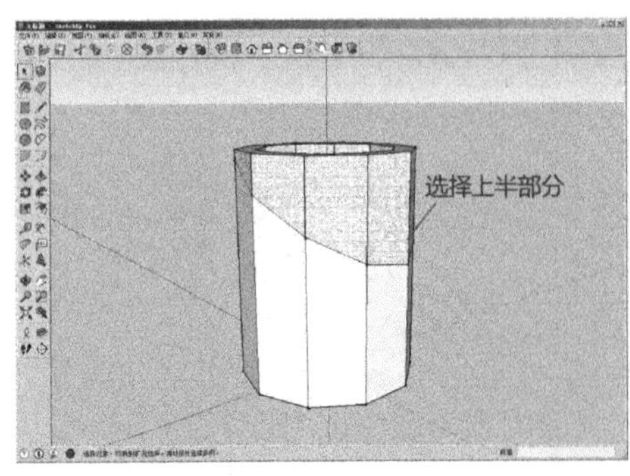

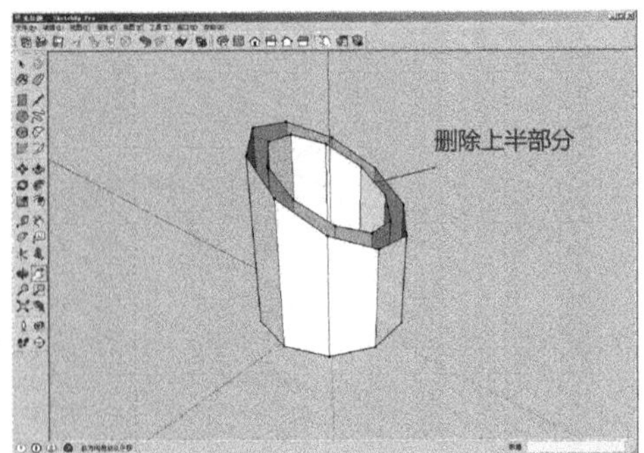

图 5-55（续）

技术看板

剖切面工具中的 从剖面创建组(G) 功能非常有用，在创建一些特殊模型的时候会经常用到这个功能。

（3）单击工具箱中的“直线”工具捕捉端点画线。如图 5-56 所示，继续捕捉端点绘制第二条线，此时可以看到切口部分闭合。使用“删除”工具删除多余的连线，从而得到完美的封面。

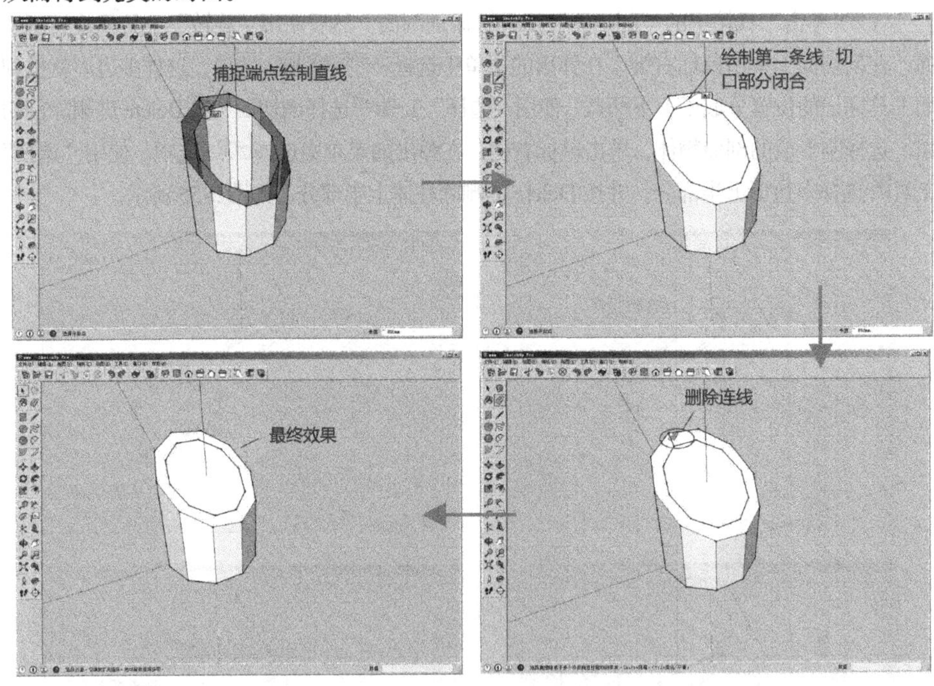

图 5-56

技术看板

在封面的时候，画线一定要捕捉端点，这样才能达到封面的效果。封面成功后，多余的线可以删除。

5.2.2 镜像工具的使用技巧

选择物体，单击工具箱中的“缩放”工具，找到缩放点进行蓝轴缩放。输入“-1”作为缩放参数，按下回车键，得到以剖面位置向下镜像的物体，如图 5-57 所示。

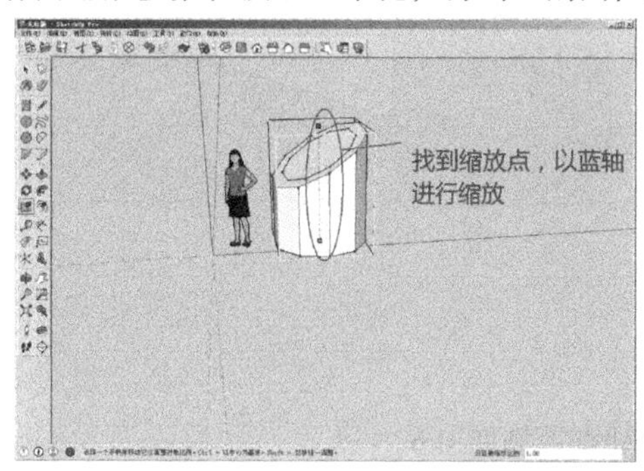

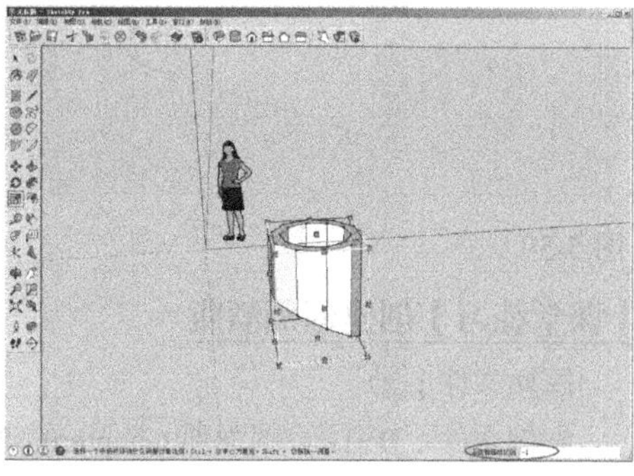

图 5-57

5.2.3 创建转折面的技巧

（1）移动直线可以创建转折面。使用“矩形”工具和“推/拉”工具作出一个立方体，单击“直线”工具连接立方体顶面中线，使用“移动”工具，沿蓝轴向上移动中线，得到转折面，如图 5-58 所示。

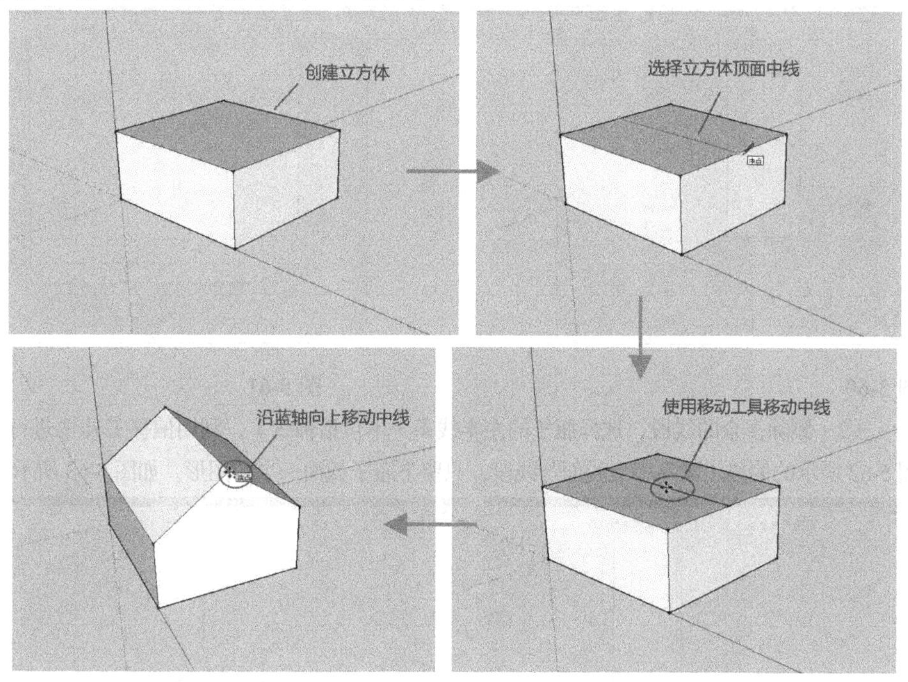

图 5-58

（2）移动面也可以创建转折面。如图 5-59 所示，单击“推/拉”工具，按住 Alt 键再向上推拉面，形成转折面。

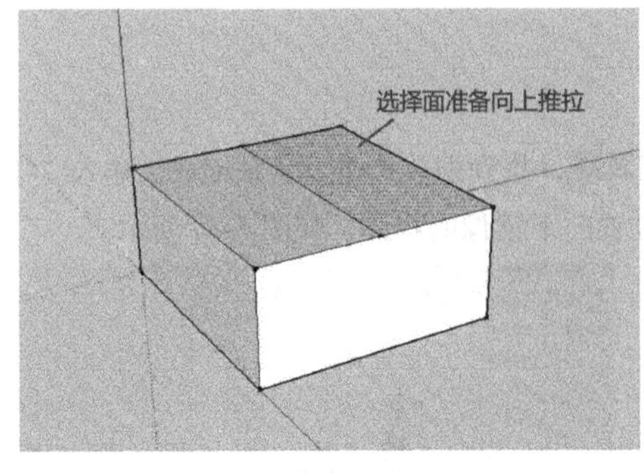

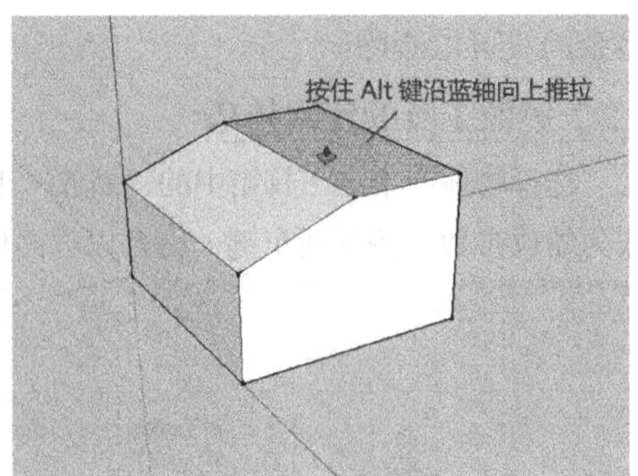

图 5-59

【课堂练习】创建葡萄酒瓶

原始文件：无

实例文件：DVD\实例文件\Chapter05\创建葡萄酒瓶.skp

视频文件：DVD\视频文件\Chapter05\创建葡萄酒瓶.avi

难易指数：★★★☆☆

（1）利用矩形工具在立面绘制出一面矩形，用来绘制葡萄酒瓶子的截面，然后选择直线工具绘制出大致的瓶子样子，如图 5-60 所示。选择圆弧工具将葡萄酒瓶子颈部与底部绘制圆滑，如图 5-61 所示。

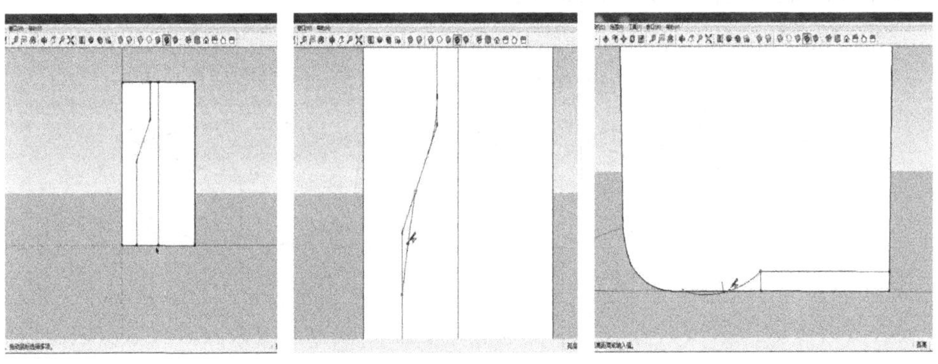

图 5-60　　图 5-61

（2）删除多余的线段，选择瓶子的左半线条（不包括轴线），利用偏移工具进行如图 5-62 所示的偏移。删除多余的面与线段，只留下瓶子截面一半的图形，如图 5-63 所示。

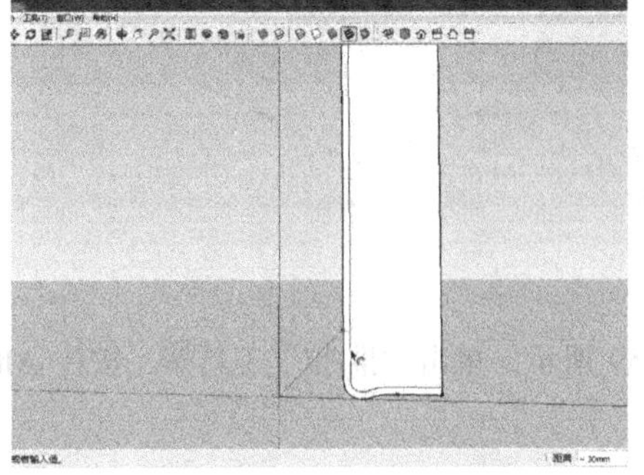

图 5-62　　图 5-63

（3）利用圆工具在瓶子轴线位置画出一个直径大于瓶子半径的圆，删除圆面，如图 5-64 所示。单击选中圆，然后选择路径跟随工具，再单击葡萄酒瓶子截面，如图 5-65 所示。

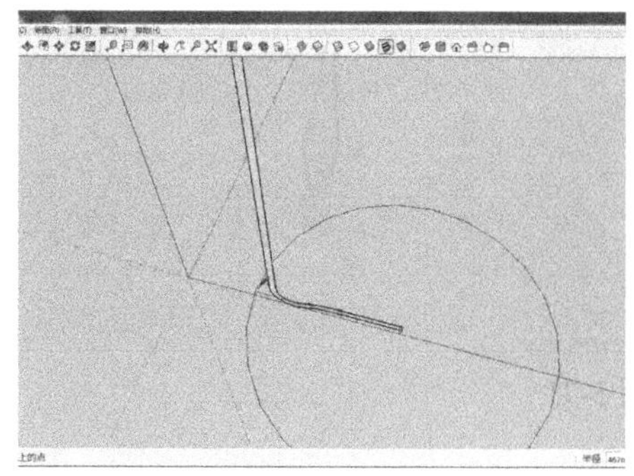

图 5-64

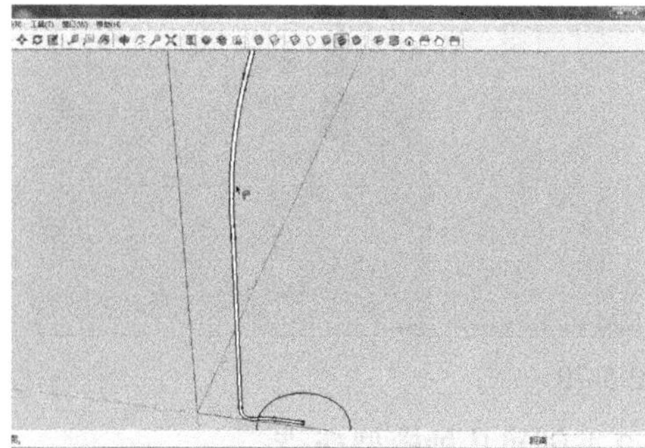

图 5-65

（4）框选整个瓶子，鼠标右击将其创建群组，葡萄酒瓶子就制作完成了，如图 5-66 所示。接下来准备为葡萄酒瓶子进行贴图，选择菜单栏工具(T)下的材质命令（快捷键 B），选择材质“半透明材质>灰色半透明玻璃”，如图 5-67 所示。

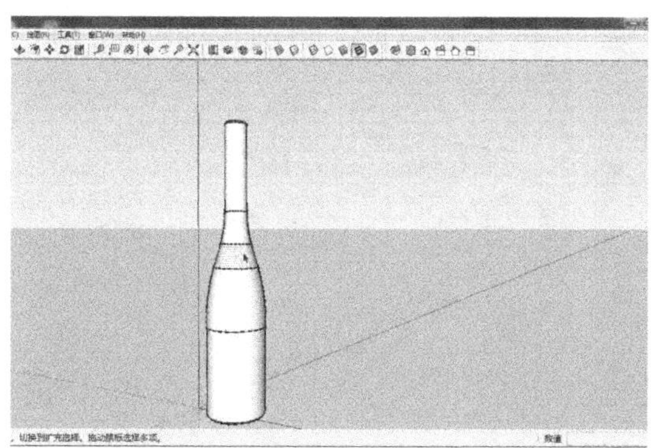

图 5-66

图 5-67

（5）将其赋予瓶子，如图 5-68 所示。选择剖切面工具，在与 x、y 平面垂直的方向建立剖切面，如图 5-69 所示。

图 5-68

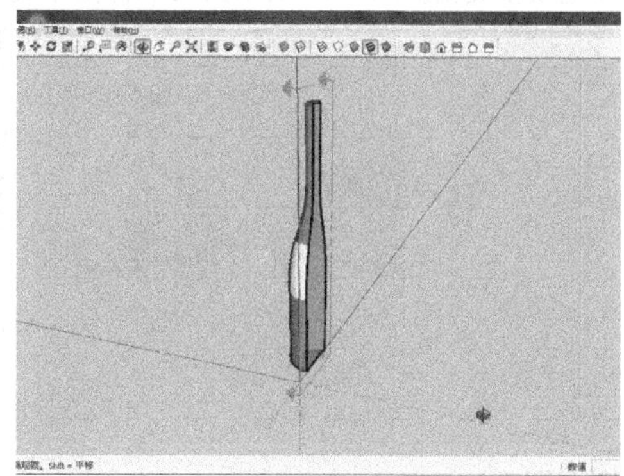

图 5-69

（6）通过移动工具与旋转命令，在不同的角度观察剖切面，如图 5-70、图 5-71

所示。

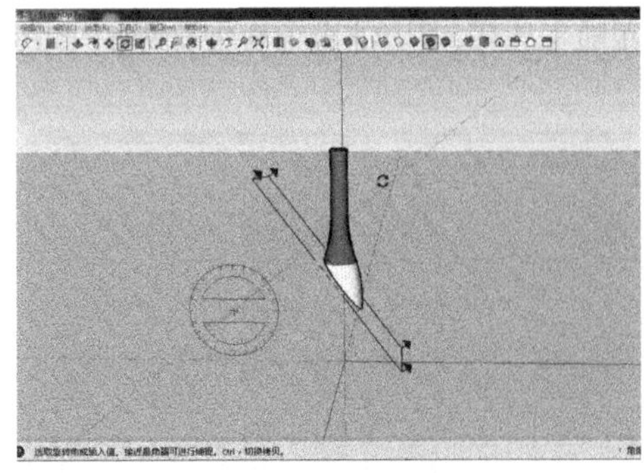

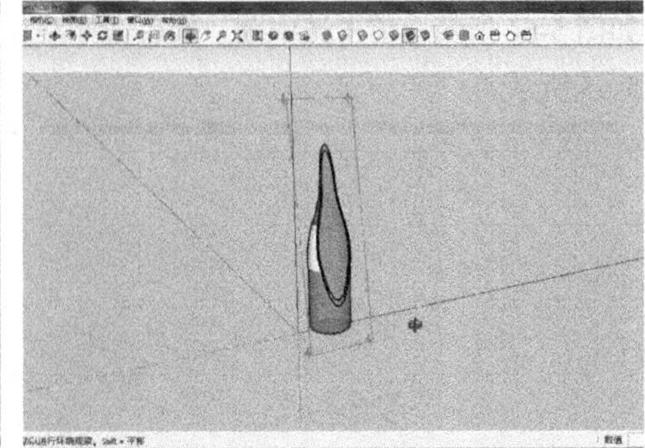

图 5-70　　　　图 5-71

5.2.4 创建几种模型交错

（1）打开配套光盘中的 DVD\实例文件\Chapter05\MXjiaocuo.skp 文件，如图 5-72 所示，场景中的 3 个物体都已经分别定义为群组。单击“选择”工具选择立方体，单击鼠标右键，在弹出的下拉菜单中执行“模型交错>整个模型交错”命令，可以看到场景物体发生了模型交错。

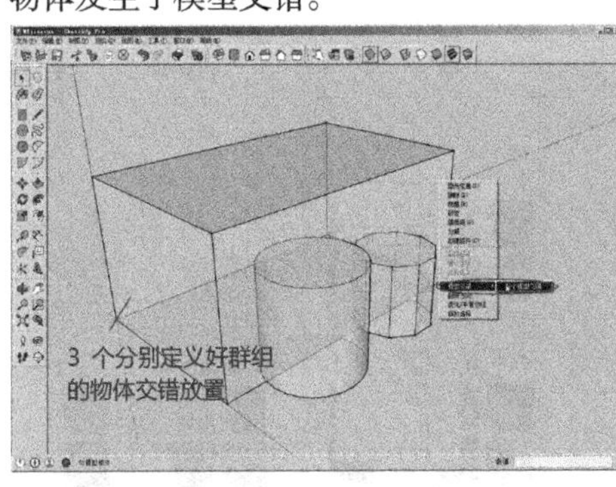

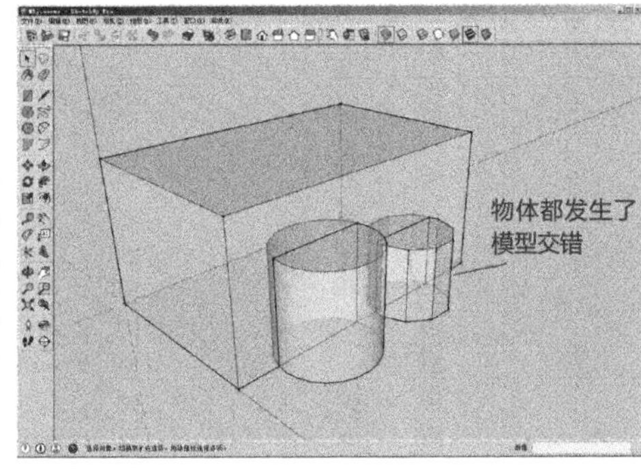

图 5-72

（2）单击“选择”工具选择立方体和多边形物体，然后单击鼠标右键，在弹出的下拉菜单中执行“模型交错>只对选择对象模型交错”命令，可以看到只有选择的物体才发生模型交错。图 5-73 所示为第二种模型交错。

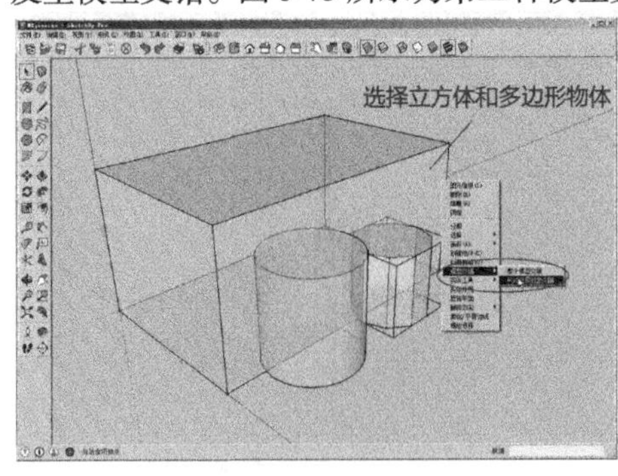

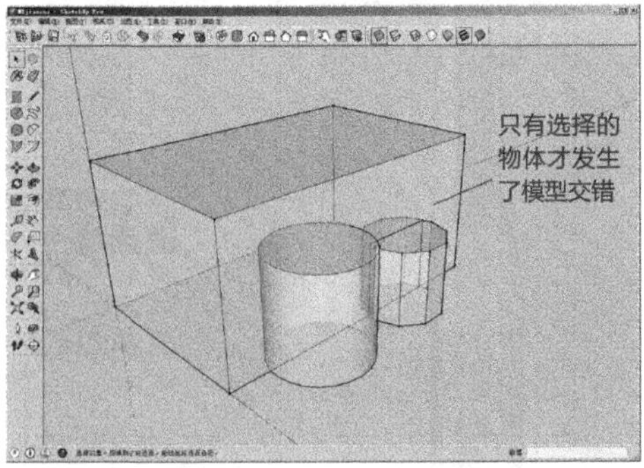

图 5-73

技术看板

由于交错前的3个物体都是群组物体，当使用完模型交错后，得到的只是模型之间的交线，交线并没有将物体上的面划分开来。如果需要交线将物体上的面划分开来，只要解开相应的群组即可。

5.2.5 SketchUp 中功能键的妙用

Ctrl、Alt、Shift 等均为功能键。本小节讲解 SketchUp 功能键的一些巧妙的应用。

1．选择工具

+Shift=套索（消除选中的，加入未选中的）
+Ctrl=加选
+ Shift + Ctrl =减选（从右向左=叉选，从左向右=框选）

2．材质工具

+ Shift=附材质到所有面
+Ctrl=附材质到关联面
+ Shift + Ctrl =附材质到整个物体
+Alt=材质采样

3．删除工具

+Shift=隐藏
+Ctrl=柔化/平滑
+ Shift + Ctrl =取消柔化

4．矩形工具

_VCB（数值输入栏）：数值，数值=长，宽

5．直线工具

+Shift=智能锁定
_VCB（数值输入栏）：数值=长度

6．圆形工具

_VCB（数值输入栏）：数字 s=圆和弧线的圆滑程度
_VCB（数值输入栏）：数值=半径

7．圆弧工具

_VCB（数值输入栏）：数值=凸出长度
_VCB（数值输入栏）：数字 s=弧线的圆滑程度
_VCB（数值输入栏）：数字 r=内接圆半径长

8．多边形工具

_VCB（数值输入栏）：数字 s=多边形的边数
_VCB（数值输入栏）：数值=半径

9．手绘线工具

+Shift=画细线

10．卷尺工具

+Ctrl=只测量，不添加辅助线

11．量角器工具

+Shift=只测量，不添加辅助线
_VCB（数值输入栏）：数值=添加相应角度的辅助线

12．移动工具

+Shift=智能锁定
+Ctrl=移动并复制
+Alt=自动折叠相关联的面——任意 3D 方向
_VCB（数值输入栏）：数值=移动距离

13．推/拉工具

双击鼠标=重复上一步操作
+Ctrl=新增面
_VCB（数值输入栏）：数值=推出距离

14．旋转工具

+Ctrl=旋转复制
_VCB（数值输入栏）：数值=旋转角度

15．路径跟随工具

+Alt=用面的边界作为放样路径

16．缩放工具

+Shift=等比例缩放

+Alt=中心缩放

_VCB（数值输入栏）：数值=调整缩放倍数

17．偏移工具

_VCB（数值输入栏）：数值=偏移距离

双击鼠标=重复上一步操作

【课堂练习】绘制铅笔笔筒

原始文件：无

实例文件：DVD\实例文件\Chapter05\绘制铅笔笔筒.skp

视频文件：DVD\视频文件\Chapter05\绘制铅笔笔筒.avi

难易指数：★★★☆☆

（1）选择多边形工具，在原点处绘制出一个半径为 50 mm 的六边形，如图 5-74 所示。选择推拉工具，将其拉伸 110 mm 高度形成六棱柱，如图 5-75 所示。

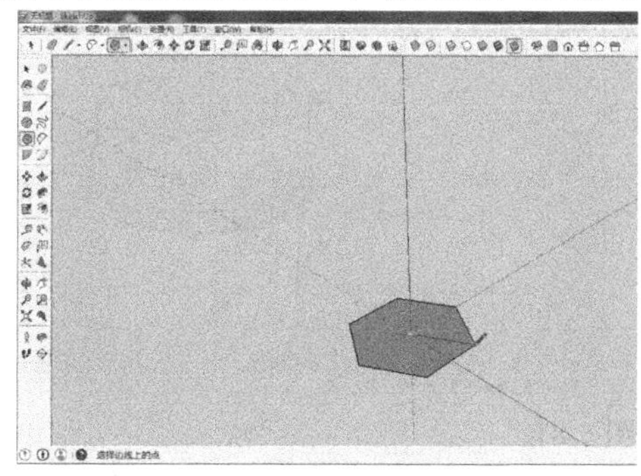

图 5-74

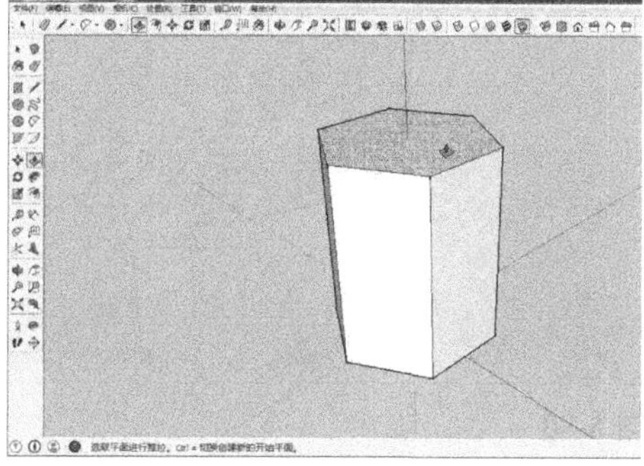

图 5-75

（2）框选六棱柱，鼠标右击选择将其创建群组，如图 5-76 所示。同时鼠标右击将其隐藏，利用圆工具在原点处绘制一个半径为 80 mm 的圆，选择直线工具将圆划分为三份，如图 5-77 所示。

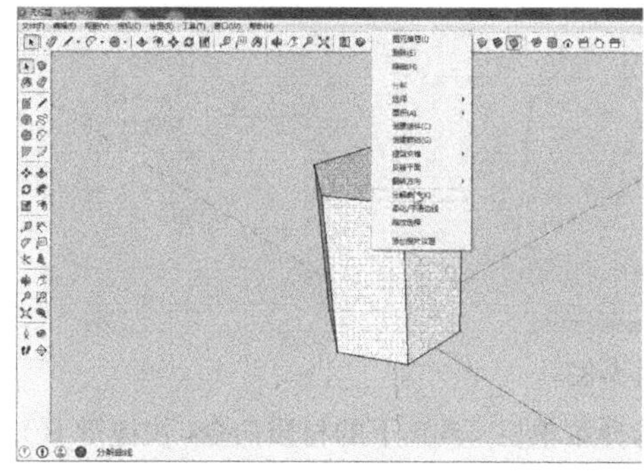

图 5-76

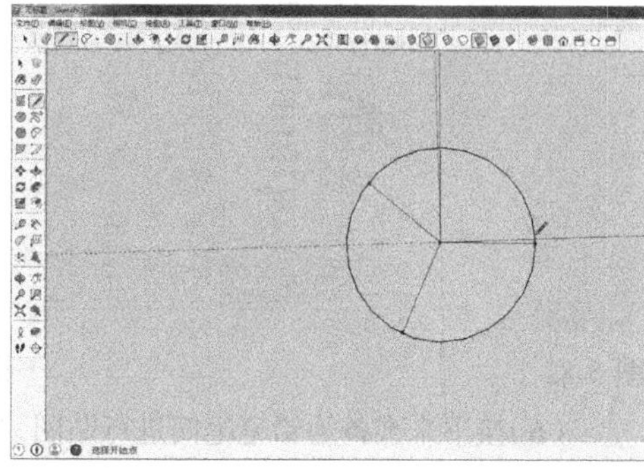

图 5-77

（3）选择移动工具，同时按住键盘上的向上箭头，单击圆心处向上强行折叠，然后框选圆锥将其创建群组，如图 5-78 所示。在菜单栏中选择“编辑”、“取消隐藏”、“全部”来显示六棱柱，然后通过移动工具将圆锥面向上移动到合适的位置，如图 5-79 所示。

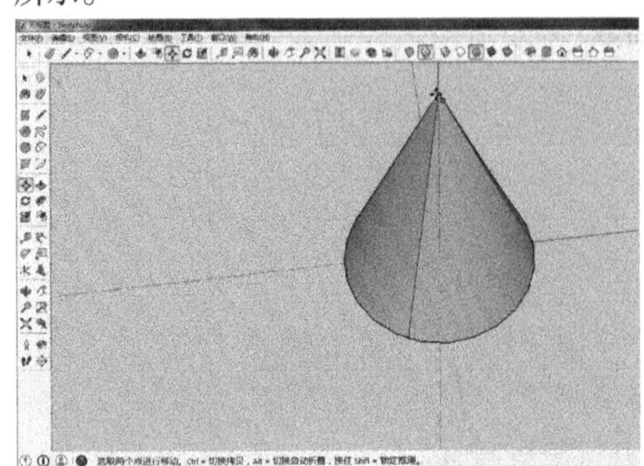

图 5-78

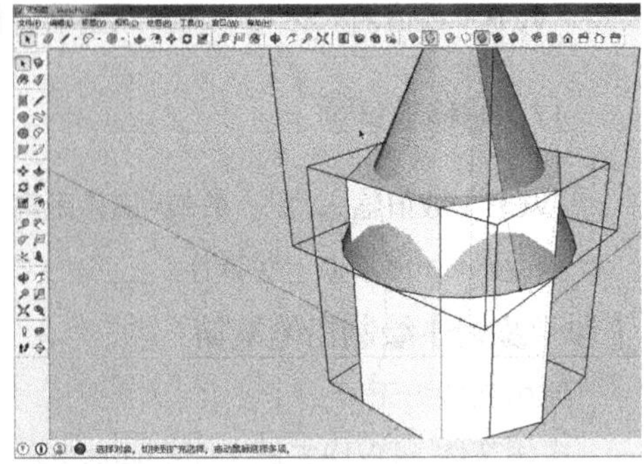

图 5-79

（4）框选两个物体，然后右击选择“模型交错 > 整个模型交错”，如图 5-80 所示。然后鼠标右击选择“分解”，删除多余的面与线段，如图 5-81 所示。

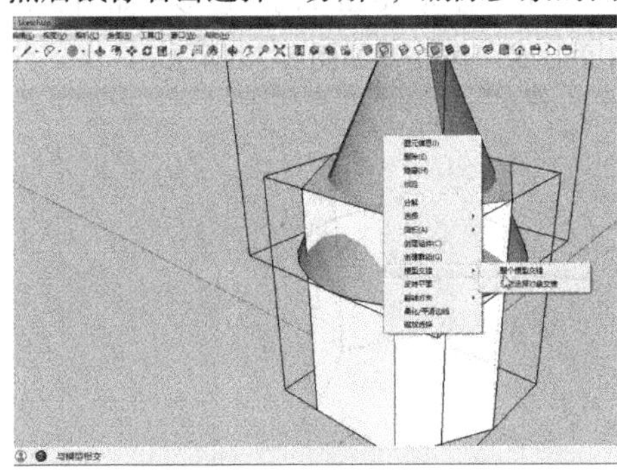

图 5-80

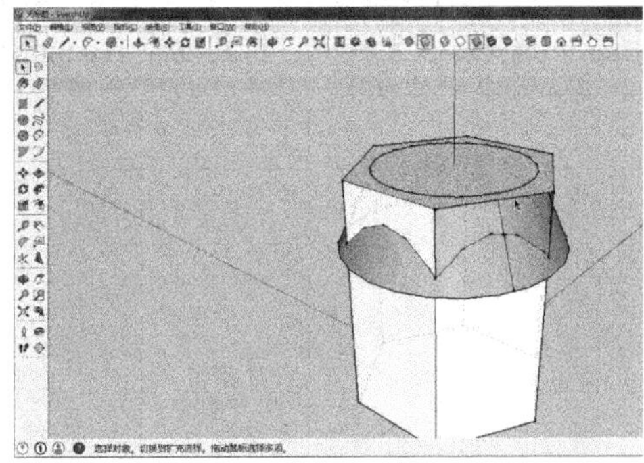

图 5-81

（5）框选整个笔筒将其创建群组，如图 5-82 所示。用同样的方法在旁边绘制出一支铅笔，并将其创建群组，如图 5-83 所示。

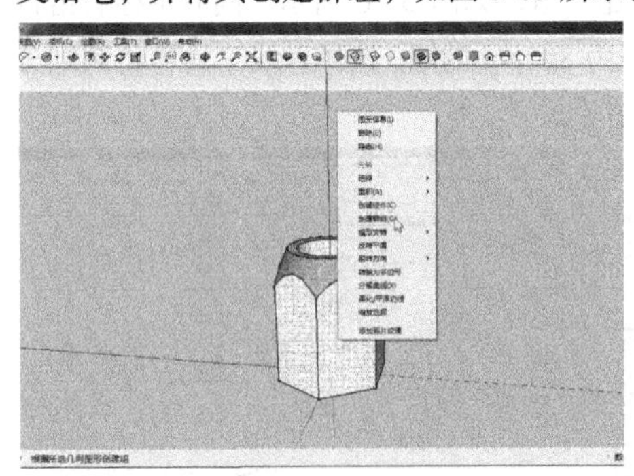

图 5-82

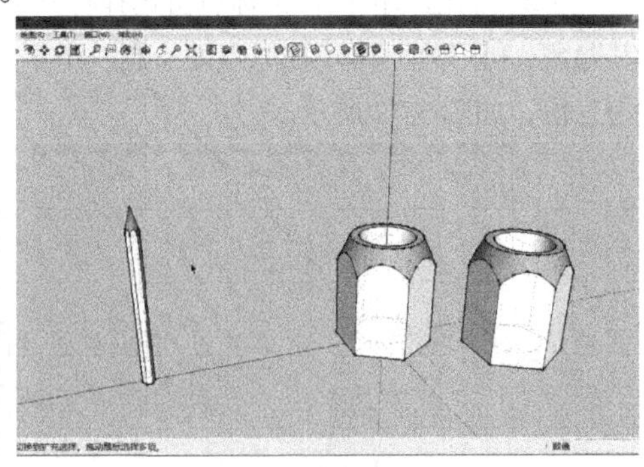

图 5-83

（6）接下来准备为铅笔笔筒进行贴图，选择菜单栏 工具(T) 下的材质命令（快捷键 B），如图 5-84 所示。双击群组对其进行编辑，按住 Ctrl 键加选侧面与底面，给予相同的颜色材料，如图 5-85 所示。

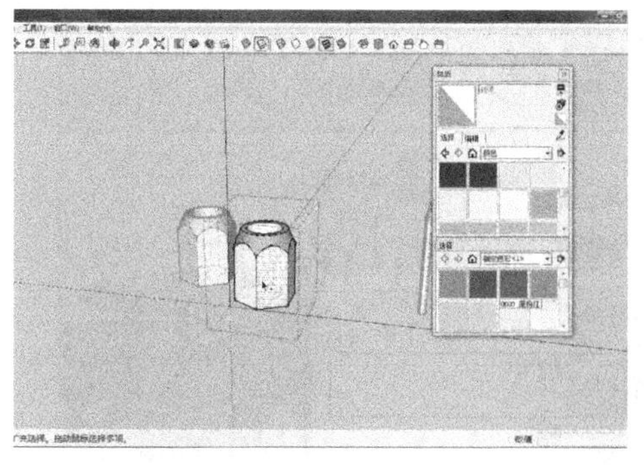

图 5-84

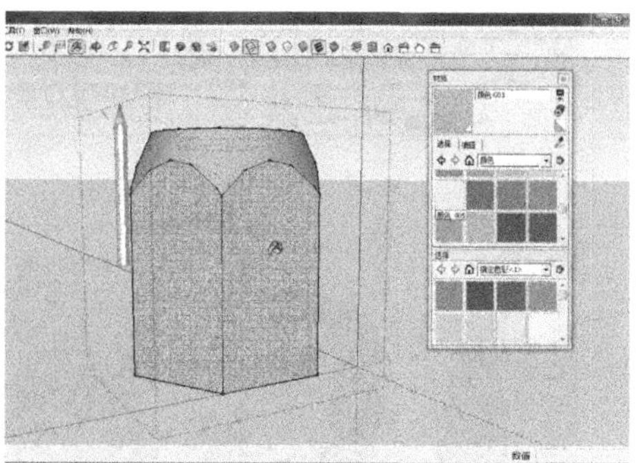

图 5-85

（7）给予笔筒内壁、口径木纹材料后，效果如图 5-86 所示。用同样的方法将材质给予铅笔，通过移动工具与旋转命令将铅笔放置在笔筒中就完成了，如图 5-87 所示。

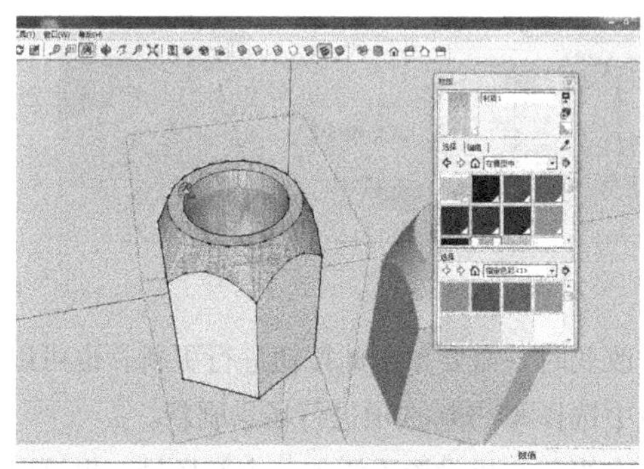

图 5-86

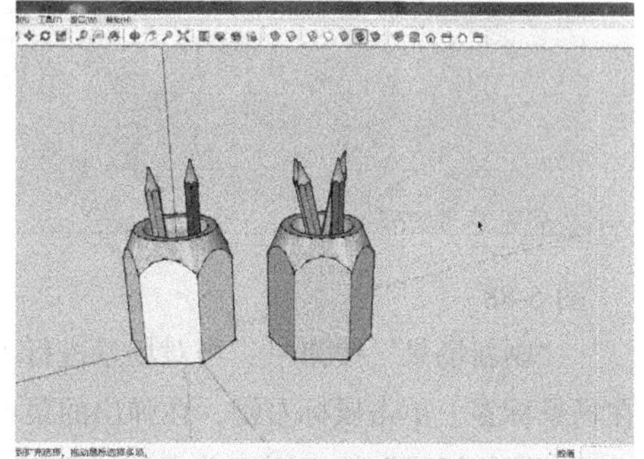

图 5-87

5.3 页面与动画设置技巧

本章将系统介绍页面的设置、图像的导出以及动画的制作等。通过页面的设置可以批量导出图片或者制作展示动画，并结合“阴影”或“剖切面” 制作出生动有趣的光影动画和生长动画。

5.3.1 页面管理器

SketchUp 中页面可以存储显示设置、图层设置、阴影和视图等，通过绘制窗口上方的页面标签可以快速切换页面显示。页面的功能主要是保存视图和创建动画。

执行“窗口>场景”命令即可打开“场景”管理器，通过场景管理器可以添加和删除场景，也可以对场景属性进行修改，如图 5-88 所示。

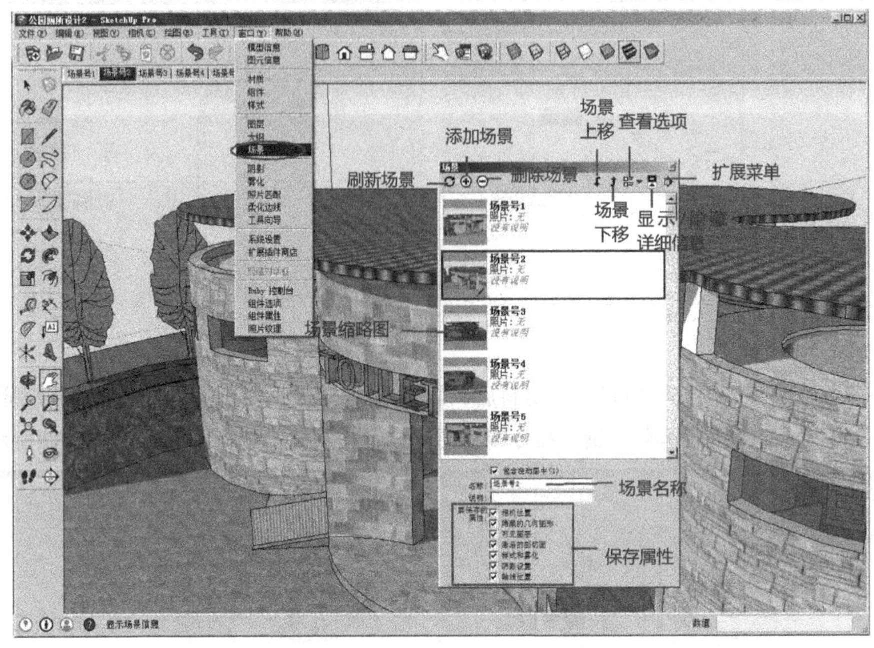

图 5-88

“刷新场景”按钮：当对场景进行了改变时，需要单击此按钮进行更新。也可以在场景标签上单击鼠标右键，在弹出的菜单中选择 更新场景 选项进行场景刷新。

“添加场景”按钮：单击该按钮将会在当前相机设置下添加一个新场景。也可以在场景标签上单击鼠标右键，在弹出的菜单中选择 添加场景 选项进行场景添加。

“删除场景”按钮：单击该按钮将会删除当前选择的场景。也可以在场景标签上单击鼠标右键，在弹出的菜单中选择 删除场景 选项删除场景。

“场景下移”按钮/“场景上移”按钮：这两个按钮用于移动场景的前后位置。

“查看选项”按钮：单击此按钮可以改变场景缩略图的显示方式，如图 5-89 所示。在缩略图右下角有一个铅笔的页面，表示为当前场景。在场景数量多、难以快速准确地找到所需页面的情况下，该功能非常重要。

“显示/隐藏详细信息”按钮：单击该按钮即可显示或隐藏场景属性，如图 5-90 所示。

图 5-89

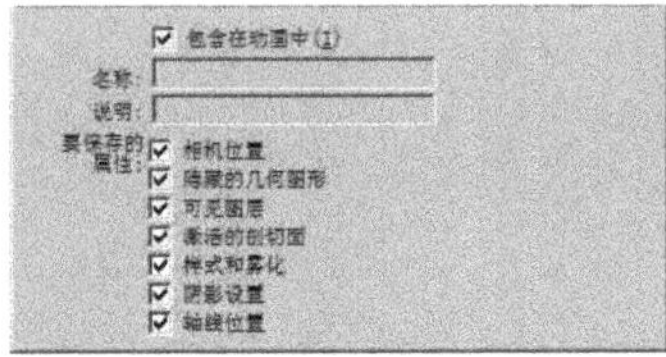

图 5-90

包含在动画中：激活场景以后，选中该选项，场景则会连续显示在动画中。若没有勾选该选项，则播放动画时会自动跳过该场景。

名称：改变场景的名称，也可以使用默认的名称。

说明：可以为场景添加简单的描述。

要保存的属性：该区域包含了很多属性选项，勾选会记录相关属性的变化，不勾选则不记录。在不勾选的情况下，当前场景的属性会延续上一场景的特性。

【课堂练习】添加多个场景

原始文件：DVD\实例文件\Chapter05\公园厕所.skp

实例文件：DVD\实例文件\Chapter05\添加多个场景.skp

视频文件：DVD\视频文件\Chapter05\添加多个场景.avi

难易指数：★★☆☆☆

（1）打开配套光盘 DVD\实例文件\Chapter05\公园厕所.skp 文件，执行“窗口>场景”命令，在打开的“场景”管理器中单击“添加场景”按钮⊕，添加场景 1，如图 5-91 所示。

（2）调整视图，重点展示场景左侧效果，再次单击“添加场景”按钮⊕，完成“场景 2”的添加，如图 5-92 所示。

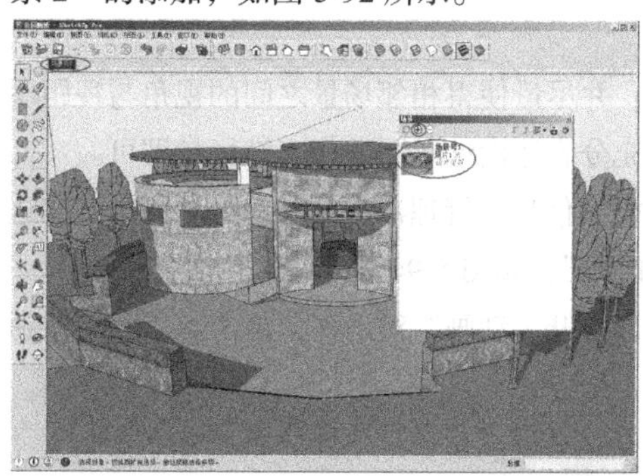

图 5-91

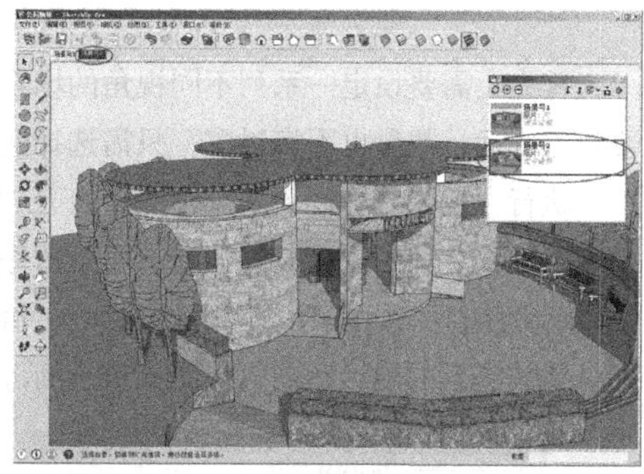

图 5-92

（3）采用同样的方法完成其他场景的添加，如图 5-93 所示。

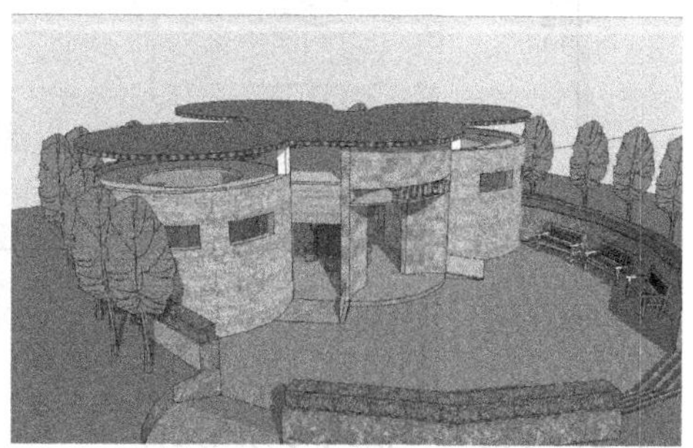

图 5-93

图 5-93（续）

5.3.2 动画

SketchUp的动画主要通过场景来实现，在不同的页面场景之间可以平滑地过渡雾化、阴影、背景和天空等效果。SketchUp 动画制作过程简单，成本低，多用于概念性的成果展示。

1．场景演示动画

首先，需要设定一系列不同视角的场景，并尽量使得相邻场景之间的视角与视距不要相差太远，数量也不宜过多，只需选择能充分表达设计意图的代表性场景即可。

执行“视图>动画>设置”命令，打开“模型信息”管理器中的“动画”面板，在这里可以设置“场景过渡时间”和“场景暂停时间”，如图 5-94 所示。

继续执行“视图>动画>播放”命令，可以打开“动画”对话框，单击 ▶ 播放 按钮即可播放场景的展示动画，如图 5-95 所示。

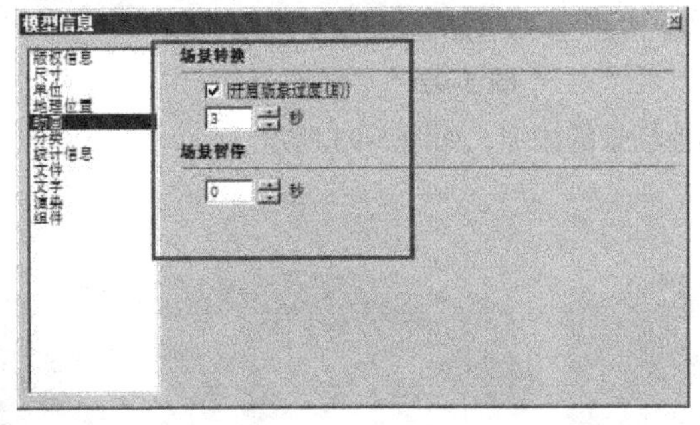

图 5-94

图 5-95

2．导出 AVI 格式的动画文件

对于简单的模型，使用场景演示动画还能保持平滑动态显示。但在处理复杂模型的时候，就需要导出动画文件，这样能保持画面的流畅。这是因为使用场景演示动画时，每秒显示的帧数取决于计算机的即时运算能力，而导出视频文件的话，SketchUp 会使额外的时间来渲染更多的帧，以保证画面的流畅播放，但是导出视频文件需要更多的时间。

执行“文件>导出>动画>视频”命令，然后选择正确的导出格式，并对导出选项进行设置，即可导出动画文件，如图 5-96 所示。

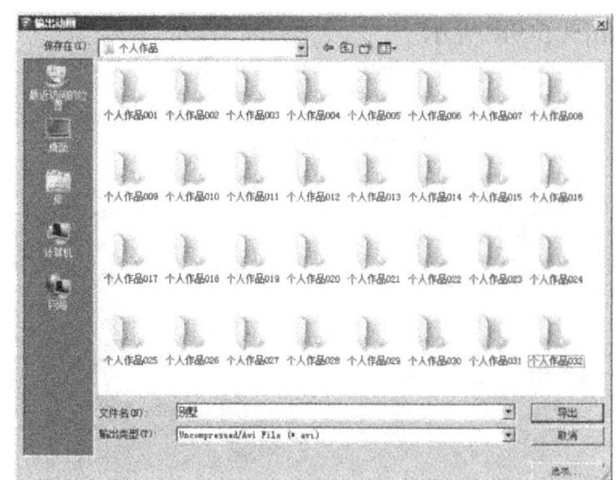

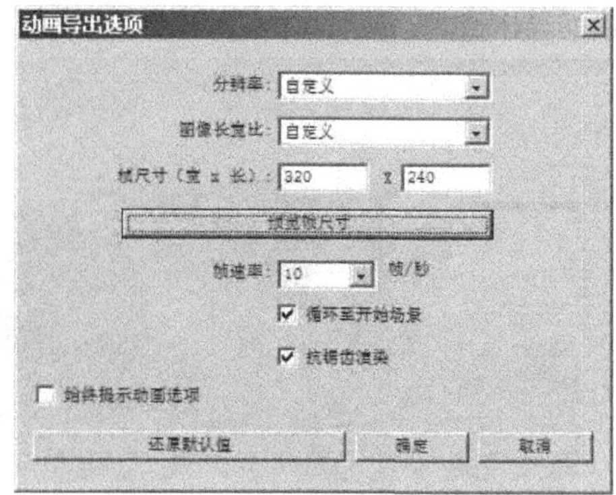

图 5-96

分辨率：设置动画的分辨率，有 1080P 全高清、720P 高清、480P 标清和自定义这四个选项。

图像长宽比：设置动画的长宽比例，有 16：9 宽屏、4：3 标准和自定义这三个选项。

帧尺寸（宽 × 长）：该项的数值用于控制每帧画面的尺寸，以像素为单位。一般情况下，帧画面尺寸设为 400 像素 × 300 像素或者 320 像素 × 240 像素即可。如果是 640 像素 × 480 像素的视频文件，就可以全屏播放。对视频而言，大脑在一定时间内对于信息量的处理能力是有限的，其运动连贯性比静态图像的细节更重要。所以，可以从模型中分别提取高分辨率的图片和较小帧画面尺寸的视频，这样既可以显示细节，又可以动态展示空间关系。

预览帧尺寸：可以预览设置的帧尺寸，单击后会弹出预览帧对话框。

帧速率：帧速率是指每秒产生的帧画面数。帧速率与渲染时间以及视频文件大小呈正比，帧数值越大，渲染所花费的时间以及输出后的视频文件就越大。

循环至开始场景：勾选该选项后可以从最后一个场景倒退到第一个场景，创建无限循环的动画。

抗锯齿渲染：勾选该选项后，SketchUp 会对导出的图像做平滑处理。需要的导出时间更多，但是可以减少图像中的线条锯齿。

始终提示动画选项：在创建视频文件之前总是先显示整个选项对话框。

【课堂练习】导出动画

原始文件：DVD\实例文件\Chapter05\添加多个场景.skp

实例文件：DVD\实例文件\Chapter05\导出动画.skp

视频文件：DVD\视频文件\Chapter05\导出动画.avi

难易指数：★★☆☆☆

在上一节“添加多个场景”的课堂练习中，已经设置了多个场景，现在将场景导出为动画。

（1）打开配套光盘 DVD\实例文件\Chapter05\添加多个场景.skp 文件，执行“文件>

导出>动画>视频”命令，如图 5-97 所示。

（2）在弹出的“输出动画”对话框中设置文件保存的位置和文件名称，然后选择正确的导出格式，最后单击 选项... 按钮，如图 5-98 所示。

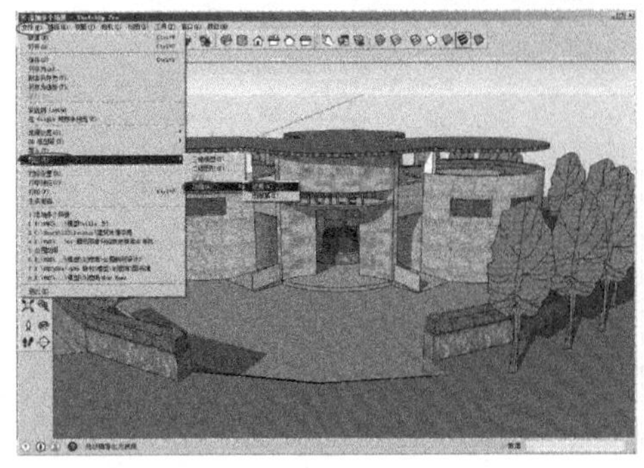

图 5-97

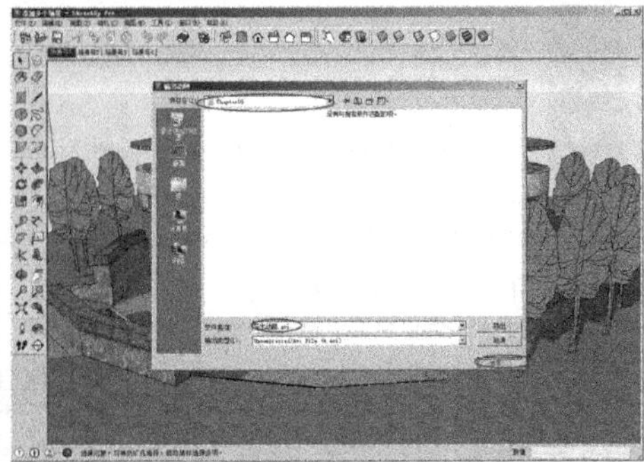

图 5-98

（3）在弹出的“动画导出选项”对话框中，设置帧尺寸为 320 × 240，帧速率为 10，勾选“循环至开始场景”和“抗锯齿渲染”，最后单击“确定”按钮，如图 5-99 所示。

（4）导出动画进度如图 5-100 所示。

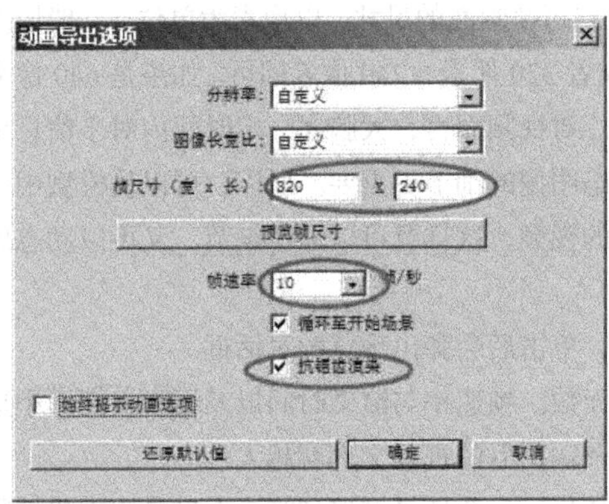

图 5-99

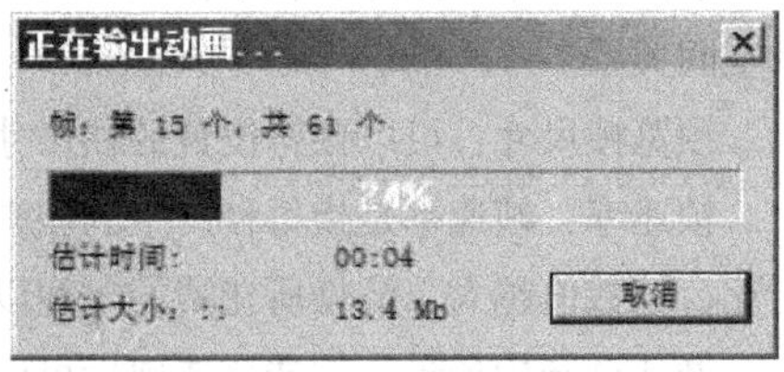

图 5-100

课后习题

1. 如何创建群组和组件，方法是否相同？
2. 群组和组件各有什么优势？
3. 群组和组件之间有什么联系？
4. 镜像工具有哪些用法与技巧？
5. 如何制作动画？

第 6 章

文件的导入与导出

本章介绍

SketchUp 可以与 AutoCAD、3ds Max 等相关图形处理软件共享数据成果，以弥补 SketchUp 在精确建模方面的不足。此外，SketchUp 在建模完成之后还可以导出准确的平面图、立面图和剖面图，为下一步施工图的制作提供基础条件。本章来详细讲解 SketchUp 中文件的导入与导出。

学习目标

- AutoCAD 文件的导入与导出
- 二维图像的导入与导出
- 三维模型的导入与导出

技能目标

- 导出 DWG/DXF 格式的二维矢量图文件
- 导出 DWG/DXF 格式的三维模型文件
- 导入与导出图像
- 导入与导出 3DS 格式的文件
- 导出 VRML 格式的文件

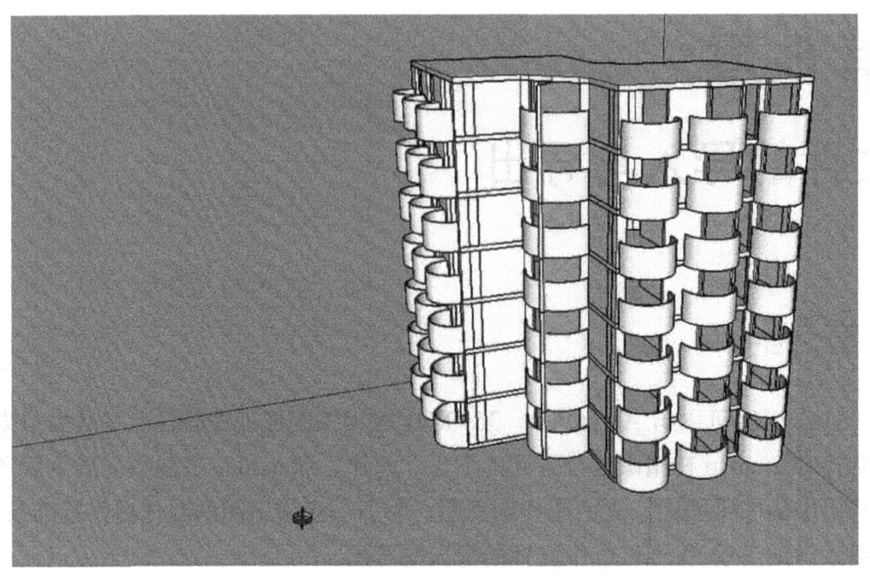

6.1 AutoCAD 文件的导入与导出

AutoCAD 用于二维绘图、详细绘制、设计文档和基本三维设计，具有良好的用户界面，通过交互菜单或命令行方式便可以进行各种操作，具有通用性、易用性，适用于各类用户。

6.1.1 导入 DWG/DXF 格式的文件

SketchUp 支持方案设计的全过程，粗略抽象的概念设计是重要的，但是精确的图纸也同样重要。因此，SketchUp 一开始就支持导入和导出 AutoCAD 和 DWG/DXF 格式的文件。

（1）执行“文件>导入”命令，在弹出的“打开”对话框中设置文件类型，如图 6-1 所示。

（2）单击需要导入的文件，单击按钮，在弹出的“导入 AutoCAD DWG/DXF 选项”对话框中，根据导入文件的熟悉感选择导入单位，一般选择“毫米”或“米”，单击“确定”按钮，如图 6-2 所示。

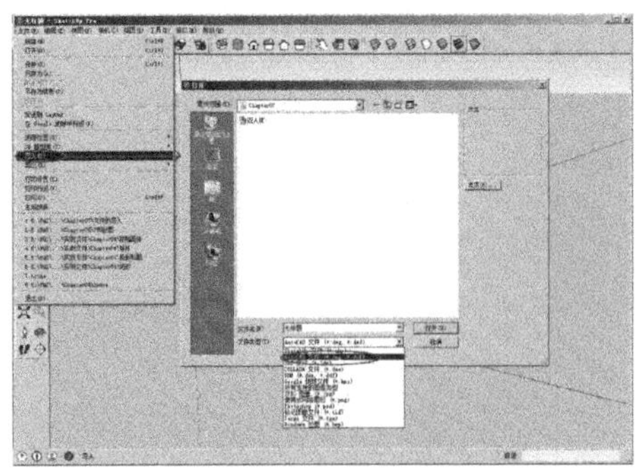

图 6-1

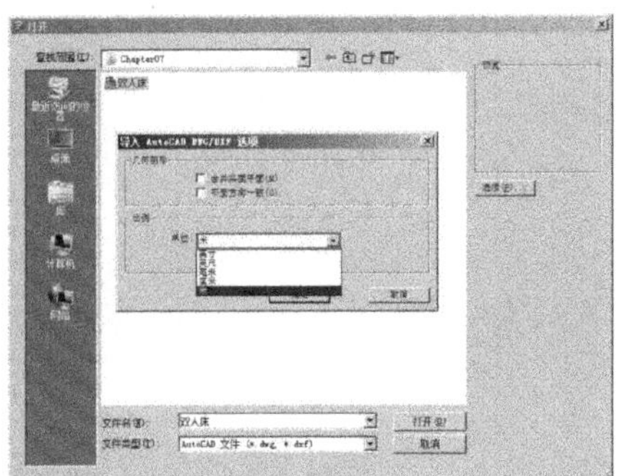

图 6-2

（3）完成设置后，单击 打开(O) 按钮开始导入文件，大的文件可能需要几分钟，因为 SketchUp 的几何体与 CAD 软件中的几何体有很大的区别，转换需要大量的运算。导入完成后，SketchUp 会显示一个导入实体的报告，如图 6-3 所示。

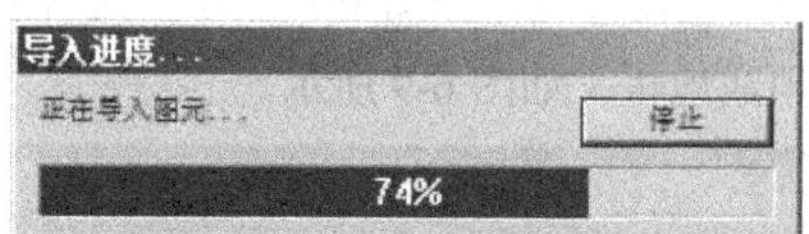

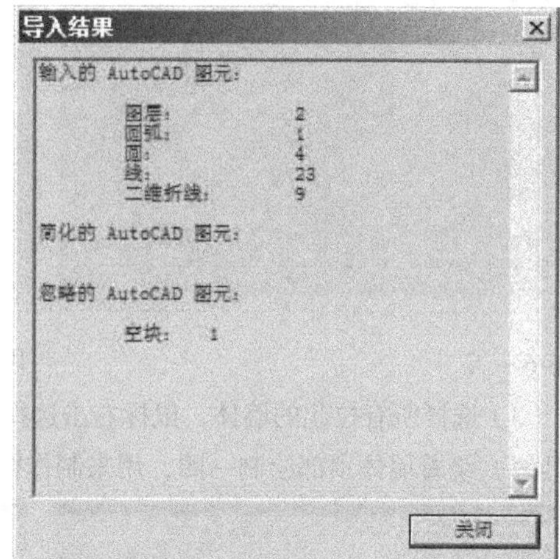

图 6-3

技术看板

如果导入之前，SketchUp 已经有了别的实体，那么导入的所有几何体会合并为一个组。但是如果导入空白文件中，就不会创建组。

【课堂练习】导入户型平面图，快速拉伸多面墙体

原始文件：无

实例文件：DVD\实例文件\Chapter07\导入户型平面图，快速拉伸多面墙体.skp

视频文件：DVD\视频文件\Chapter07\导入户型平面图，快速拉伸多面墙体.avi

难易指数：★★★☆☆

（1）首先将 CAD 户型平面图进行删减，去掉不必要的线条，如图 6-4 所示。然后打开 SketchUp 2014 程序，选择菜单栏上的 文件(F) 中的“导入”，如图 6-5 所示。

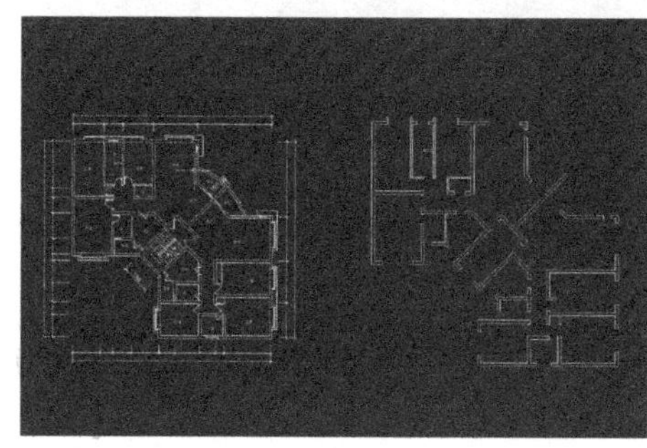

图 6-4

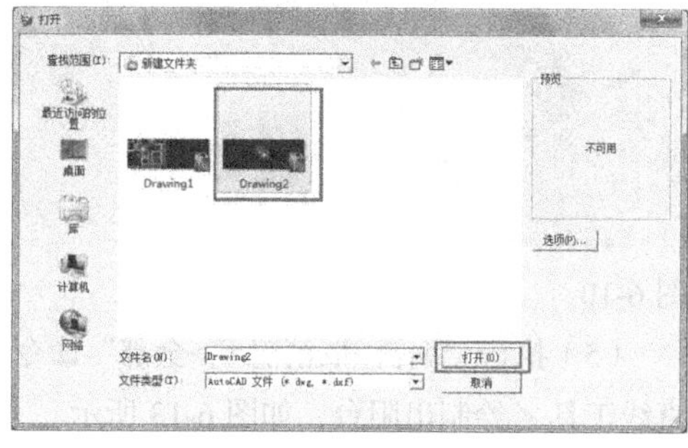

图 6-5

（2）选择直线工具进行描线（描一条线，墙面会自动闭合），如图 6-6 所示。接

着使用推拉工具将墙面拉伸出一定的高度，如图 6-7 所示。

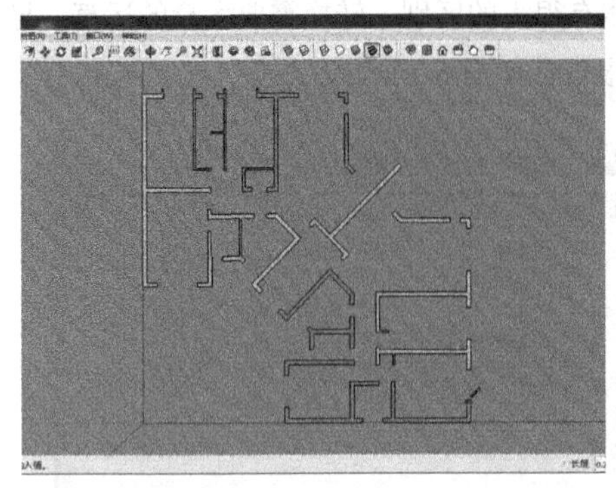

图 6-6

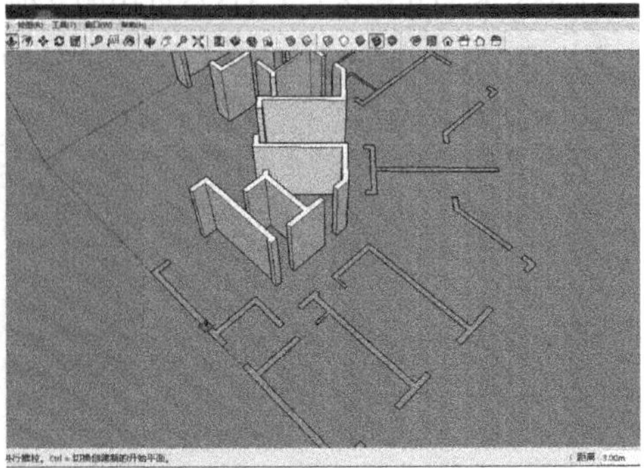

图 6-7

（3）选择所有拉起的墙体，鼠标右击选择将其创建群组，如图 6-8 所示。选择直线工具，绕着墙体顶部绘制一圈，用来制作楼顶或地板，如图 6-9 所示。

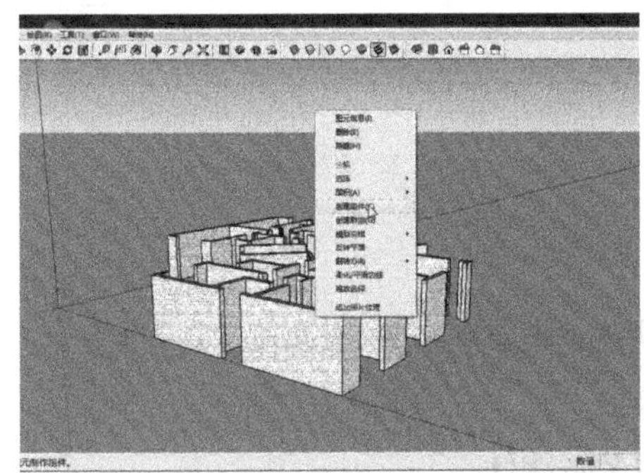

图 6-8

图 6-9

（4）单击选择命令，选择墙面，鼠标右击选择“隐藏”，如图 6-10 所示。接着使用推拉工具将顶面拉伸出一定的高度，如图 6-11 所示。

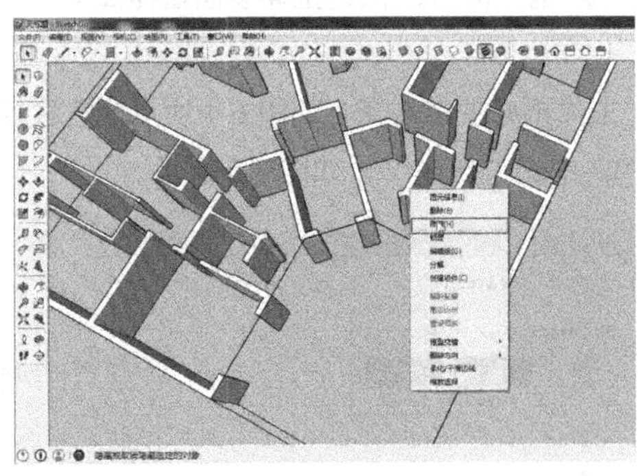

图 6-10

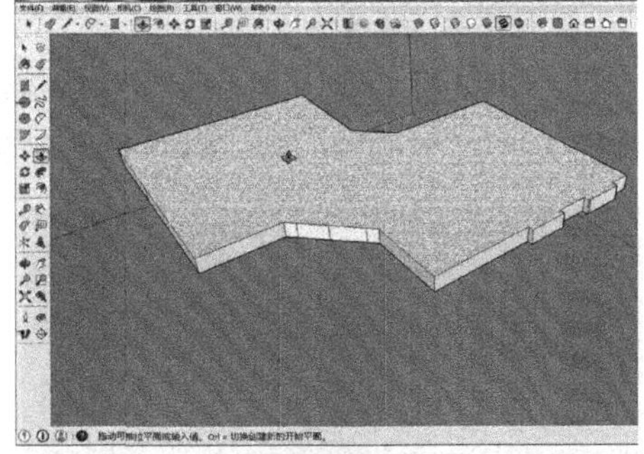

图 6-11

（5）执行“编辑>取消隐藏>全部”命令，如图 6-12 所示。接着利用圆弧工具与直线工具绘制出阳台，如图 6-13 所示。

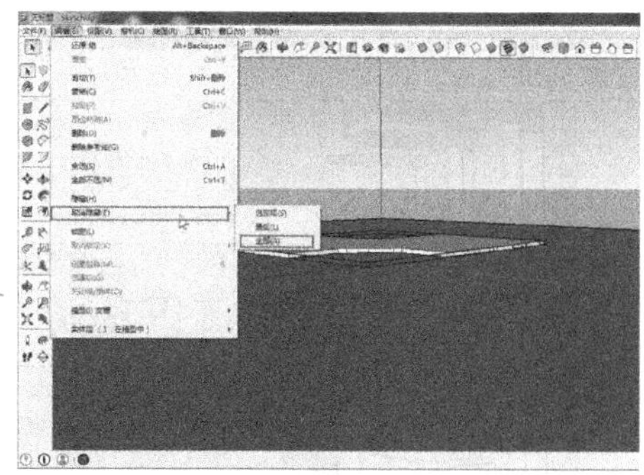

图 6-12

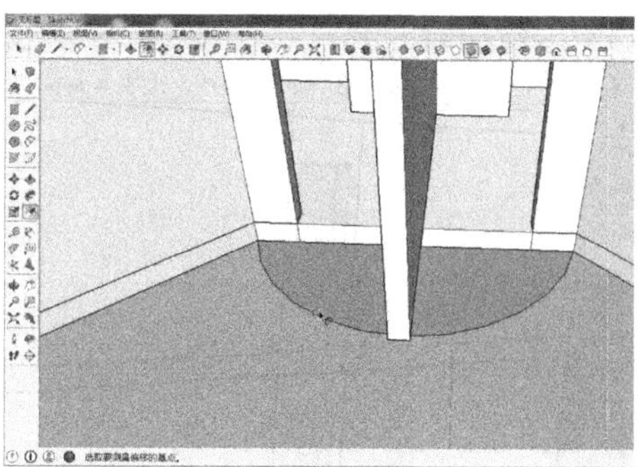

图 6-13

（6）接着使用偏移工具将圆弧进行偏移，如图 6-14 所示。然后使用推拉工具将其拉出合适的高度，如图 6-15 所示。

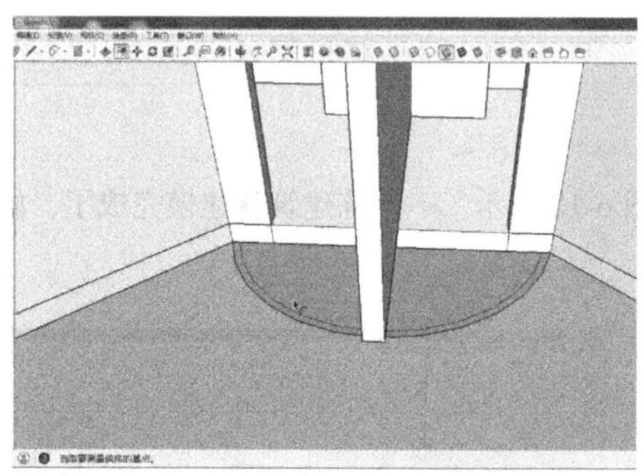

图 6-14

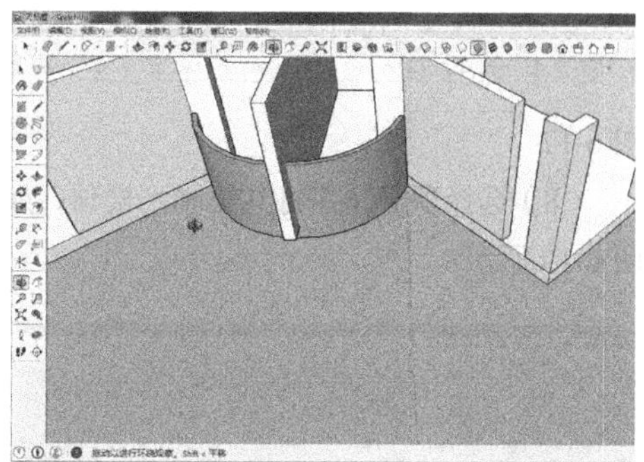

图 6-15

（7）使用同样的方法绘制剩下的几个阳台，框选整层建筑，选择移动工具，按住 Ctrl 键选择底面的一个点作为基点，如图 6-16 所示。沿着 *z* 轴向上复制，复制完后输入 5x，如图 6-17 所示。

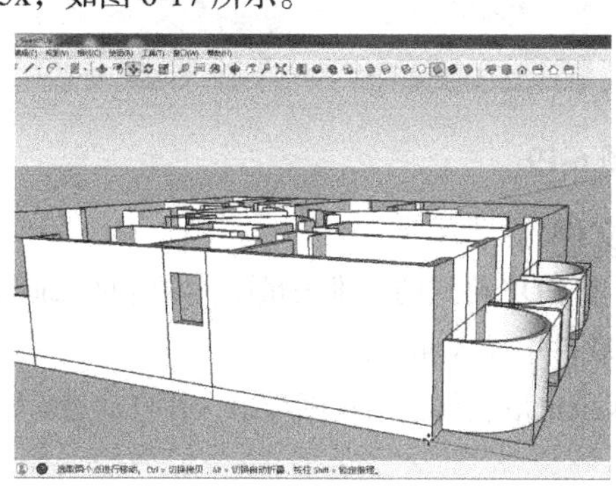

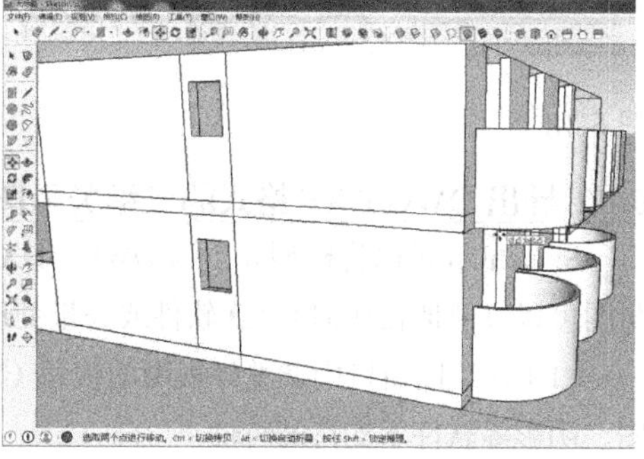

图 6-16

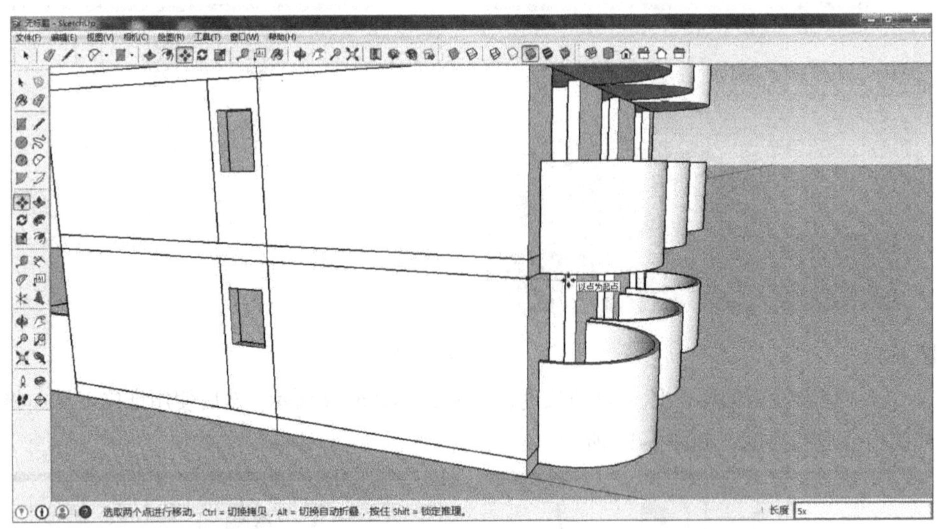

图 6-17

（8）选择顶面，并将其复制到楼顶，如图 6-18 所示。一整栋建筑就建模完成了，如图 6-19 所示。

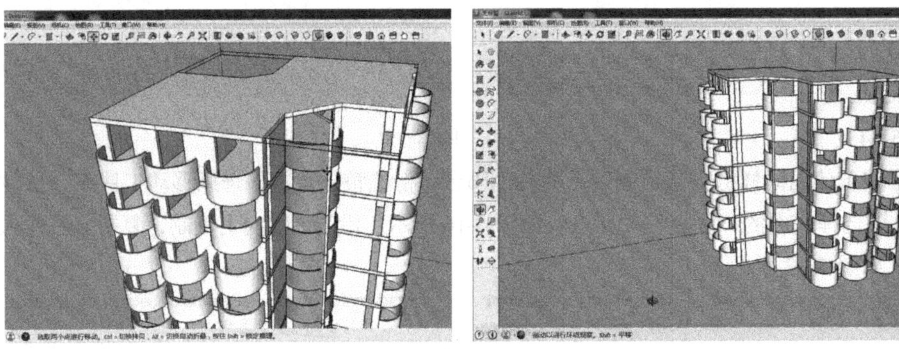

图 6-18　　图 6-19

6.1.2 导出 DWG/DXF 格式的二维矢量图文件

SketchUp 可以将模型导出为 DWG、DXF 和 PDF 格式的二维矢量图。导出的二维矢量图可以方便地在任何 CAD 软件或矢量处理软件中导入和编辑。

（1）在绘图窗口中调整好视图的视角（SketchUp 会将当前视图导出，并自动忽略贴图、阴影等软件不支持的特性）。

（2）执行“文件>导出>二维图形”命令，在弹出的“导出二维图形”对话框中设置文件类型和文件名，如图 6-20 所示。

（3）单击“导出二维图形”对话框中的 选项... 按钮，在弹出的“DWG/DXF 消隐选项”对话框中设置参数，如图 6-21 所示。

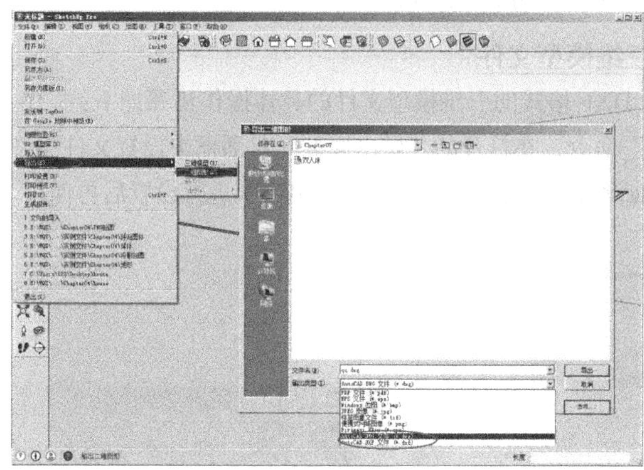

图 6-20

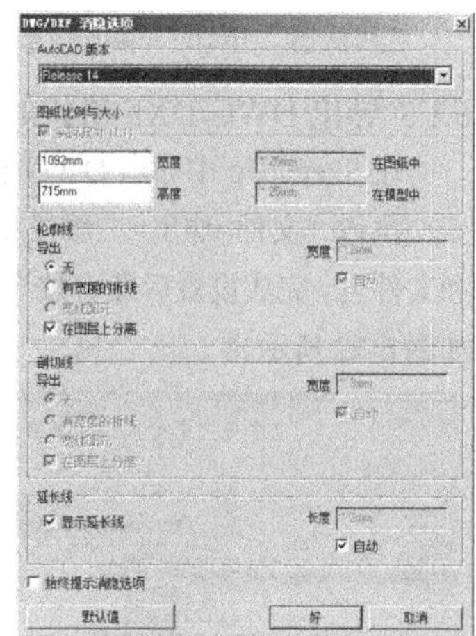

图 6-21

“DWG/DXF 消隐选项”对话框参数详解：

AutoCAD 版本：该选项提供可供选择导出的 AutoCAD 版本。

① “图纸比例与大小”选项组

实际尺寸：勾选该选项将按照真实尺寸 1∶1 导出。

宽度/高度：定义导出图形的宽度和高度。

在图纸中/在模型中：“在图纸中”和“在模型中”的比例就是导出时的缩放比例。

② “轮廓线”选项组

无：设置导出为“无”的话，导出时就会忽略屏幕显示效果而导出正常的线条；不设置该选项的话，则 SketchUp 中显示的轮廓线会导出为较粗的线。

有宽度的折线：选择该选项，则导出的轮廓线为多段线实体。

宽线图片：选择该选项，则导出的剖面线为粗线实体。该项只有导出 AutoCAD 2000 以上版本的 DWG 文件才有效。

在图层上分离：选择该选项，将导出专门的轮廓线图层，便于在其他程序中设置和修改。

③ “剖切线”选项组

该选项组中的设置与“轮廓线”选项组相类似，不再赘述。

④ “延长线”选项组

显示延长线：勾选该选项后，将导出 SketchUp 中显示的延长线。没有勾选，将导出正常的线条。值得注意的是，延长线在 SketchUp 中对捕捉参考系系统没有影响，但在别的 CAD 程序中就可能出现问题。如果想要编辑导出的矢量图，最好禁止该选项。

长度：用于指定延长线的长度。该选项只有在激活“显示延长线”并取消“自动”选项后才能被激活。

自动：勾选该选项将分析用户指定的导出尺寸，并匹配延长线的长度，让延长线和屏幕上显示的相似。

始终提示消隐选项：勾选该选项后，每次导出 DWG 和 DXF 格式的二维矢量图文件时都会自动打开“DWG/DXF 消隐选项”对话框；如果没有勾选该选项，将用上次的导出设置。

“默认值”按钮：单击该按钮可以恢复系统默认值。

6.1.3 导出DWG/DXF格式的三维模型文件

在SketchUp中导出DWG和DXF格式的三维模型文件的具体操作步骤如下：

执行“文件>导出>三维模型”命令，在打开的“导出模型”对话框中设置文件类型和文件名。完成设置后即可按当前设置进行保存，也可以对导出选项进行设置后再保存，如图6-22所示。

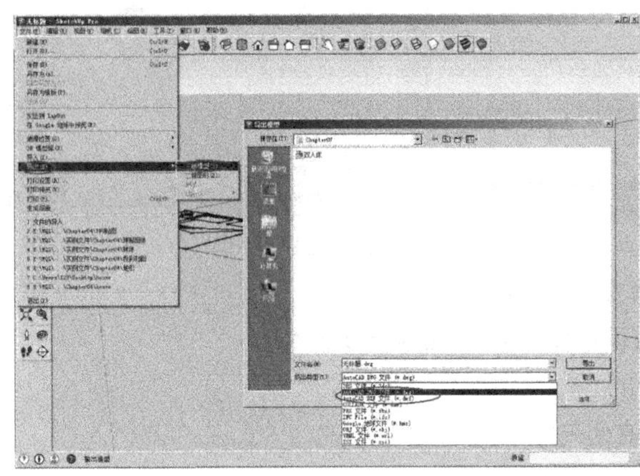

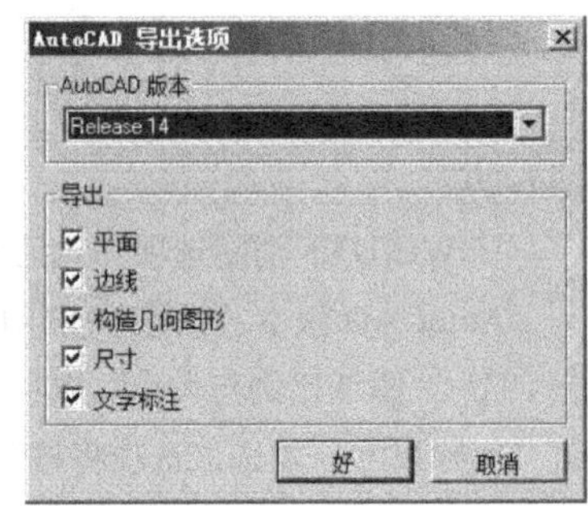

图6-22

6.2 二维图像的导入与导出

二维图形是生活中最常见到的，也是被各大广告公司应用最广的。本节就来介绍SketchUp中二维图像的导入与导出。

6.2.1 导入图像

作为一名设计师，可能经常需要对扫描图、传真、照片等图像进行描绘。SketchUp允许用户导入JPEG、PNG、TGA、BMP和TIF格式的图像到模型中。

（1）执行“文件>导入”命令，在弹出的“打开”对话框中选择DVD\实例文件\Chapter07\大楼.JPG文件导入SketchUp场景，如图6-23所示。

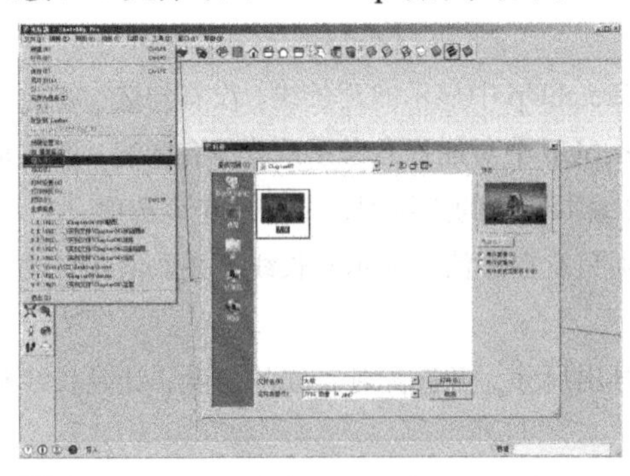

图6-23

（2）也可以打开“大楼.JPG”所在的文件夹，直接将其拖入SketchUp场景中，如图6-24所示。

（3）将图像导入 SketchUp，在图像上单击鼠标右键，将弹出一个下拉菜单，如图 6-25 所示。

图 6-24

图 6-25

鼠标右键下拉菜单参数详解：

图元信息：选择该选项将打开“图元信息”面板，可以查看和修改图像的属性。

删除：执行该命令，图像将被删除。

隐藏：执行该命令，图像将被隐藏，命令会变为“显示”。

分解：该命令用于分解图像。

导出：对导入的图像不满意，可以执行“导出”命令将其导出，并在其他软件中进行编辑修改。

重新载入：对不满意的图像完成编辑修改后，执行“重新载入”命令将其载入 SketchUp。

缩放选择：该命令用于缩放视野使整个图像可见，并处于窗口的正中。

阴影：该命令可以让图像产生阴影。

解除黏接：如果图像吸附在一个表面上，它将只能在该表面移动。该命令可以让图像脱离吸附的表面。

用作材质：该命令用于将导入的图像作为材质贴图使用。

技术看板

默认情况下，导入的图像保持原始文件的宽高比。可以在导入图像时按住 Shift 键来改变宽高比，也可以使用“缩放”工具来改变图像的宽高比。

6.2.2 导出图像

SketchUp 允许用户导出 JPG、BMP、TGA、TIF、PNG 和 Epix 等格式的二维图像。

1. 导出 JPG 格式的图像

将 SketchUp 中的图像导出为 JPG 格式的具体操作步骤如下。

（1）在绘图窗口中设置好需要导出的模型视图。

（2）执行“文件>导出>二维图形”命令，打开“导出二维图形”对话框，设置好导出的文件名和文件格式（JPG 格式），如图 6-26 所示。

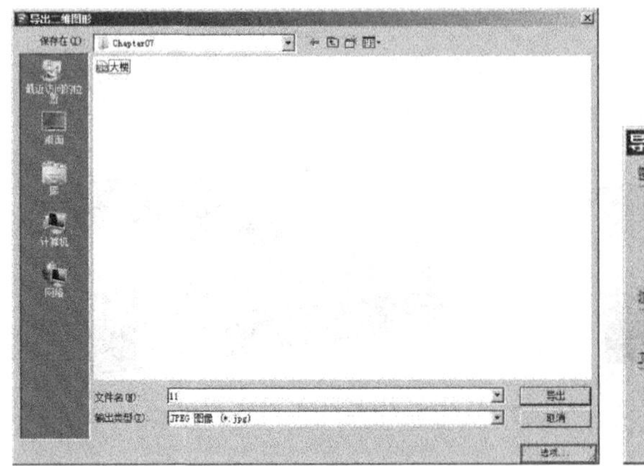

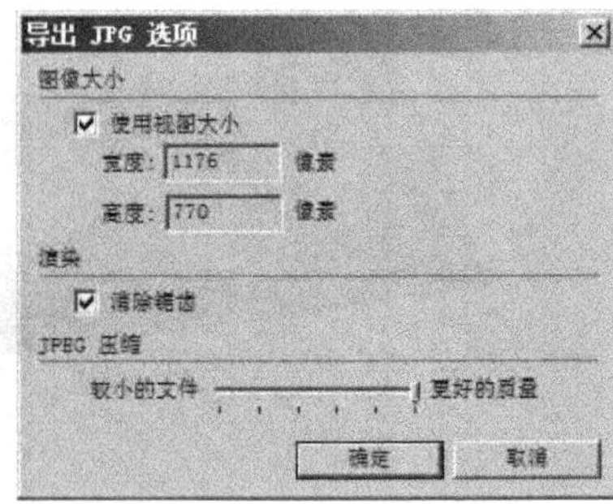

图 6-26

“导出 JPG 选项”对话框参数详解：

使用视图大小：勾选该选项，则导出图像的尺寸大小为当前视图窗口的大小；取消勾选该选项，则可以自定义图像尺寸。

宽度/高度：指定图像的尺寸，单位为“像素”。指定图像的尺寸越大，消耗的内存越多，导出时间越长，生成的图像文件越大，最好只按照需要导出相应大小的图像文件。

清除锯齿：开启该选项后，SketchUp 会对导出图像做平滑处理。需要更多的导出时间，但可以减少图像中的锯齿。

JPEG 压缩：向左滑动滑块，图片尺寸会变小，并且质量下降，导出时间变短；向右滑动则相反。

2．导出 PDF/EPS 格式的图像

将 SketchUp 中的图像导出为 PDF 或者 EPS 格式的具体操作步骤如下。

（1）在绘图窗口中设置要导出的模型视图。

（2）执行“文件>导出>二维图形”命令，打开“导出二维图形”对话框，设置好导出的文件名和文件格式，如图 6-27 所示。

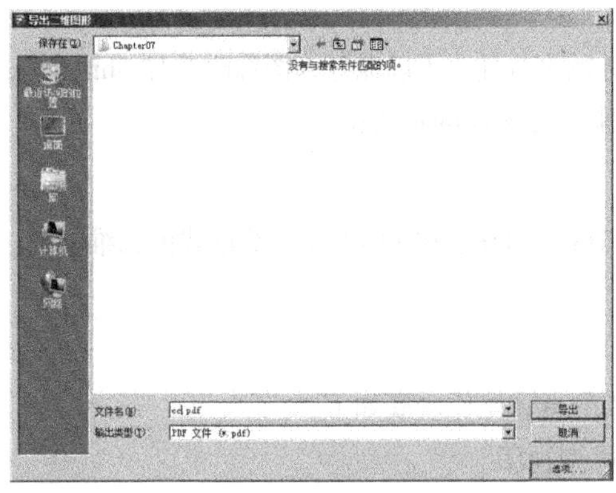

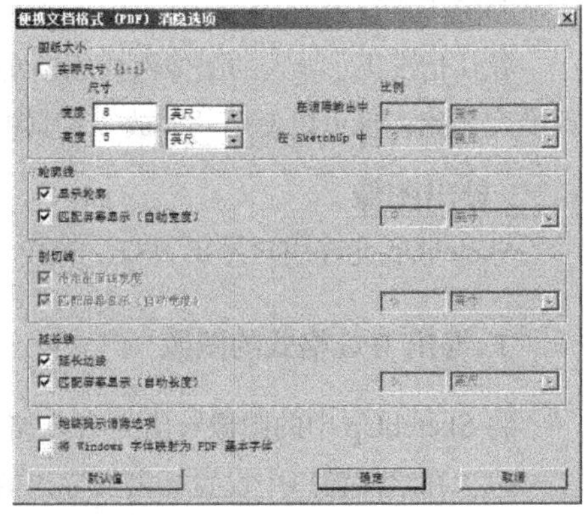

图 6-27

3．导出 Epix 格式的图像

将 SketchUp 中的图像导出为 Epix 格式的具体操作步骤如下。

执行“文件>导出>二维图形”命令，打开“导出二维图形”对话框，设置好导出的文件名和文件格式，如图 6-28 所示。

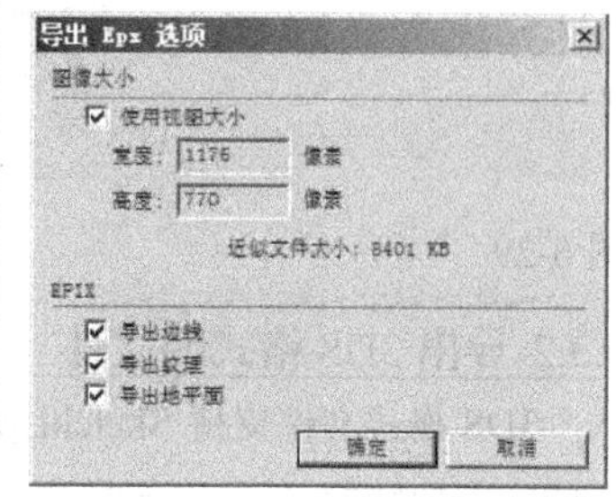

图 6-28

“导出 Epx 选项”对话框参数详解：

使用视图大小：勾选该选项，将使用 SketchUp 绘图窗口的精确尺寸导出图像；不勾选，则可以自定义尺寸。通常，要打印的图像尺寸都比正常的屏幕尺寸要大，而 Epix 格式的文件储存了比普通图像更多的信息通道，文件会更大。所以使用较大的图像尺寸会消耗较多的系统资源。

导出边线：该选项用于将屏幕显示的边线样式导入 Epix 格式的文件中。大多数三维程序导出文件到 Piranesi 绘图软件时，不会导出边线。但是，边线是传统徒手绘制的基础。该选项则可以弥补，比较实用。

导出纹理：勾选该选项可以将所有贴图材质导入 Epix 格式的文件。

导出地平面：该选项可以在深度通道中创建一个地平面，让用户可以快速地放置人、树、贴图等，而不需要在 SketchUp 中创建地面。如果想要产生地面阴影，这是很有必要的。

6.3　三维模型的导入与导出

任何自然界存在的物体都可以用三维模型来表示。三维模型是物体多边形的表示，显示的物体可以是现实世界的实体，也可以是虚构的物体。本节来详细讲解三维模型的导入与导出。

6.3.1 导入 3DS 格式的文件

导入 3DS 格式文件的具体操作步骤如下。

执行“文件>导入”命令，然后在弹出的“打开”对话框中找到需要导入的文件并将其导入。在导入前可以先设置导入的单位，以便在 SketchUp 中精确编辑。导入完成后会弹出一个实体导入的报告，如图 6-29 所示。

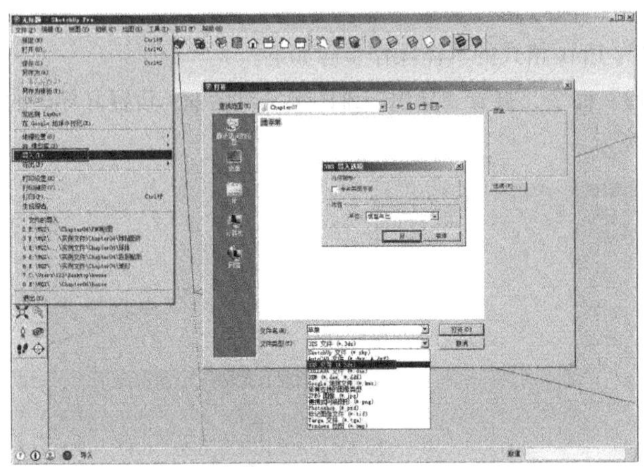
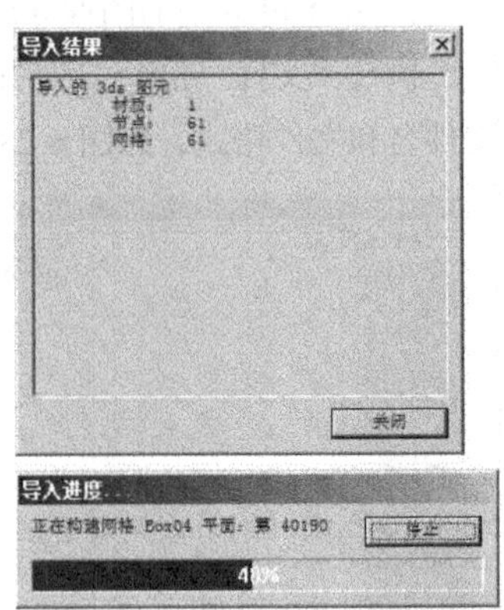

图 6-29

6.3.2 导出 3DS 格式的文件

3DS 格式文件支持 SketchUp 导出材质、贴图和照相机，比 DWG 格式和 DXF 格式更能完美地转换 SketchUp 模型。

导出 3DS 格式文件的具体操作步骤如下。

执行“文件>导出>三维模型”命令，打开“导出模型”对话框，设置导出文件类型和文件名称，如图 6-30 所示。

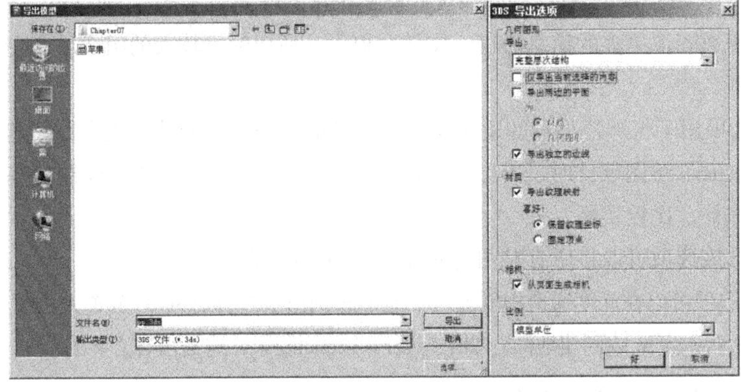

图 6-30　　图 6-31

“3DS 导出选项”对话框参数详解：

① “几何图形”选项组

导出：该选项用于设置导出的模式，其下拉列表包含了 4 个不同的选项，如图 6-31 所示。

完整层次结构：选择该模式，SketchUp 软件将按照组和组件的层级关系导出模型。

按图层：选择该模式，模型将按照同一图层上的物体导出。

按材质：选择该模式，SketchUp 软件将按材质贴图导出模型。

单个对象：该模式常用于将一个大型模型导出为一个单一的模型。

仅导出当前选择的内容：勾选该选项，只会导出当前所选择的物体。

导出两边的平面：勾选该选项，将激活下面的“材质”和“几何图形”两个附属选项。

材质：选择该选项，会开启 3DS 材质定义中的双面标记。这个选项导出的多边形的数量和单面导出多边形数量一样，但是会影响渲染速度，尤其是在开启了阴影和反射效果的时候。

几何图形：该选项是将模型的两个面导出两次，正面一次，背面一次。这样会使渲染速度下降，但是导出的模型正面和背面都可以渲染，并且可以有不同的材质。

② “材质”选项组

导出纹理映射：勾选该选项，可以导出模型的材质和贴图。

保留纹理坐标：勾选该选项，在导出 3DS 文件时不会改变 SketchUp 材质贴图的坐标。

固定顶点：勾选该选项，在导出 3DS 文件时可以保持贴图坐标与平面视图对齐。

③ “相机”选项卡

从页面生成相机：勾选该选项，在保存时可以为当前视图创建照相机，也可以为每个 SketchUp 页面创建照相机。

比例：用来指定模型使用的测量单位，默认的是“模型单位”。

6.3.3 导出 VRML 格式的文件

VRML（Virtual Reality Modeling Language）即虚拟现实建模语言，是一种用于建立真实世界的场景模型或人们虚构的三维世界的场景建模语言，通常用于三维应用程序之间的数据交换或在网络上发布三维信息。VRML 格式的文件可以储存 SketchUp 的几何体，包括边线、表面、组、材质、透明度、照相机视图和灯光等。

导出 VRML 格式文件的具体操作步骤如下。

执行“文件>导出>三维模型”命令，在弹出的“导出模型”对话框中设置文件类型和文件名称，如图 6-32 所示。

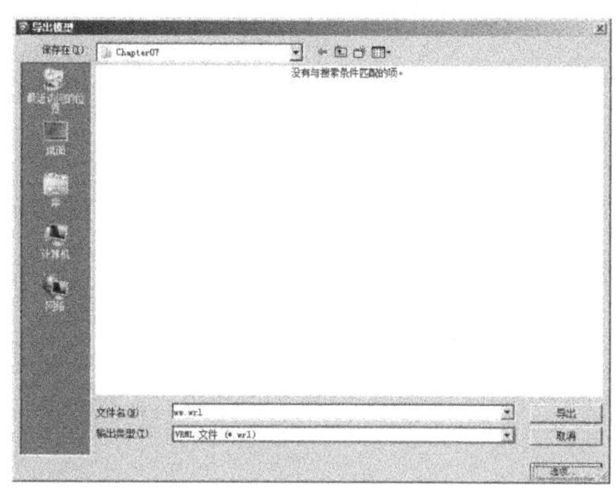

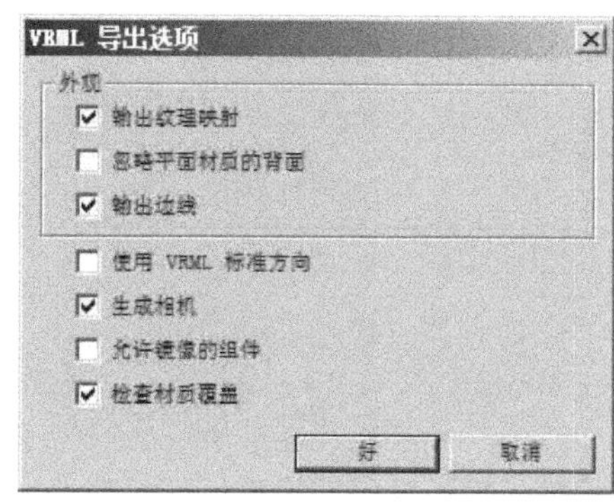

图 6-32

“VRML 导出选项”对话框参数详解：

输出纹理映射：勾选该选项，导出模型时将会把贴图信息导出到 VRML 文件中。不勾选该选项，将只导出颜色。

忽略平面材质的背面：SketchUp 导出 VRML 文件时，默认导出双面材质。激活该选项，则两面都将以正面材质导出。

输出边线：激活该选项，SketchUp 将把边线导出为 VRML 边线实体。

使用 VRML 标准方向：激活该选项，导出的文件会转化为 VRML 的标准方向。

技术看板

SketchUp 是以 *xy* 平面作为水平面（相当于地面）的，而 VRML 是以 *xz* 平面作为水平面的。

生成相机：勾选该选项后，SketchUp 会为每个页面都创建一个 VRML 相机。当前的 SketchUp 视图会到处为“默认照相机”，其他页面照相机则以页面来命名。

允许镜像的组件：激活该选项，可以导出镜像和缩放后的组件。

检查材质覆盖：勾选该选项，会自动检测组件内的物体是否有应用默认材质的物体，或者是否有属于默认图层的物体。

【课后习题】

1. 对文件进行导入和导出的重要意义是什么？
2. 如何导入和导出 DWG/DXF 格式的二维矢量图文件？
3. 如何导入和导出 DWG/DXF 格式的三维模型文件？
4. 如何导入和导出二维图像文件？
5. 如图导入和导出三维模型？

第 7 章

商务会所模型创建

本章介绍

本章以商务会所为例，是根据商务会所设计项目真实情境来训练学生如何利用所学知识完成商务会所设计的项目。通过此设计项目案例的演练，使学生进一步牢固掌握 SketchUp 的强大操作功能和使用技巧，并应用所学技能制作出专业的商务会所设计作品。

学习目标

- 了解商务会所的特点及本案例分析
- 了解运用 SketchUp 创建商务会所的基本流程
- 掌握运用 SketchUp 在建筑方案设计中的应用
- 巩固前面几章所学的知识

技能目标

- 掌握在 SketchUp 中直接出图的技巧
- 了解使用 Photoshop 进行图像处理的方法
- 熟练掌握 SketchUp 基本命令操作

本实例将参照 CAD 设计图纸，完成一幢现代风格与传统欧式风格相结合的商务会所模型，如图 7-1~图 7-4 所示。

图 7-1　鸟瞰图

图 7-2　西面效果图

图 7-3　南面效果图

图 7-4　东面效果图

7.1　了解商务会所的特点及案列分析

本节将对商务会所的特点及分类、建筑表现元素和风格特征进行讲解。对本案例进行大致了解和分析后，能提高知识的扩展面，快速了解此案例的建筑特点，提高后面的建模速度。

7.1.1 商务会所的特征及分类

商务会所是商业性会所的一种，属于以商务方式交往的集体空间。商务会所有以下几个特征：具有重要的公共社交功能，它是集图书馆、健身房、花园、会议和购物中心等为一体的休闲娱乐场所；具有以“聚”为首要功能，它可以将以社交、娱乐、促进某种共同目标的人群聚集在一起；具有个性化的特点，商业性会所是按会员制原则和途径建立的、以会员名义进行经营和活动的商业模式；具有追求利润为目的的经营特征。

会所分类：按功能设置分为综合型会所和主题型会所，按经营模式分为封闭式、半封闭式和开放式会所，按区域服务方式又分为独立型会所和连锁型会所。

7.1.2 商务会所的建筑表现元素

欧式建筑是一个统称，主要运用现代技术材料制作出古典的形式，有一些特定的代表。喷泉、罗马柱、雕塑、尖塔、八角房等都是欧式建筑的典型标志。此案例中运用了尖拱、飞扶壁、拱窗、长窗和修长的立柱等欧式建筑元素来体现建筑风格。

7.1.3 商务会所的建筑风格特征

新欧式建筑风格，引领都市人居潮流。既具有传统建筑之美感，又融汇现代科技之灵性的建筑，才更加具有吸引力。建筑整体吸取了“欧陆风格”的一些元素，在色彩搭配和装饰上相对简化，追求一种轻松、清新、典雅的视觉效果。将欧式古典主义艺术精髓和现代建筑的简约格调巧妙融合，为现代都市生活注入一个新的理念，成就现代人居生活之美。

7.1.4 案例方案分析

设计理念：本案例设计的建筑采用新欧式风格。新欧式风格具有注重建筑细节，有古典情怀，外观简洁大方，融合多种风情于一身的鲜明特点。同时在设计时适当加上部分当地现代风格元素，使得建筑具有其独特性，又能与环境景观发生互动，给城市带来别样的色彩，从而真正打造一个经典、优雅、大方，又不失个性的商务会所。

用地范围及现状：本项目净用地面积为 9 358.56 平方米，地块呈长方形，非常平坦，没有需要保留的建筑。项目南面是城市主干道，两侧都设置了比较宽的绿化景观带，地块形成了一定的城市界面和商业气息，如图 7-5 所示。

交通分析：根据用地与周围环境的交通关系，在南面和西南方向设置出入口，使用地与城市有较好的衔接界面。车行道与人行道的合理分布构成流畅的交通网络，如图 7-6 所示。

图 7-5　现状分析

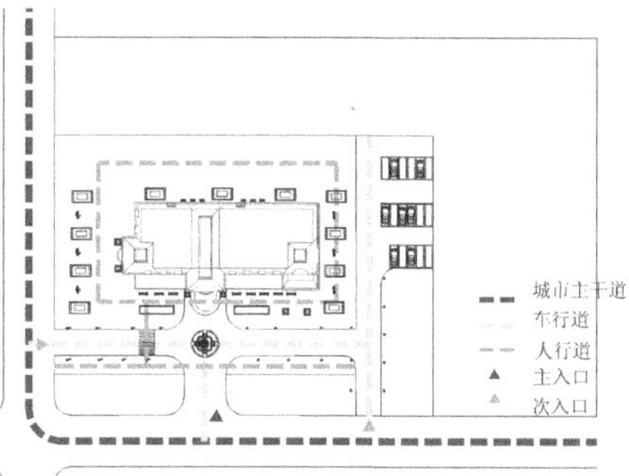

图 7-6　交通分析

7.2　将 CAD 图纸导入 SketchUp 前的准备工作

建筑施工图通常有繁杂的轴线、尺寸标注以及重复的图形等内容，在模型的建立过程中并不需要，因此在导入 SketchUp 前，应将图纸简化，以减少文件量，同时有利于图纸的观察。

7.2.1 整理 CAD 图纸

（1）打开配套光盘“第 08 章 \ 导入商务会所 CAD 文件.dwg”素材文件，文件中包含简化后的欧式会所的总平面图、建筑平面图及会所立面图，如图 7-7~图 7-9 所示。

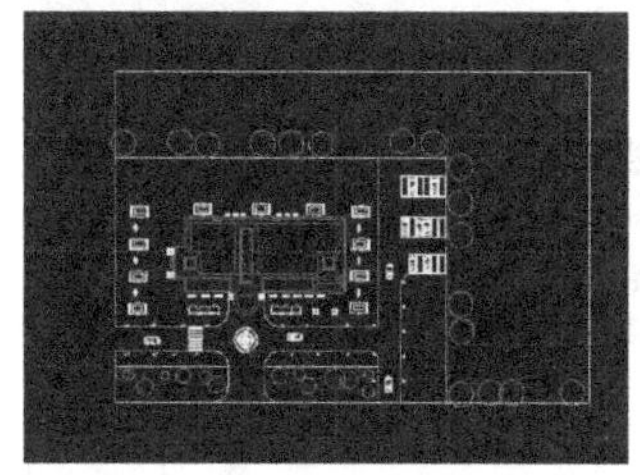

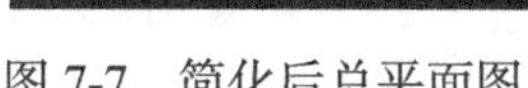

图 7-7　简化后总平面图

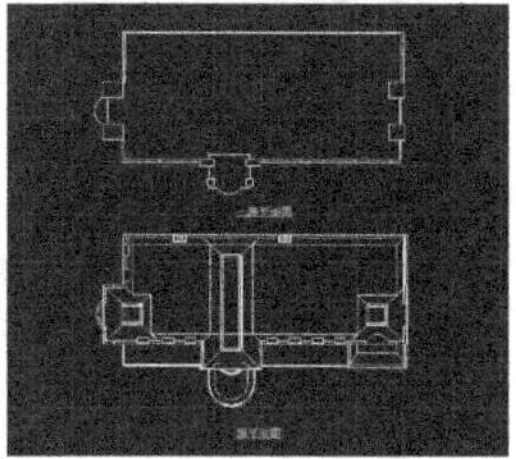

图 7-8　简化后的建筑平面图

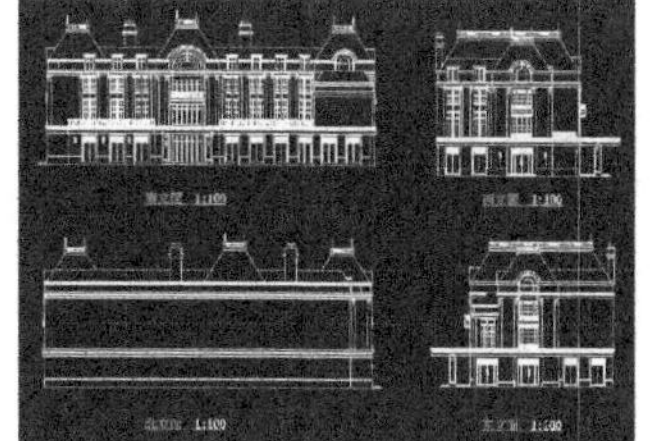

图 7-9　简化后立面图

技术看板

此实例的创建注重表现建筑外观，故建筑内部结构问题可以不予深究。为方便建筑平面的创建，建筑平面图只需保留外轮廓即可。

（2）在命令行中输入“pu”清理命令，将弹出如图 7-10 所示的“清理”对话框，单击“全部清除”按钮，对场景中的图源信息进行处理。

（3）在弹出的“清理—确认清理”对话框中选择“清理所有项目”选项，如图 7-11 所示。

（4）经过多次单击“全部清除”和“清理所有项目”选项，直到“全部清理”按钮变为灰色才完成图像的清理，如图 7-12 所示。

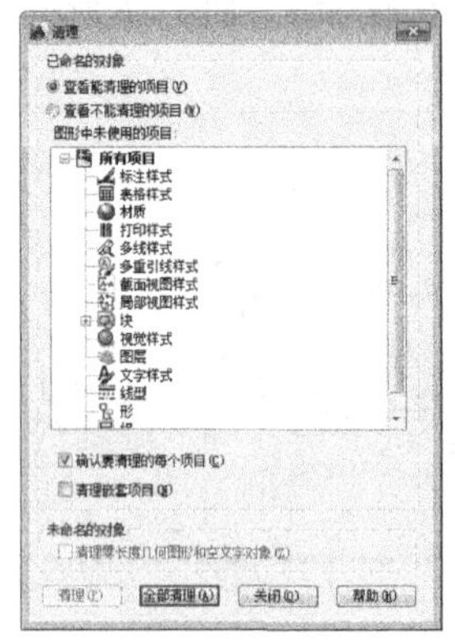

图 7-10　打开“清理”对话框

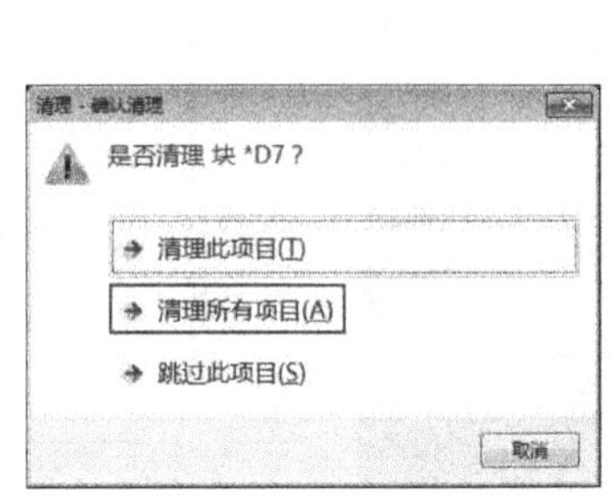

图 7-11　清理所有项目

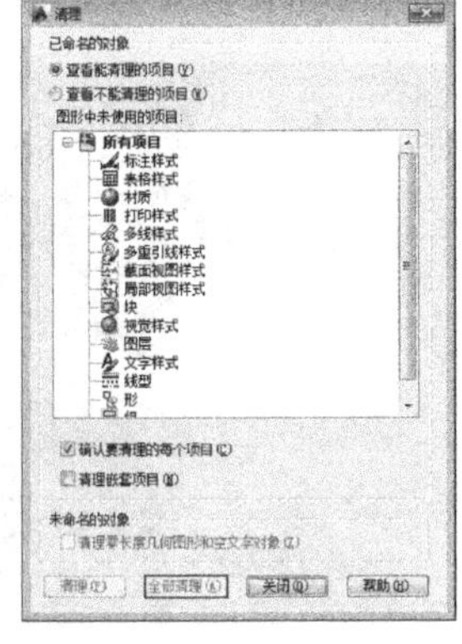

图 7-12　清理完成

7.2.2 优化 SketchUp 场景设置

在 AutoCAD 中整理好图纸后，接下来对 SketchUp 场景进行设置。

（1）打开 SketchUp 软件，执行“窗口>模型信息”菜单命令，弹出“模型信息”对话框，如图 7-13 所示。

（2）在对话框中选择“单位”选项，将“长度单位”格式设置为“十进制”、“mm”，并勾选“角度单位”下的“启用角度捕捉”选项，将捕捉角度更改为 5，如图 7-14 所示，正确的参数设置对后面作图流程有很大帮助。

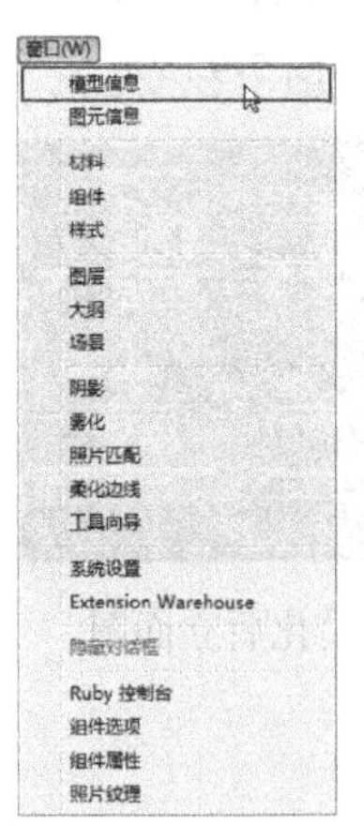

图 7-13　执行“模型信息”命令

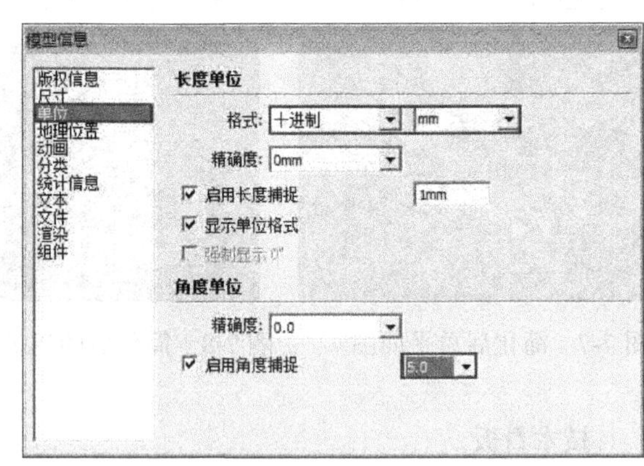

图 7-14　设置“单位”选项板参数

7.3　在 SketchUp 中创建模型

在 AutoCAD 中简化图纸并分别保存为单独的文件后，接下来将图纸导入 SketchUp，并调整好位置与朝向，然后建立会所模型。

7.3.1 将 CAD 图纸导入 SketchUp

（1）执行“文件>导入”菜单命令，在弹出的“打开”对话框中将文件类型设置为“AutoCAD 文件(*.dwg,*.dxf)”，单击“打开”面板右侧“选项”按钮，在打开的“AutoCAD DWG/DXF 选项”对话框中将单位设置为“毫米”，并勾选“保持绘图原点”选项，最后双击目标文件即可进行导入，如图 7-15 所示。

（2）CAD 图形导入完成后，分别框选每一个图形，通过选择右键关联菜单中的“创建群组”命令，将其分别创建成组，如图 7-16 所示。

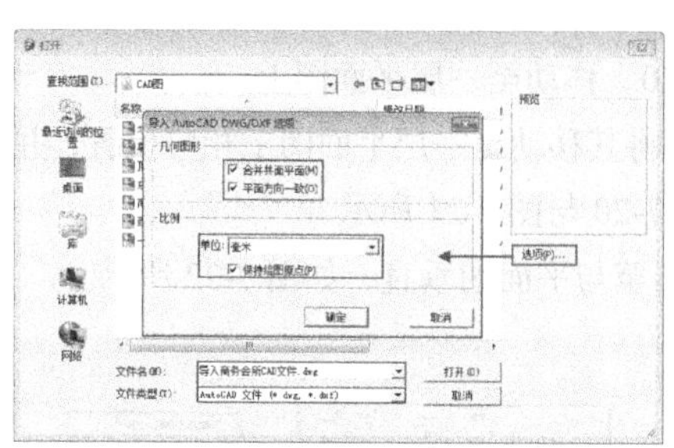

图 7-15　选择导入文件

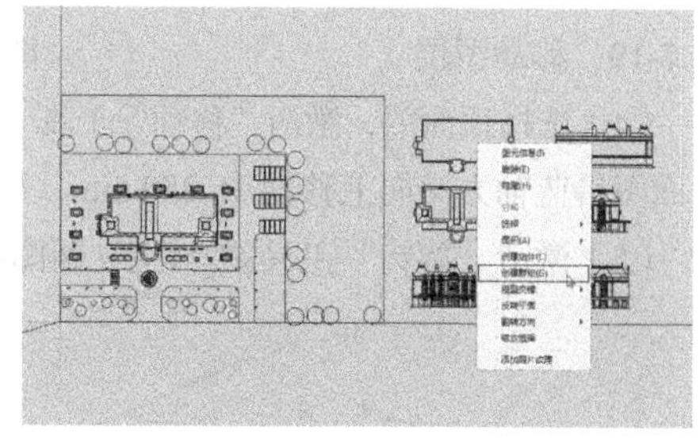

图 7-16　分别创建组

7.3.2 分离图层并调整位置

（1）单击“图层管理器”按钮，在弹出的“图层”对话框中选择除“Layer0”图层外的所有图层，单击“删除图层”按钮，在弹出的“删除包含图元的图层”对话框中选择“将内容移至默认图层”选项，单击“确定”按钮退出操作，如图 7-17 所示。

（2）单击“添加图层”按钮，添加 7 个图层，分别命名为“总平面图”、“一层平面图”、“顶面图”、“东立面”、“西立面”、“南立面”和“北立面”，如图 7-18 所示。

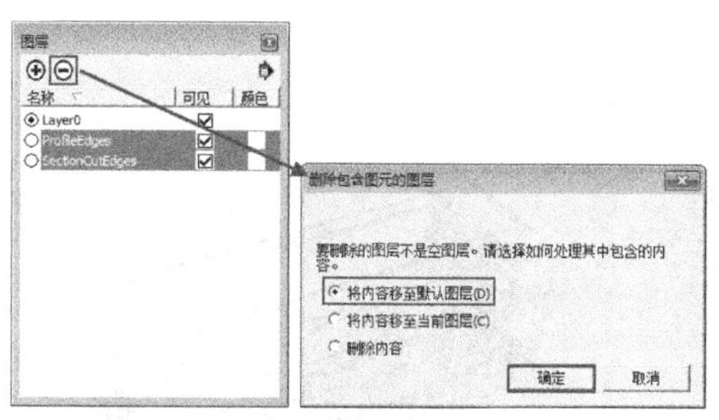

图 7-17　删除多余的图层

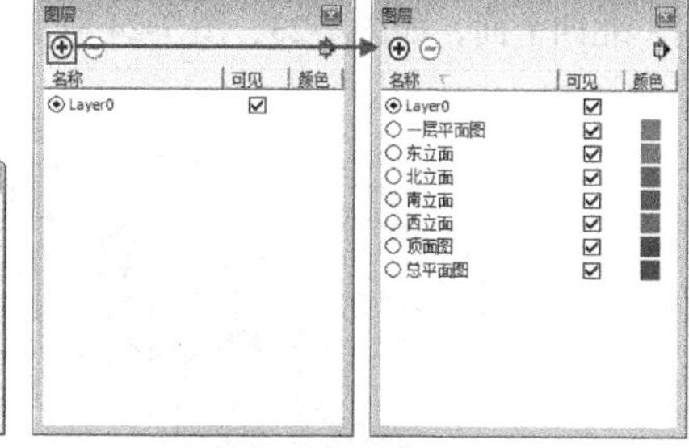

图 7-18　添加图层

（3）在总平面图群组上单击鼠标右键，在关联菜单中选择“图元信息”命令，在弹出的“图元信息”对话框中，将总平面群组所在“Layer0”图层更换为“总平面图”图层，如图 7-19 所示。并用同样的方法，将其余图形群组与图层对号入座。

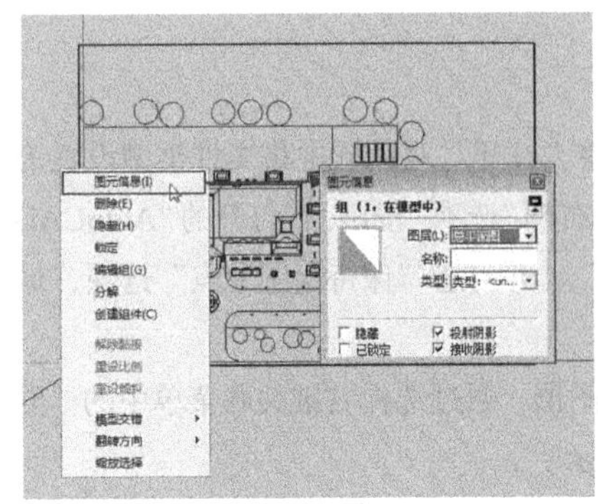

图 7-19　移动图层

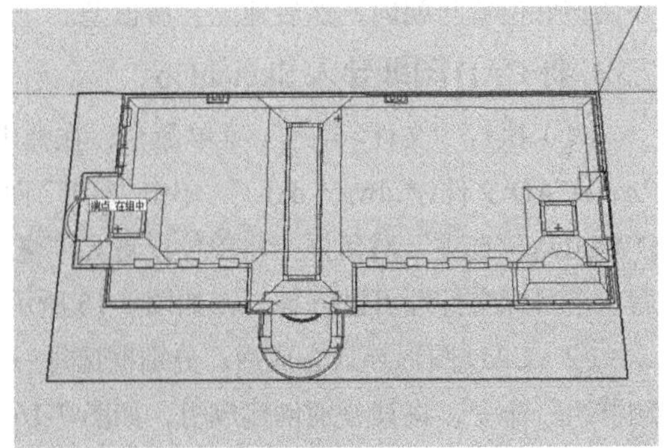

图 7-20　移动至一层平面图上

（4）选择顶面图，激活“移动”工具，将其移动至一层平面图上相应位置，并将顶面图沿蓝轴方向向上移动 15 250 mm，如图 7-20 与图 7-21 所示。

（5）激活“旋转”工具，将立面图旋转至与平面图垂直，如图 7-22 所示。

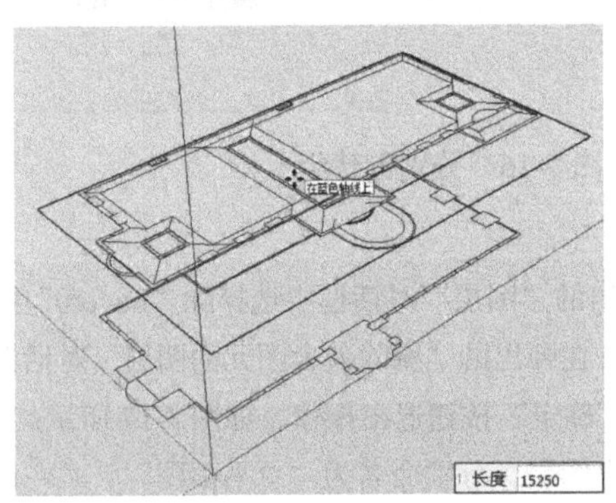

图 7-21　沿蓝轴向上移动

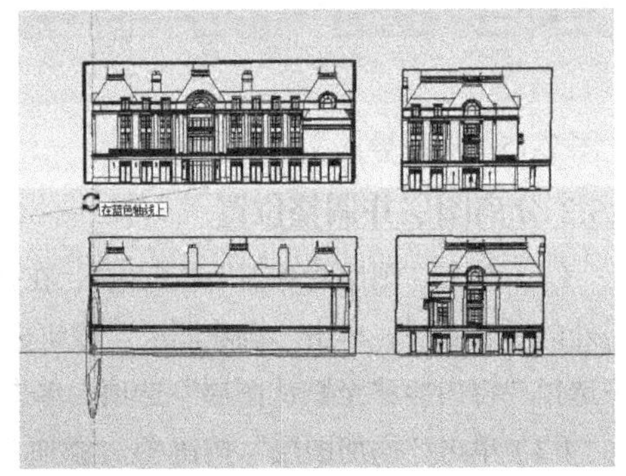

图 7-22　旋转立面图

（6）使用“旋转”工具与“移动”工具，将立面图分别放置在建筑的东、西、南、北四个面，如图 7-23、图 7-24 所示。

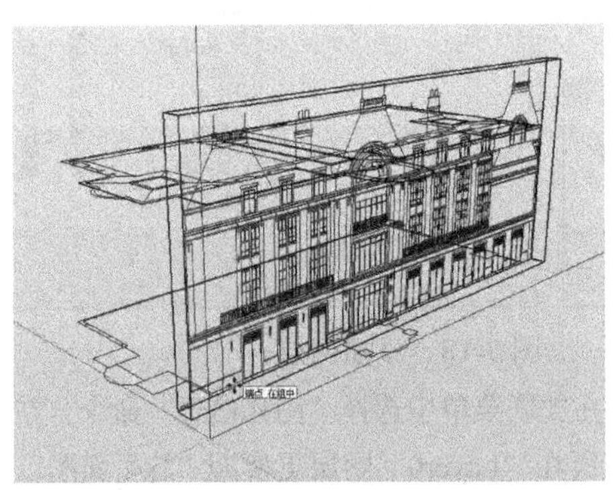

图 7-23　旋转并对齐南立面

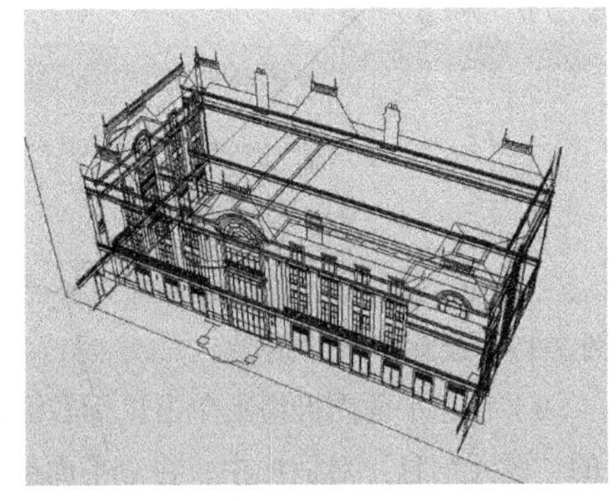

图 7-24　图形调整结果

7.3.3 参照图纸建模

1．创建两侧塔楼模型

（1）通过观察顶面图、立面图发现，主楼两侧塔楼除了入口，几乎一模一样，如图7-25所示。

（2）复制立面图，将除塔楼外的其他直线条删除，如图7-26所示。

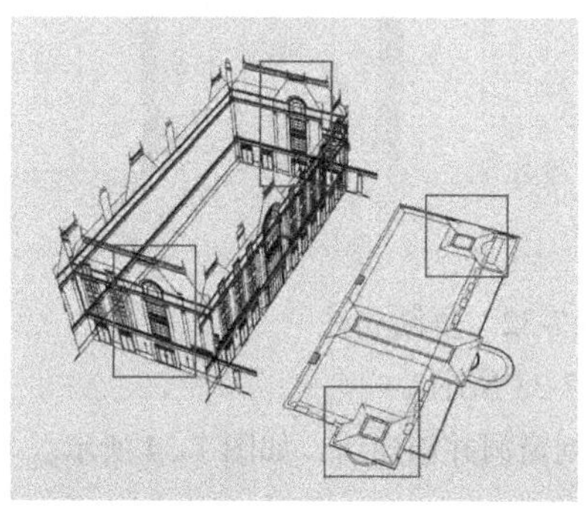

图7-25 观察图纸

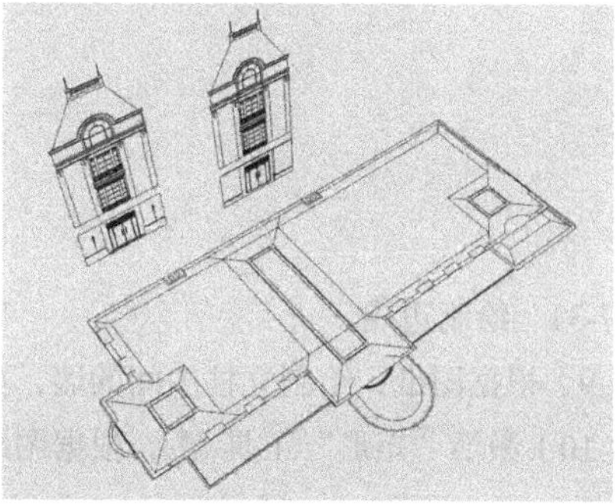

图7-26 删除多余线条

（3）激活“矩形”工具，捕捉图纸创建立柱平面并创建组，如图7-27所示。

（4）激活“推/拉”工具，按照图纸推拉出一定的高度，如图7-28所示。

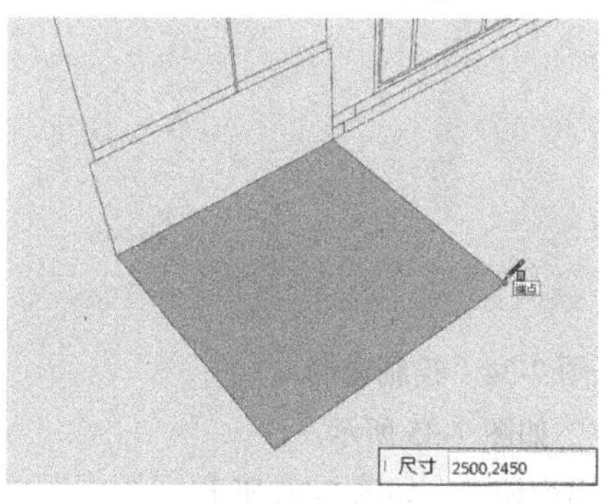

图7-27 创建平面

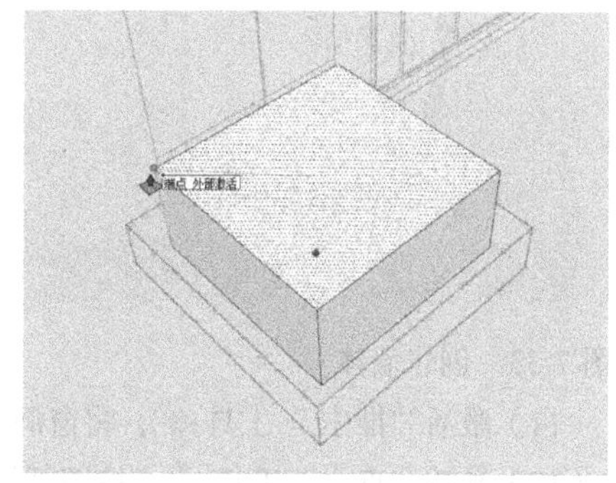

图7-28 推拉平面

（5）激活“推/拉”工具，根据图纸，按住Ctrl键向上推拉，如图7-29所示。

（6）重复命令操作，参照图纸将侧面向内推拉，如图7-30所示。

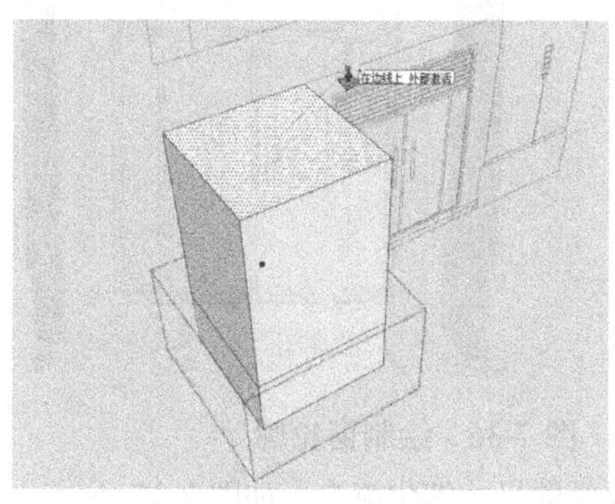

图7-29 推拉平面

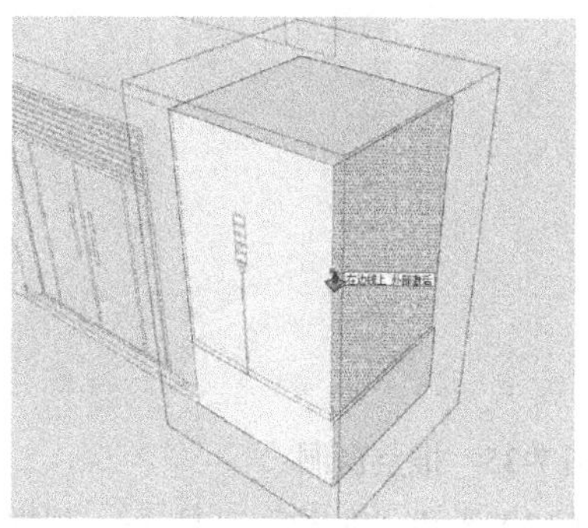

图7-30 推拉侧面

（7）激活“直线”工具，按照图纸绘制边线，如图 7-31 所示。

（8）利用“移动”工具，按住 Ctrl 键，将立柱向右移动复制，如图 7-32 所示。

图 7-31　绘制边线

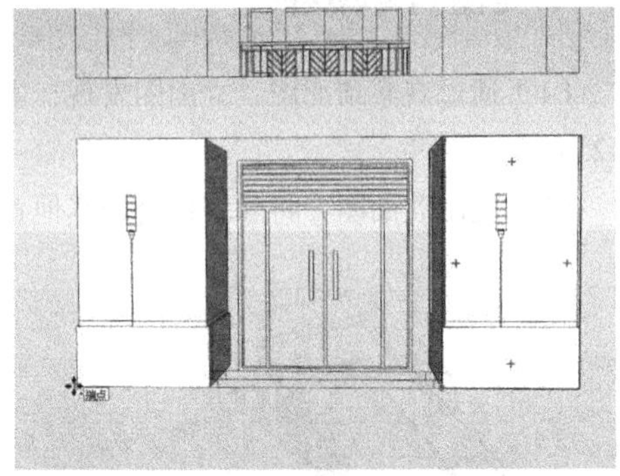

图 7-32　复制立柱

（9）根据图纸，绘制立柱中间的墙，如图 7-33 所示。

（10）激活“矩形”工具，根据图纸绘制窗洞并创建组，如图 7-34 所示。

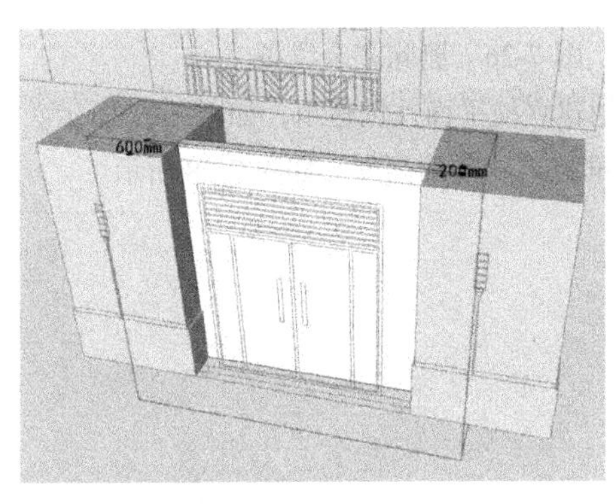

图 7-33　创建墙体

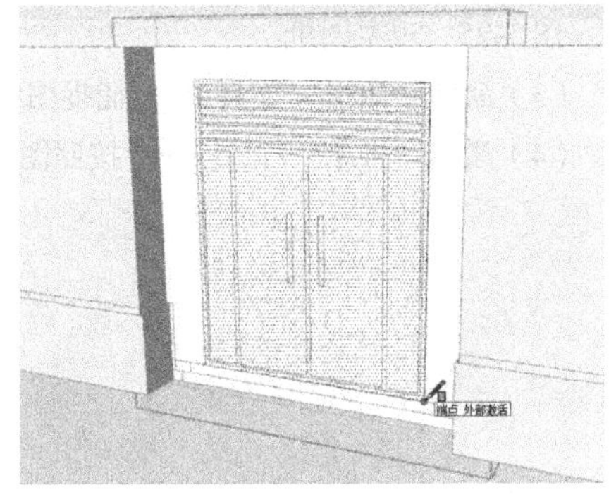

图 7-34　绘制窗洞

（11）激活“推/拉”工具，将窗洞挖空，如图 7-35 所示。

（12）激活“直线”工具，按图纸绘制出窗轮廓，如图 7-36 所示。

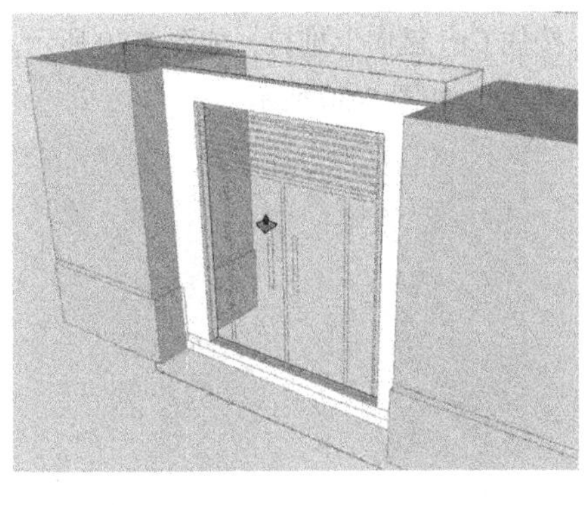

图 7-35　推空窗洞

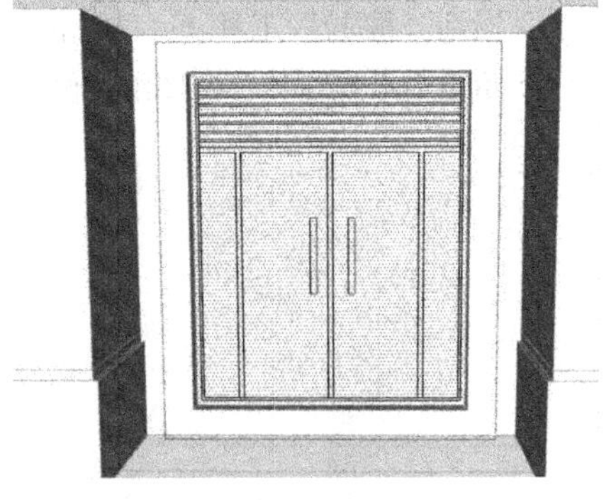

图 7-36　绘制窗轮廓

（13）激活“推/拉”工具，根据所提供的尺寸细化窗户，如图 7-37 所示。

（14）完成效果如图 7-38 所示。

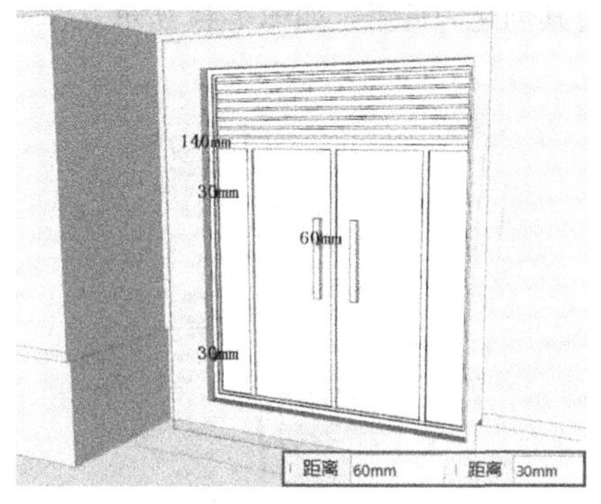

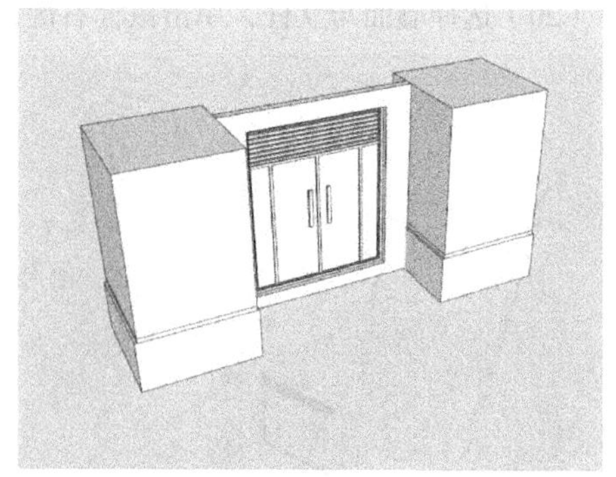

图 7-37　推拉出窗框　　　　　　　　　　图 7-38　完成效果

（15）利用“推/拉”工具，按图纸绘制出立柱，并用“移动”工具复制 3 个立柱，如图 7-39 所示。

（16）激活“矩形”工具，创建一个矩形，尺寸为 1 930 mm × 300 mm，如图 7-40 所示。

图 7-39　制作立柱　　　　　　　　　　图 7-40　绘制矩形

（17）选择创建的矩形平面，单击鼠标右键，将其创建为组，如图 7-41 所示。

（18）激活“推/拉”工具，将矩形向下推拉 7 300 mm 的高度，制作墙面，如图 7-42 所示。

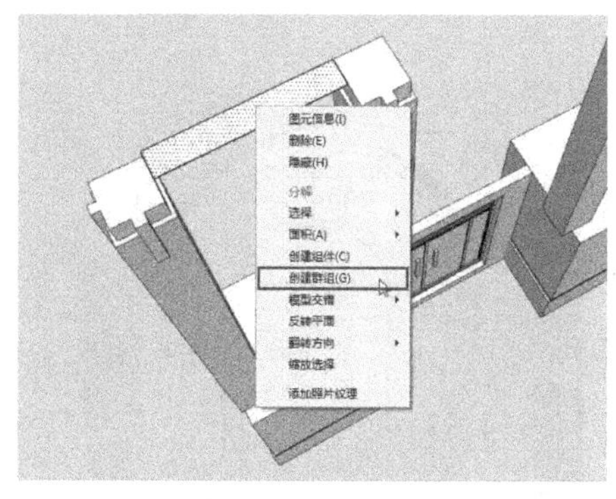

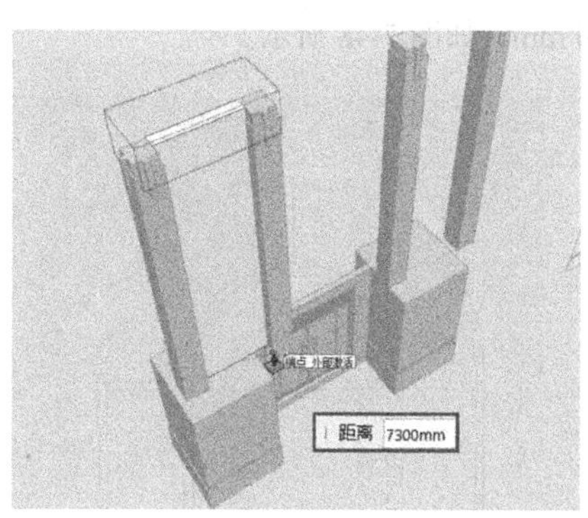

图 7-41　制作组件　　　　　　　　　　图 7-42　推拉矩形

（19）激活“移动”工具，按住 Ctrl 键，将墙面移动复制，如图 7-43 所示。

（20）选择墙面与立柱，单击鼠标右键，将其创建为群组，如图 7-44 所示。

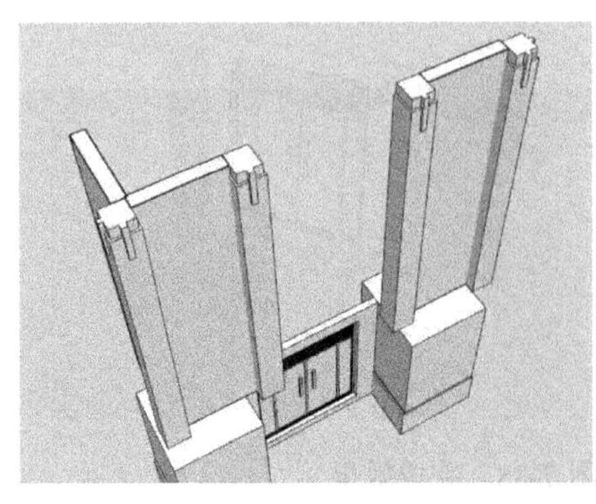

图 7-43　复制墙面

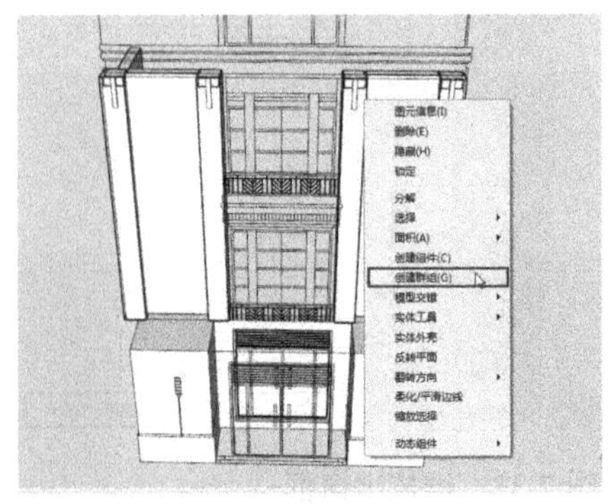

图 7-44　创建群组

（21）激活“直线”工具和“圆弧”工具，按图纸绘制出拱窗框架并创建为组，如图 7-45 所示。

（22）激活“推/拉”工具，将拱窗框架推拉 2 400 mm 的厚度并移动至合适位置，如图 7-46 所示。

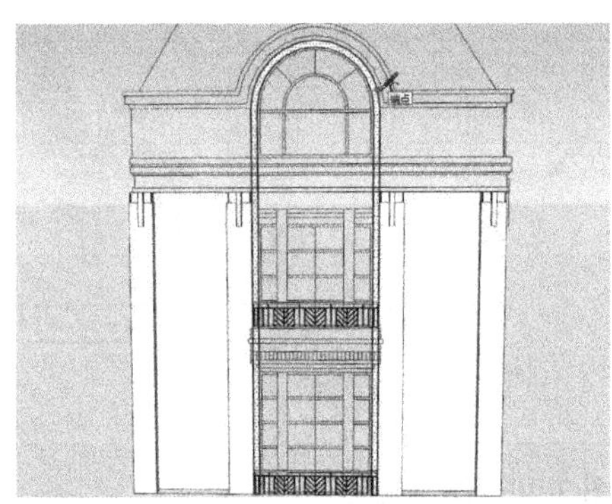

图 7-45　绘制拱窗框

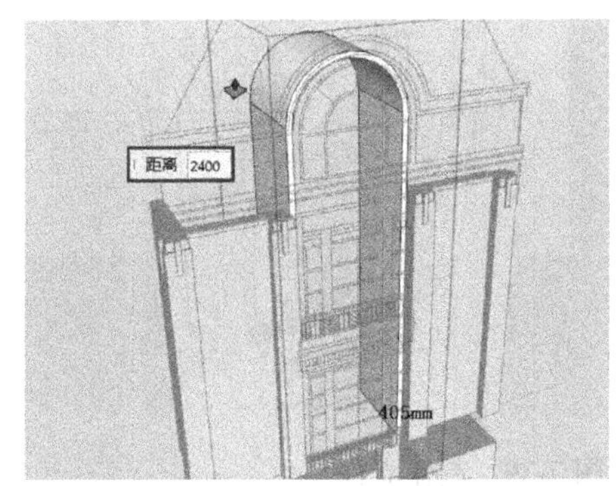

图 7-46　推拉拱窗框

（23）参照图纸，绘制出拱窗轮廓，如图 7-47 所示。

（24）激活“推/拉”工具，绘制拱窗细节，并用“移动”工具将其向内移动 350 mm，如图 7-48 所示。

图 7-47　绘制拱窗轮廓

图 7-48　推拉移动拱窗

（25）运用“直线”工具，按照图纸绘制拱窗下面的窗户轮廓并创建组，如图 7-49 所示。

（26）激活“推/拉”工具，根据所提供的尺寸，推拉窗户完成细节，如图 7-50 所示。

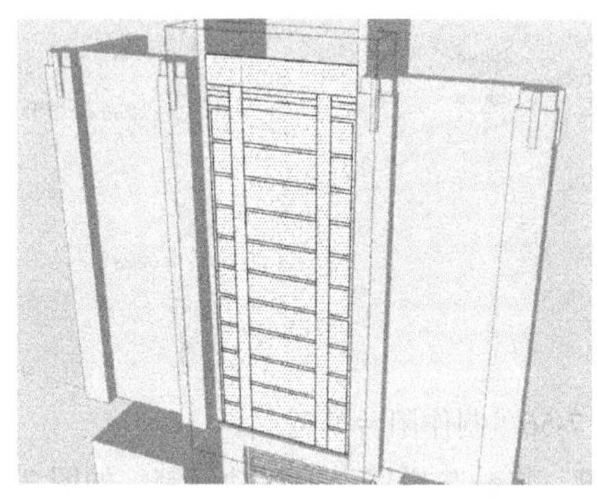

图 7-49　绘制窗户轮廓

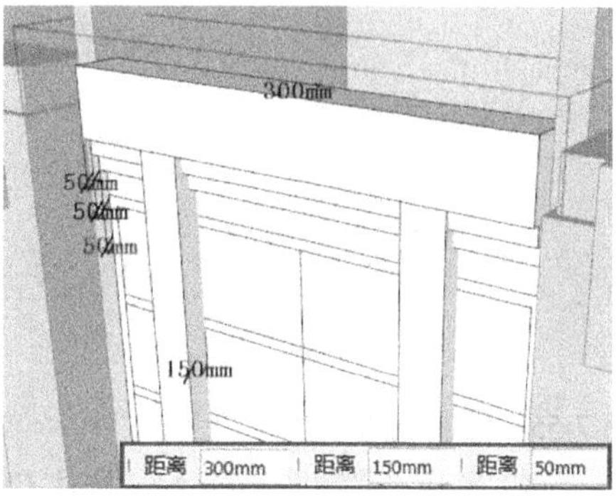

图 7-50　推拉窗户

（27）激活“移动”工具，将下面窗户向内移动 300 mm，如图 7-51 所示。

（28）利用“直线”工具，参照图纸绘制出铁艺栏杆轮廓并创建组，如图 7-52 所示。

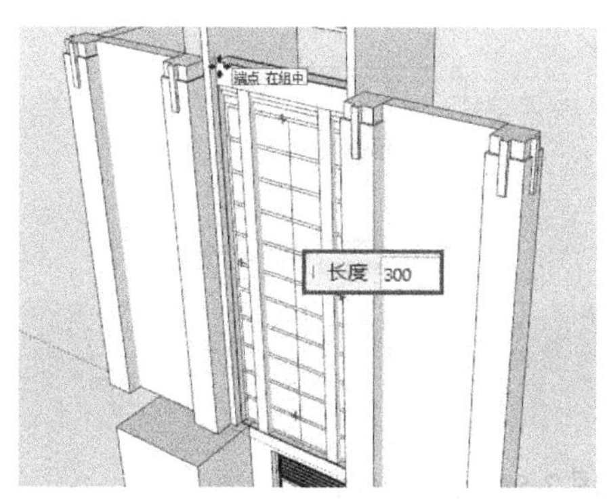

图 7-51　移动下面窗户

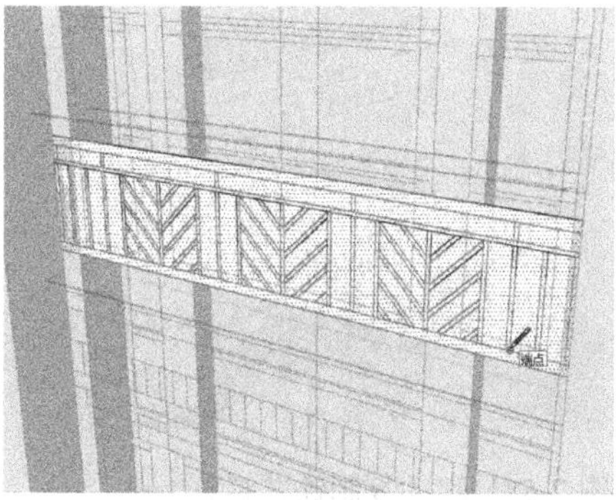

图 7-52　绘制铁艺栏杆轮廓

（29）利用“推/拉”工具，将横杆推拉出 50 mm 的厚度，如图 7-53 所示。

（30）重复命令操作，细化铁艺栏杆，如图 7-54 所示。

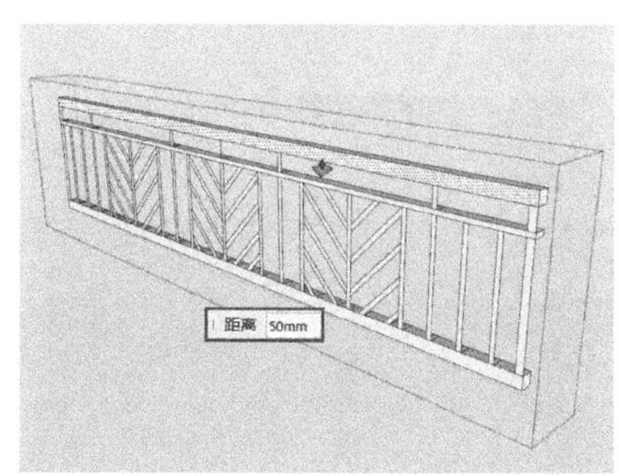

图 7-53　推拉平面

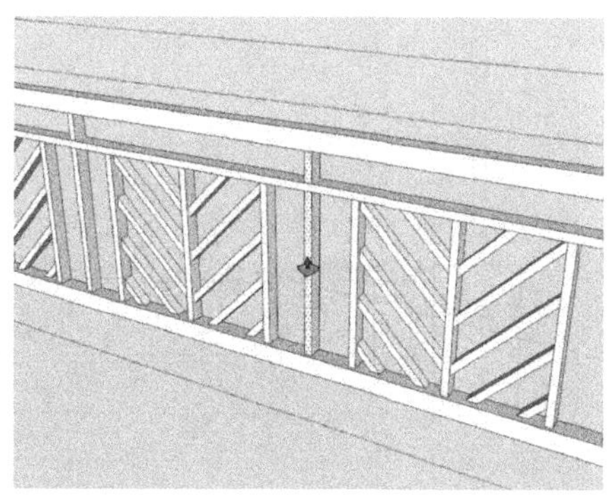

图 7-54　细化铁艺栏杆

（31）激活“推/拉”工具，在两侧推拉出长 550 mm 的栏杆，如图 7-55 所示。

（32）根据绘制铁艺栏杆的方法制作出阳台的模型，在此不再赘述，如图 7-56 所示。

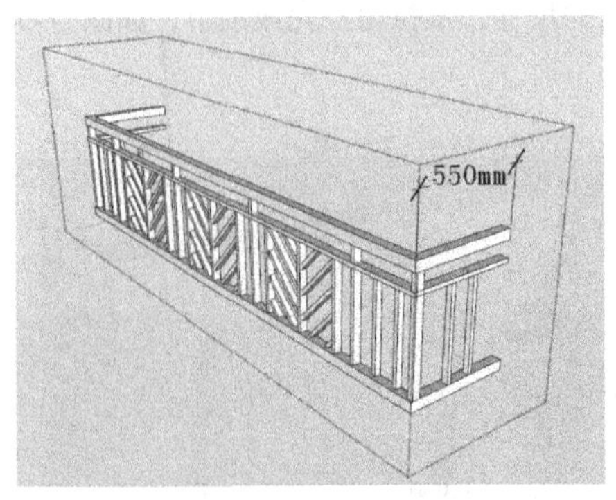

图 7-55　绘制侧边栏杆

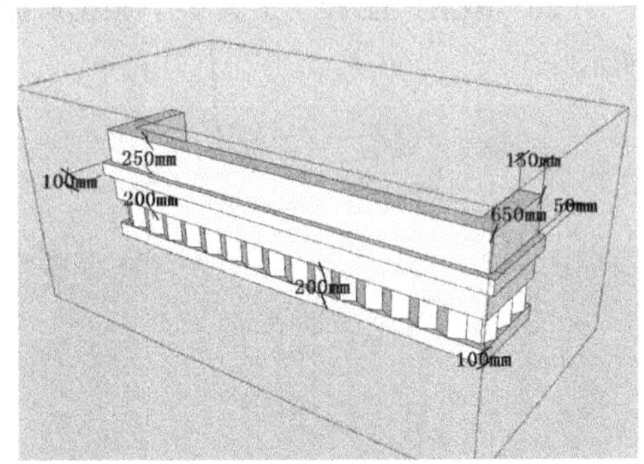

图 7-56　制作阳台模型

（33）激活“移动”工具，按住 Ctrl 键，将铁艺栏杆向下移动复制，如图 7-57 所示。

（34）按住 Ctrl+A 组合键全选，单击鼠标右键创建群组，如图 7-58 所示。

图 7-57　移动复制铁艺栏杆

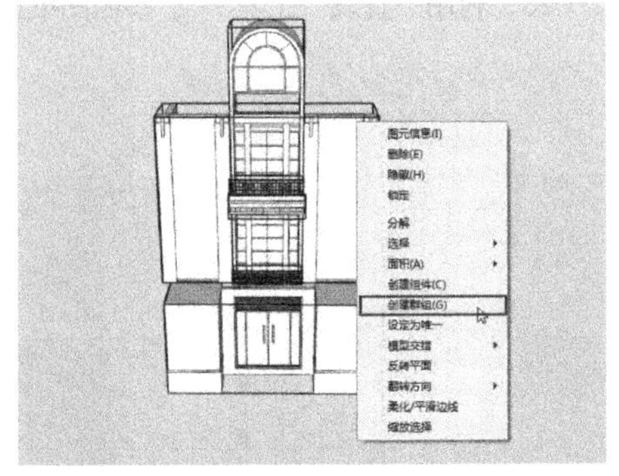

图 7-58　创建群组

（35）绘制房顶。首先绘制顶台，参考图纸绘制出立柱平面并创建组，如图 7-59 所示。

（36）激活“推/拉”工具，参照图纸将立柱推拉出一定的厚度，如图 7-60 所示。

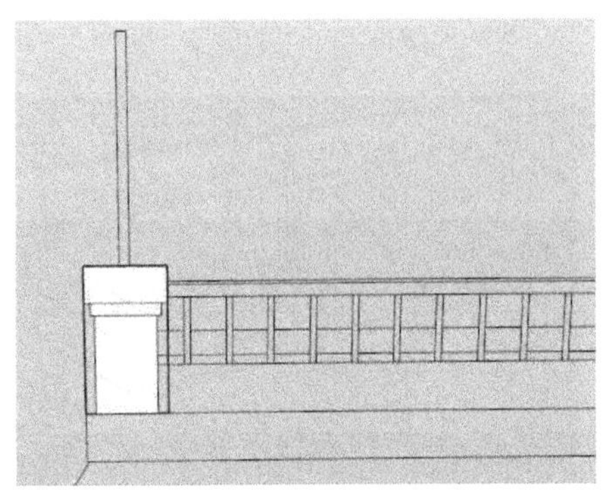

图 7-59　绘制立柱平面

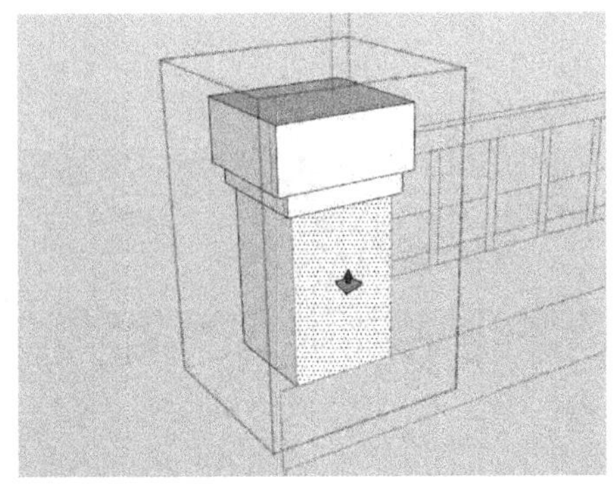

图 7-60　推拉立柱

（37）激活“直线”工具和“推/拉”工具，参照图纸制作避雷针，如图 7-61 所示。

（38）运用“矩形”工具、“直线”工具，根据图纸绘制防护栏立面轮廓，如图 7-62 所示。

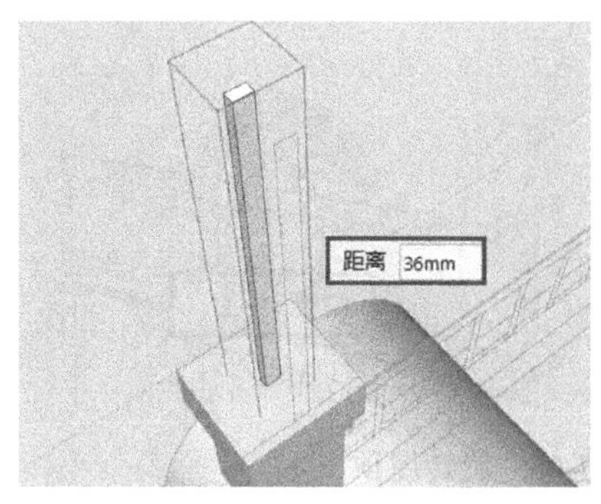

图 7-61　绘制避雷针

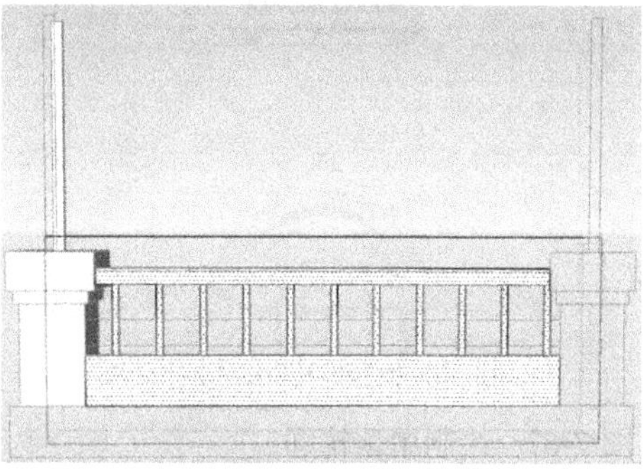

图 7-62　绘制防护栏轮廓

（39）激活“推/拉”工具，依据所提供的尺寸推拉防护栏，如图 7-63 所示。

（40）结合使用“移动”工具、“旋转”工具，移动复制避雷针和防护栏并旋转 90°，如图 7-64 所示。

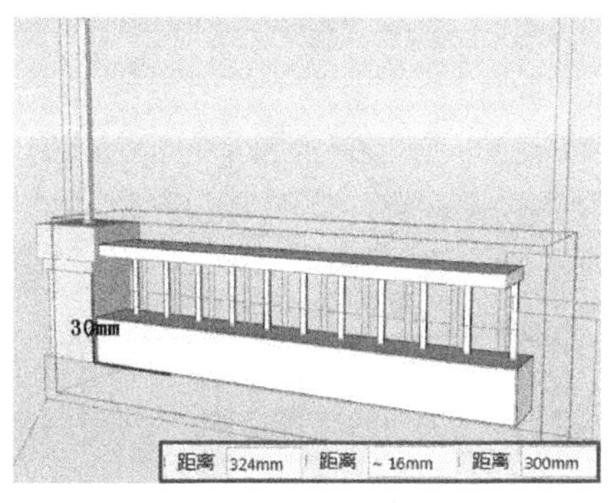

图 7-63　推拉防护栏

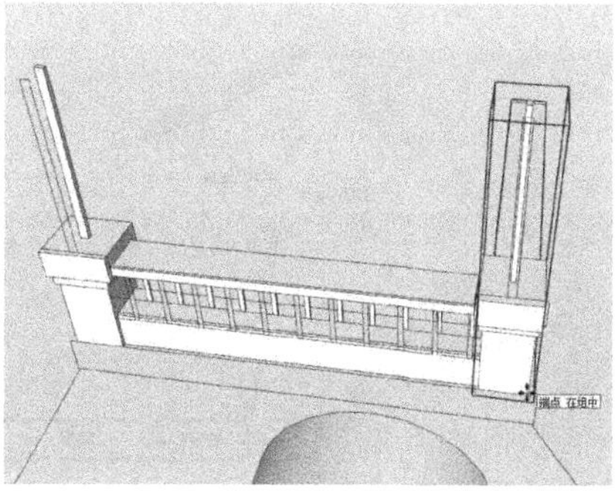

图 7-64　移动复制、旋转避雷针和防护栏

（41）重复命令操作，结果如图 7-65 所示。

（42）全选避雷针和防护栏组件，单击鼠标右键，将其创建为群组，至此顶台绘制完成，结果如图 7-66 所示。

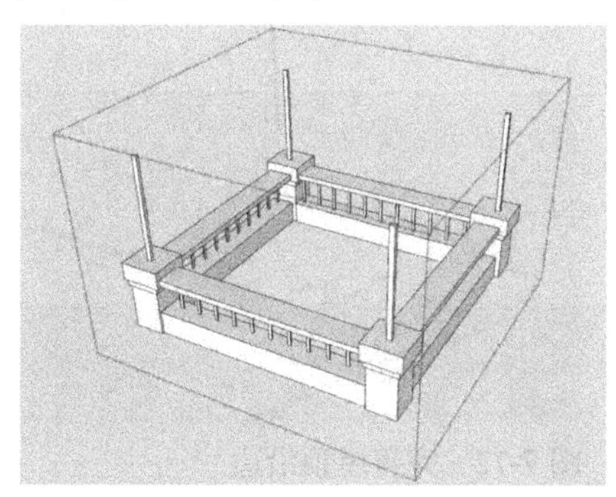

图 7-65　重复操作

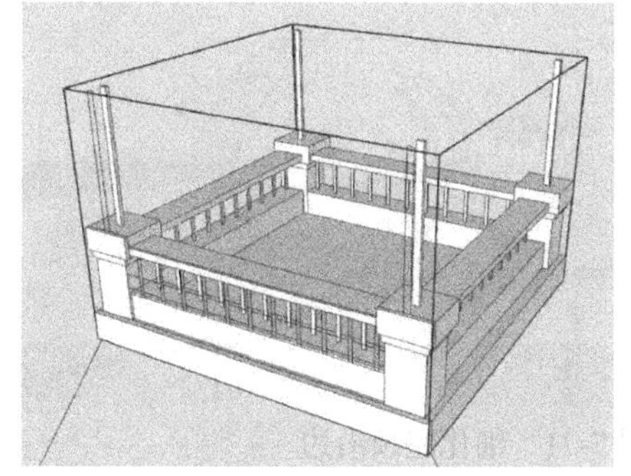

图 7-66　完成顶台

（43）激活“直线”工具、“圆弧”工具，绘制出屋顶轮廓，并将其创建为群

组，如图 7-67 所示。

（44）利用“旋转”工具，将屋顶旋转 33.2°，如图 7-68 所示。

图 7-67　绘制屋顶轮廓

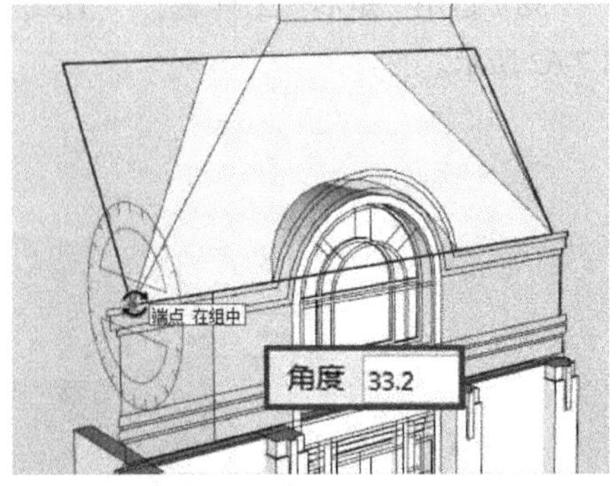

图 7-68　旋转屋顶

（45）激活“旋转”工具，按住 Ctrl 键，将屋顶旋转复制 3 份，如图 7-69 所示。

（46）激活“圆弧”工具、“直线”工具，参照图纸绘制屋顶沿边轮廓，如图 7-70 所示。

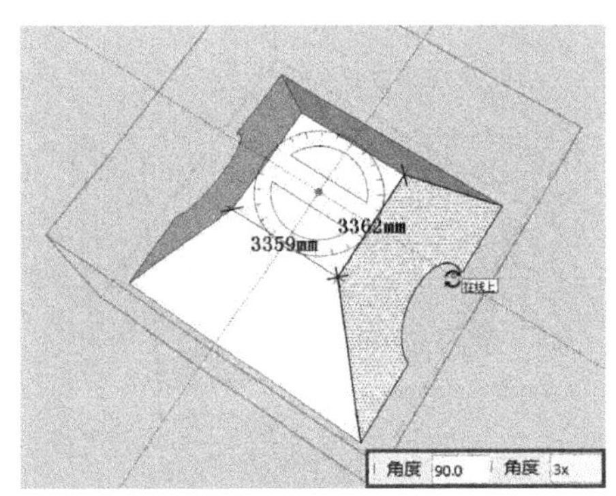

图 7-69　旋转复制屋顶

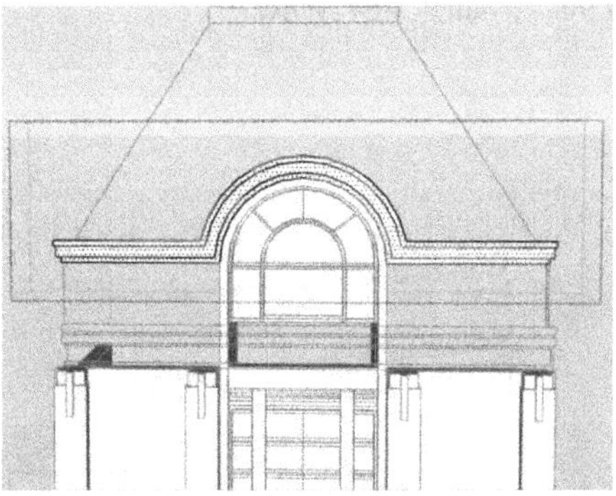

图 7-70　绘制屋顶沿边轮廓

（47）激活“推/拉”工具，细化沿边，如图 7-71 所示。

（48）重复命令操作，根据图纸完善图形，如图 7-72 所示。

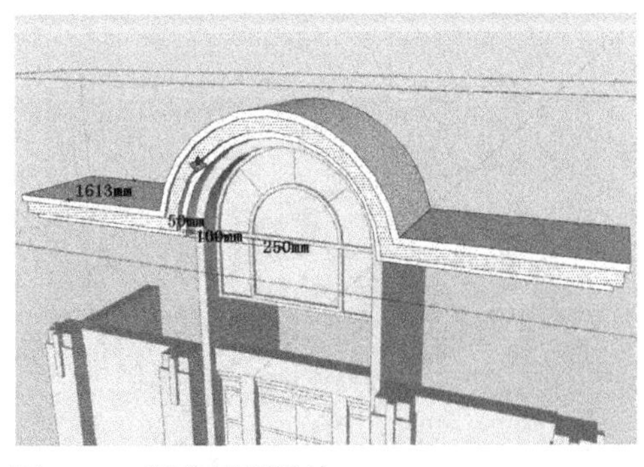

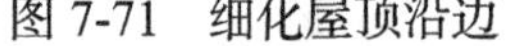

图 7-71　细化屋顶沿边

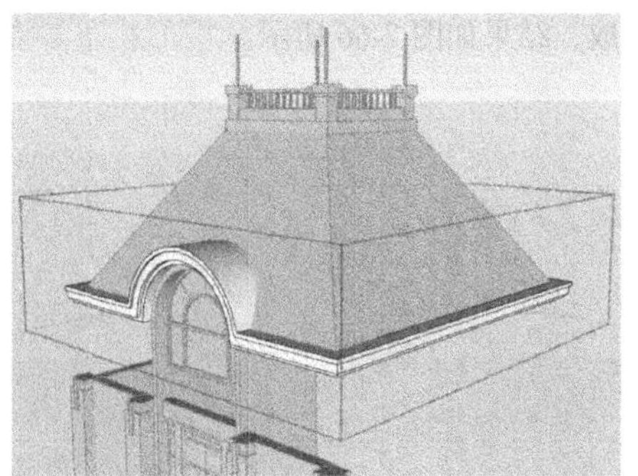

图 7-72　完善屋顶沿边

（49）激活“直线”工具，参照图纸在屋顶沿边下面绘制如图 7-73 所示的图形。

（50）按住 Ctrl+A 组合键全选，单击鼠标右键创建群组，如图 7-74 所示。

图 7-73　绘制几何体

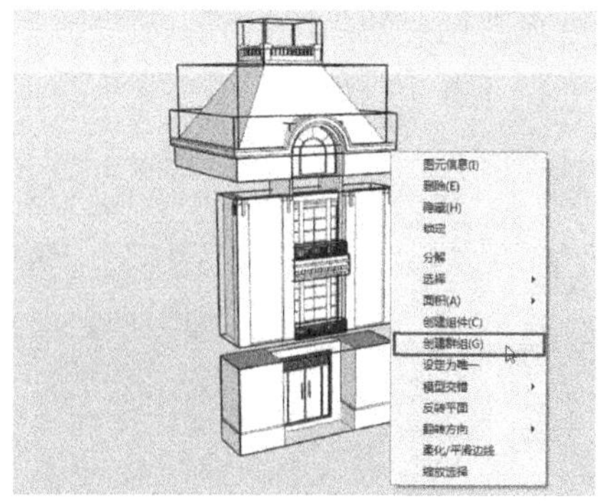

图 7-74　合并组件

（51）激活“矩形”工具 ，参照图纸绘制出沿边立面，如图 7-75 所示。

（52）激活“推/拉”工具 ，参照图纸细化沿边立面，如图 7-76 所示。

图 7-75　绘制沿边立面

图 7-76　细化沿边立面

（53）激活“矩形”工具 ，绘制尺寸为 9 500 mm × 9 500 mm 的矩形，如图 7-77 所示。

（54）结合使用“矩形”工具 、“直线”工具 、“移动”工具 ，参照西立面图绘制截面，如图 7-78 所示。

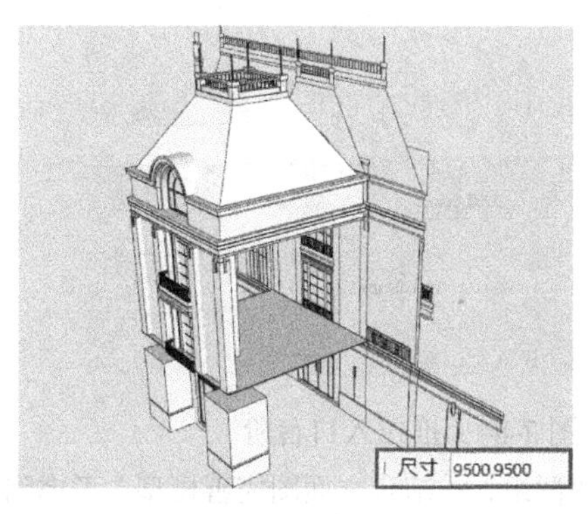

图 7-77　绘制矩形

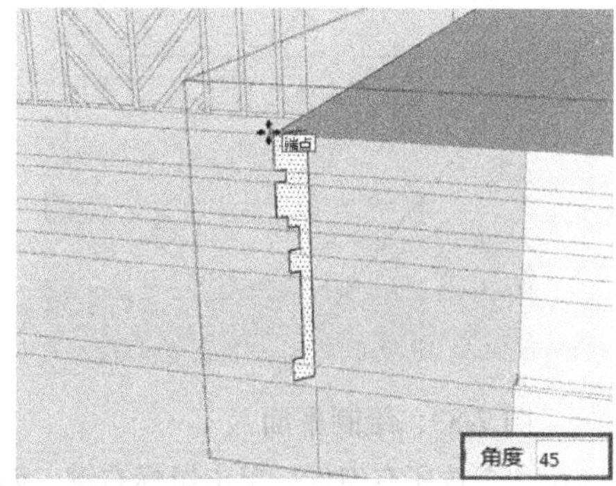

图 7-78　绘制截面

（55）选择矩形平面，激活“路径跟随”工具 ，在绘制的截面上单击，如图 7-79 所示。

（56）不规则面将会沿矩形路径跟随出图形，如图 7-80 所示。

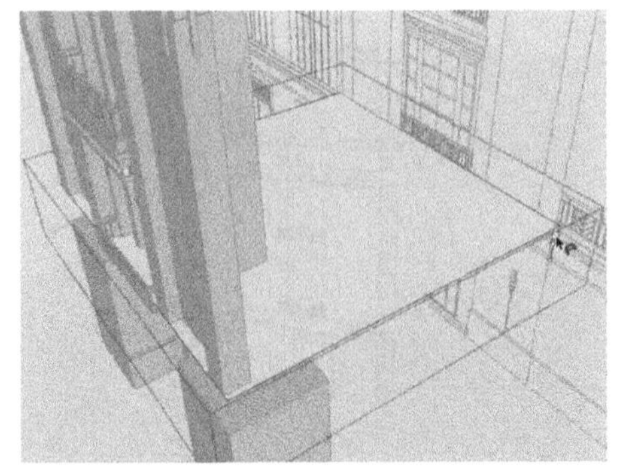

图 7-79 单击截面

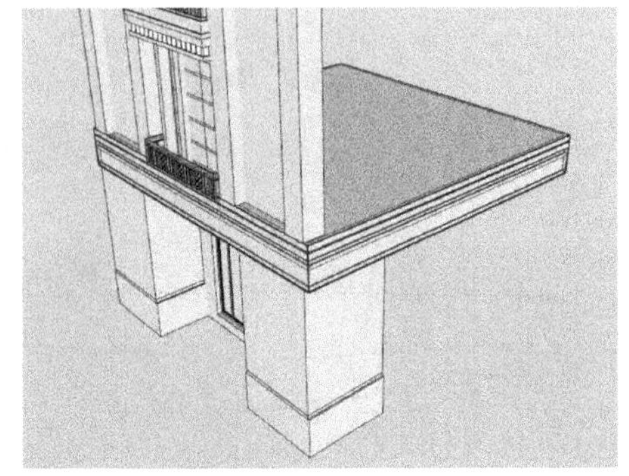

图 7-80 路径跟随

（57）绘制入口台阶。激活“直线”工具，参照一层平面图绘制如图 7-81 所示的平面。

（58）利用“偏移”工具，将所绘平面向内偏移 300 mm，如图 7-82 所示。

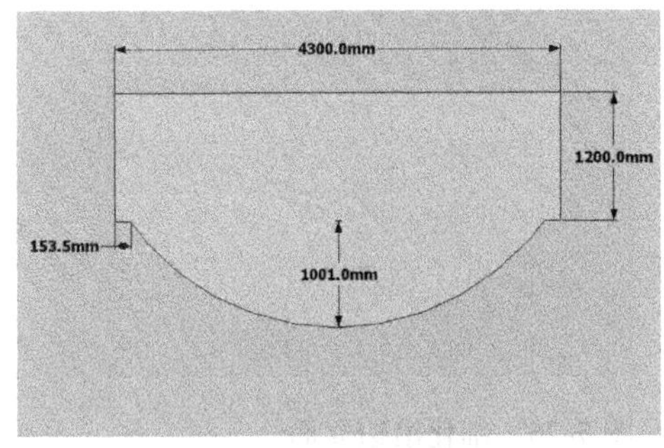

图 7-81 绘制平面

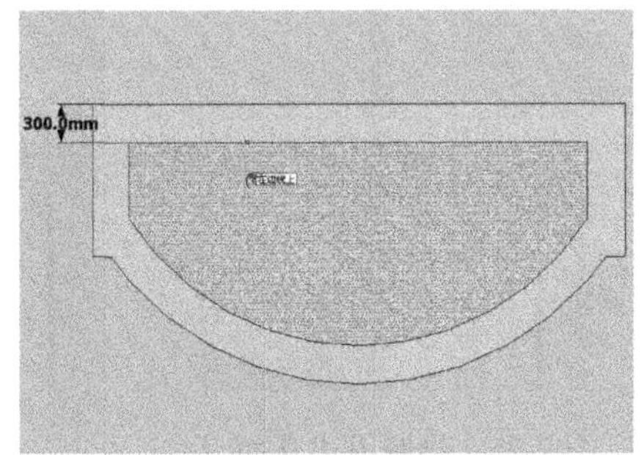

图 7-82 偏移平面

（59）利用“直线”工具，绘制如图 7-83 所示的平面，并删除多余的直线。

（60）激活“推/拉”工具，推拉入口台阶，如图 7-84 所示。

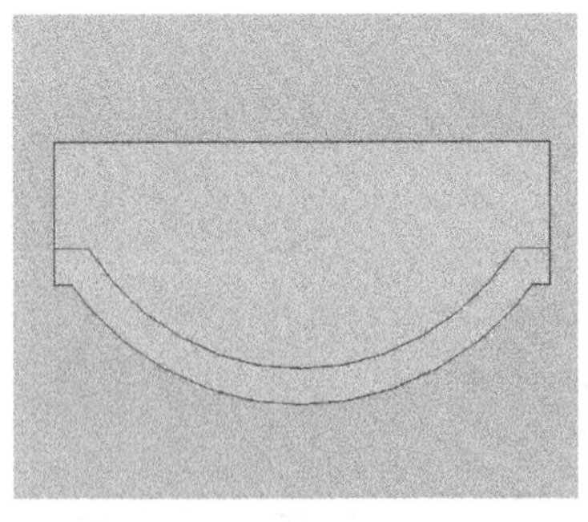

图 7-83 绘制平面

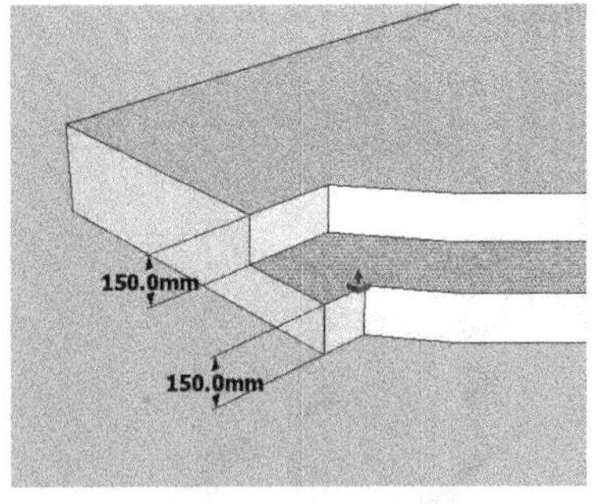

图 7-84 推拉入口台阶

（61）全选所有组件，单击鼠标右键，创建群组，并结合立面图完善模型。考虑到一些面会被其他建筑遮挡住，一些细节不予处理，完成效果如图 7-85~图 7-88 所示。

图 7-85　塔楼后面效果

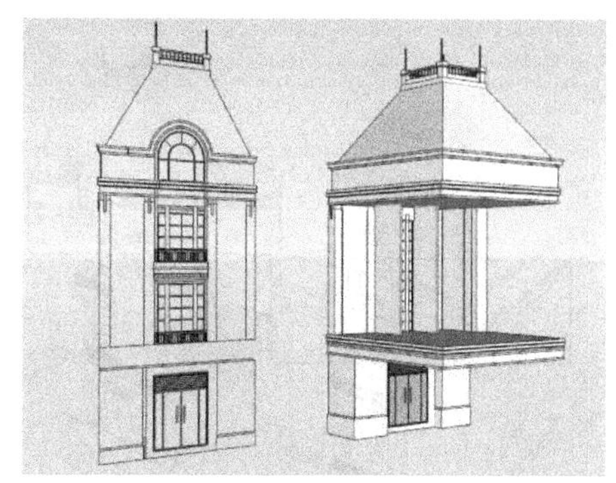

图 7-86　塔楼前面效果

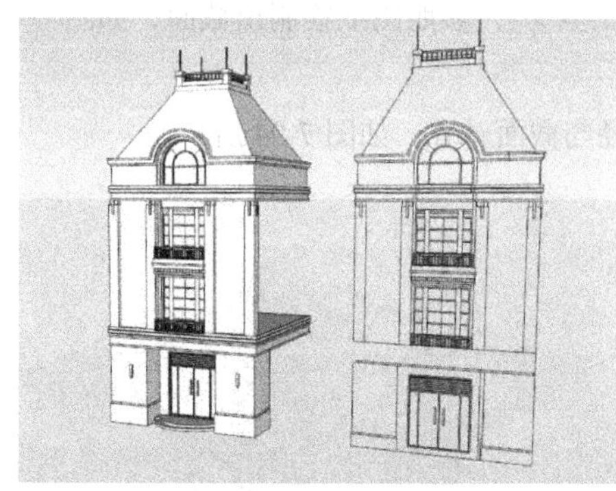

图 7-87　塔楼右侧效果

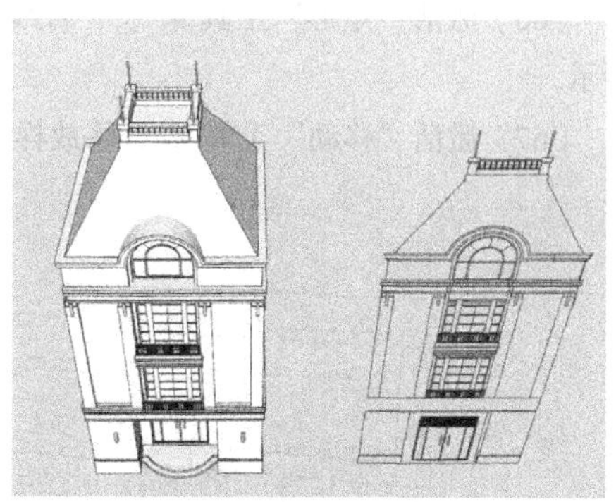

图 7-88　塔楼俯视效果

（62）复制侧边塔楼，按图 7-89 所示改造右侧塔楼。

（63）右侧塔楼上层有两扇拱窗，且另外三个屋顶有半圆缺口，如图 7-90 所示。

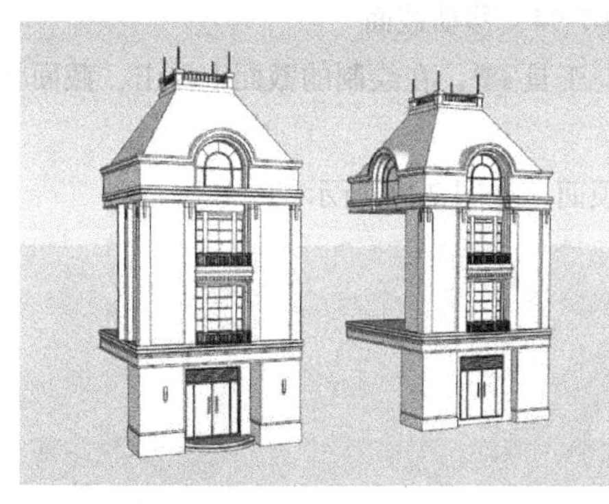

图 7-89　改造完成后对比

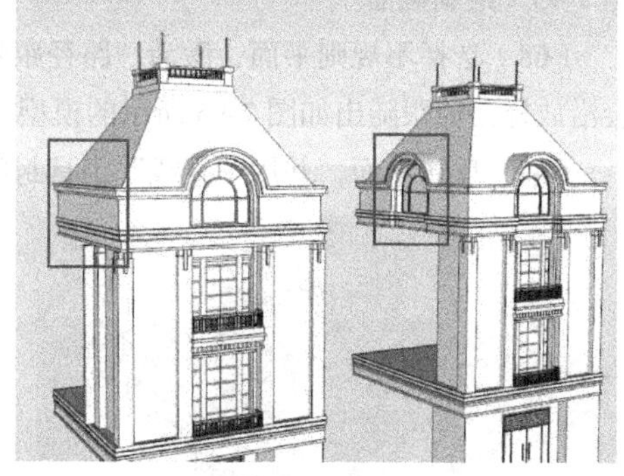

图 7-90　屋顶对比

（64）右塔楼有中部沿边，如图 7-91 所示。

（65）激活“矩形”工具 、“直线”工具 ，参照图纸绘制出如图 7-92 所示的平面。

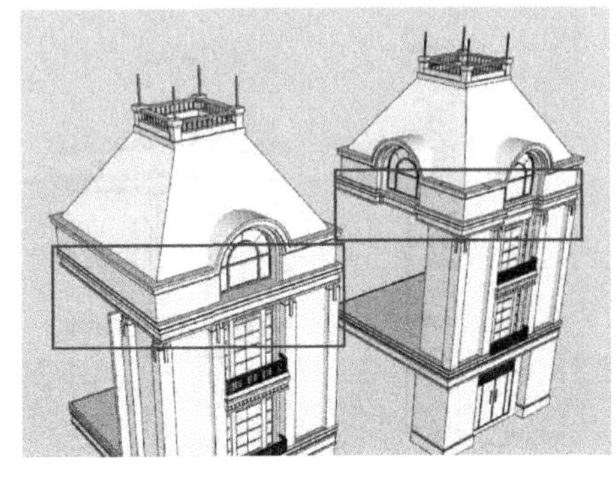

图 7-91　沿边对比

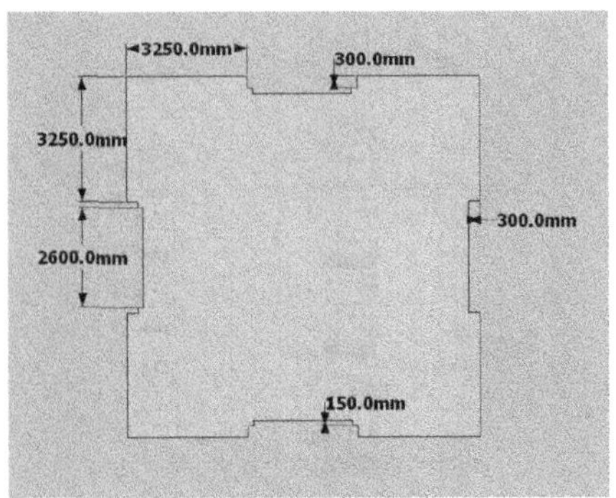

图 7-92　绘制沿边平面

（66）激活“矩形”工具、“直线”工具，参照图纸绘制出截面，如图 7-93 所示。

（67）激活“移动”工具，将放样路径与截面对齐，如图 7-94 所示。

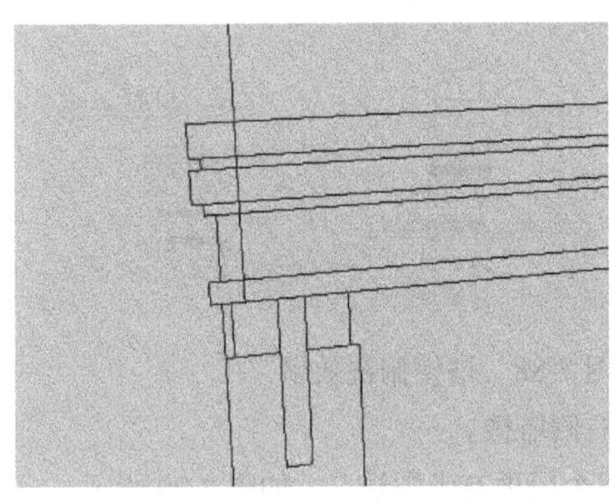

图 7-93　绘制截面

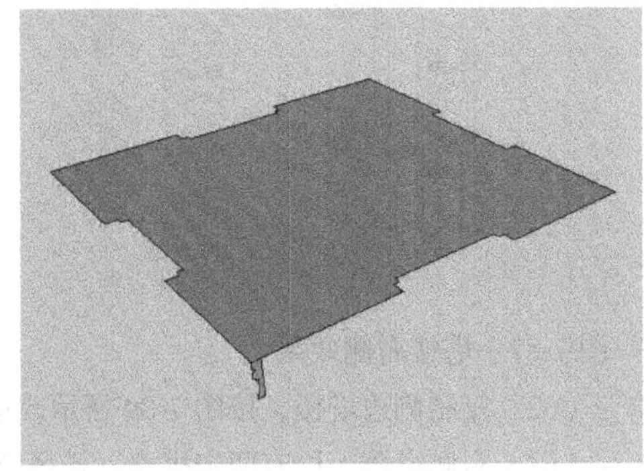

图 7-94　移动截面

（68）选择不规则平面，激活“路径跟随”工具，在绘制的截面上单击，截面将会沿放样路径跟随出如图 7-95 所示的模型。

（69）反转平面，并用“直线”工具封闭顶面，如图 7-96 所示。

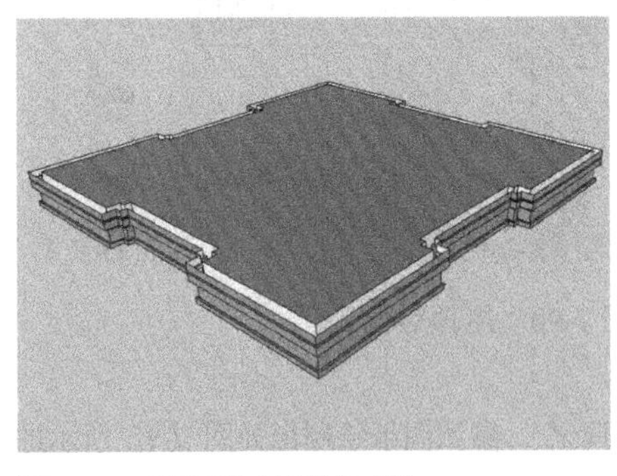

图 7-95　激活路径跟随工具

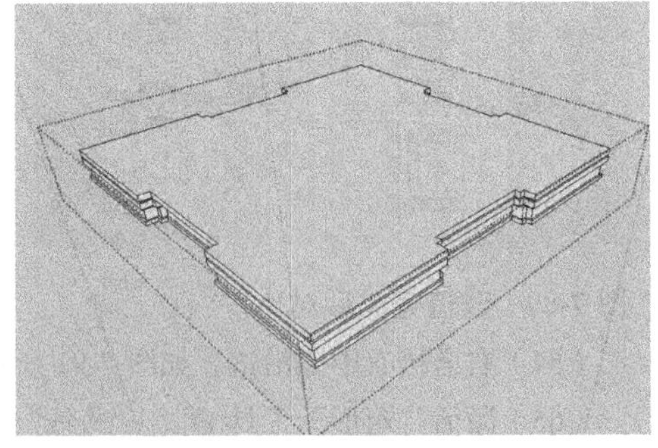

图 7-96　封面

（70）右塔楼没有立柱和墙，如图 7-97 所示。

（71）激活“材质”工具，为模型赋予材质，如图 7-98 所示。

图 7-97　模型对比

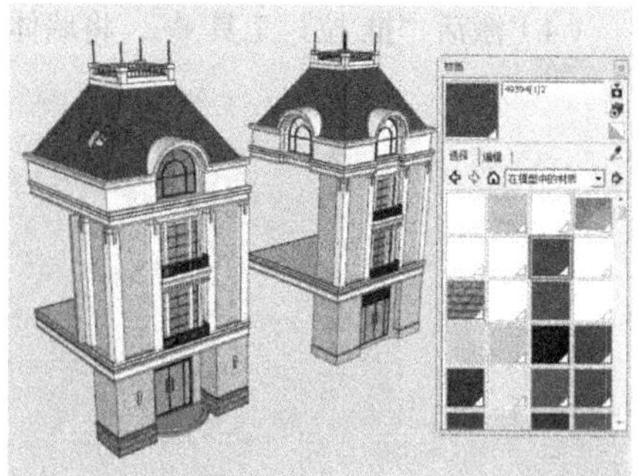

图 7-98　赋予材质

（72）会所两侧塔楼的模型绘制结果如图 7-99 所示。

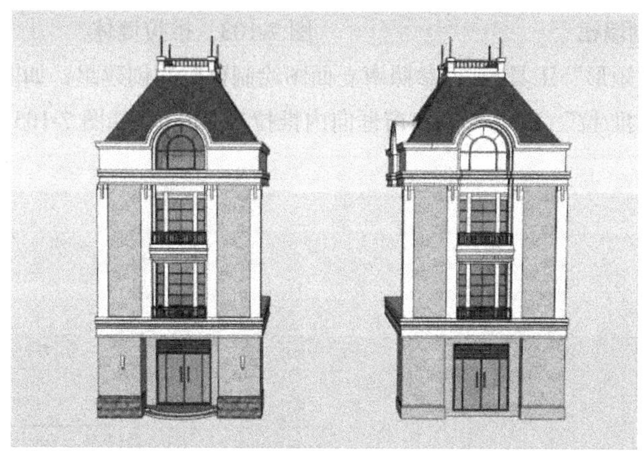

图 7-99　两侧塔楼最终效果

2．创建主体模型

（1）激活“直线”工具，参照一层平面图绘制出一楼大门左侧的墙体，如图 7-100 所示。

（2）激活“推/拉”工具，将平面向上推拉 4 500 mm 的高度，如图 7-101 所示。

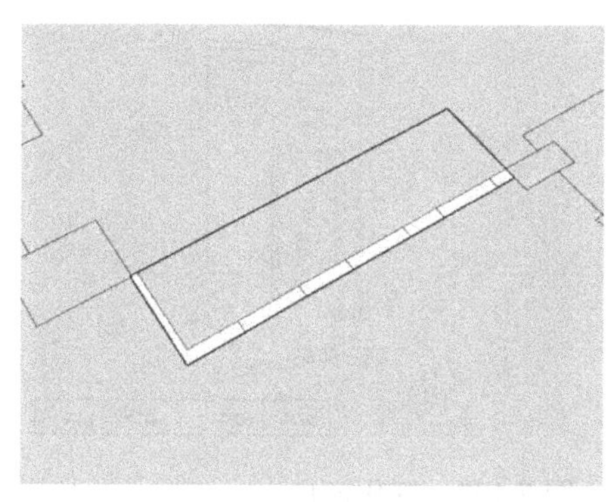

图 7-100　绘制平面

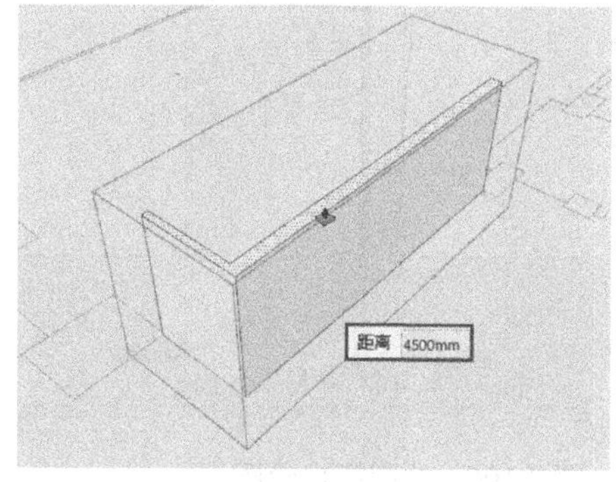

图 7-101　推拉平面

（3）利用“矩形”工具，根据南立面图绘制出墙裙，如图 7-102 所示。

（4）激活“推/拉”工具，将墙体向内推拉 50 mm，如图 7-103 所示。

图 7-102　绘制墙裙

图 7-103　推拉墙体

（5）利用“矩形”工具，参照南立面图绘制窗框并创建组，如图 7-104 所示。

（6）激活“推/拉”工具，将窗框向内推拉 250 mm，如图 7-105 所示。

图 7-104　绘制窗框

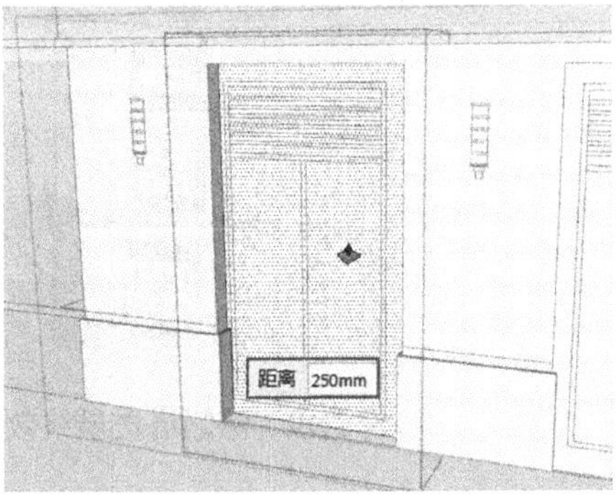

图 7-105　推拉窗框

（7）激活“矩形”工具、“直线”工具，参照南立面图绘制窗户轮廓，如图 7-106 所示。

（8）激活“推/拉”工具，细化窗户，如图 7-107 所示。

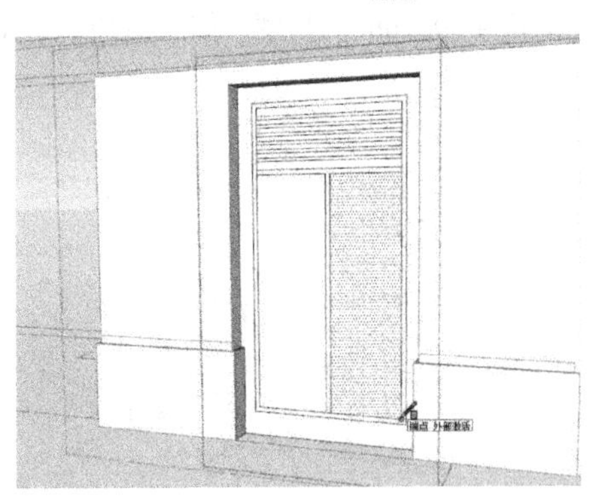

图 7-106　绘制窗户轮廓

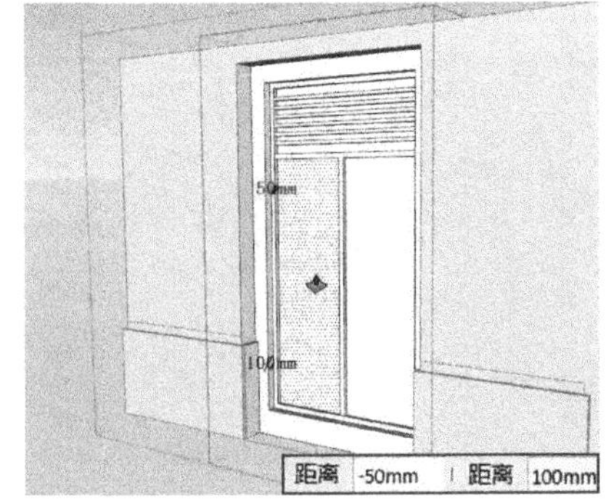

图 7-107　细化窗户

（9）激活“移动”工具，按住 Ctrl 键，将刚绘制的窗户组件进行移动复制，如图 7-108 所示。

（10）将大门左侧墙体和窗户创建为群组，至此，大门左侧墙体绘制完成，如图 7-109 所示。

图 7-108　移动复制窗户

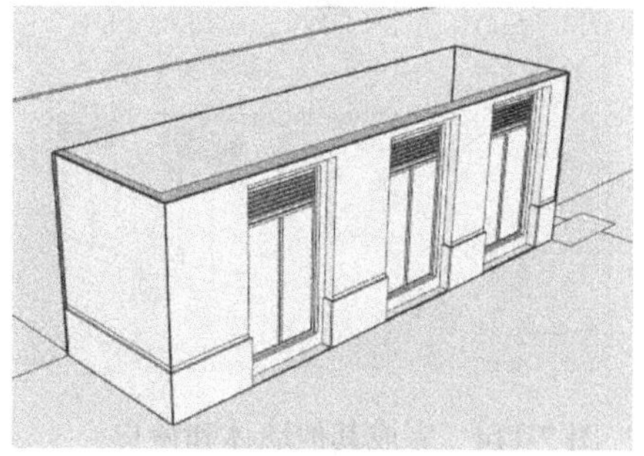

图 7-109　大门左侧墙体完成效果

（11）按照与上述相同的方法完成大门右侧墙体，如图 7-110 所示。

（12）激活“矩形”工具，参照南立面图绘制出大门墙柱轮廓，如图 7-111 所示。

图 7-110　完成大门右侧墙体

图 7-111　绘制大门墙柱轮廓

（13）激活“推/拉”工具，参照南立面图推拉大门墙柱，如图 7-112 所示。

（14）激活“移动”工具，按住 Ctrl 键，将刚绘制的墙柱组件向右移动复制，如图 7-113 所示。

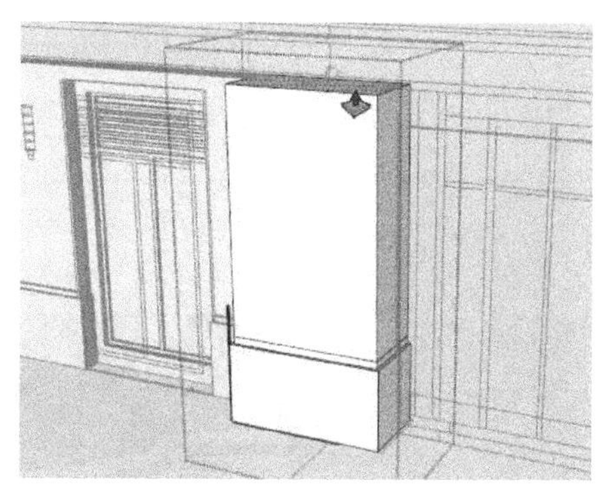

图 7-112　推拉大门墙柱

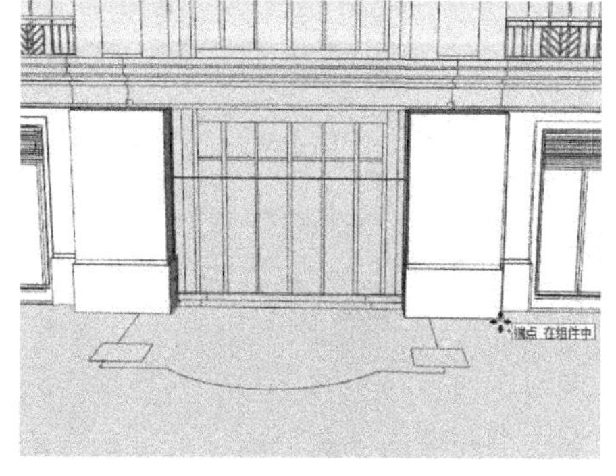

图 7-113　移动复制墙柱

（15）按照与上述相同的方法完成一楼其他墙体和窗户，如图 7-114 所示。

（16）全选一层墙体和窗户，单击鼠标右键创建群组，如图 7-115 所示。

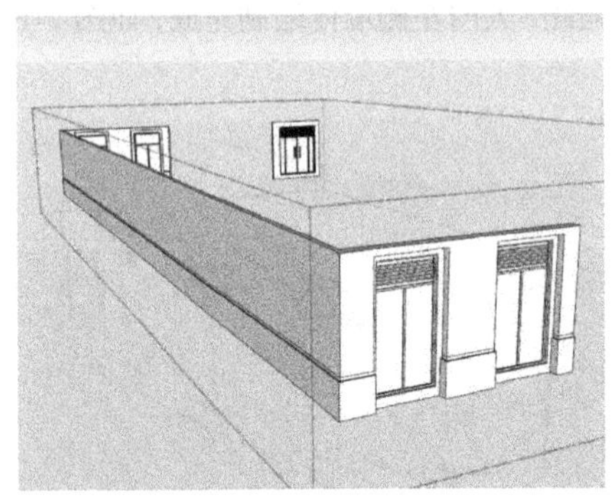

图 7-114　完成其他墙体和窗户

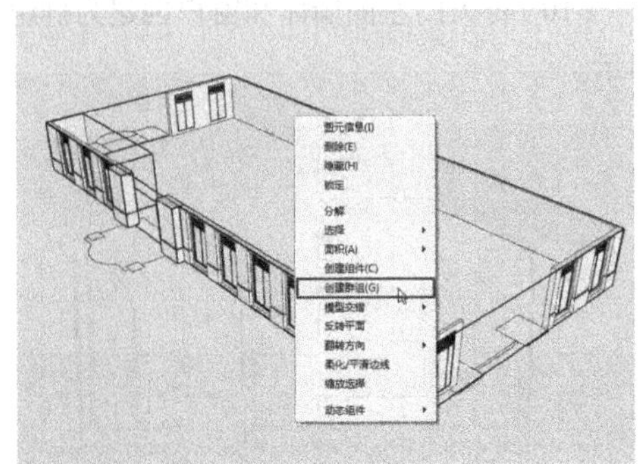

图 7-115　创建群组

（17）激活“直线”工具和“圆弧”工具，绘制出入口台阶的平面，如图 7-116 所示。

（18）激活“推/拉”工具，推拉平面，如图 7-117 所示。

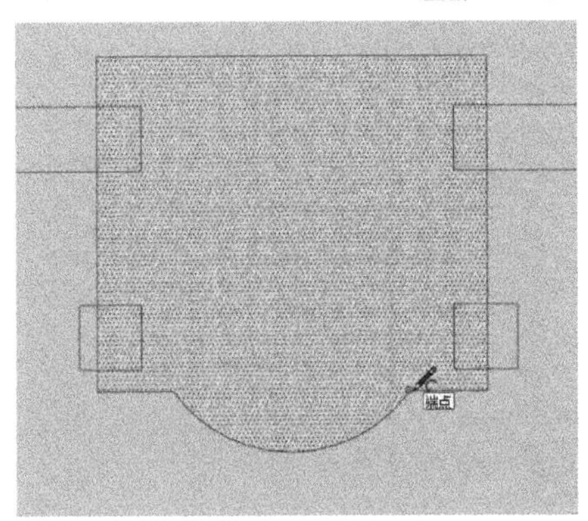

图 7-116　绘制入口台阶平面

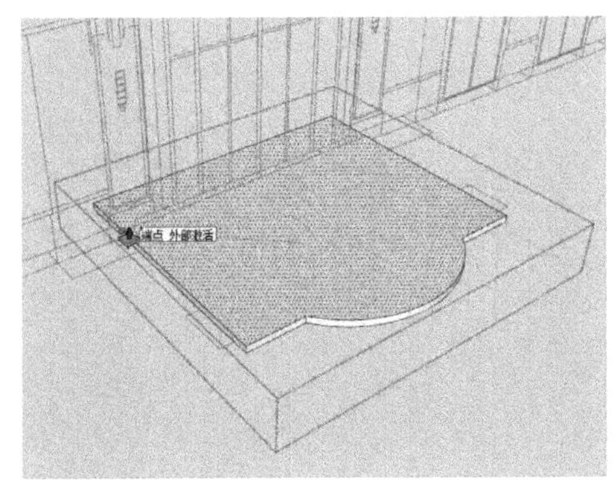

图 7-117　推拉平面

（19）激活“偏移”工具、“推/拉”工具，细化入口台阶，如图 7-118 所示。

（20）激活“矩形”工具、“直线”工具，参照南立面图绘制门柱轮廓，如图 7-119 所示。

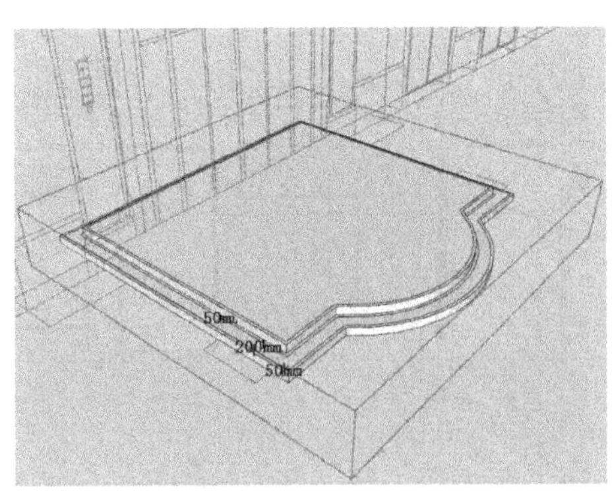

图 7-118　细化入口台阶

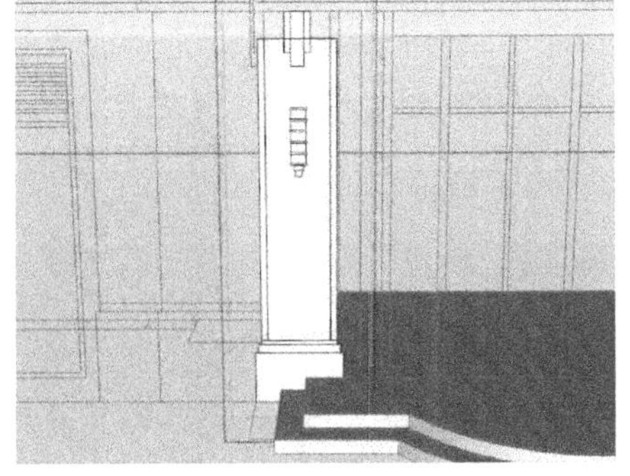

图 7-119　绘制门柱轮廓

（21）激活“推/拉”工具，参照南立面图、西立面图推拉门柱，结果如图 7-120 所示。

（22）激活“移动”工具，按住 Ctrl 键，参照南立面图将门柱组件移动复制至相应位置，如图 7-121 所示。

图 7-120　推拉门柱

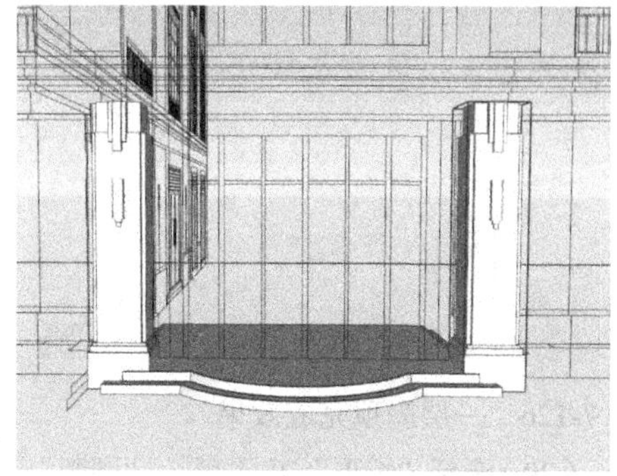

图 7-121　移动复制门柱

（23）激活“圆弧”工具、“直线”工具、“偏移”工具，参照顶面图绘制门顶轮廓，并用“推/拉”工具，将其分别向上推拉 700 mm、向下推拉 200 mm，如图 7-122 所示。

（24）激活“路径跟随”工具，参照西立面图细化门顶，如图 7-123 所示。

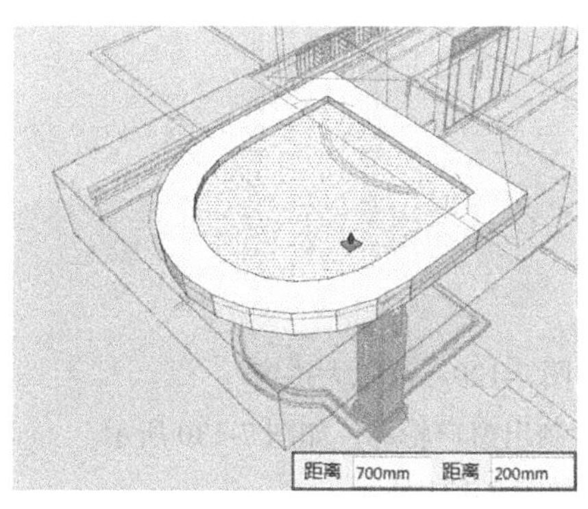

图 7-122　绘制门顶

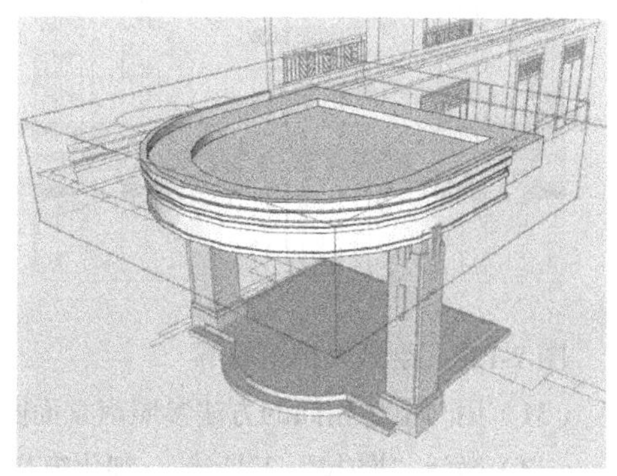

图 7-123　细化门顶

（25）按图 7-124 所示绘制一层屋顶平面。

（26）激活“矩形”工具，按照图纸绘制沿边截面，如图 7-125 所示。

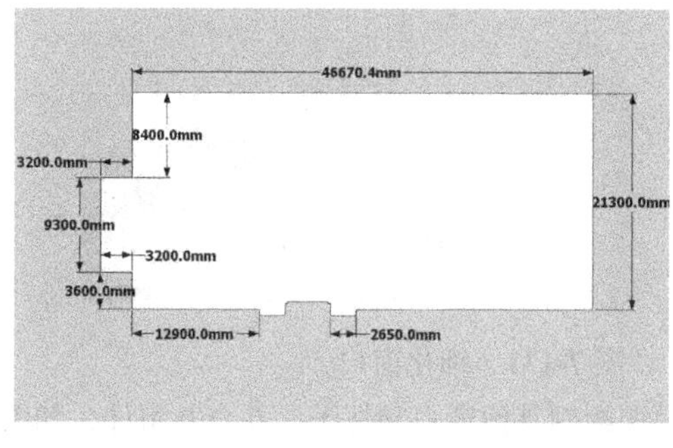

图 7-124　绘制一层屋顶平面

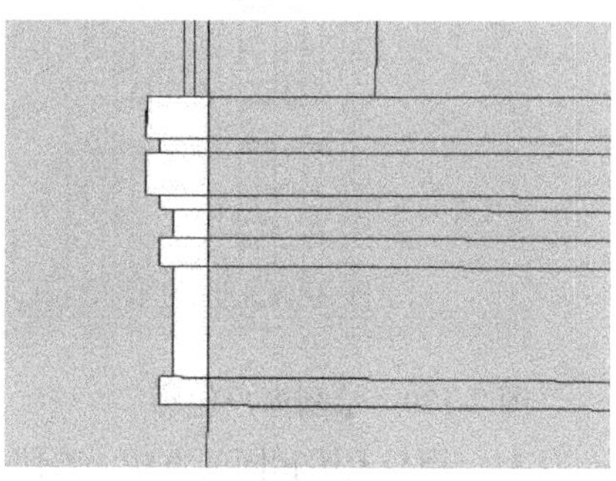

图 7-125　绘制沿边截面

（27）选择不规则平面，激活“路径跟随”工具，在绘制的截面上单击，截面将会沿放样路径跟随出如图 7-126 所示的模型。

（28）至此，一层模型完成，结果如图 7-127 所示。

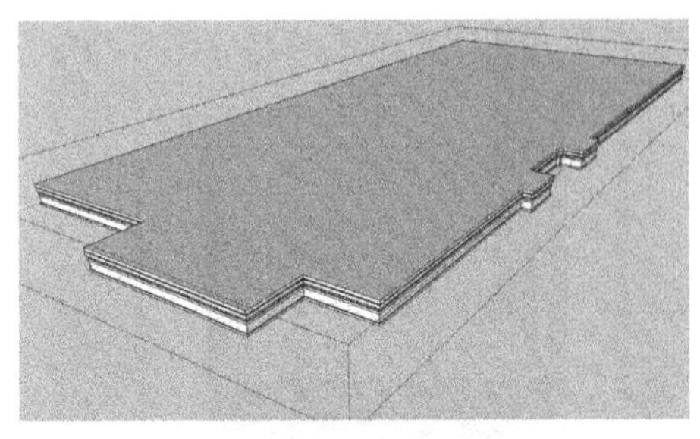

图 7-126　一层屋顶完成效果

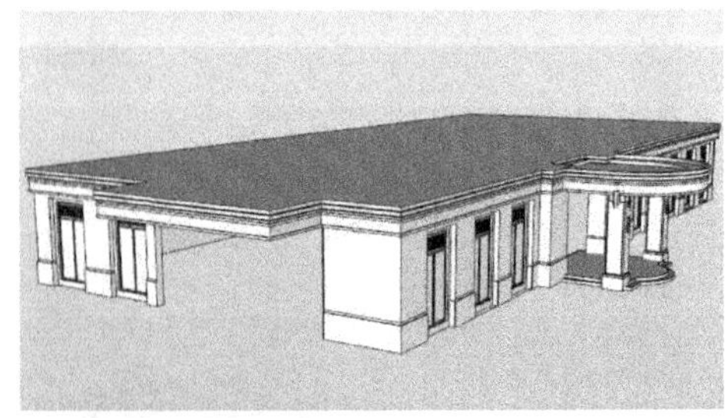

图 7-127　一层完成效果

（29）激活“矩形”工具、“圆弧”工具、“直线”工具、“偏移”工具，参照南立面图绘制大拱窗轮廓，如图 7-128 所示。

（30）激活“推/拉”工具，细化拱窗，如图 7-129 所示。

图 7-128　绘制大拱窗轮廓

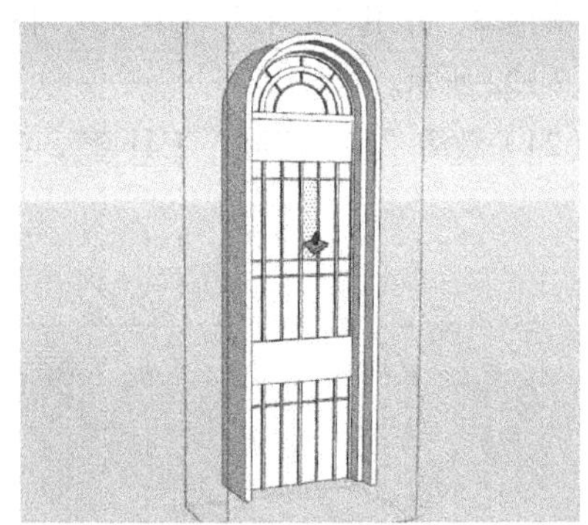

图 7-129　细化大拱窗

（31）用与上述相同的方法参照南立面图绘制出窗户轮廓，如图 7-130 所示。

（32）激活“推/拉”工具，细化窗户，如图 7-131 所示。

图 7-130　绘制窗户轮廓

图 7-131　细化窗户

（33）用与上述相同的方法，参照立面图绘制其他窗户和柱子，并合并组件，如图 7-132 所示。

（34）用与上述相同的方法，参照立面图绘制其他墙体和护栏，并合并组件，如图

7-133 所示。

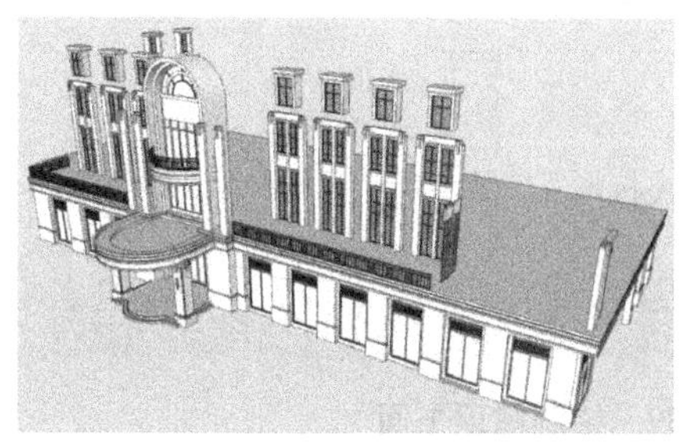

图 7-132　绘制其他窗户和柱子

图 7-133　绘制其他墙体和护栏

（35）激活“矩形”工具、“直线”工具，按图 7-134 所示绘制出三层屋顶的平面。

（36）激活“矩形”工具，按照图纸绘制出沿边截面，如图 7-135 所示。

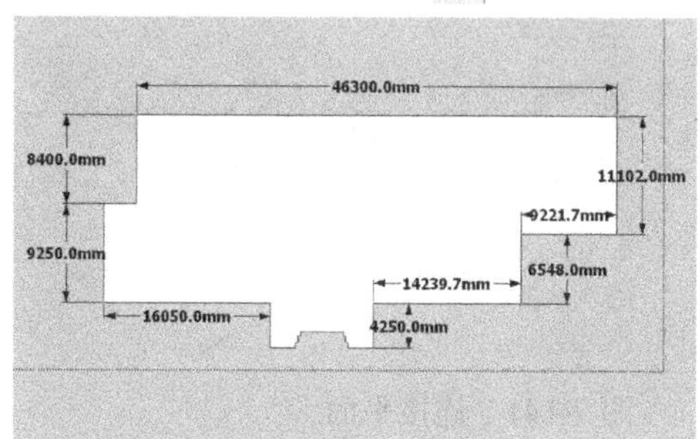

图 7-134　绘制三层屋顶平面

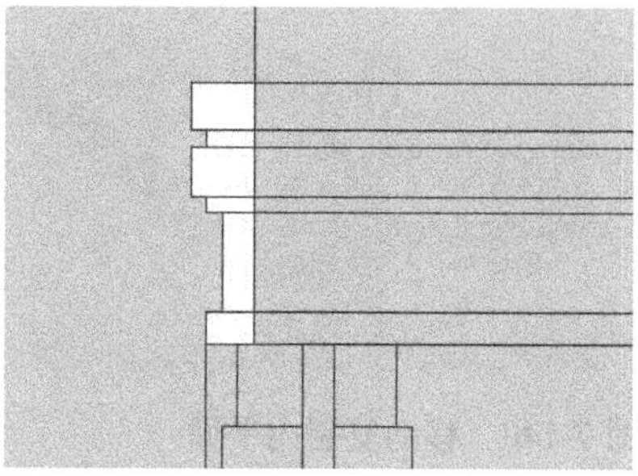

图 7-135　绘制截面

（37）选择不规则平面，激活“路径跟随”工具，在绘制的截面上单击，截面将会沿放样路径跟随出如图 7-136 所示的模型。

（38）激活“矩形”工具、“直线”工具，按图 7-137 所示绘制出屋顶沿边平面。

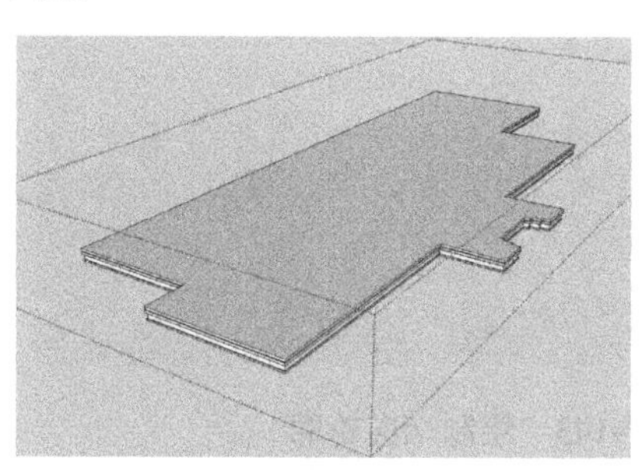

图 7-136　跟随路径

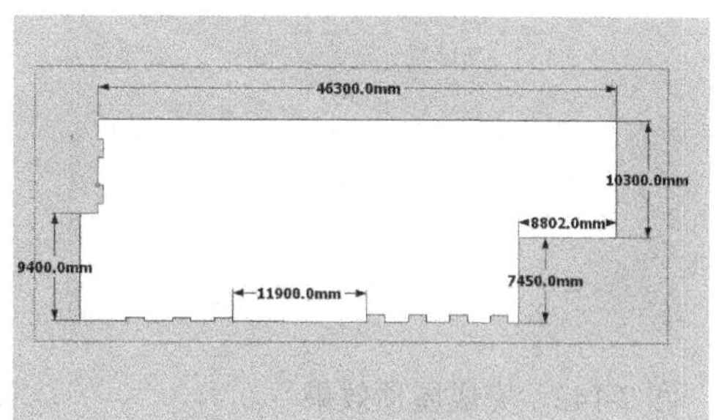

图 7-137　绘制平面

（39）按照与上述相同的方法，完成屋顶沿边，效果如图 7-138 所示。

（40）激活“矩形”工具、“直线”工具，参照顶面图绘制出屋顶平面，注意留出被两侧塔楼遮挡的部分，如图 7-139 所示。

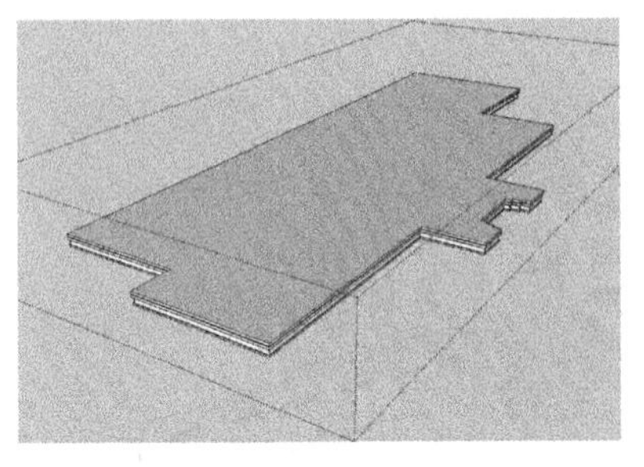

图 7-138　完成屋顶沿边效果

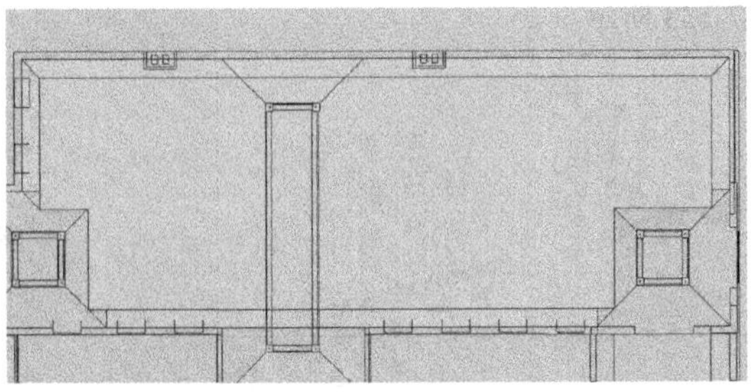

图 7-139　绘制屋顶平面

（41）激活“移动”工具，按住 Ctrl 键，将内平面向上移动复制 1 750 mm，如图 7-140 所示。

（42）激活“直线”工具，连接外平面，如图 7-141 所示。

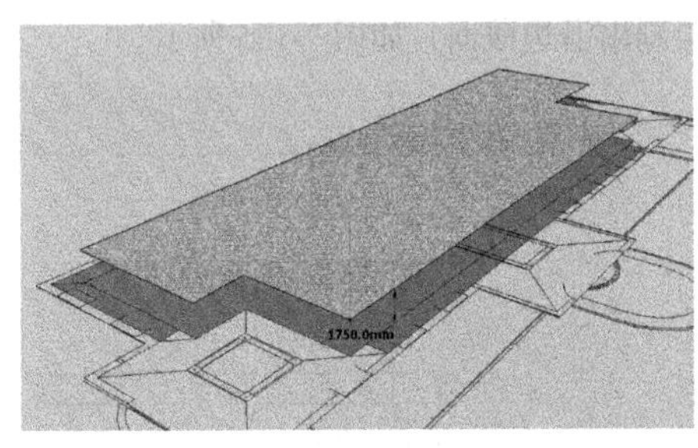

图 7-140　移动复制内平面

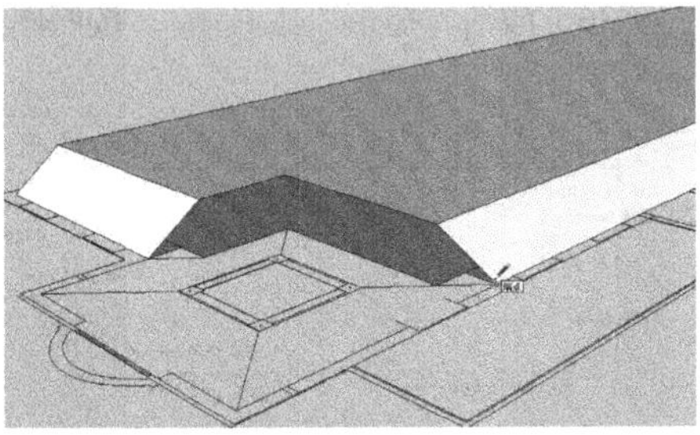

图 7-141　连接平面

（43）删除多余线、面，屋顶完成效果如图 7-142 所示。

（44）激活“矩形”工具，参照南立面图绘制烟囱轮廓，如图 7-143 所示。

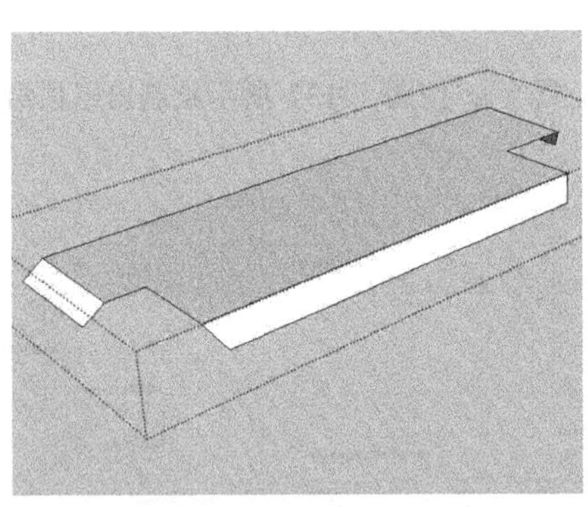

图 7-142　完成屋顶效果

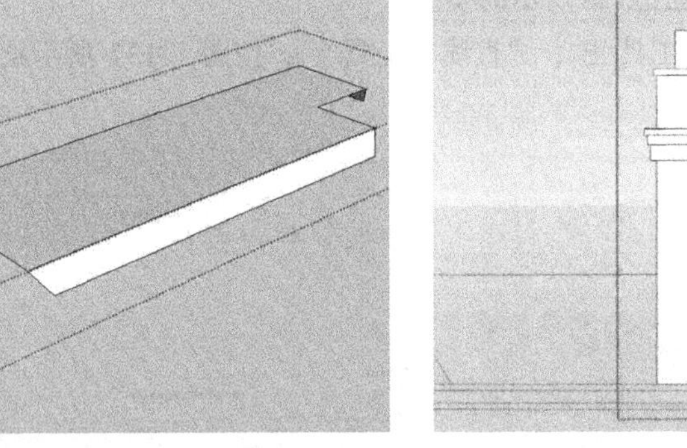

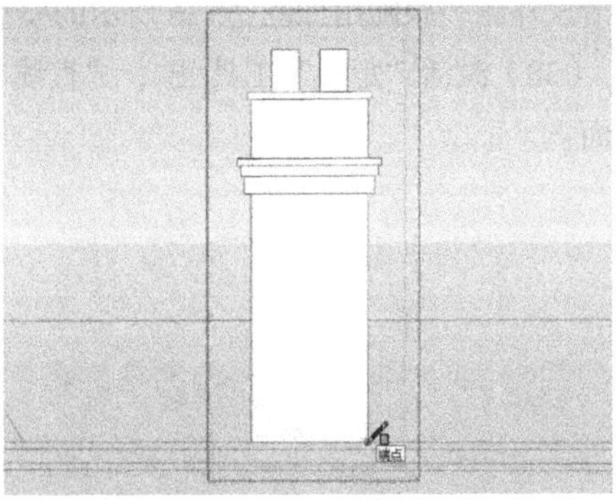

图 7-143　绘制烟囱轮廓

（45）激活“推/拉”工具，参照西立面图推拉烟囱，如图 7-144 所示。

（46）激活“矩形”工具、“直线”工具，参照顶面图绘制出主体塔楼的屋顶，如图 7-145 所示。

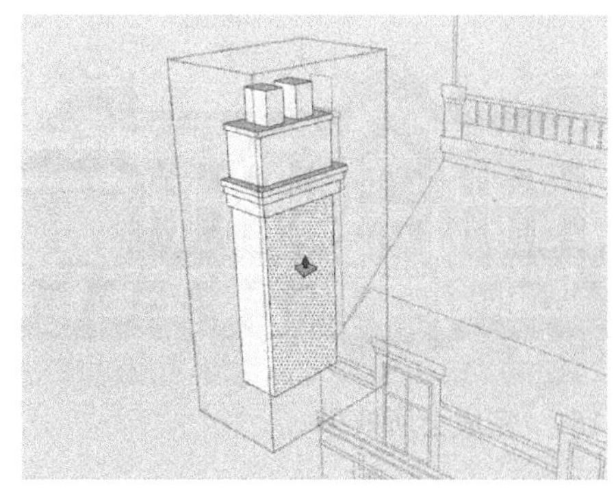

图 7-144　推拉烟囱

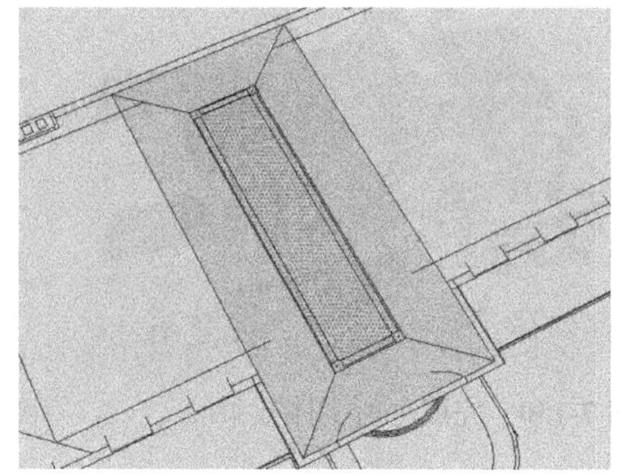

图 7-145　绘制主体塔楼屋顶

（47）按与上述相同的方法绘制主体塔楼屋顶，如图 7-146 所示。

（48）复制侧塔楼顶台，参照立面图进行调整，结果如图 7-147 所示。

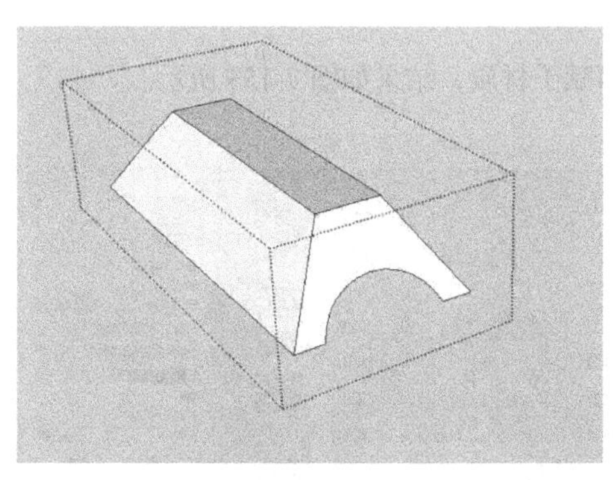

图 7-146　完成主体塔楼屋顶效果

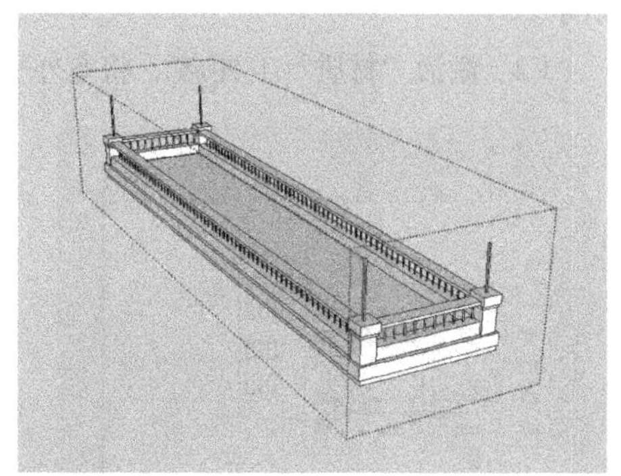

图 7-147　完成顶台效果

（49）按照与上述相同的方法完成会所右侧屋顶，如图 7-148 与图 7-149 所示。

图 7-148　绘制会所右侧屋顶

图 7-149　完成效果

（50）激活“材质”工具，赋予会所主体模型材质，并将完成的各组件合并，如图 7-150 所示。

（51）最后将完成的两侧塔楼与主体合并，如图 7-151 所示。

图 7-150　完成会所主体效果

图 7-151　完成会所效果

3．制作周边设施和环境

（1）激活“矩形”工具、“直线”工具，将室外平面进行封面处理，如图 7-152 所示。

（2）激活“材质”工具，将室外平面赋予材质，结果如图 7-153 所示。

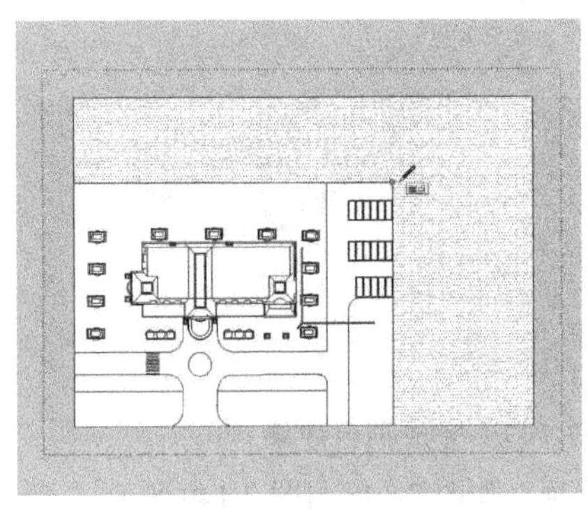

图 7-152　将室外平面封面

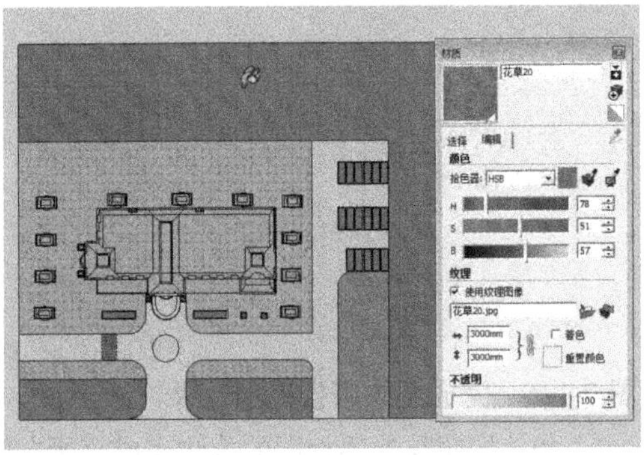

图 7-153　赋予材质

（3）激活“推/拉”工具，将所示区域推拉 200 mm 的厚度，如图 7-154 所示。

（4）利用“偏移”工具、“推/拉”工具，细化树池，结果如图 7-155 所示。

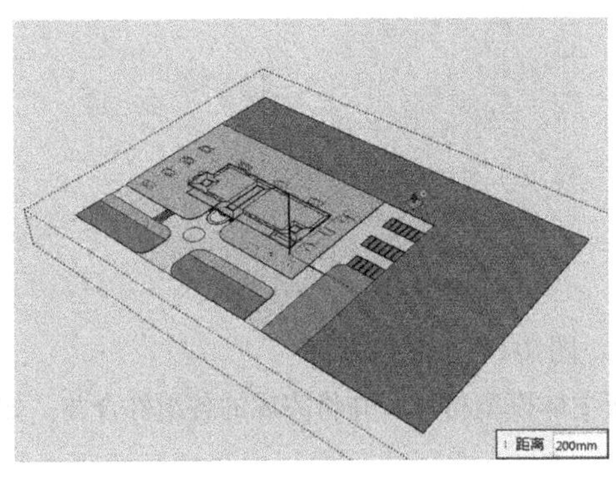

图 7-154　推拉室外平面

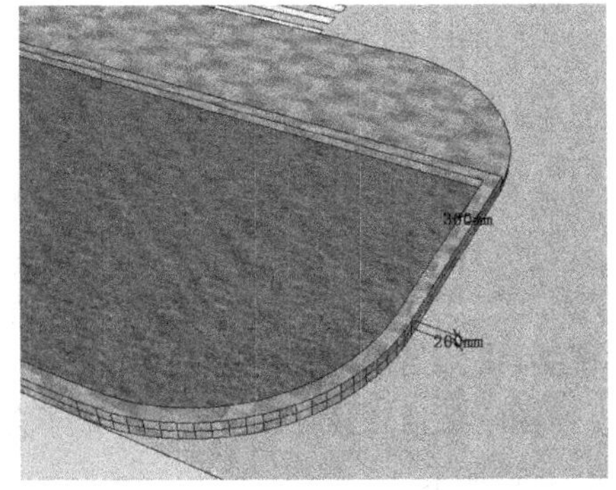

图 7-155　细化树池

（5）导入“路灯”组件，如图 7-156 所示。

（6）导入“花坛”组件，如图 7-157 所示。

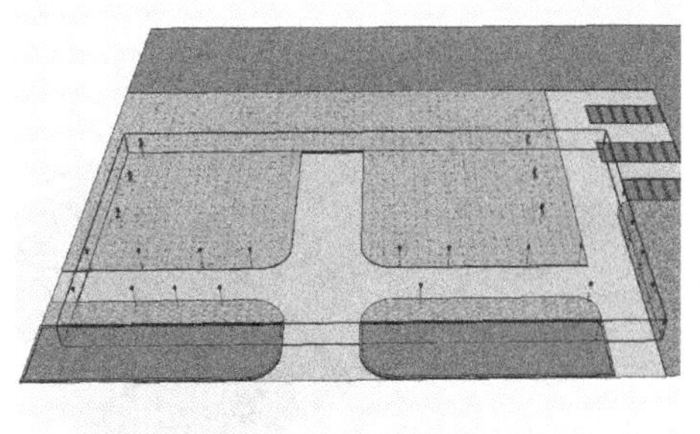
图 7-156　导入路灯组件

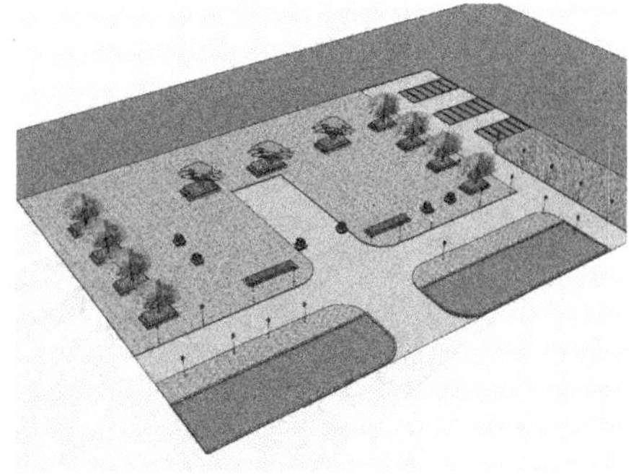
图 7-157　导入花坛组件

（7）合并“人行道”组件，如图 7-158 所示。

（8）导入“喷泉”组件，如图 7-159 所示。

图 7-158　合并人行道组件

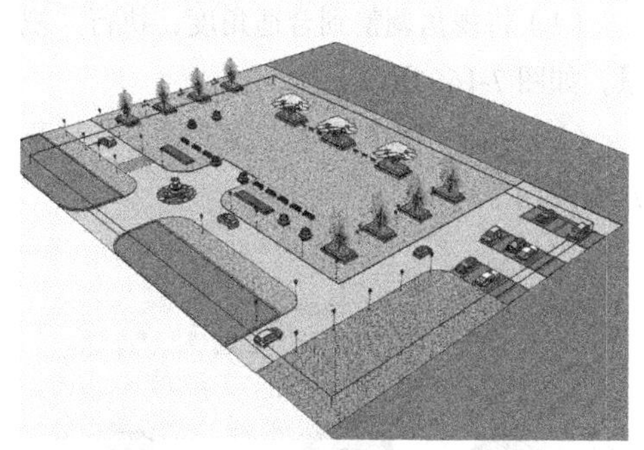
图 7-159　导入喷泉组件

（9）导入“休闲椅”组件，如图 7-160 所示。

（10）导入“汽车”组件，如图 7-161 所示。

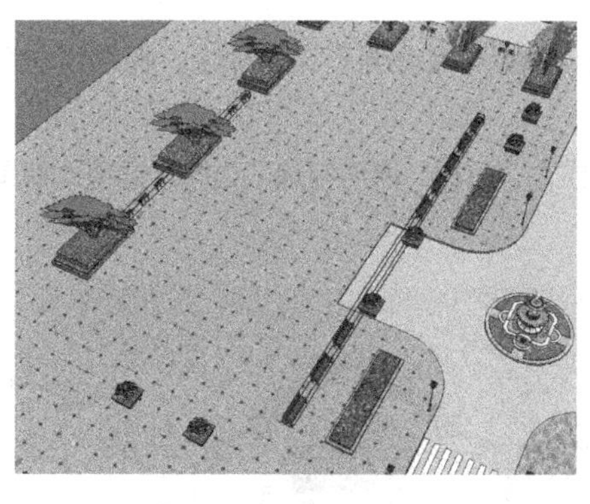
图 7-160　导入休闲椅组件

图 7-161　导入汽车组件

（11）导入“人物”组件，如图 7-162 所示。

（12）导入“树木”组件，如图 7-163 所示。

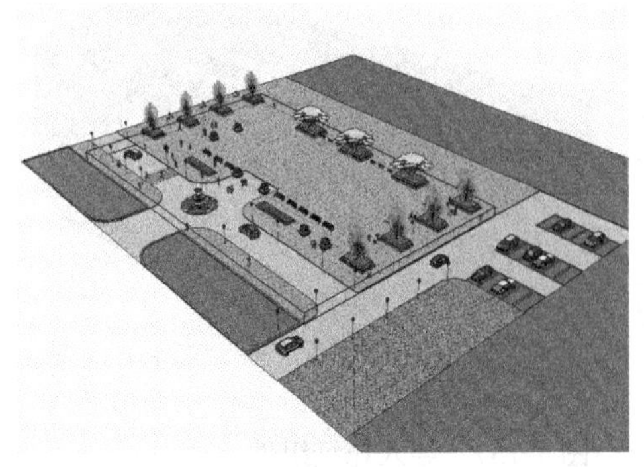

图 7-162　导入人物组件

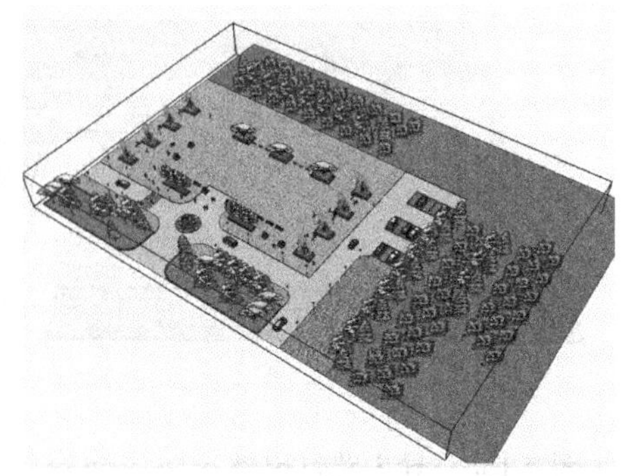

图 7-163　导入树木组件

（13）将建筑显示，最终完成效果如图 7-164 所示。

图 7-164　最后完成效果

7.4　图片导出前的处理

整体的建筑模型制作完成后，本节讲解怎样导出图像，并设置场景风格和背景天空。

7.4.1 设置场景风格

（1）将视角调整到合适角度，执行“视图>动画>添加场景”菜单命令，保存当前场景，如图 7-165 所示。

（2）执行“窗口>样式”菜单命令，打开“样式”面板，取消勾选“边线”选项，如图 7-166 所示。

图 7-165　保存场景

图 7-166　取消勾选“边线”选项

7.4.2 设置背景天空、阴影

（1）执行“窗口>样式”菜单命令，打开“样式”面板，单击“选项”选项卡，取消勾选“天空”选项，将背景颜色改为单色，如图 7-167 所示。

（2）单击“阴影设置”按钮，在弹出的“阴影设置”面板中设置参数，如图 7-168 所示。

图 7-167　修改背景

图 7-168　“阴影设置”面板

7.4.3 图像导出

（1）执行“文件>导出>二维图形”菜单命令，弹出“输出二维图形”对话框，设置参数并单击 “选项”按钮，如图 7-169 与图 7-170 所示。

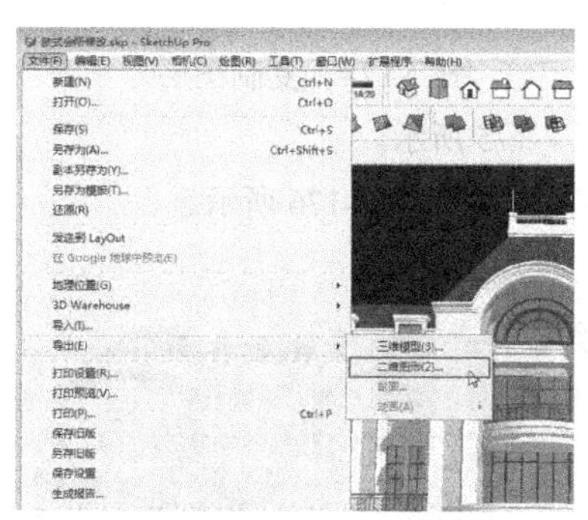

图 7-169　执行“文件>导出>二维图形”菜单命令

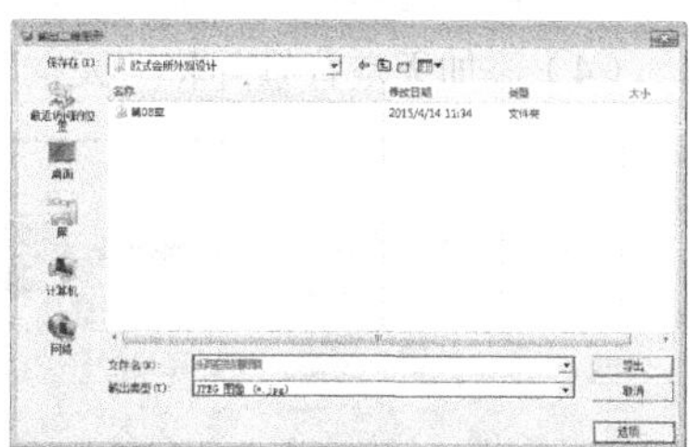

图 7-170　“输出二维图形”对话框

（2）在弹出的“导出 JPG 选项”对话框中设置图像大小，如图 7-171 所示。

（3）打开导出的“欧式会所.jpg”图片，结果如图 7-172 所示。

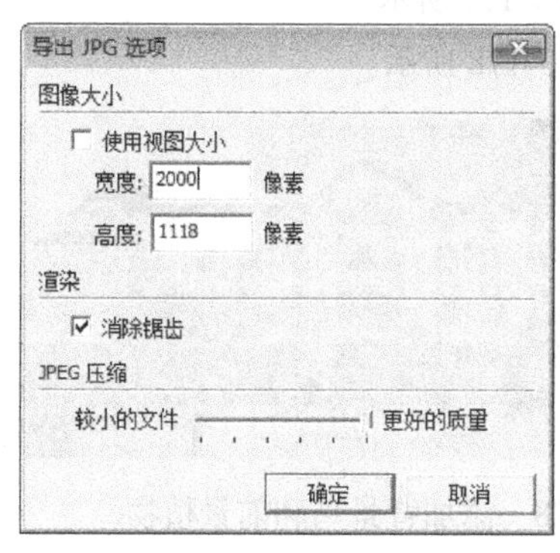

图 7-171　“导出 JPG 选项”对话框

图 7-172　打开图片

7.5 图像导出后在 Photoshop 中后期处理

用 SketchUp 导出的图片效果真实感不是很强，需在 Photoshop 中进行处理，制作真实感强烈的图片效果。本节将讲解如何在 Photoshop 中进行后期处理。

（1）打开 Photoshop 软件，执行“文件>打开”命令，将导出的“欧式会所.jpg”效果图打开，如图 7-173 所示。

（2）复制“原图”图层并隐藏，在图层上双击将其重命名，如图 7-174 所示。

图 7-173　打开效果图

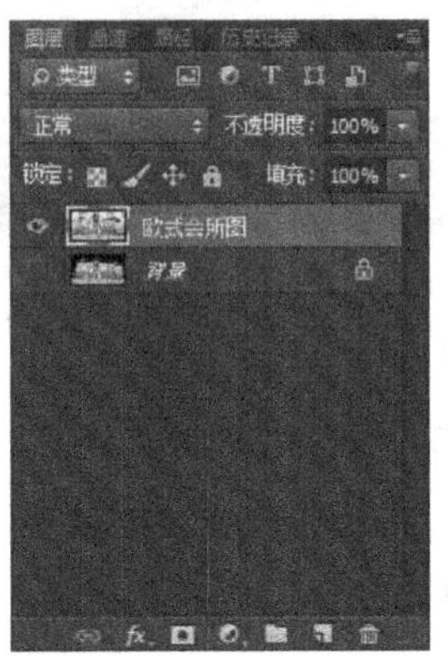

图 7-174　复制图层

（3）使用魔棒选择天空，将天空背景删除，如图 7-175 所示。

（4）添加天空背景并将“天空”图层放在最下层，结果如图 7-176 所示。

图 7-175　删除背景

图 7-176　添加天空背景

（5）输入快捷键 C 将图像进行裁剪，结果如图 7-177 所示。

（6）在效果图中添加前景植物和背景鸟，如图 7-178 所示。

图 7-177　裁剪图像

图 7-178　添加背景鸟和前景植物

（7）在效果图中添加人物，如图 7-179 所示。

（8）最后对图像进行微调，调节色彩平衡，如图 7-180 所示。

图 7-179　添加人物

图 7-180　调节色彩平衡

（9）最终完成效果如图 7-181 所示。

图 7-181　最终完成效果

课后习题

1. 沿用本章介绍的方法，绘制如图 7-182 所示的别墅建筑模型。

图 7-182　别墅建筑模型

2. 沿用本章介绍的方法，绘制如图 7-183 所示的别墅周围景观。

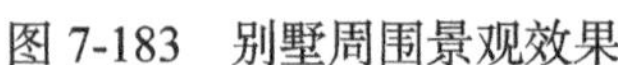

图 7-183　别墅周围景观效果

第 8 章

住宅小区规划

本章介绍

SketchUp 在城市规划中的应用非常普遍。本章以一个综合住宅小区的建模为例，系统介绍从导入 JPG 格式的平面彩图作为建模参考，然后根据图纸特点形成完整的建模思路。通过此设计项目案例的操作，帮助读者温故前面章节所学的知识，提高综合运用 SketchUp 各种工具命令的能力，并应用所学技能制作出专业的住宅小区规划设计作品。

学习目标

- 了解概念规划及 SketchUp 辅助应用
- 了解如何对小区规划进行前期分析
- 了解运用 SketchUp 制作小区规划的基本流程
- 巩固前面几章所学的知识

技能目标

- 掌握通过导入图片在 SketchUp 中直接创建模型的技巧
- 熟练掌握 SketchUp 基本命令操作
- 掌握 SketchUp 导出图像的技巧

本实例将参照图片设计图纸，完成小区规划模型。案例完成效果如图 8-1~图 8-5 所示。

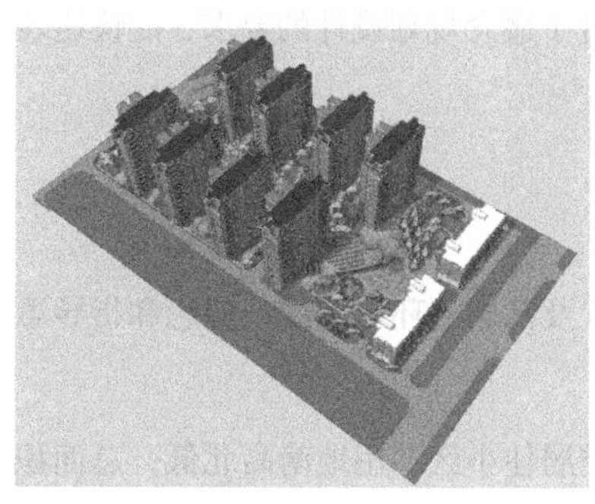

图 8-1　鸟瞰图

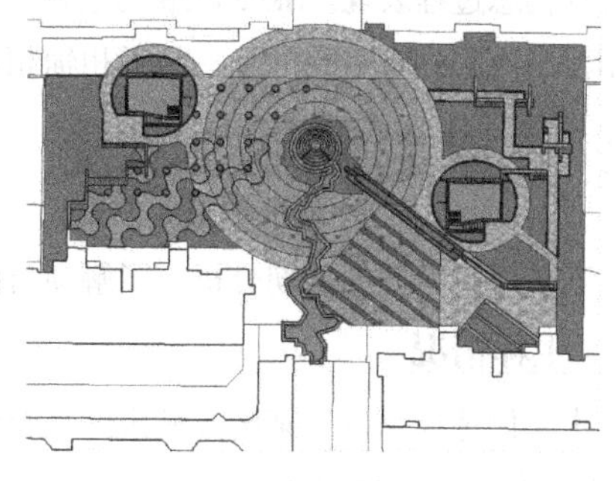

图 8-2　圆形广场效果图

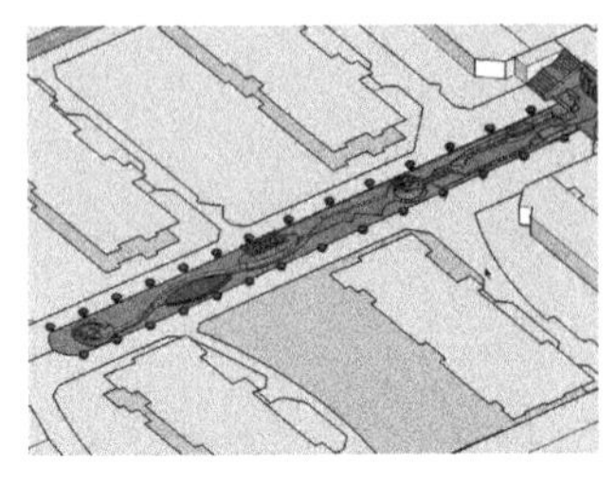

图 8-3　河道景观效果图

图 8-4　左侧细节效果图

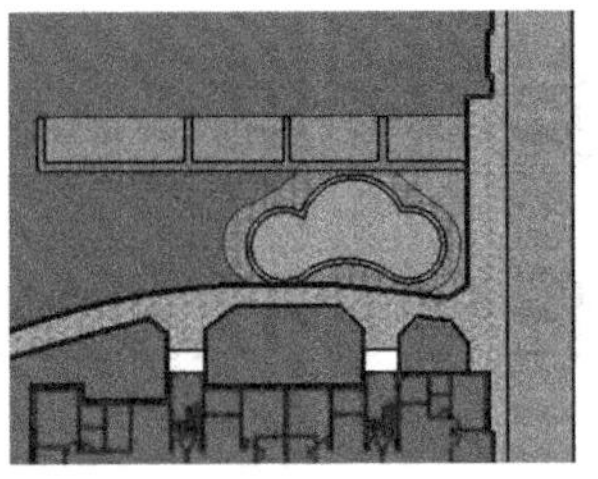

图 8-5　右侧细节效果图

8.1　了解概念规划及 SketchUp 辅助应用

概念规划是介于发展规划和建设规划之间的一种新的提法，更不受现实条件的约束，而比较倾向于勾勒在最佳状态下能达到的理想蓝图。它强调思路的创新性、前瞻性和指导性。

概念规划的内容主要是对城市发展中具有方向性、战略性的重大问题进行集中专门的研究，从经济、社会、环境的角度提出城市发展的综合目标体系和发展战略，以适应城市迅速发展和决策的要求。与总体规划设计相比，概念规划强调内容简化，区分轻重缓急，注重长远效益和整体效益。概念规划提供的是客观的全局性的发展政策与设想，在微观层面具有不确定性、模糊性和灵活性的特点，微观层面的内容可根据环境的变化及时调整。图 8-6 与图 8-7 所示为概念规划效果图。

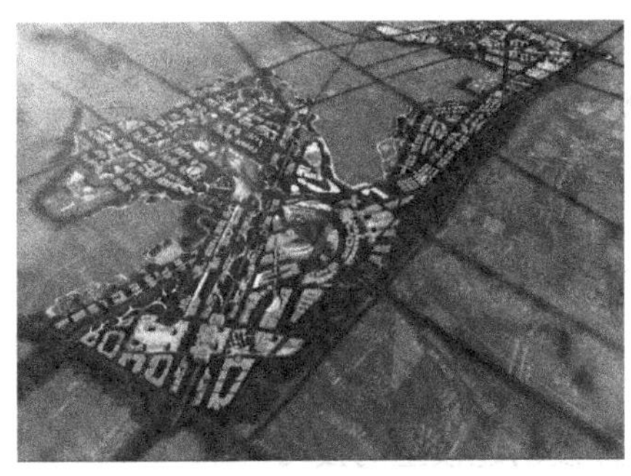

图 8-6　概念城市规划

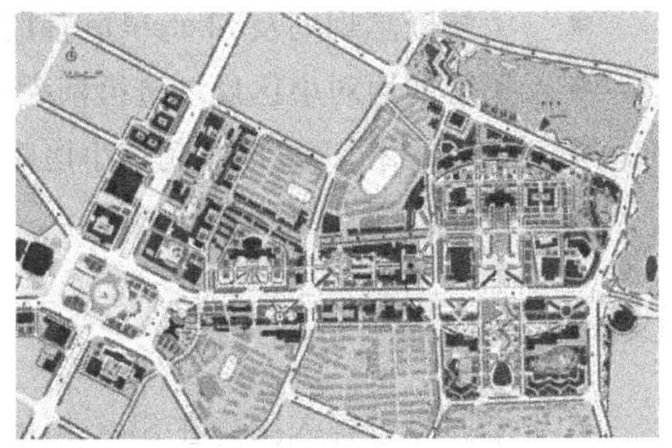

图 8-7　概念公园规划

草图大师是一个表面上极为简单，实际上却令人惊讶的蕴含着强大功能的构思与表达的工具。它吸收了“手绘草图”加“工作模型”两种传统辅助设计手段的特点，更偏重设计构思过程表现。SketchUp 的这种特点迎合了概念规划设计的要求，能快速表达出规划范围内的建筑空间形态，两者相辅相成。

8.2　了解案例的规划情况

本节讲解案例的前期分析，了解项目的现状及其周边环境、设计理念和指导思想。

8.2.1 工程情况

本实例选择了位于某南方城市的一个综合类居住小区，用地南高北低，总面积约为 25 668 m^2，小区中有办公楼、住宅区、商业区一级会所等类型的建筑，总建筑面积约为 5 100 m^2。

8.2.2 规划指导思想

本小区名为“佳和海景”，位于城市重要地段，建设目标是打造成拥有高品质环境的高档综合社区，设计以人为本，因地制宜，引入水系，高绿化率，人车分流的道路交通系统，从城市道路将步行系统引入，结合城市的高层建筑景观，在小区内配有商用建筑，以底商住宅的模式，建设高层住宅。规划建筑与绿化有机结合，形成丰富的商业环境和人文社会结构，使小区融入城市。规划设计以创造良好的城市人居环境为出发点，密切结合当地实际情况，发挥区位优势，塑造以人为本的住宅区生态与景观环境。以市场为导向，实现经济效益、社会效益、环境效益的协调发展。规划的指导思想确定为建立一个形象丰富、亲水倚绿、生态和谐、配套齐全的高档节能型绿色住区。

8.2.3 设计理念

（1）生态可持续发展和生态保护的规划理念，即在设计中建立生态网络化景观体系，通过绿色通道、绿心、绿核等生态元素的重造，营造微型可持续、环保生态系统。

（2）全景居住的理念，即注重从户型品质入手，整合住区景观体系，注重组团间景观构成，强调户型景观间融合设计。

（3）叠加景观理念。

（4）入口商业理念。在入口处设置便民服务的商业设施，有利于居民便利使用，同时降低商业对居住安静的影响，便于形成安静的居住环境。

（5）入口邻里中心理念。在主入口附近设置大型商业配套服务设施，有利于商业集中设置，同时对周边居民进行服务，有利于城市周边地区开发，避免设施的重复，减少城市配套设施的投资。

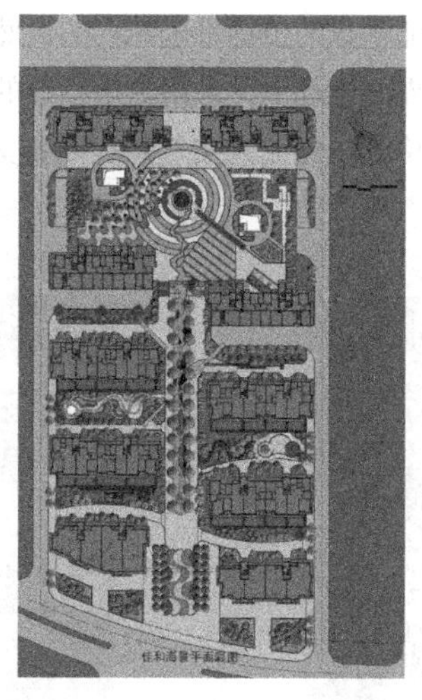

图 8-8　总平面图

8.3　分析方案平面

本节通过直观便捷地分析此方案的功能、交通和景观，使读者能快速了解此方案设计的结构特点和空间构造。

8.3.1 功能分区

规划充分结合地块使用性质与交通优势，合理划分功能区域，如图 8-9~图 8-11 所示。项目共设计 10 栋建筑，其中两栋为商业建筑，两栋住宅建筑临街设置，依地形呈围合状布置。

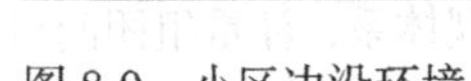

图 8-9　小区边沿环境

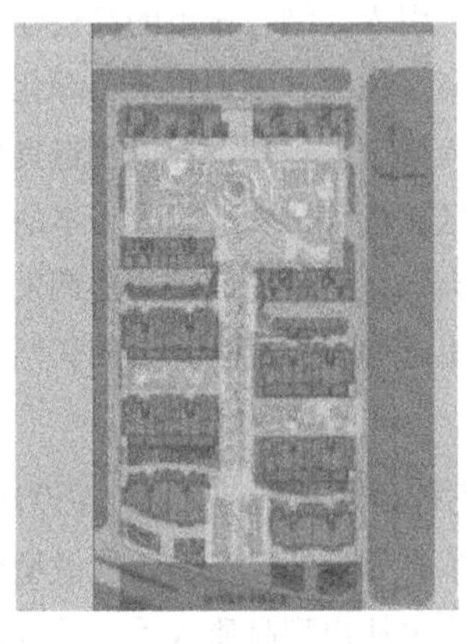

图 8-10　小区景观分布

图 8-11　小区建筑分布

8.3.2 交通分析

根据用地与城市交通的关系，在小区东北角和南面设置出入口，同时作为小区景观带的起点，使小区与城市有较好的衔接界面。小区道路与每户相连构成小区的交通网络，并在公共场所区域设有公共室外停车场，如图 8-12 所示。

8.3.3 景观分析

小区整个景观规划按照“一带两轴”的布局模式，在场地北面设置小区景观中心，采用绿化廊道贯穿整个小区，郁郁葱葱的植物带来纯粹的自然感受，为住户创造舒适且相对独立的绿色生态空间。在临街界面处理上，采用宽敞精致的人行地面铺装，建筑里面采用典雅、自然的建筑语言，共同构筑浓烈的人文气息和商业文化气氛，如图 8-13 所示。

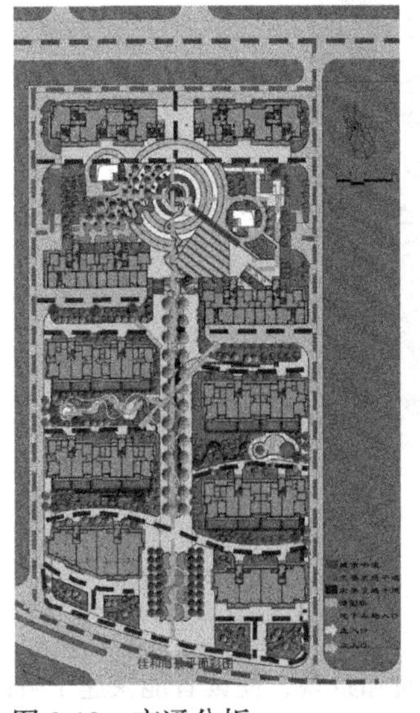

图 8-12　交通分析

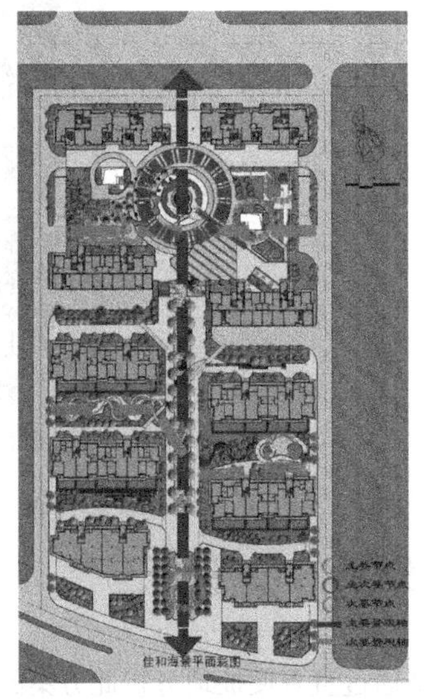

图 8-13　景观分析

8.4 将总平面导入 SketchUp

为了快速创建景观模型，本例将导入 JPG 格式的平面彩图作为建模参考。

（1）打开 SketchUp，执行“窗口>模型信息”命令，在“单位”选项卡下设置模型单位为“mm”，如图 8-14 与图 8-15 所示。

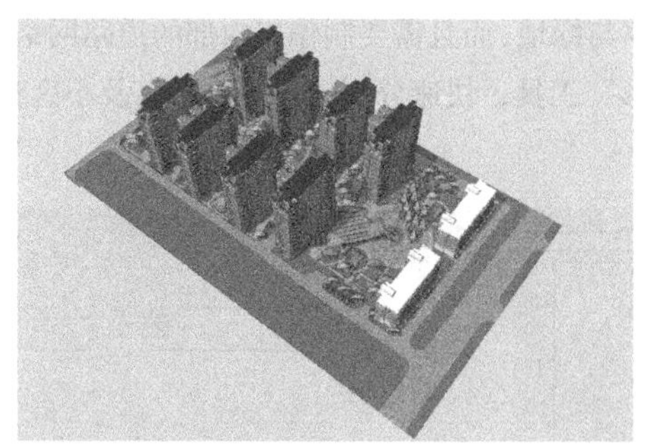

图 8-14　小区规划方案完成效果

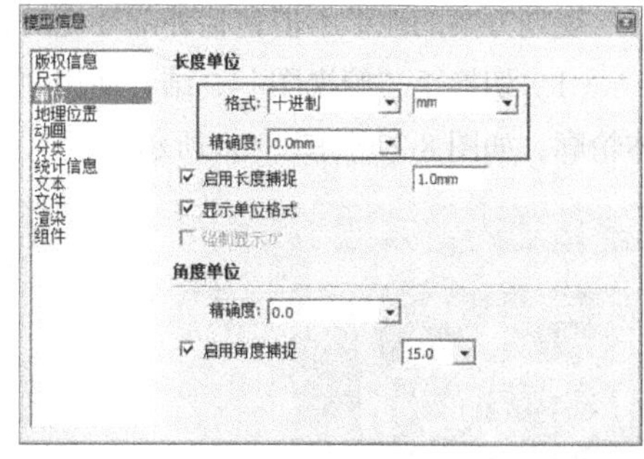

图 8-15　设置模型单位

（2）执行“文件>导入”菜单命令，在“打开”面板中选择配套光盘“小区规划底图.jpg”文件，以图片形式导入，如图 8-16 所示。

（3）导入图片后，将图片左下角与原点对齐，如图 8-17 所示。

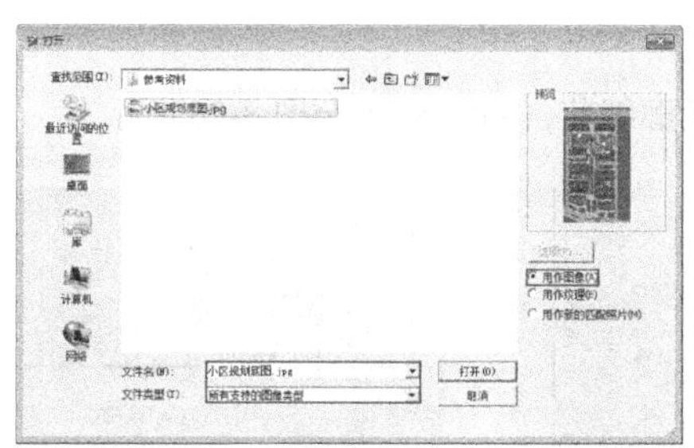

图 8-16　选择底图并导入

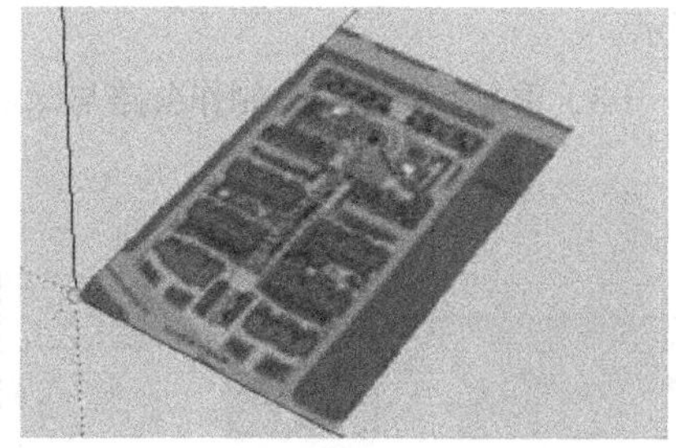

图 8-17　小区规划底图导入效果

（4）启用“卷尺”工具，测量图纸中双车道宽度，然后输入 12 400 mm 的大致长度，重置图片尺寸，如图 8-18 与图 8-19 所示。

（5）为了确认尺寸的合理性，可以测量图纸中楼梯的宽度是否达到标准宽度，如图 8-20 所示。

图 8-18　测量双向四行马路宽度

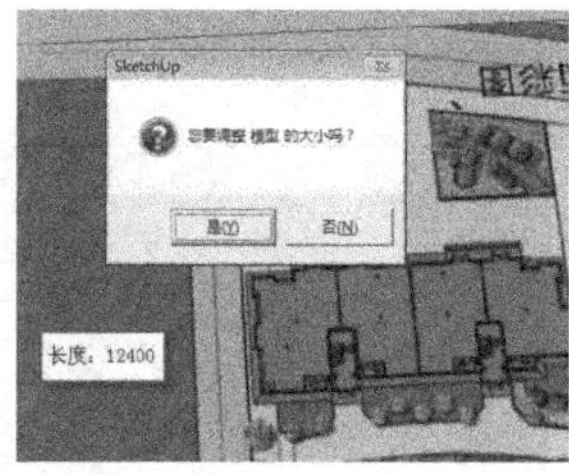

图 8-19　重置图片尺寸

图 8-20　测量楼梯宽度

8.5 创建场地

图片导入完成后，接下来通过图纸的参考建立小区场地模型。在本例中将以中、左、右的顺序逐步建立对应的场地模型。

8.5.1 建立整体地形

规划方案的地形不但包括外部环境的公路与绿地，而且需要制作出内部的道路网络。

（1）切换至“俯视图”，结合使用“矩形”工具，快速分割出周边公路以及小区整体轮廓，如图 8-21 与图 8-22 所示。

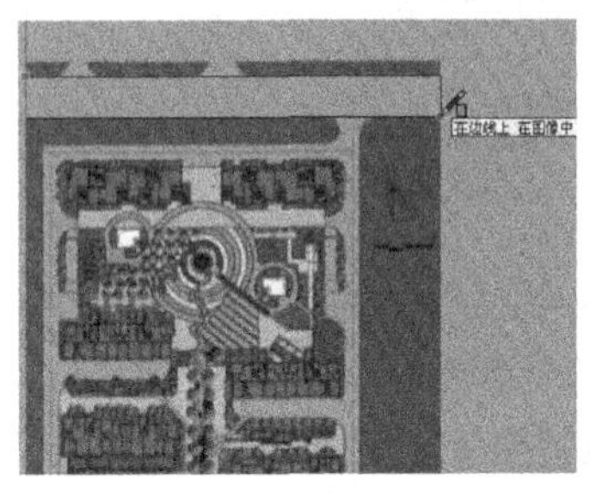

图 8-21　快速分割周边公路

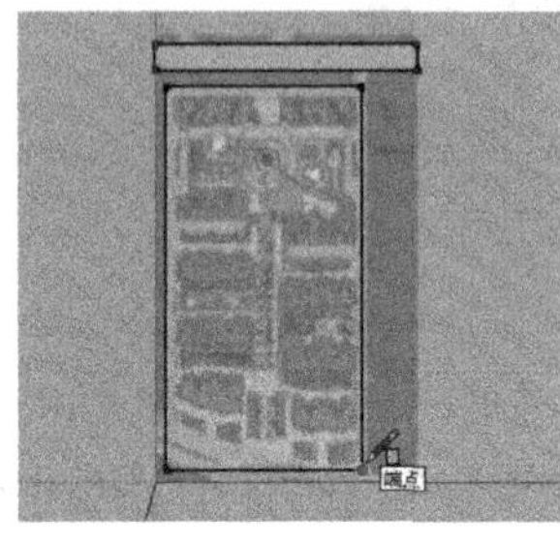

图 8-22　快速分割小区整体轮廓

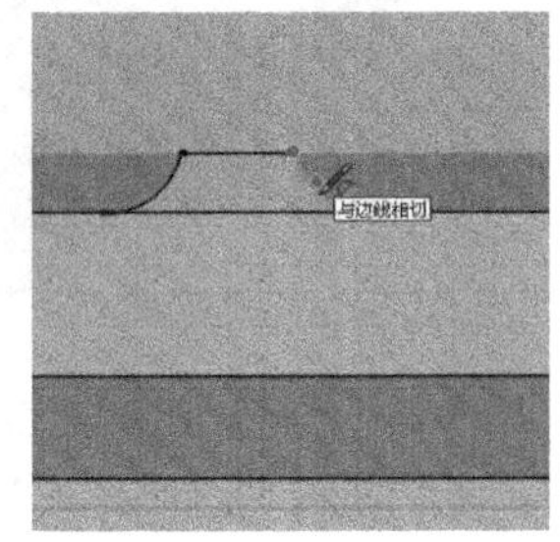

图 8-23　制作圆弧转角细节

（2）参考图片，使用“圆弧”工具制作路面转角的圆弧细节，如图 8-23 与图 8-24 所示。

（3）重复类似操作，制作公路与绿地的轮廓细节，如图 8-25 与图 8-26 所示。

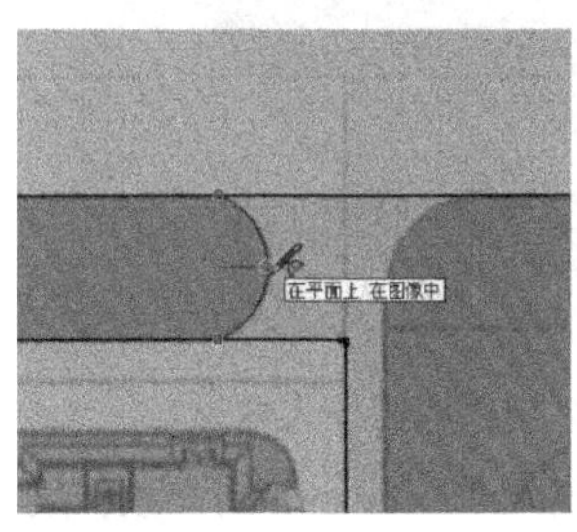

图 8-24　通过圆弧制作连接细节

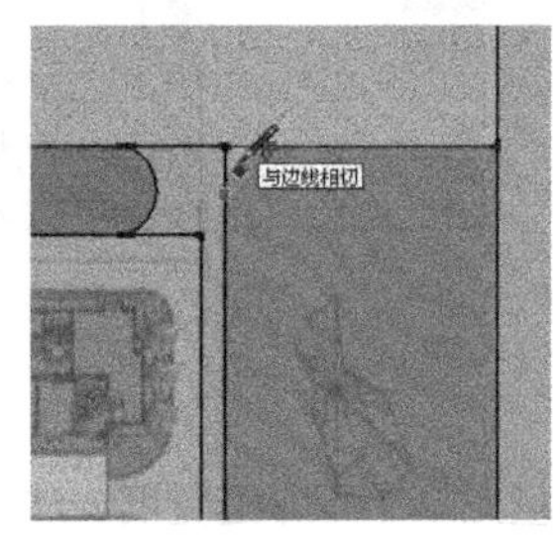

图 8-25　创建绿地轮廓

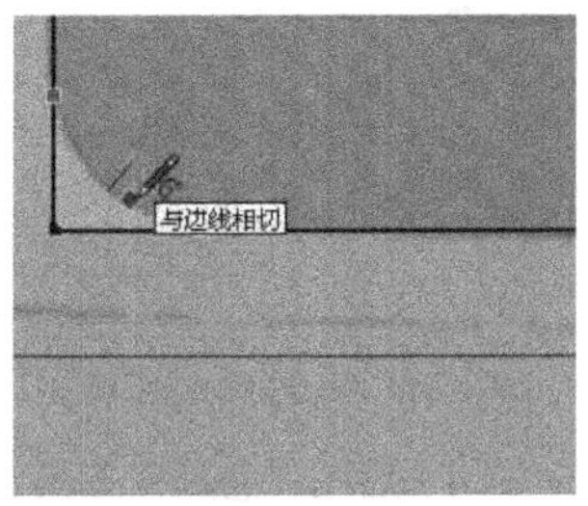

图 8-26　通过圆弧制作连接细节

（4）完成小区外部环境与内部整体的轮廓后，结合使用“直线”与“圆弧”工具，分割出小区左侧道路与建筑轮廓，如图 8-27~图 8-29 所示。

图 8-27　分割道路与建筑轮廓

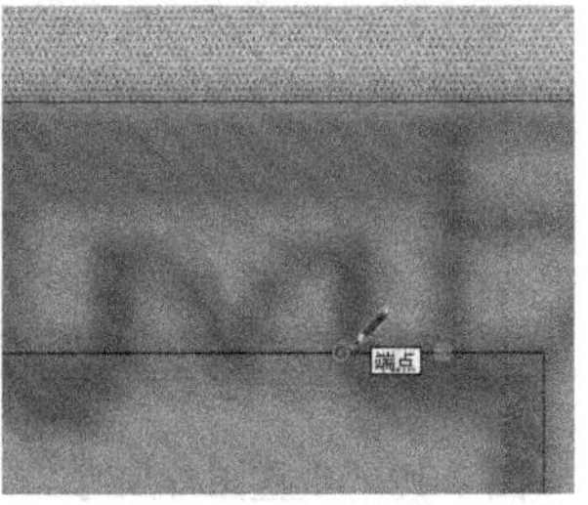

图 8-28　预留门窗参考点

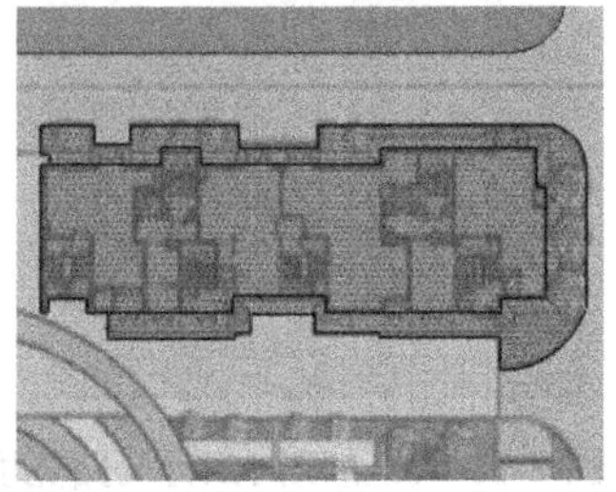

图 8-29　局部道路与建筑分割完成

（5）对于相同造型的建筑与道路轮廓，可以通过直接复制以及镜像快速进行制作，如图 8-30~图 8-32 所示。

图 8-30　复制并镜像分割细节

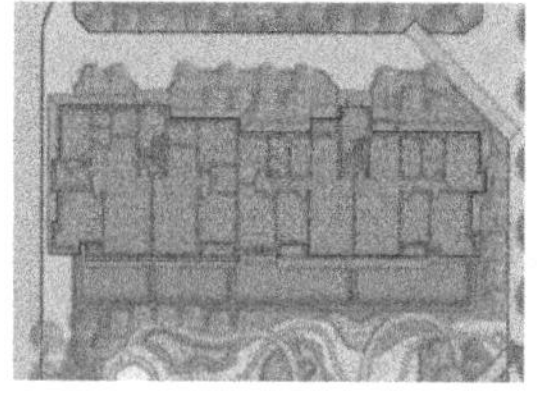

图 8-31　分割其他建筑轮廓

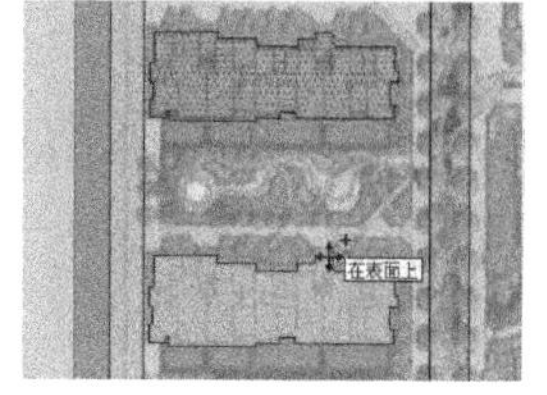

图 8-32　复制相同建筑轮廓

（6）建筑轮廓与大致的内部道路分割完成后，细化出边沿的道路与树池等细节，如图 8-33~图 8-35 所示。

图 8-33　建筑轮廓分割完成

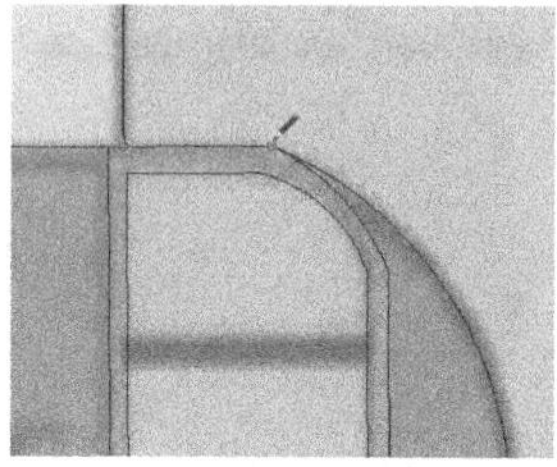

图 8-34　分割边沿道路与树池

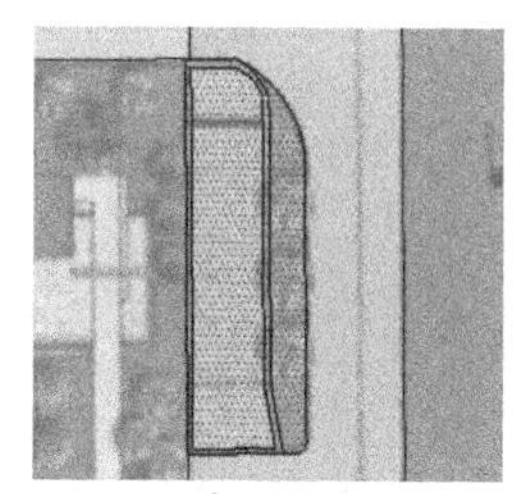

图 8-35　分割完成边沿道路与树坛

（7）通过同样的操作，制作中心道路与花坛细节，完成整体地形的制作，如图 8-36~图 8-38 所示。

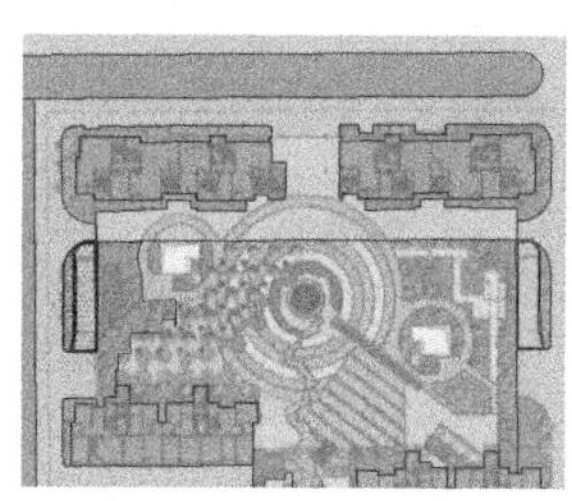

图 8-36　复制并镜像花坛

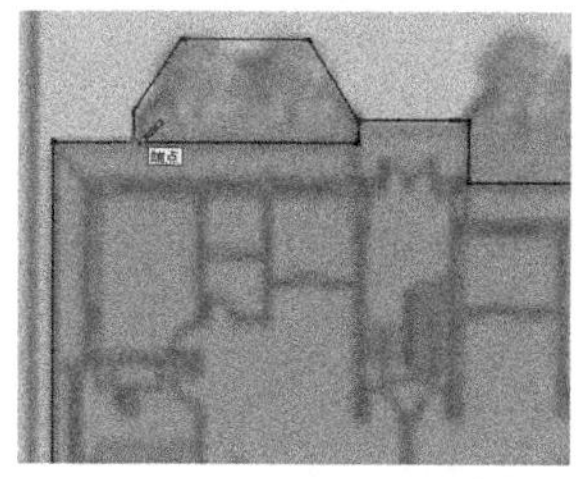

图 8-37　分割中心道路与花坛

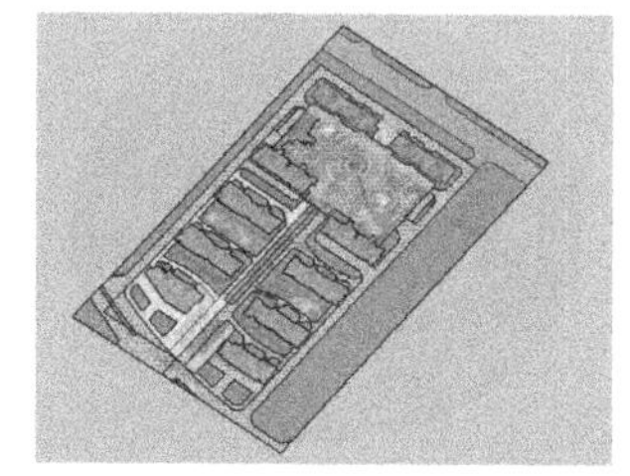

图 8-38　整体地形制作完成

8.5.2 制作景观简模

制作整体地形后，本例将制作小区内部的景观模型。区别于景观方案的表现，规划类项目只需要建立大致的景观轮廓即可。

1．制作圆形广场

（1）参考图片，结合使用“圆弧”与“直线”等工具，分割圆形广场的初步轮廓，如图 8-39~图 8-41 所示。

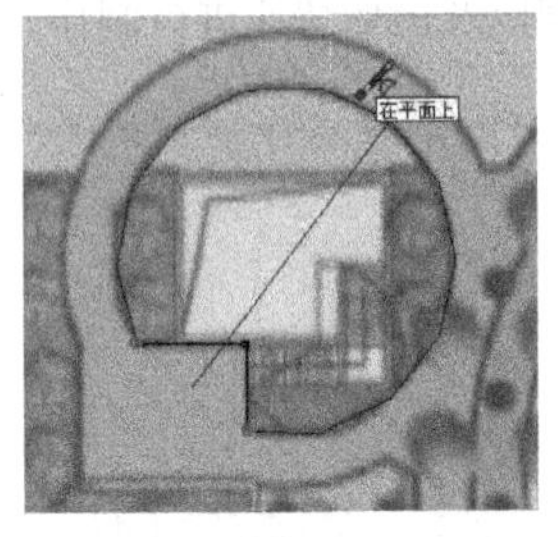

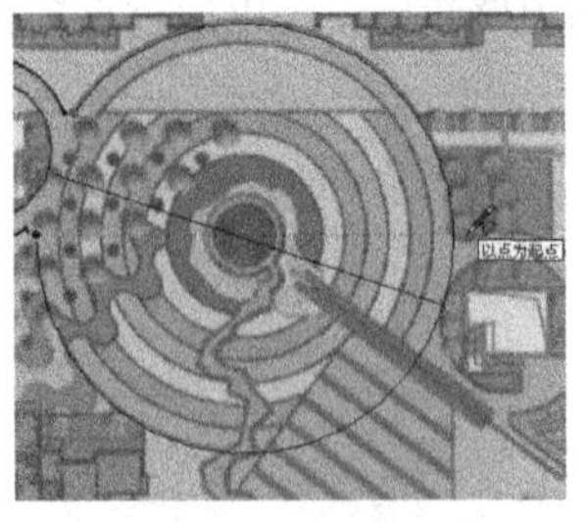

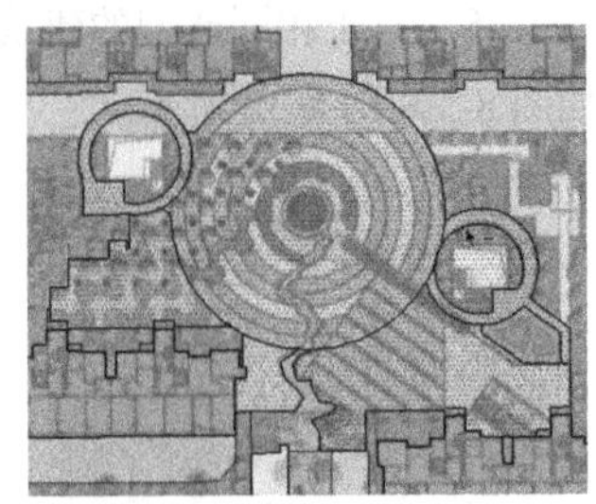

图 8-39　分割右侧圆形　　图 8-40　分割中部圆形　　图 8-41　圆形广场轮廓完成

（2）参考图片，结合使用“圆”、“直线”以及“推/拉”等工具，制作中心跌级喷泉造型，如图 8-42~图 8-44 所示。

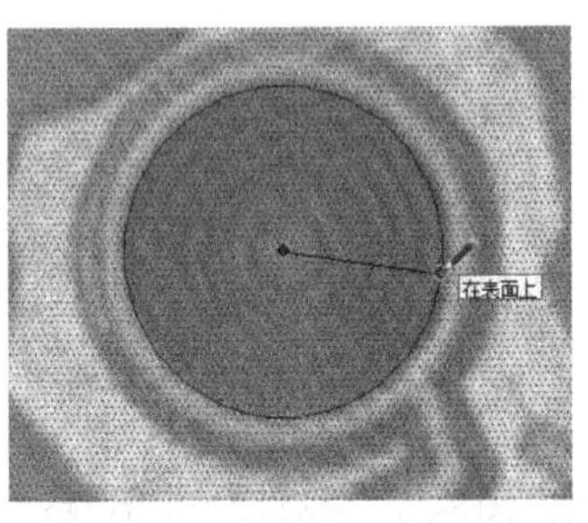

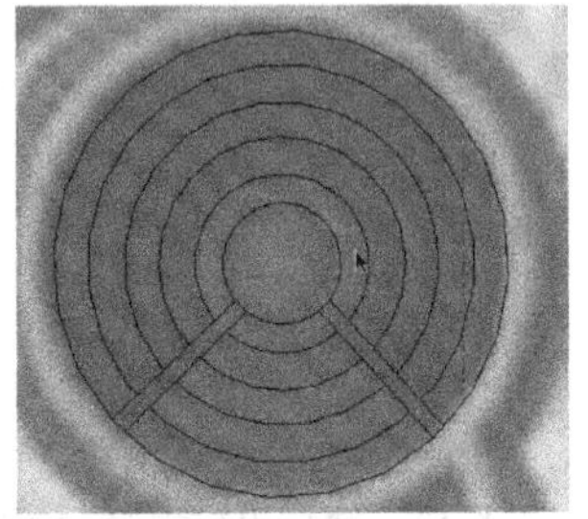

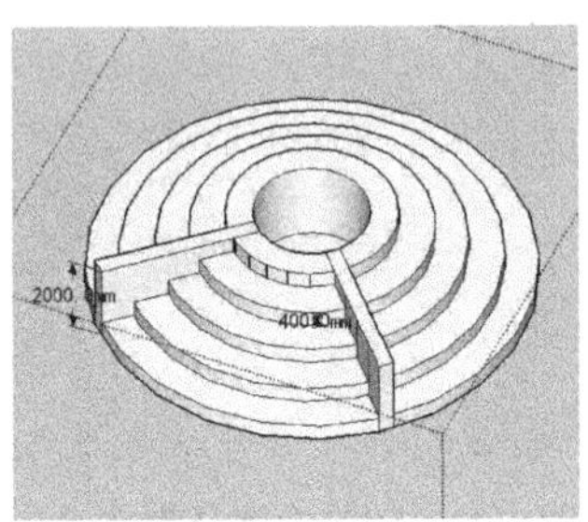

图 8-42　分割中心喷泉轮廓　　图 8-43　分割轮廓细节　　图 8-44　推拉造型细节

（3）赋予跌级喷泉对应材质，参考图片分割出河道并赋予对应材质，如图 8-45 ~ 图 8-47 所示。

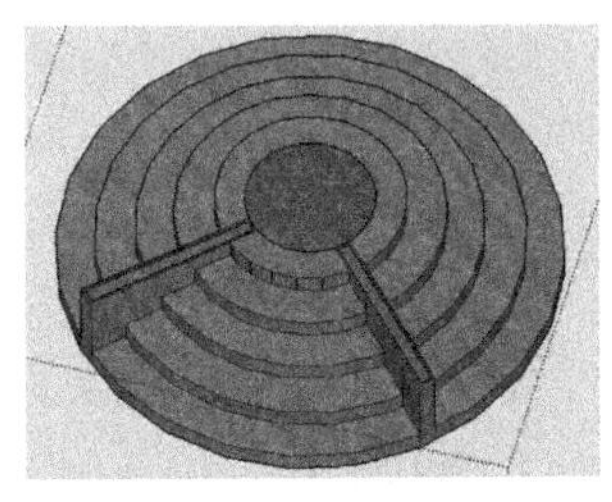

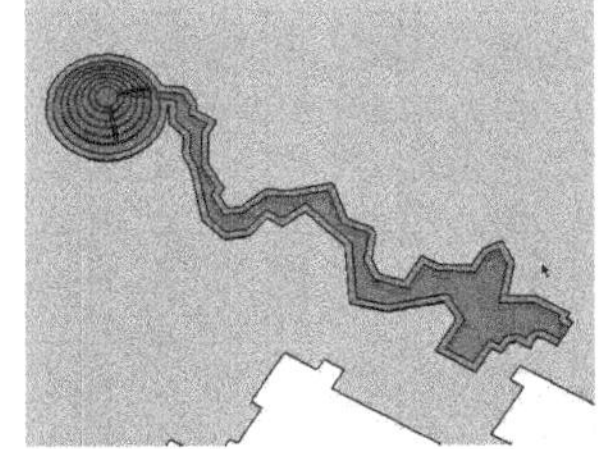

图 8-45　赋予材质　　图 8-46　分割河道细节　　图 8-47　赋予河道材质

（4）参考图片，使用“圆弧”以及“直线”工具，制作圆形广场的分割细节，如图 8-48 与图 8-49 所示。

（5）参考图片，使用“直线”工具制作右侧广场的分割细节并赋予对应材质，如图 8-50 与图 8-51 所示。

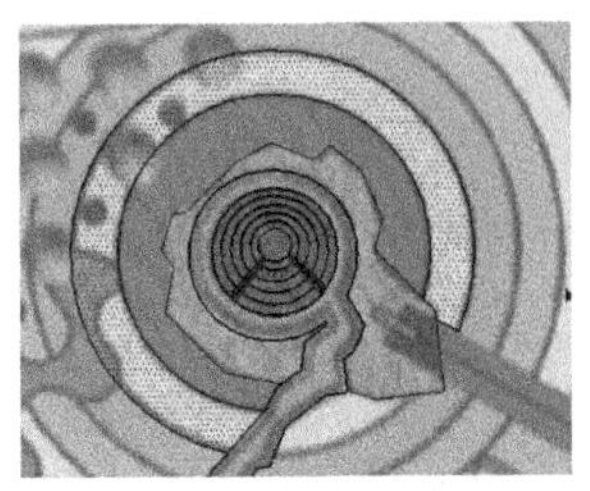

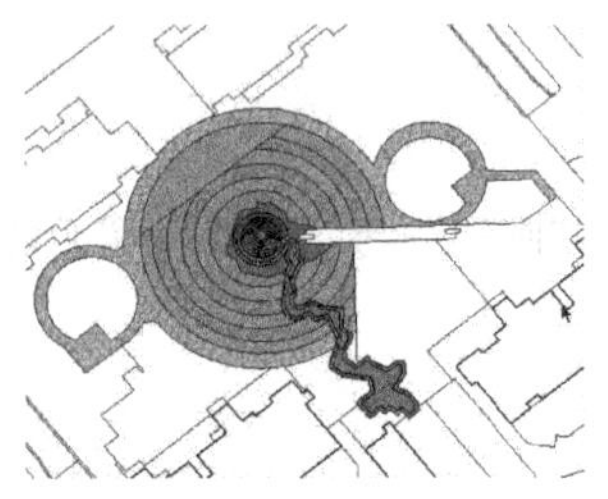

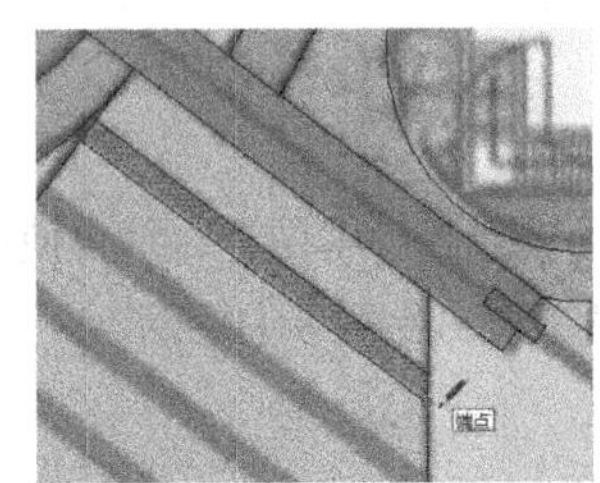

图 8-48　分割中心圆形　　图 8-49　中心圆形分割完成　　图 8-50　制作右侧分割细节

（6）参考图片，分割出圆形的车库入口区域，如图 8-52 与图 8-53 所示。

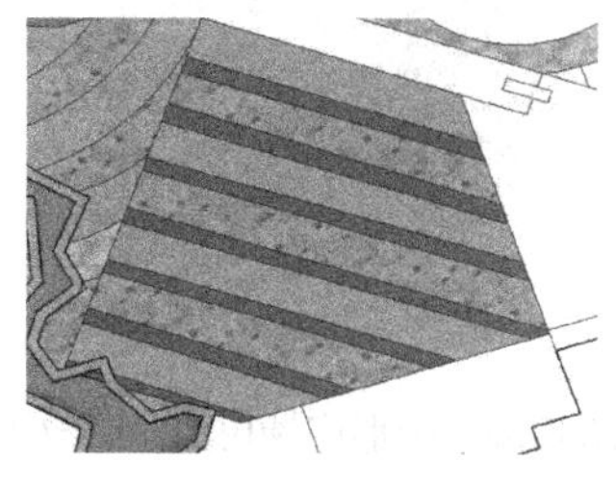
图 8-51　赋予材质效果

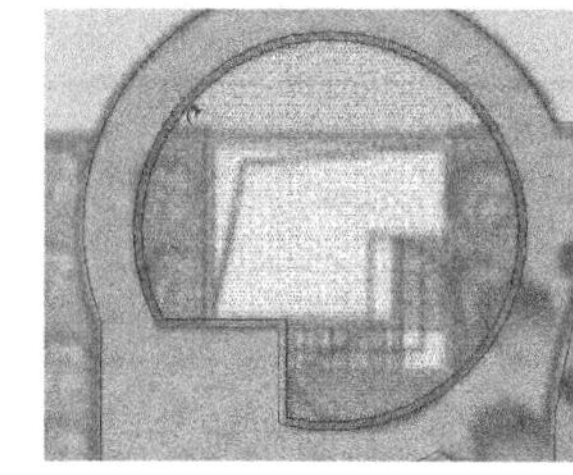
图 8-52　分割车库入口

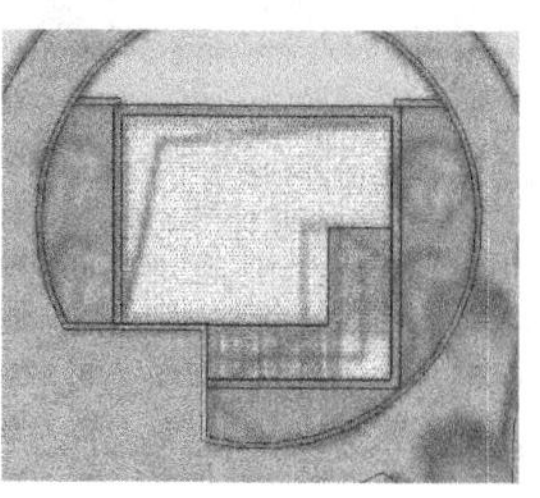
图 8-53　车库入口分割完成

（7）结合使用“直线”与“推/拉”工具，制作楼梯细节，如图 8-54~图 8-57 所示。

（8）结合使用“矩形”、“偏移”以及“推/拉”工具，制作入口处的玻璃栏杆造型，如图 8-58 与图 8-59 所示。

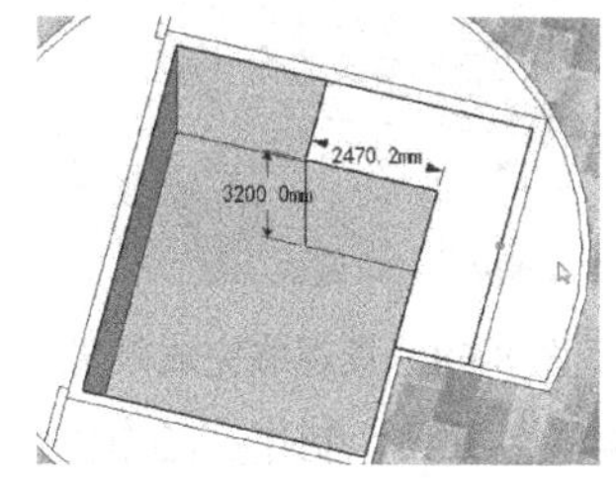

图 8-54　制作楼梯轮廓

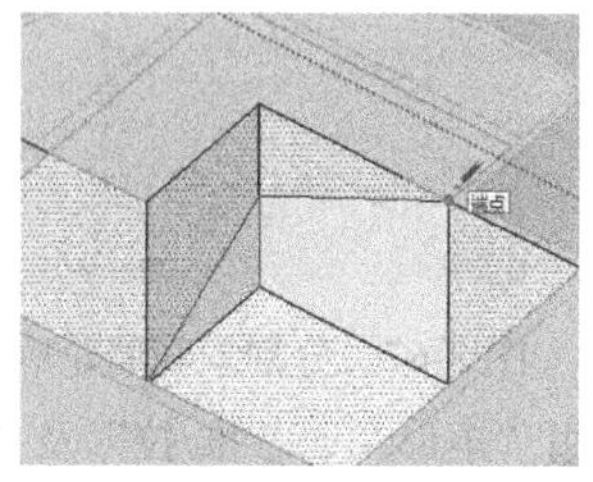
图 8-55　分割楼梯斜面

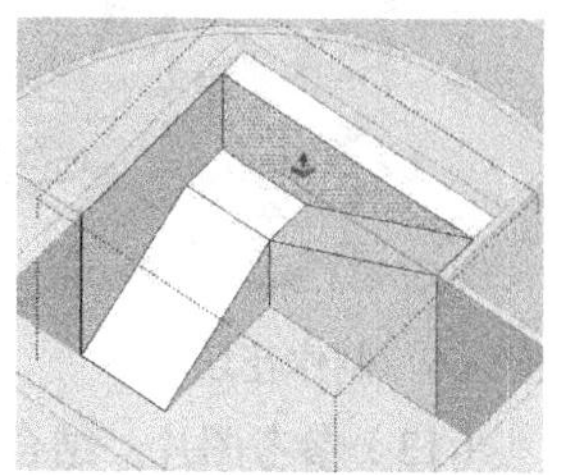
图 8-56　推拉楼梯斜面

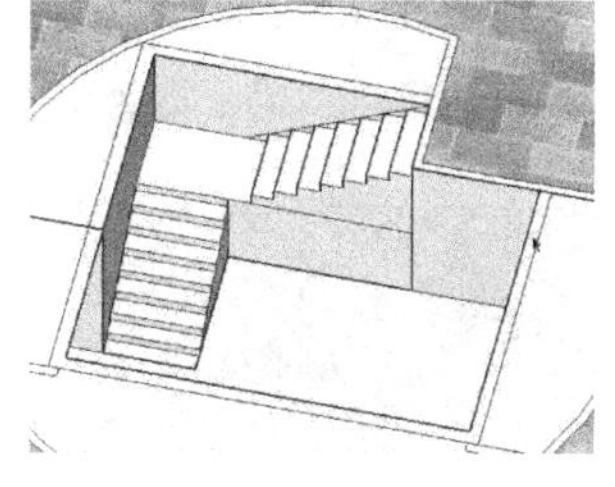
图 8-57　细化踏步效果

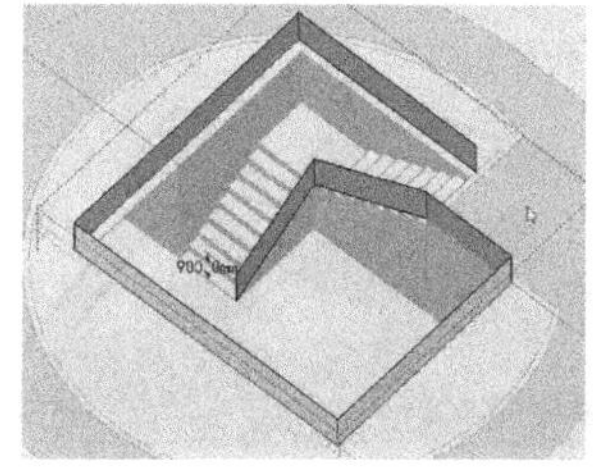
图 8-58　创建玻璃栏杆轮廓

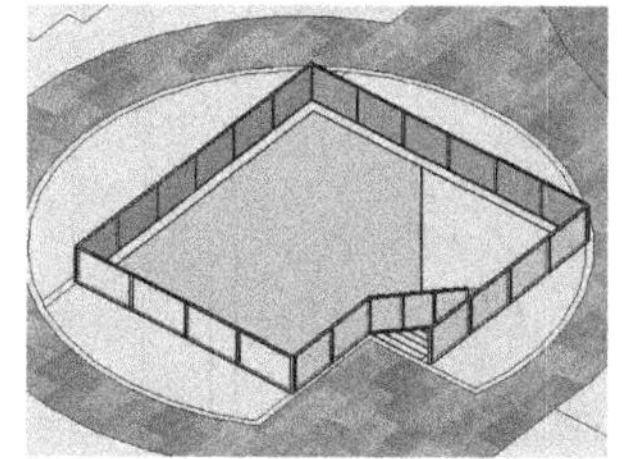
图 8-59　推拉玻璃栏杆细节

（9）处理入口周边的草地效果，然后将入口整体复制至右侧，并旋转调整好位置，如图 8-60 与图 8-61 所示。

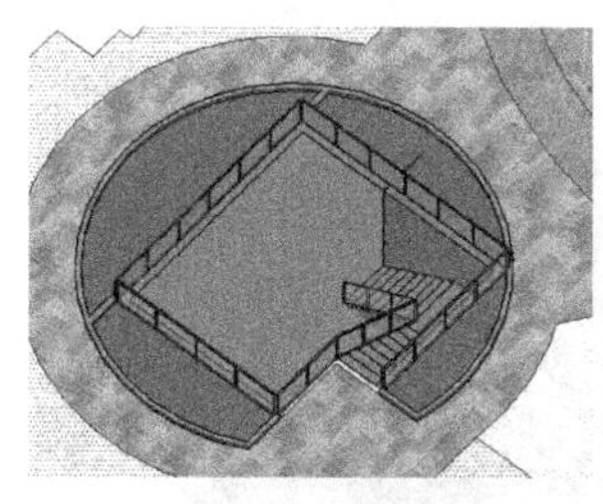
图 8-60　赋予玻璃栏杆材质

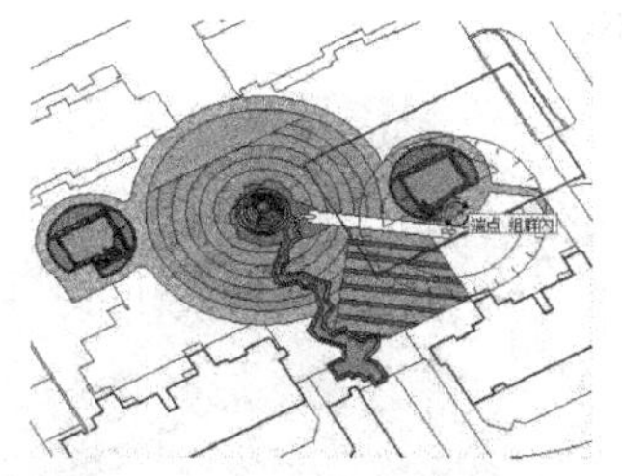
图 8-61　整体复制入口

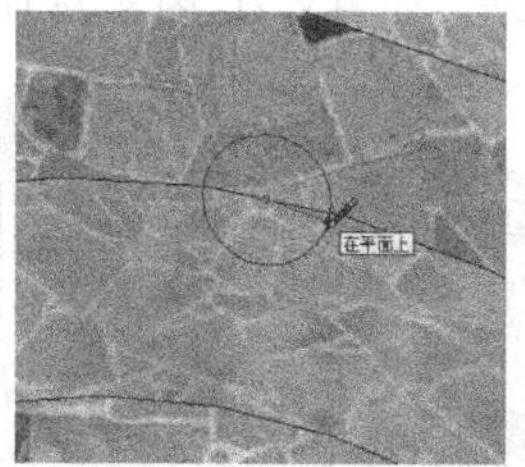

图 8-62　制作树池轮廓平面

（10）参考图片，结合使用“圆”、“偏移”以及“推/拉”工具制作树池，如图 8-62 与图 8-63 所示。

（11）参考图片，复制圆形广场其他位置的树池，如图 8-64 与图 8-65 所示。

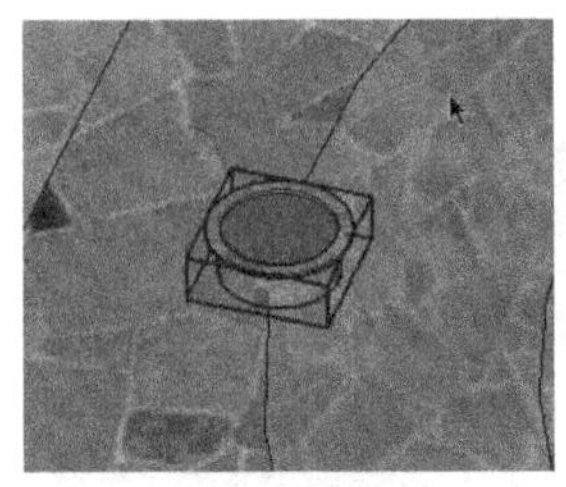

图 8-63　完成树池造型

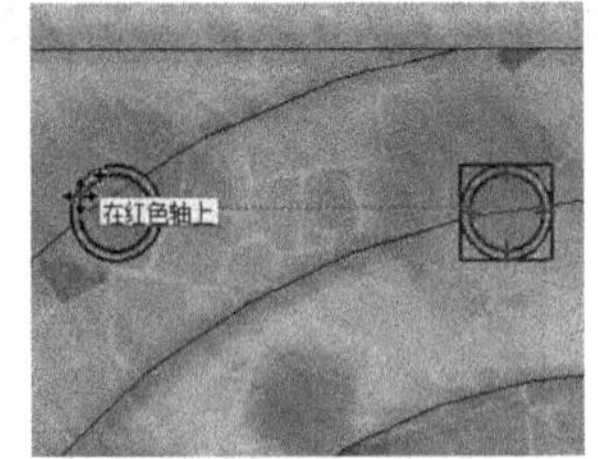

图 8-64　复制树池

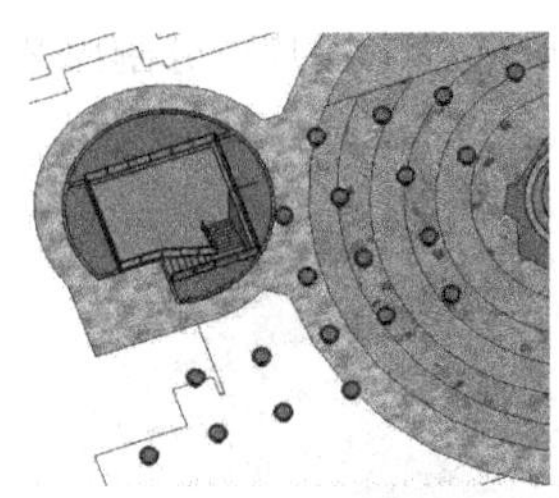

图 8-65　圆形广场树池完成效果

（12）参考图片，结合使用“矩形”、“偏移”以及“推/拉”工具，制作花坛以及景观墙造型，如图 8-66~图 8-68 所示。

图 8-66　制作花坛

图 8-67　分割景观墙轮廓

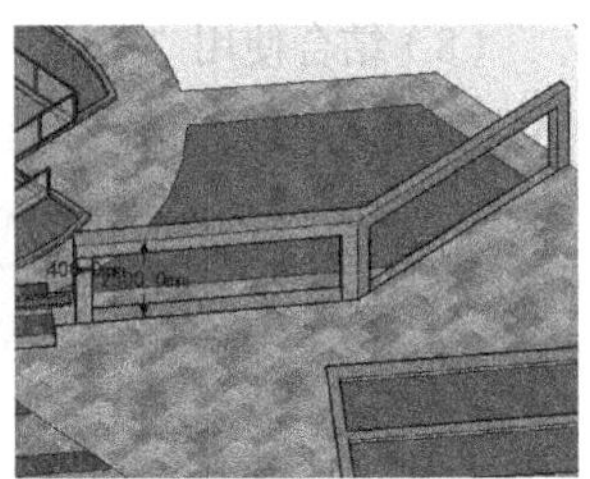

图 8-68　景观墙完成效果

（13）参考图片，结合使用“矩形”、“推/拉”及“偏移”工具，制作广场右侧小道，如图 8-69 与图 8-70 所示。

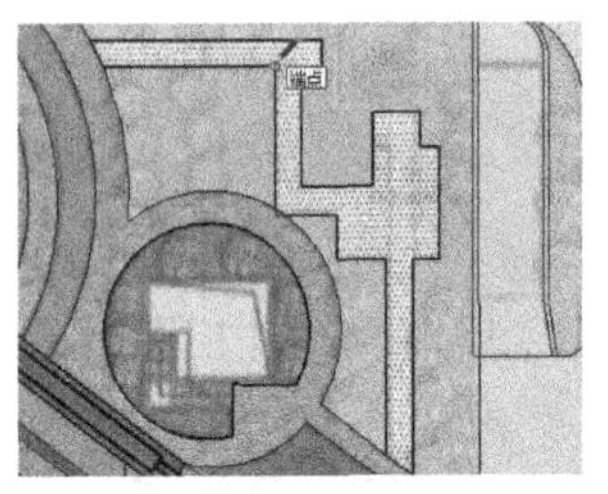

图 8-69　制作小道轮廓

图 8-70　小道完成效果

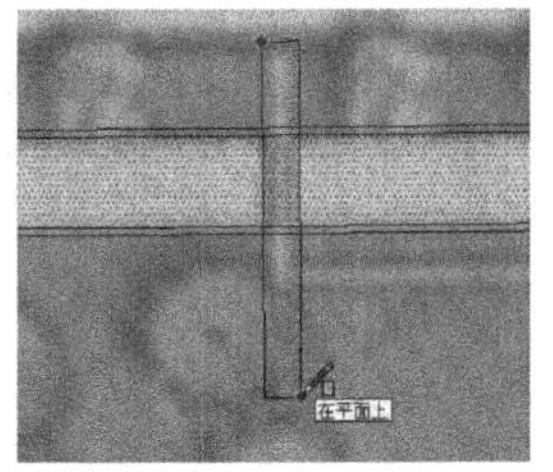

图 8-71　绘制入口处景观墙轮廓

（14）参考图片中的位置，结合使用“矩形”与“推/拉”工具，制作小道周边的景观墙，如图 8-71~图 8-74 所示。

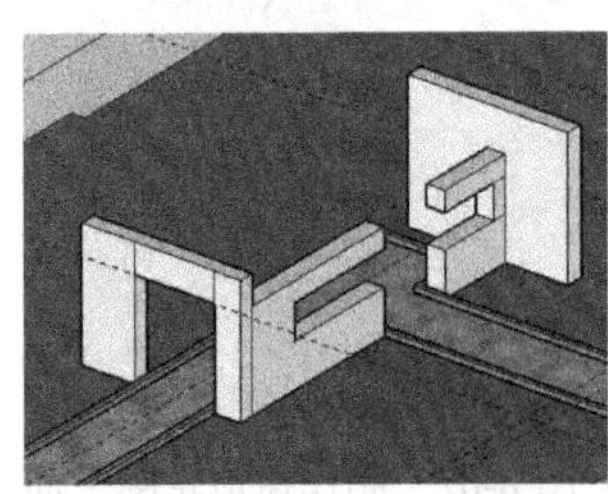

图 8-72　入口处景观墙效果

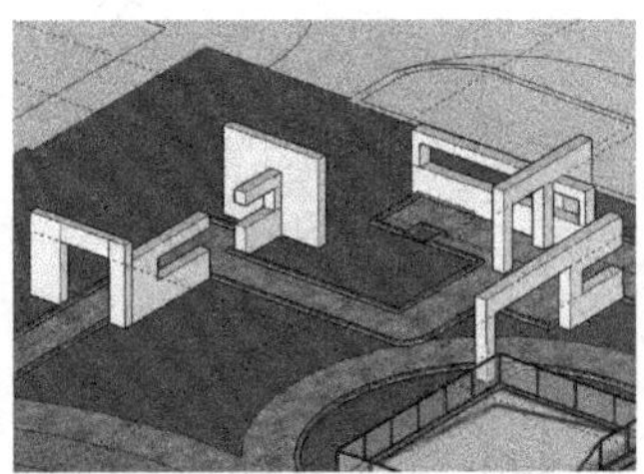

图 8-73　制作其他位置景观墙

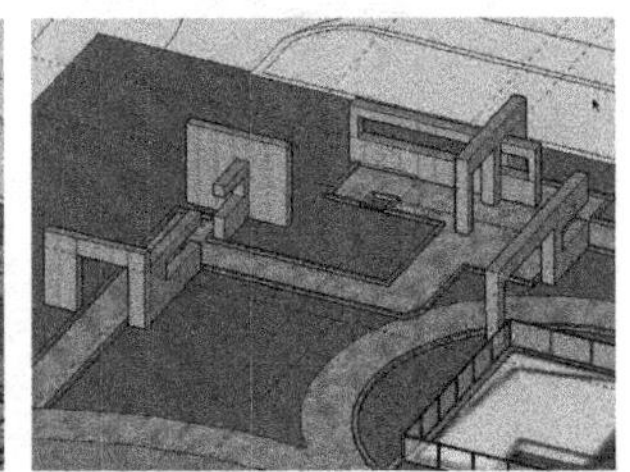

图 8-74　赋予景观墙材质

（15）参考图片，结合使用“直线”与“推/拉”工具制作右侧的石墙模型，如图 8-75 所示。

（16）参考图片，使用“圆弧”工具制作曲线分割细节，然后通过复制完成其他区域的类似效果，如图 8-76~图 8-78 所示。

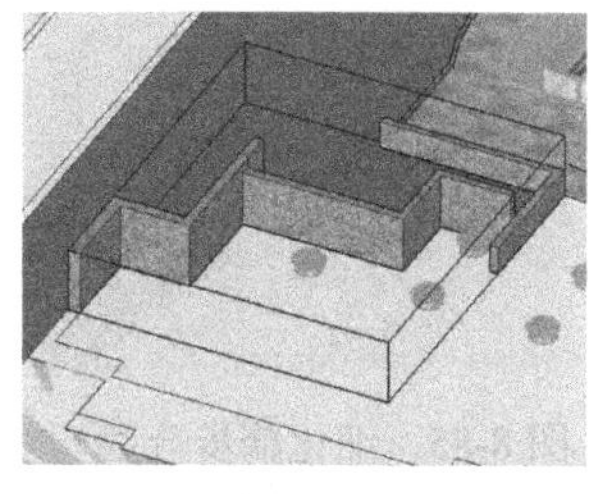

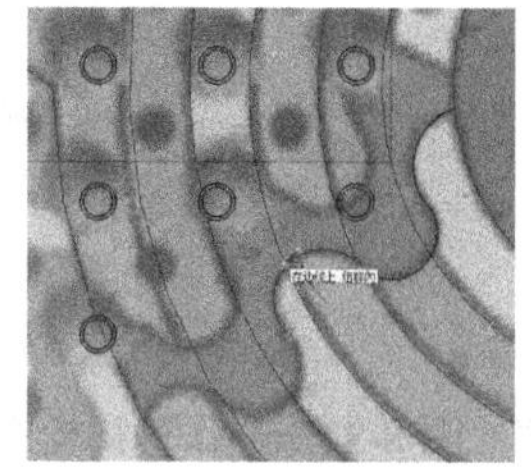

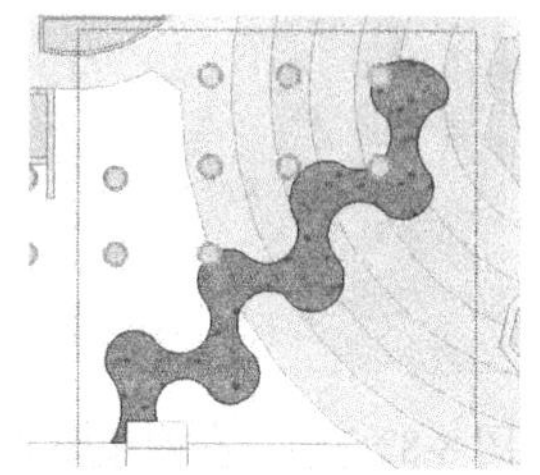

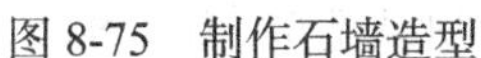

图 8-75 制作石墙造型　　图 8-76 绘制曲线分割　　图 8-77 曲线分割完成

（17）至此，圆形广场景观细节制作完成，效果如图 8-79 所示。接下来制作中心轴线上的水景效果。

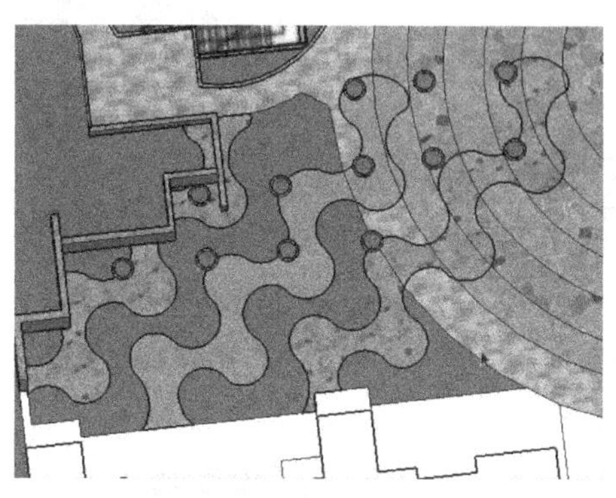

图 8-78 复制曲线造型

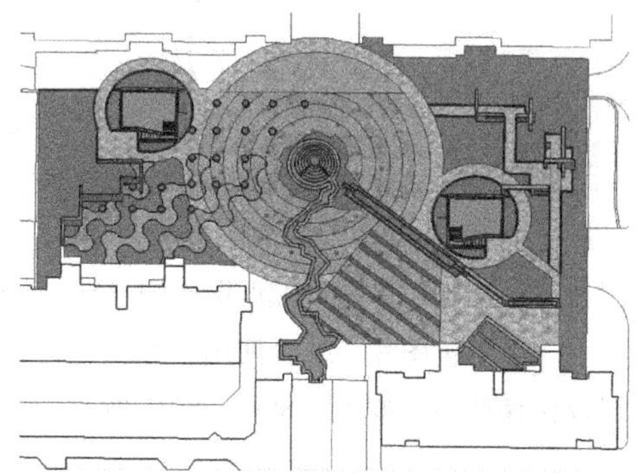

图 8-79 圆形广场完成效果

2．制作水景

（1）首先选择下方地形，整体向下推拉 3 000 mm，然后调整之前制作好的河道，如图 8-80~图 8-82 所示。

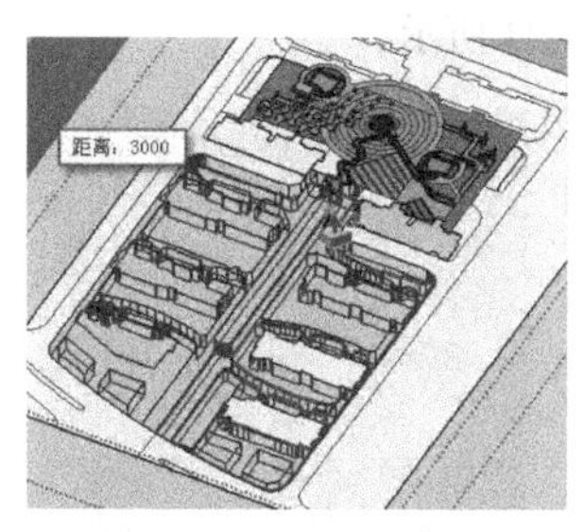

图 8-80 整体向下推拉 3 000mm

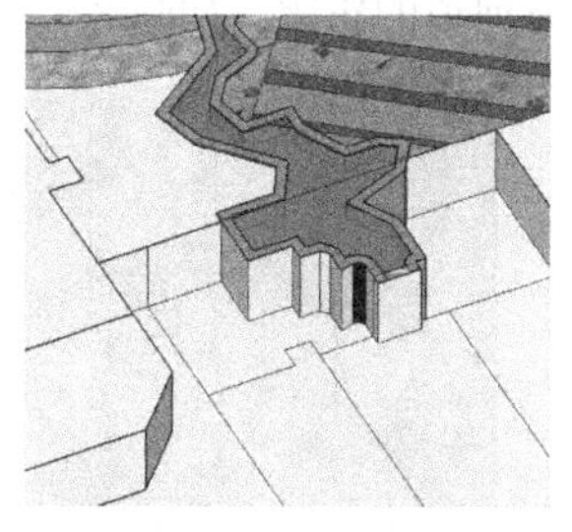

图 8-81 推拉后的河道效果

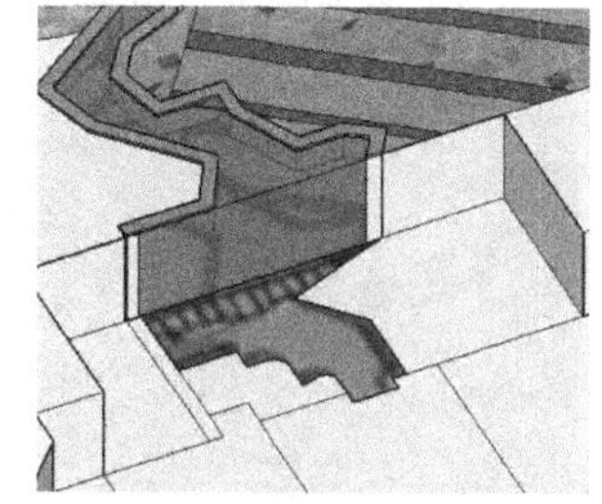

图 8-82 调整河道

（2）参考图片，结合使用“矩形”与“推/拉”工具，制作右侧的楼梯模型，如图 8-83~图 8-85 所示。

图 8-83　绘制右侧楼梯平面轮廓

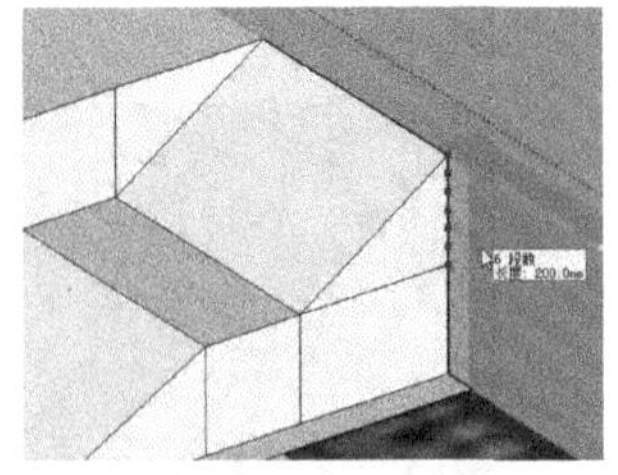
图 8-84　制作楼梯轮廓

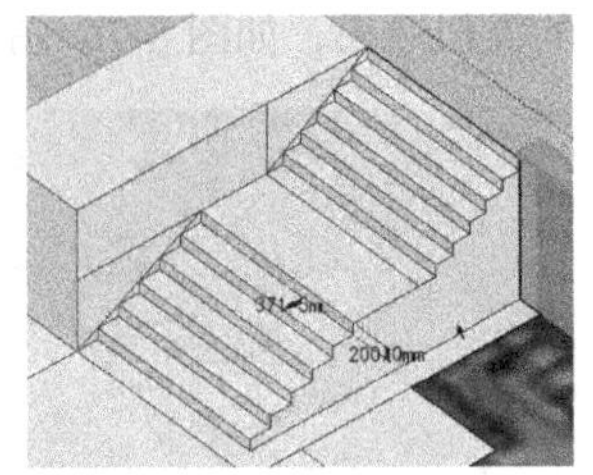
图 8-85　细化踏步造型

（3）参考图片，结合使用“直线”与“推/拉”工具，制作中部的水堤造型，如图 8-86~图 8-88 所示。

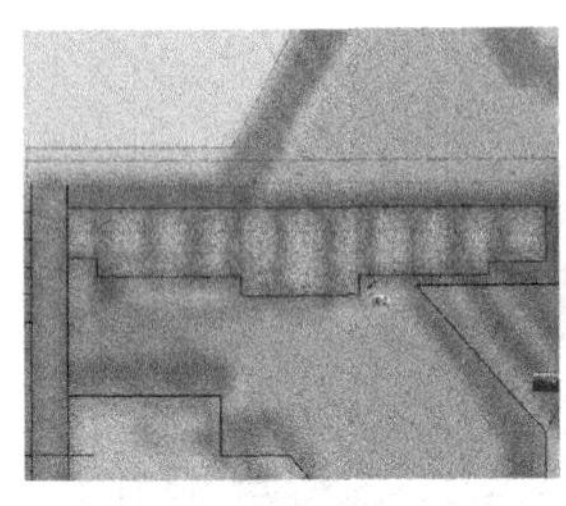
图 8-86　绘制河堤平面轮廓

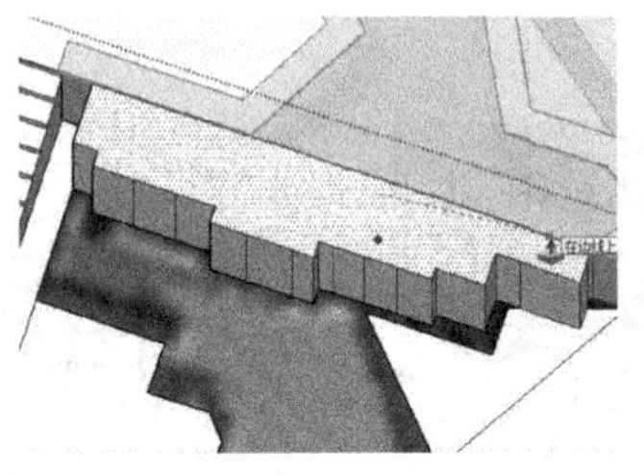
图 8-87　推拉河堤轮廓造型

图 8-88　河堤造型完成效果

（4）参考图片，结合使用“圆”、“圆弧”以及“推/拉”等工具，制作右侧的树池以及楼梯造型，如图 8-89~图 8-91 所示。

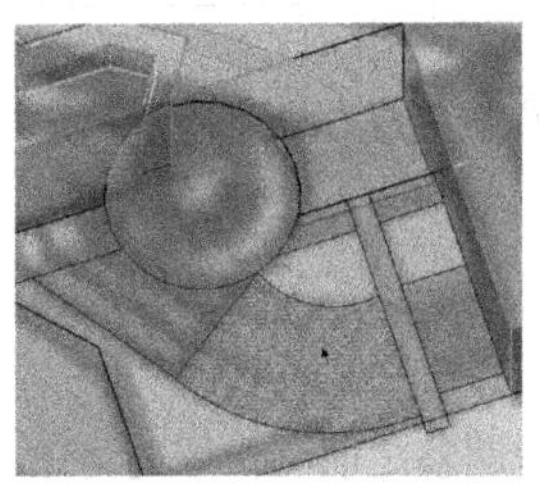
图 8-89　绘制圆形树池等平面轮廓

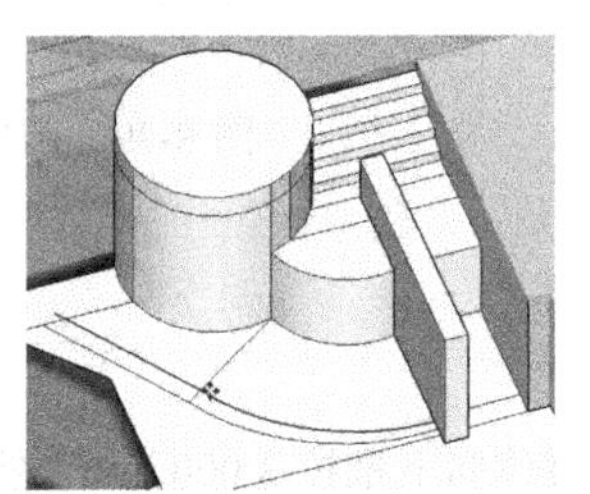
图 8-90　推拉造型

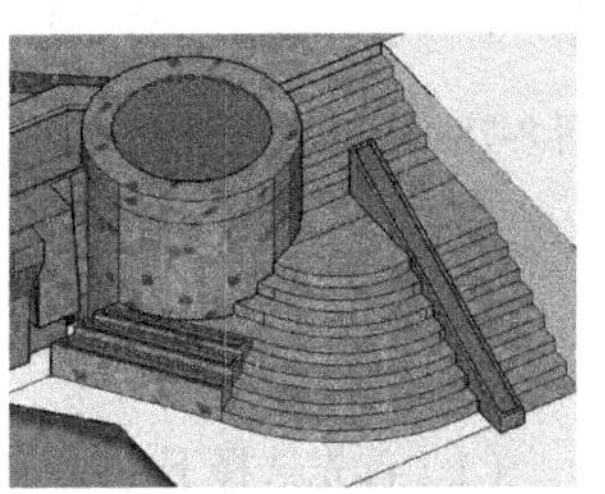
图 8-91　赋予造型材质

（5）参考图纸，分割出下方河道的轮廓，如图 8-92~图 8-94 所示。

图 8-92　分割下方河道整体轮廓

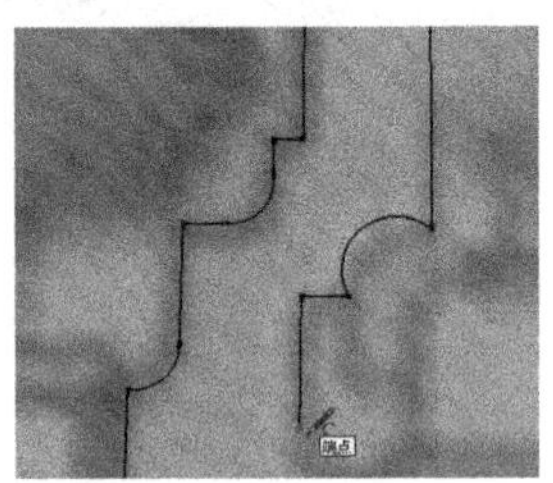
图 8-93　分割河道内部细节

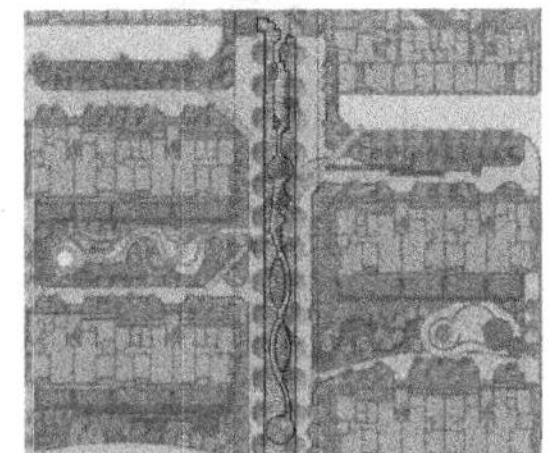
图 8-94　河道内部分割完成效果

（6）重复类似的操作，制作好河道两侧的层次细节，如图 8-95~图 8-97 所示。

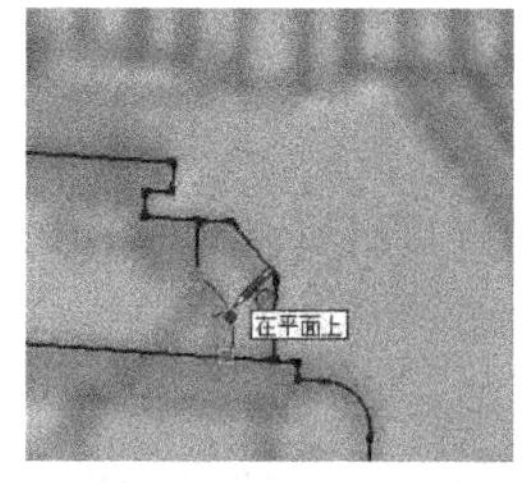

图 8-95　分割层级细节

图 8-96　向下推拉出水面

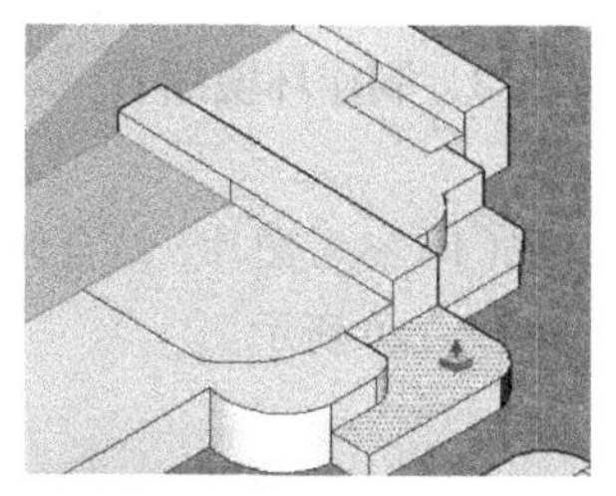

图 8-97　制作河堤层次

（7）参考图纸，制作河道两侧的景观细节，如图 8-98~图 8-106 所示。

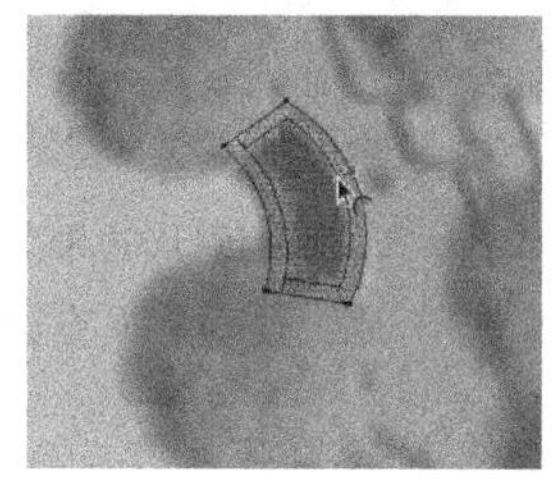

图 8-98　绘制树池轮廓

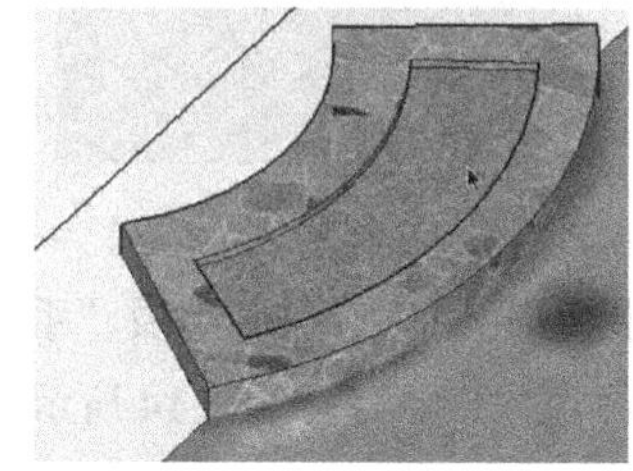

图 8-99　制作树池细节

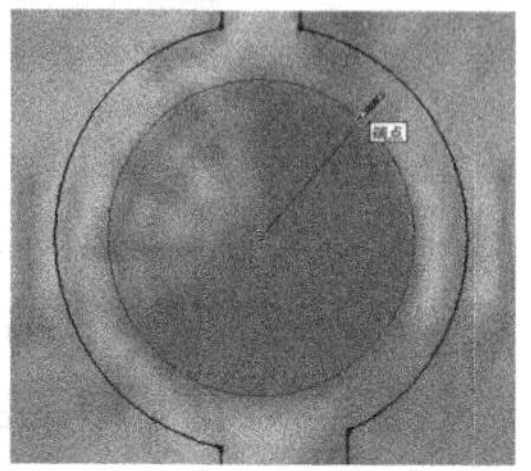

图 8-100　绘制圆形景观小品轮廓

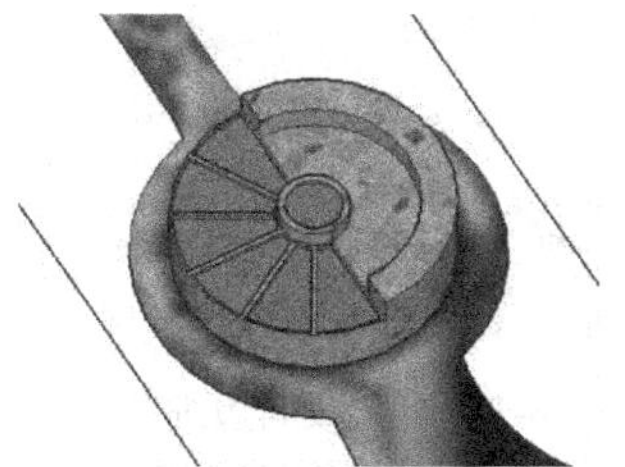

图 8-101　完成小品造型

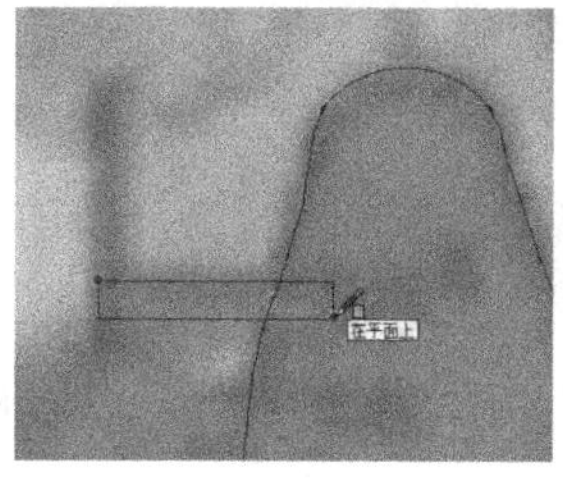

图 8-102　绘制亲水平台轮廓

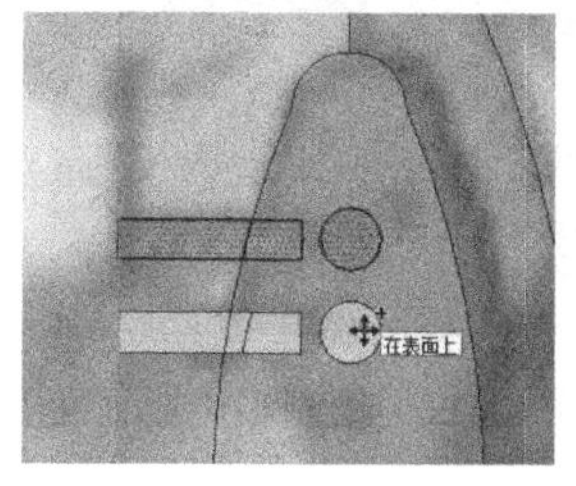

图 8-103　绘制亲水平台细节

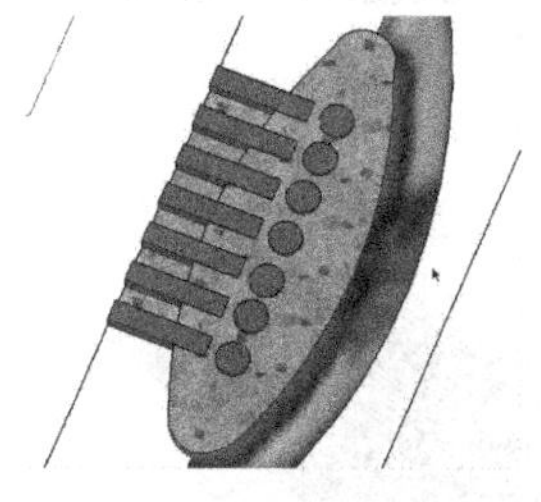

图 8-104　完成亲水平台造型

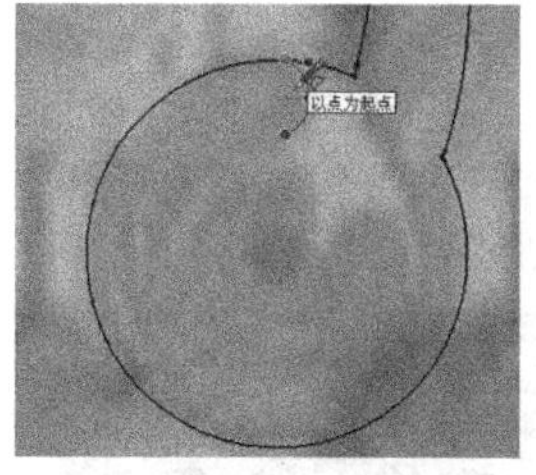

图 8-105　绘制曲水流觞

图 8-106　曲水流觞完成效果

（8）参考图片，复制出河道两侧的树池模型，完成中心水景的制作，如图 8-107 与图 8-108 所示。接下来完成环境细节。

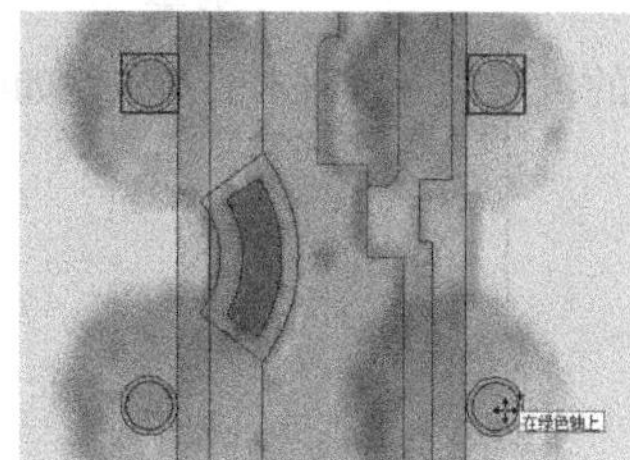

图 8-107　复制树池

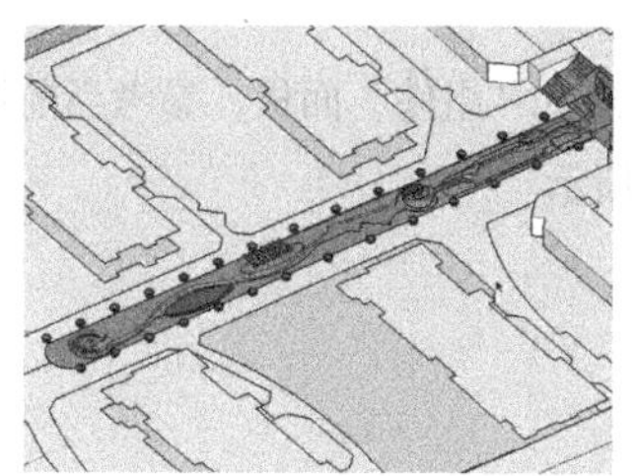

图 8-108　河道景观完成效果

3．制作环境细节

（1）参考图片，结合使用“偏移”及“推/拉”等工具，制作连接斜坡，如图 8-109 与图 8-110 所示。

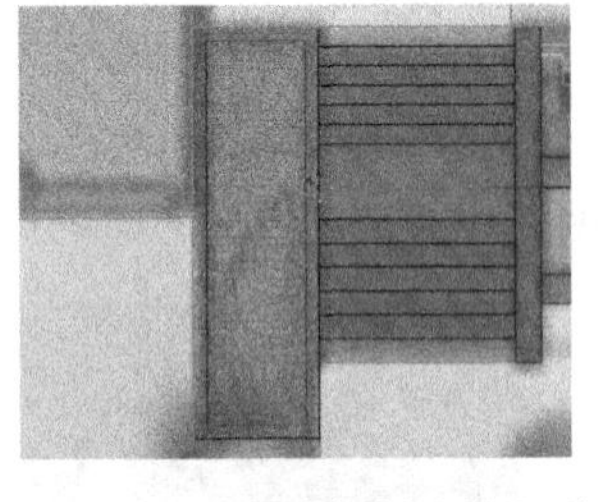

图 8-109 偏移复制边沿细节

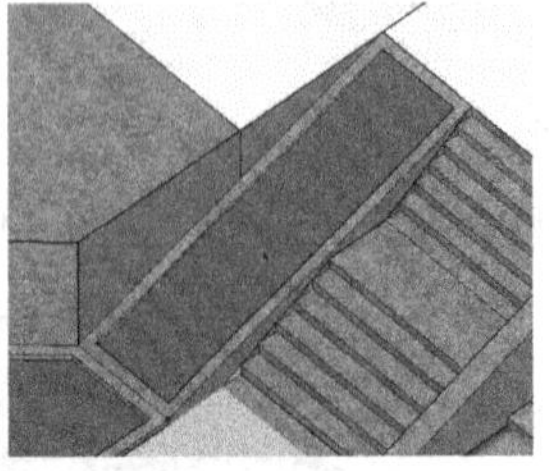

图 8-110 斜坡完成效果

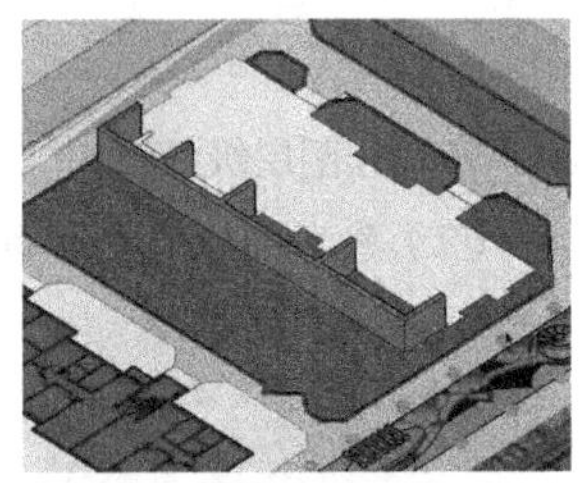

图 8-111 制作建筑周边细节

（2）参考图片，结合使用“多边形”、“圆”及“手绘线”等工具，处理好下方第一幢建筑周边的相关环境细节，如图 8-111~图 8-114 所示。

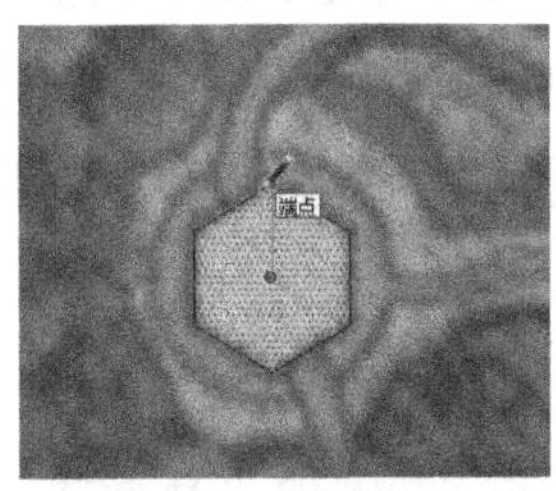

图 8-112 绘制多边形平面

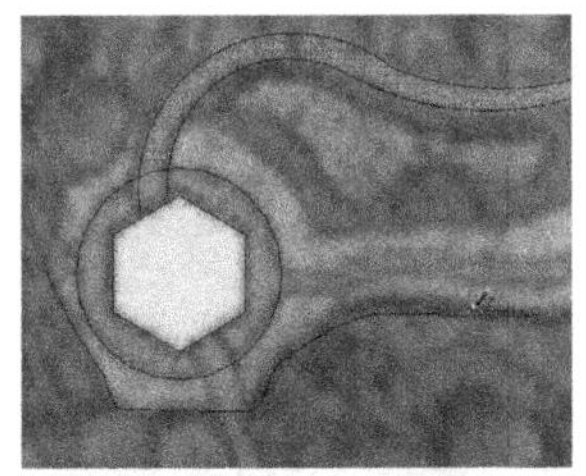

图 8-113 使用手绘线分割轮廓

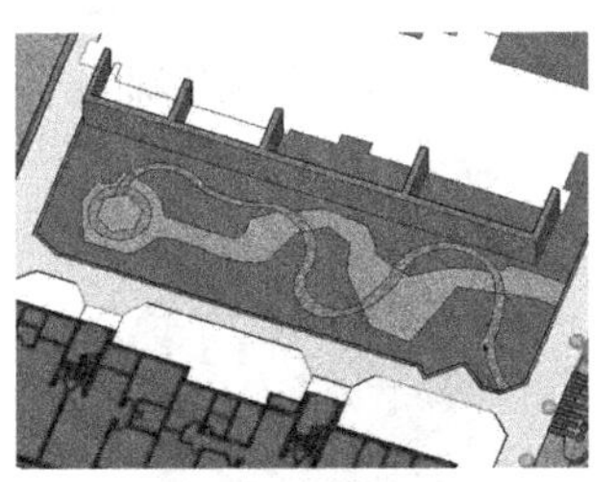

图 8-114 区域周边细节完成效果

（3）参考图片，通过类似方式制作其他建筑周边的环境细节，完成景观简模的制作，如图 8-115~图 8-117 所示。

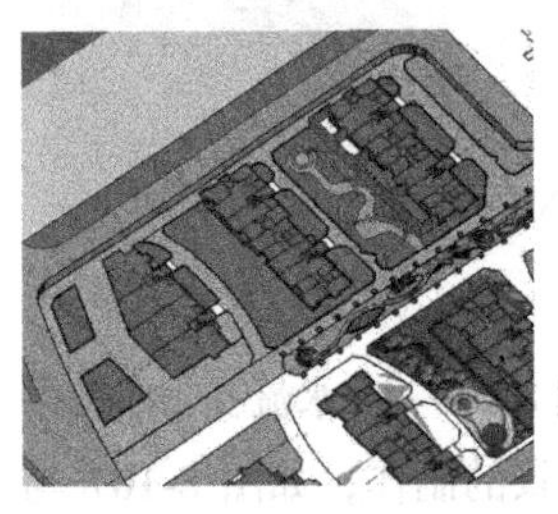

图 8-115 左侧细节完成效果

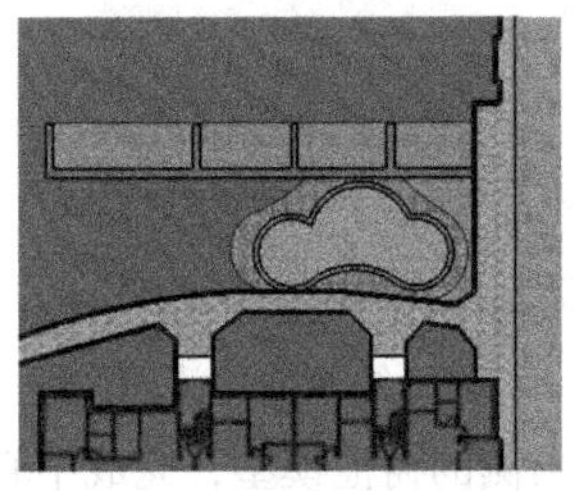

图 8-116 右侧细节完成效果

图 8-117 景观简模整体完成效果

（4）进入“组件”面板，参考当前场景中现有的树池，进行树木的布置，如图 8-118~图 8-121 所示。

图 8-118　合并树木

图 8-119　参考广场树池复制树木

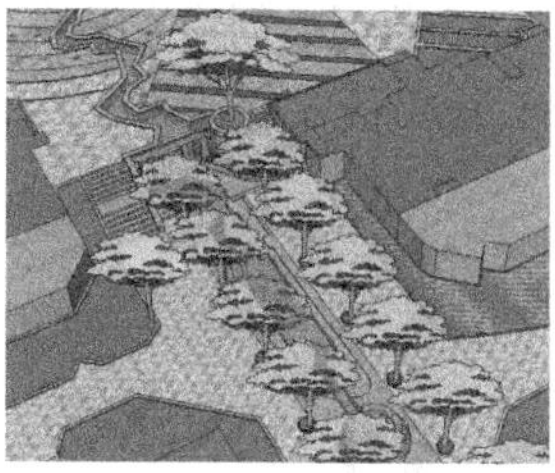

图 8-120　参考河道树池布置树木

（5）布置场景中的灌木细节，如图 8-122 所示。

（6）参考图中植物的分布，随机布置一些植物，完成效果如图 8-123 所示。

图 8-121　参考尾部树池布置树木

图 8-122　布置灌木

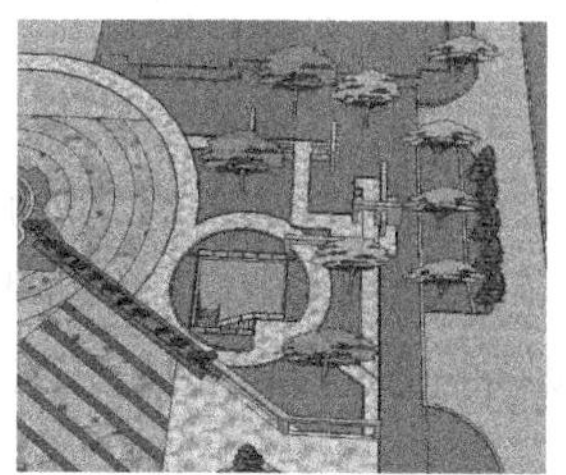

图 8-123　随机布置树木

8.6　创建住宅建筑单体

完成景观简模的制作后，本例将根据参考图片制作住宅建筑单体。由于小区中住宅类型相同，只需绘制一栋即可。

（1）选择之前划分好的建筑平面轮廓，利用“直线”工具，将住宅建筑平面进行封面操作，并创建群组，如图 8-124 所示。

（2）激活“推/拉”工具，按住 Ctrl 键，将平面向上推拉 2 707 mm 的高度，如图 8-125 所示。

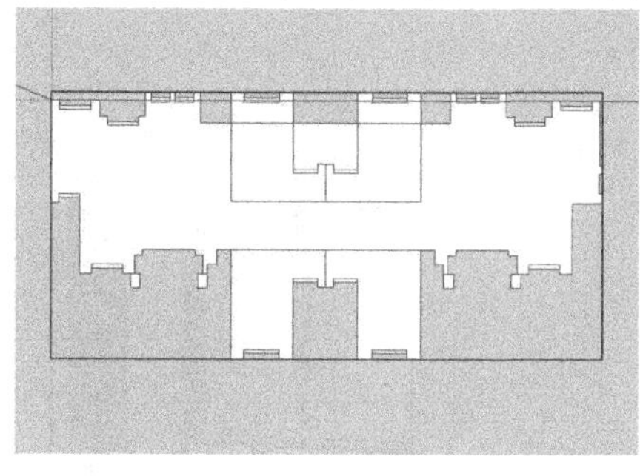

图 8-124　封面处理

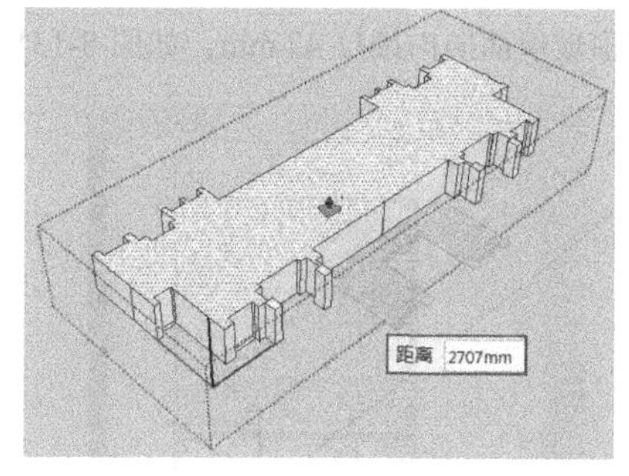

图 8-125　推拉一层平面高度

（3）激活“卷尺”工具，绘制辅助线，并用“矩形”工具捕捉辅助线的交点绘制门框，如图 8-126 所示。

（4）将门框创建为组件，并激活“偏移”工具，将其向内偏移 64 mm、54 mm 的距离，如图 8-127 所示。

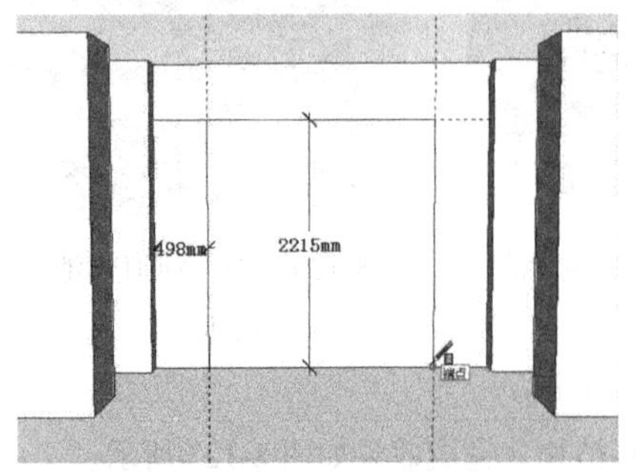

图 8-126　绘制门框

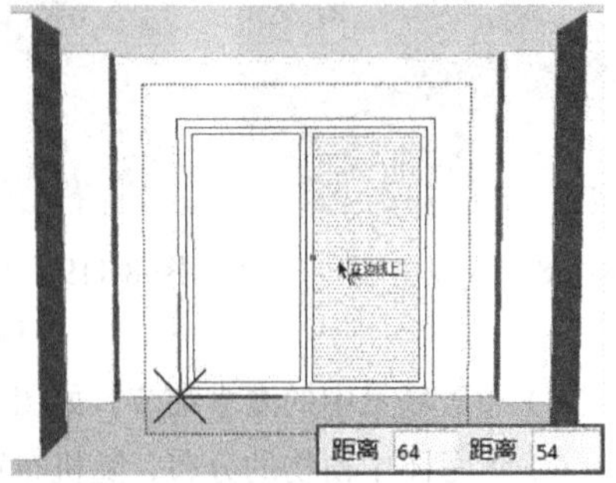

图 8-127　向内偏移矩形门框

（5）利用“推/拉”工具，将门框向内推拉 145 mm，并将窗面向内推拉 98 mm，推拉门绘制结果如图 8-128 所示。

（6）绘制左侧窗户。激活“卷尺”工具，绘制辅助线，用“矩形”工具捕捉辅助线的交点绘制窗框，并创建组件，如图 8-129 所示。

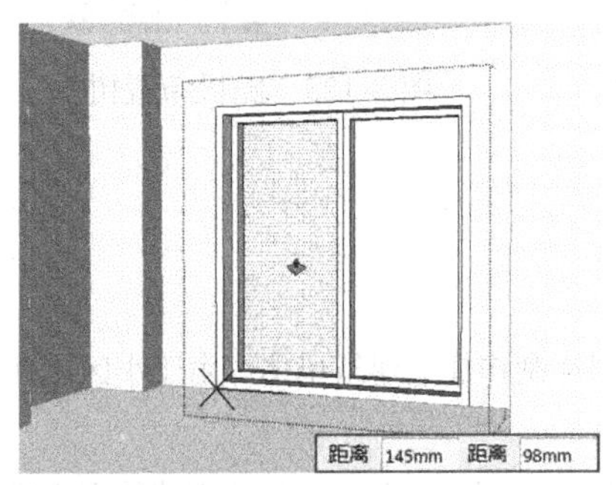

图 8-128　细化门

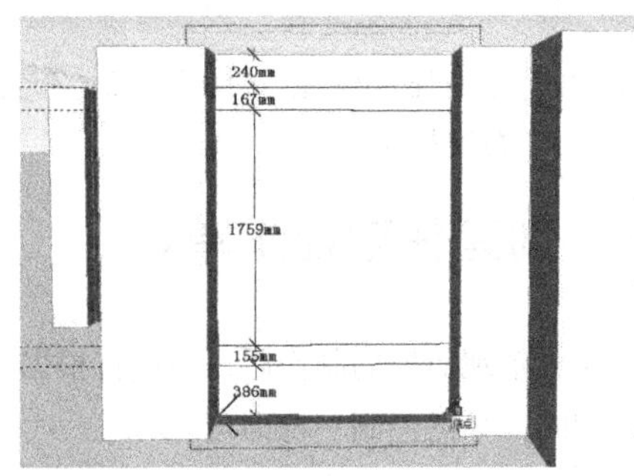

图 8-129　绘制左侧窗框

（7）激活“推/拉”工具，将平面从下到上分别向外推拉 330 mm、450 mm、216 mm、450 mm、330 mm，如图 8-130 所示。

（8）激活“偏移”工具，将窗平面向内偏移 45 mm 的距离，用“推/拉”工具，将窗玻璃面向内推拉 47 mm，如图 8-131 所示。

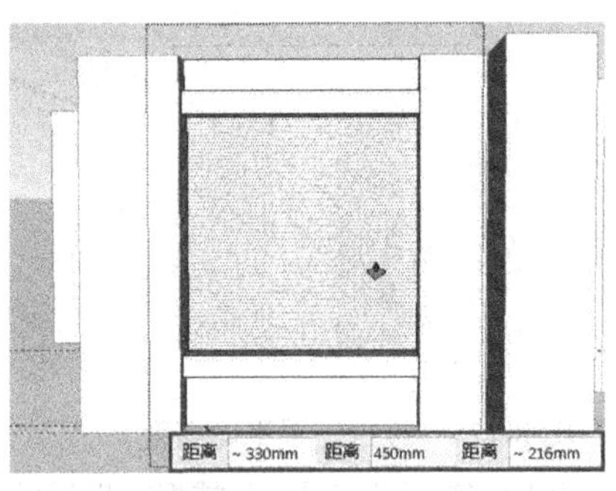

图 8-130　推拉窗户

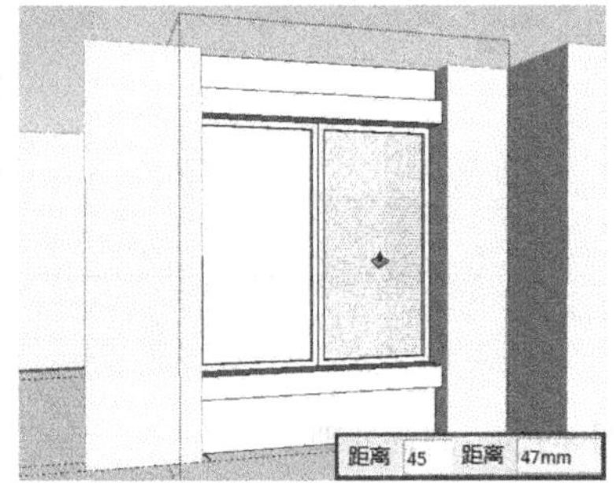

图 8-131　细化窗户

（9）激活“移动”工具，按住 Ctrl 键，将刚绘制的窗户组件进行复制，并用“缩放”工具，将窗户组件沿红轴缩放 0.68 的比例，如图 8-132 所示。

（10）执行“窗口>组件”菜单命令，在弹出的“组件”对话框中单击“在模型中的材质”按钮，然后选择所需组件，在组件上单击，参照立面图移动到合适位置，并用“缩放”工具对其大小进行调整，如图 8-133 所示。

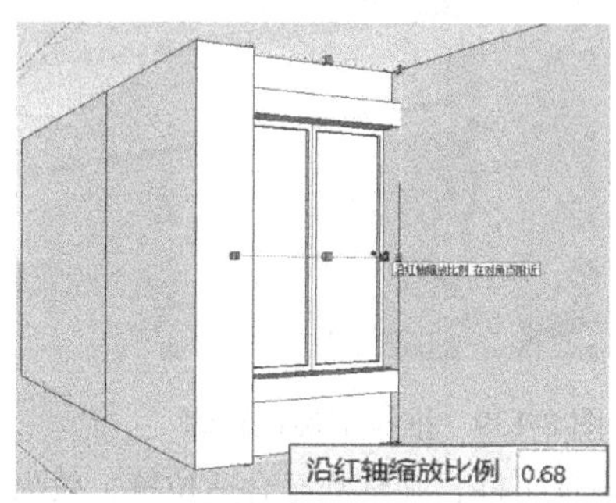

图 8-132　将窗户进行缩放

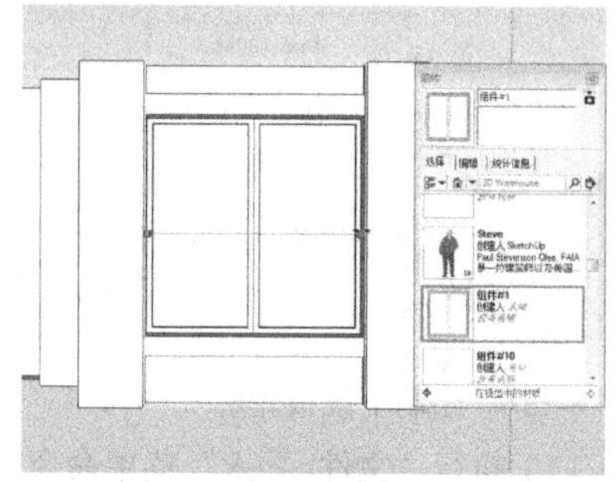

图 8-133　执行“窗口>组件”菜单命令

（11）重命令操作，绘制建筑左侧其他窗户，效果如图 8-134 所示。

（12）激活“移动”工具，按住 Ctrl 键，将左侧窗户组件进行复制，并用“缩放”工具，沿红轴缩放-1，进行镜像，并移动至合适位置，如图 8-135 所示。

图 8-134　绘制左侧其他窗户

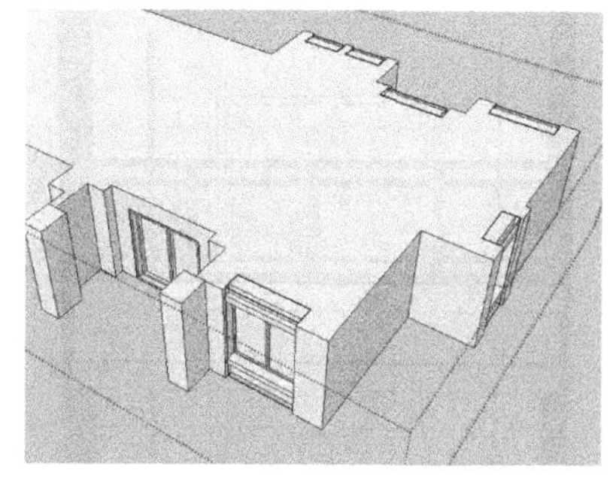

图 8-135　移动复制窗户

（13）激活“移动”工具，按住 Ctrl 键，将建筑一层向上移动复制，如图 8-136 所示。

（14）绘制二层挑台。双击进入组件，激活“直线”工具，将挑台底面进行封面处理并创建组件，然后用“移动”工具将底面向内移动 178 mm 的距离，如图 8-137 所示。

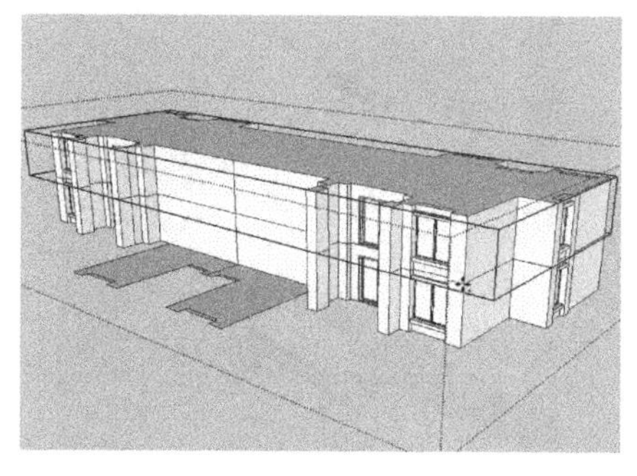

图 8-136　移动复制一层

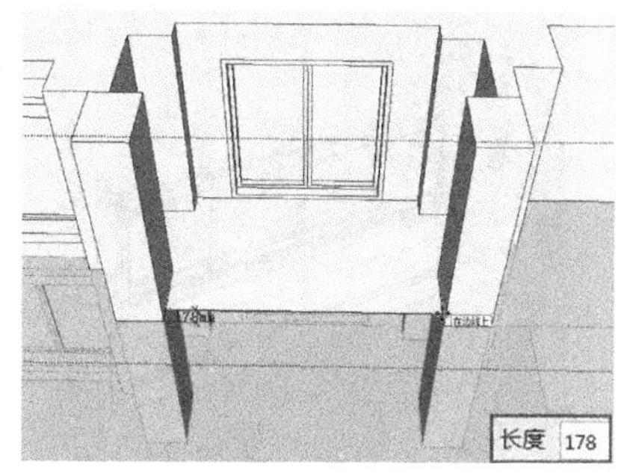

图 8-137　绘制二层挑台底面

（15）激活“直线”工具，绘制如图 8-138 所示的下挑板轮廓。

（16）利用“推/拉”工具，将刚绘制的下挑板轮廓进行推拉，效果如图 8-139 所示。

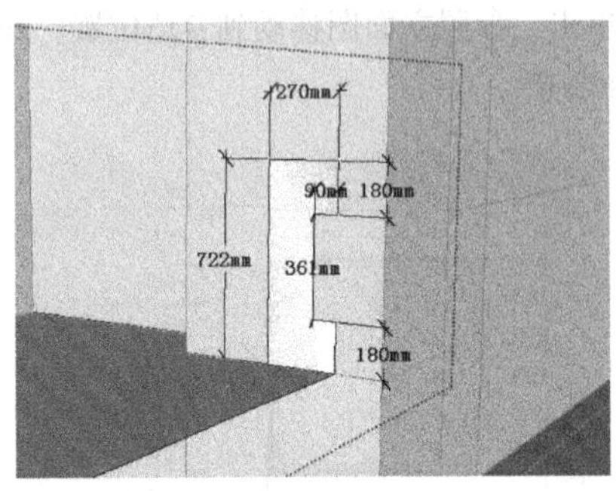

图 8-138　绘制下挑板轮廓

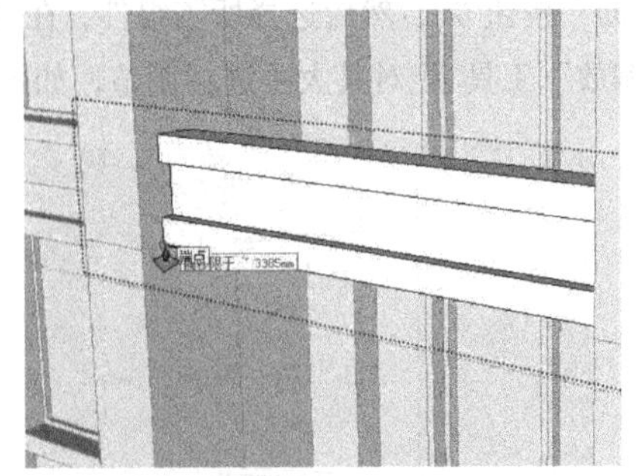

图 8-139　推拉下挑板轮廓

（17）执行“文件>导入”菜单命令，导入栏杆组件，并移动至合适位置，效果如图 8-140 所示。

（18）执行“窗口>组件”菜单命令，在弹出的“组件”对话框中单击“在模型中的材质”按钮，然后选择所需组件，在组件上单击，绘制二层左侧北面挑台并移动到合适位置，如图 8-141 所示。

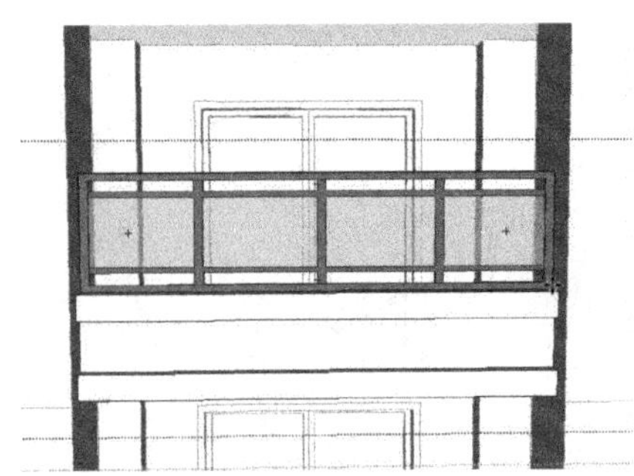

图 8-140　导入栏杆组件

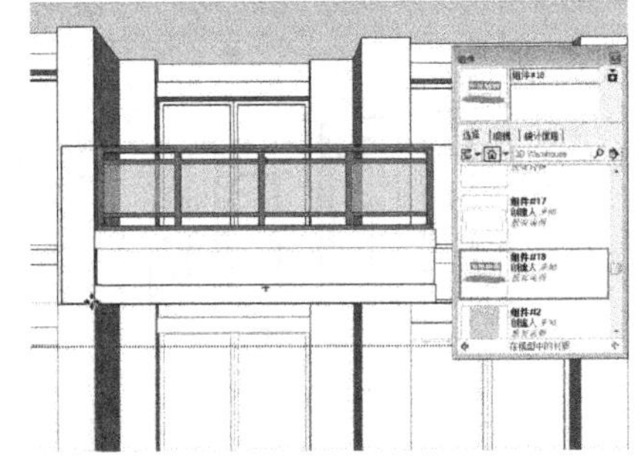

图 8-141　绘制二层左侧北面挑台

（19）双击进入二层左侧北面挑台组件，利用“矩形”工具、“直线”工具和“推/拉”工具，对其进行编辑，效果如图 8-142 所示。

（20）激活“移动”工具，按住 Ctrl 键，将左侧窗户组件进行复制，并用“缩放”工具，沿红轴缩放-1，进行镜像，并移动至合适位置，如图 8-143 所示。

图 8-142　编辑二层左侧北面挑台

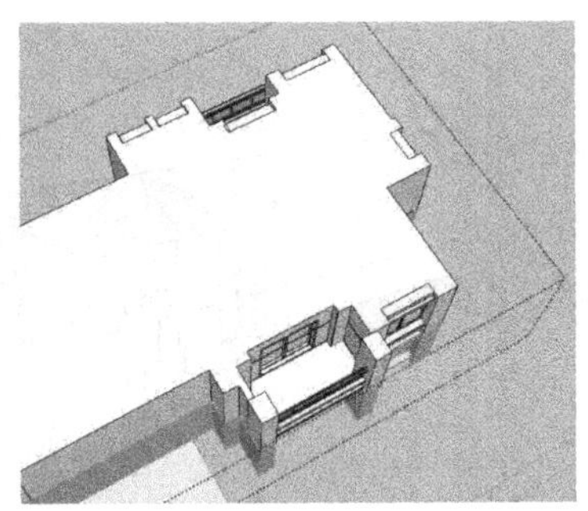

图 8-143　绘制二层右侧挑台

（21）利用“移动”工具，指定移动基点，按住 Ctrl 键沿蓝轴方向移动复制，移动到指定基点后单击鼠标左键确定，此时在数值控制框中输入“12X”即可将单层建筑单体复制出 12 份，如图 8-144 所示。

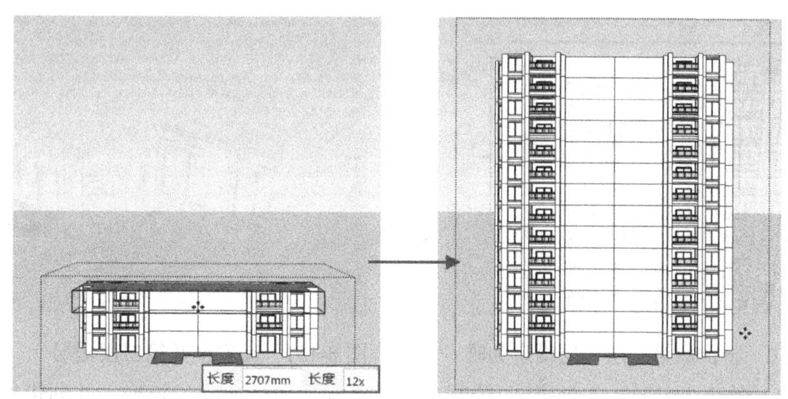

图 8-144　移动复制楼层

（22）绘制北面附属建筑。激活“推/拉”工具，将平面向上推拉，如图 8-145 所示。

（23）执行“窗口>组件”菜单命令，绘制窗户并移动到合适位置，如图 8-146 所示。

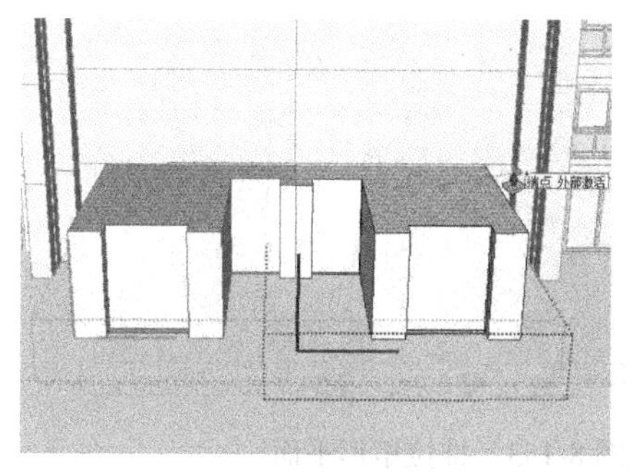

图 8-145　推拉附属楼层

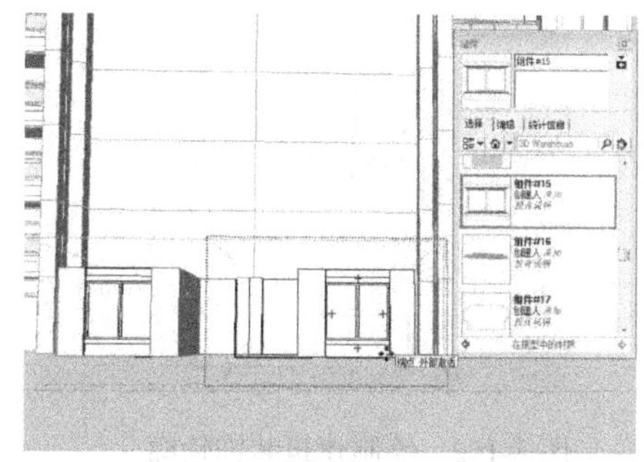

图 8-146　执行“窗口>组件”菜单命令

（24）重复上述相同的方法，绘制其余窗户，效果如图 8-147 所示。

（25）激活“移动”工具，按住 Ctrl 键，沿蓝轴方向移动复制，如图 8-148 所示。

（26）用与上述相同的方法绘制南面附属建筑，在此不再赘述，效果如图 8-149 所示。

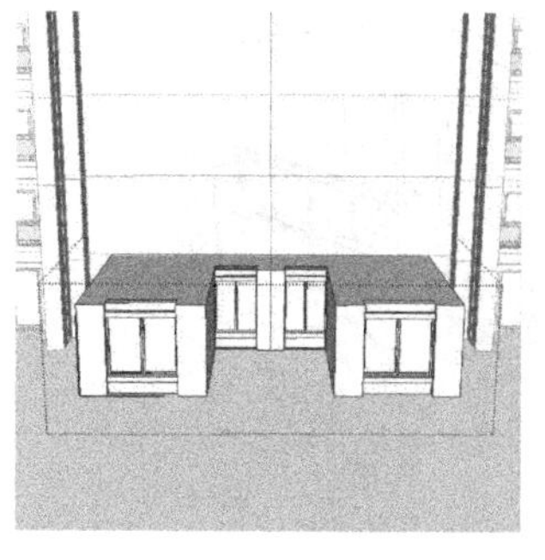

图 8-147　绘制其他窗户

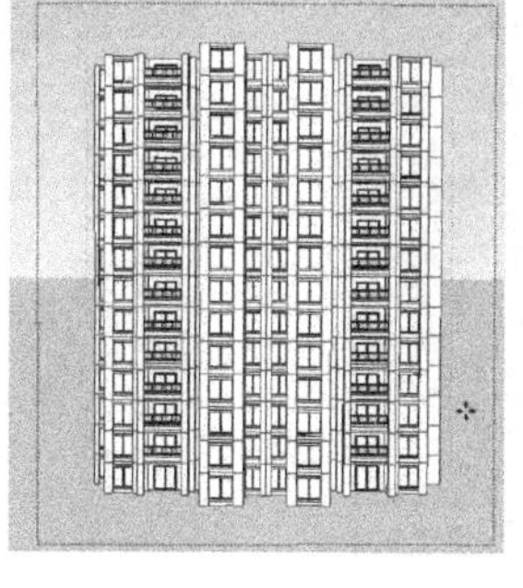

图 8-148　移动复制附属楼层

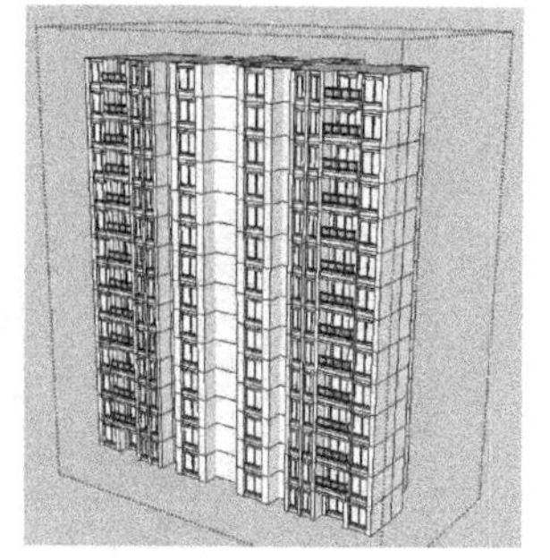

图 8-149　南面附属建筑效果

（27）选择倒数第二层楼层，单击鼠标右键，在弹出的快捷菜单中选择“设定为唯一”命令，进行单独编辑，如图 8-150 所示。

（28）激活“推/拉”工具，对倒数第二层楼层进行编辑，修改结果如图 8-151 所示。

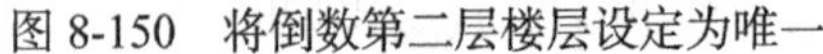

图 8-150　将倒数第二层楼层设定为唯一

图 8-151　编辑倒数第二层楼层

（29）激活“矩形”工具，绘制一个 573 mm × 368 mm 的矩形，并创建组，如图 8-152 所示。

（30）激活“推/拉”工具，按住 Ctrl 键，将矩形面向上分别推拉 976 mm、89 mm、181 mm、90 mm，如图 8-153 所示。

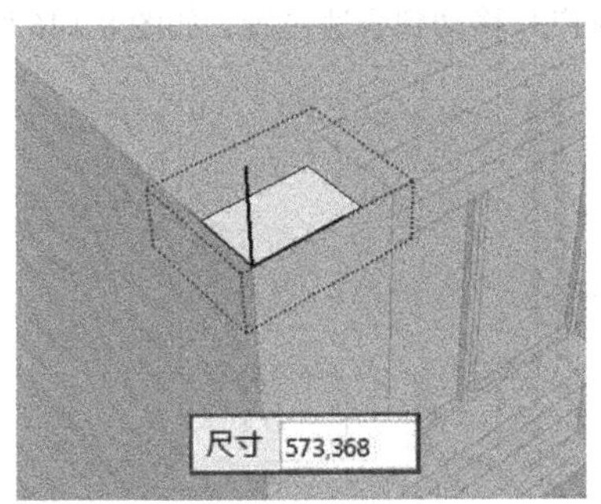

图 8-152　绘制建筑装饰轮廓

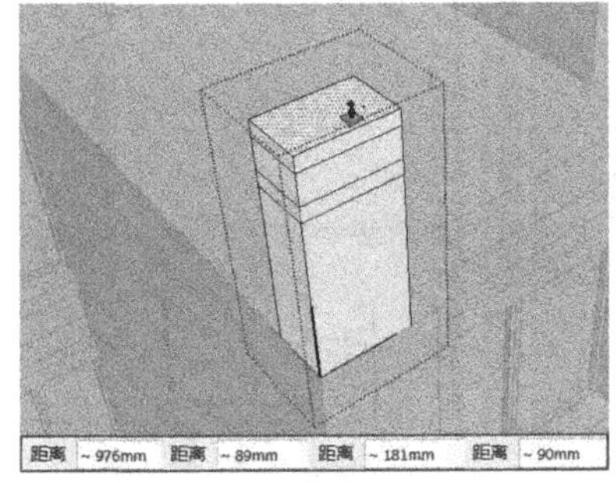

图 8-153　推拉矩形平面

（31）重复命令操作，细化建筑装饰，由下到上分别推拉 72 mm、90 mm，如图 8-154 所示。

（32）激活“移动”工具，按住 Ctrl 键，将建筑装饰向右移动复制，如图 8-155 所示。

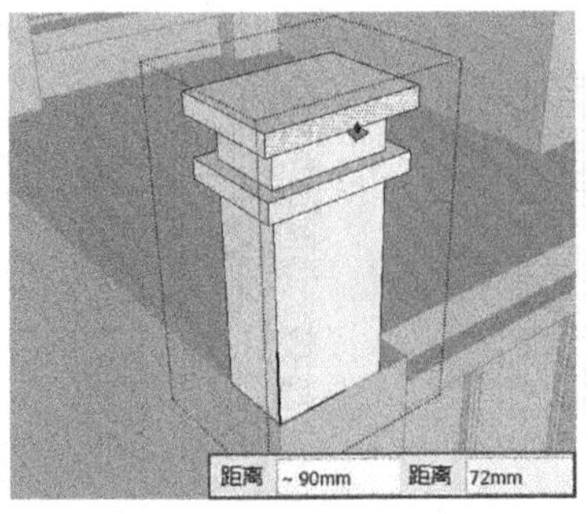

图 8-154　细化建筑装饰

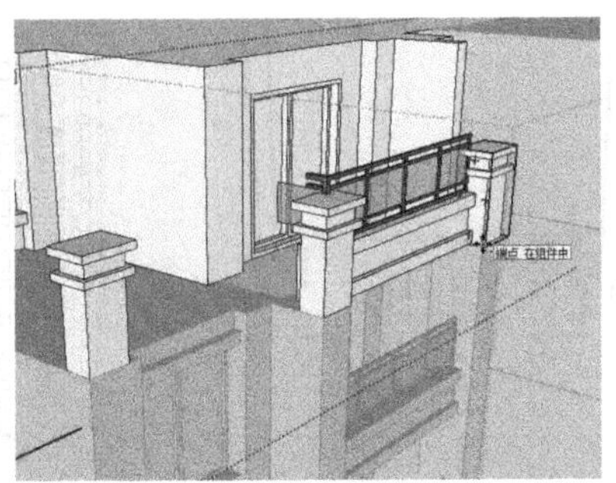

图 8-155　移动复制建筑装饰

（33）利用“矩形”工具、“直线”工具、“推/拉”工具，编辑阳台，效果如图 8-156 所示。

（34）用与上述相同的方法细化阳台，在此不再赘述，效果如图 8-157 所示。

图 8-156 编辑阳台

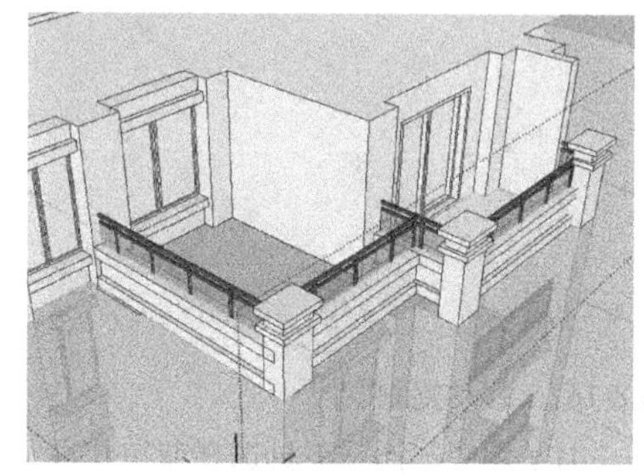

图 8-157 阳台完成效果

（35）激活“移动”工具，按住 Ctrl 键，将左侧阳台组件进行复制，并用“缩放”工具，沿红轴缩放-1，进行镜像，并移动至合适位置，如图 8-158 所示。

（36）倒数第二层楼层完成效果如图 8-159 所示。

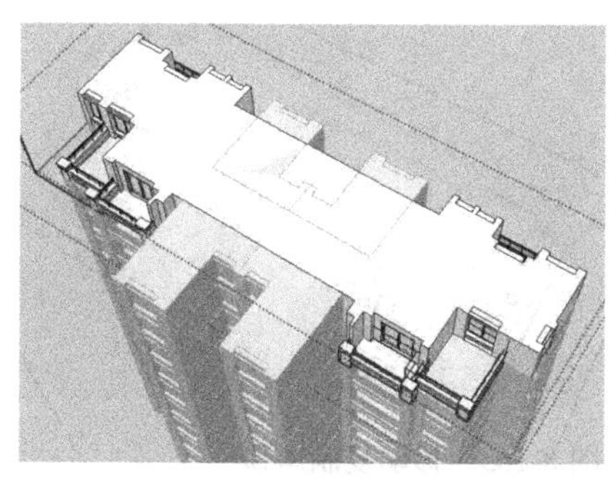

图 8-158 绘制倒数第二层右侧阳台

图 8-159 倒数第二层楼层完成效果

（37）用与上述相同的方法绘制顶层南面阳台，效果如图 8-160 所示。

（38）绘制屋顶。激活“矩形”工具、“直线”工具，参照如图 8-161 所示的图形绘制屋顶平面，并创建群组。

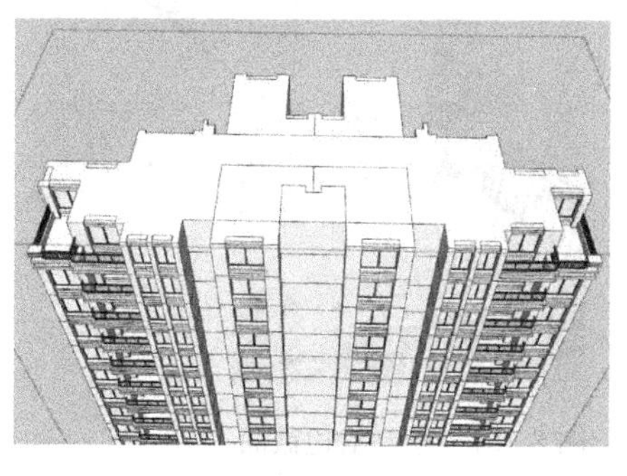

图 8-160 绘制顶层南面阳台

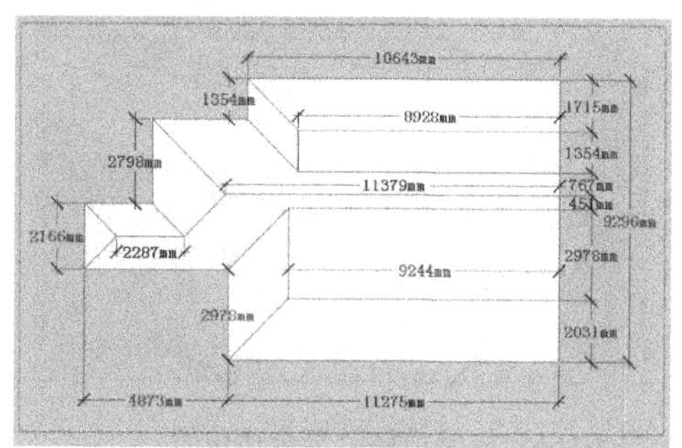

图 8-161 绘制屋顶平面

（39）激活“直线”工具，绘制辅助线，并用“移动”工具，按住 Ctrl 键，将线段移动复制至相应高度，如图 8-162 所示。

（40）激活“直线”工具，将向上移动的直线与对角线连接，如图 8-163 所示。

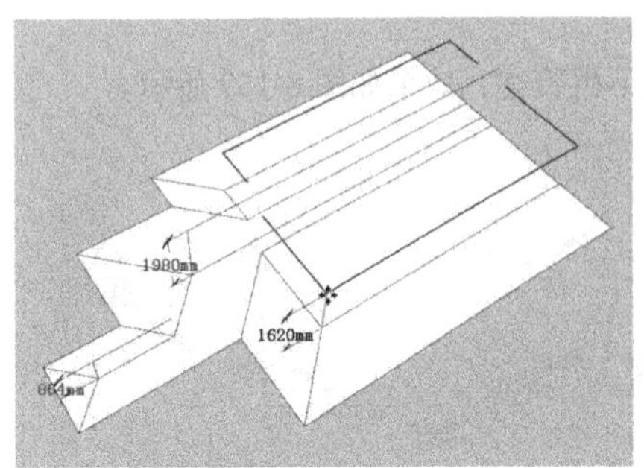

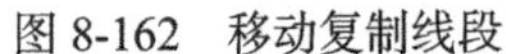
图 8-162　移动复制线段

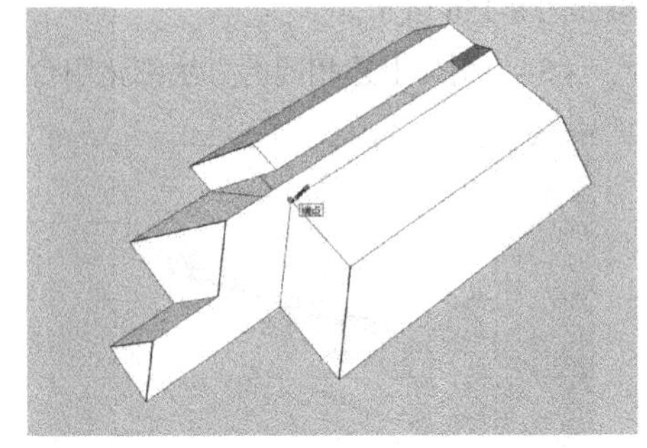

图 8-163　连接对角线

（41）用“选择”工具选择蓝色线段，单击沙盒工具栏上的“根据等高线创建”命令，生成不规则面域，如图 8-164 所示。

（42）激活“移动”工具，按住 Ctrl 键，将屋顶组件进行复制，并用“缩放”工具，沿红轴缩放-1，进行镜像，并移动至合适位置，如图 8-165 所示。

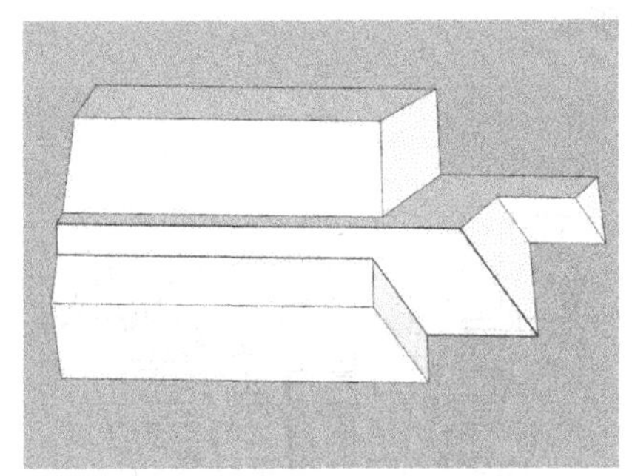

图 8-164　执行“根据等高线创建”命令

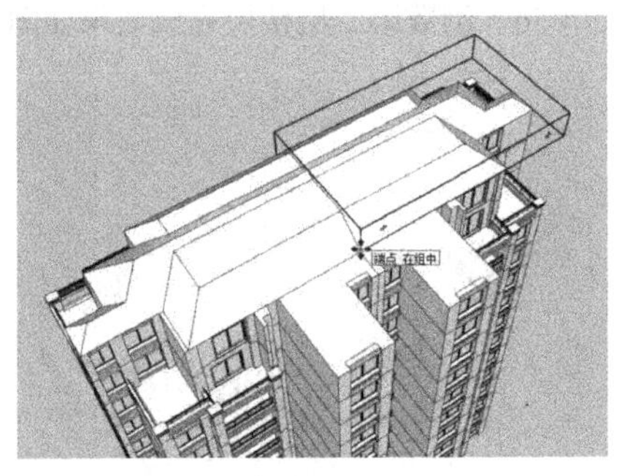

图 8-165　移动复制屋顶

（43）激活“移动”工具，将屋顶移动至合适位置，效果如图 8-166 所示。

（44）绘制沿边。激活“矩形”工具、“直线”工具，参照图 8-167 所示的图形绘制截面。

图 8-166　将屋顶移动至合适位置

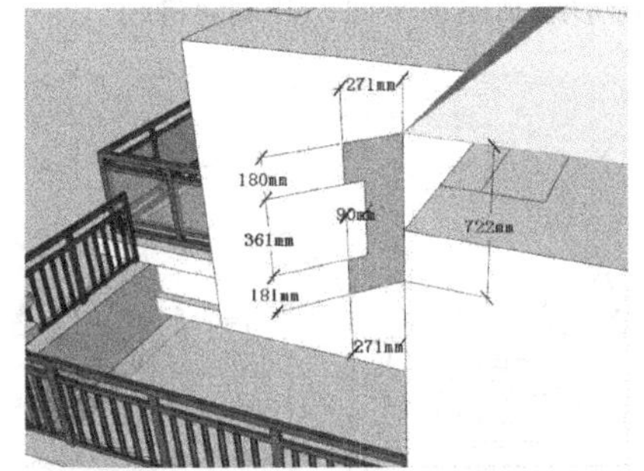

图 8-167　绘制沿边截面

（45）用“选择”工具选择放样路径，激活“路径跟随”工具，在刚绘制的截面上单击，截面将会沿放样路径跟随出如图 8-168 所示的模型。

（46）用上述相同的方法绘制其余沿边，在此不再赘述，效果如图 8-169 所示。

图 8-168　执行“路径跟随”命令

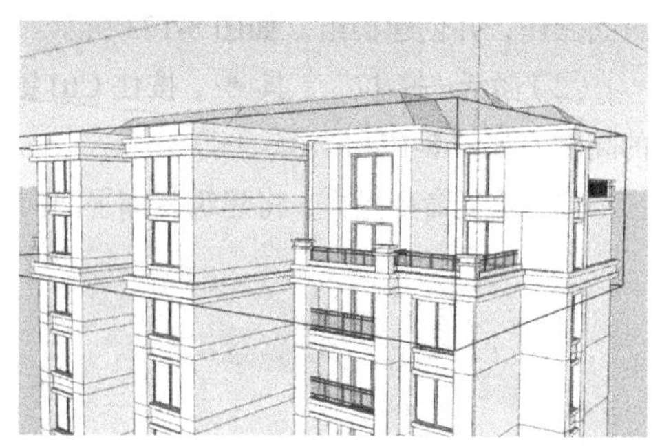

图 8-169　绘制其余沿边

（47）激活“材质”工具，为住宅建筑模型赋予材质，效果如图 8-170 与图 8-171 所示。

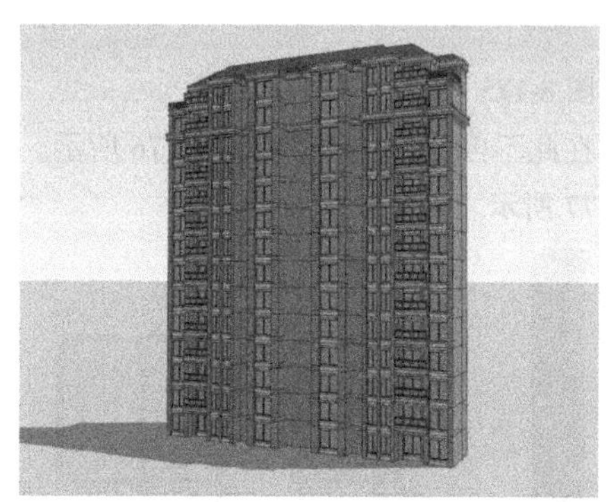

图 8-170　赋予建筑模型材质

图 8-171　住宅建筑完成效果

（48）激活“移动”工具，按住 Ctrl 键，将住宅建筑进行复制，并移动至合适位置，如图 8-172 所示。

图 8-172　移动复制住宅建筑

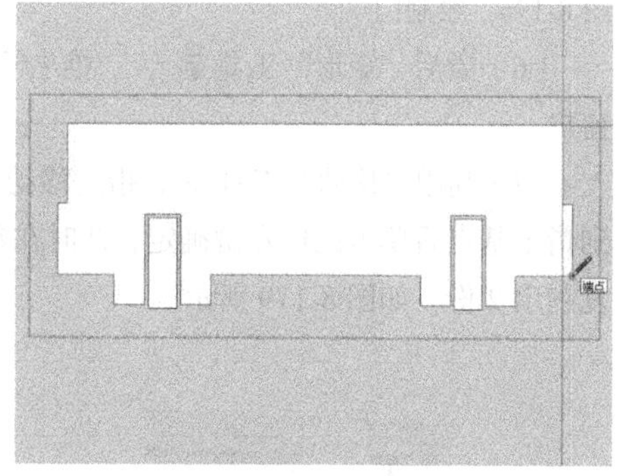

图 8-173　绘制建筑平面

8.7　创建其他建筑体块

完成住宅建筑的制作后，本节将根据创建住宅建筑的方法制作其他建筑体块。

（1）选择之前划分好的建筑平面轮廓，利用“直线”工具，将住宅建筑平面进行封面操作，并创建群组，如图 8-173 所示。

（2）激活“推/拉”工具，按住 Ctrl 键，将建筑平面向上推拉 4 654 mm、9 390 mm 的高度，如图 8-174 所示。

（3）重复命令操作，将建筑装饰平面向上推拉 15 367 mm 的高度，如图 8-175 所示。

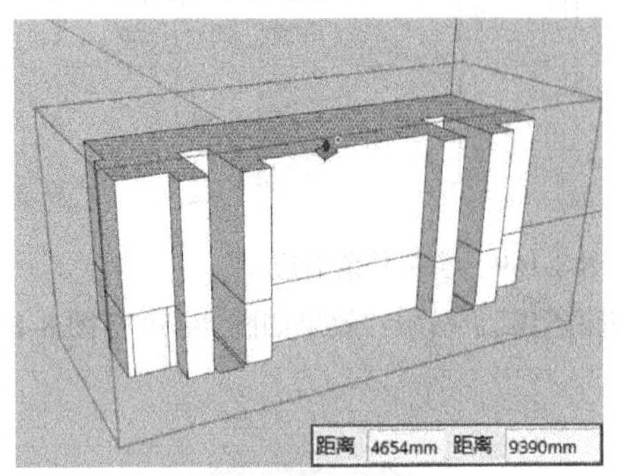

图 8-174　推拉建筑平面

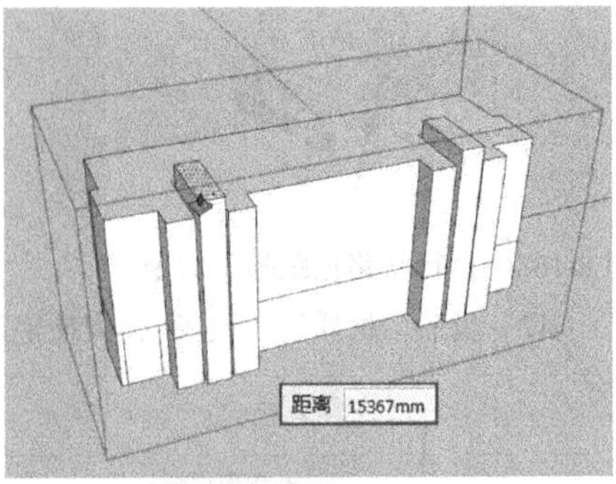

距离 15367mm

图 8-175　推拉建筑装饰平面

（4）用绘制住宅建筑窗户的方法绘制门，在此不再赘述，效果如图 8-176 所示。

（5）绘制窗户的方法同上，效果如图 8-177 所示。

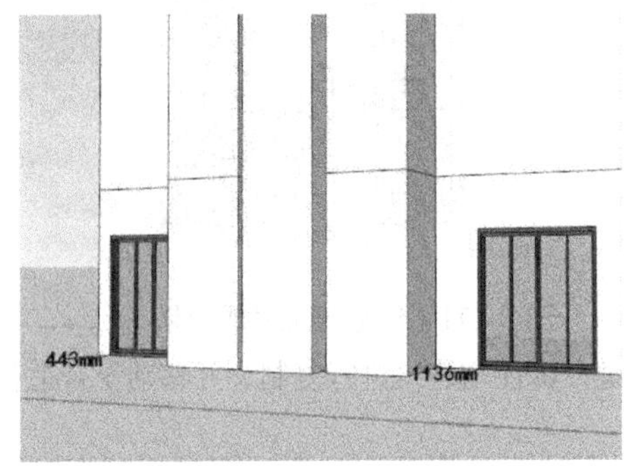

图 8-176　绘制门

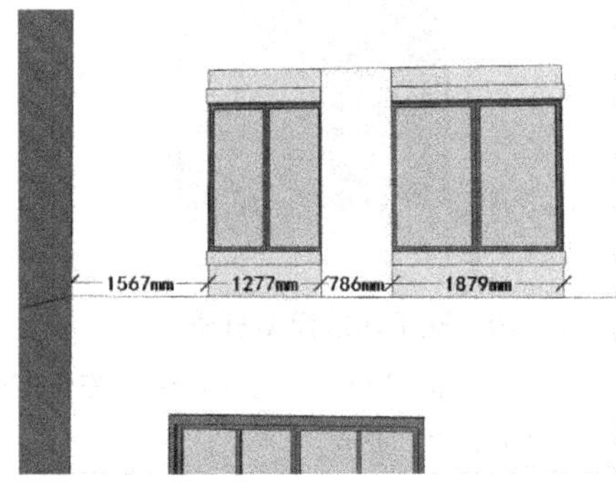

图 8-177　绘制窗户

（6）激活“矩形”工具、“推/拉”工具，绘制如图 8-178 所示的模型，细化窗户。

（7）利用“移动”工具，指定移动基点，按住 Ctrl 键沿蓝轴方向移动复制，移动到指定基点后单击鼠标左键确定，此时在数值控制框中输入“2X”即可将单层建筑单体复制出 2 份，如图 8-179 所示。

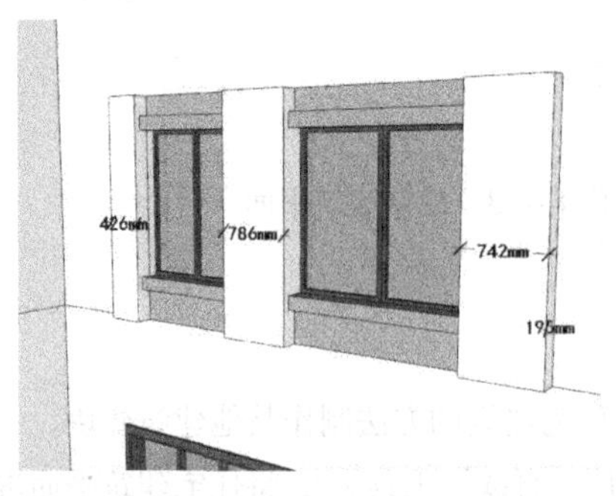

图 8-178　编辑细化窗户

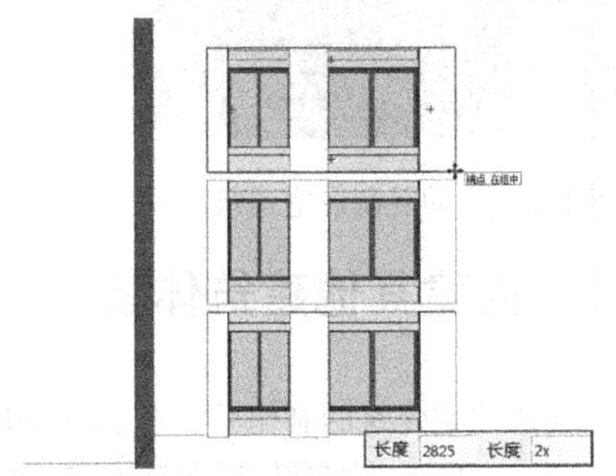

图 8-179　移动复制窗户

（8）激活“移动”工具，按住 Ctrl 键，将刚细化的窗户组件进行复制，并进行调整，移动至合适位置，如图 8-180 所示。

（9）利用“移动”工具，按住 Ctrl 键，将窗户移动复制 2 份，如图 8-181 所示。

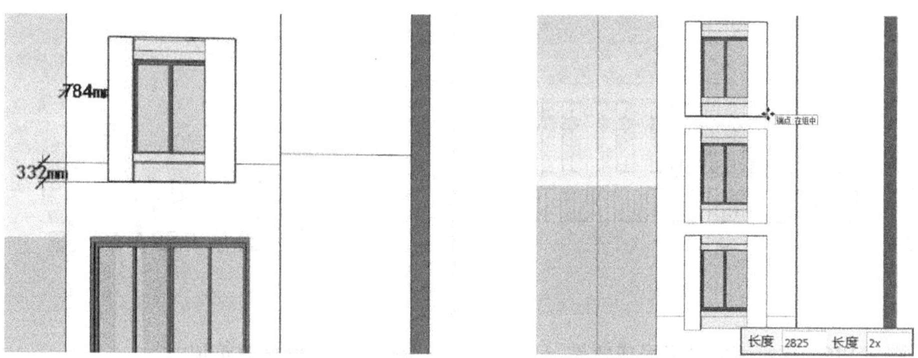

图 8-180　复制窗户　　　图 8-181　复制窗户

（10）激活“矩形”工具，绘制一个 1 650 mm × 3 740 mm 的矩形，并创建组，如图 8-182 所示。

（11）利用“直线”工具、“偏移”工具，细化窗户平面，如图 8-183 所示。

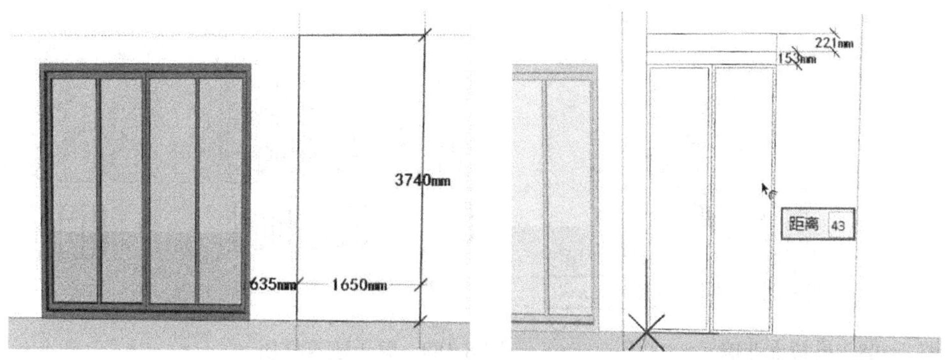

图 8-182　绘制窗户轮廓　　　图 8-183　细化窗户平面

（12）激活“推/拉”工具，参照所提供的尺寸推拉窗户，效果如图 8-184 所示。

（13）激活“移动”工具，按住 Ctrl 键，将屋顶组件进行复制，并用“缩放”工具，沿红轴缩放-1，进行镜像，并移动至合适位置，北面窗户绘制效果如图 8-185 所示。

图 8-184　推拉窗户

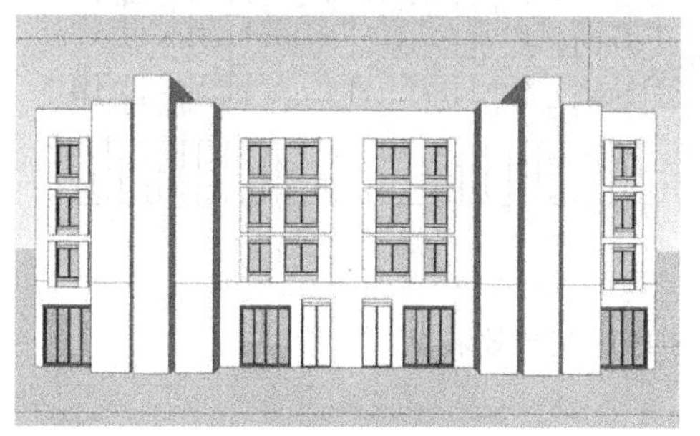

图 8-185　建筑北面最终完成效果

（14）用上述相同的方法绘制南面窗户，效果如图 8-186 所示。

（15）激活“偏移”工具，将建筑顶面分别向内偏移 250 mm 的距离，如图 8-187 所示。

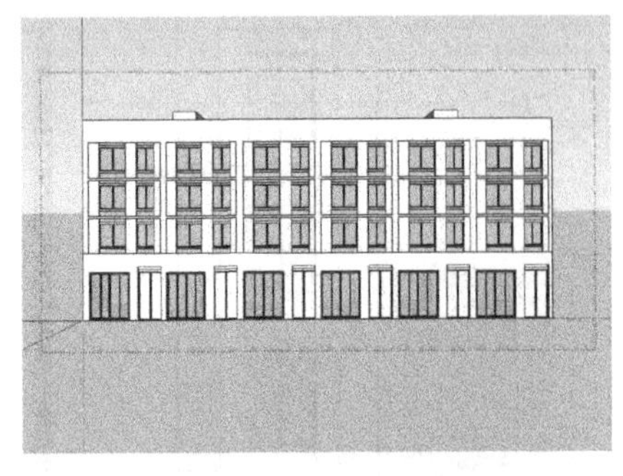

图 8-186　建筑南面最终完成效果

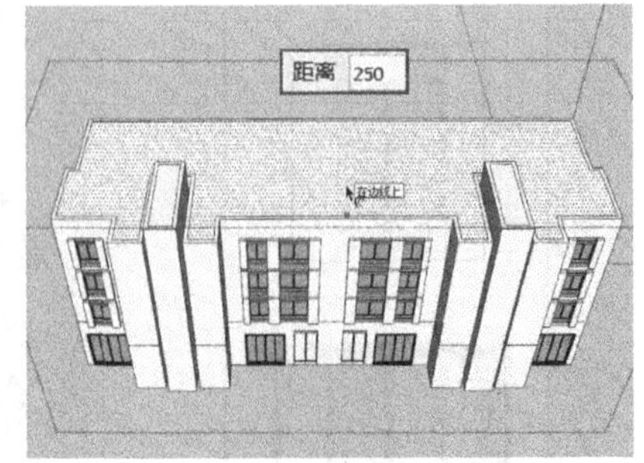

图 8-187　偏移建筑顶面

（16）利用“推/拉”工具，将女儿墙平面向上推拉 332 mm，如图 8-188 所示。

（17）激活“材质”工具，在弹出的“材质”对话框中单击“创建材质”按钮，将建筑赋予材质，如图 8-189 与图 8-190 所示。

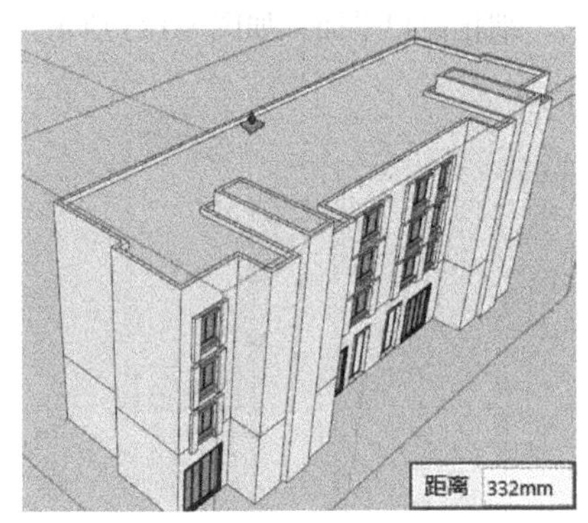

图 8-188　推拉女儿墙

图 8-189　赋予建筑材质

（18）将建筑移动至合适位置并进行复制。至此，小区规划完成，最终效果如图 8-191 所示。

图 8-190　完成效果

图 8-191　小区规划最终完成效果

8.8 场景的环境设置

小区规划模型创建后，接下来设置场景的环境，增加场景层次与色彩对比。

8.8.1 设置场景风格

（1）将视角调整到合适角度，执行“视图>动画>添加场景”菜单命令，保存当前场景，如图 8-192 所示。

（2）执行“窗口>样式”菜单命令，打开“样式”面板，取消勾选“边线”选项，然后勾选“轮廓线”选项，如图 8-193 所示。

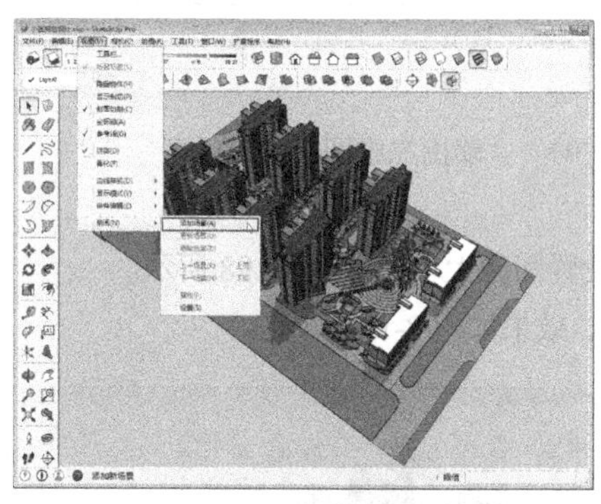

图 8-192　保存当前场景

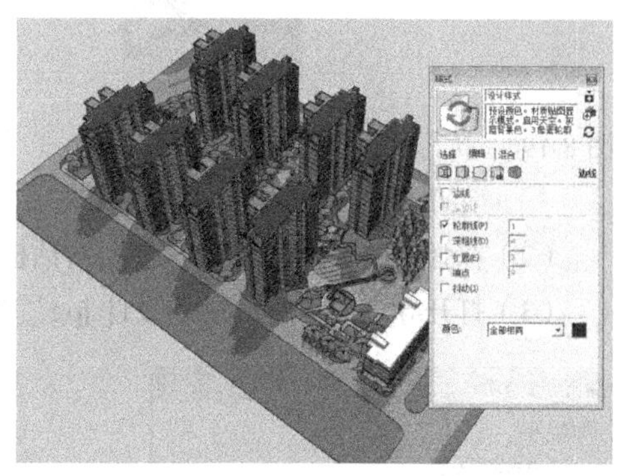

图 8-193　“样式”面板

8.8.2 设置背景天空、阴影

（1）执行“窗口>样式”菜单命令，打开“样式”面板，单击“选项”选项卡，取消勾选“天空”选项，将背景颜色改为单色，如图 8-194 所示。

（2）单击“阴影设置”按钮，在弹出的“阴影设置”面板中设置参数，如图 8-195 所示。

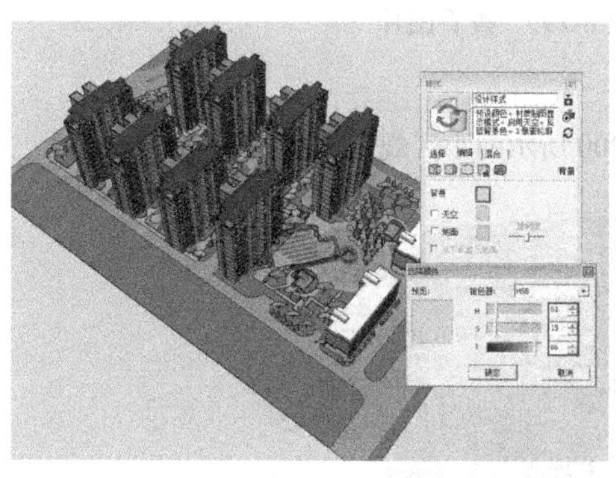

图 8-194　修改背景

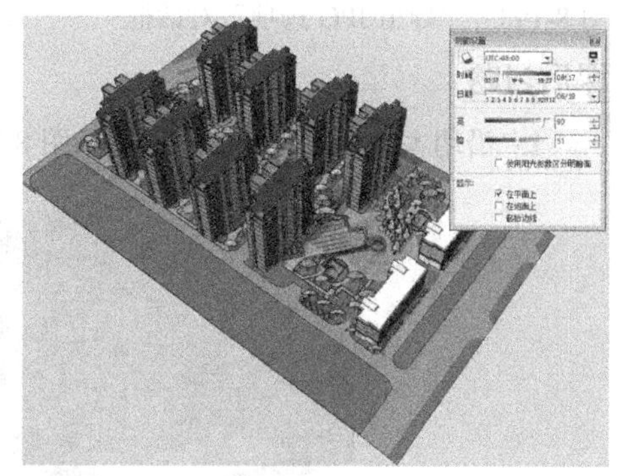

图 8-195　“阴影设置”面板

8.9 导出图像

小区规划模型、场景环境制作完成后，接下来讲解图像的导出，在进行讨论时方便查看和交流。

（1）执行“文件>导出>二维图形”菜单命令，弹出“输出二维图形”对话框，设置参数并单击“选项”按钮，如图 8-196 与图 8-170 所示。

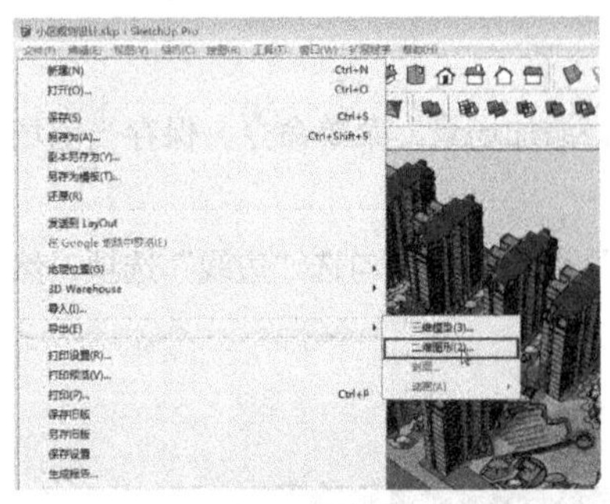

图 8-196　执行“文件>导出>二维图形”菜单命令

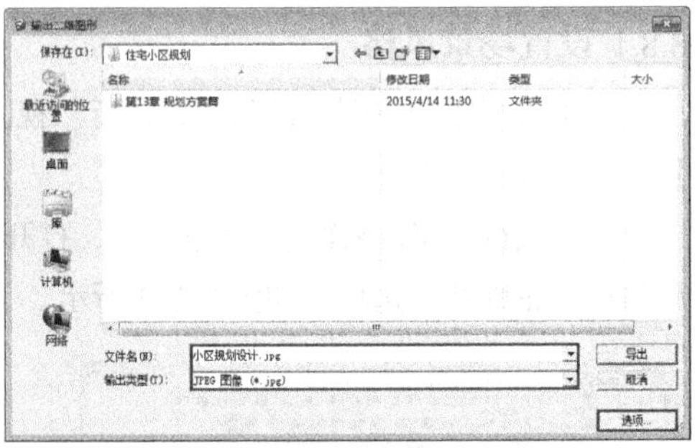

图 8-197　“输出二维图形”对话框

（2）在弹出的“导出 JPG 选项”对话框中设置图像大小，如图 8-198 所示。

（3）打开导出的“小区规划设计.jpg”图片，效果如图 8-199 所示。

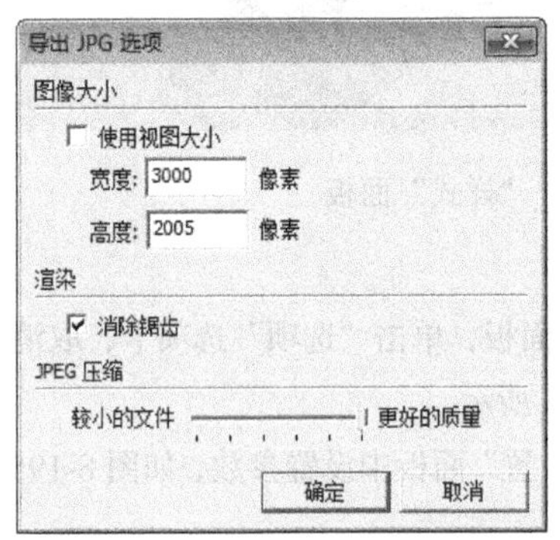

图 8-198　“导出 JPG 选项”对话框

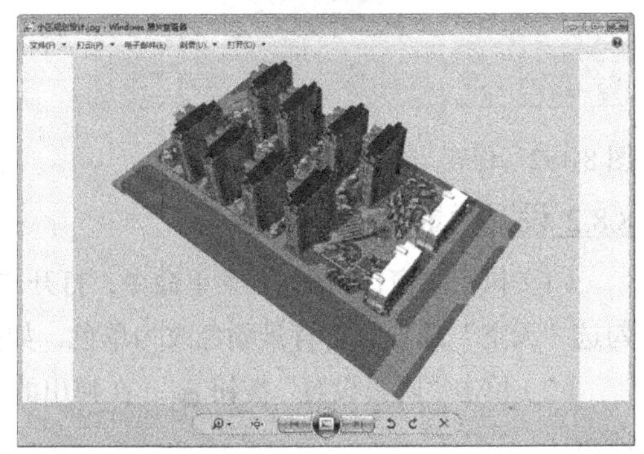

图 8-199　查看图片

课后习题

1. 沿用本章介绍的方法，绘制如图 8-200 所示的小区规划模型。

图 8-200　小区规划模型

2. 沿用本章介绍的方法，绘制如图 8-201~图 8-204 所示的小区规划周围景观。

图 8-201　小区鸟瞰效果

图 8-202　小区入口效果

图 8-203　小区道路景观

图 8-204　小区中心广场效果

第 9 章

别墅庭院景观

本章介绍

本章以别墅庭院为例，根据别墅设计项目真实情境来训练学生如何利用所学知识完成别墅设计的项目。通过此设计项目案例的演练，使学生进一步牢固掌握 SketchUp 的强大操作功能和使用技巧，并应用所学技能制作出专业的别墅设计作品。

学习目标

- 了解运用 SketchUp 创建别墅庭院景观的基本流程
- 掌握在 SketchUp 中造景观场景的手法
- 巩固前面几章所学的知识
- 学会分析模型，使建模更加便捷、思维顺畅

技能目标

- 掌握在 SketchUp 中创建景观小品的手法
- 熟练掌握 SketchUp 基本命令操作
- 掌握 SketchUp 一些常用的插件

本章制作完成的别墅庭院效果如图 9-1~图 9-4 所示。

图 9-1　别墅内庭景观前方鸟瞰效果

图 9-2　别墅内庭景观后方鸟瞰效果

图 9-3　别墅内庭景观节点效果 1

图 9-4　别墅内庭景观节点效果 2

9.1　整理图纸并分析建模思路

本别墅庭院景观实例将以 AutoCAD 平面图纸为参考，完成整个模型的创建。首先整理 AutoCAD 图纸并通过图纸分析出建模思路。

9.1.1 整理 AutoCAD 图纸

（1）启动 AutoCAD 软件，按 Ctrl+O 组合键，打开配套光盘“第 9 章>CAD 图纸>别墅庭院施工图.dwg”，如图 9-5 所示。

（2）选择“乔、灌木布置总平面图”，然后新建 AutoCAD 文档进行粘贴，删除文字、标注、填充图案等与建模无关的图形，如图 9-6 所示。

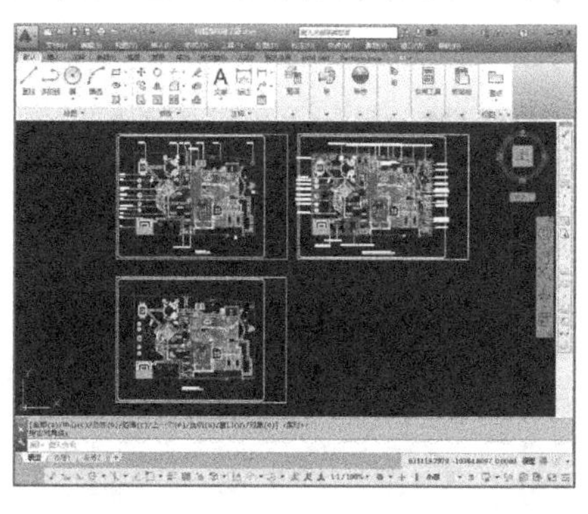

图 9-5　打开 AutoCAD 图纸

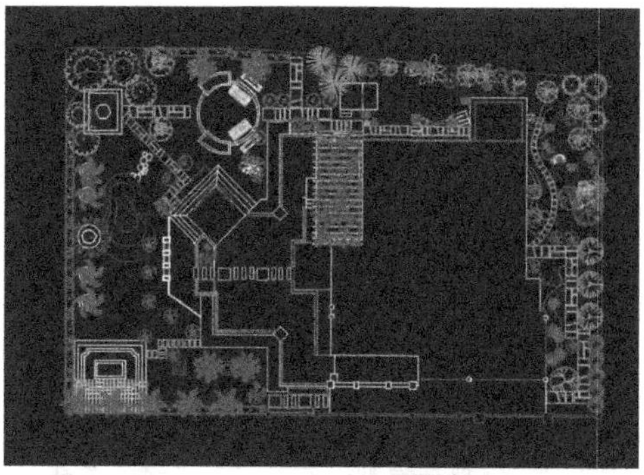

图 9-6　删除绿化、文字等图形

（3）在命令行中输入“pu”清理命令，将弹出如图 9-7 所示的“清理”对话框，单击“全部清理”按钮，对场景中的图源信息进行处理。

（4）在弹出的“清理—确认清理”对话框中选择“清理所有项目”选项，如图 9-8 所示。

（5）经过多次单击“全部清理”和“清理所有项目”选项，直到“全部清理”按钮变为灰色才完成图像的清理，如图 9-9 所示。

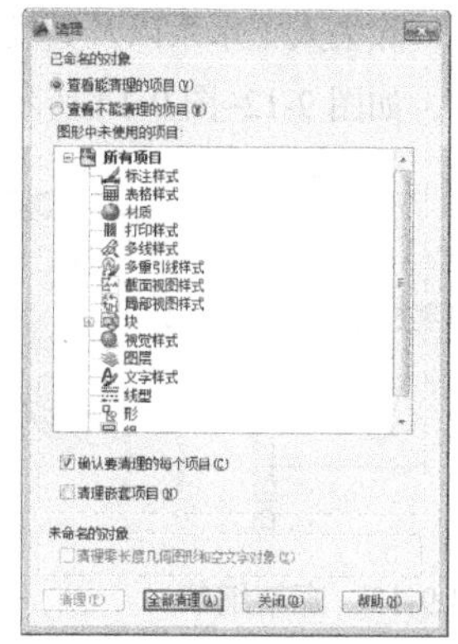

图 9-7　打开“清理”对话框

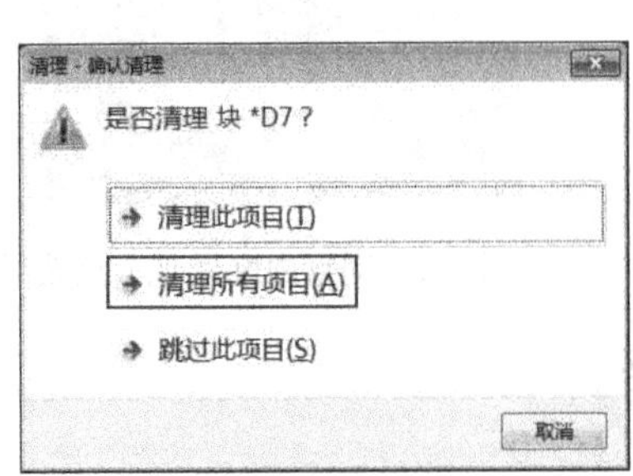

图 9-8　清理所有项目

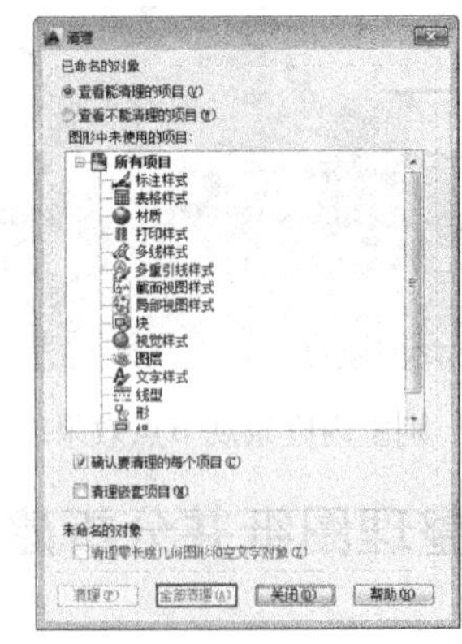

图 9-9　清理完成

技术看板

在 CAD 中将相同材质和模型创建为块，在导入 SketchUp 中后自动成组，提高作图速度。

9.1.2 分析建模思路

观察图纸可以发现，本庭院设计以人工水系为主，主要有正面的景观水池与右上角的枯山水，如图 9-10 与图 9-11 所示。

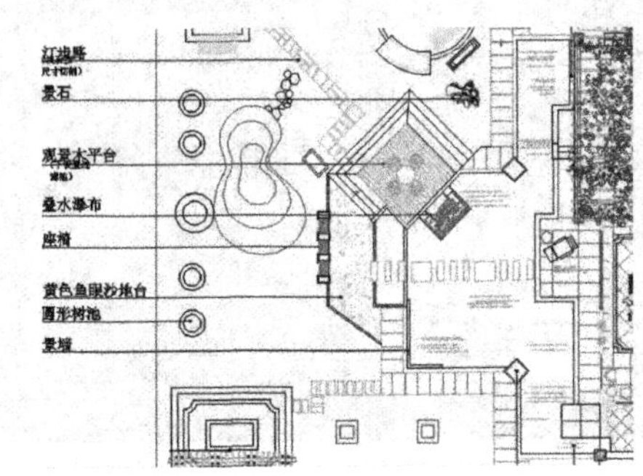

图 9-10　正面景观水池及周边设施

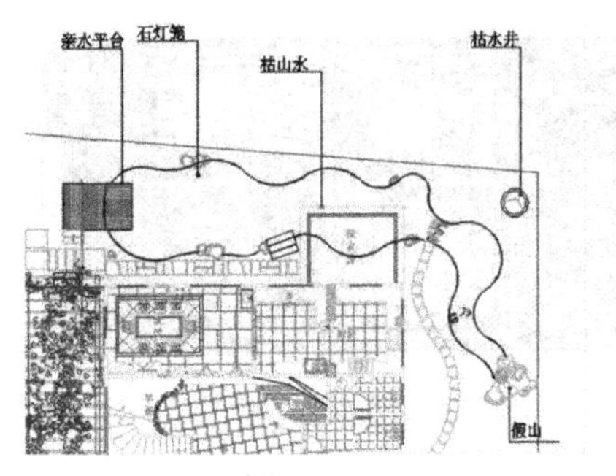

图 9-11　右上角枯山水

除去人工水系以及其配套的亲水平台之外，主要有廊架以及花池等常用园林设计元素，如图 9-12~图 9-14 所示。

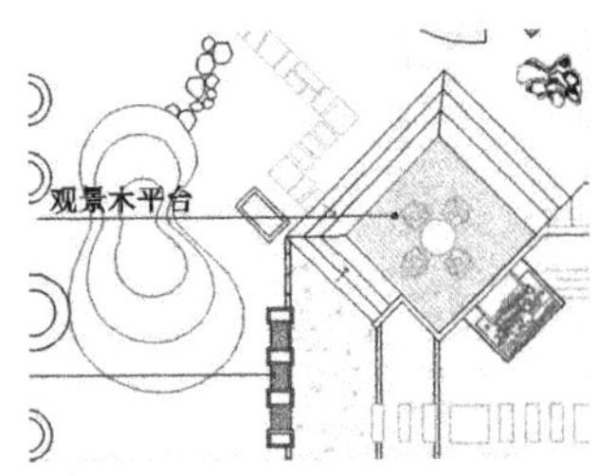

图 9-12　廊架细节

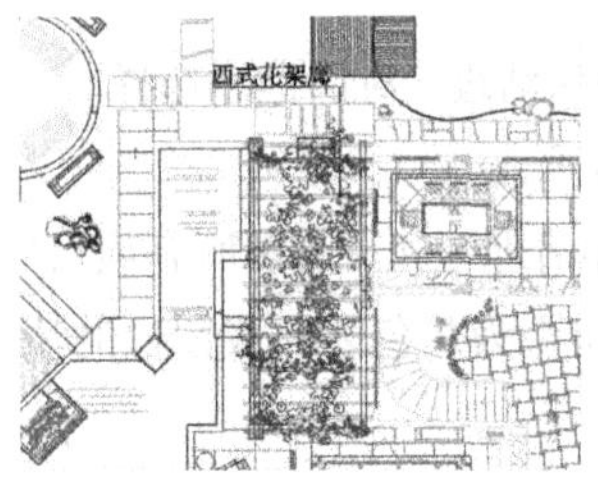

图 9-13　观景木平台细节

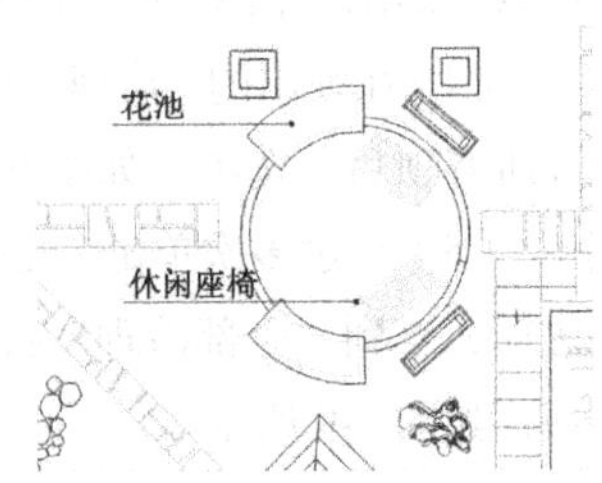

图 9-14　花池等细节

景观模型的建立将以两处水系为中心展开，在完成水景主体以及配套设施后，再逐个完成其他景观小品，最后加入植物，完成最终效果，大致过程如图 9-15~图 9-17 所示。

图 9-15　制作正面景观模型

图 9-16　制作侧面及背面景观模型

图 9-17　最终完成效果

9.2　导入图形并分割区域

在 AutoCAD 中完成图形简化后，接下来将图纸导入 SketchUp，并调整位置，然后根据别墅庭院特点分割区域。

9.2.1 导入整理图形

（1）启动 SketchUp，设置场景单位及精确度，如图 9-18 所示。执行“文件>导入”菜单命令，如图 9-19 所示。

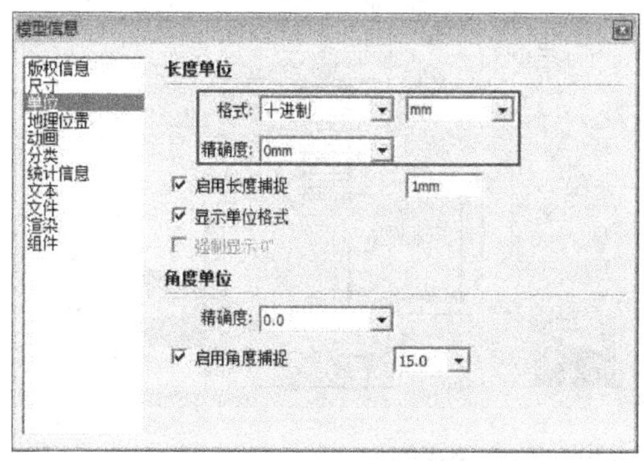

图 9-18　设定场景单位与精确度

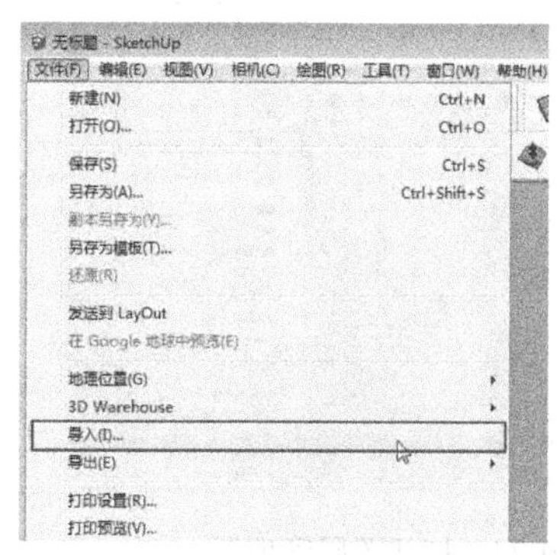

图 9-19　执行“文件>导入”菜单命令

（2）在弹出的“打开”面板中设置文件类型为 AutoCAD 文件，单击“选项”按钮设置导入选项，如图 9-20 与图 9-21 所示。

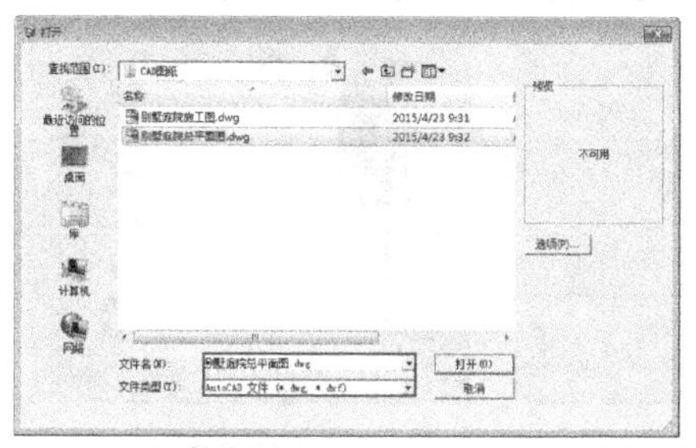

图 9-20 调整文件类型为 AutoCAD 文件

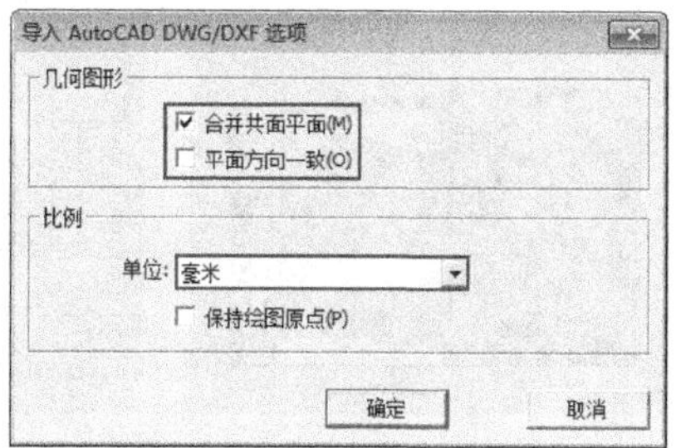

图 9-21　调整导入选项参数

（3）选择整理好的“别墅庭院总平面.dwg”图纸导入，导入完成后，启用“移动”工具将其左下角点与坐标原点对齐，如图 9-22 与图 9-23 所示。

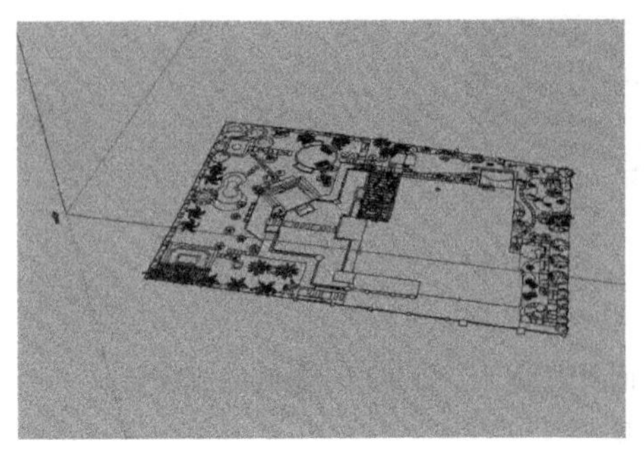
图 9-22　导入图纸

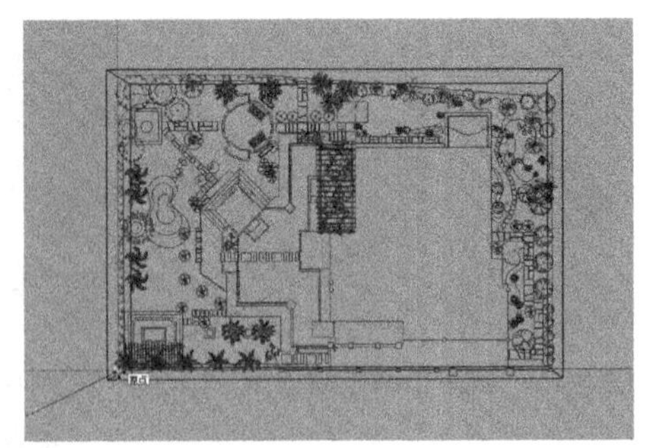
图 9-23　对位至原点

技术看板

在导入 DWG 图形至 SketchUp 后，如果出现视图操作迟滞等现象，可以通过“图层”面板隐藏对应图层内的图形，简化图纸显示，如图 9-24 与图 9-25 所示。等需要用到相关图层时，再进行显示即可。

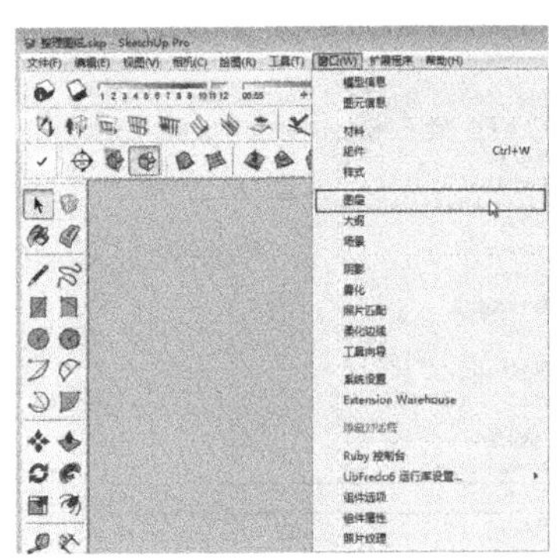
图 9-24　打开图层管理器

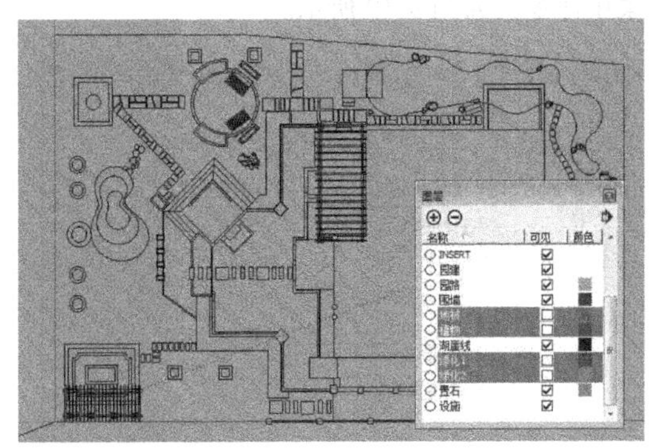
图 9-25　隐藏绿化图层

9.2.2 分割区域

（1）本例场景分为建筑、前方景观以及后侧景观三个区域，如图 9-26 所示。启用“直线”工具，捕捉图纸，首先分割中间的建筑区域，如图 9-27 与图 9-28 所示。

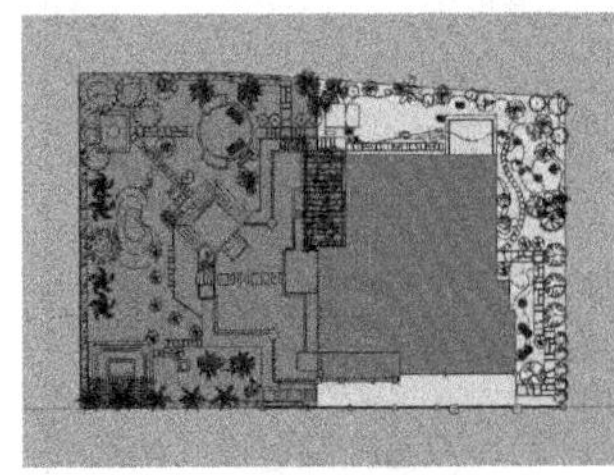
图 9-26　场景大致分区

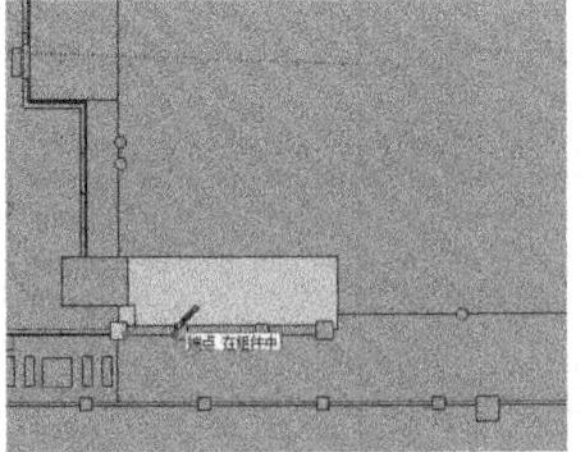
图 9-27　通过捕捉创建建筑平面

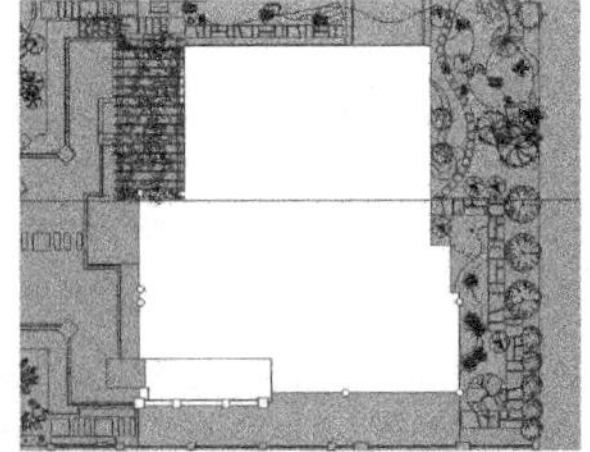
图 9-28　建筑平面创建完成

（2）建筑区域分割完成后，单击鼠标右键，将其创建为组，如图 9-29 所示。

（3）通过类似的方法分割其他两个区域，如图 9-30 与图 9-31 所示。

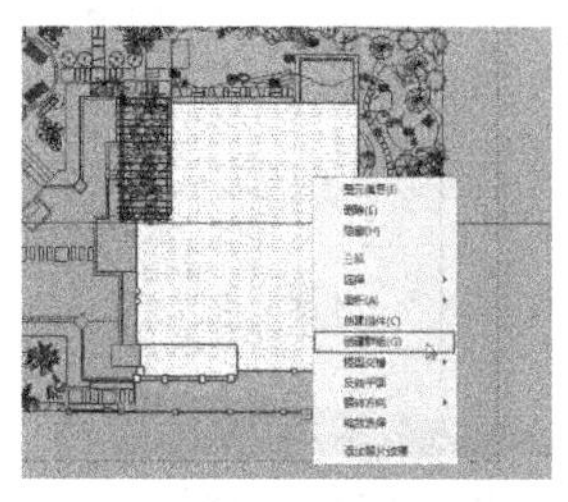

图 9-29　将各区域平面单独创建为组

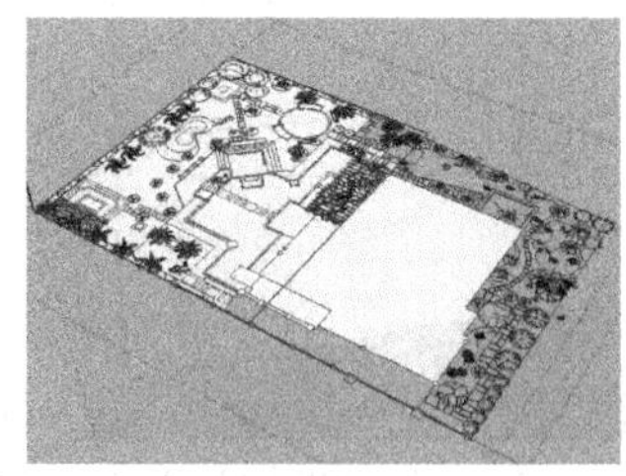

图 9-30　创建前方景观平面

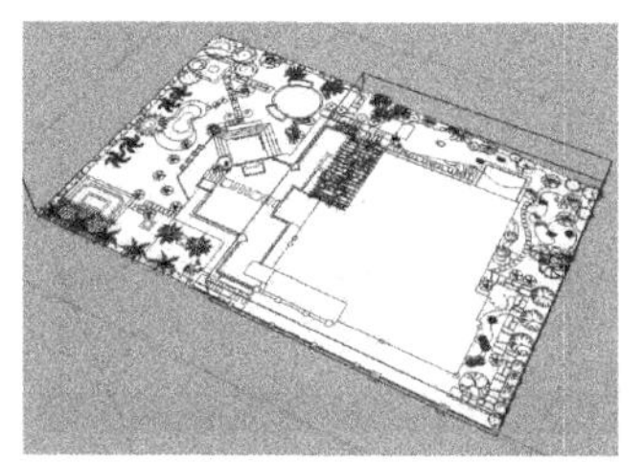

图 9-31　创建右侧及后方景观平面

9.3　细化前方景观效果

本节首先制作建筑底层轮廓及门窗细节，然后建立前方景观水池细节，最后完成其他园林景观小品效果，大致流程如图 9-32~图 9-34 所示。

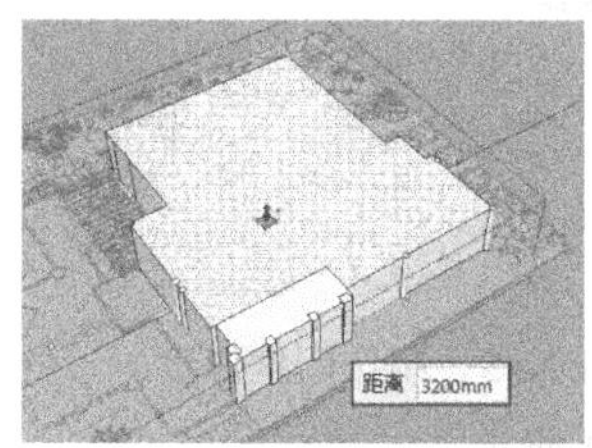

图 9-32　建立建筑轮廓

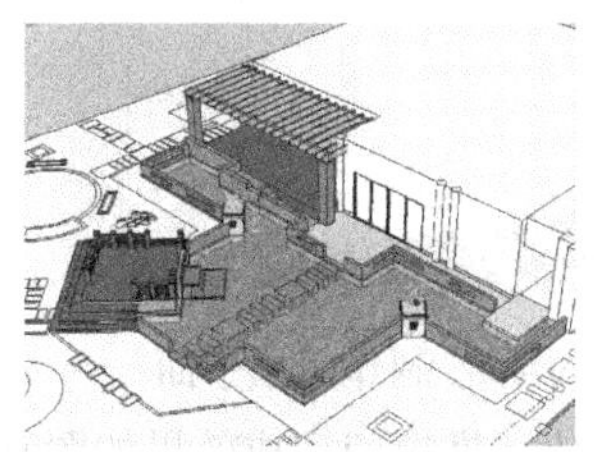

图 9-33　建立景观水池细节

图 9-34　完成其他景观小品

9.3.1 创建建筑轮廓

（1）激活“推/拉”工具，将建筑平面向上推拉 3 200 mm，制作建筑底层轮廓，如图 9-35 所示。

（2）为了清晰表达建筑与景观的连通效果，激活“卷尺”工具绘制辅助线，并用“直线”工具绘制门廊轮廓，如图 9-36 所示。

（3）激活“推/拉”工具，推拉出门廊，如图 9-37 所示。

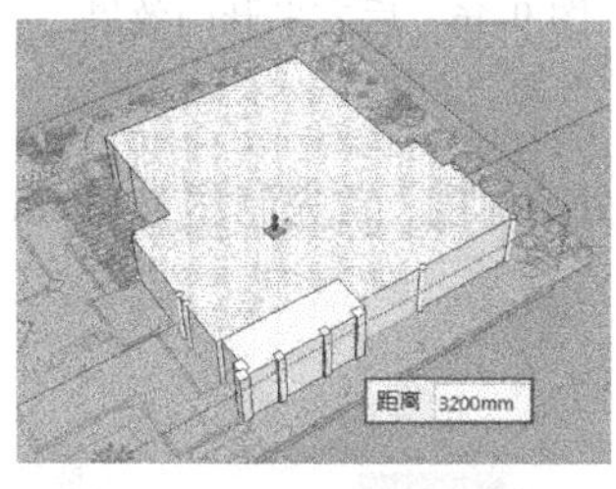

图 9-35　推拉出建筑底层

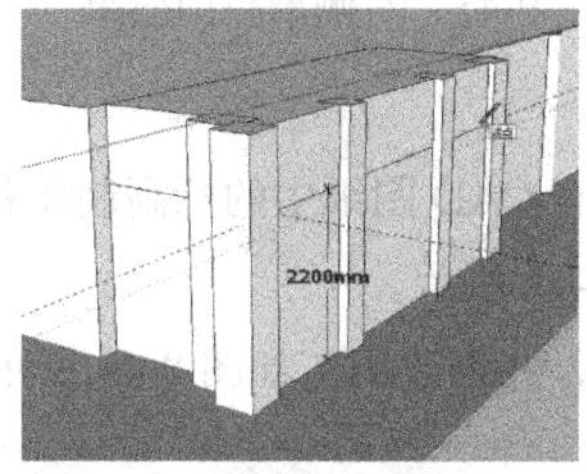

图 9-36　绘制门廊辅助线

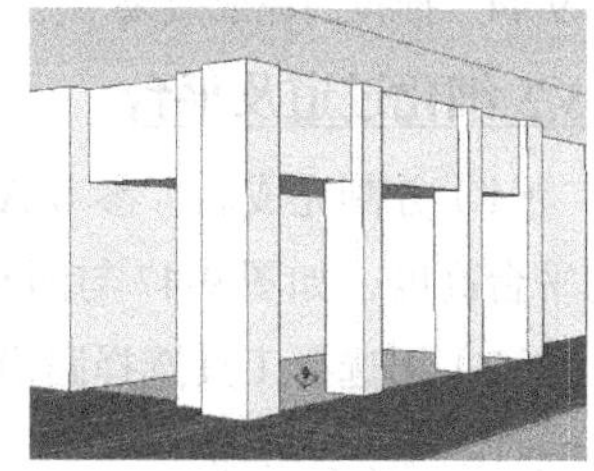

图 9-37　推拉出门廊

（4）制作右侧的过道。激活“卷尺”工具，绘制辅助线，如图 9-38 所示。

（5）激活“矩形”工具，以辅助线的交点为起点绘制矩形，如图 9-39 所示。

（6）选择一条边线，执行右键关联菜单中的“拆分”命令，将线段拆分为 4 段，如图 9-40 所示。

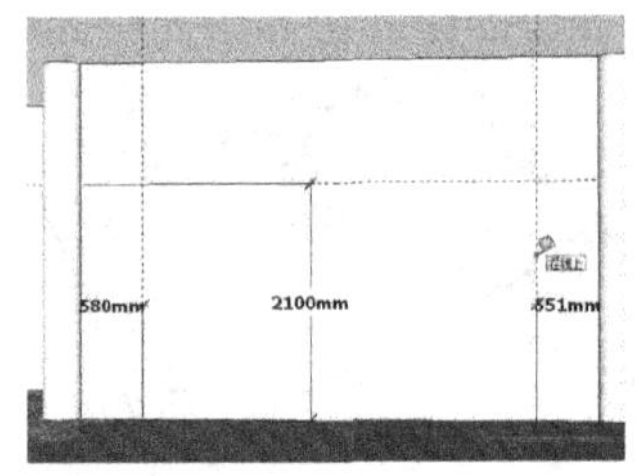

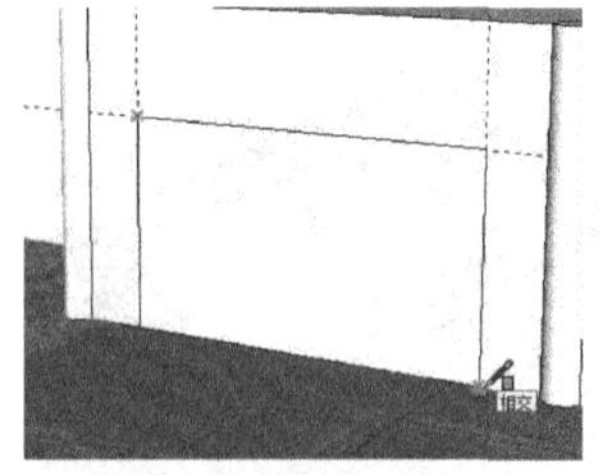

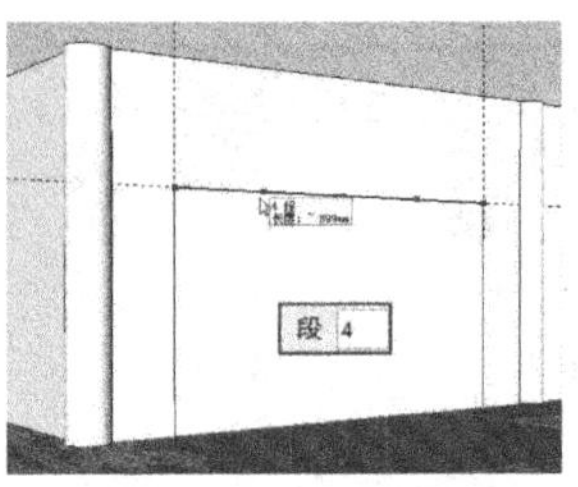

图 9-38　推拉出过道深度　　图 9-39　分割推拉门平面　　图 9-40　4 拆分边线

（7）选择推拉门，将其创建为组，效果如图 9-41 所示。

（8）激活“偏移”工具，将矩形面向内偏移 50 mm，制作出门框平面，效果如图 9-42 所示。

（9）利用“推/拉”工具，推拉出门框厚度，如图 9-43 所示。

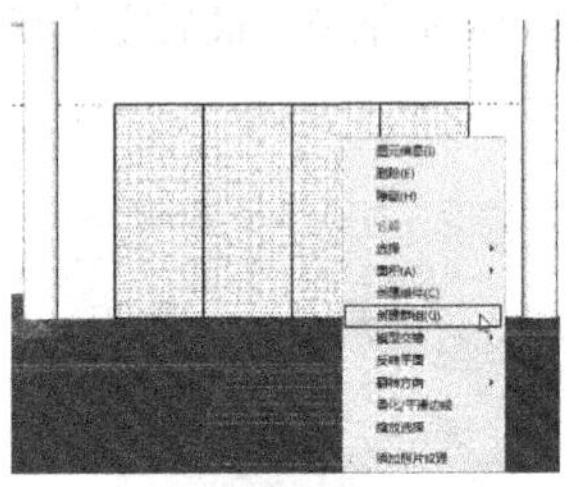

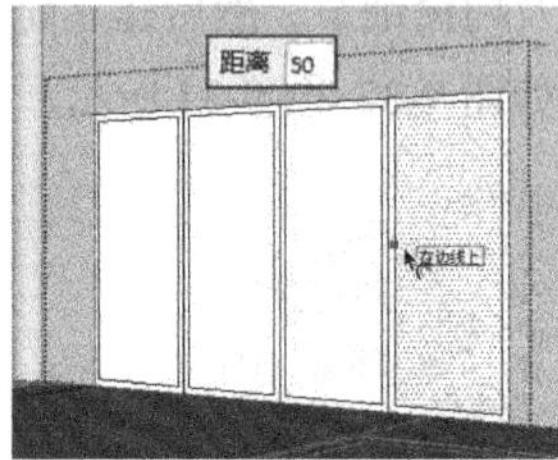

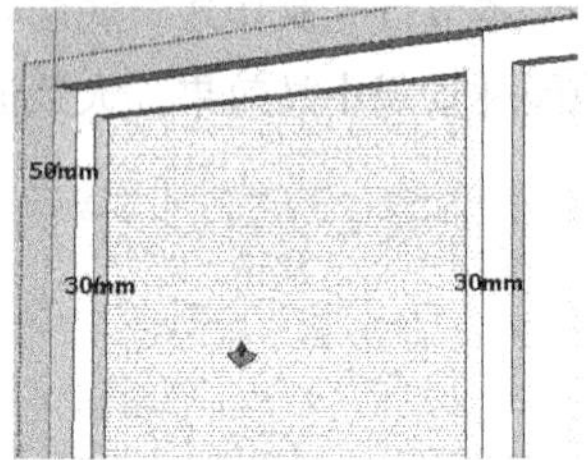

图 9-41　创建为组　　图 9-42　制作门框平面　　图 9-43　制作门框厚度

（10）用相同的方法继续细化，推拉门完成效果如图 9-44 所示。

（11）使用类似的方法，制作其他位置的门模型细节，如图 9-45 与图 9-46 所示。

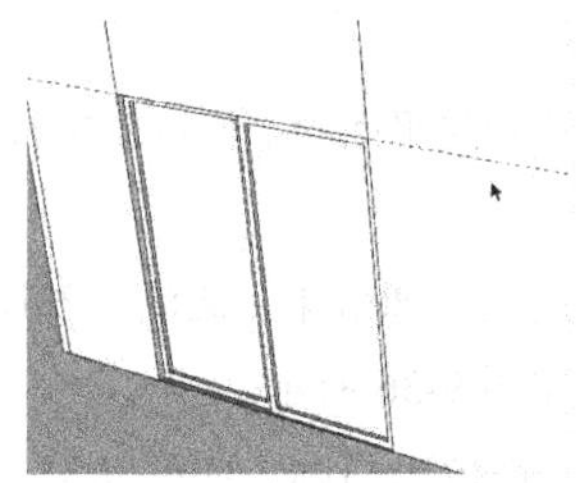

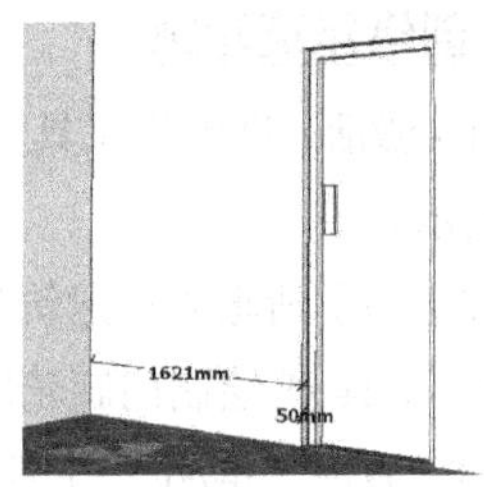

图 9-44　推拉门完成效果　　图 9-45　右侧推拉门效果　　图 9-46　后方平开门效果

9.3.2 细化过道及平台

（1）分割完成后，参考 AutoCAD 图纸中的标高制作各处的厚度，首先制作 120 mm 的平台高度，如图 9-47 与图 9-48 所示。

（2）用选择工具选择路沿，并创建组，如图 9-49 所示。

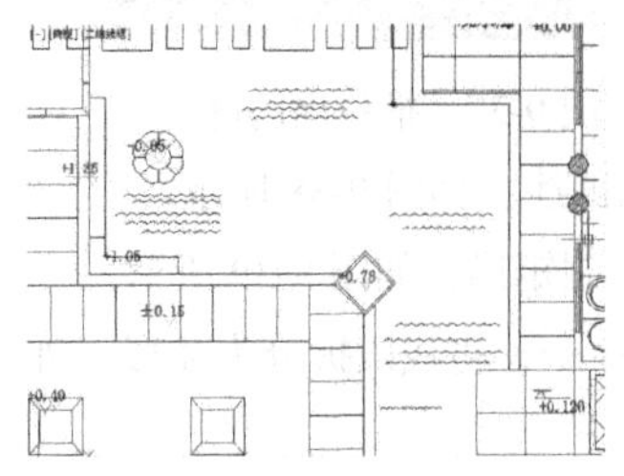

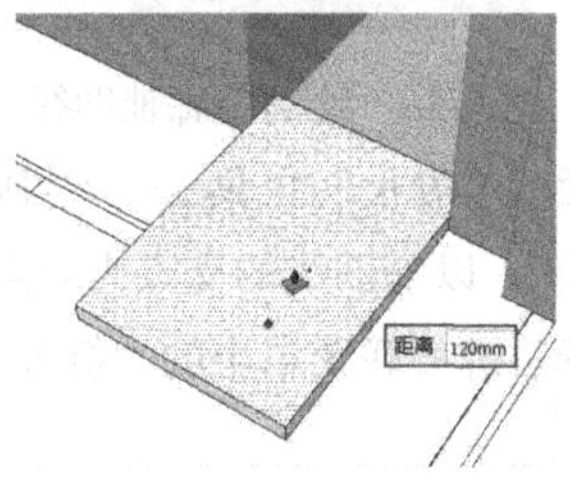

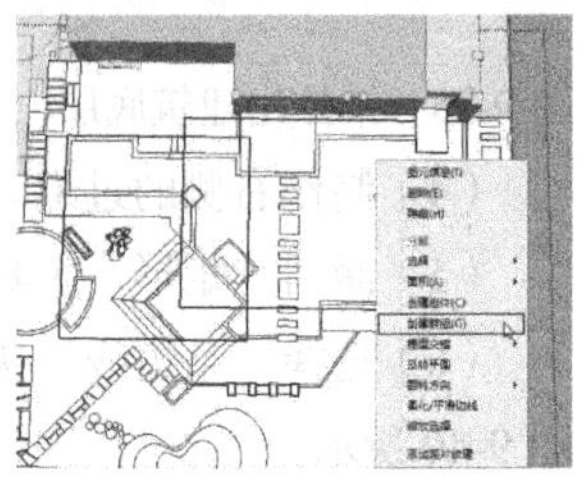

图 9-47　观察标高标注　　图 9-48　对应制作平台高度　　图 9-49　将路沿创建成组

（3）激活“推/拉”工具，将路沿平面向上推拉 100 mm 的厚度，如图 9-50 所示。

（4）利用“材质”工具，为平台制作并赋予石板材质，调整贴图拼贴效果，如图 9-51 与图 9-52 所示。

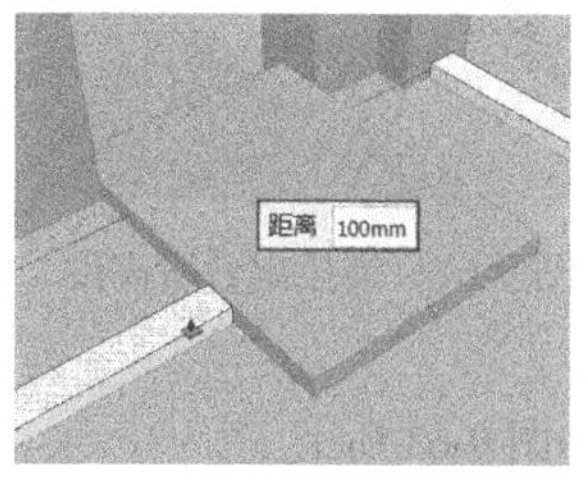

图 9-50　推拉路沿

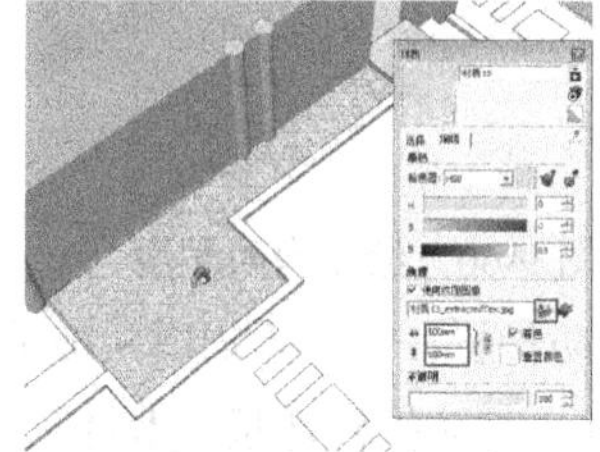

图 9-51　赋予石材

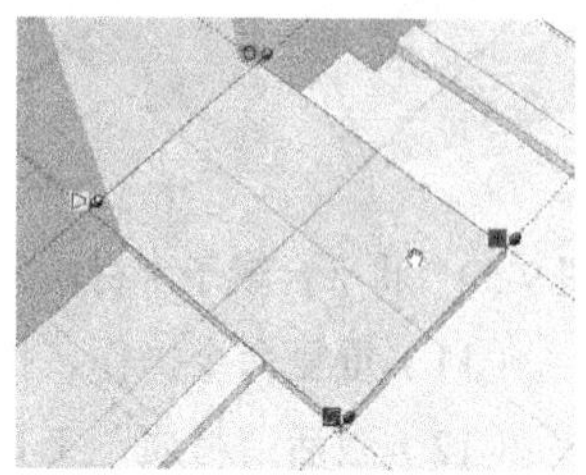

图 9-52　调整贴图

（5）激活“材质”工具，将路沿赋予材质。至此，平台及过道绘制完成，效果如图 9-53 与图 9-54 所示。

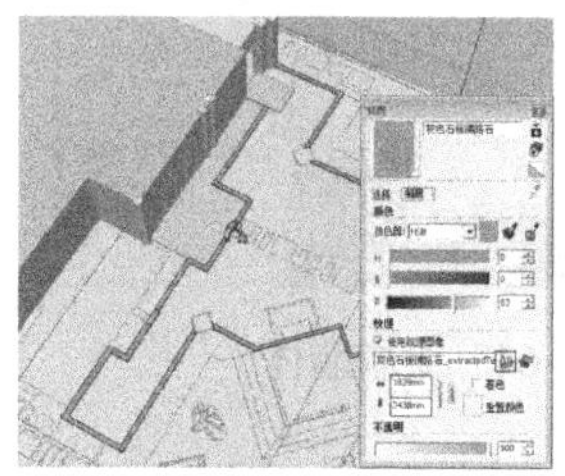

图 9-53　制作路沿平面

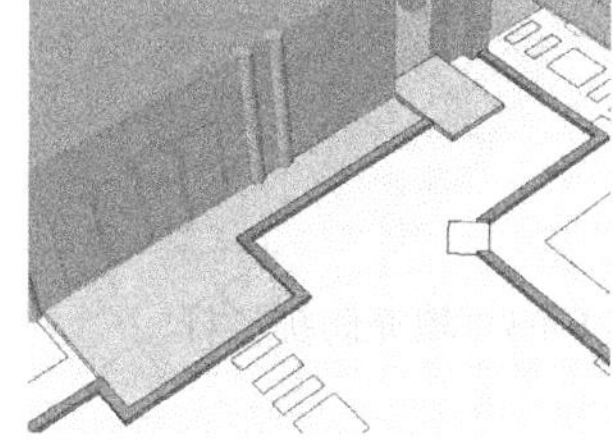

图 9-54　平台及过道完成效果

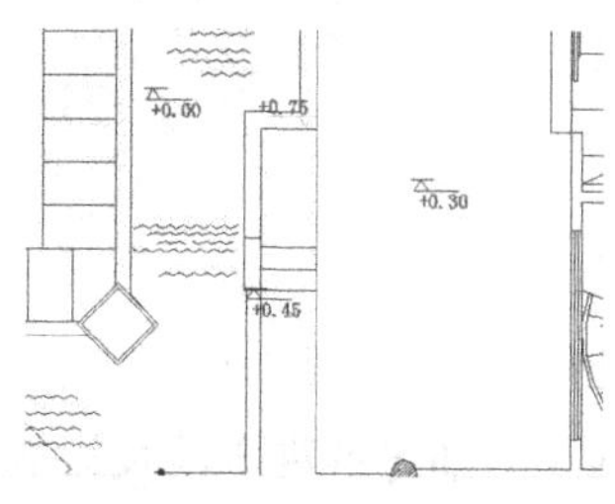

图 9-55　观察平台及台阶等标高

（6）参考 AutoCAD 图纸中的标高，启用“推/拉”工具制作左侧的平台，如图 9-55 与图 9-56 所示。

（7）整体将制作的推拉门向上抬高 200 mm，然后利用“推/拉”工具，制作门口台阶，如图 9-57 与图 9-58 所示。

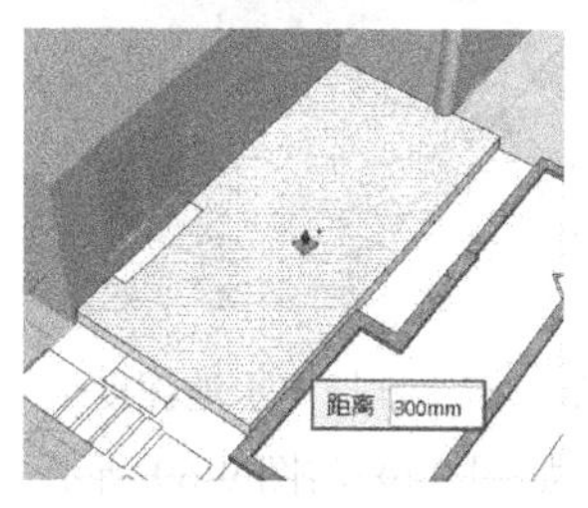

图 9-56　制作出口平台高度

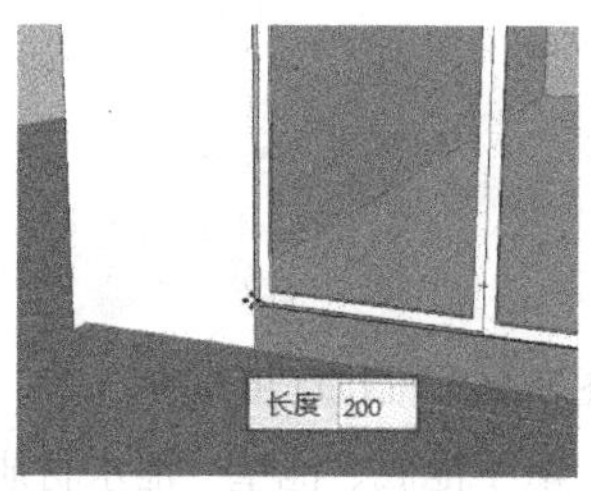

图 9-57　向上抬高门框高度

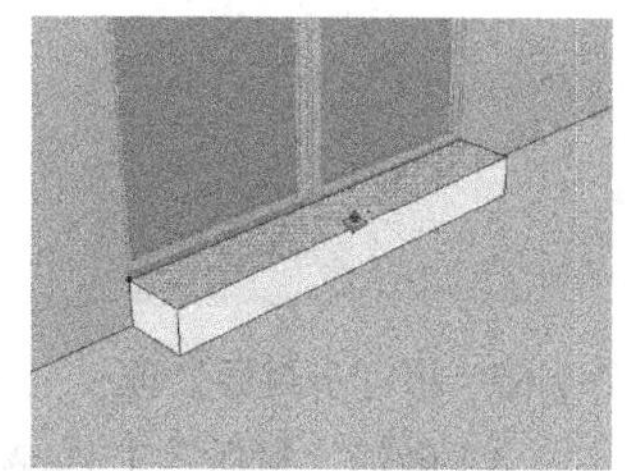

图 9-58　制作门口台阶

（8）激活“材质”工具，将平台赋予木材质，如图 9-59 所示。

（9）利用“直线”工具，绘制台阶轮廓，如图 9-60 所示。

（10）利用“推/拉”工具，参照所给的尺寸推拉出台阶，如图 9-61 所示。

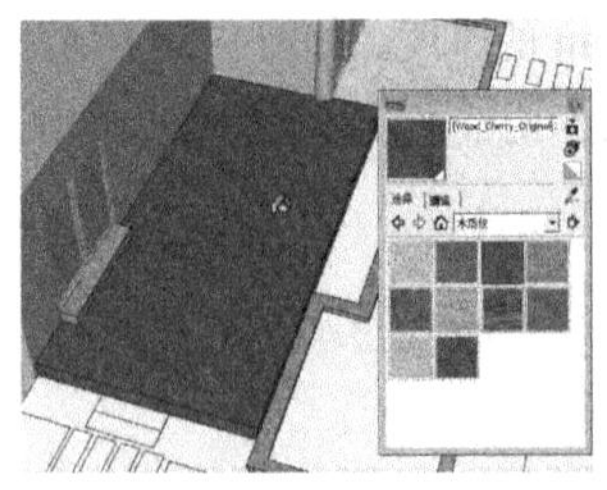

图 9-59　将平台赋予木材质

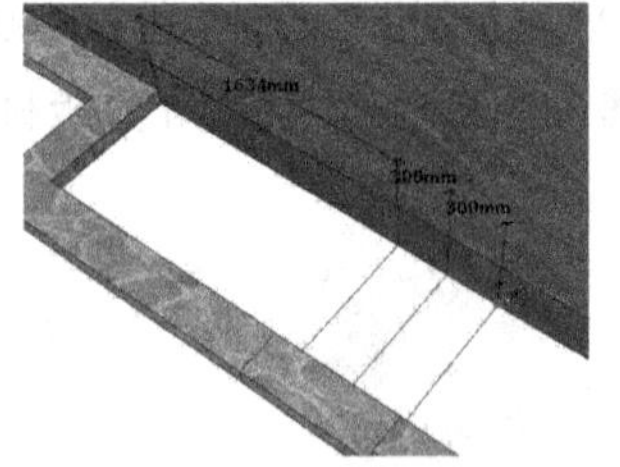

图 9-60　绘制台阶轮廓

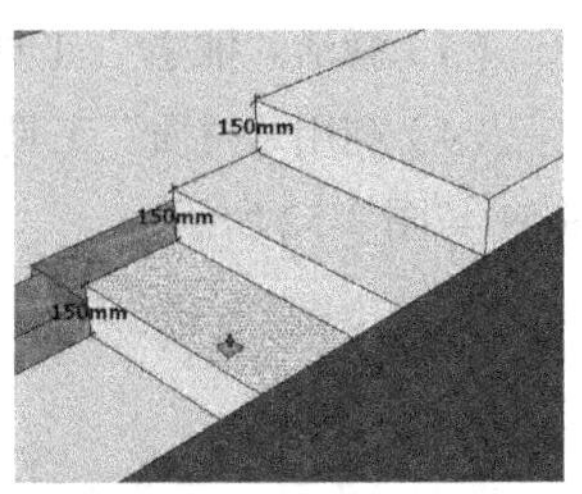

图 9-61　推拉出台阶高度

（11）重复命令操作，推拉防护栏杆，效果如图 9-62 所示。

（12）激活“材质”工具，将防护栏杆赋予木材质，如图 9-63 所示。

（13）通过类似方法制作墙体并赋予材质，如图 9-64 所示。

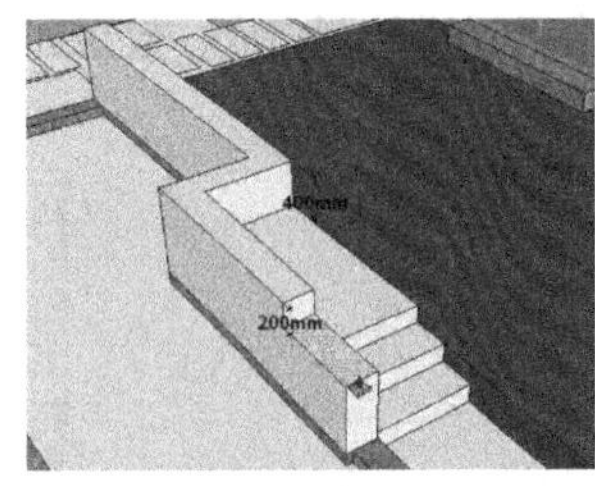

图 9-62　推拉出防护栏杆高度

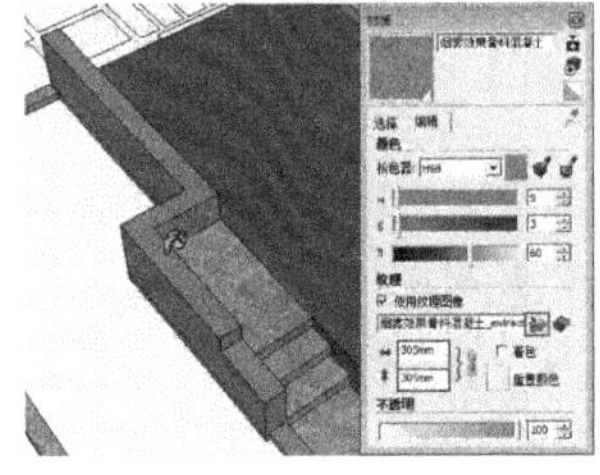

图 9-63　填充防护栏杆

图 9-64　绘制墙体

9.3.3 细化景观水池及设施

（1）激活“矩形”工具，将汀步进行封面处理，如图 9-65 所示。

（2）利用“推/拉”工具，将汀步推拉出 100 mm 的高度，如图 9-66 所示。

（3）激活“推/拉”工具，按住 Ctrl 键，将水平面向下推拉 300 mm 的深度，如图 9-67 所示。

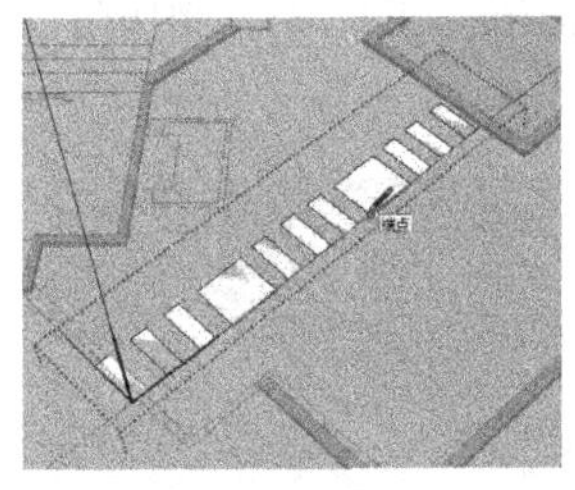

图 9-65　将汀步封面处理

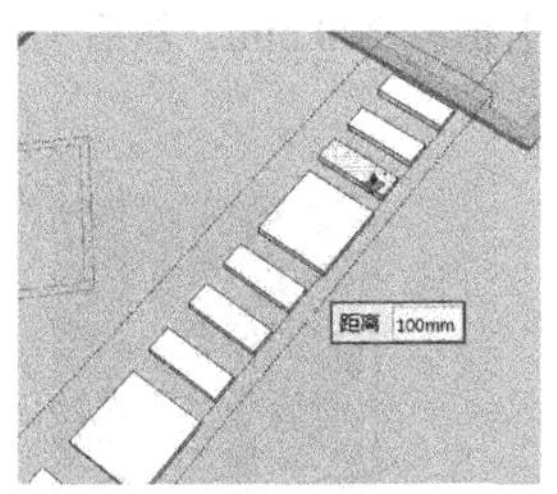

图 9-66　推拉汀步厚度

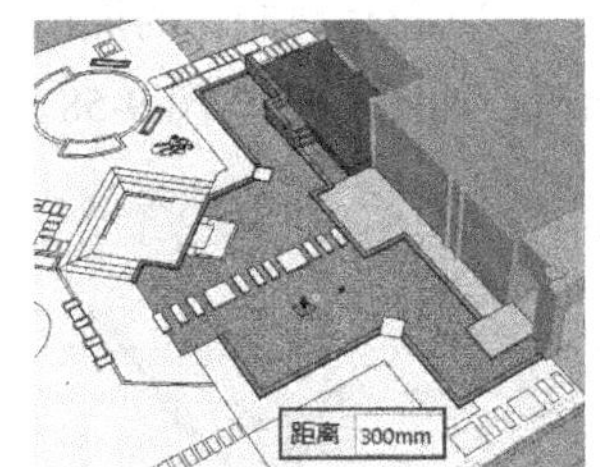

图 9-67　推拉出水池深度

（4）激活“材质”工具，赋予池底、池壁、池水材质，如图 9-68 与图 9-69 所示。

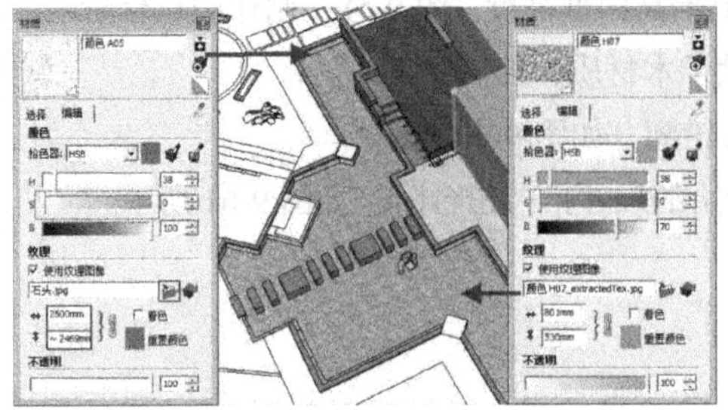

图 9-68　赋予池底、池壁石材

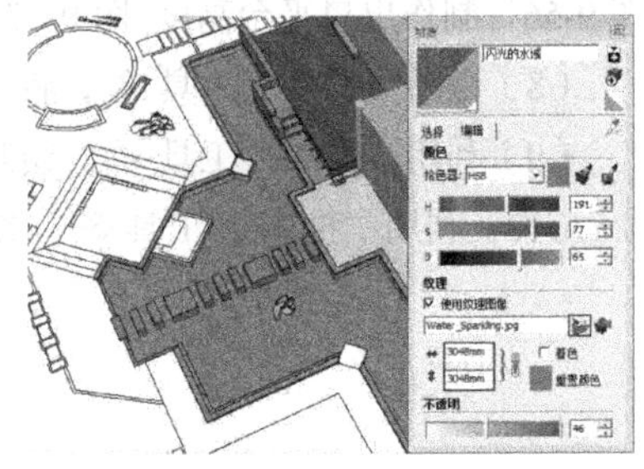

图 9-69　赋予池水材质

（5）景观水池内部汀步与水面制作完成后，分割观景平台台阶平面，如图 9-70 所示。

（6）利用“推/拉”工具，参照图 9-71 所提供的参数推拉出观景平台台阶，并将其赋予石材材质。

（7）用选择工具选择台阶上部边线，并激活“移动”工具，按住 Ctrl 键，向下移动复制 30 mm，如图 9-72 所示。

图 9-70　水面初步完成效果

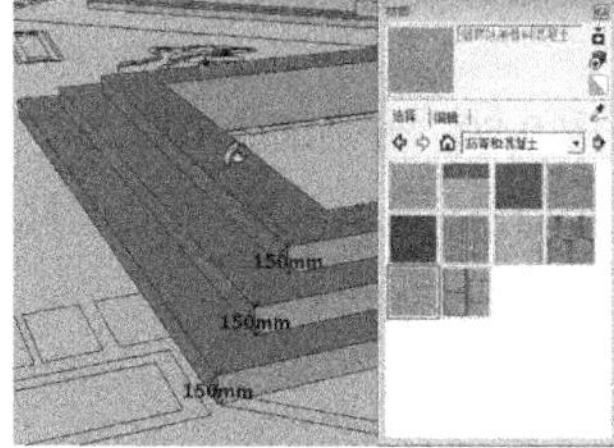

图 9-71　制作台阶高度并赋予材质

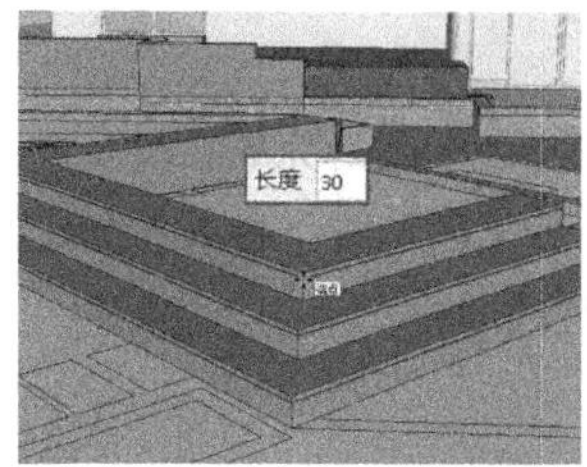

图 9-72　制作台阶板平面细节

（8）激活“推/拉”工具，制作出边沿细节，如图 9-73 所示。

（9）利用“材质”工具，赋予台阶木纹材质，如图 9-74 所示。

（10）激活“推/拉”工具，按住 Ctrl 键，向上分别推拉出 600 mm、50 mm 的高度，如图 9-75 所示。

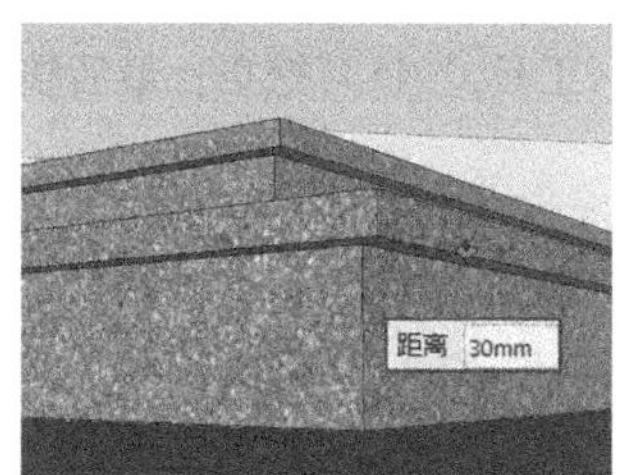

图 9-73　推拉出边沿细节

图 9-74　台阶整体完成效果

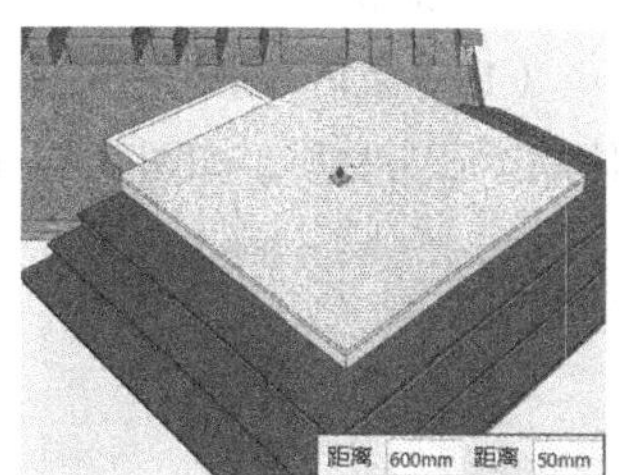

图 9-75　推拉观景平台轮廓

（11）至此，观景平台创建完成，效果如图 9-76 所示。

（12）激活“移动”工具，将叠水瀑布底面平面移动至合适位置并进行调整，如图 9-77 所示。

（13）利用“矩形”工具，绘制矩形，并将矩形和瀑布底面平面创建为组，如图 9-78 所示。

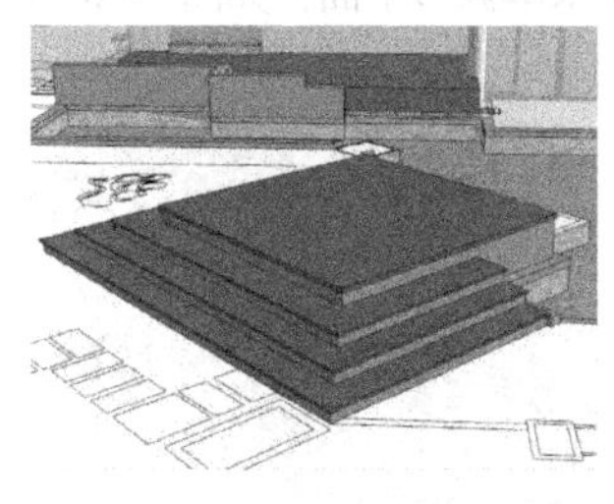

图 9-76　观景平台完成效果

图 9-77　划分叠水瀑布平面

图 9-78　创建组

（14）激活“推/拉”工具，制作出叠水瀑布轮廓造型，如图 9-79 所示。

（15）结合使用“矩形”工具与“推/拉”工具，制作首层叠水平台细节，如

图 9-80~图 9-82 所示。

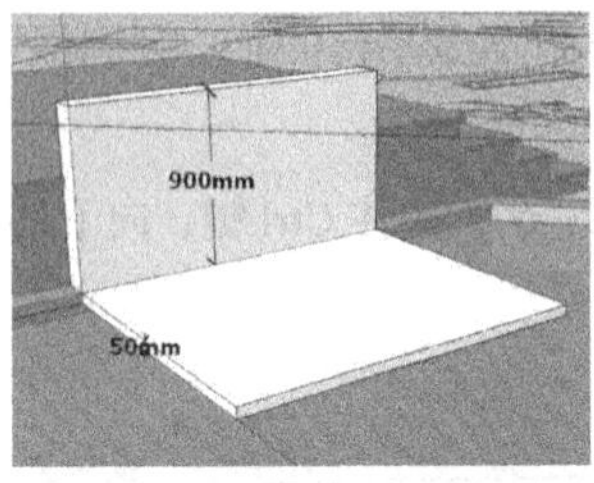

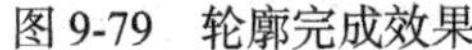

图 9-79　轮廓完成效果

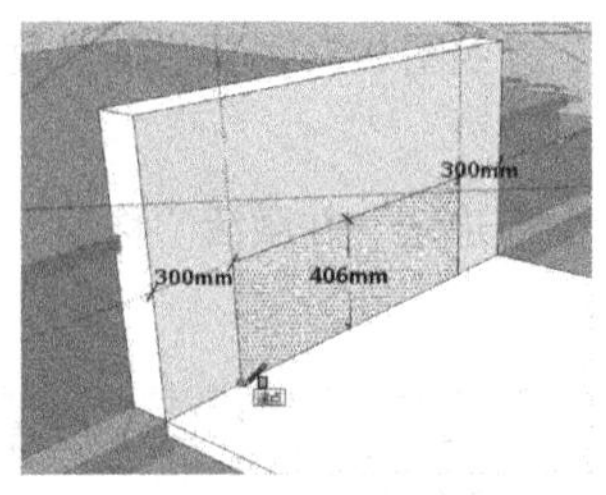

图 9-80　分割细节平面

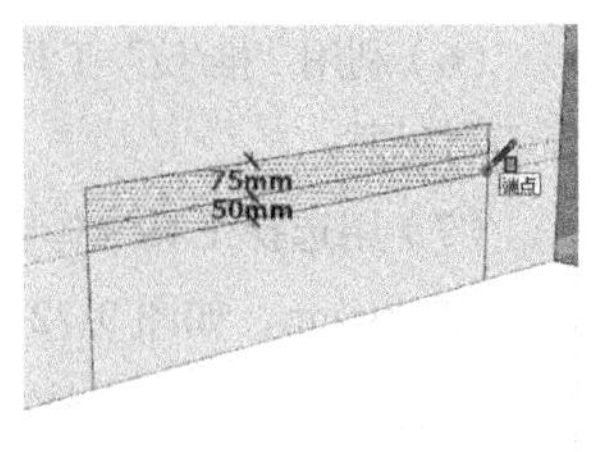

图 9-81　细节平面分割完成

（16）结合使用“旋转矩形”工具与“推/拉”工具，制作底层叠水平台细节，如图 9-83 与图 9-84 所示。

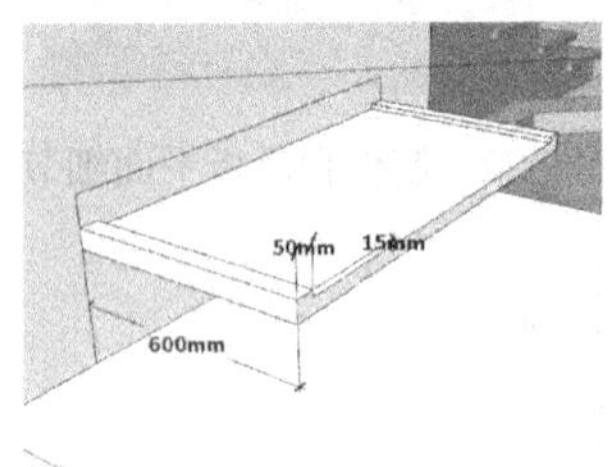

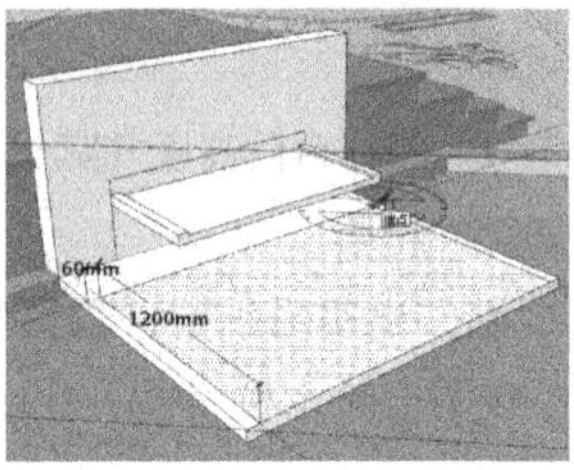

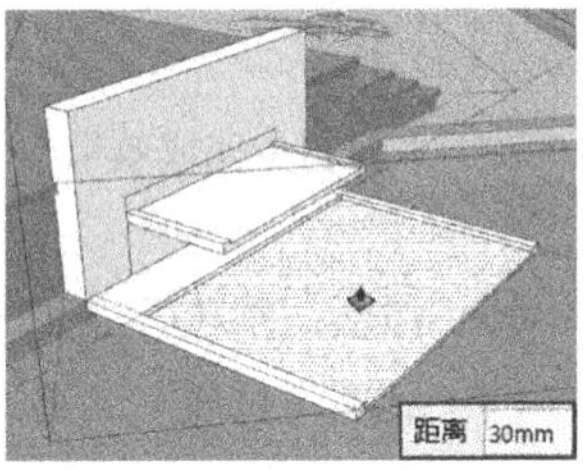

图 9-82　制作首层叠水平台细节

图 9-83　分割底层平台

图 9-84　制作底层平台细节

（17）激活“矩形”工具分割墙面，然后用“推/拉”工具将其挖空，最后整体赋予石头材质，如图 9-85~图 9-87 所示。

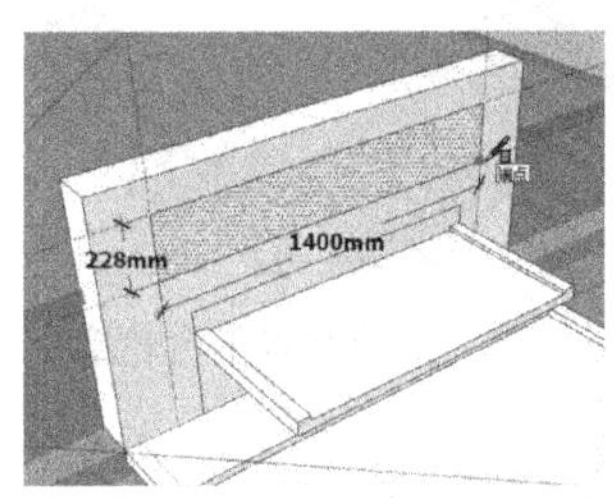

图 9-85　划分墙体平面

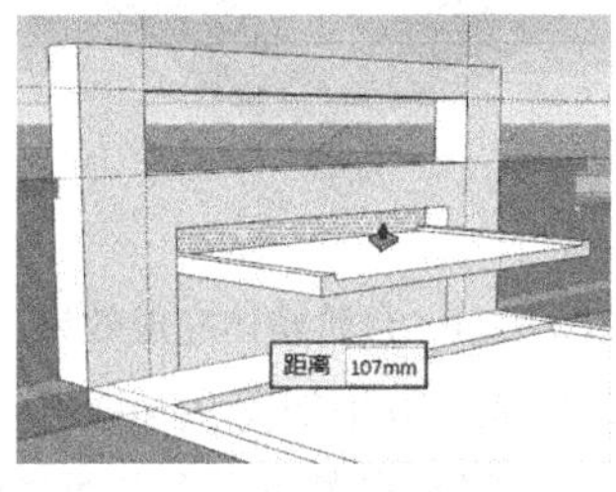

图 9-86　推空墙面

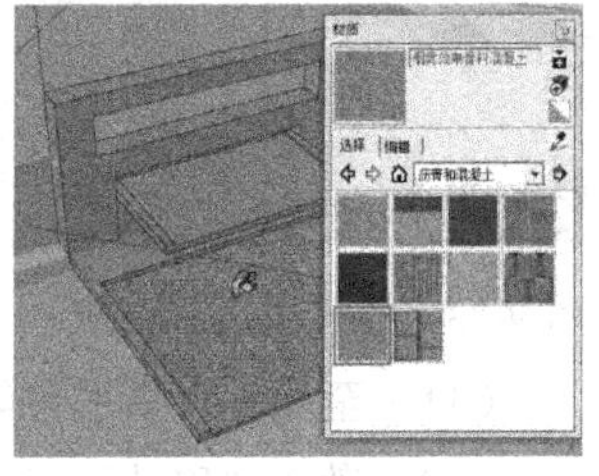

图 9-87　赋予石材

（18）结合使用“直线”工具与“圆弧”工具，制作弧形水幕，如图 9-88 与图 9-89 所示。

（19）结合使用“偏移”工具与“直线”工具，制作水幕弧形平面，如图 9-90 与图 9-91 所示。

图 9-88　绘制水幕辅助线

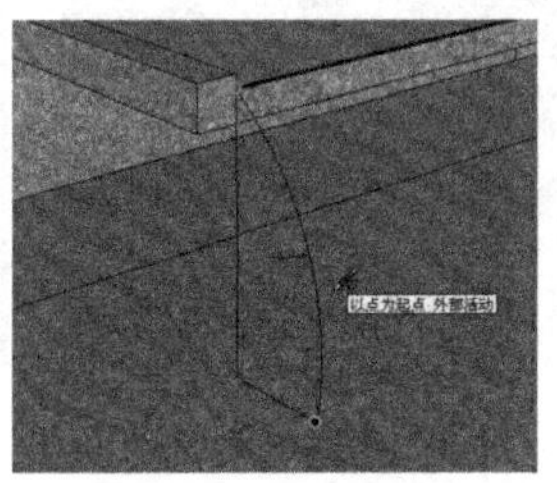

图 9-89　绘制水幕轮廓线

图 9-90　向外以 100 mm 距离偏移复制

（20）启用“推/拉”工具，制作水幕宽度，并激活“移动”工具，移动复制平台平面至水幕交叉，如图 9-92 与图 9-93 所示。

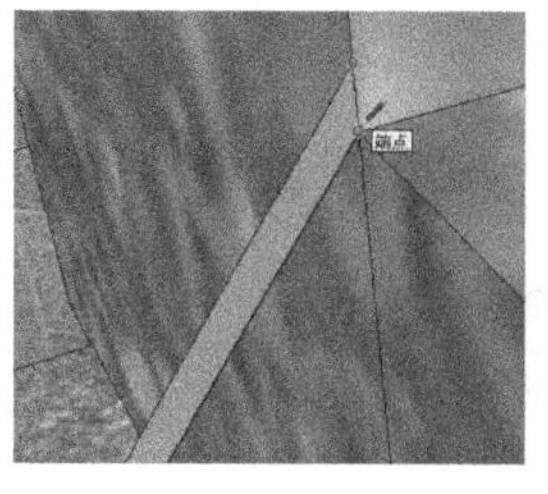
图 9-91　使用直线进行封面

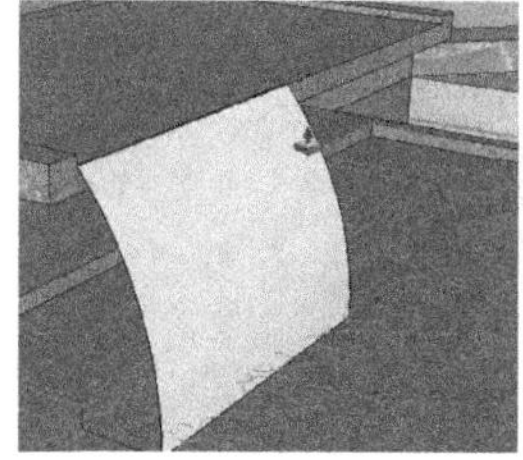
图 9-92　推拉出水幕宽度

图 9-93　向上复制平台平面

（21）利用“材质”工具，赋予水幕池水材质，然后通过相似方法制作第二层水幕，如图 9-94 与图 9-95 所示。

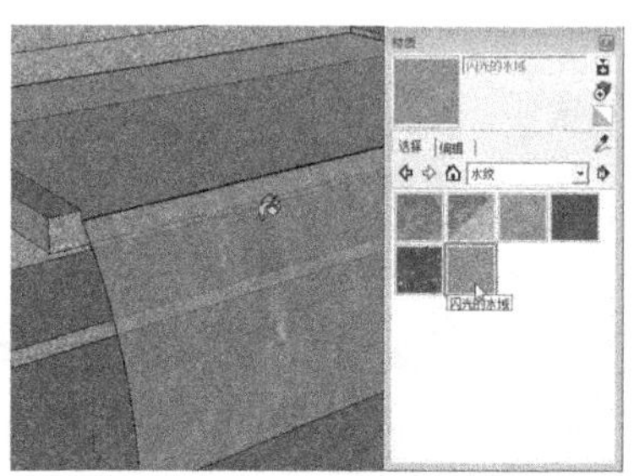
图 9-94　赋予水纹材质

图 9-95　水幕整体完成效果

（22）通过“组件”面板调入栏杆组件，将其对齐至墙体后，调整细节位置与整体长度，如图 9-96~图 9-98 所示。

图 9-96　合并栏杆组件

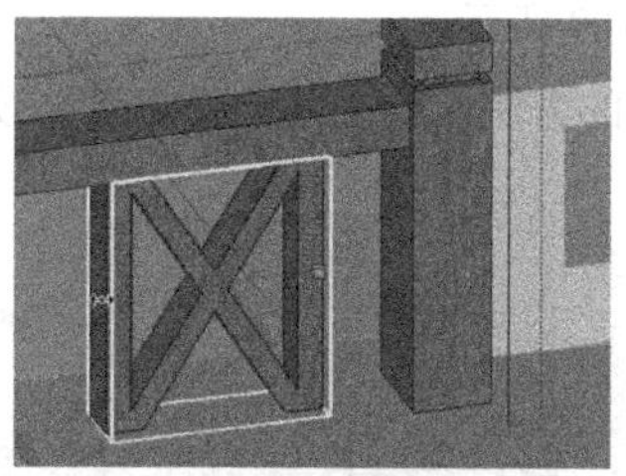
图 9-97　根据场景调整细节位置

图 9-98　根据场景调整宽度

（23）复制栏杆至前方边沿处，使用“直线”工具制作一条定位辅助线，调整好造型，如图 9-99~图 9-101 所示。

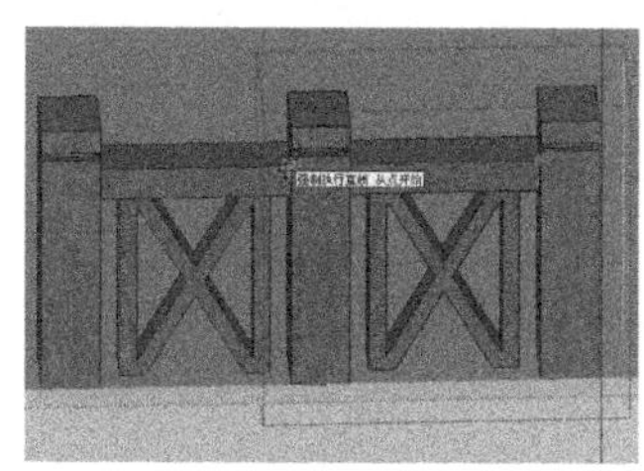
图 9-99　复制栏杆细节

图 9-100　划定位置参考线

图 9-101　调整栏杆宽度

（24）参考栏杆高度，启用“推/拉”工具制作石材栏杆高度，完成观景平台制作，如图 9-102 与图 9-103 所示。

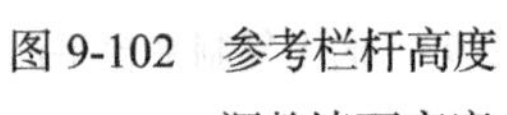

图 9-102　参考栏杆高度调整墙面高度

图 9-103　观景平台完成效果

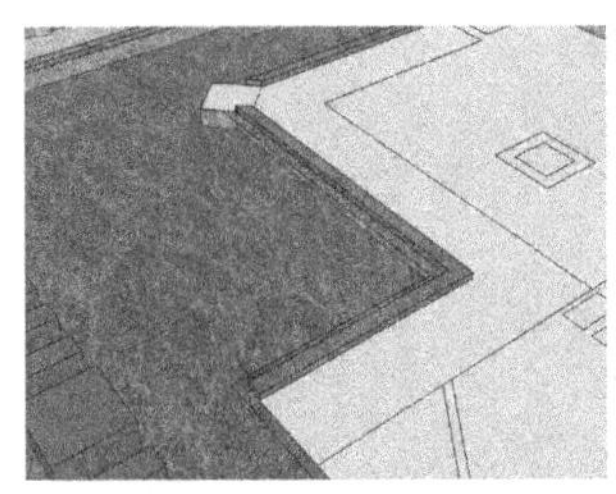

图 9-104　右侧景观墙平面

（25）参考图纸，结合使用“推/拉”工具与“直线”工具制作右侧景观墙轮廓，如图 9-104~图 9-106 所示。

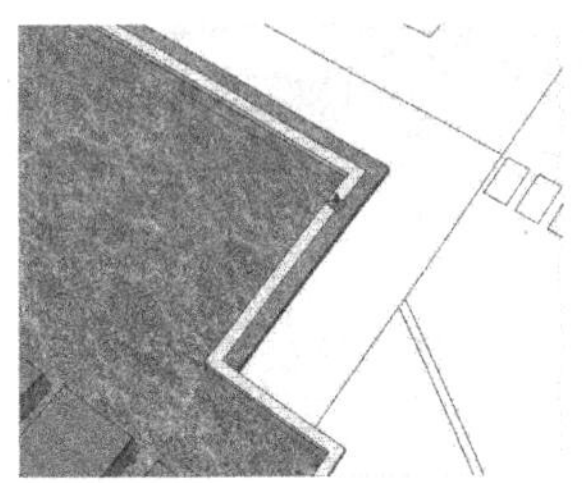

图 9-105　推拉景观墙高度

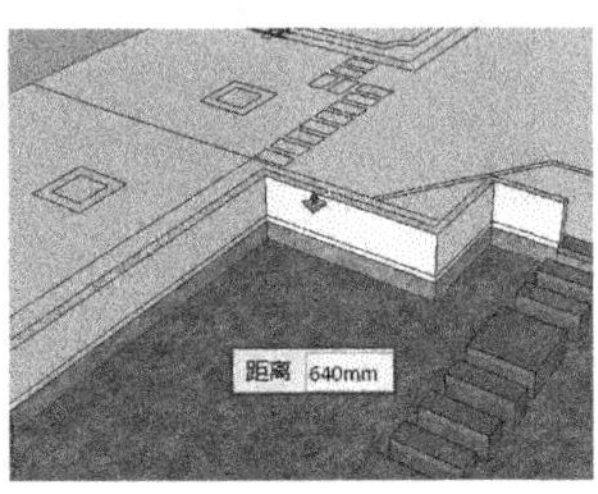

图 9-106　景观墙轮廓完成效果

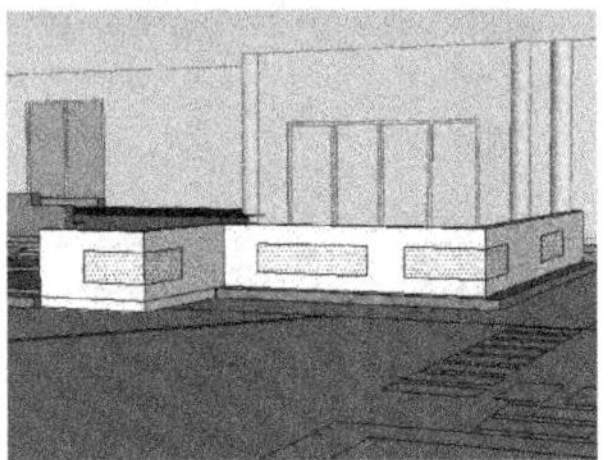

图 9-107　分割景观墙

（26）结合使用“矩形”工具与“推/拉”工具制作景观墙细节，然后整体赋予石材，如图 9-107~图 9-109 所示。

（27）使用与上述相同的方法，绘制其他景观墙，效果如图 9-110 所示。

图 9-108　推空分割平面

图 9-109　赋予景观墙材质

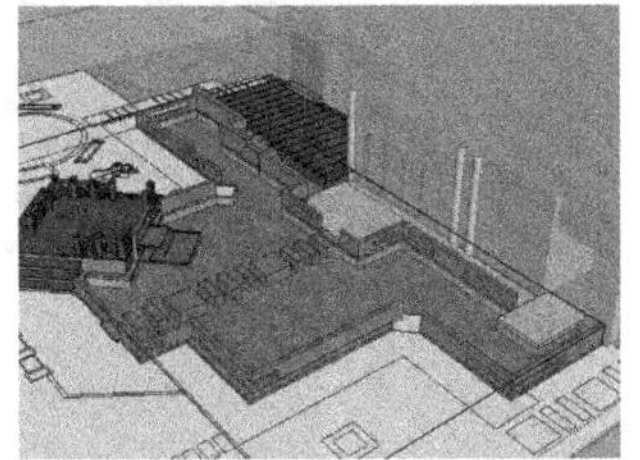

图 9-110　景观墙完成效果

（28）绘制喷水柱。选择喷水柱基座底部平面，单击鼠标右键将其创建为组，如图 9-111 所示。

（29）激活“推/拉”工具，将喷泉柱基座底平面依次向上推拉 830 mm、27 mm、66 mm、27 mm、27 mm，如图 9-112 所示。

（30）重复命令操作，绘制喷泉柱基座侧面细节，如图 9-113 所示。

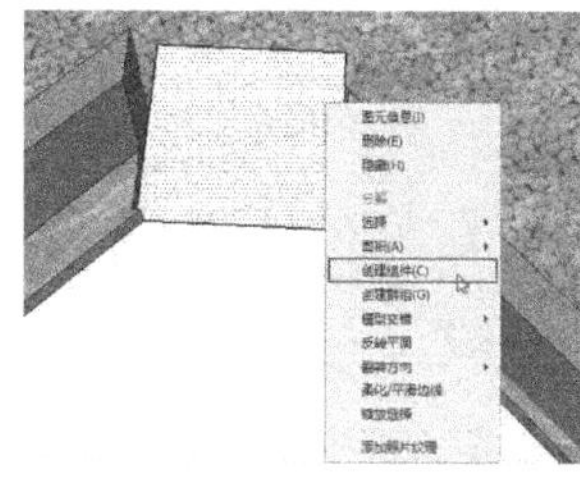

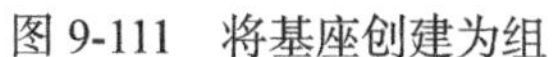

图 9-111　将基座创建为组

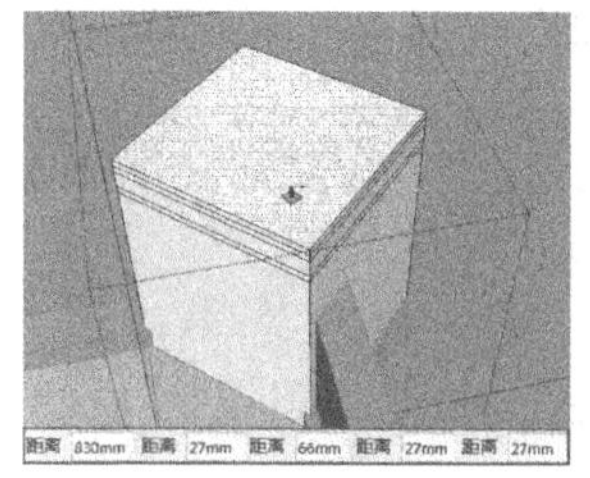

图 9-112　推拉喷泉柱基座底部平面

图 9-113　喷泉柱基座轮廓完成效果

（31）激活“材质”工具，在弹出的“材质”对话框中单击“创建材质”按钮，将基座赋予材质，如图 9-114 所示。

（32）执行“文件>导入”菜单命令，将喷泉组件导入图中，效果如图 9-115 所示。

（33）激活“移动”工具，按住 Ctrl 键，向左移动复制，并移动至合适位置，如图 9-116 所示。

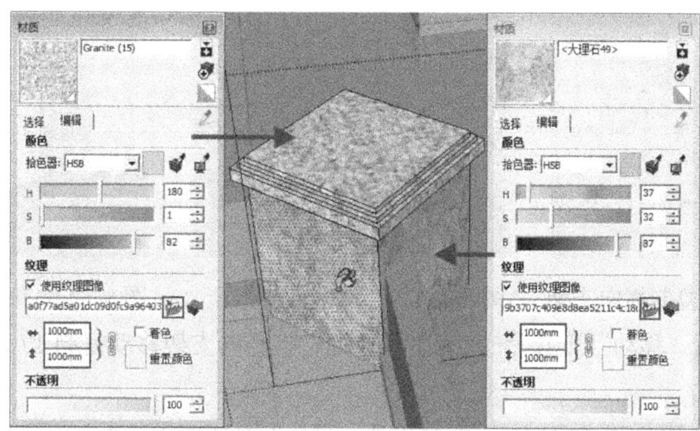

图 9-114　赋予基座材质

图 9-115　导入组件

图 9-116　移动复制喷泉柱

（34）绘制廊架。参照图纸，激活“矩形”工具，绘制支柱轮廓，将其创建为组件，并用“推/拉”工具，将其向上推拉 2 823 mm、20 mm、40 mm，如图 9-117 所示。

（35）激活“移动”工具，按住 Ctrl 键，将其移动复制至合适位置，如图 9-118 所示。

（36）参照图纸，激活“矩形”工具，绘制横向支架并创建组，如图 9-119 所示。

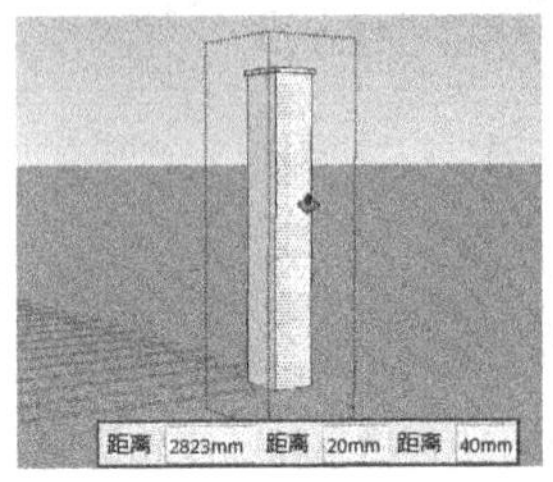

图 9-117　制作支柱

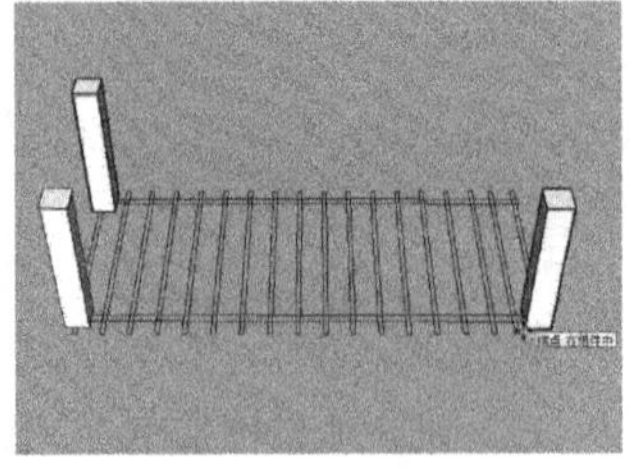
图 9-118　移动复制支柱

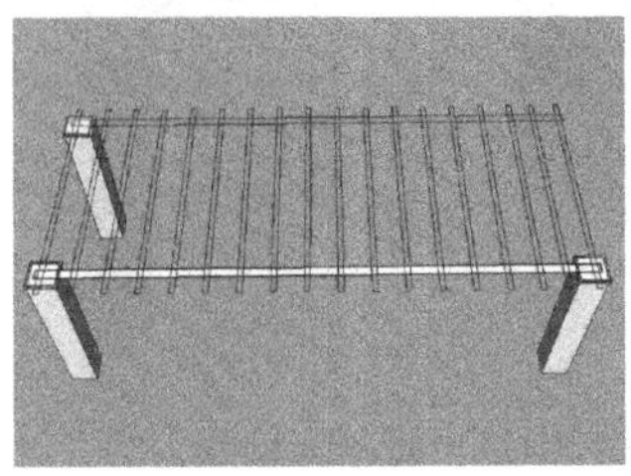
图 9-119　绘制横向支架轮廓

（37）激活“推/拉”工具，将横向支架向上推拉 300 mm，并用“移动”工具，按住 Ctrl 键，向左移动复制，如图 9-120 所示。

（38）参照图纸，结合使用“矩形”工具、“推/拉”工具，绘制竖向支架，效果如图 9-121 所示。

（39）参照图 9-122 提供的尺寸，细化横向支架。

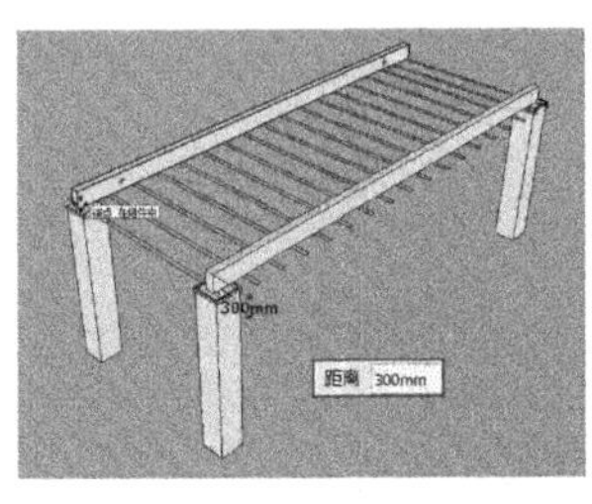

图 9-120　移动复制横向支架

图 9-121　绘制竖向支架

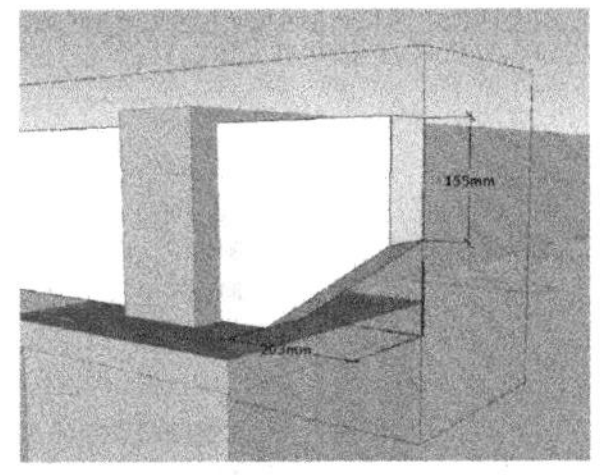
图 9-122　细化横向支架

（40）激活“移动”工具，按住 Ctrl 键，将竖向支架移动复制 17 份，如图 9-123 所示。

（41）激活“材质”工具，在弹出的“材质”对话框中单击“创建材质”按钮，将廊架赋予石材材质，如图 9-124 所示。

（42）至此，景观池及周边设施绘制完成，效果如图 9-125 所示。

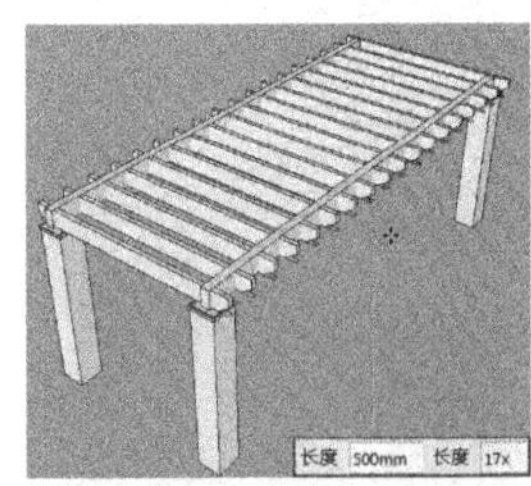

图 9-123　移动复制竖向支架

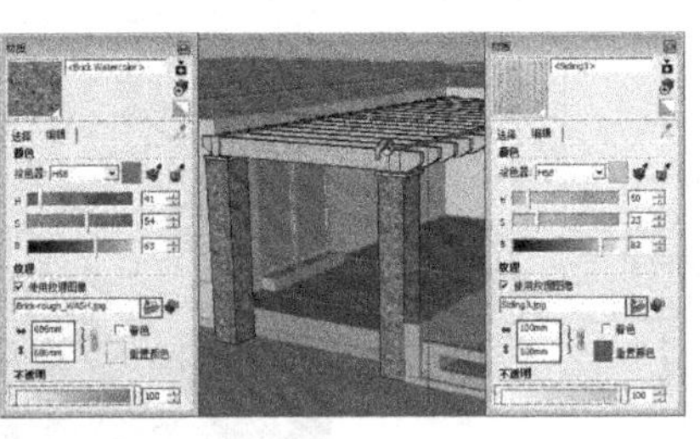
图 9-124　赋予廊架材质

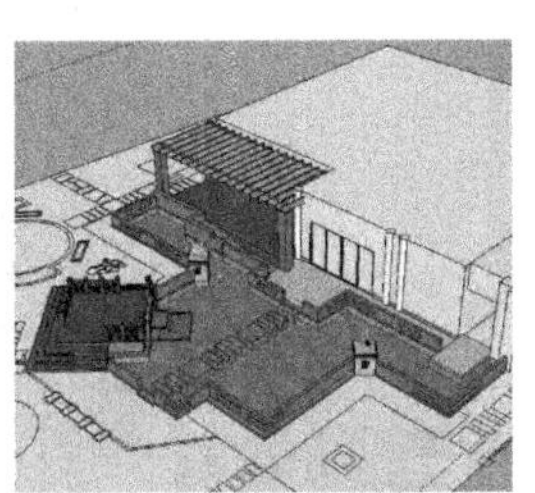
图 9-125　景观池及周边设施完成效果

9.3.4 完成正面细化

（1）激活“推/拉”工具，将过道平面向上推拉 50 mm，如图 9-126 所示。

（2）赋予石板材质并执行右键关联菜单中的“纹理>位置”菜单命令，调整贴图位置，如图 9-127 所示。

（3）设置完成后，单击鼠标右键，执行快捷菜单中的“完成”命令，过道路面效果调整完成，如图 9-128 与图 9-129 所示。

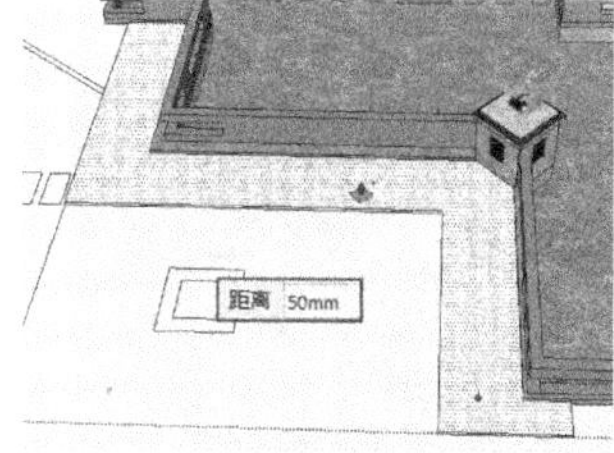

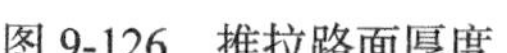
图 9-126　推拉路面厚度

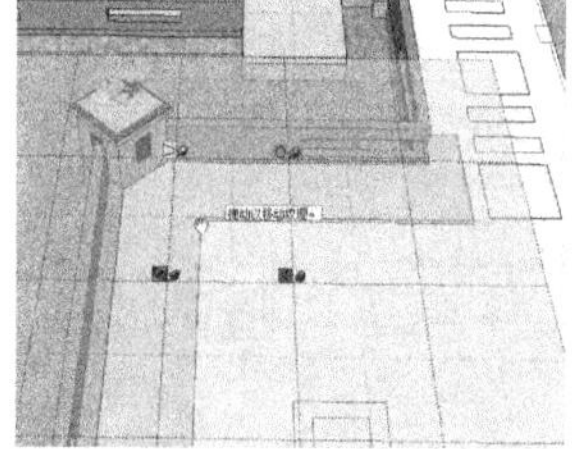
图 9-127　调整路面贴图

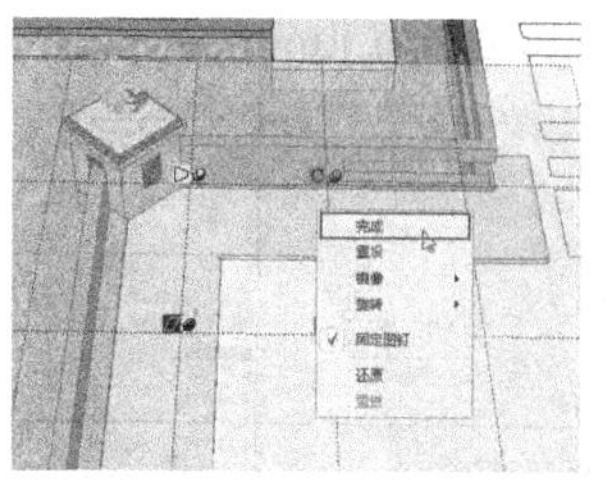

图 9-128　执行快捷菜单中的“完成”命令

（4）激活“矩形”工具、“直线”工具，将汀步进行封面处理，如图 9-130 所示。

（5）激活“推/拉”工具，将汀步平面向上推拉 30 mm，如图 9-131 所示。

图 9-129　路面完成效果

图 9-130　对汀步进行封面处理

图 9-131　推拉汀步厚度

（6）激活“材质”工具，将汀步赋予材质，如图 9-132 所示。

（7）用与上述相同的方法绘制其他汀步，效果如图 9-133 所示。

（8）结合使用“矩形”工具及“推/拉”工具，绘制台阶，如图 9-134 所示。

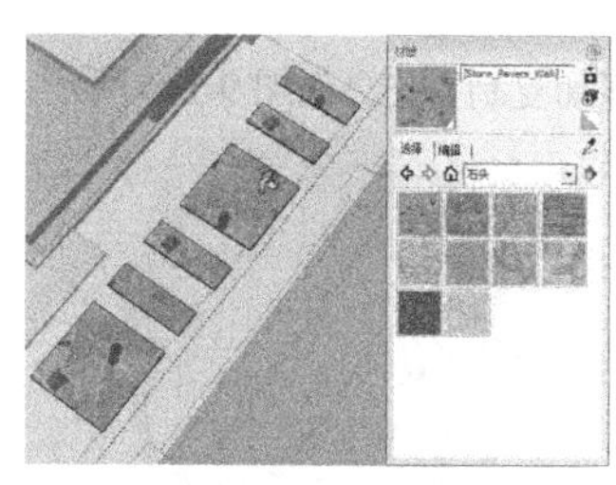
图 9-132　赋予汀步材质

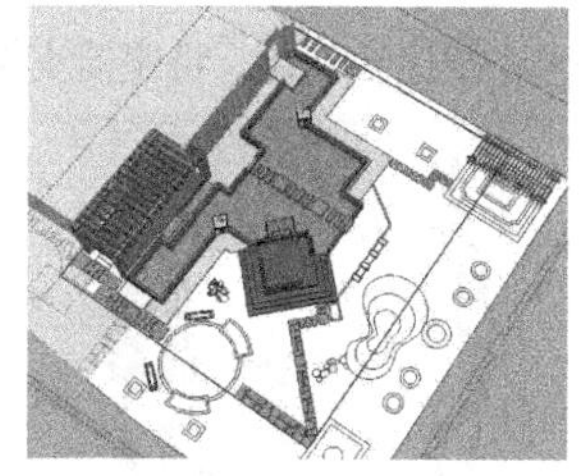
图 9-133　汀步完成效果

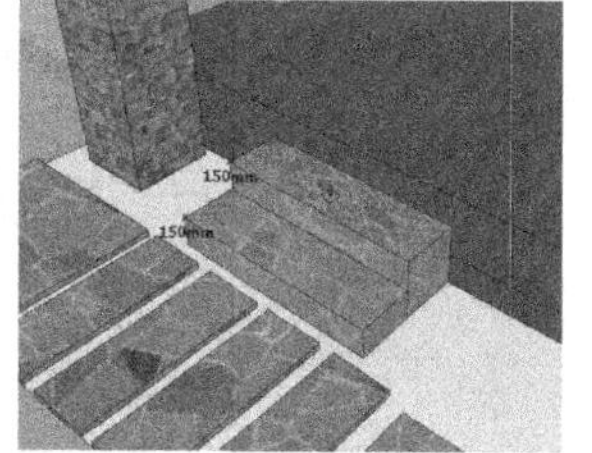

图 9-134　绘制台阶

（9）绘制花坛和座椅。激活“推/拉”工具，推拉路沿，如图 9-135 所示。

（10）激活“材质”工具，将道路赋予黄色石材材质，如图 9-136 所示。

（11）激活“矩形”工具、“推/拉”工具，制作砖墙，如图 9-137 所示。

图 9-135　推拉平台高度

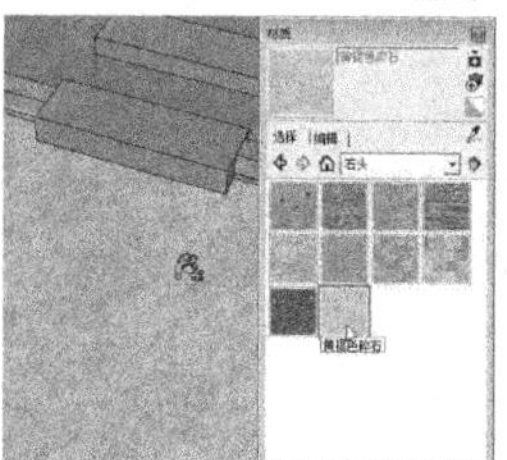
图 9-136　赋予平台材质

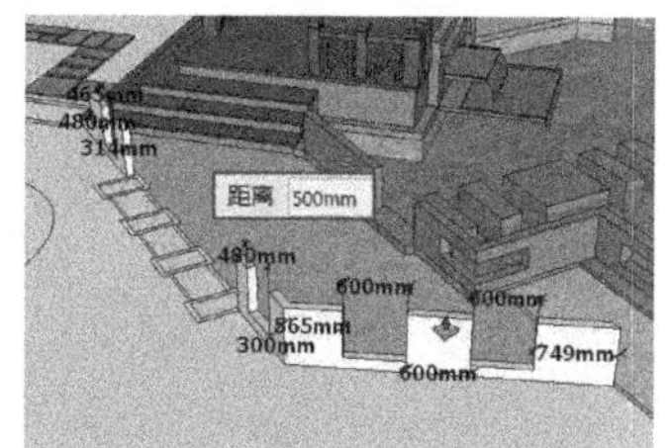

图 9-137　制作砖墙

（12）激活“材质”工具，将砖墙赋予石材材质，如图 9-138 所示。

（13）参考图纸，结合使用“矩形”工具及“推/拉”工具，创建花坛，如图 9-139 与图 9-140 所示。

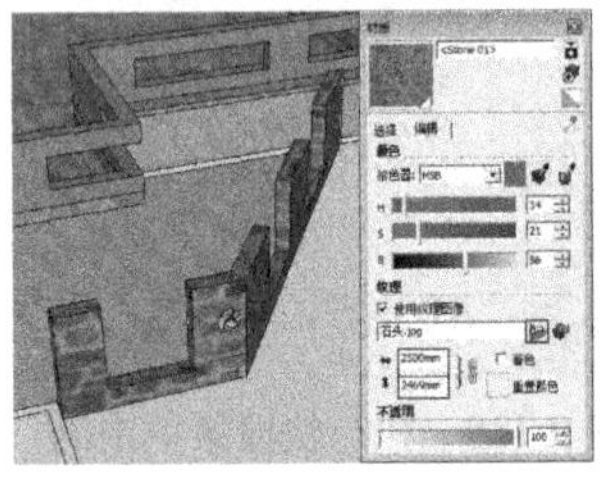
图 9-138　赋予砖墙材质

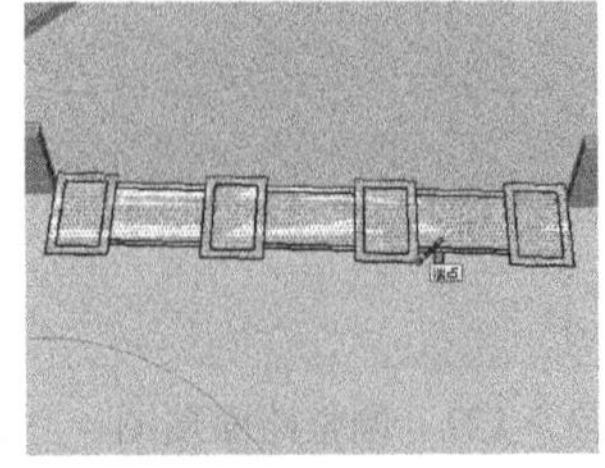
图 9-139　制作花坛轮廓

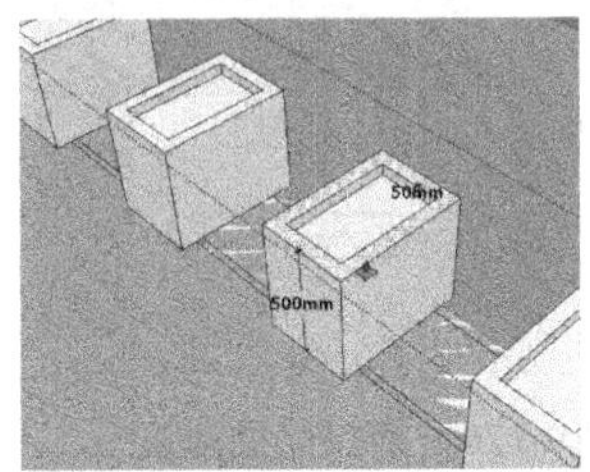
图 9-140　推拉花坛

（14）激活“推/拉”工具、“偏移”工具，绘制座椅轮廓，如图 9-141~图 9-143 所示。

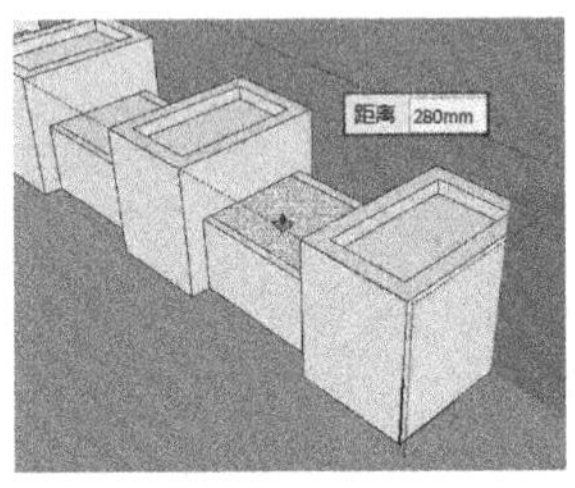

图 9-141　推拉出座椅厚度

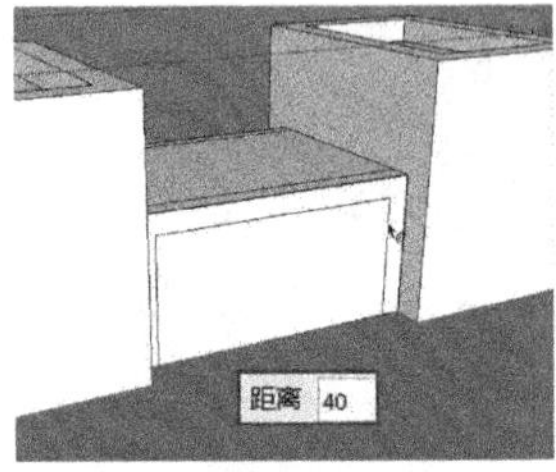

图 9-142　偏移出座椅细节

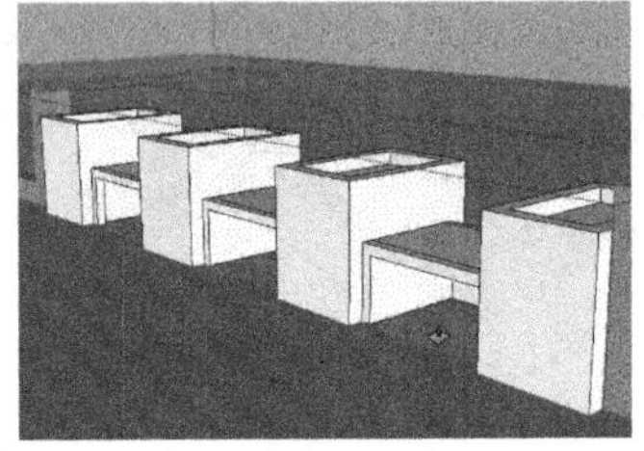
图 9-143　推拉座椅底部

（15）激活“矩形”工具，在座椅面上绘制尺寸为 385 mm × 29 mm 的矩形，如图 9-144 所示。

（16）利用“推/拉”工具，将座椅支架面向上推拉 13 mm 的厚度，并移动至合适位置，如图 9-145 所示。

（17）激活“移动”工具，按住 Ctrl 键，将座椅支架移动复制 9 份，如图 9-146 所示。

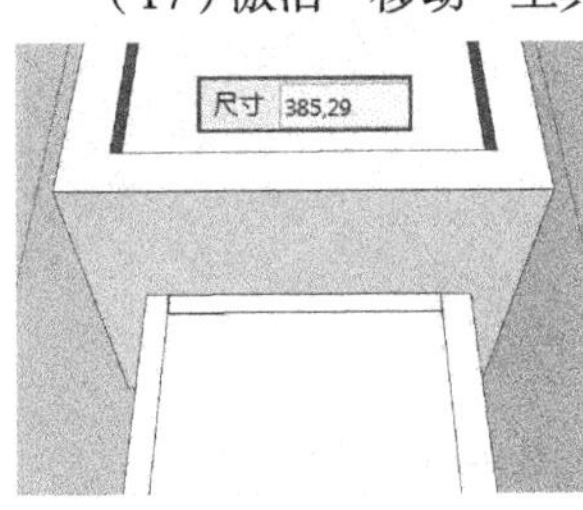

图 9-144　绘制矩形

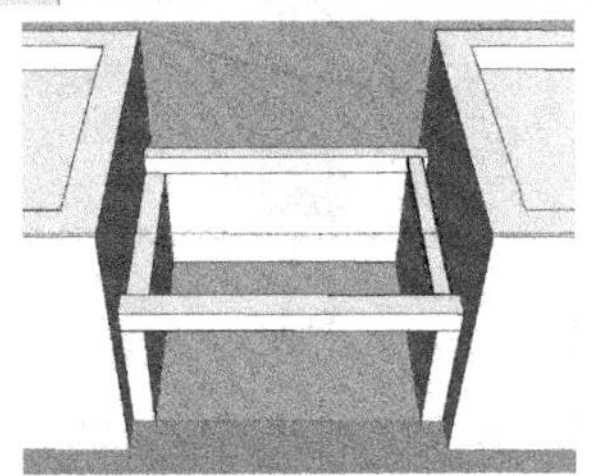
图 9-145　推拉、移动座椅支架

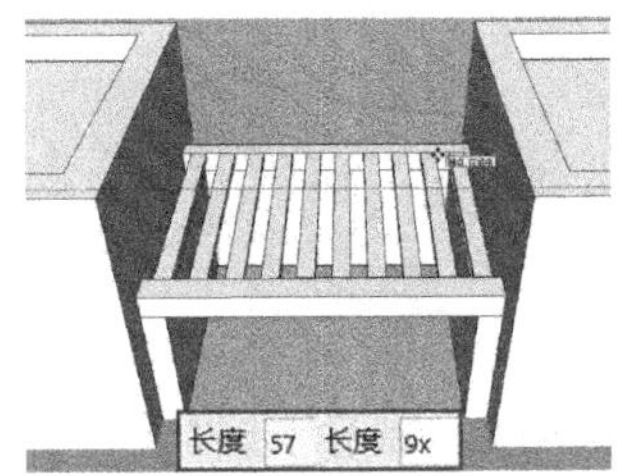

图 9-146　移动复制座椅支架

（18）激活“移动”工具，按住 Ctrl 键，将座椅移动复制 2 份，最后对应赋予相关材质，如图 9-147 与图 9-148 所示。

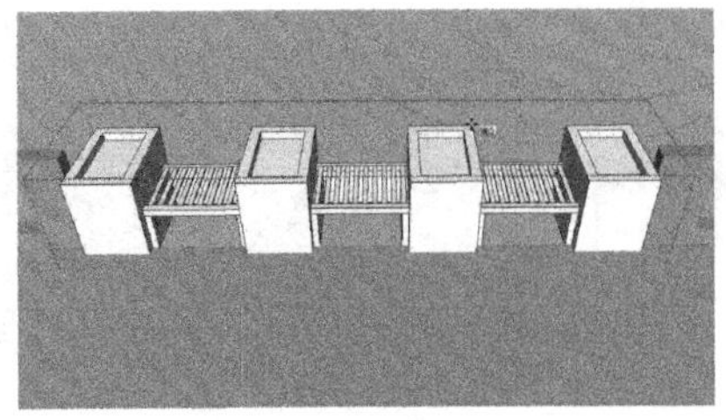
图 9-147　移动复制座椅

图 9-148　花坛、座椅完成效果

（19）绘制圆形平台及周边设施。参考图纸，结合使用“圆”工具、“直线”工具，将圆形平台进行封面处理，如图 9-149 所示。

（20）利用“推/拉”工具，将圆形平台分别向上推拉 50 mm、100 mm 的厚度，如图 9-150 与图 9-151 所示。

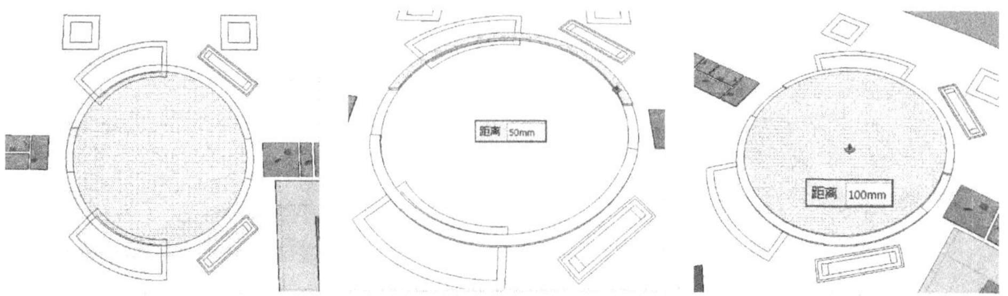

图 9-149　将圆形平台封面处理　图 9-150　制作边沿细节　图 9-151　推拉平台高度

（21）激活“材质”工具，在弹出的“材质”对话框中单击“创建材质”按钮，赋予圆形平台材质，并调整贴图效果，如图 9-152~图 9-154 所示。

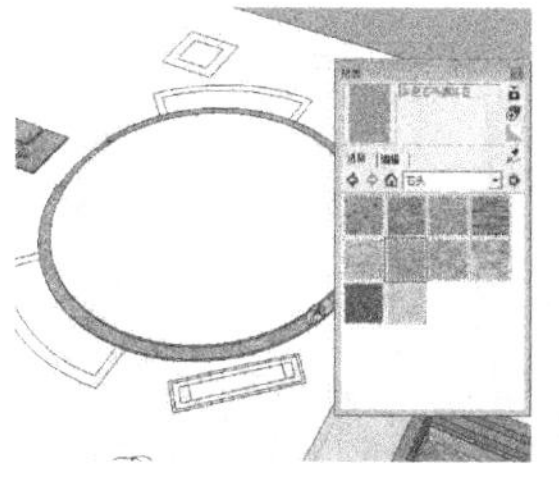

图 9-152　赋予平台边沿材质

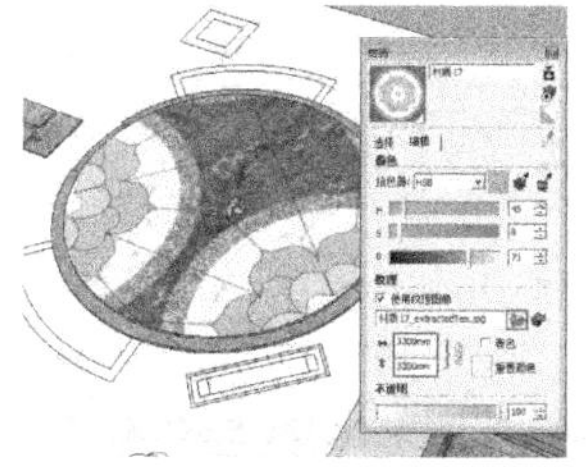

图 9-153　赋予平台材质

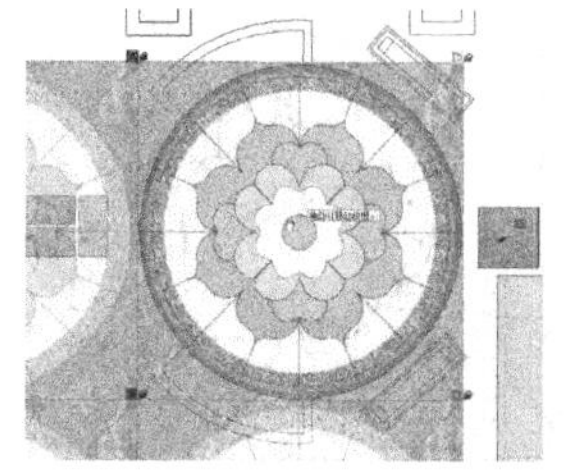

图 9-154　调整平台贴图效果

（22）绘制花坛。结合使用“圆弧”工具、“直线”工具、“偏移”工具以及“推/拉”工具，制作花坛轮廓，如图 9-155~图 9-157 所示。

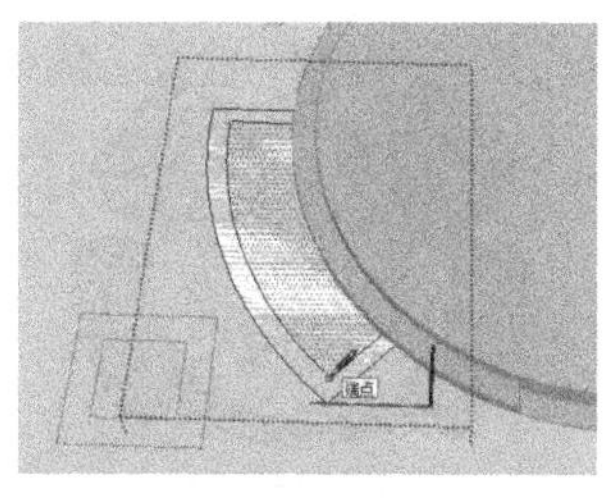

图 9-155　分割花坛平面

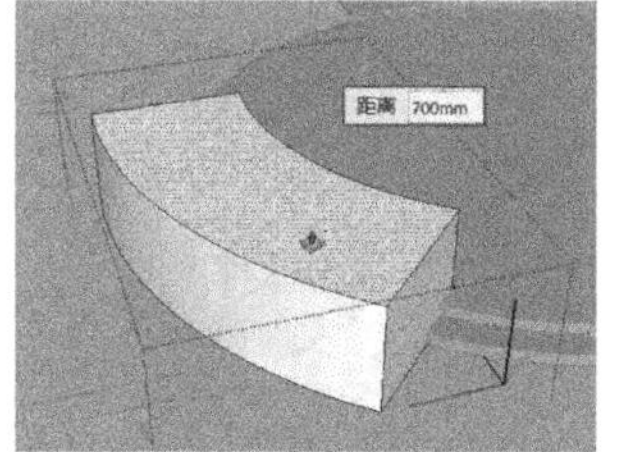

图 9-156　推拉高度

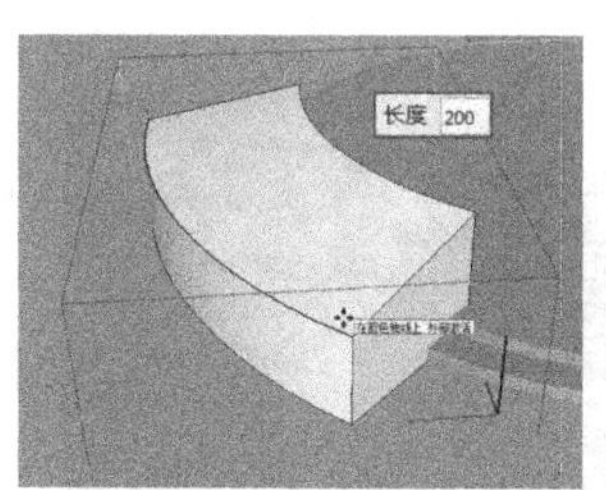

图 9-157　调整出斜面效果

（23）结合使用“曲面偏移”以及“联合推拉”插件制作花坛细节造型，然后对应赋予材质，如图 9-158~图 9-160 所示。

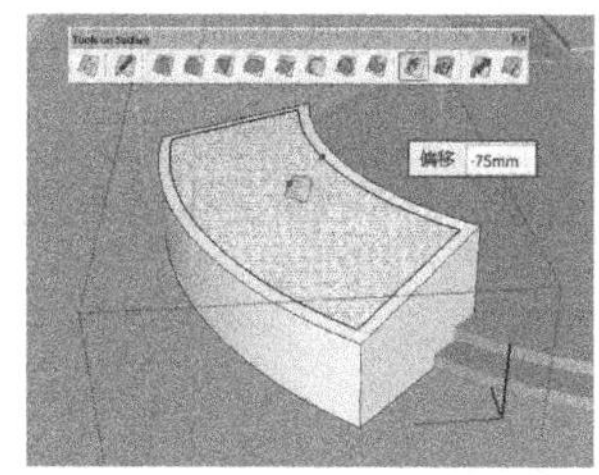

图 9-158　使用曲面偏移

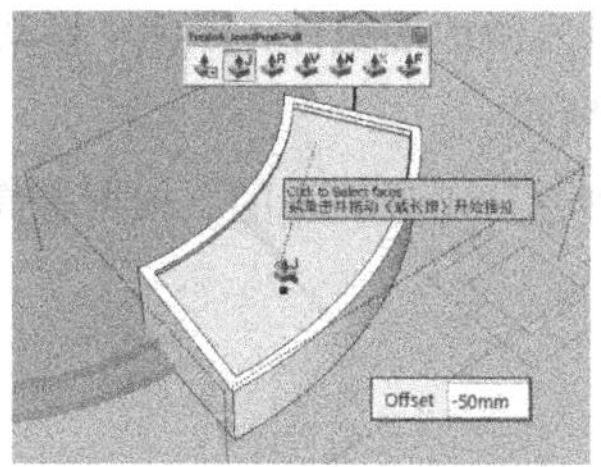

图 9-159　使用联合推拉工具

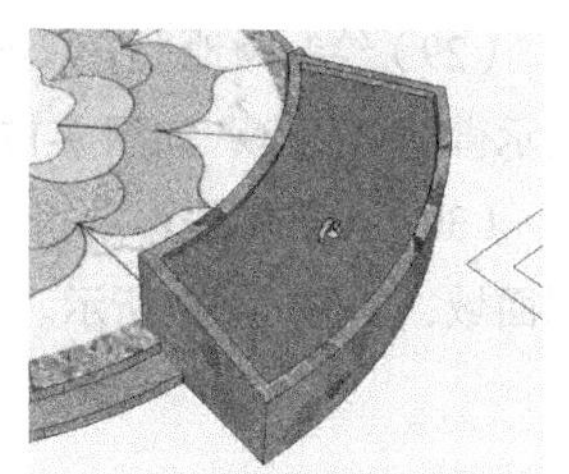

图 9-160　赋予花坛对应材质

（24）激活“旋转”工具，确定旋转轴线后，按住 Ctrl 键，旋转复制花坛，如图 9-161 所示。

（25）绘制背景墙。结合“矩形”工具、“推/拉”工具以及“偏移”工具制作背景墙轮廓，如图 9-162~图 9-164 所示。

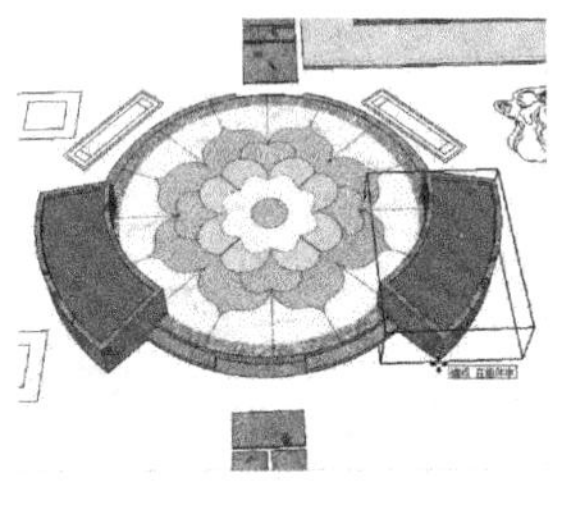
图 9-161 旋转复制花坛

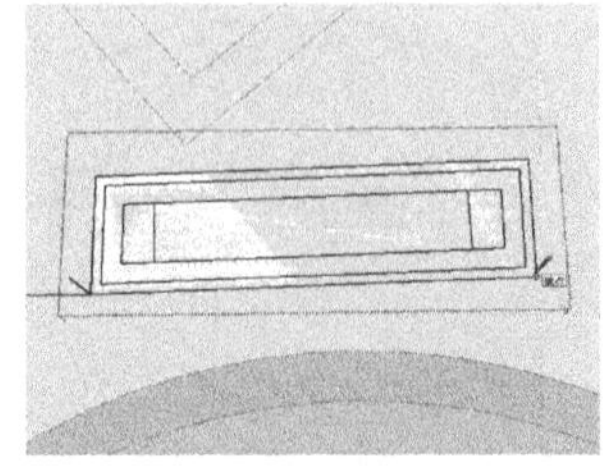
图 9-162 分割背景墙平面

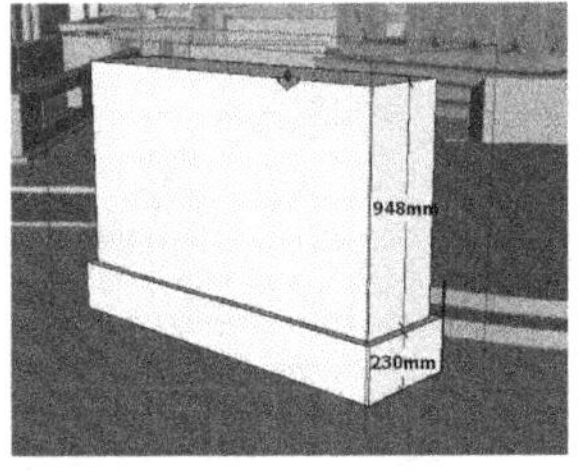

图 9-163 推拉背景墙

（26）结合“矩形”工具以及“推/拉”工具制作背景墙中部细节，然后对应赋予材质，如图 9-165~图 9-167 所示。

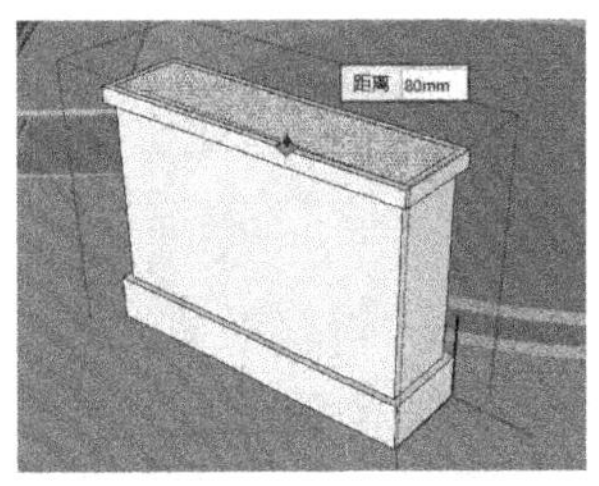

图 9-164 制作背景墙轮廓

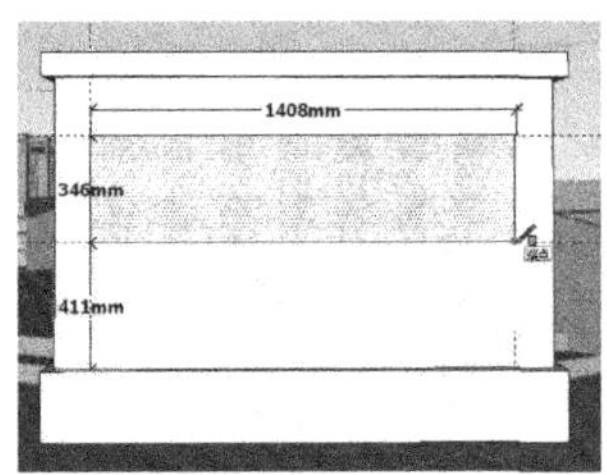

图 9-165 分割背景墙平面

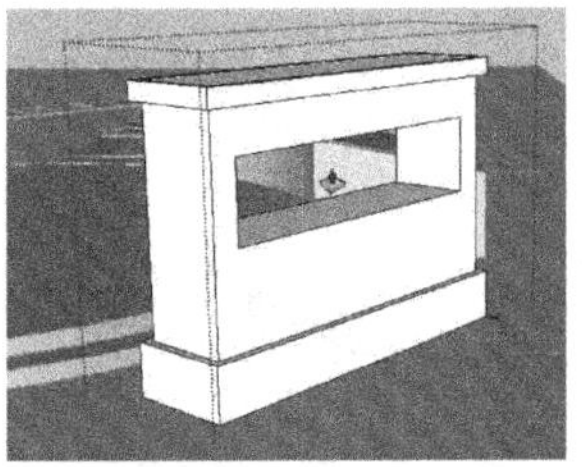
图 9-166 推空背景墙平面

（27）导入座椅模型并调整好大小，激活“旋转”工具，按住 Ctrl 键，旋转复制座椅和背景墙，如图 9-168 与图 9-169 所示。

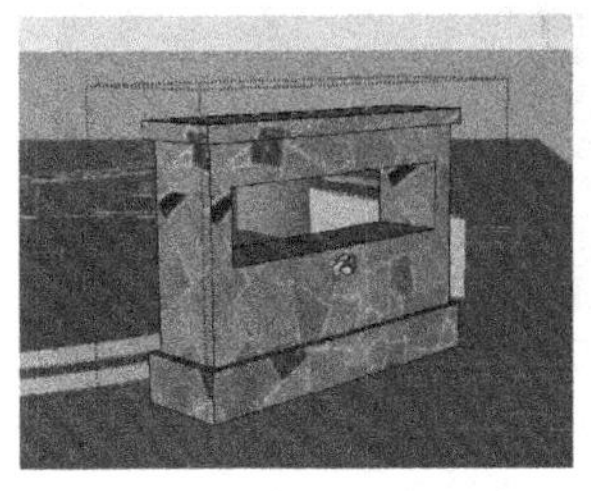
图 9-167 赋予背景墙材质

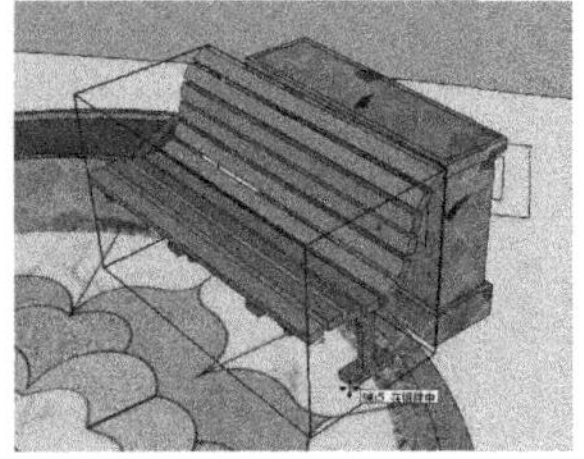
图 9-168 导入座椅模型组件

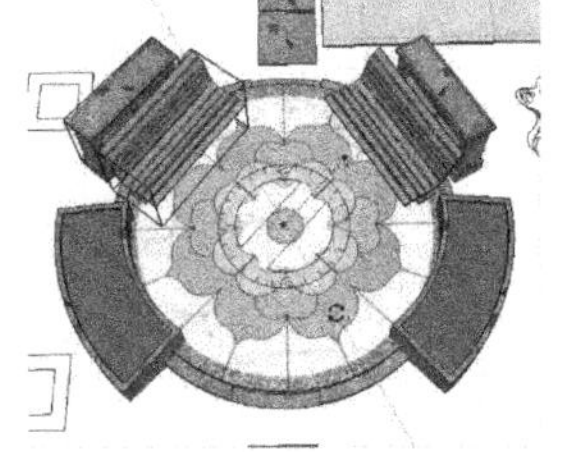
图 9-169 旋转复制座椅、背景墙

（28）至此，圆形平台及周边设施创建完成，效果如图 9-170 所示。

（29）绘制微地形。双击进入微地形组件，激活“移动”工具，将弧线向上移动，表示微地形高度，如图 9-171 所示。

（30）全选弧线，单击“沙盒”工具栏上的“根据等高线创建”命令，生成不规则面域，如图 9-172 所示。

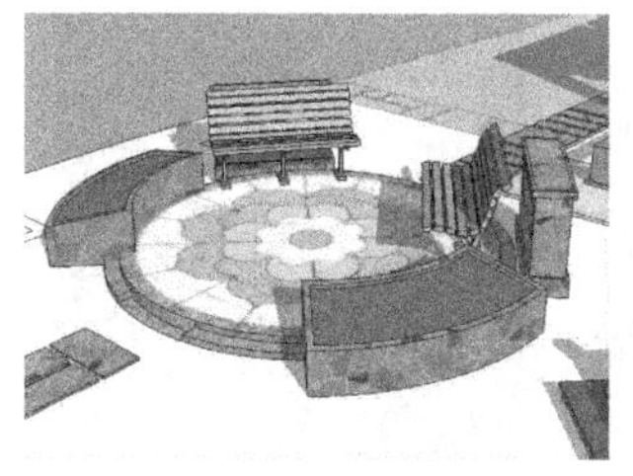
图 9-170　圆形平台完成效果

图 9-171　移动弧线

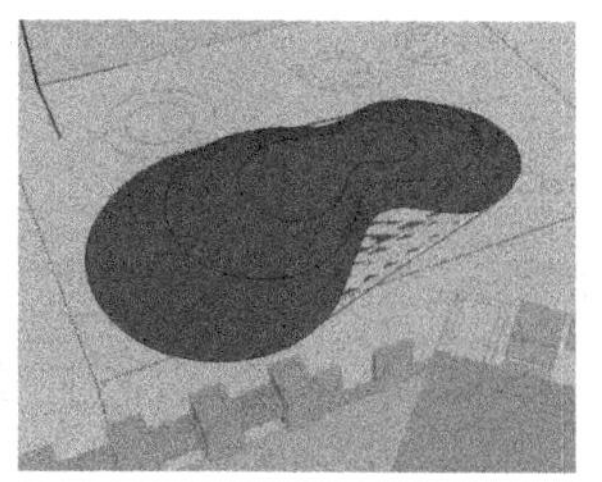
图 9-172　执行“根据等高线创建”命令

（31）激活“材质”工具，在弹出的“材质”对话框中单击“创建材质”按钮，将微地形和草坪赋予材质，如图 9-173 所示。

（32）选择方形树池，执行右键关联菜单中的“创建群组”命令，如图 9-174 所示。

（33）激活“推/拉”工具，将树池向上推拉 100 mm、向下推拉 50 mm，如图 9-175 所示。

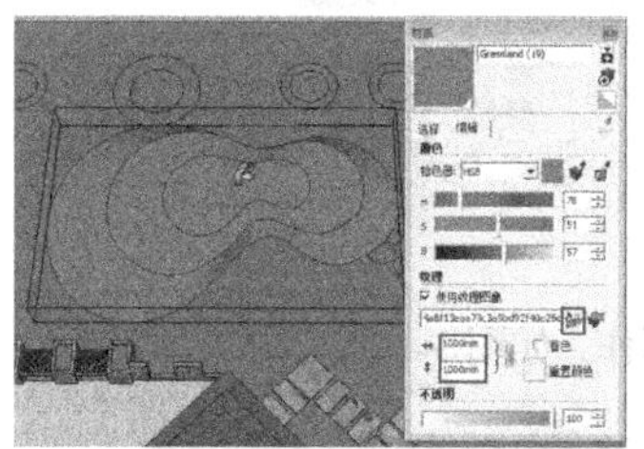
图 9-173　赋予草坪、微地形材质

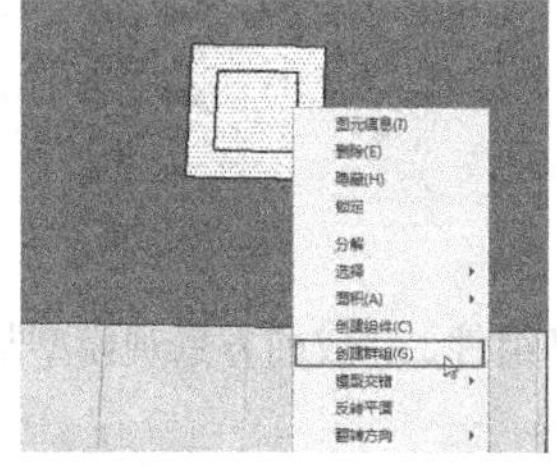
图 9-174　将方形树池创建为组

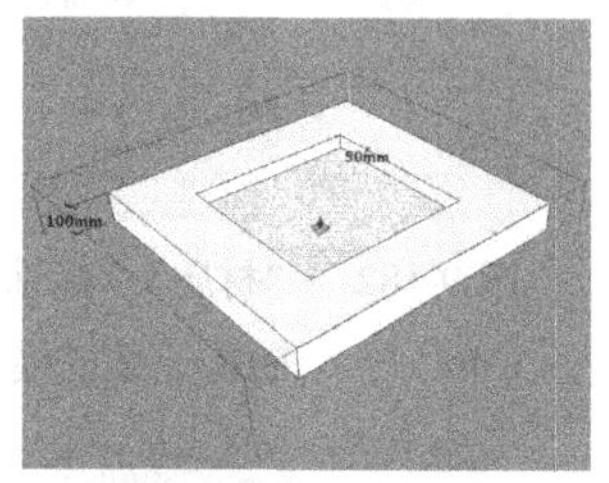

图 9-175　推拉方形树池

（34）激活“材质”工具，将方形树池赋予材质，如图 9-176 所示。

（35）激活“移动”工具，按住 Ctrl 键，将方形树池向右移动复制，如图 9-177 所示。

（36）用与上述相同的方法绘制圆形树池，如图 9-178 所示。

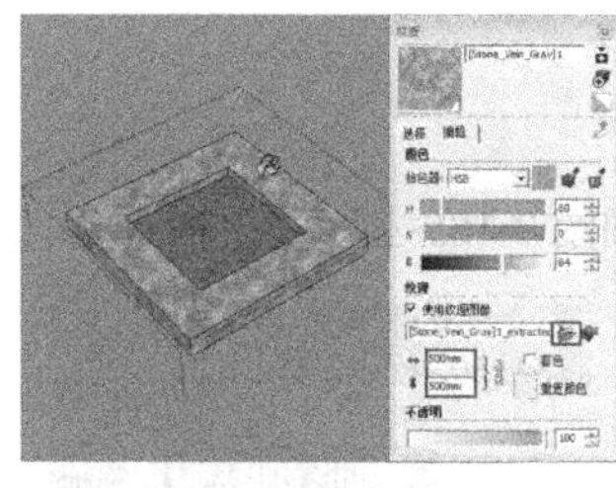
图 9-176　赋予方形树池材质

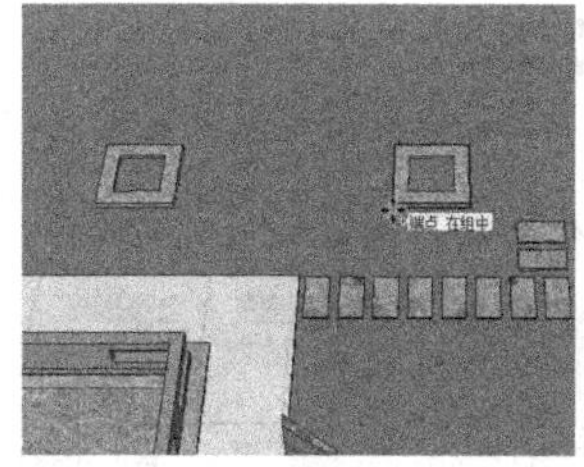
图 9-177　移动复制方形树池

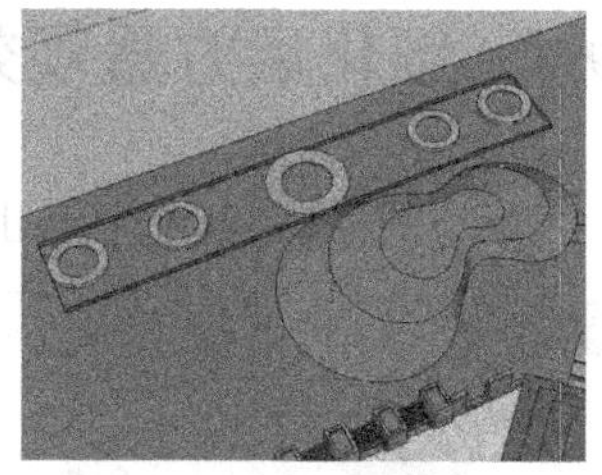
图 9-178　制作圆形树池

（37）激活“材质”工具，将铺装赋予材质，如图 9-179 所示。

（38）执行“文件>导入”菜单命令，导入椅子、石块组件，如图 9-180 所示。

（39）激活“材质”工具，参照图 9-182 所示的“材质”对话框，将铺装赋予材质，如图 9-181 所示。

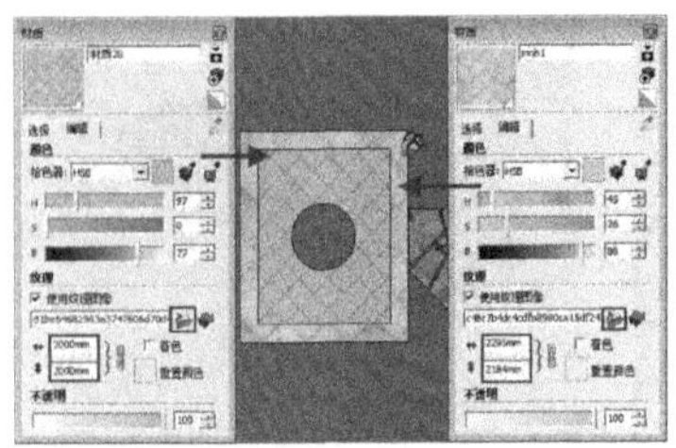

图 9-179　赋予铺装材质

图 9-180　导入椅子、石块组件

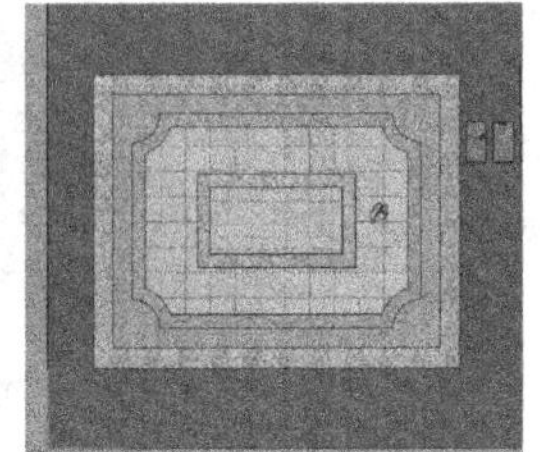

图 9-181　赋予铺装材质

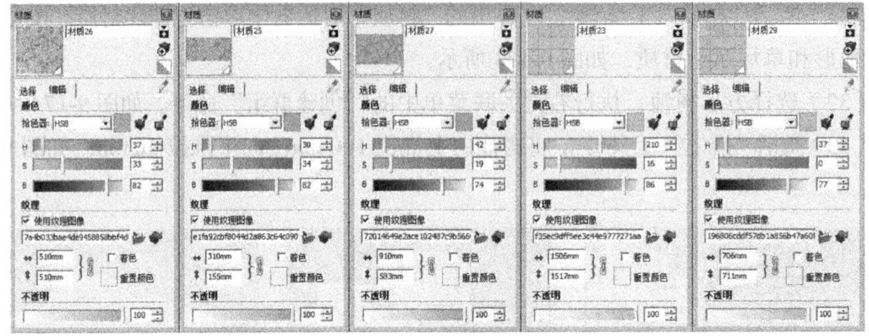

图 9-182　“材质”对话框

（40）导入 BBQ、桌椅模型组件，完成前方景观模型制作，如图 9-183 与图 9-184 所示。

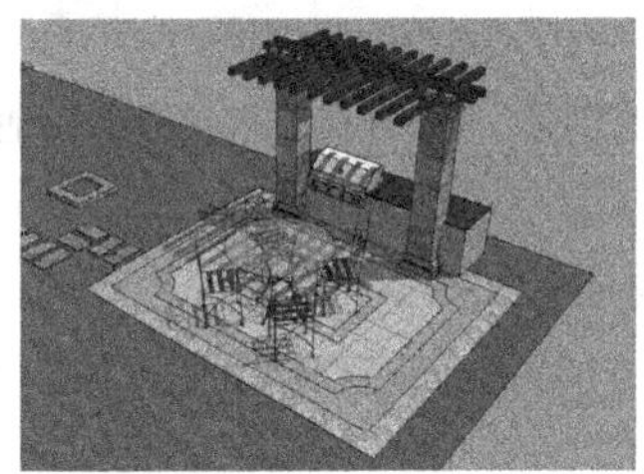

图 9-183　导入 BBQ、桌椅模型

图 9-184　前方景观完成效果

9.4　细化后方景观效果

后方的景观主要包括枯山水、汀步以及大门等效果，如图 9-185~图 9-187 所示。

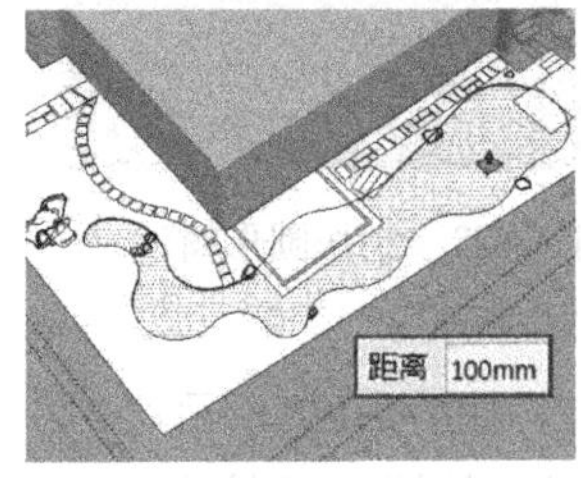

图 9-185　枯山水

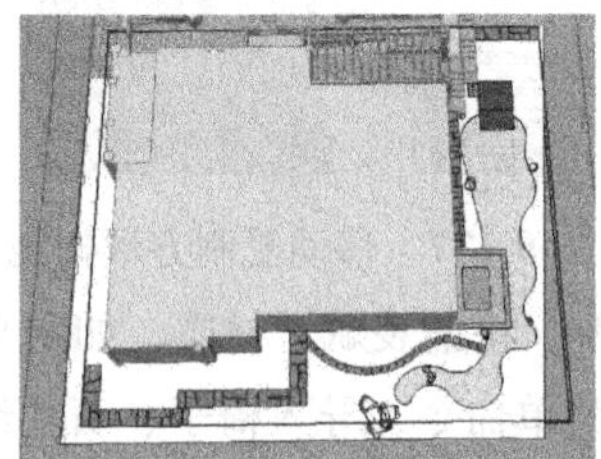

图 9-186　汀步

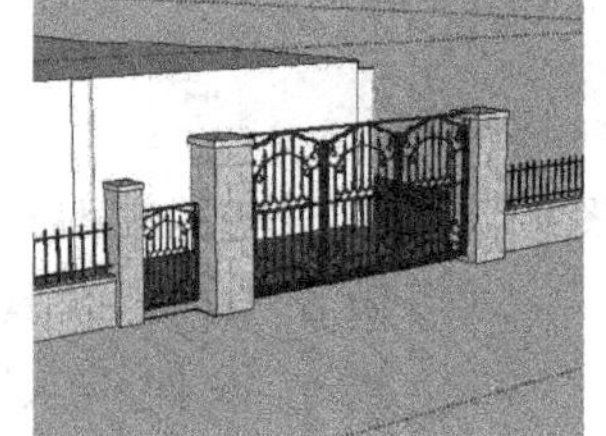

图 9-187　大门及栏杆

（1）激活“直线”工具，分割枯山水平面，如图 9-188 所示。

（2）激活“推/拉”工具，枯山水平面向下推拉 100 mm，如图 9-189 所示。

（3）激活“材质”工具，将枯山水赋予材质，如图 9-190 所示。

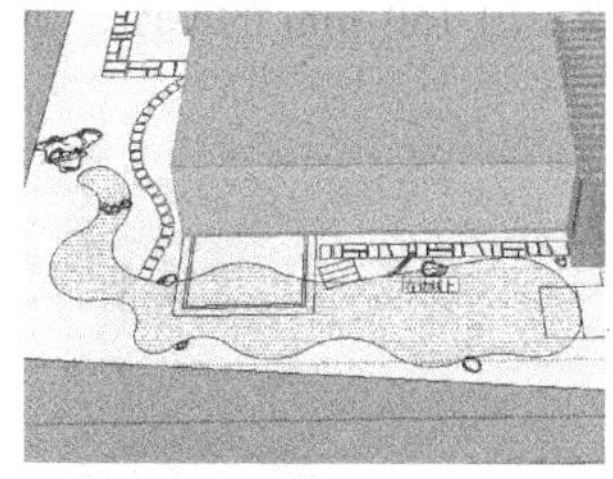
图 9-188　分割枯山水

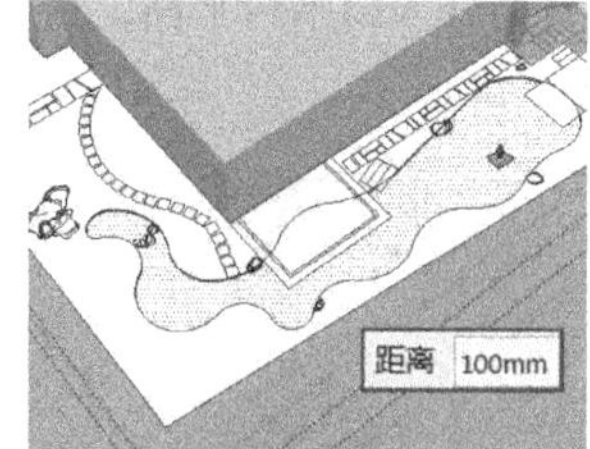

图 9-189　推拉枯山水深度

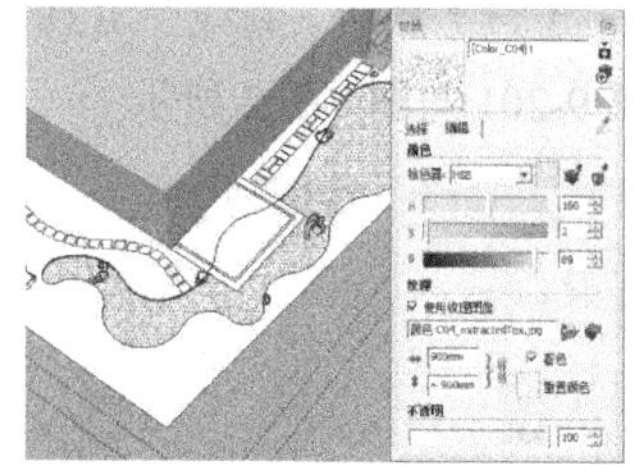
图 9-190　赋予枯山水材质

（4）激活“直线”工具，分割亲水平台，如图 9-191 所示。

（5）激活“推/拉”工具，推拉亲水平台，然后赋予木纹材质，如图 9-192 与图 9-193 所示。

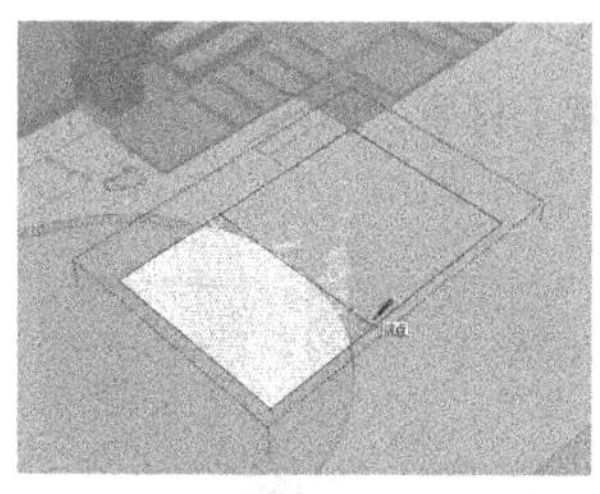
图 9-191　分割亲水平台平面

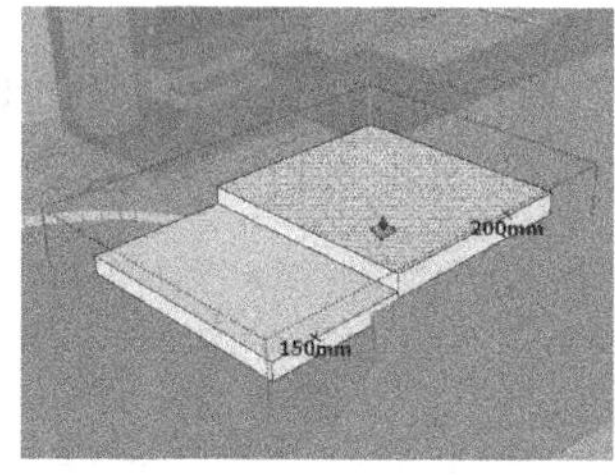

图 9-192　推拉亲水平台平面

图 9-193　赋予亲水平台材质

（6）结合使用“矩形”工具、“推/拉”工具，制作过道平台，然后对应赋予材质，如图 9-194~图 9-196 所示。

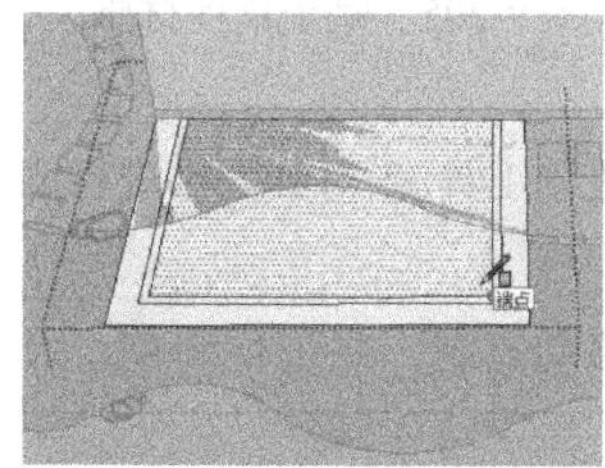
图 9-194　对过道平台进行封面处理

图 9-195　向上推拉过道平台

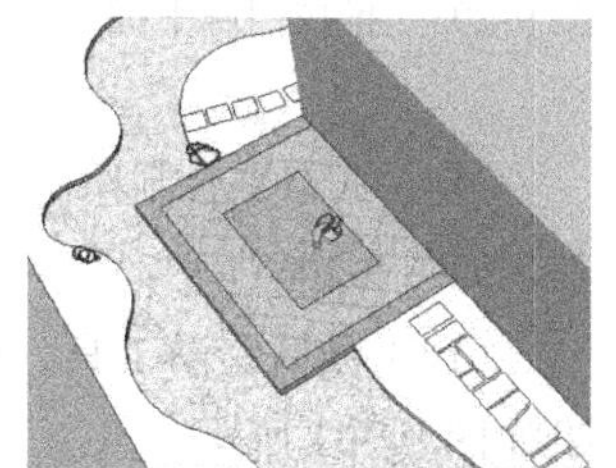
图 9-196　赋予过道平台材质

（7）激活“直线”工具，将汀步进行封面处理，如图 9-197 所示。

（8）利用“推/拉”工具，将汀步向上推拉 30 mm，如图 9-198 所示。

（9）激活“材质”工具，将汀步赋予材质，如图 9-199 所示。

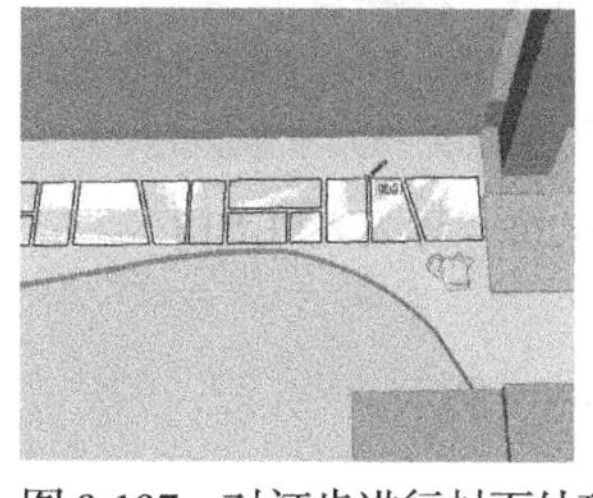
图 9-197　对汀步进行封面处理

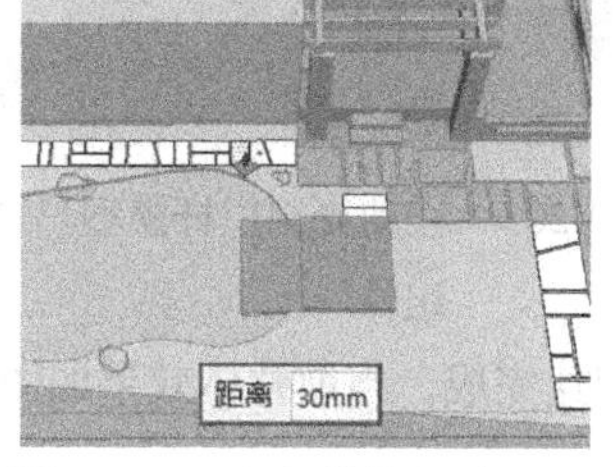

图 9-198　向上推拉汀步

图 9-199　赋予汀步材质

（10）用与上述相同的方法，绘制其他汀步，效果如图 9-200 所示。

（11）激活“直线”工具，划分入口平台平面，然后推拉出 150 mm 的厚度，如图 9-201 与图 9-202 所示。

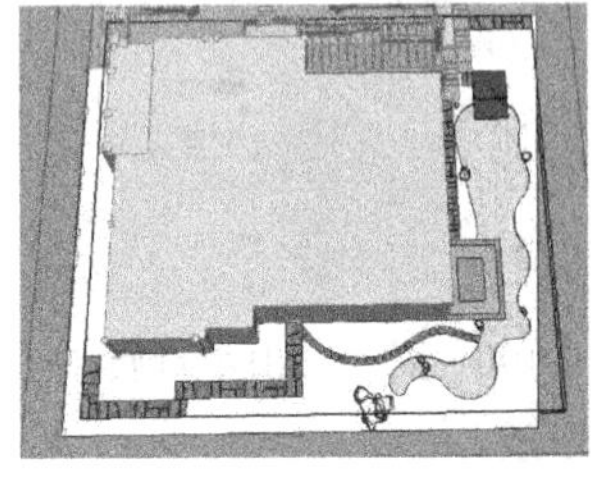

图 9-200　汀步绘制效果

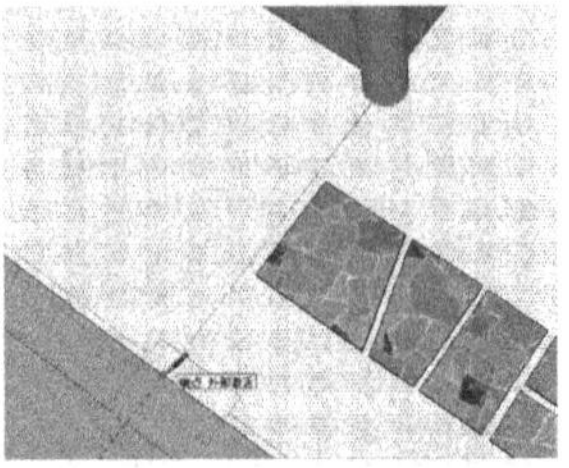

图 9-201　分割入口平台地面

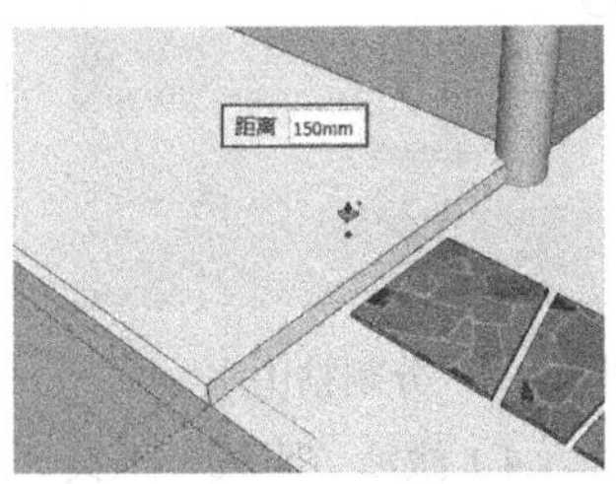

图 9-202　推拉入口平台平面

（12）利用“推/拉”工具，将门廊平面向上推拉 200 mm 的厚度，如图 9-203 所示。

（13）激活“材质”工具，将门廊、入口平台、草坪赋予材质，如图 9-204 与图 9-205 所示。

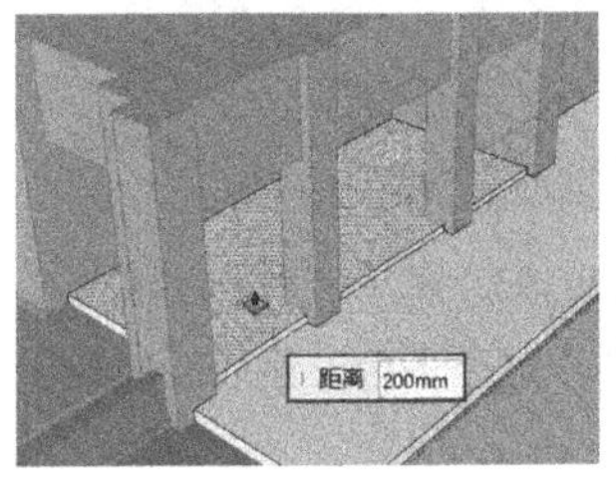

图 9-203　推拉门廊平面

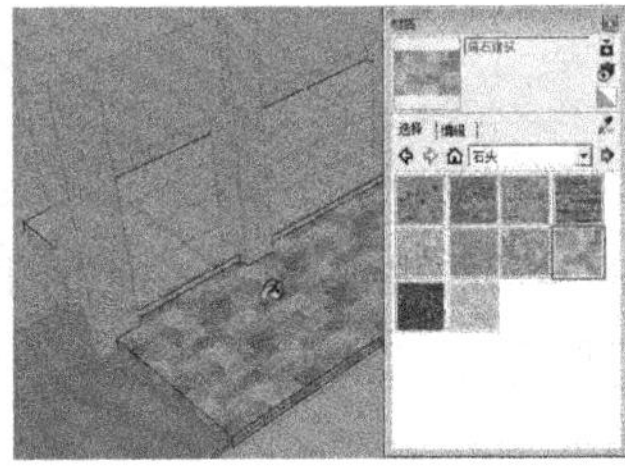

图 9-204　赋予门廊、入口平台材质

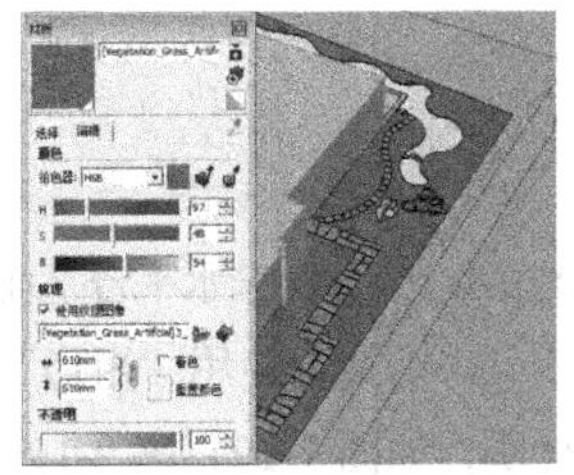

图 9-205　赋予草坪材质

（14）入口平台制作完成后，导入栏杆组件，并用“缩放”工具对其大小进行调整，如图 9-206 所示。

（15）激活移动工具，按住 Ctrl 键，将栏杆组件进行移动复制，并进行调整，效果如图 9-207 所示。

（16）执行“文件>组件”菜单命令，导入大门模型组件，如图 9-208 所示。

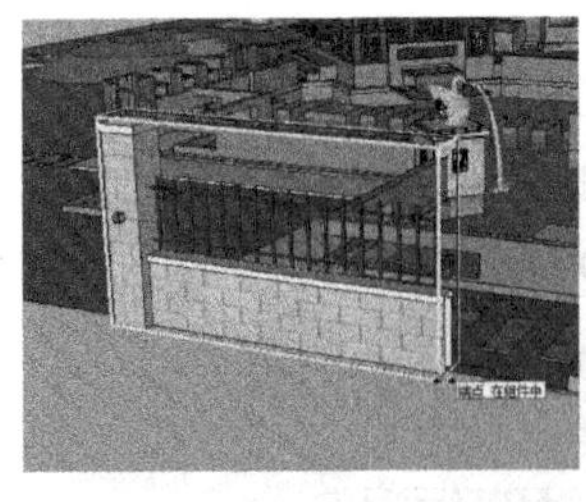

图 9-206　调入栏杆模型组件

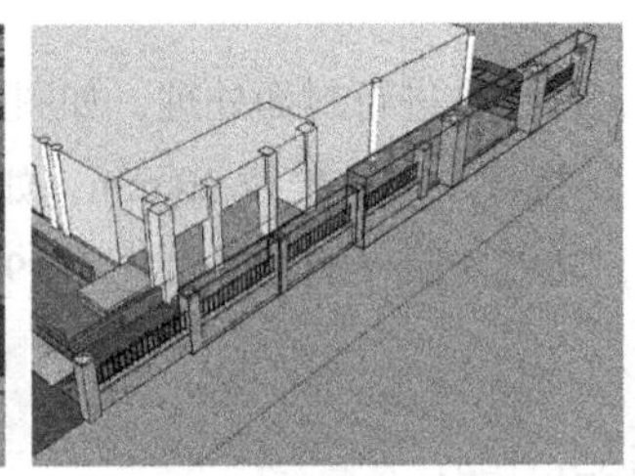

图 9-207　移动复制栏杆模型组件

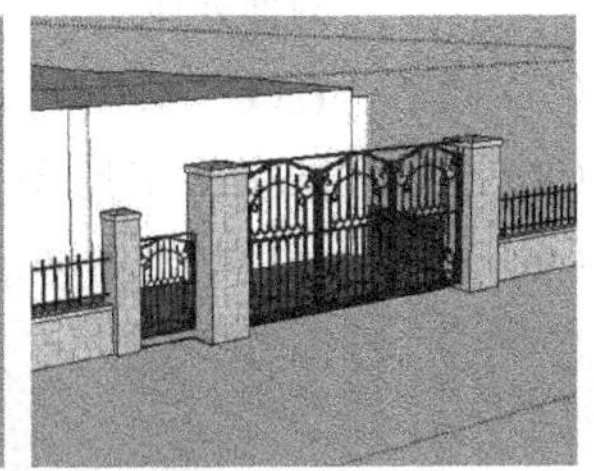

图 9-208　导入入口大门

（17）别墅庭院景观模型创建完成，当前整体效果如图 9-209 所示。

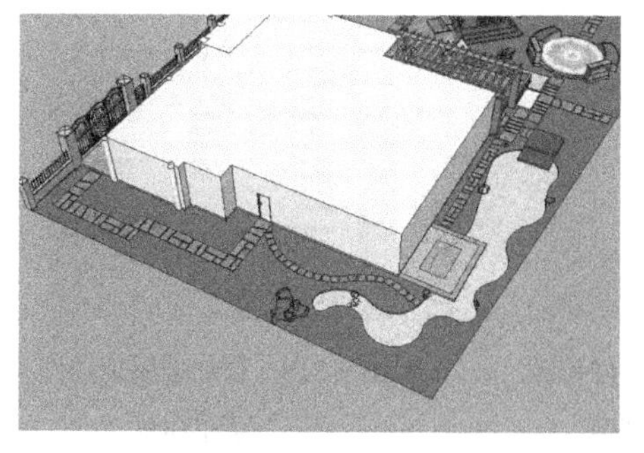

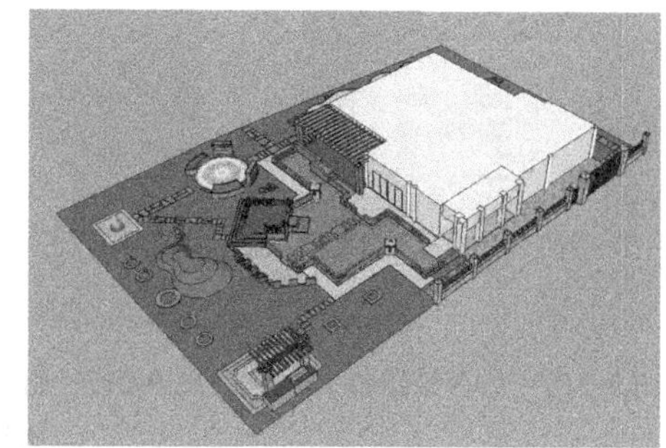

图 9-209　景观模型完成效果

9.5　处理最终细节

景观模型初步创建完成后，还需要逐步处理建筑等局部细节，然后添加植物绿化、休闲椅等配景以及人物，丰满场景细节与层次，使效果更为真实、逼真，如图 9-210~图 9-212 所示。

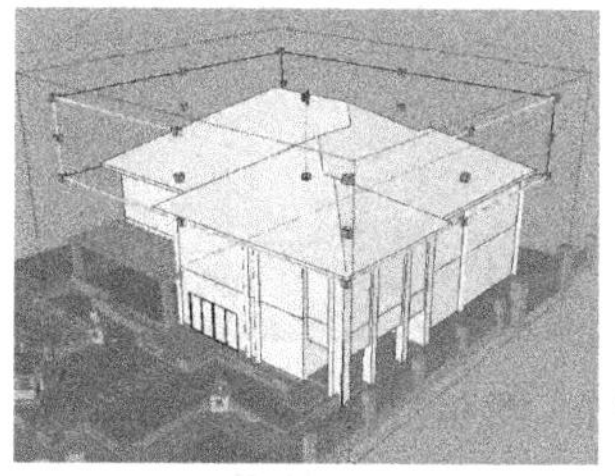

图 9-210　处理建筑细节

图 9-211　添加树木绿化

图 9-212　添加配景与人物

9.5.1 制作房屋细节

（1）选择别墅屋顶平面，按 Ctrl 键推拉复制出别墅二层，然后单独复制顶部平面，如图 9-213 与图 9-214 所示。

图 9-213　推拉复制建筑第二层

图 9-214　制作屋顶层并单独复制顶部平面

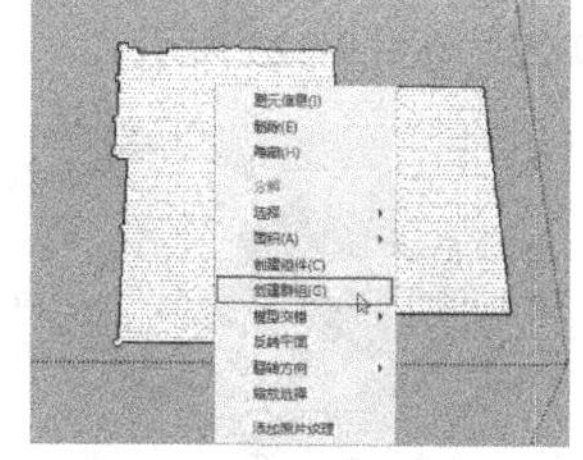

图 9-215　创建平面为组件

（2）将屋顶平面创建为“组件”，并进行另存，如图 9-215 与图 9-216 所示。

（3）在新的 SketchUp 文档中打开屋顶平面，使用“直线”工具简化屋顶边沿，如图 9-217 所示。

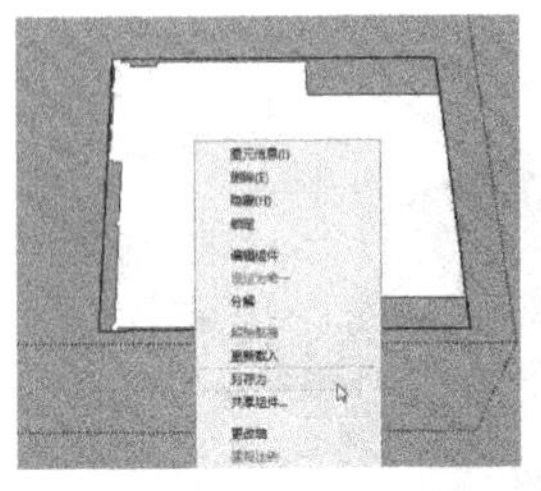

图 9-216　另存该组件

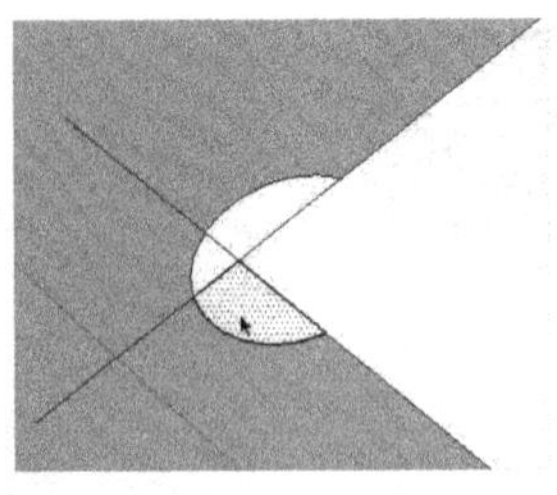

图 9-217　打开组件修改边缘细节

图 9-218　添加坡屋顶插件菜单命令

（4）选择屋顶平面，执行“扩展程序>生成屋顶>坡屋顶”菜单命令，制作坡屋顶效果，如图 9-218 与图 9-219 所示。

（5）复制坡屋顶至别墅庭院场景，对齐位置后，通过“缩放”工具调整造型，如图 9-220 所示。

（6）导入阳台、门窗组件，并赋予材质，效果如图 9-221 所示。

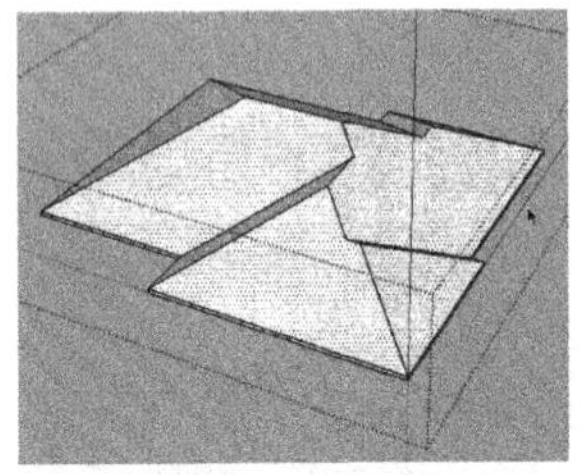

图 9-219　坡屋顶完成效果

图 9-220　复制坡屋顶并调整细节

图 9-221　房屋细节完成效果

9.5.2 制作植被绿化细节

（1）当前植被绿化效果如图 9-222 所示。参考图纸，分割出边沿处灌木平面，使用“推/拉”工具制作灌木整体造型，如图 9-223 所示。

（2）赋予灌木造型花丛贴图，然后通过类似方式制作其他位置的灌木丛效果，如图 9-224 与图 9-225 所示。

图 9-222　当前植被绿化效果

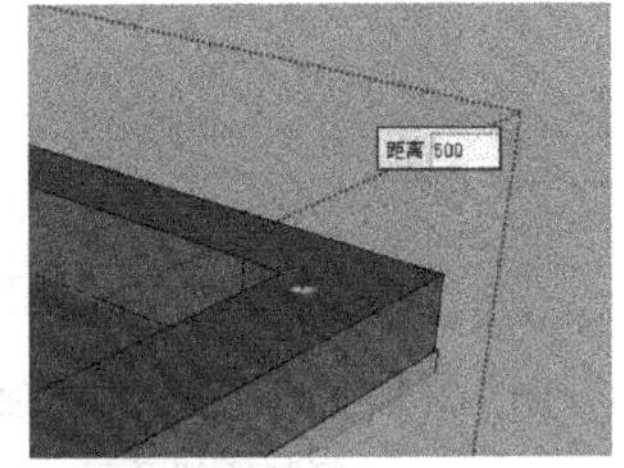

图 9-223　推拉出灌木高度

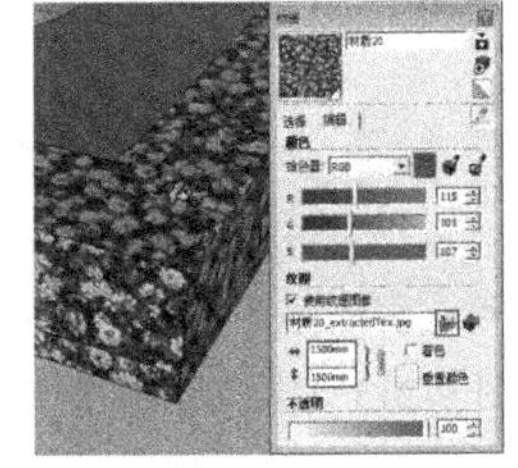

图 9-224　赋予花丛贴图

（3）布置场景中的灌木、地被细节，如图 9-226 所示。

（4）布置场景中的乔木细节，如图 9-227 所示。

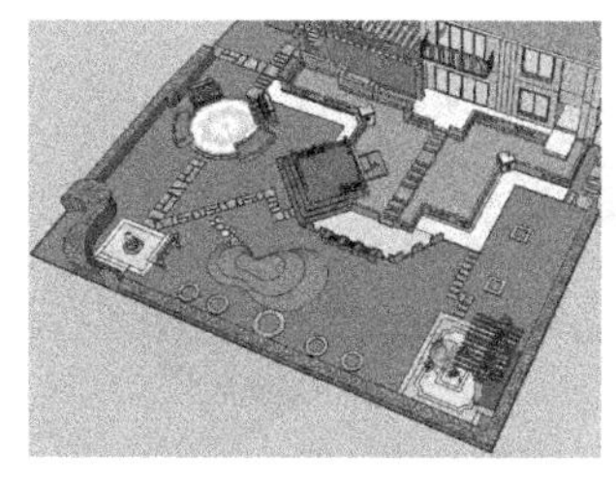

图 9-225　灌木丛完成效果

图 9-226　布置灌木、地被

图 9-227　布置乔木

（5）导入桌椅、景石、喷泉、景墙、运动设施、置石、花钵、石灯笼等配景模型，逐步丰富景观水池、枯山水等，完善别墅庭院。完成效果如图 9-228~图 9-236 所示。

图 9-228　调入座椅模型

图 9-229　调入景石模型

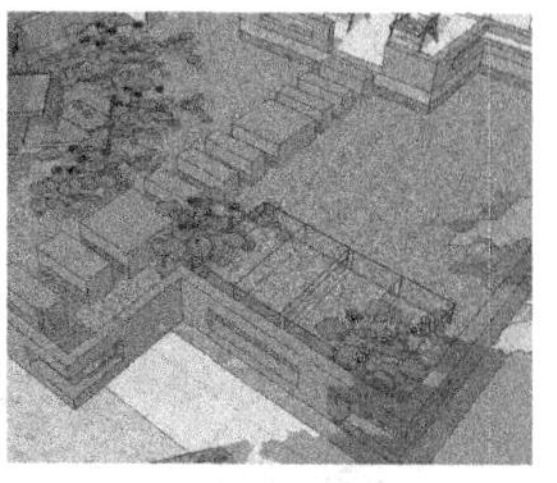

图 9-230　调入喷泉、石块等模型至景观水池

图 9-231　调入运动设施模型

图 9-232　调入景墙模型

图 9-233　调入置石模型

图 9-234　调入花钵模型

图 9-235　调入石灯笼模型

图 9-236　调入置石模型

9.5.3 添加组件及人物

（1）根据场景需要导入人物模型组件，如图 9-237 与图 9-238 所示。

（2）逐步加入其他位置的组件与人物，效果如图 9-239 所示。接下来通过场景保存观察视角，并添加阴影。

图 9-237 调入并布置人物组件

图 9-238 调入并布置人物组件

图 9-239 布置完成效果

9.5.4 保存场景并添加阴影

（1）通过视图旋转、平移以及缩放等操作确定观察视角，然后新建场景进行对应保存，如图 9-240~图 9-245 所示。

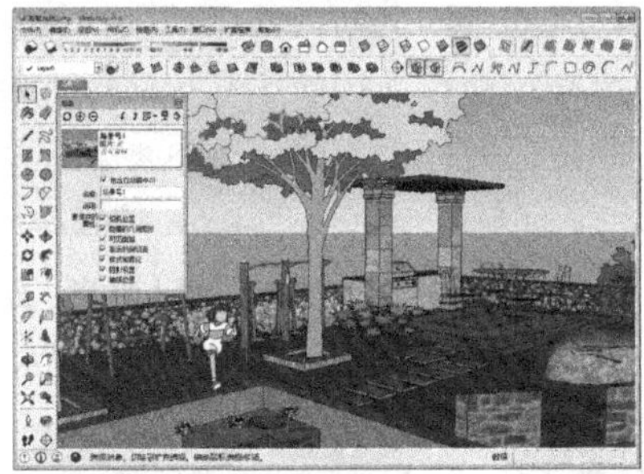

图 9-240 调整观察效果并新建场景保存

图 9-241 保存节点场景 2

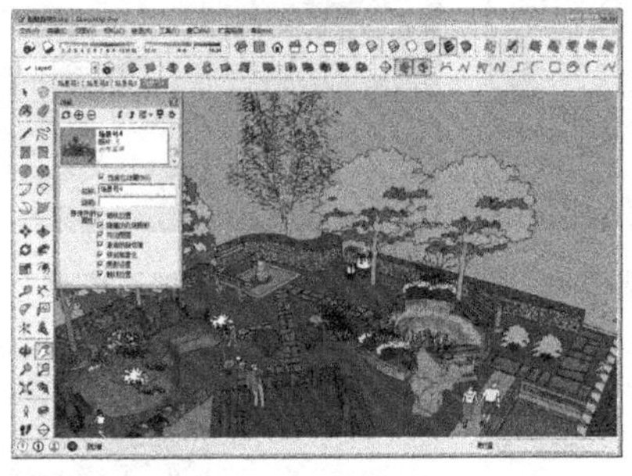

图 9-242 保存节点场景 3

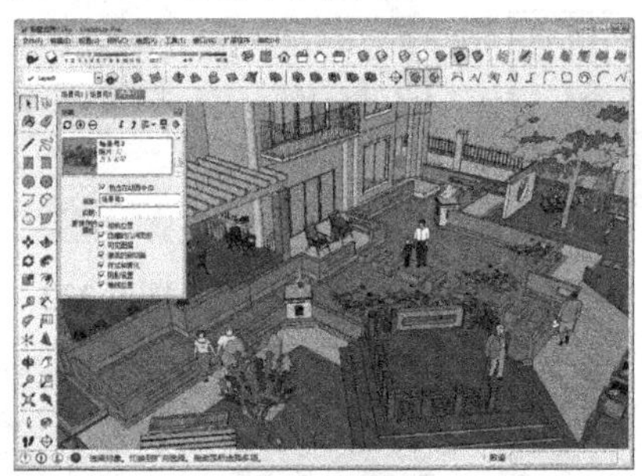

图 9-243 保存节点场景 4

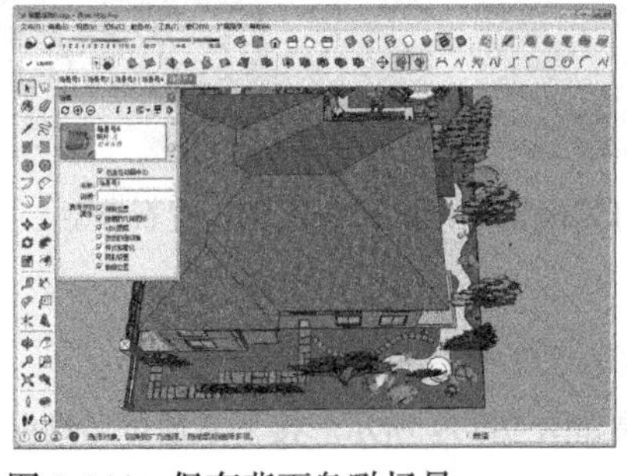

图 9-244 保存背面鸟瞰场景

图 9-245 保存正面鸟瞰场景

（2）场景保存完成后，接下来制作阴影细节，进入目标场景并开启阴影，如图 9-246 所示。

（3）为了快速显示调整的阴影效果，将场景切换至“单色显示”模式，如图 9-247

所示。

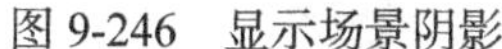
图 9-246　显示场景阴影

图 9-247　调整为单色显示

（4）进入“阴影设置”面板，调整阴影朝向、明暗等细节，然后取消“在地面上”参数的勾选，如图 9-248 所示。

（5）确定好阴影效果后，切换回“材质贴图”显示模式，得到如图 9-249 所示的显示效果。

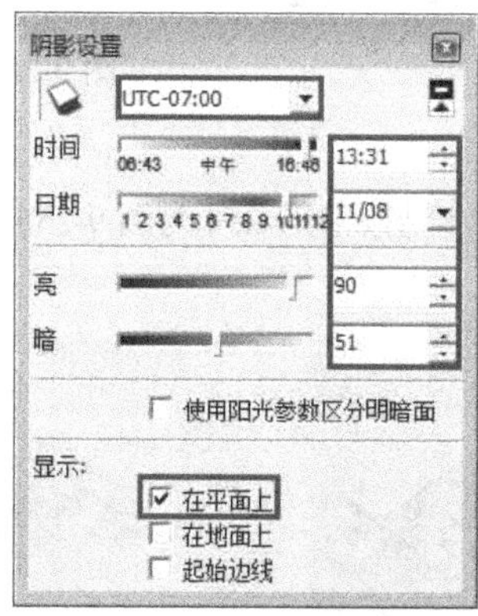

图 9-248　调整阴影设置参数

图 9-249　场景最终效果 1

（6）通过类似方式完成其他场景阴影效果的制作，如图 9-250~图 9-253 所示。

图 9-250　场景最终效果 2

图 9-251　场景最终效果 3

图 9-252　场景最终效果 4

图 9-253　场景最终效果 5

课后习题

1. 沿用本章介绍的方法，绘制如图 9-254 与图 9-255 所示的中式别墅模型，绘制大场景关系。

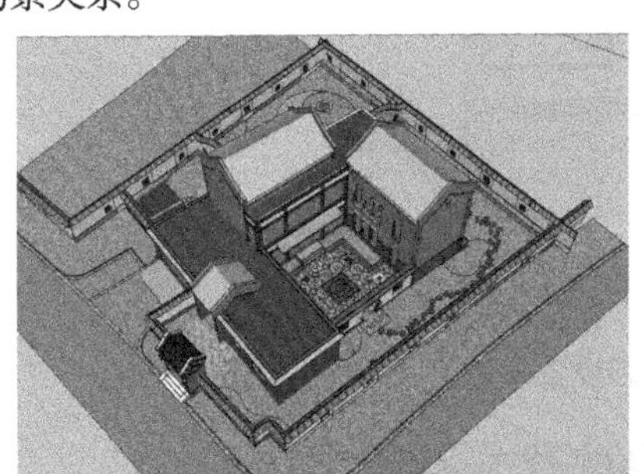

图 9-254　别墅前面模型

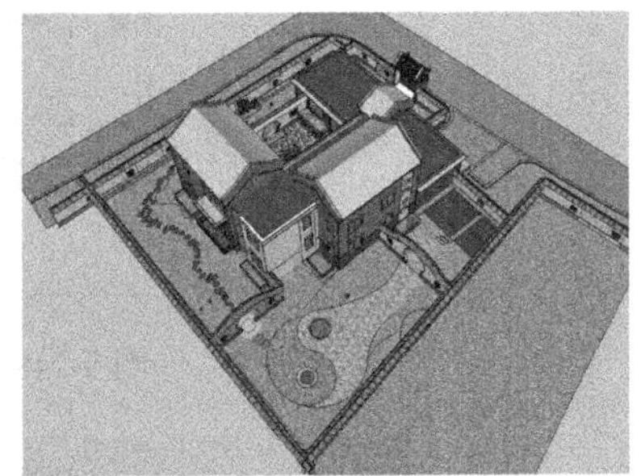

图 9-255　别墅背面模型

2. 沿用本章介绍的方法，绘制别墅小品、树池等模型，并完善周围环境，如图 9-256~图 9-259 所示。

图 9-256　鸟瞰效果

图 9-257　后院效果

图 9-258　四方院效果

图 9-259　前院效果

第 10 章

地中海风格客厅及餐厅设计

本章介绍

本章以地中海风格客厅及餐厅设计为例，案例根据实际设计方案提炼而成，具有极强的实用性。通过本案例的学习，不但可以掌握软件的操作方法，也能全面提升实际应用能力，并在以后的室内设计中知道如何利用所学知识完成室内设计的项目。

学习目标

- 了解运用 SketchUp 从形成思路至完成整个空间设计的流程与方法
- 了解单面建模的方法与技巧
- 巩固前面几章所学的知识

技能目标

- 熟练掌握 SketchUp 基本命令操作
- 掌握在 SketchUp 中创建室内模型的手法
- 掌握将 CAD 图导入 SketchUp 的方法

本例中将使用 CAD 平面布置图，结合地中海风格空间、配饰、色彩特点，完成对客厅、过道以及餐厅效果的制作。各空间细节效果如图 10-1~图 10-3 所示，整体效果如图 10-4~图 10-6 所示。

图 10-1　过道吊顶及门洞细节

图 10-2　餐厅吊顶及墙面细节

图 10-3　客厅墙面细节

图 10-4　客厅完成效果

图 10-5　餐厅完成效果

图 10-6　过道完成效果

10.1　地中海风格设计概述

地中海装修风格兴起于 9 至 11 世纪的西欧，有着明亮、大胆、色彩丰富等明显特色的设计风格。设计理念以简单为中心，捕捉光线、取材大自然，大胆而自由地运用色彩、样式，取得了比较理想的效果。典型的地中海风格客厅与餐厅效果如图 10-7 与图 10-8 所示。

图 10-7　典型地中海风格客厅效果

图 10-8　典型地中海风格餐厅效果

在家具配饰上，地中海风格具有亲和力、田园风情，通常采用低彩度、直线简单且修边浑圆的木质家具。地面多铺赤陶或石板，墙面则通过马赛克镶嵌、拼贴进行点缀。

在空间造型上，将海洋元素应用到家居设计中，给人自然浪漫的感觉。地中海风格最为显著的特点是其拱门与半拱门、马蹄状的门窗造型。圆形拱门及回廊通常处理为数个连接或垂直交接，在走动观赏中，给人延伸般的透视感。

在色彩上，地中海风格有着三种典型的色彩搭配：蓝与白，黄、蓝、紫和绿，土黄及红褐，看起来明亮悦目。

在材质上，一般选用自然的原木、天然的石材等，用来营造浪漫自然氛围。

典型地中海风格空间造型，家具以及色彩细节如图 10-9~图 10-11 所示。

图 10-9 地中海空间细节 1

图 10-10 地中海空间细节 2

图 10-11 地中海空间细节 3

10.2 正式建模前的准备工作

室内设计有着繁杂的施工图纸，在导入 SketchUp 用于模型创建之前，应对其进行简化，以利于捕捉时的观察，并能减少文件量。图纸整理完成后，导入 SketchUp，并分析建模思路。

10.2.1 在 AutoCAD 中整理图纸

（1）启动 AutoCAD 软件，按 Ctrl+O 快捷键，打开配套光盘“第 10 章\地中海装修图纸.dwg”，如图 10-12 所示。

（2）选择正立面图形，将其整体调整为白色显示，如图 10-13 所示。然后按下 Ctrl+C 快捷键进行复制，如图 10-14 所示。

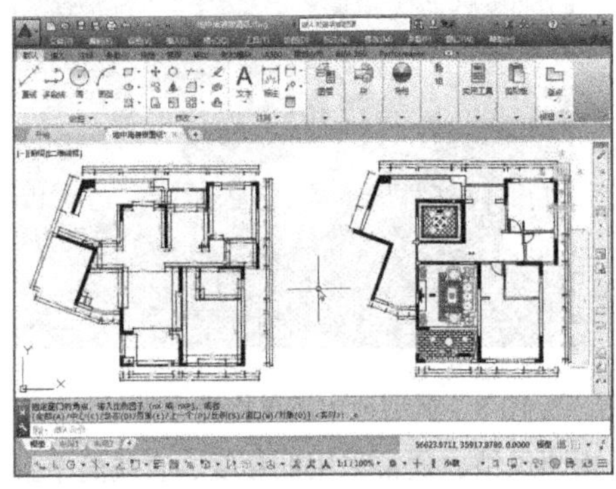

图 10-12 打开图纸

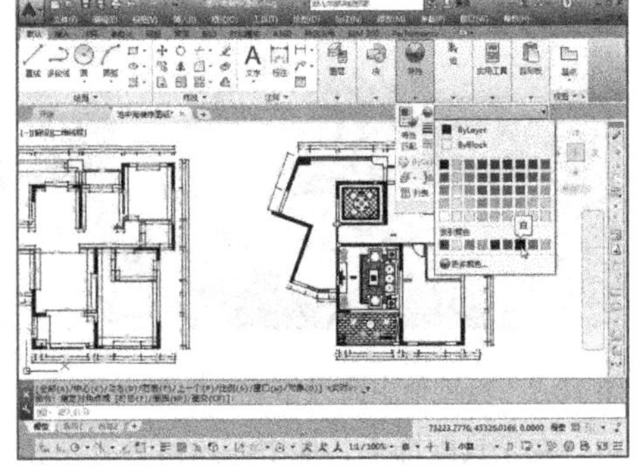

图 10-13 将平面布置图纸整体调整为白色显示

（3）执行“文件>新建”菜单命令，创建一个空白的图纸文档，如图 10-15 所示。

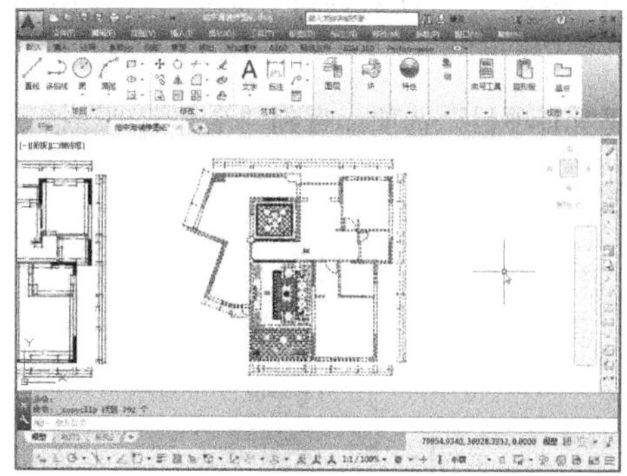

图 10-14　全选平面布置图纸并复制

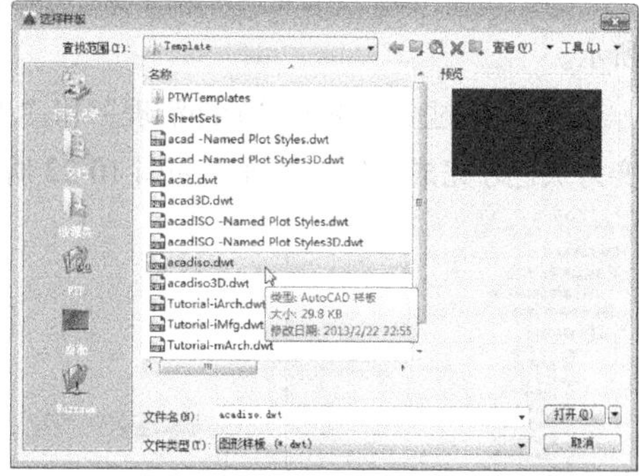

图 10-15　新建 AutoCAD 空白文档

（4）再按下 Ctrl+V 快捷键，粘贴之前复制的图纸，如图 10-16 所示。

（5）按下 Ctrl+S 快捷键，另存当前图纸内容，如图 10-17 所示。

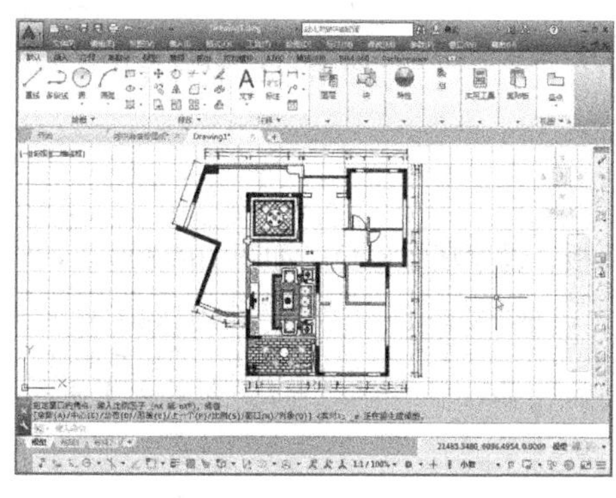

图 10-16　粘贴图纸

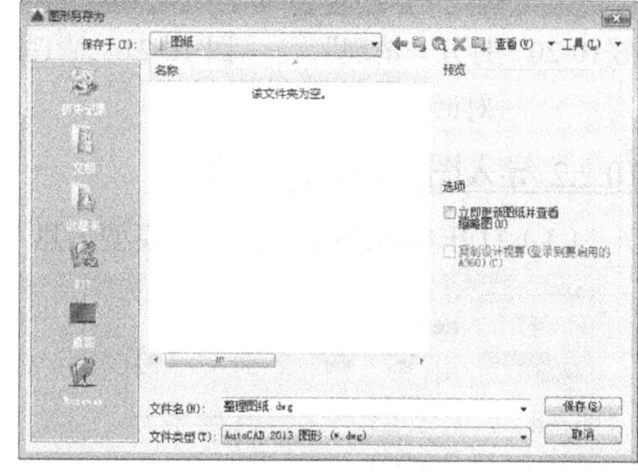

图 10-17　另存当前图纸

（6）选择平面布置图纸，单击 AutoCAD“图层”下拉列表按钮，单击图层前的 💡 图标，关闭标注、文字等不需要的图层，删除与建模无关的图形内容，如图 10-18 所示。

（7）至此，图纸整理完成，如图 10-19 所示。

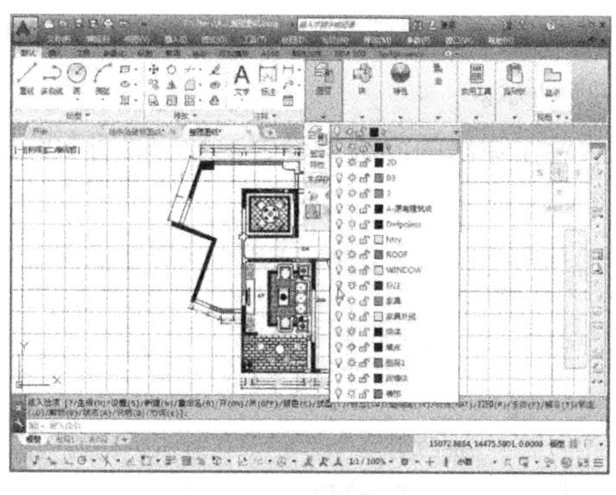

图 10-18　整理图纸

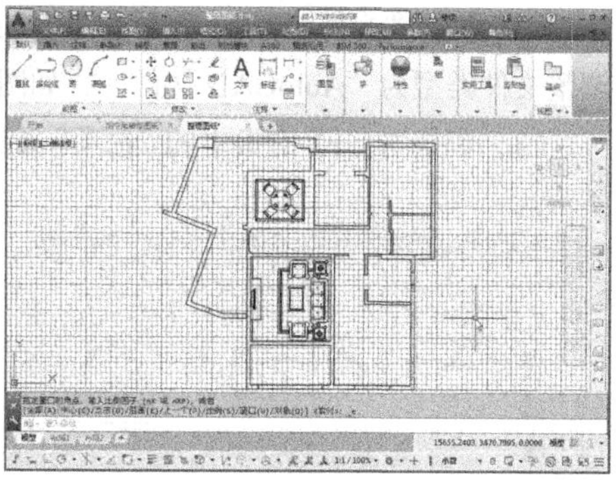

图 10-19　完成图纸整理

（8）在命令行中输入“pu”清理命令，将弹出如图 10-20 所示的“清理”对话框，单击“全部清理”按钮，对场景中的图源信息进行处理。

（9）在弹出的“清理—确认清理”对话框中选择“清理所有项目”选项，如图 10-21 所示。

（10）经过多次单击“全部清理”和“清理所有项目”选项，直到“全部清理”按钮变为灰色才完成图像的清理，如图 10-22 所示。

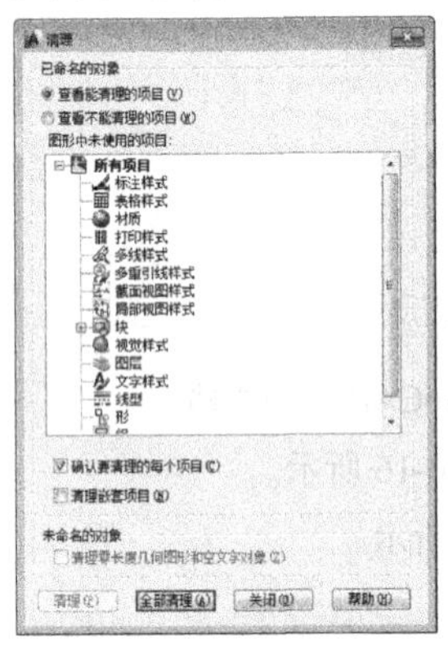
图 10-20　打开“清理”对话框

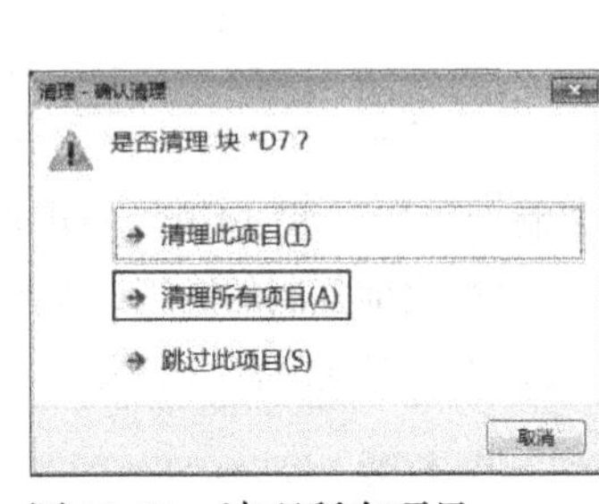

图 10-21　清理所有项目

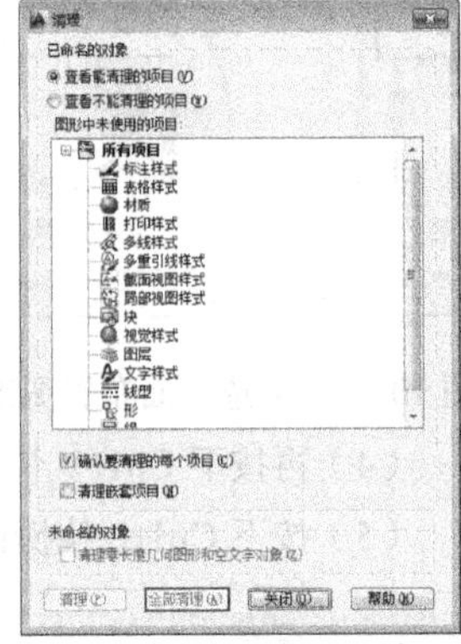
图 10-22　清理完成

10.2.2 导入图纸并分析思路

（1）打开 SketchUp，进入“模型信息”面板，设置场景单位，如图 10-23 所示。

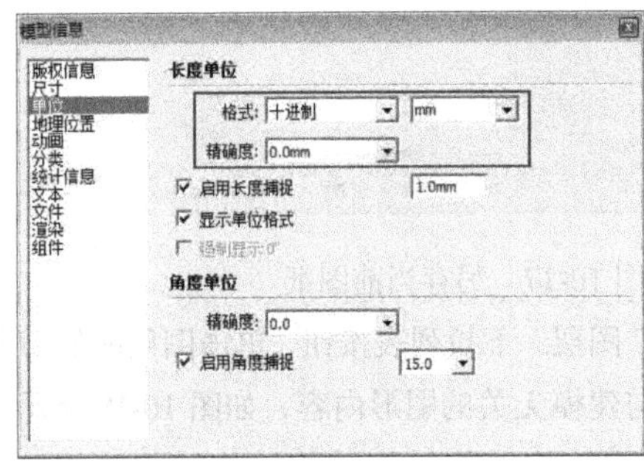

图 10-23　设置场景单位

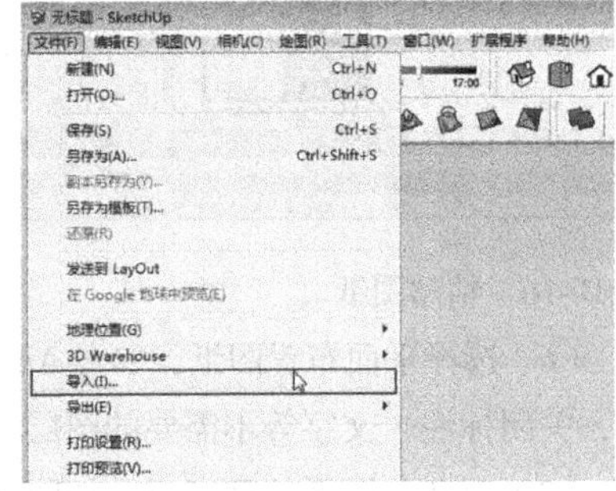
图 10-24　执行“文件>导入”命令

（2）执行“文件>导入”菜单命令，如图 10-24 所示。然后在弹出的“打开”面板中调整文件类型为“AutoCAD 文件”，如图 10-25 所示。

（3）单击“打开”面板中的“选项”按钮，然后在弹出的面板中设置参数，如图 10-26 所示。

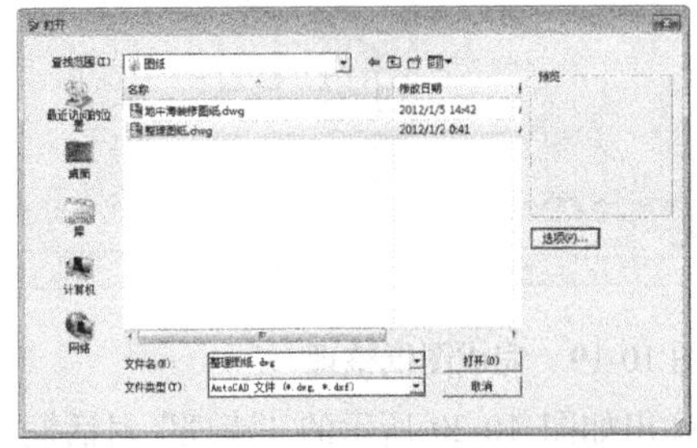
图 10-25　选择正立面图纸以图片进行导入

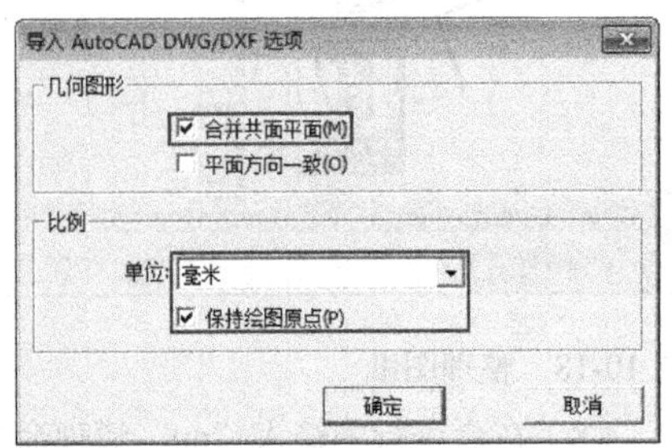

图 10-26　设置导入选项

（4）选项参数调整完成后，单击“确定”按钮，然后双击之前整理并另存好的图纸进行导入，如图 10-27 所示。

（5）AutoCAD 图纸导入 SketchUp 后，可以执行“工具栏>图层”菜单命令，如图 10-28 所示，打开“图层”工具栏。

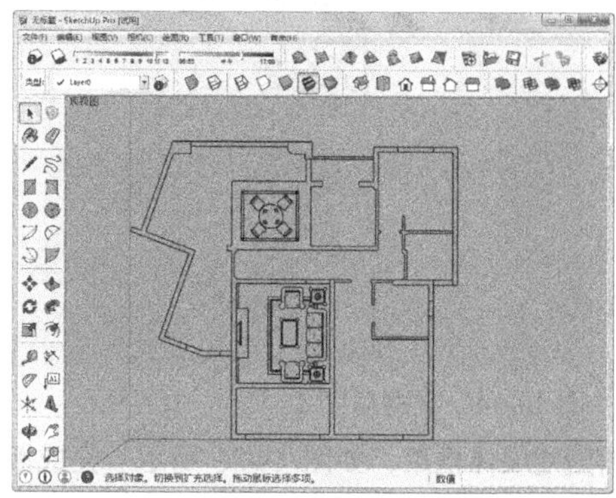

图 10-27　导入图纸

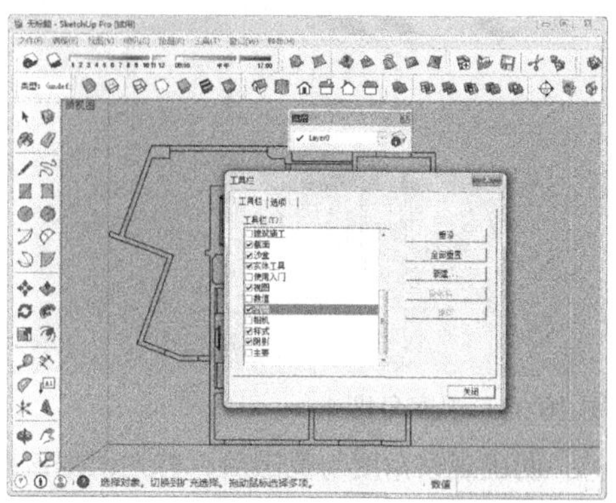

图 10-28　显示图层工具栏

（6）单击“图层管理器”按钮，在弹出的“图层”对话框中选择除“Layer0”图层外的所有图层，单击“删除图层”按钮⊖，在弹出的“删除包含图元的图层”对话框中选择“将内容移至默认图层”选项，单击“确定”按钮退出操作，清理图层加快电脑的速度，如图 10-29 所示。

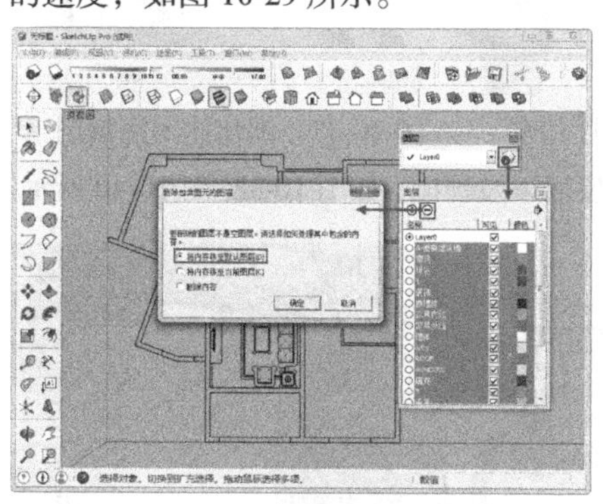

图 10-29　清理图层

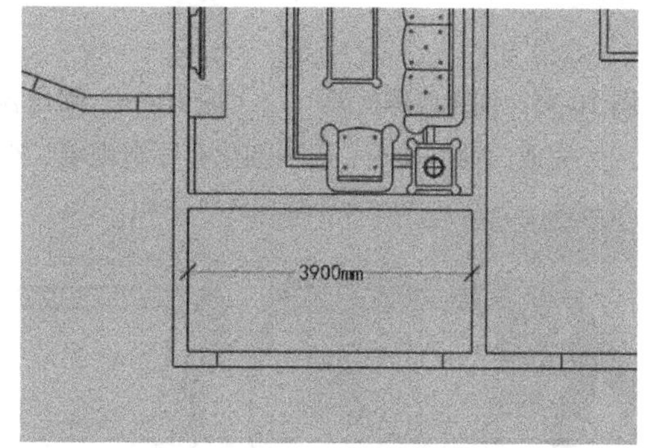

图 10-30　测量图纸中休闲阳台的长度

（7）图纸导入完成后，激活“卷尺”工具，测量当前图纸中休闲阳台的长度，如图 10-30 所示。然后对比 CAD 中对应宽度，确定导入图纸比例，如图 10-31 所示。

（8）按下 Ctrl+S 快捷键，将当前场景保存为“地中海.skp”，如图 10-32 所示。

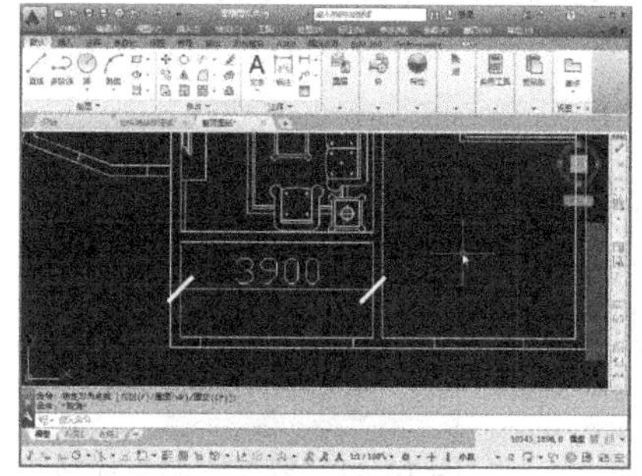

图 10-31　确定导入图纸比例

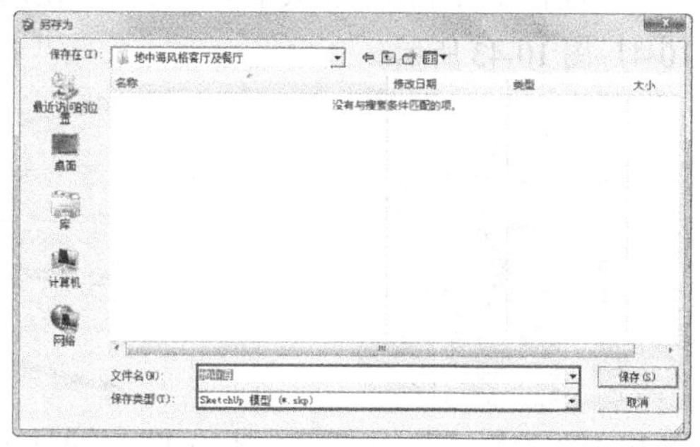

图 10-32　另存为文件

10.2.3 分析建模思路

本例主要表现客厅与餐厅的细节效果，因此需要首先确定大致的观察角度与表现范围，如图 10-33 与图 10-34 所示。

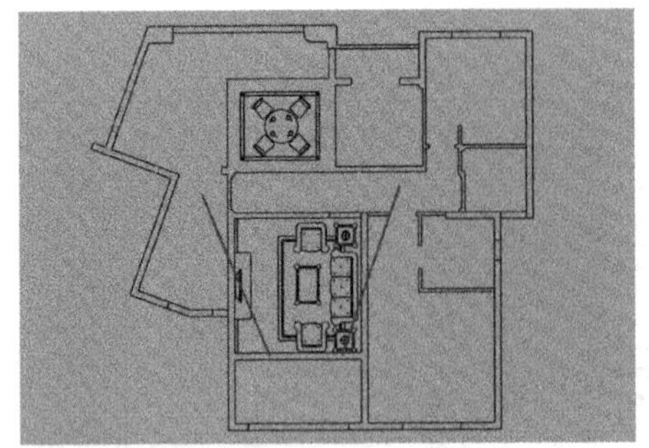

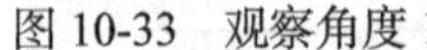

图 10-33　观察角度 1

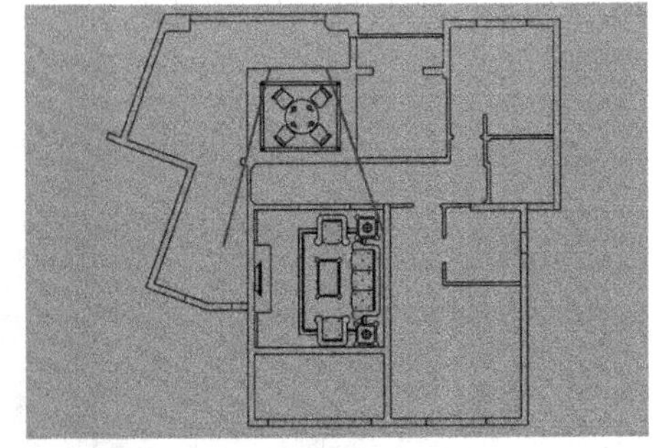

图 10-34　观察角度 2

明确观察角度与范围后，首先根据该范围创建墙体框架，如图 10-35 所示。完成墙体框架制作后，细化客厅与休闲室的门窗效果，如图 10-36 与图 10-37 所示。

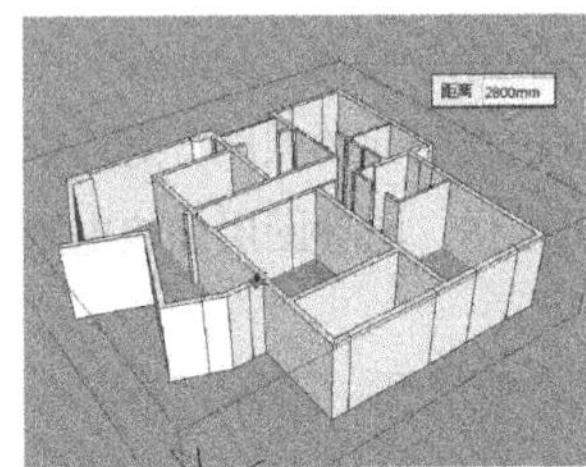

图 10-35　创建墙体框架

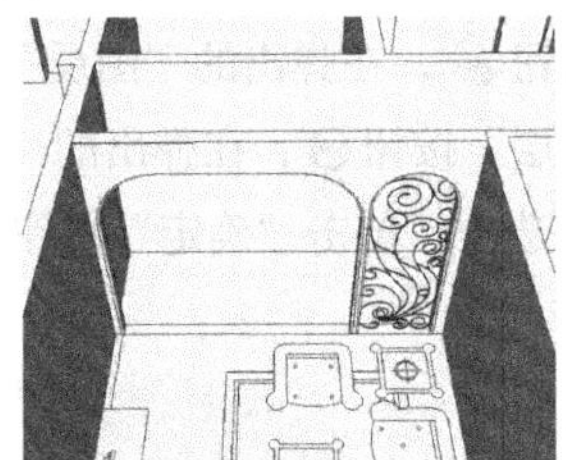

图 10-36　细化客厅门洞

图 10-37　细化休闲室窗洞

完成门窗制作后，逐步细化客厅电视墙、沙发墙以及顶棚，如图 10-38~图 10-40 所示。

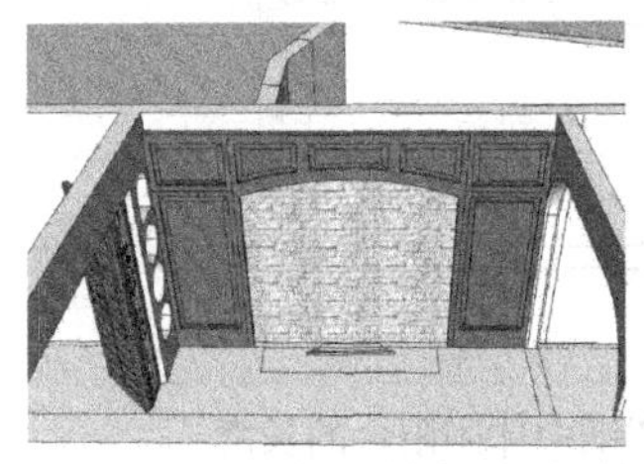

图 10-38　绘制客厅电视背景墙

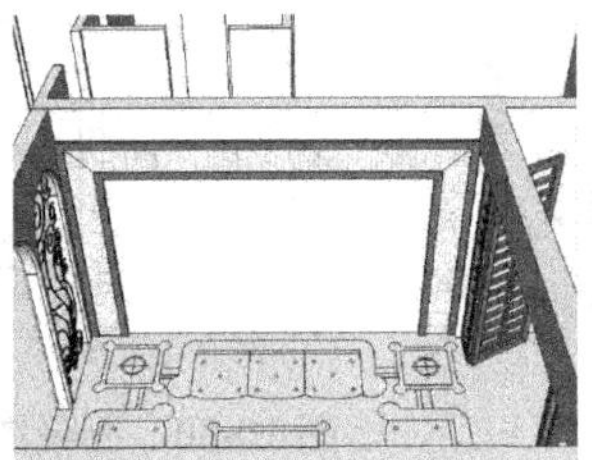

图 10-39　绘制客厅沙发墙

图 10-40　绘制客厅顶棚

完成客厅及休闲室相关细节制作后，使用类似的步骤制作过道以及餐厅空间，如图 10-41~图 10-43 所示。

图 10-41　绘制过道立面

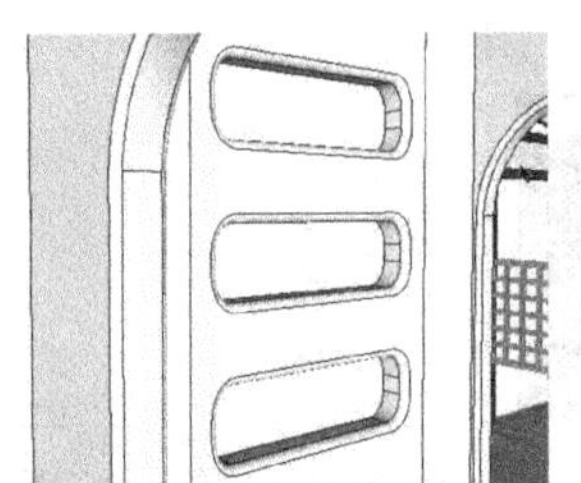

图 10-42　绘制餐厅立面

图 10-43　餐厅空间完成效果

完成基本的空间细节制作后，整体制作下部踢脚线与地面材质效果，如图 10-44 所示。然后调整空间的色彩与质感，并合并装饰细节，如图 10-45 与图 10-46 所示。最后得到如图 10-4~图 10-6 所示的整体空间效果。

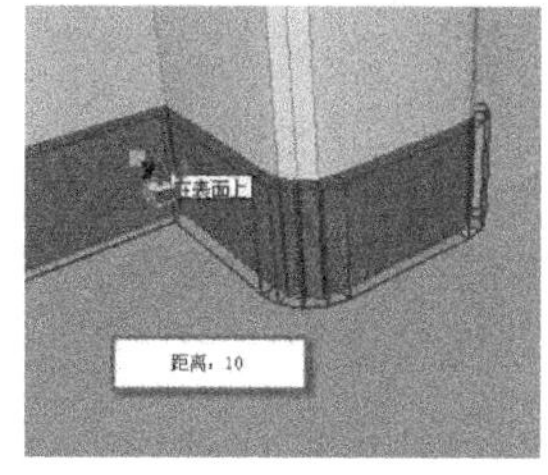

图 10-44　绘制踢脚线

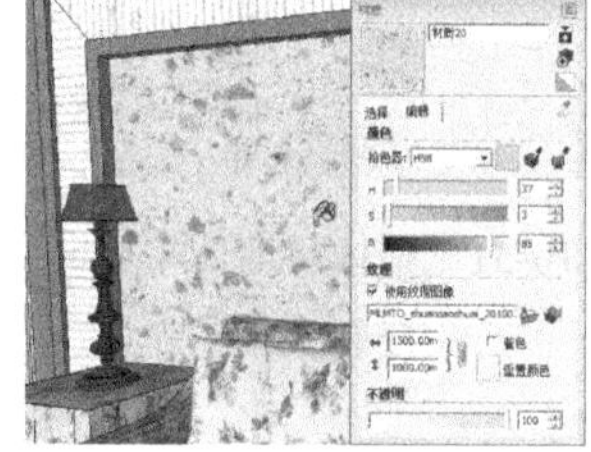

图 10-45　赋予材质

图 10-46　布置最终装饰细节

10.3　创建客厅及休闲空间

成功导入 CAD 平面布置图纸后，建立墙体、门洞以及窗洞框架、立面细节、顶棚细节。

10.3.1 创建整体框架

（1）激活“直线”工具，捕捉图纸将铺装进行封面处理，如图 10-47 所示，完成范围内铺装如图 10-48 所示。

（2）选择铺装平面，单击鼠标右键，在弹出的快捷菜单中选择“反转平面”命令，如图 10-49 所示。

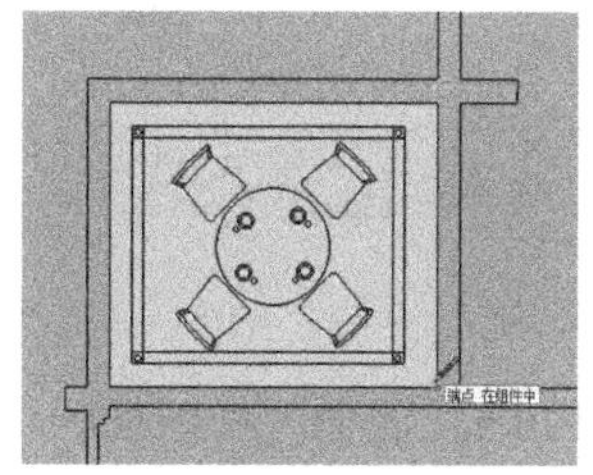

图 10-47　捕捉图纸将铺装封面处理

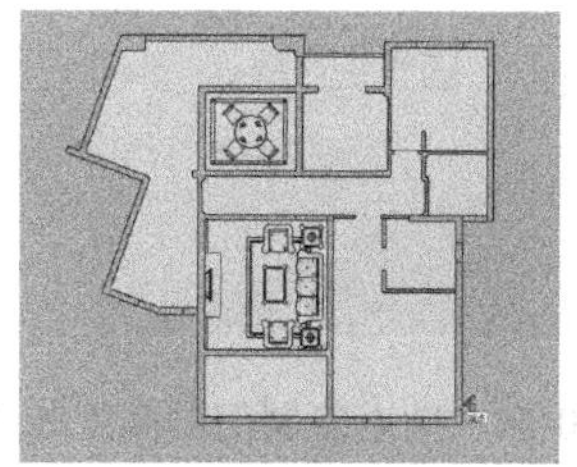

图 10-48　铺装创建完成

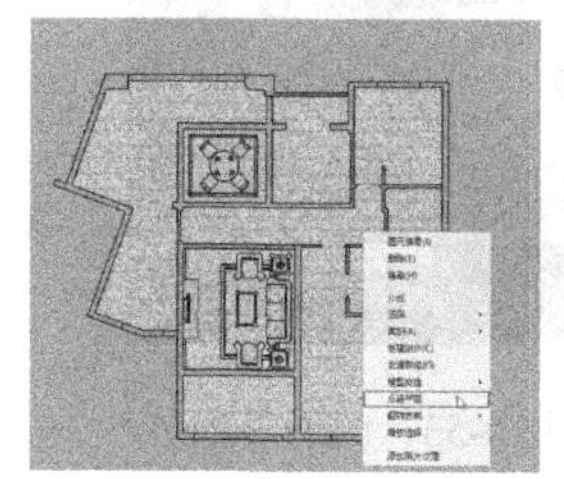

图 10-49　执行“反转平面”命令

（3）双击进入墙体组件，激活“直线”工具，将墙体进行封面处理，如图 10-50 所示。

（4）选择墙体平面，单击鼠标右键，在弹出的快捷菜单中选择“反转平面”命令，如图 10-51 所示。

（5）激活“推/拉”工具，将墙体平面向上推拉 2 800 mm 的高度，如图 10-52 所示。

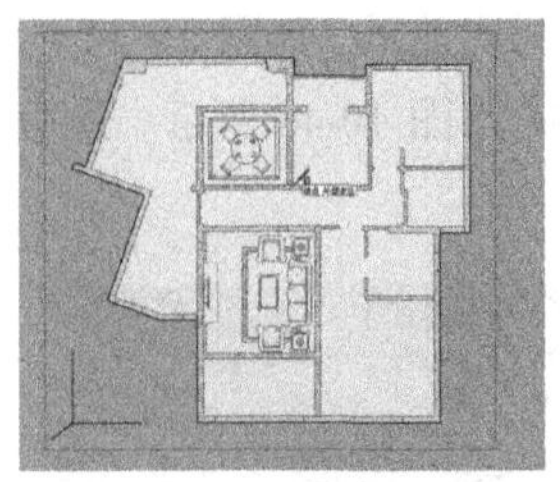

图 10-50　墙体平面绘制完成

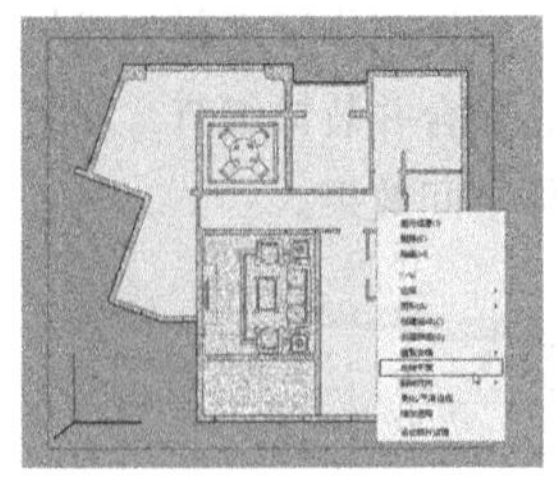

图 10-51　整体将墙体平面反转

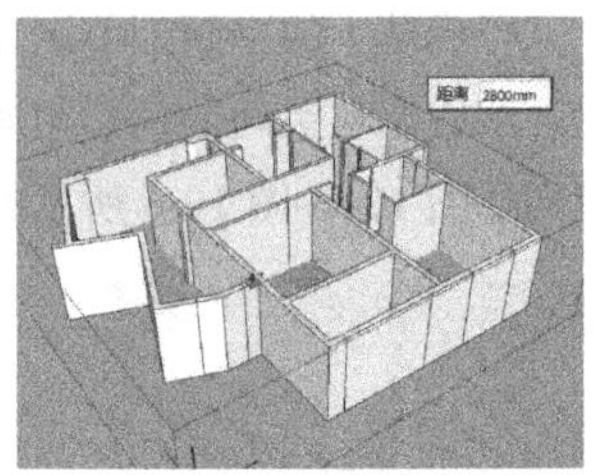

图 10-52　向上推拉墙体

10.3.2 创建客厅及休闲室门窗

1．创建客厅与过道交界处门洞

（1）首先制作客厅与过道交界处的门洞，地中海风格的门洞等造型细节参考如图 10-53 所示。

（2）激活“移动”工具，选择底部线条，按住 Ctrl 键，沿蓝轴方向向上移动复制 2 400 mm，如图 10-54 所示。

（3）利用“卷尺”工具，绘制门洞辅助线，如图 10-55 所示。

图 10-53　门洞等细节

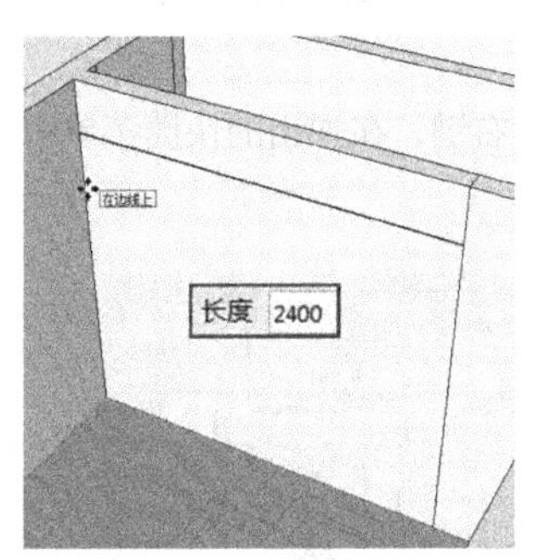

图 10-54　向上复制门洞高度线条

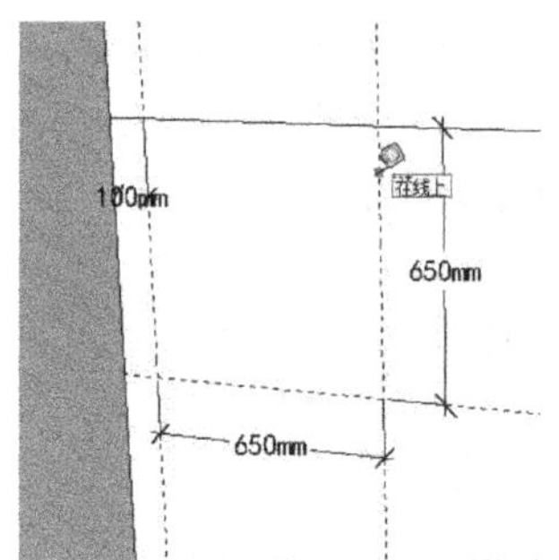

图 10-55　绘制门洞辅助线

（4）激活“圆弧”工具，制作门洞圆弧细节，如图 10-56 所示。

（5）利用“移动”工具，按住 Ctrl 键，向右移动复制圆弧细节，如图 10-57 所示。

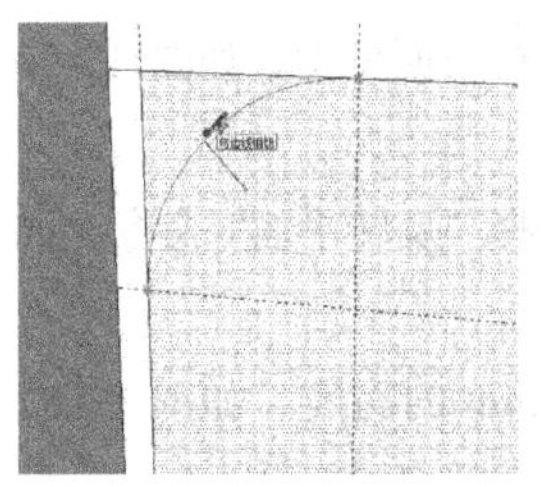

图 10-56　绘制圆弧

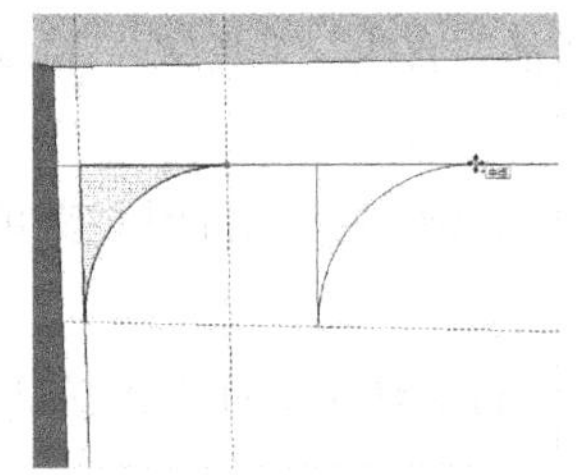

图 10-57　复制圆弧细节

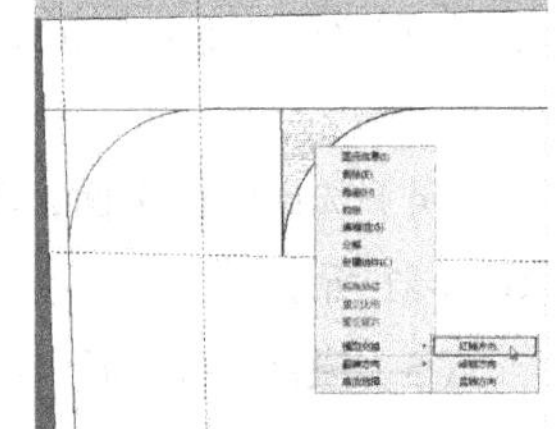

图 10-58　通过镜像调整圆角细节朝向

（6）执行右键菜单栏中的“翻转方向>红轴方向”菜单命令，调整朝向，如图 10-58 所示。再通过捕捉移动至合适位置，如图 10-59 所示。

（7）激活“推/拉”工具，推拉门洞平面将其挖空，如图 10-60 所示。

（8）接下来制作 3D 圆角细节。选择门洞框线，执行“3D 圆角”插件命令，如图 10-61 所示。

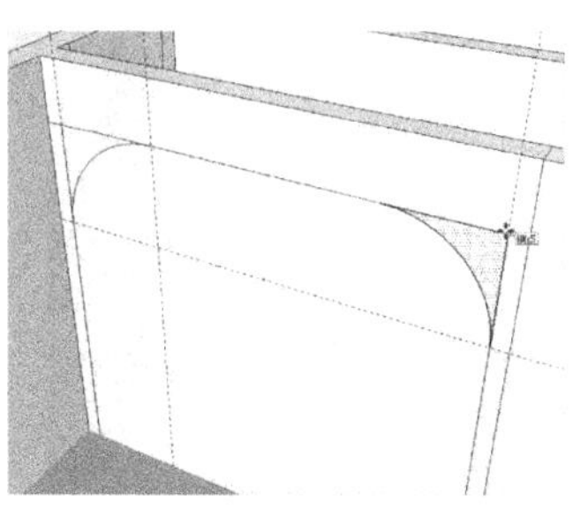

图 10-59　移动门洞细节至合适位置

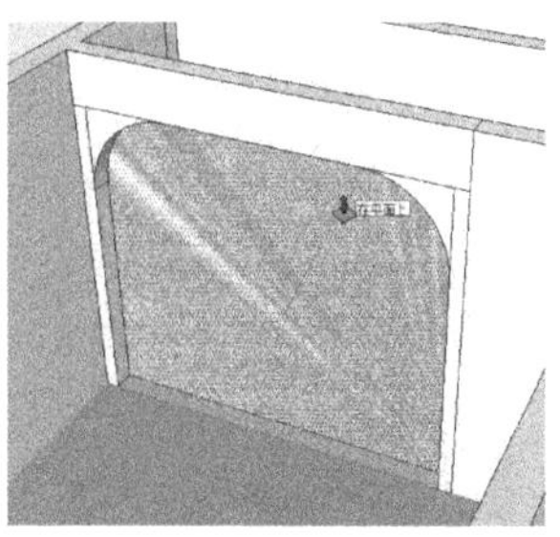

图 10-60　推拉形成拱形门门洞

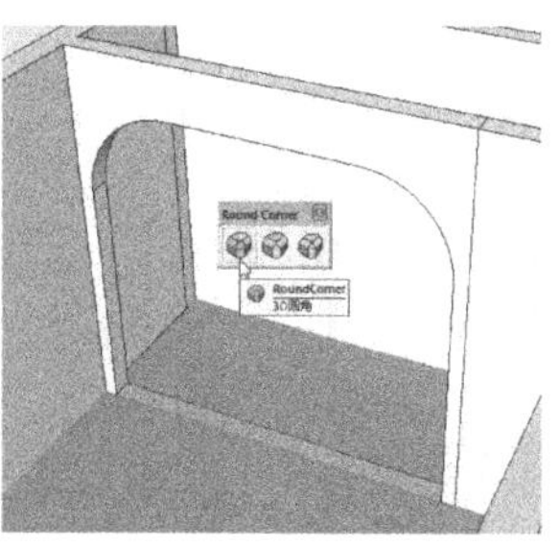

图 10-61　执行“3D 圆角”插件命令

（9）设置 3D 圆角参数，并根据显示的范围确定门洞的大小范围，如图 10-62 所示。按回车键确定，效果如图 10-63 所示。

（10）通过相同方法制作背面门线的圆角效果，如图 10-64 所示。

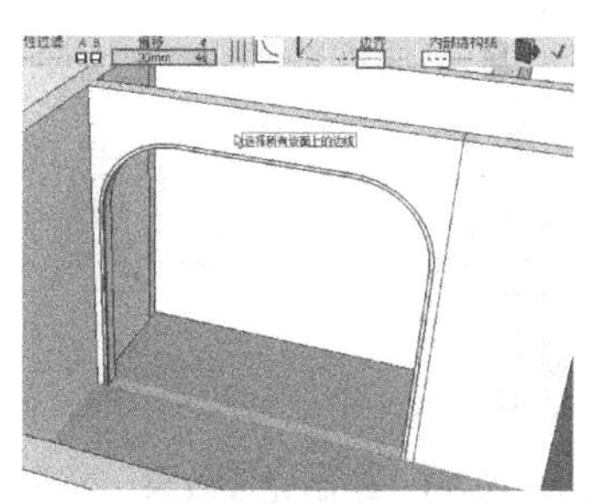

图 10-62　设定圆角参数

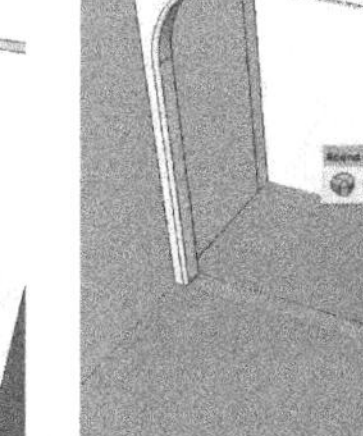

图 10-63　单侧门线圆角完成效果

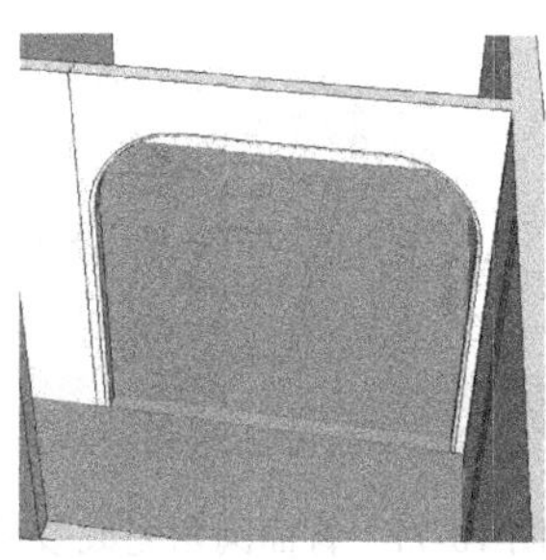

图 10-64　完成背面门线圆角效果

（11）接下来制作左侧门洞效果。激活“移动”工具，按住 Ctrl 键，移动复制出门洞高度线条，如图 10-65 所示。

（12）利用“卷尺”工具，绘制门洞宽度辅助线，并用“直线”工具绘制出门洞轮廓，如图 10-66 所示。

（13）激活“圆弧”工具，细化门洞，如图 10-67 所示。

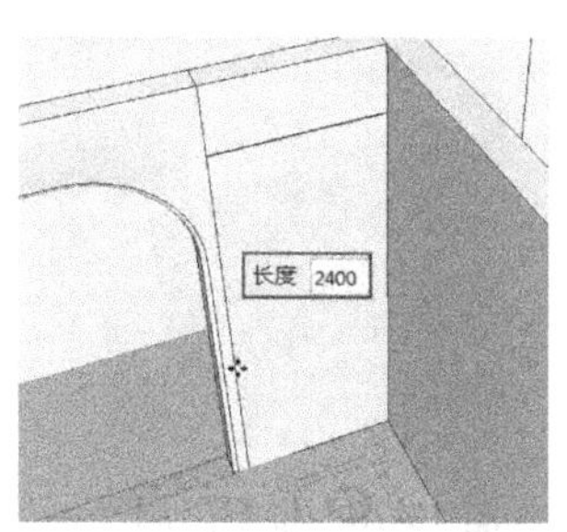

图 10-65　复制出门洞高度线条

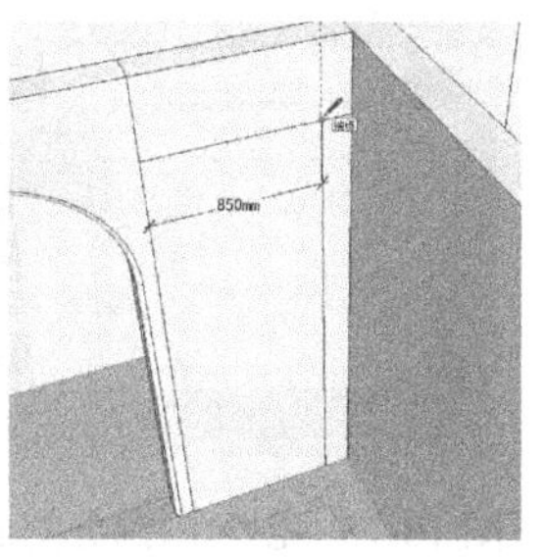

图 10-66　绘制门洞轮廓

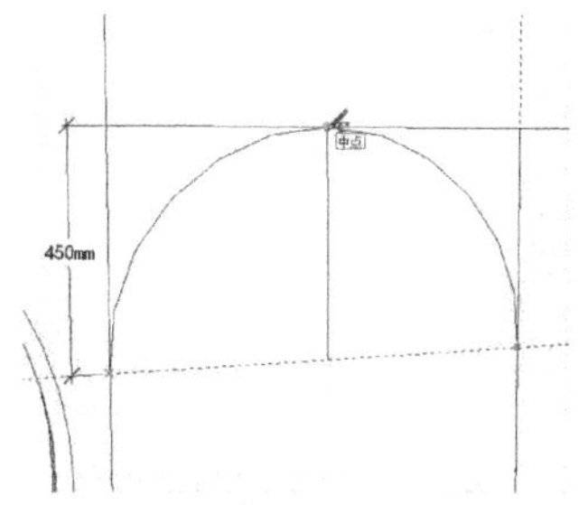

图 10-67　细化门洞

（14）激活“推/拉”工具，将其推空形成门洞，如图 10-68 所示。

（15）用与上述相同的方法逐步选择正面与背面门线，执行“3D 圆角”插件命令，制作出门洞圆角效果，如图 10-69~图 10-71 所示。

图 10-68 推空形成门洞

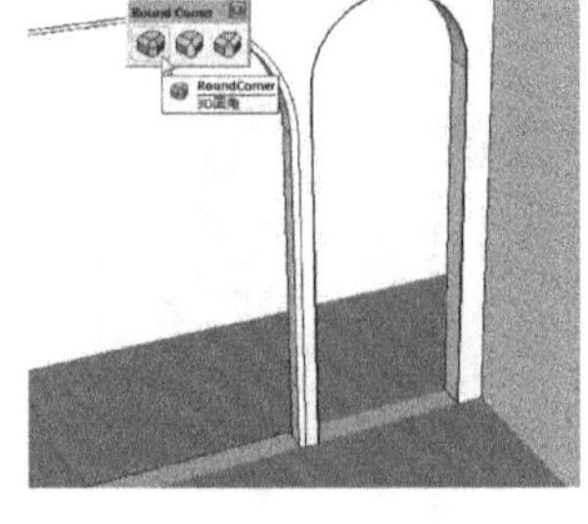

图 10-69 执行“3D 圆角”命令

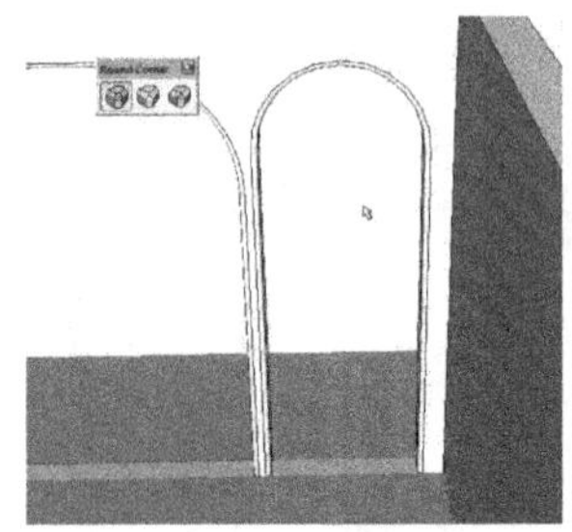

图 10-70 正面圆角完成效果

（16）执行“文件>导入”菜单命令，导入铁艺镂空装饰组件，如图 10-72 所示。

（17）至此，客厅与过道交界处门洞绘制完成，效果如图 10-73 所示。

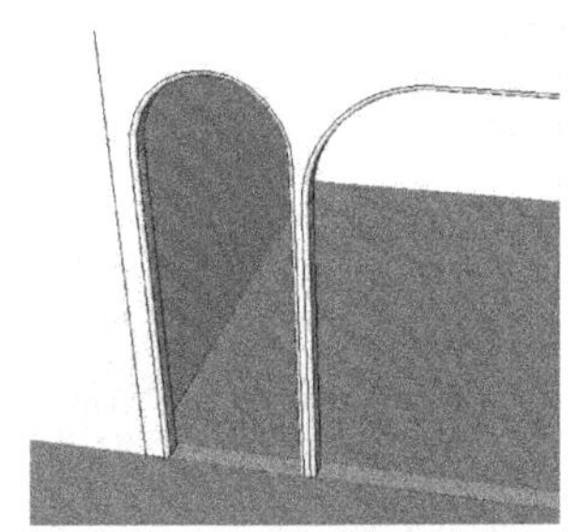

图 10-71 背面圆角完成效果

图 10-72 导入铁艺镂空装饰组件

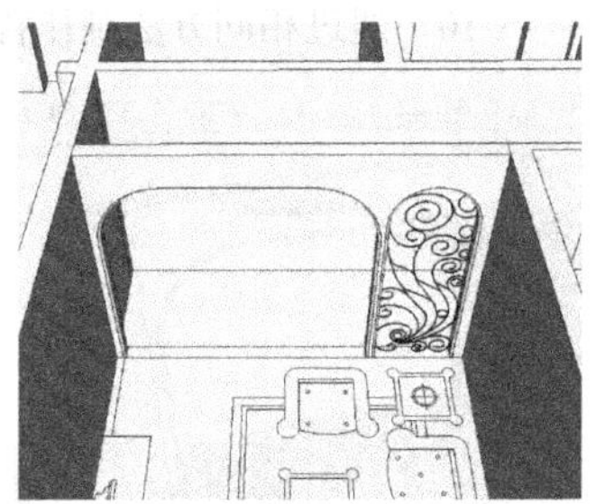

图 10-73 绘制完成效果

2．创建客厅与休闲室门洞

（1）激活“卷尺”工具，绘制门洞辅助线，如图 10-74 所示。

（2）利用“矩形”工具，以辅助线的交点为起点绘制矩形，如图 10-75 所示。

（3）激活“推/拉”工具，将门洞挖空，效果如图 10-76 所示。

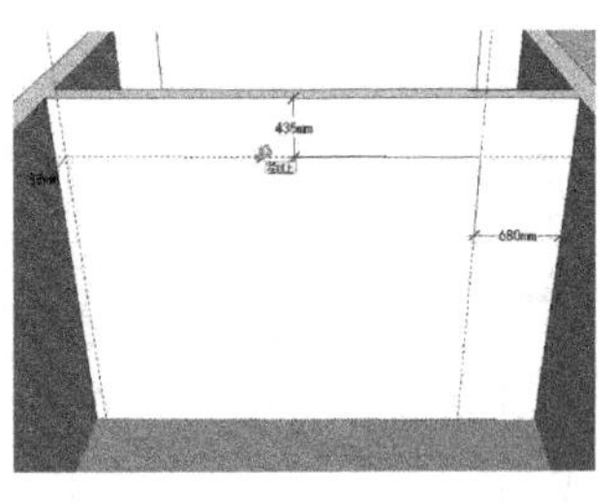

图 10-74 绘制门洞辅助线

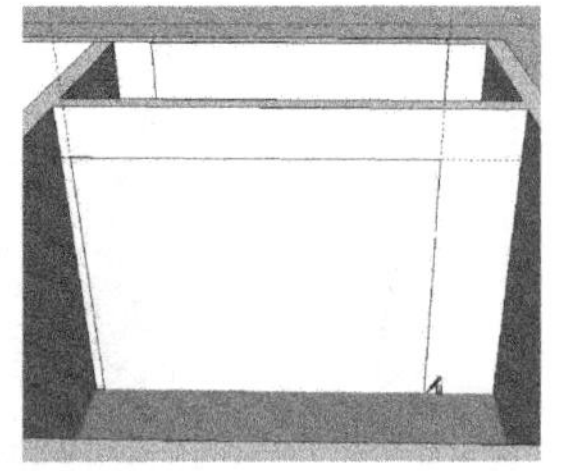

图 10-75 创建门洞分割面

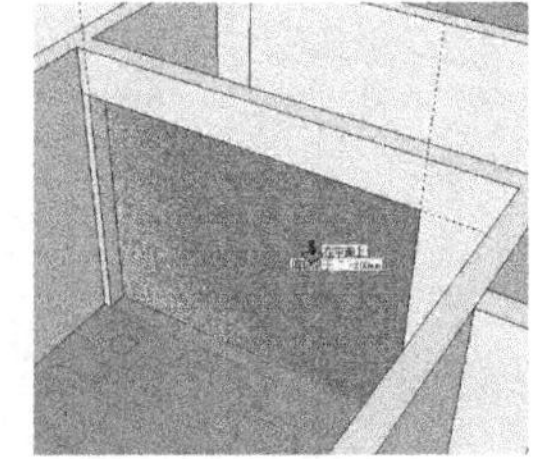

图 10-76 推空门洞

（4）由于该处门洞右侧还有可利用的空间，因此参考之前的图片绘制搁置物品细节，如图 10-77~图 10-80 所示。

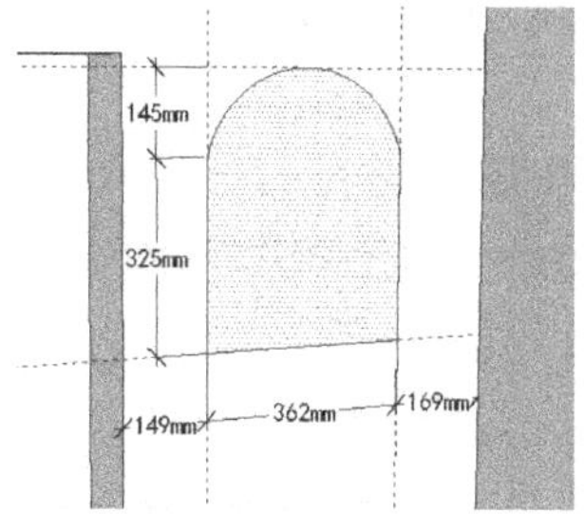

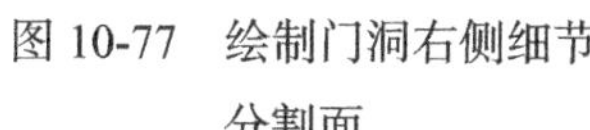

图 10-77　绘制门洞右侧细节分割面

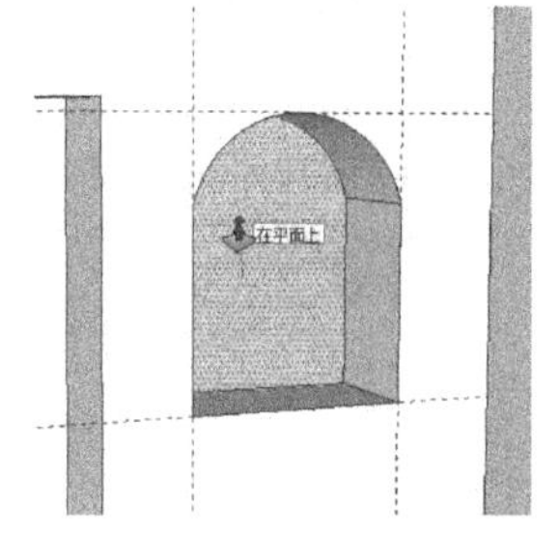

图 10-78　推空细节分割面

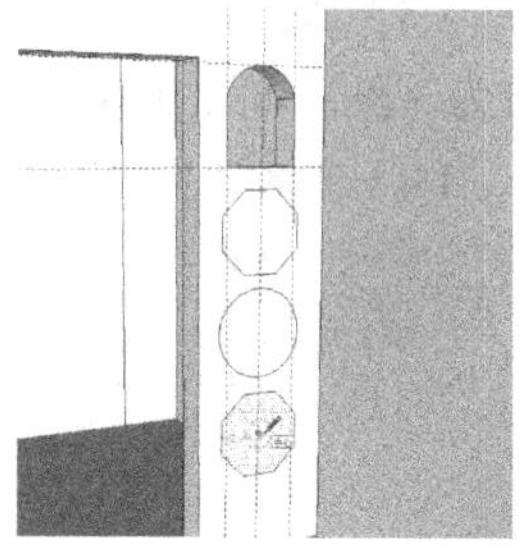

图 10-79　绘制其他细节分割面

（5）经过以上步骤，客厅与休闲室交界处门洞即已完成，效果如图 10-81 所示。

（6）执行“文件>导入”菜单命令，导入门组件，如图 10-82 所示。

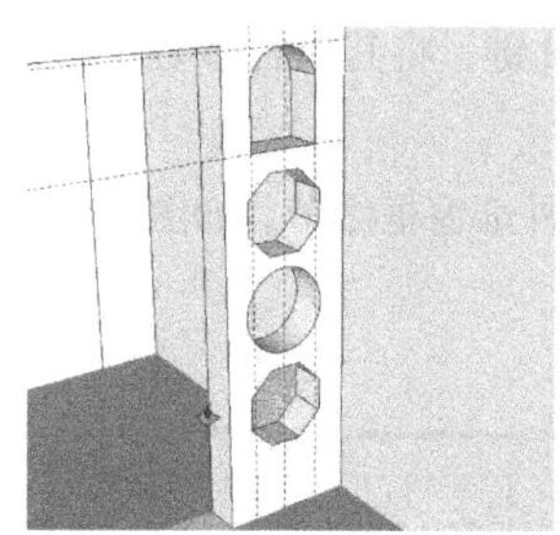

图 10-80　挖空细节分割面

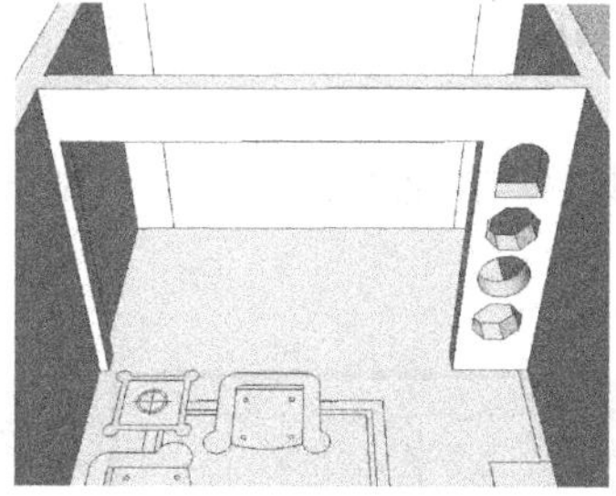

图 10-81　客厅与休闲室交界处门洞完成效果

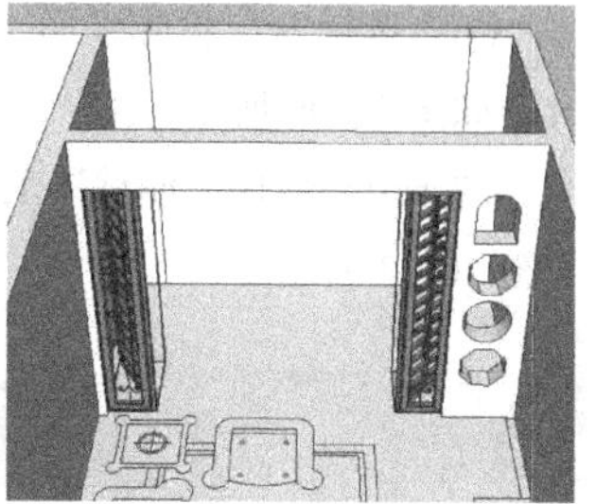

图 10-82　导入门组件

3．创建休闲室窗户

（1）常见的地中海风格窗户效果如图 10-83~图 10-85 所示。本例中将参考第二种造型进行制作。

图 10-83　地中海风格窗户造型 1

图 10-84　地中海风格窗户造型 2

图 10-85　地中海风格窗户造型 3

（2）选择底部线条，激活“移动”工具，将其向上移动复制900 mm，如图10-86所示。

（3）选择线条，单击鼠标右键，在弹出的快捷菜单中选择“拆分”命令，将线段拆分为3段，如图10-87所示。

（4）激活“直线”工具，绘制窗户平面轮廓，如图10-88所示。

图10-86　移动复制窗台线

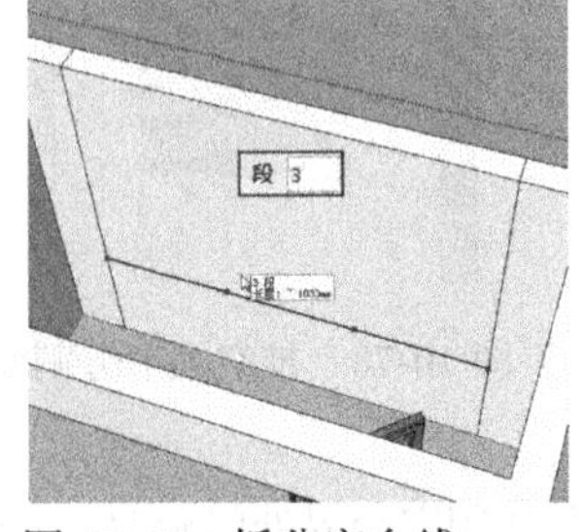

图10-87　拆分窗台线

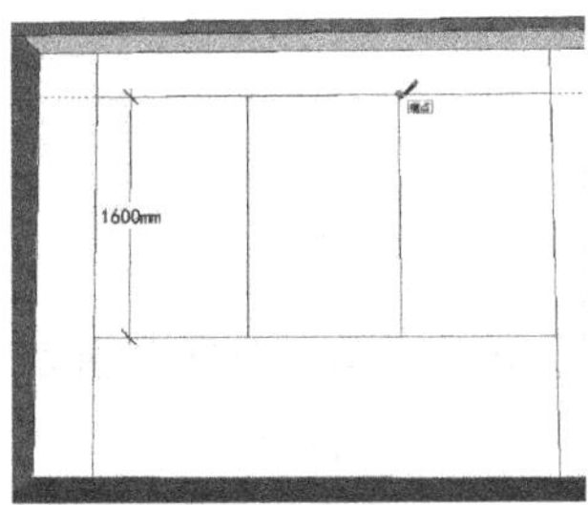

图10-88　绘制窗户平面轮廓

（5）激活“圆弧”工具，细化窗户轮廓，如图10-89所示。

（6）选择窗户轮廓平面，利用“移动”工具，按住Ctrl键，将其向右移动复制2份，如图10-90所示。

（7）结合使用“偏移”工具与“推/拉”工具，制作外部窗框细节，如图10-91与图10-92所示。

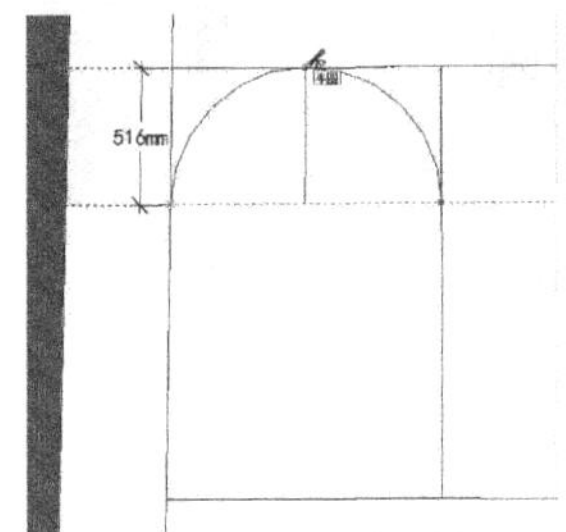

图10-89　细化窗户轮廓

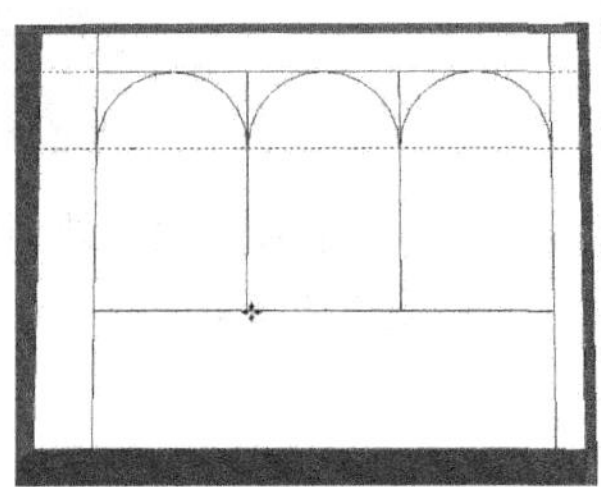
图10-90　移动复制窗户平面轮廓

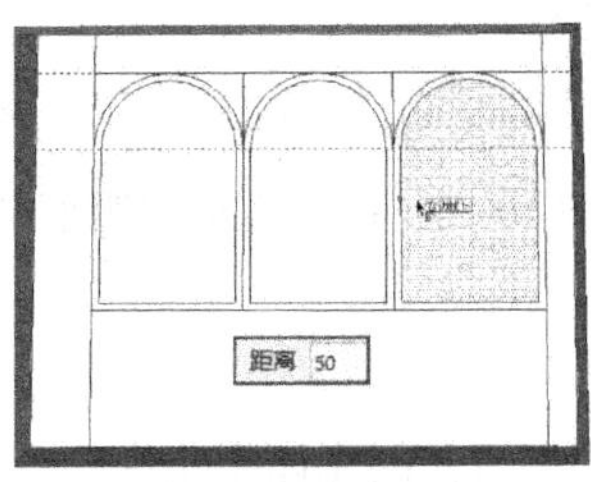

图10-91　偏移复制窗户平面轮廓

（8）选择内部窗户平面，单击鼠标右键，执行关联菜单中的“创建群组”命令，如图10-93所示。

（9）双击进入组件，激活“偏移”工具，将平面向内偏移50 mm的距离，如图10-94所示。

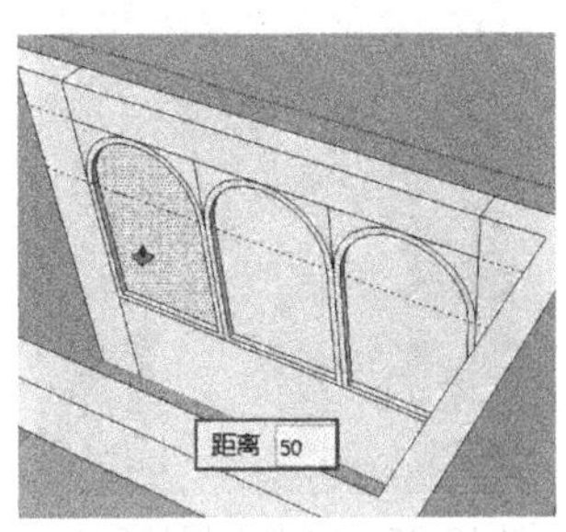

图10-92　推拉出窗框

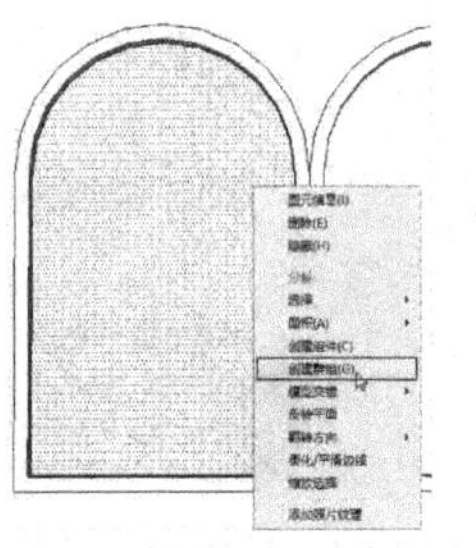
图10-93　将内部窗户平面创建群组

图10-94　偏移内部窗户平面

（10）激活“材质”工具，将内部窗户平面赋予木纹材质，如图 10-95 所示。然后使用“推/拉”工具，绘制出木窗框，如图 10-96 所示。

（11）利用“直线”工具，绘制窗页边框，如图 10-97 所示。

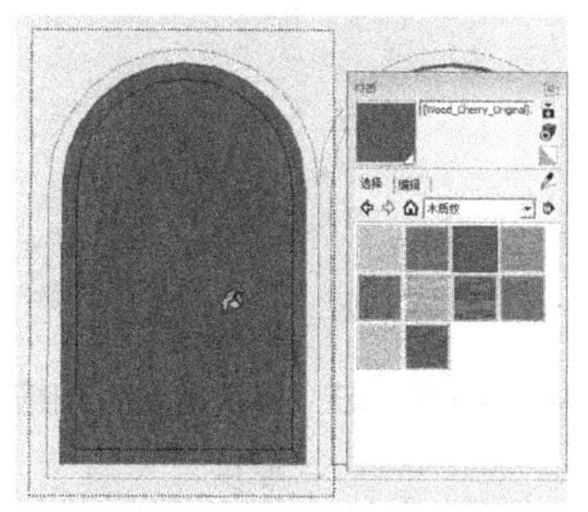

图 10-95　赋予窗户平面材质

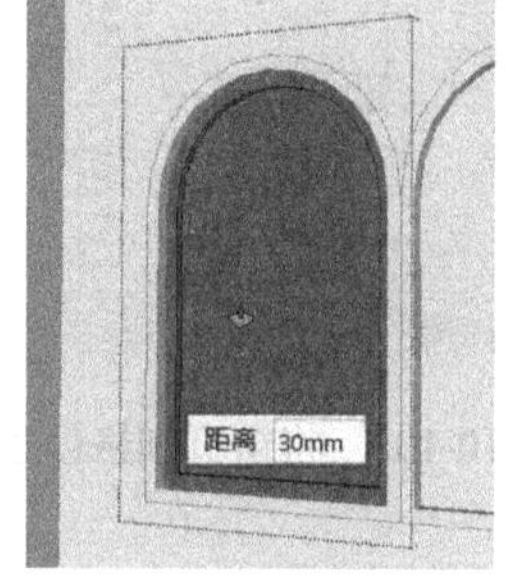

图 10-96　制作木窗框

图 10-97　分割窗页平面

技术看板

在赋予材质后，为了方便观察之后的操作，可以将显示模式切换至“单色显示”。

（12）激活“偏移”工具，将窗页平面向内偏移 80 mm 的距离，绘制窗页边框，如图 10-98 所示。

（13）将创建好的窗页平面创建为组，如图 10-99 所示。然后利用“推/拉”工具，推拉出窗页边框厚度，如图 10-100 所示。

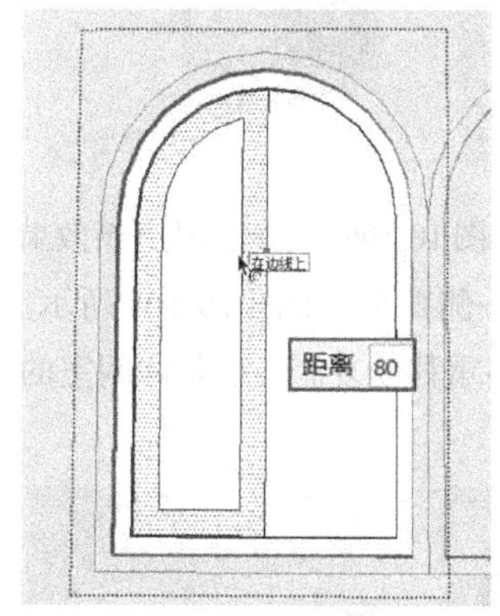

图 10-98　绘制窗页边框

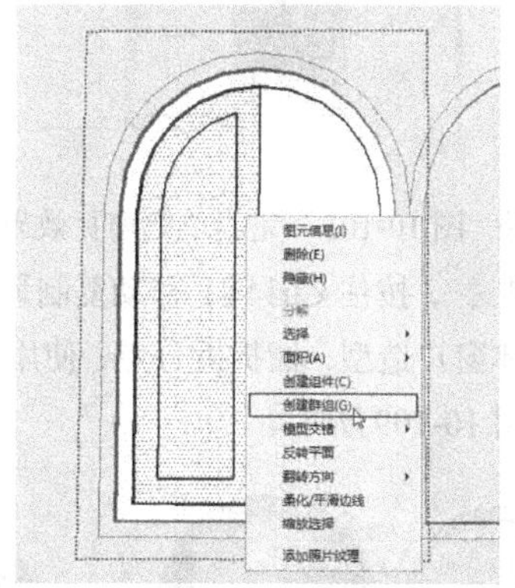

图 10-99　将窗页创建为组

图 10-100　绘制窗页边框厚度

（14）选择内侧竖向边线，执行右键菜单中的“拆分”命令，将线段拆分为 40 段，如图 10-101 所示。

（15）激活“矩形”工具，绘制窗页细格平面，并创建组，如图 10-102 所示。

（16）利用“推/拉”工具，推拉出窗页细格的厚度，如图 10-103 所示。

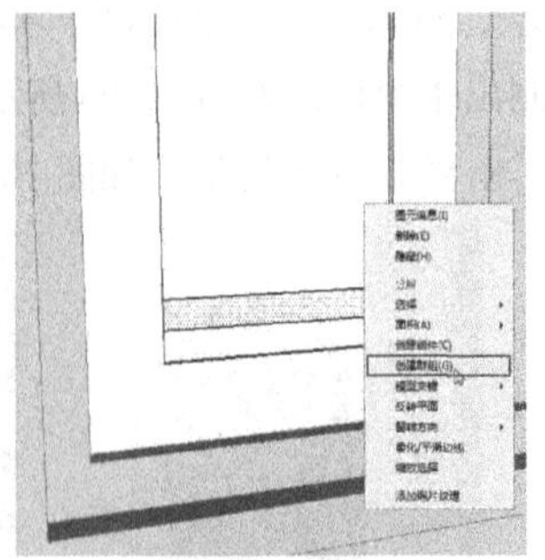

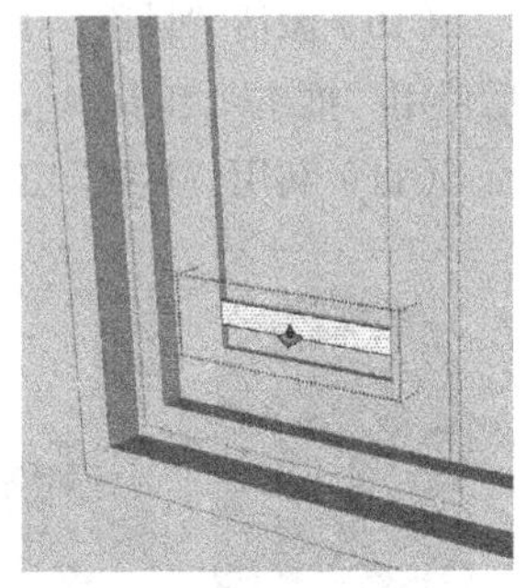

图 10-101　拆分窗页内部边线　图 10-102　将窗页细格创建为组　图 10-103　推拉出窗页细格厚度

（17）激活“移动”工具，按住 Ctrl 键，将窗页细格向上移动复制 19 份，如图 10-104 所示。至此，单侧窗页绘制完成，效果如图 10-105 所示。

（18）激活“旋转”工具，将单侧窗页旋转 65°，形成开窗效果，如图 10-106 所示。

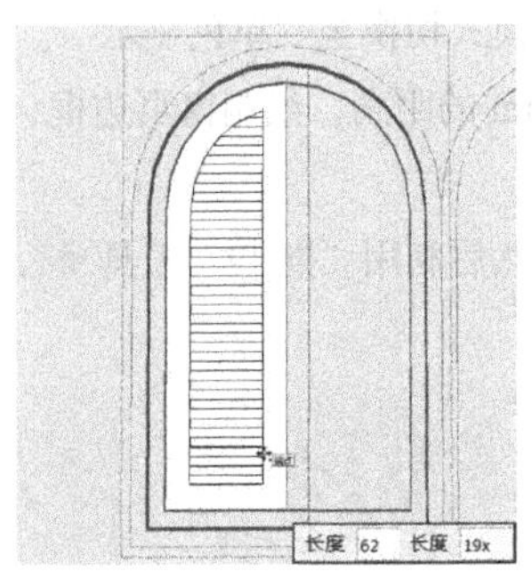

图 10-104　移动复制窗页细格　图 10-105　完成单侧窗页效果　图 10-106　旋转形成开窗效果

（19）激活“移动”工具，按住 Ctrl 键，移动复制另一侧窗页，如图 10-107 所示。

（20）选择创建好的整体窗户造型，捕捉拆分点，使用多重移动复制，绘制休闲室的其他窗户，如图 10-108 与图 10-109 所示。

图 10-107　复制另一侧窗页　图 10-108　整体复制外部窗框与窗户　图 10-109　休闲室窗户完成效果

10.3.3 创建客厅立面细节

（1）绘制电视背景墙。激活“矩形”工具，绘制一个尺寸为 4 040 mm × 86 mm

的矩形，并创建组，如图 10-110 与图 10-111 所示。

（2）激活“推/拉”工具，按住 Ctrl 键，将电视背景墙平面向上推拉 2 620 mm 的高度，如图 10-112 所示。

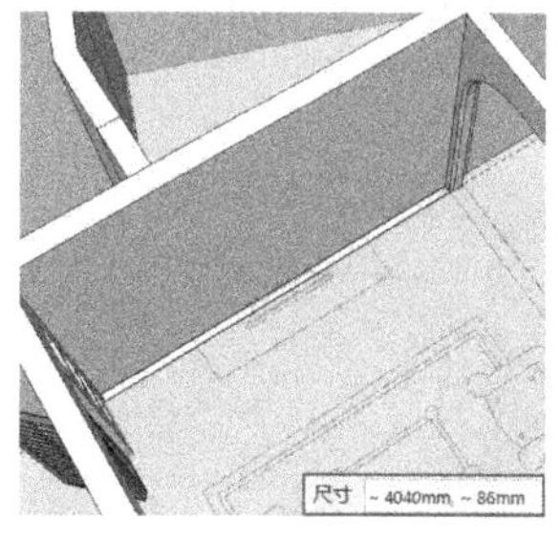

图 10-110　绘制电视背景墙平面

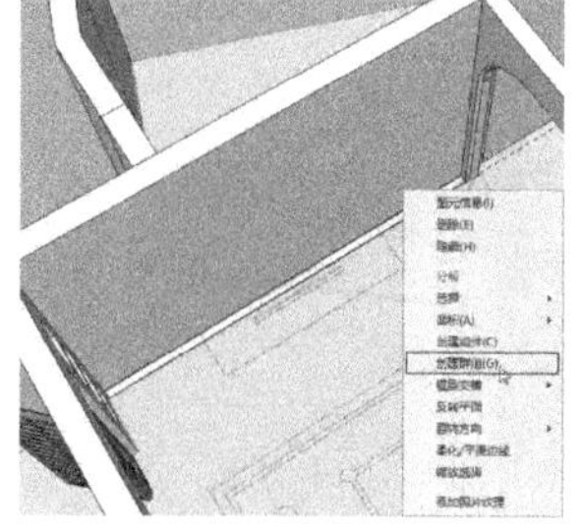

图 10-111　创建群组

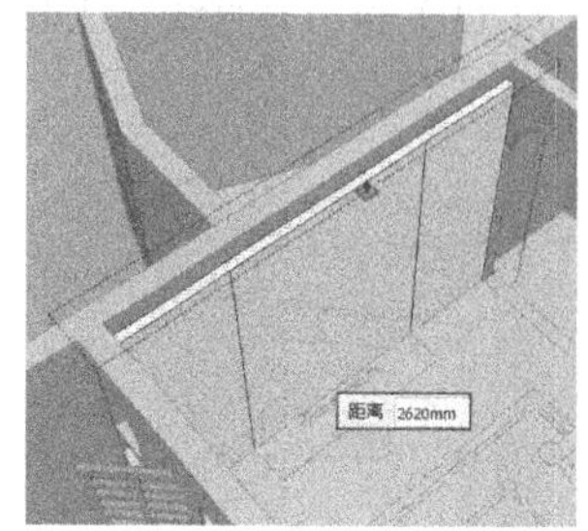

图 10-112　推拉电视背景墙

（3）激活“卷尺”工具，绘制电视背景墙辅助线，并用“直线”工具绘制电视背景墙轮廓，如图 10-113 所示。

（4）利用“偏移”工具，将平面向内偏移 60 mm 的距离，并进行编辑，如图 10-114 所示。

（5）利用“卷尺”工具，绘制辅助线，并激活“圆弧”工具，细化电视背景墙，如图 10-115 所示。

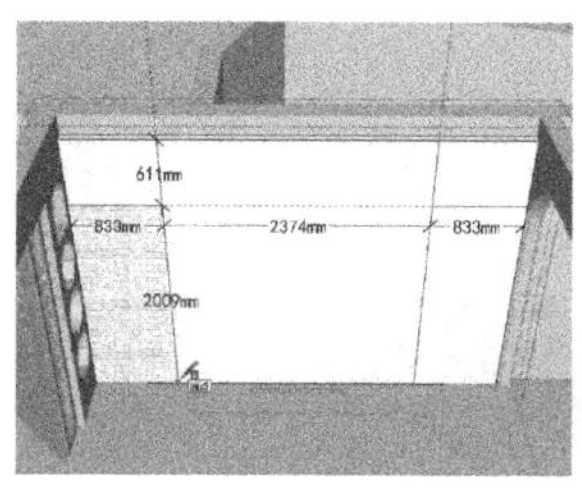

图 10-113　细化电视背景墙轮廓

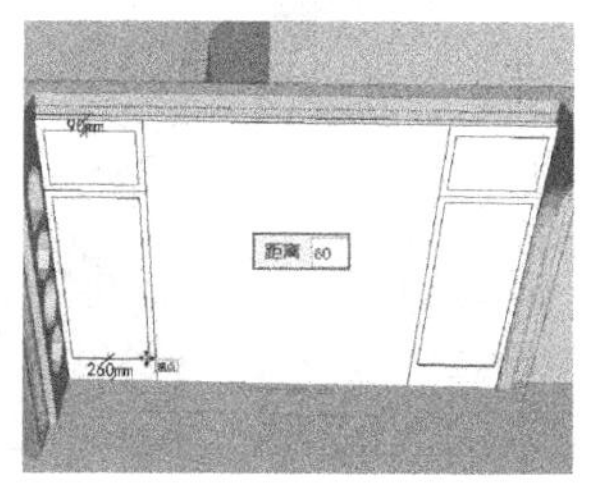

图 10-114　偏移电视背景墙平面

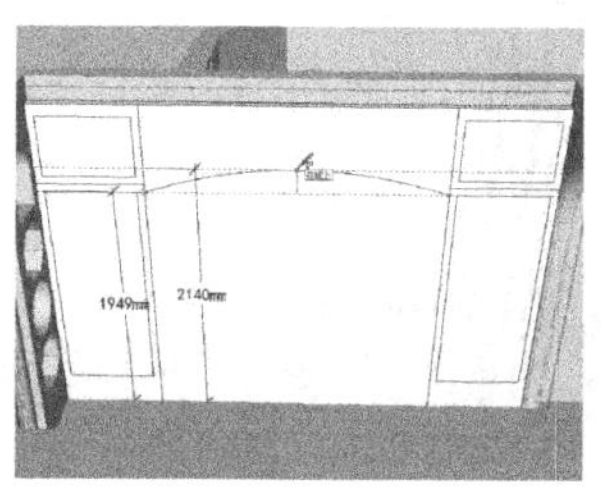

图 10-115　细化电视背景墙

（6）激活“偏移”工具，将弧线向外偏移 122 mm 的距离，如图 10-116 所示。

（7）利用“卷尺”工具绘制辅助线，并用“直线”工具绘制电视背景墙细节，如图 10-117 所示。

（8）激活“推/拉”工具，将平面向内推拉 35 mm，如图 10-118 所示。

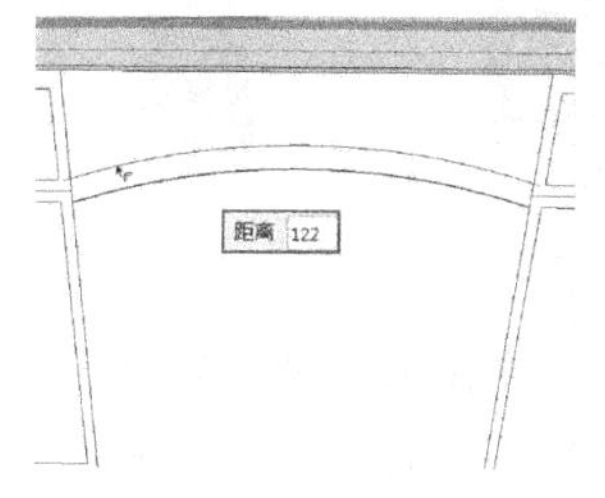

图 10-116　偏移弧线

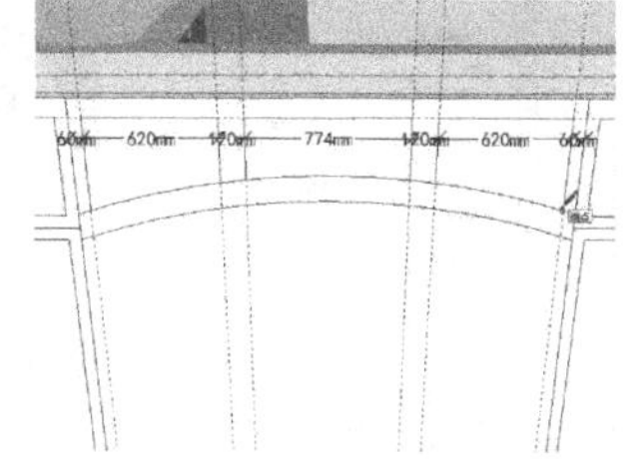

图 10-117　绘制电视背景墙细节

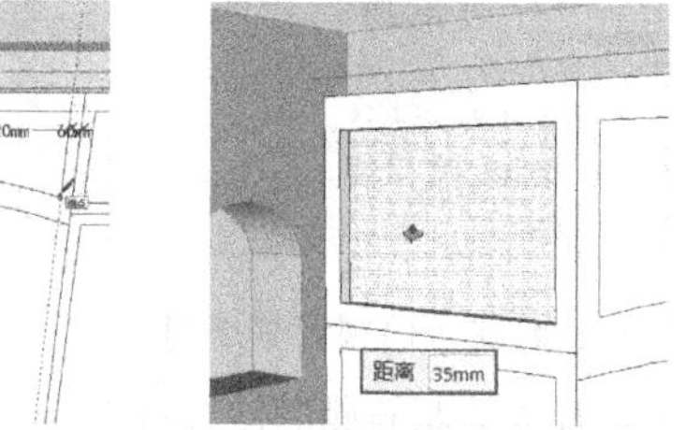

图 10-118　推拉平面

（9）激活“偏移”工具，将平面向内偏移 60 mm 的距离，如图 10-119 所示。

（10）激活“推/拉”工具，将平面向外推拉 30 mm，细化背景墙，如图 10-120 所示。

（11）利用“直线”工具，连接内平面端点与推拉平面角点，效果如图 10-121 所示。

图 10-119 偏移平面

图 10-120 推拉平面

图 10-121 连接平面

（12）用与上述相同的方法细化电视背景墙，如图 10-122 所示。然后激活“推/拉”工具，将背景墙中间平面向内推拉 84 mm 的距离，如图 10-123 所示。

图 10-122 细化电视背景墙效果

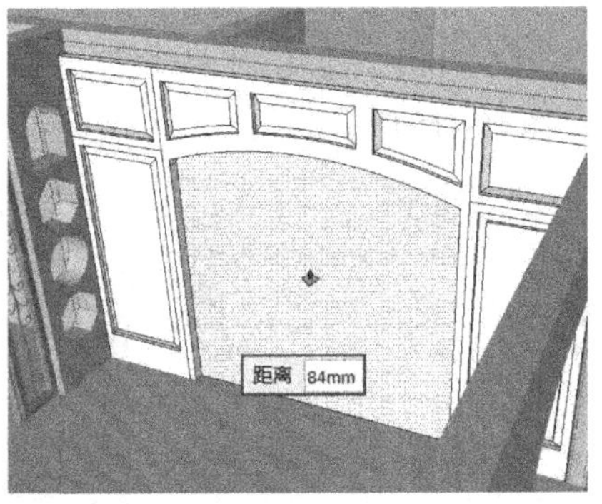

图 10-123 向内推拉背景墙中间平面

（13）激活“材质”工具，将背景墙赋予砖和木纹材质，如图 10-124 所示。

（14）至此，客厅电视背景墙绘制完成，效果如图 10-125 所示。

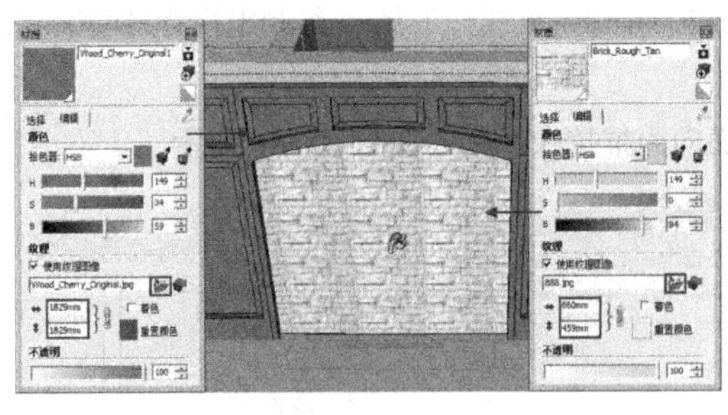

图 10-124 赋予电视背景墙材质

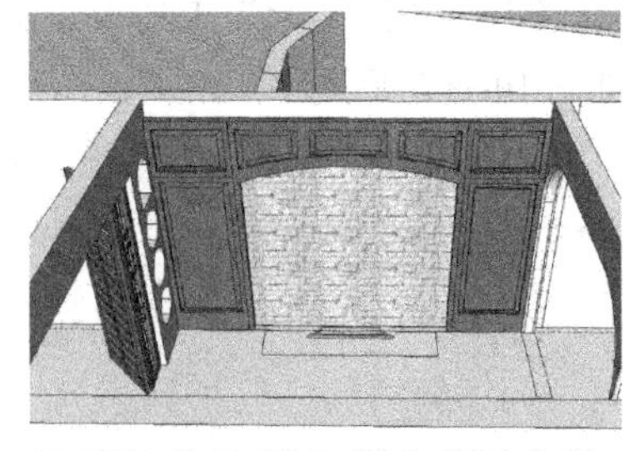

图 10-125 电视背景墙完成效果

（15）绘制右侧的沙发背景墙。激活“卷尺”工具、“直线”工具、“偏移”工具，绘制沙发背景墙轮廓，如图 10-126 所示。

（16）选择沙发背景墙轮廓，执行右键关联菜单中的“创建群组”命令，如图 10-127 所示。

（17）双击进入群组，将沙发背景墙平面向外推拉 50 mm 的距离，如图 10-128 所示。

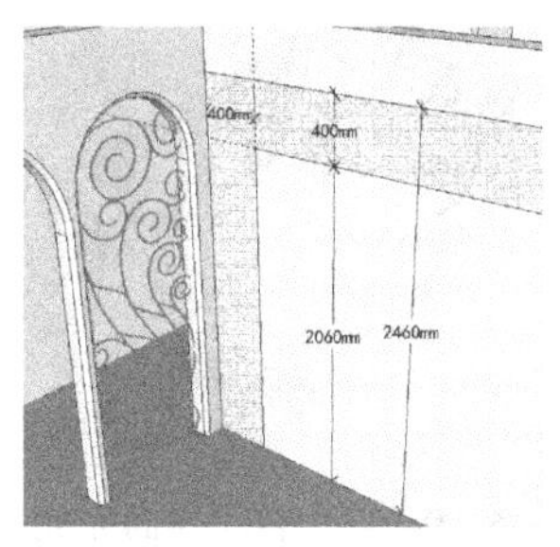

图 10-126　分割沙发背景墙

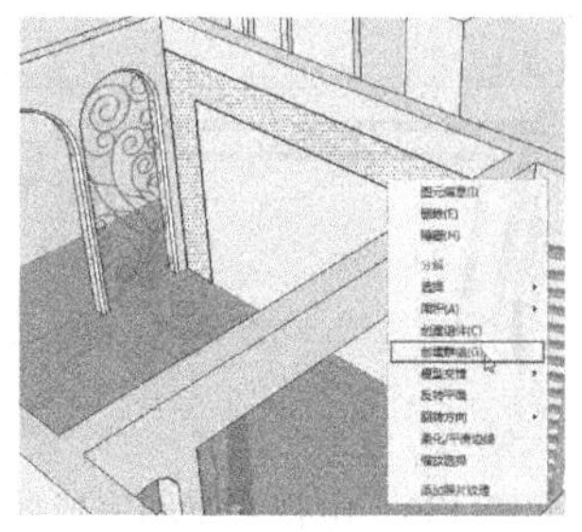

图 10-127　将分割平面单独创建组

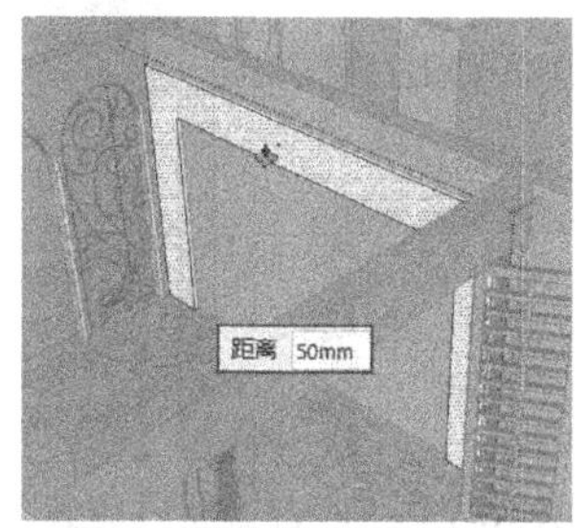

图 10-128　制作背景墙厚度

（18）结合使用“推/拉”工具与“偏移”工具，绘制背景墙初步造型，如图 10-129 与图 10-130 所示。

（19）激活“材质”工具，为其整体赋予绿色木纹材质，如图 10-131 所示。

图 10-129　制作背景墙边框

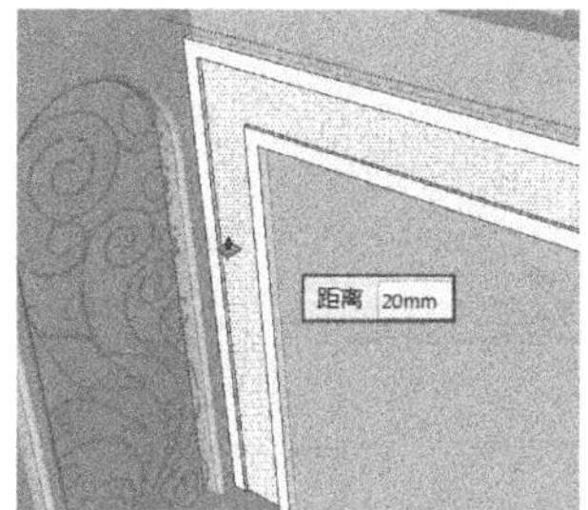

图 10-130　向内制作 20 mm 的深度

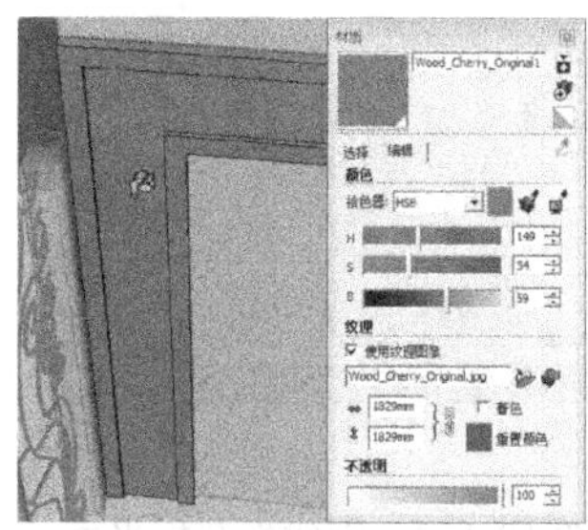

图 10-131　赋予材质

（20）激活“直线”工具，分割出对角线，如图 10-132 所示。然后为内部面板赋予白色木纹材质，如图 10-133 所示。

（21）赋予白色木纹至竖向面板，然后选择贴图，单击鼠标右键，通过“纹理”命令调整木纹拼贴效果，如图 10-134 与图 10-135 所示。

图 10-132　添加对角分割线

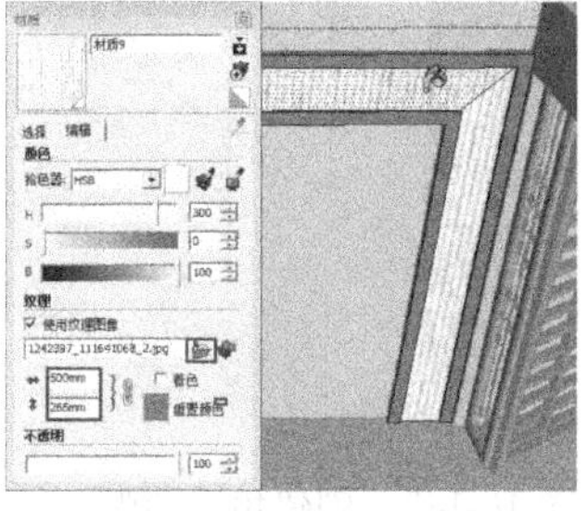

图 10-133　赋予白色木纹材质

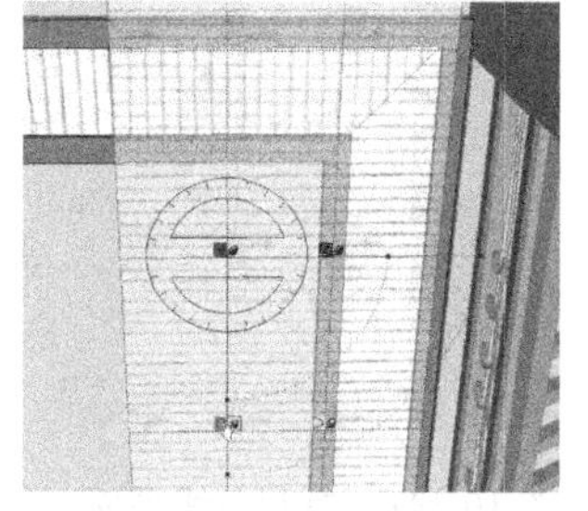

图 10-134　调整材质纹理拼贴细节

（22）通过相同方法制作另一侧竖向面板材质效果，电视背景墙完成效果如图 10-136 所示。

（23）至此，客厅立面效果制作完成，如图 10-137 所示。

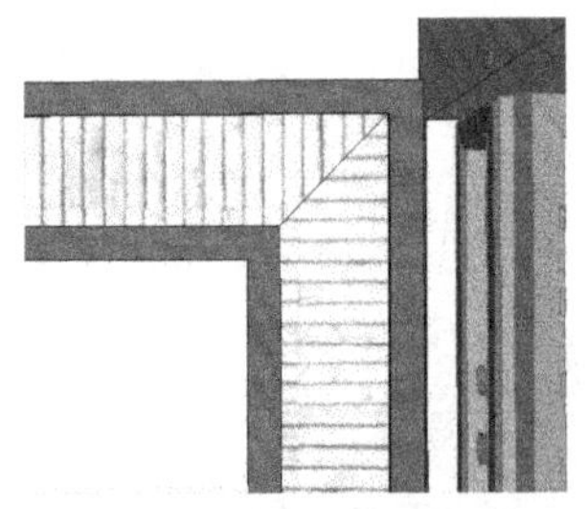

图 10-135　纹理调整完成效果

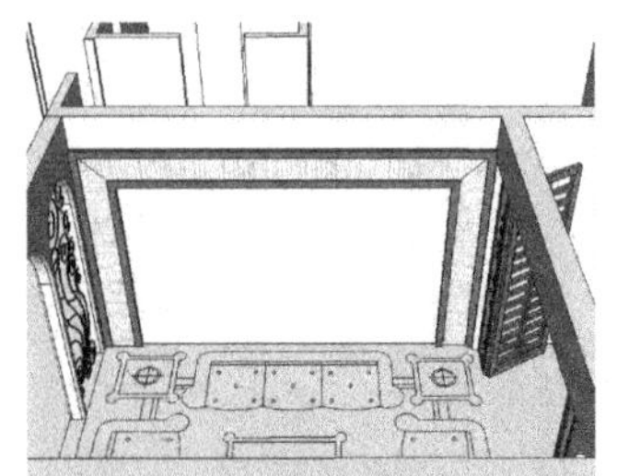

图 10-136　电视背景墙完成效果

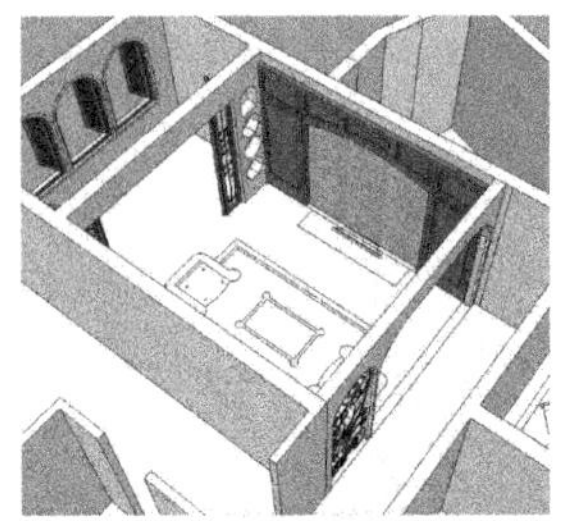

图 10-137　客厅立面完成效果

10.3.4 创建客厅顶棚细节

（1）激活“矩形”工具，创建天花板平面，并将其创建为组，如图 10-138 与图 10-139 所示。

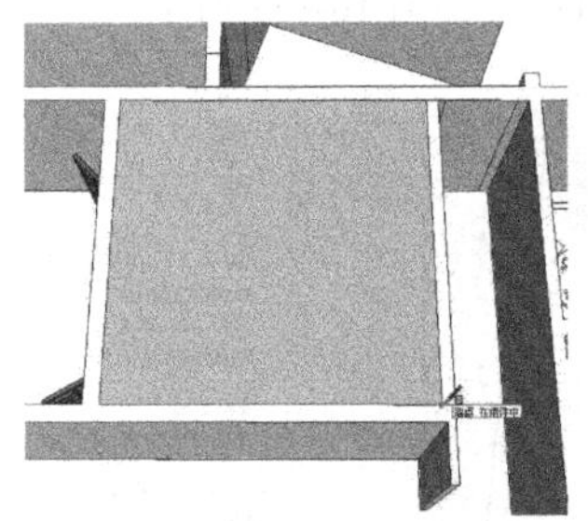

图 10-138　创建天花板平面

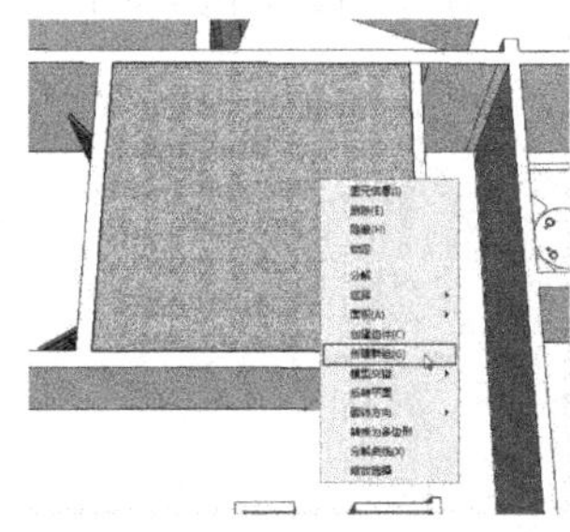

图 10-139　将天花板创建为组

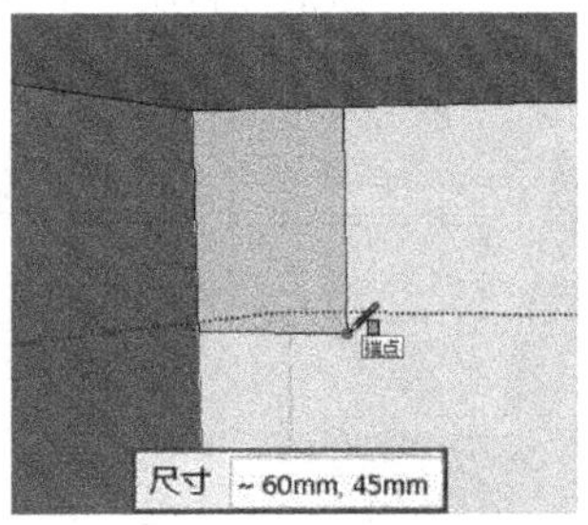

图 10-140　创建角线平面

（2）激活“矩形”工具，在墙角处创建一个尺寸为 60 mm × 45 mm 的矩形，作为角线平面，如图 10-140 所示。

（3）利用“移动”工具，将角线平面进行移动复制，如图 10-141 所示。

（4）激活“圆弧”工具，捕捉矩形交点，创建角线截面，如图 10-142 与图 10-143 所示。

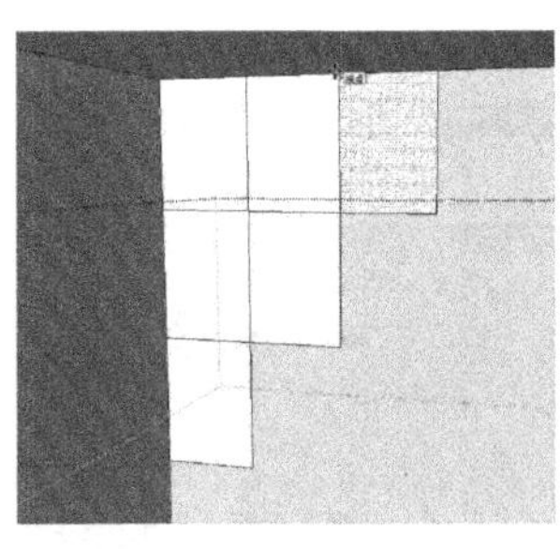

图 10-141　复制角线平面

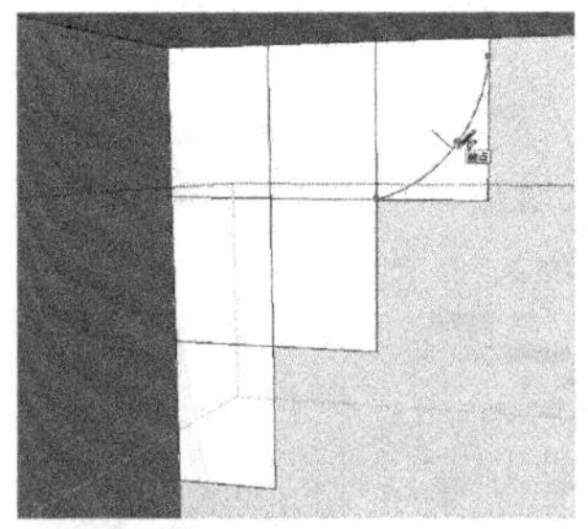

图 10-142　创建角线圆弧

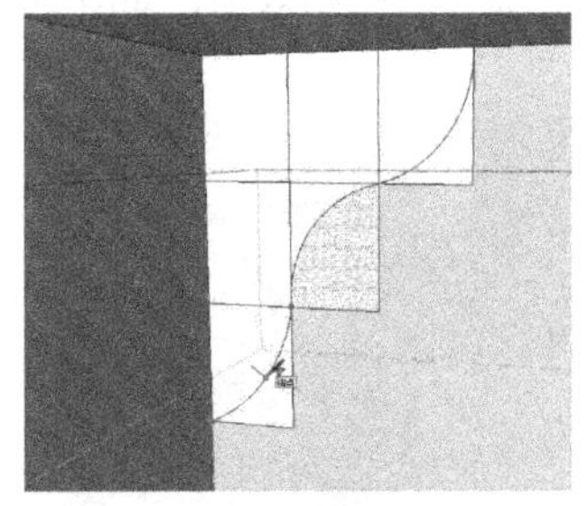

图 10-143　角线圆弧完成效果

（5）激活“旋转”工具，将角线平面旋转至合适位置，如图 10-144 所示。

（6）选择放样路径，激活“路径跟随”工具，单击刚绘制的角线平面，如图 10-145

所示。

（7）至此，天花板角线绘制完成，效果如图 10-146 所示。

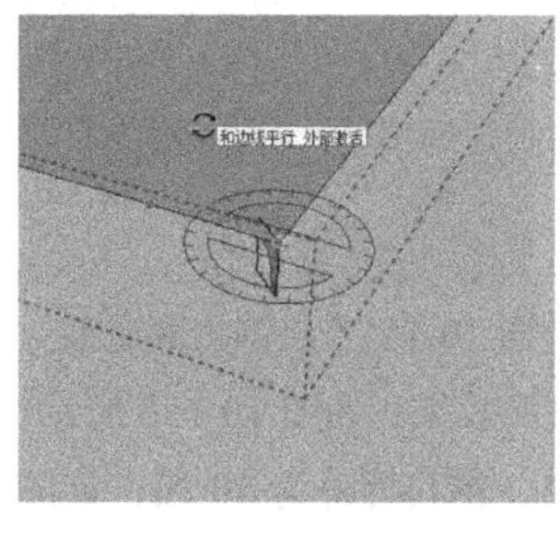

图 10-144　旋转角线平面

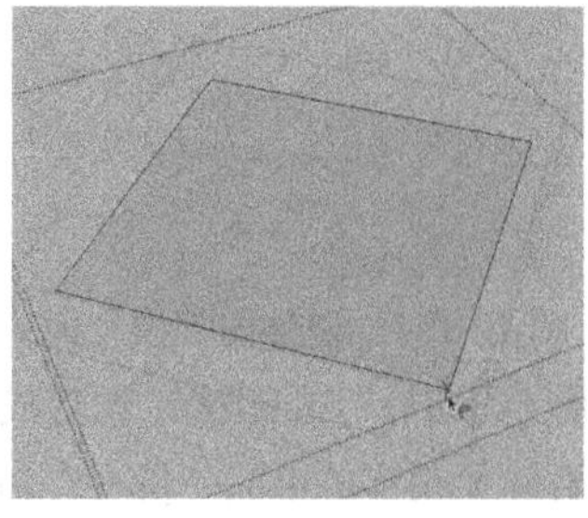

图 10-145　执行“路径跟随”命令

图 10-146　天花板角线完成效果

（8）激活“卷尺”工具、“矩形”工具，在天花板平面中部创建一个分割平面，并将其创建为组，如图 10-147 与图 10-148 所示。

（9）利用“推/拉”工具，绘制吊顶深度，如图 10-149 所示。

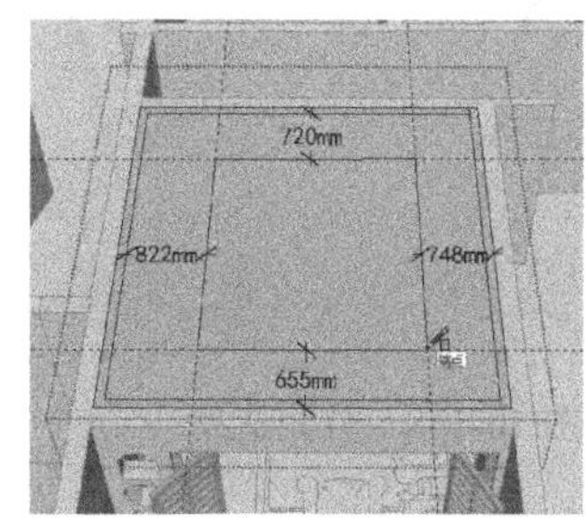

图 10-147　分割吊顶模型面

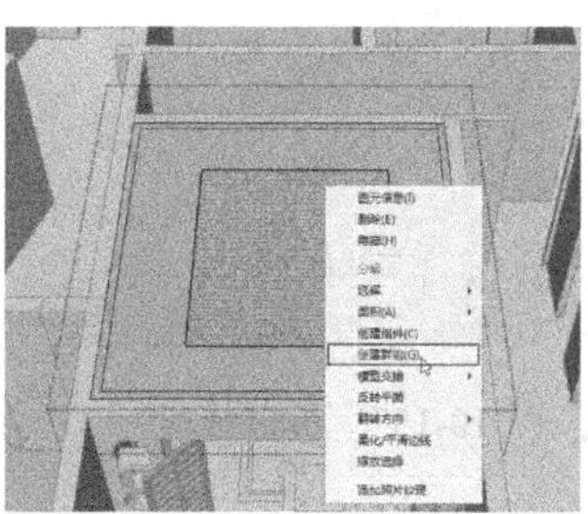

图 10-148　创建群组

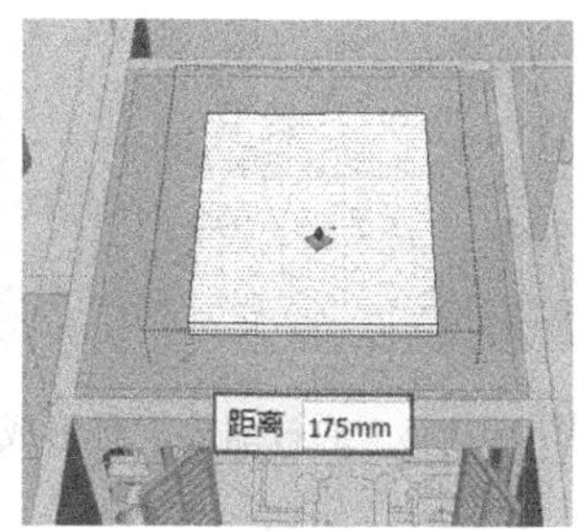

图 10-149　绘制吊顶深度

（10）激活“移动”工具，将吊顶向下移动 100 mm 的距离，如图 10-150 所示。

（11）结合使用“偏移”工具、“推/拉”工具，细化吊顶造型，如图 10-151 所示。

（12）利用“推/拉”工具，将平面向内推拉 80 mm，绘制发光槽深度，如图 10-152 所示。

图 10-150　向下移动吊顶

图 10-151　细化吊顶

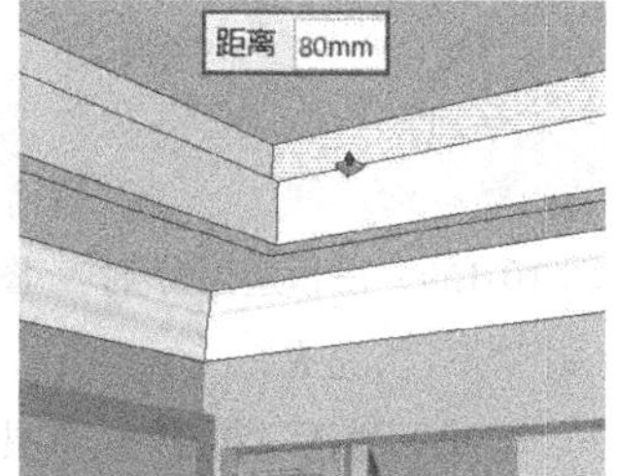

图 10-152　绘制发光槽

（13）选择内部模型面并创建组，如图 10-153 所示。

（14）接下来再进行造型的细化。结合“偏移”工具与“推/拉”工具，绘制轮廓造型，如图 10-154 与图 10-155 所示。

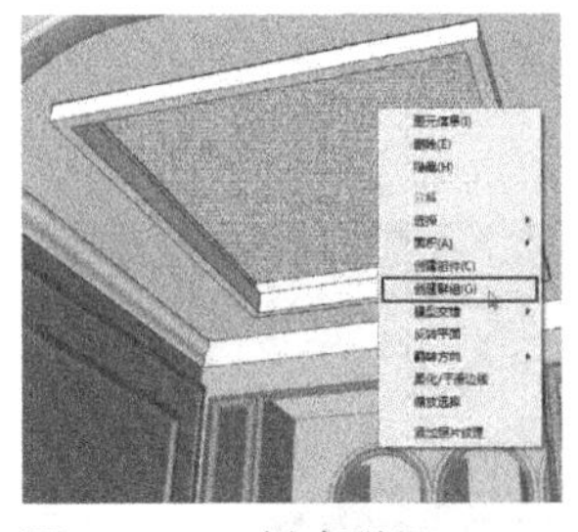

图 10-153　创建群组

图 10-154　偏移内部模型面

图 10-155　绘制轮廓造型

（15）选择底部模型面，激活“缩放”工具，调整成斜面效果，如图 10-156 所示。

（16）选择斜线段，执行右键关联菜单中的“拆分”命令，将其拆分为 10 段，如图 10-157 所示。然后选择对角斜线进行相同的拆分操作。

（17）激活“矩形”工具，捕捉拆分点分割造型，如图 10-158 所示。经过多次分割后完成造型，如图 10-159 所示。

图 10-156　通过缩放工具形成斜面

图 10-157　拆分线段

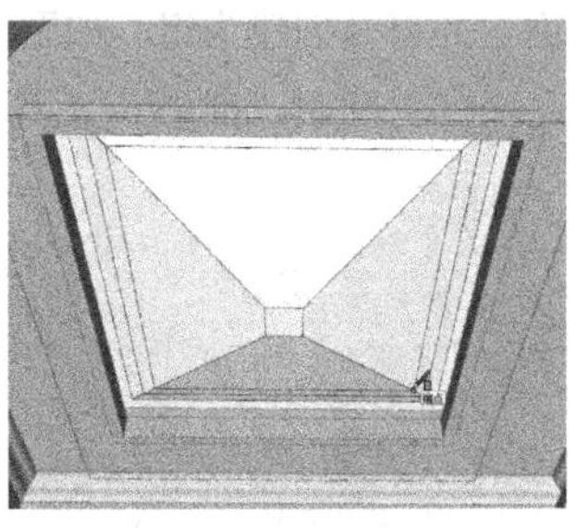

图 10-158　分割造型

（18）激活“材质”工具，将吊顶边缘赋予木材质，如图 10-160 所示。

（19）中心吊顶造型细化完成后，接下来制作筒灯。激活“圆”工具分割出灯孔，如图 10-161 所示。

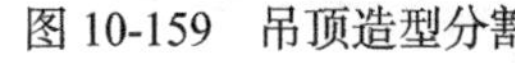

图 10-159　吊顶造型分割完成

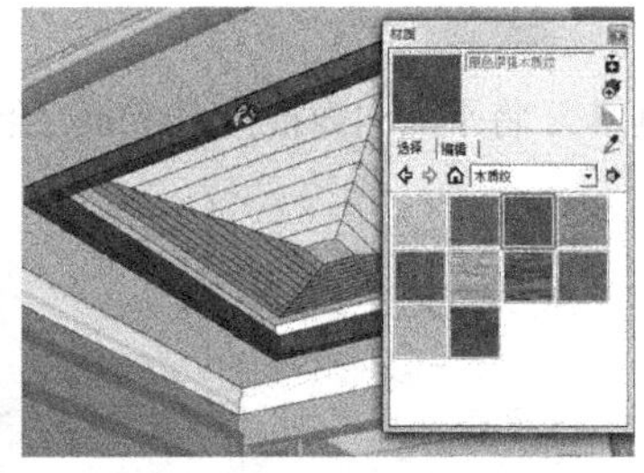

图 10-160　赋予材质

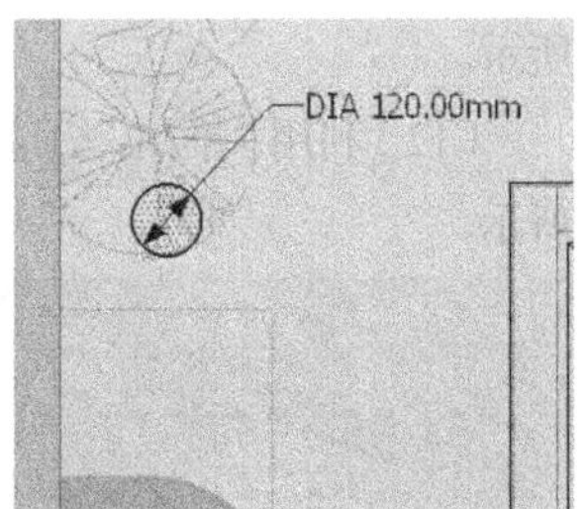

图 10-161　分割圆形筒灯灯孔

（20）激活“推/拉”工具，制作灯孔深度，如图 10-162 所示。

（21）执行“3D 圆角”插件命令，处理边缘效果，如图 10-163 与图 10-164 所示。

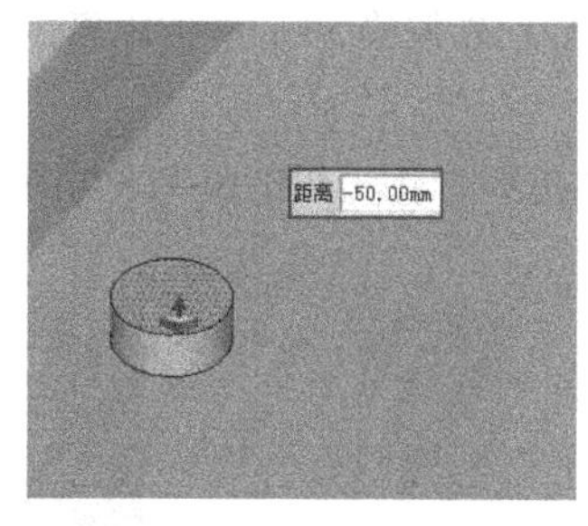

图 10-162　制作筒灯深度

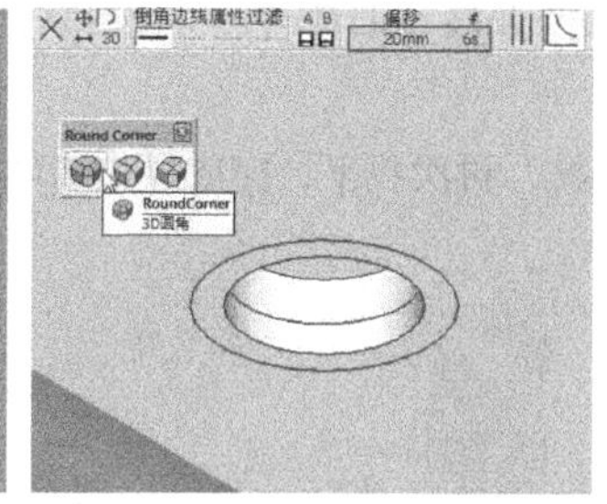

图 10-163　选择边线进行圆角处理

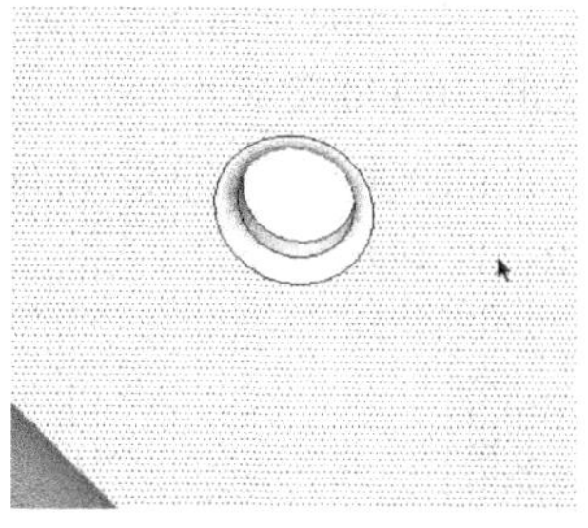

图 10-164　筒灯处理完成效果

（22）单个筒灯制作完成后，激活“移动”工具，按住 Ctrl 键，移动复制出其他筒灯模型，如图 10-165 所示。

（23）至此，客厅顶棚细化完成，最终效果如图 10-166 所示。

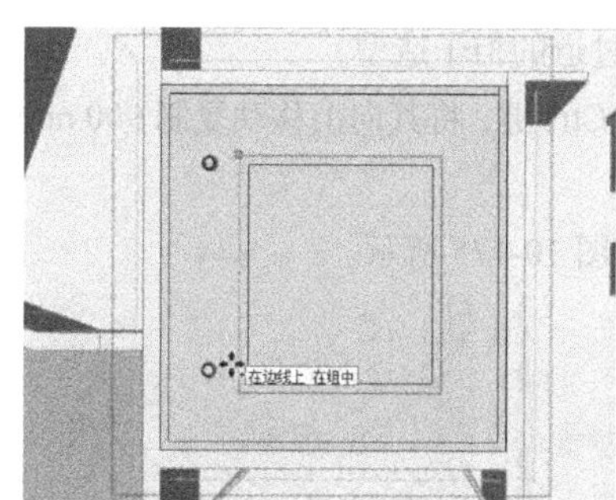

图 10-165　复制筒灯

图 10-166　客厅顶棚完成效果

10.4　创建过道及餐厅效果

完成场景客厅及休闲室模型的建立后，接下来将创建场景中过道及餐厅空间。

10.4.1 创建过道立面细节

（1）选择底部线段，激活“移动”工具，按住 Ctrl 键，将线段向上移动复制 2 400 mm 的距离，如图 10-167 所示。

（2）结合使用“移动”工具与“圆弧”工具，绘制拱顶造型，如图 10-168 所示。

（3）激活“推/拉”工具，选择上部模型面进行推拉，如图 10-169 所示。

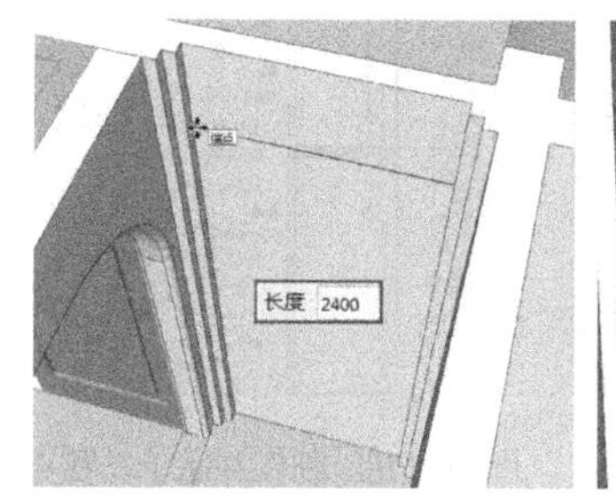

图 10-167　复制底部线段

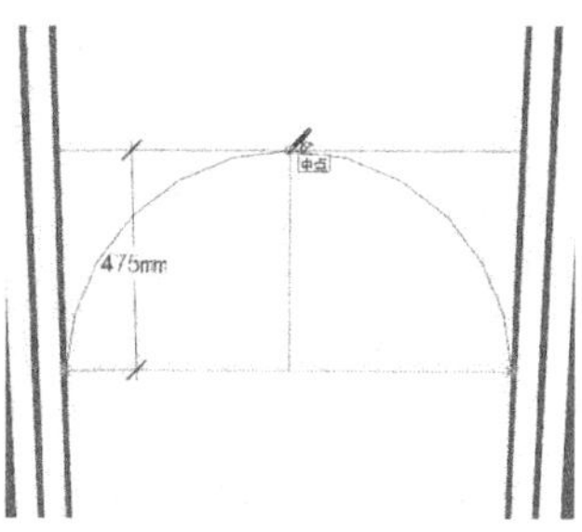

图 10-168　绘制拱顶造型

图 10-169　推拉找平

（4）选择圆弧线段，激活“偏移”工具，将圆弧线段向外偏移 50 mm 的距离，如图 10-170 所示。

（5）利用“推/拉”工具，再次找平，完成过道墙体初步效果，如图 10-171 与图 10-172 所示。

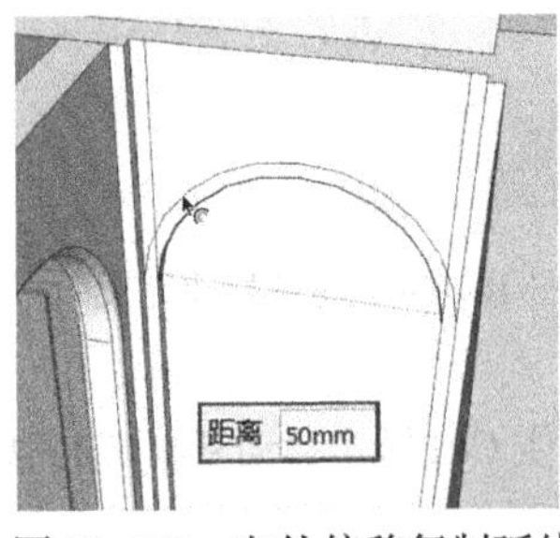

图 10-170　向外偏移复制弧线

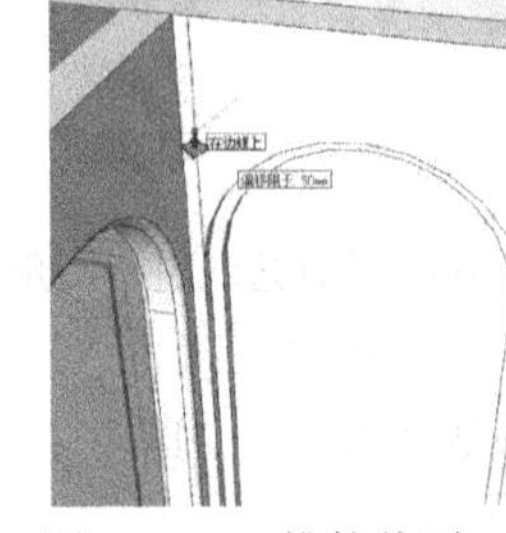

图 10-171　推拉找平

图 10-172　过道墙体初步效果

（6）接下来再参考如图 10-173 所示的造型绘制过道的柜子造型。

（7）选择底部线段，激活“移动”工具，按住 Ctrl 键，将其向上移动复制 900 mm 的距离，如图 10-174 所示。

（8）利用“推/拉”工具，绘制外部轮廓，如图 10-175 所示。

图 10-173　常见地中海柜子造型

图 10-174　移动复制线段

图 10-175　绘制柜子外部轮廓

（9）激活“移动”工具，按住 Ctrl 键，将上部选段移动复制 50 mm 的距离，左右两边的线段移动复制 75 mm 的距离，如图 10-176 与图 10-177 所示。

（10）激活“材质”工具，将柜子赋予材质，如图 10-178 所示。

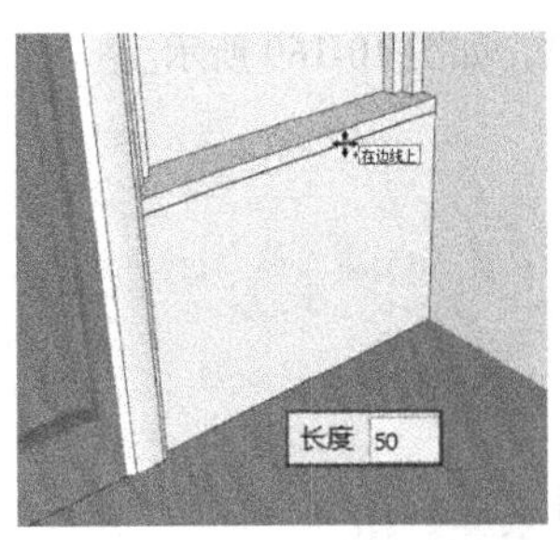

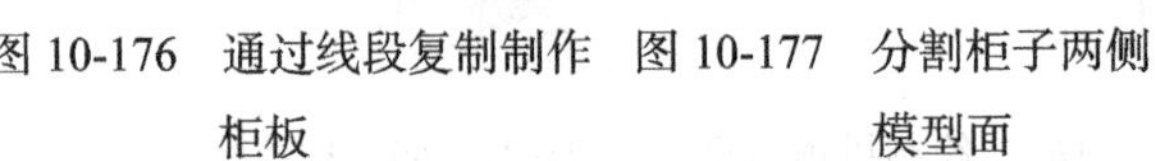

图 10-176　通过线段复制制作柜板

图 10-177　分割柜子两侧模型面

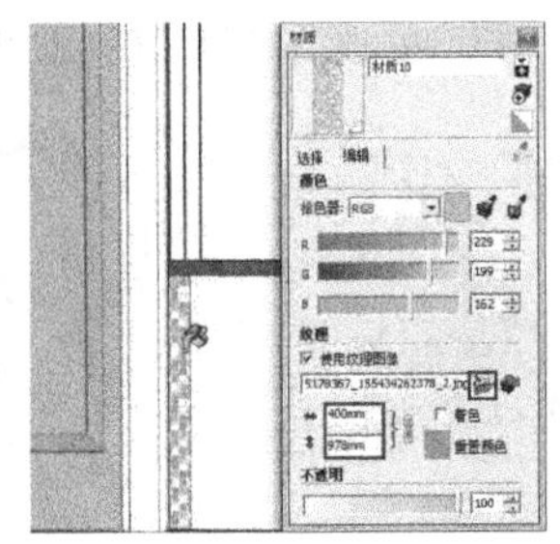

图 10-178　制作并赋予马赛克材质

（11）激活“推/拉”工具，绘制 20 mm 的柜门深度，如图 10-179 所示。然后利用“直线”工具，捕捉中点进行平分，如图 10-180 所示。

（12）结合使用“偏移”工具、“推/拉”工具，细化柜门，如图 10-181 所示。

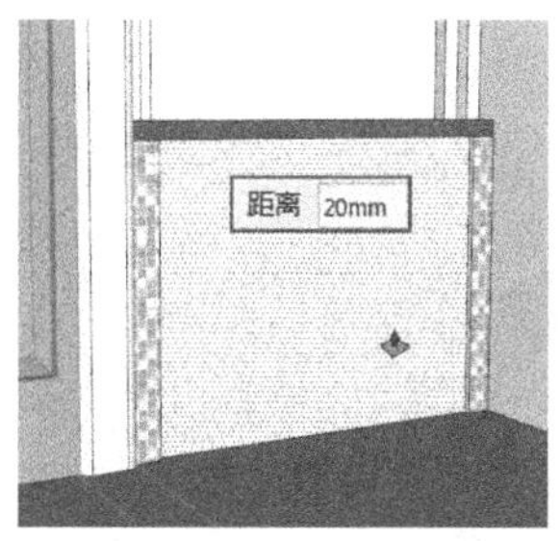

图 10-179　制作柜门深度

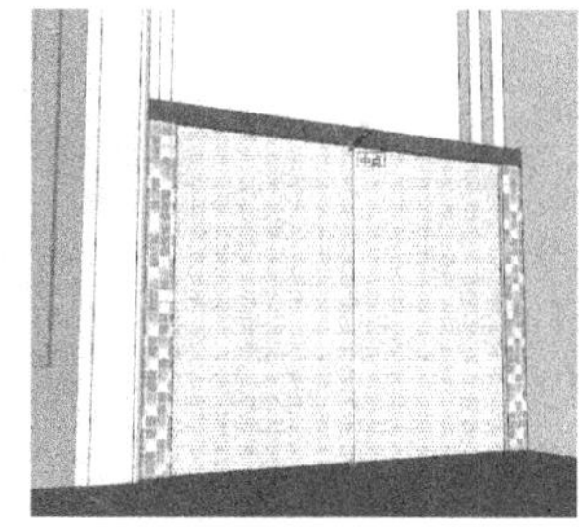

图 10-180　拆分柜门

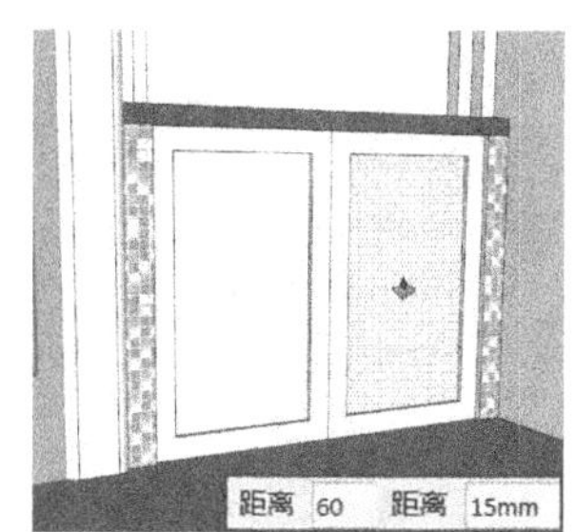

图 10-181　细化柜门

（13）绘制柜门格栅。结合使用“矩形”工具、“推/拉”工具，绘制单个格栅，如图 10-182 所示。

（14）激活“移动”工具，按住 Ctrl 键，将单个格栅向上移动复制 11 份，如图 10-183 所示。

（15）重复命令操作，移动复制格栅，并赋予柜门材质，如图 10-184 所示。

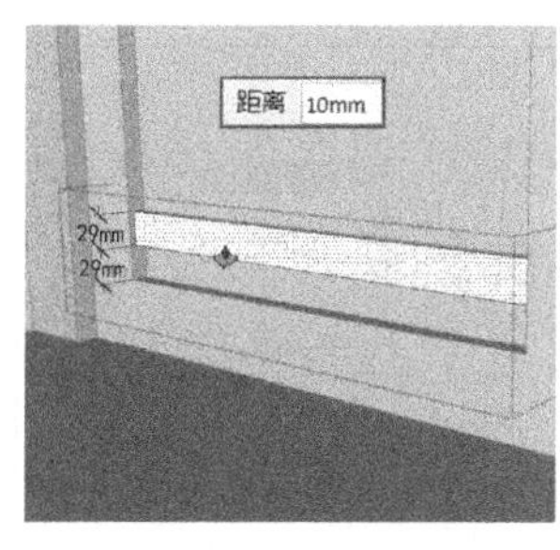

图 10-182　制作柜门格栅

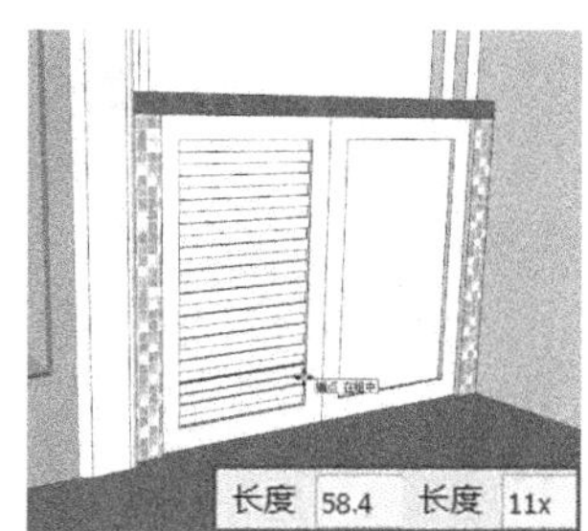

图 10-183　移动复制格栅

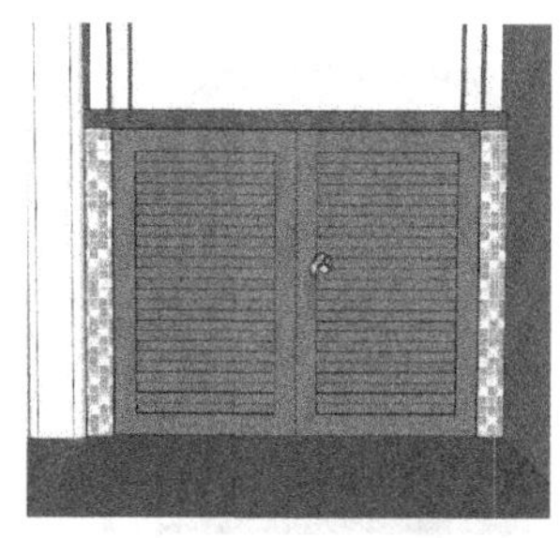

图 10-184　柜门造型完成效果

（16）选择上部边线，执行“3D 圆角”插件命令，绘制圆角效果，如图 10-185 所示。

（17）激活“材质”工具，为过道的墙面赋予马赛克拼花材质，如图 10-186 所示。

（18）至此，过道立面绘制完成，最终效果如图 10-187 所示。

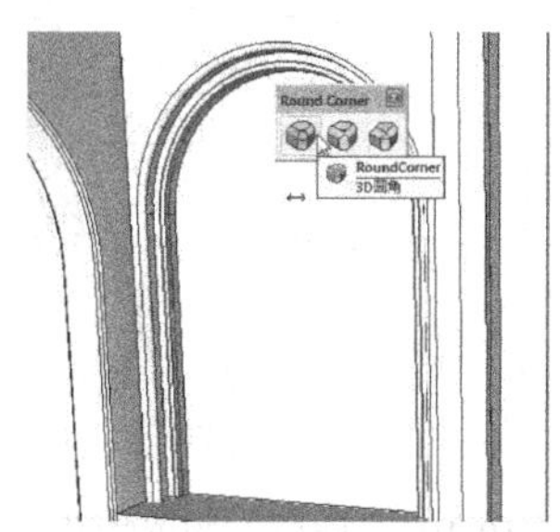

图 10-185　对上部线条进行圆角处理

图 10-186　赋予材质

图 10-187　过道立面完成效果

10.4.2 创建餐厅门洞及立面细节

（1）当前的餐厅门洞与立面效果如图 10-188 所示。用与上述相同的方法绘制餐厅门洞，效果如图 10-189 所示。

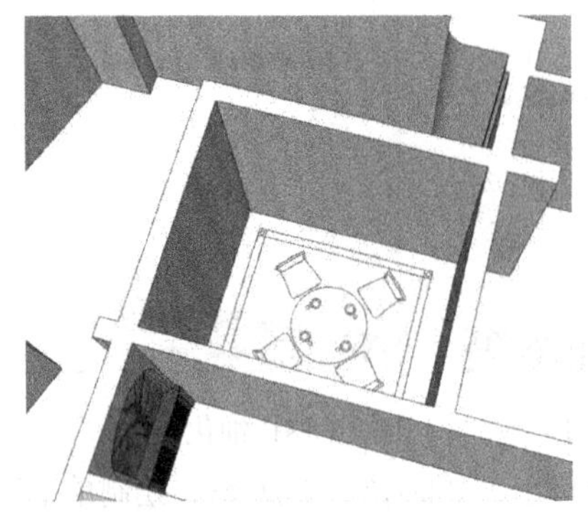
图 10-188　餐厅门洞当前效果

图 10-189　餐厅门洞效果

（2）参考图纸，激活“直线”工具，划分餐厅右侧墙面，如图 10-190 所示。

（3）激活“矩形”工具，绘制搁置物体平面，如图 10-191 所示。然后使用“圆弧”工具，绘制圆角细节，如图 10-192 所示。

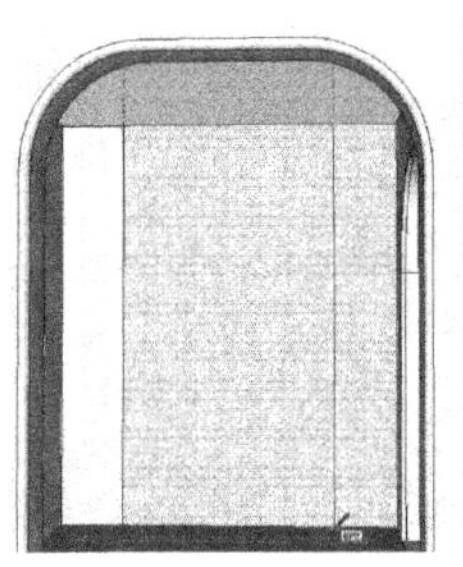
图 10-190　划分右侧墙面

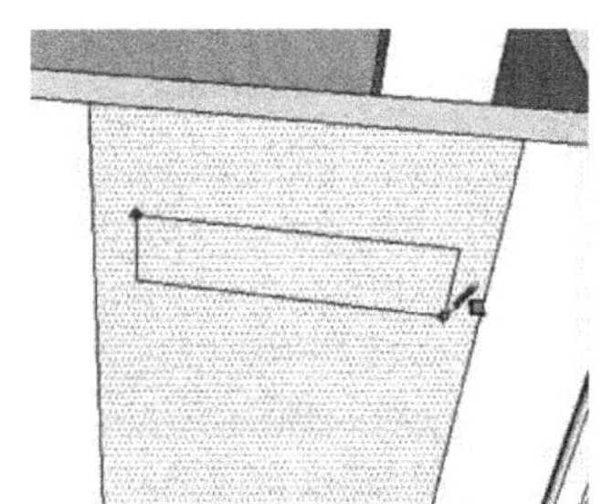
图 10-191　绘制矩形分割面

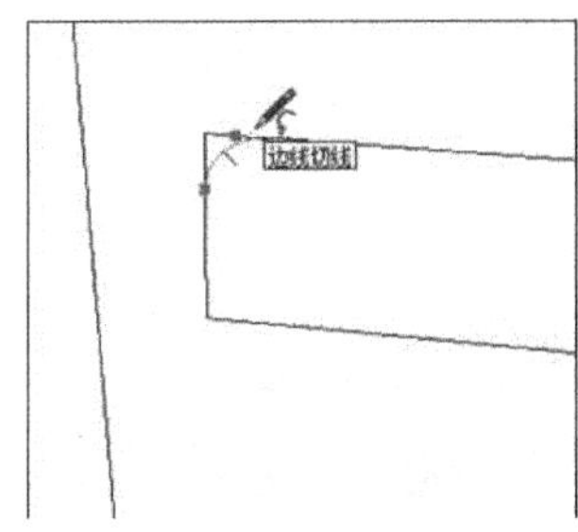

图 10-192　绘制圆角细节

（4）选择处理好的分割面，激活“移动”工具，按住 Ctrl 键，将其向下移动复制 2 份，如图 10-193 与图 10-194 所示。

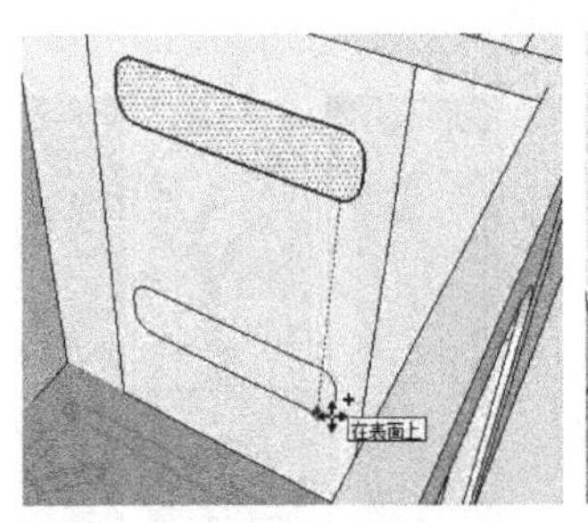

图 10-193　移动复制分割面

图 10-194　移动复制 2 份

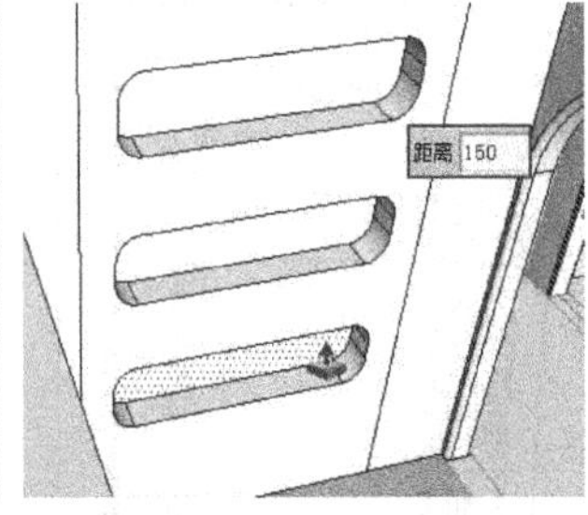

图 10-195　推拉出搁置物孔

（5）激活“推/拉”工具，绘制搁置物孔深度，如图 10-195 所示。然后选择边缘线段，执行“3D 圆角”菜单命令，绘制圆角细节，如图 10-196 与图 10-197 所示。

（6）至此，餐厅立面绘制完成，最终效果如图 10-198 所示。

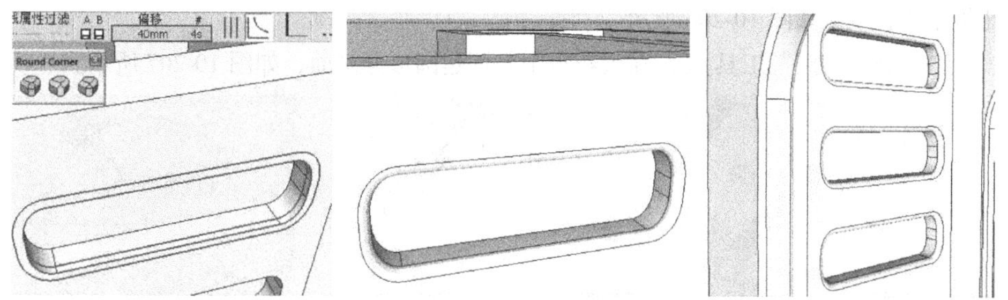

图 10-196 进行圆角处理　　图 10-197 单个搁置物孔完成效果　　图 10-198 餐厅立面效果

10.4.3 创建过道及餐厅顶棚细节

（1）结合使用“矩形”工具与“直线”工具，捕捉模型并绘制过道以及餐厅的天花板平面，如图 10-199 所示。

（2）选择边线，激活“移动”工具，移动复制制作过道天花板木方分割面，如图 10-200 所示。

（3）利用“推/拉”工具，推拉出 100 mm 的木方厚度，如图 10-201 所示。

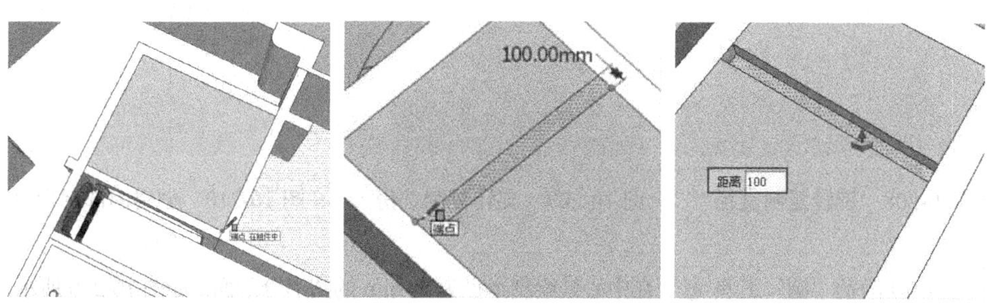

图 10-199 创建天花板　　图 10-200 绘制天花板木方分割面　　图 10-201 推拉出木方造型

（4）激活“材质”工具，将面板赋予木材质，如图 10-202 所示。然后激活“移动”工具，按住 Ctrl 键，在“俯视图”中复制出其他木方造型，如图 10-203 所示。

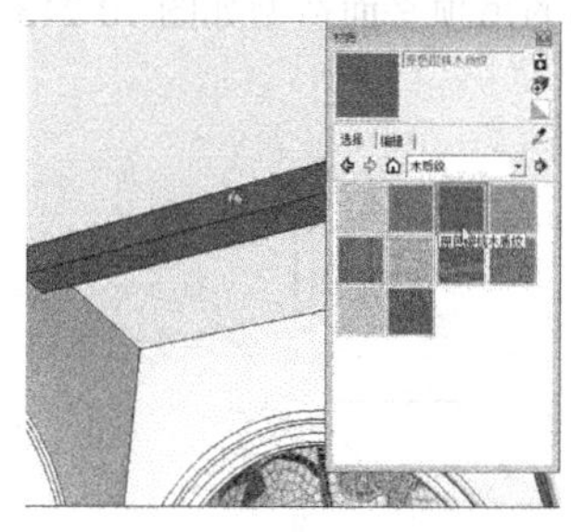

图 10-202 赋予木方材质

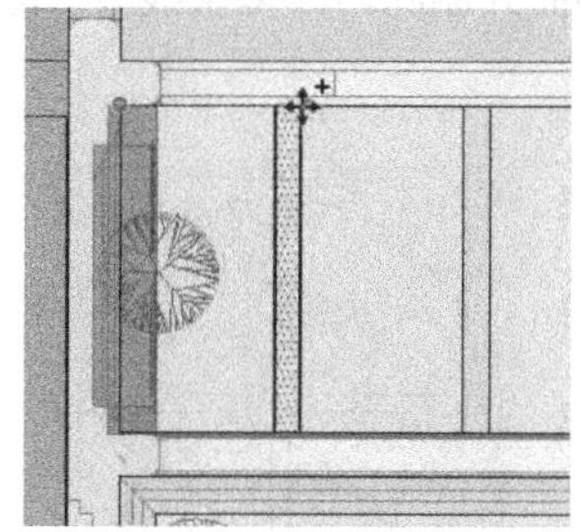

图 10-203 移动复制木方

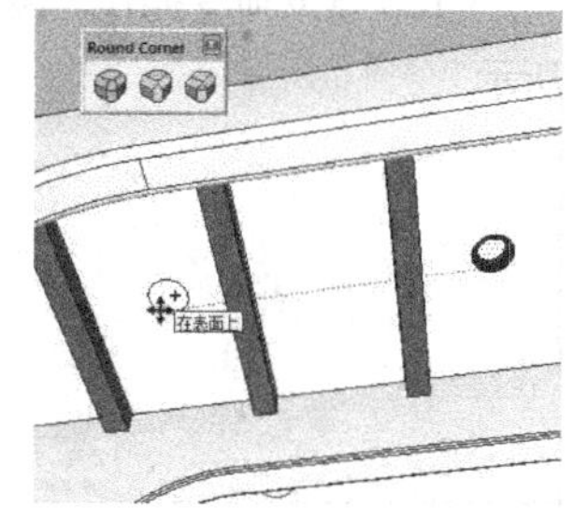

图 10-204 移动复制筒灯

（5）选择之前创建好的筒灯模型，复制至过道天花板，如图 10-204 所示。完成过道顶棚的最终效果如图 10-205 所示。

（6）接下来制作餐厅顶棚细节。用与绘制客厅天花板角线相同的方法，绘制餐厅天花板角线，效果如图 10-206 所示。

（7）激活“圆”工具，在天花板中心创建圆形分割面，如图 10-207 所示。

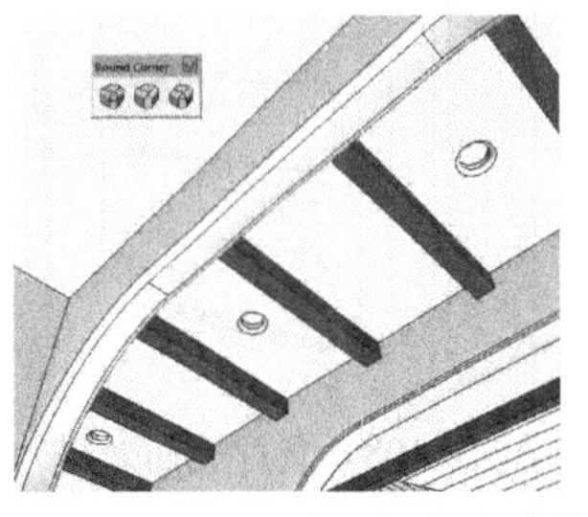

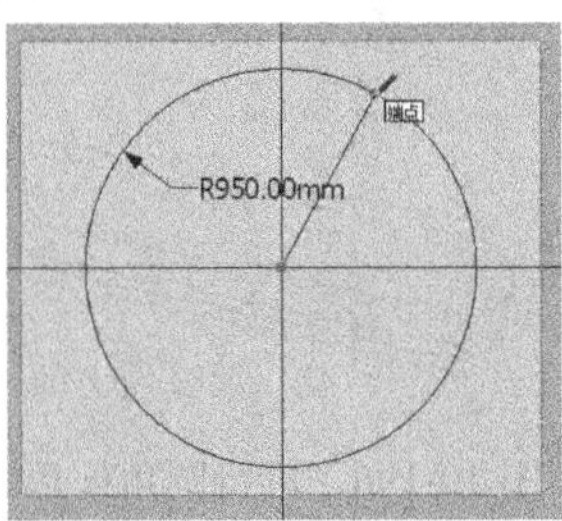

图 10-205　过道顶棚完成效果　图 10-206　制作餐厅天花板角线　图 10-207　绘制圆形分割面

（8）激活“直线”工具，绘制直径，然后利用“旋转”工具，按住 Ctrl 键，将线段旋转复制 7 份，分割圆形，如图 10-208 与图 10-209 所示。

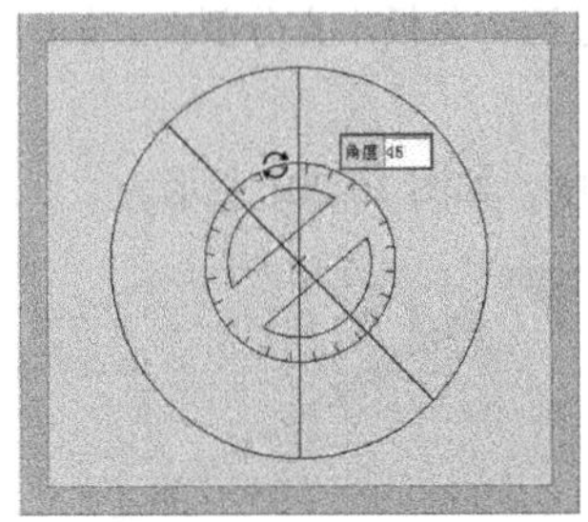

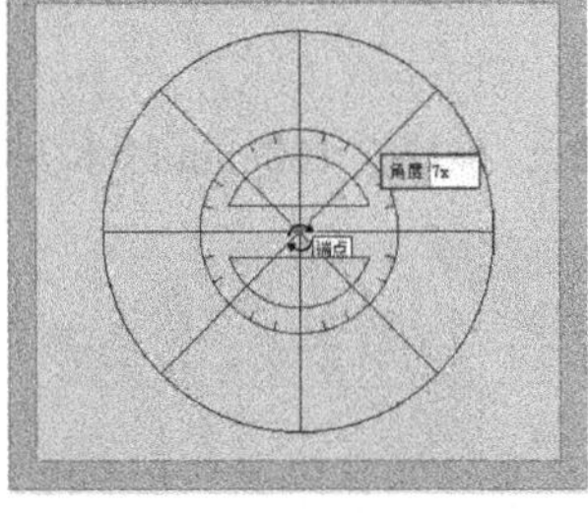

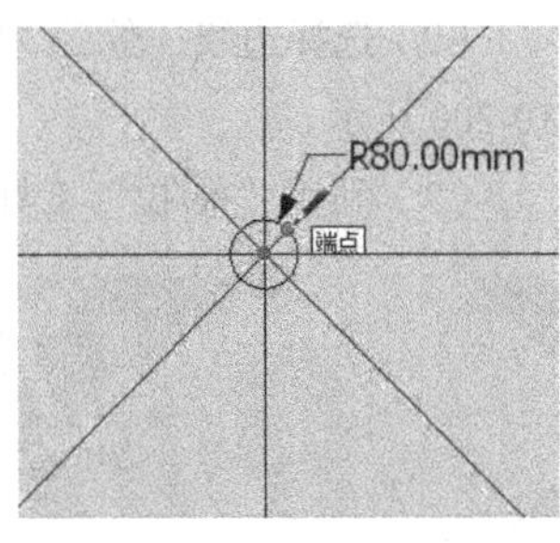

图 10-208　旋转复制直径　图 10-209　旋转复制 7 份　图 10-210　创建内部圆形分割面

（9）激活“圆”工具，在中心处绘制半径为 80 mm 的圆形分割面，如图 10-210 所示。

（10）利用“偏移”工具，将内部圆形分割面向外偏移 50 mm 的距离，如图 10-211 所示。

（11）重复命令操作，选择分割得到的扇形面，将其向内偏移 40 mm 的距离，如图 10-212 所示。

（12）重复命令操作，偏移面并删除内部多余线段，得到的吊顶平面造型如图 10-213 所示。

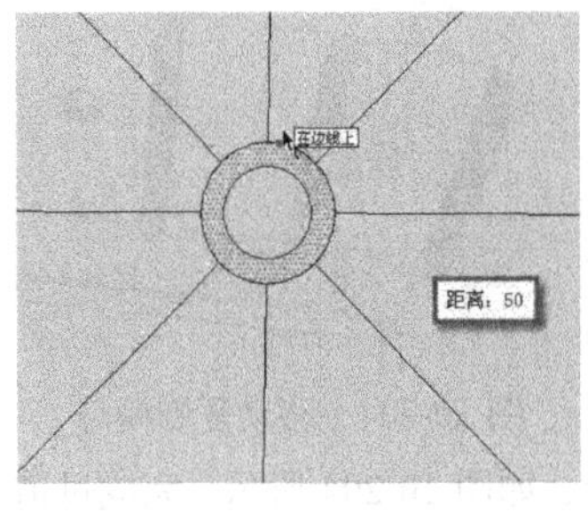

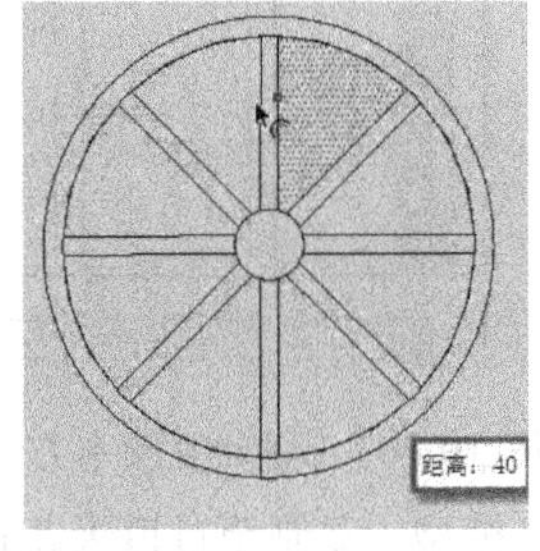

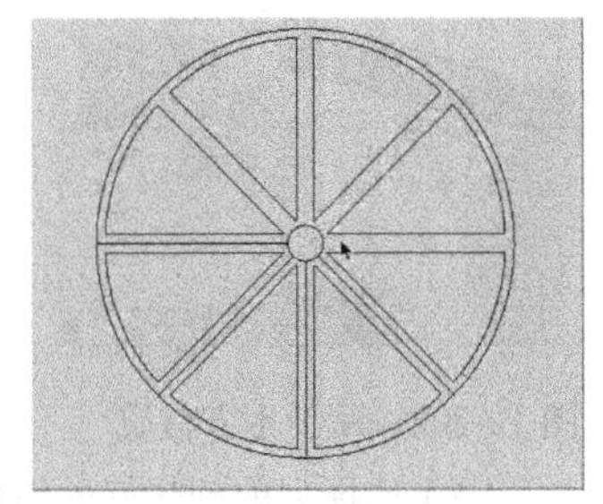

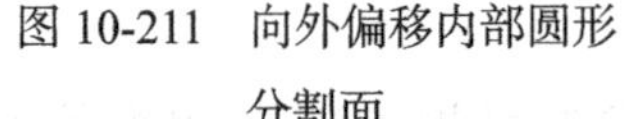

图 10-211　向外偏移内部圆形分割面　图 10-212　偏移扇形面　图 10-213　偏移面并删除多余线段

（13）选择外侧与内部圆形，激活“缩放”工具，对其大小进行调整，如图 10-214 与图 10-215 所示。

（14）激活“材质”工具，赋予分割面木纹材质，如图 10-216 所示。

图 10-214　缩放外部圆形

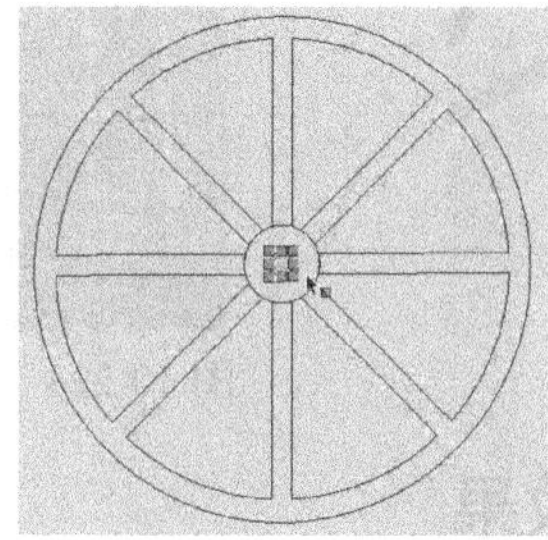
图 10-215　缩放内部圆形

图 10-216　赋予材质

（15）激活“推/拉”工具，将分割面向下推拉 50 mm 的厚度，如图 10-217 所示。然后选择扇形面，向内推拉 30 mm 的厚度，如图 10-218 所示。

图 10-217　向下推拉原木

图 10-218　向内推拉扇形面

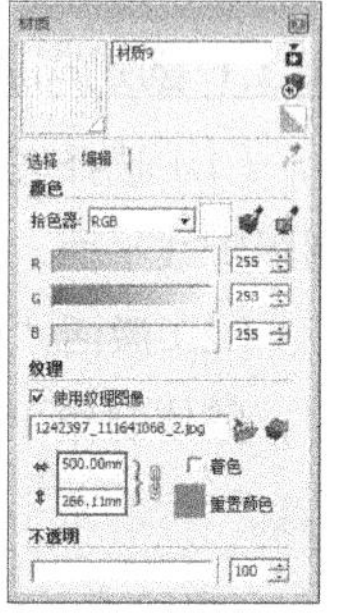
图 10-219　“材质”面板

（16）激活“材质”工具，按住 Alt 键，吸取之前创建好的白色木纹材质并进行调整，如图 10-219 所示。然后调整木纹纹理尺寸，如图 10-220 所示。

（17）将调整好的白色木纹材质赋予扇形面，并复制之前创建好的筒灯模型至餐厅天花板，效果如图 10-221 所示。

（18）至此，餐厅空间绘制完成，效果如图 10-222 所示。

图 10-220　调整木纹纹理尺寸

图 10-221　赋予扇形面材质

图 10-222　餐厅空间效果

（19）最后通过移动复制制作餐厅后方的窗户效果，如图 10-223 所示，得到的客厅透视效果如图 10-224 所示。

图 10-223　后方窗户效果

图 10-224　客厅当前透视效果

10.5　完成最终模型效果

经过前面的步骤，本例中的地中海风格客厅、过道以及餐厅基本空间效果已经制作完成。接下来将首先完成地面细节效果，然后合并灯具、家具，调整空间色彩与质感，最后合并细节装饰物，完成最终效果。

10.5.1 创建踢脚线及铺地细节

（1）选择底部边线，激活“移动”工具，将其向上移动复制 80 mm 的厚度，绘制踢脚线平面，如图 10-225 所示。

（2）激活“材质”工具，赋予踢脚线平面木纹材质，并执行“联合推拉”插件命令，整体制作 10 mm 的厚度，如图 10-226 与图 10-227 所示。

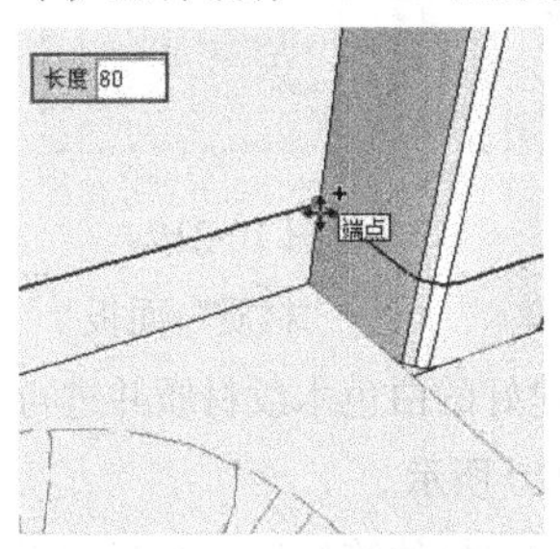

图 10-225　制作踢脚线平面

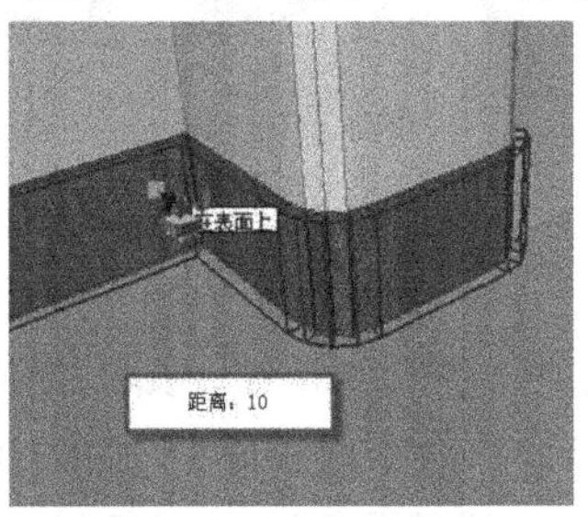

图 10-226　赋予木纹并制作厚度

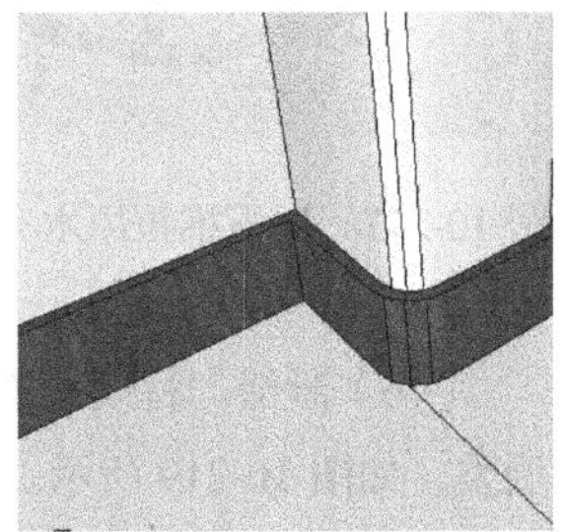

图 10-227 踢脚线完成效果

（3）完成踢脚线制作后，空间当前铺地效果如图 10-228 所示。

（4）接下来为各个空间绘制铺装材质。绘制地毯平面，激活“材质”工具，赋予客厅铺装石板材质，如图 10-229 与图 10-230 所示。

图 10-228　当前铺地效果

图 10-229　绘制地毯平面

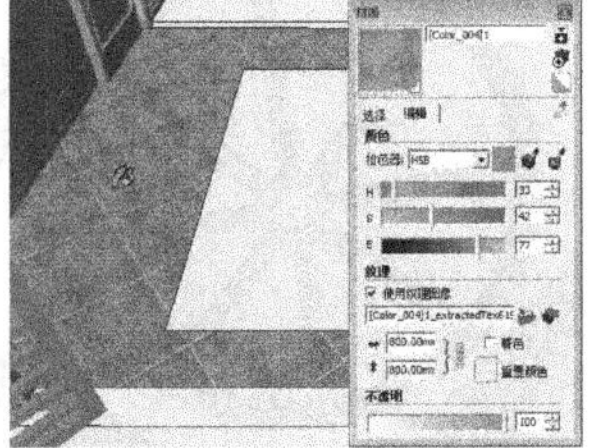

图 10-230　赋予客厅地面材质

（5）重复命令操作，赋予客厅地毯平面材质，效果如图 10-231 所示。

（6）赋予客厅与休闲室交界地面瓷砖材质，如图 10-232 所示。

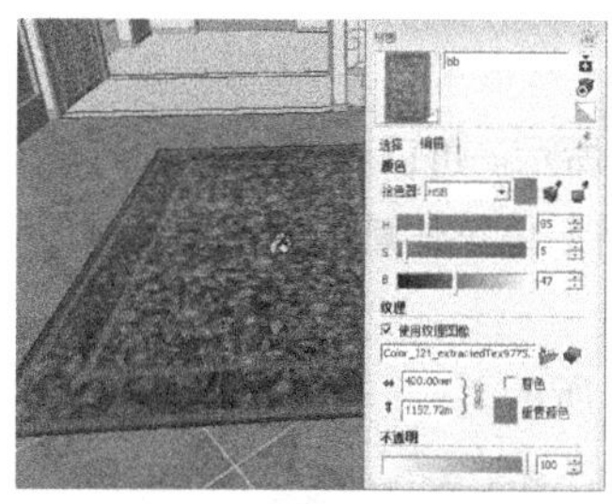

图 10-231 赋予地毯材质

图 10-232 赋予交界处材质

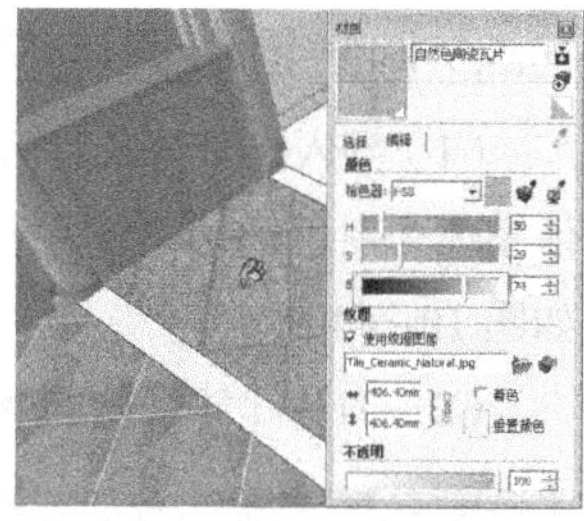

图 10-233 赋予过道地面材质

（7）赋予过道方形瓷砖材质，如图 10-233 所示。然后执行右键菜单中的“纹理”命令，旋转得到菱形铺地效果，如图 10-234 所示。

（8）用与上述相同的方法绘制餐厅铺地，效果如图 10-235 所示。

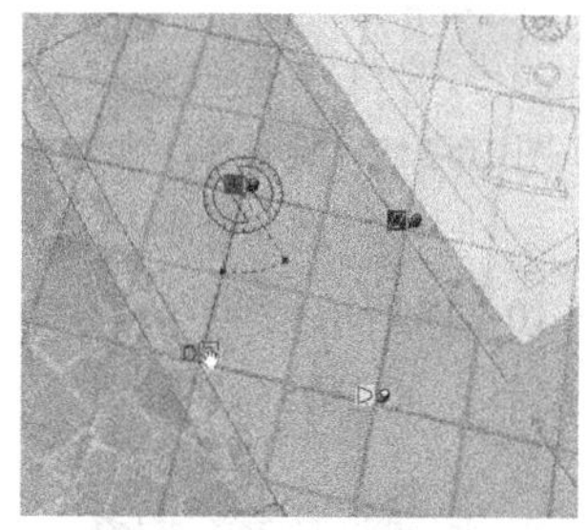

图 10-234 调整贴图

图 10-235 餐厅铺地效果

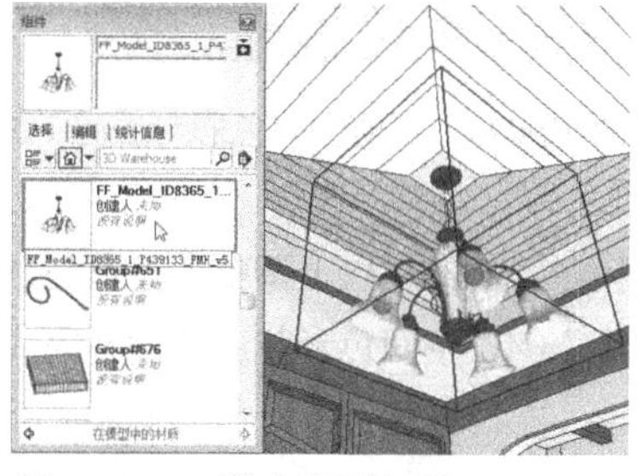

图 10-236 导入客厅灯具

10.5.2 合并灯具、家具

（1）执行“窗口>组件”菜单命令，打开“组件”面板，逐步导入客厅吊灯、餐厅吊灯，如图 10-236 与图 10-237 所示。

（2）导入并复制壁灯模型，如图 10-238 所示。

图 10-237 导入餐厅灯具

图 10-238 导入并复制壁灯

图 10-239 导入休闲椅

（3）灯具合并完成后，再逐步导入各个空间的桌椅、茶几、空调等模型，如图 10-239~图 10-242 所示。

图 10-240 导入沙发与茶几

图 10-241 导入电视、空调等组件

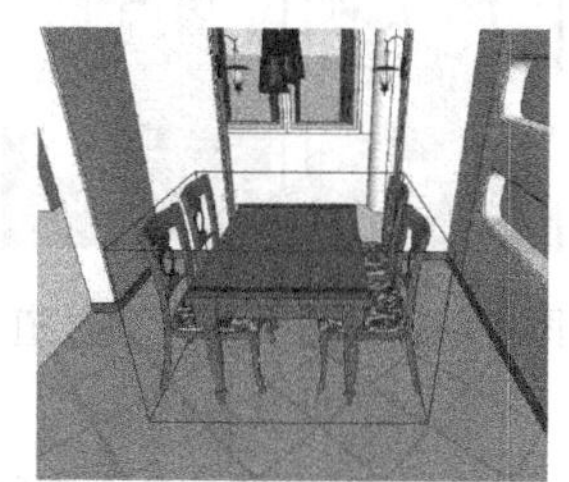

图 10-242 导入餐桌椅

10.5.3 调整空间色彩与质感

（1）导入灯具与家具后，空间当前的效果如图 10-243 所示。可以看到，由于空间墙体整体为白色，空间层次感不强。激活“材质”工具，将墙体整体赋予黄色涂料材质，如图 10-244 所示。

（2）为客厅沙发墙面赋予白色泥灰材质，如图 10-245 所示。

图 10-243　当前空间色彩与质感

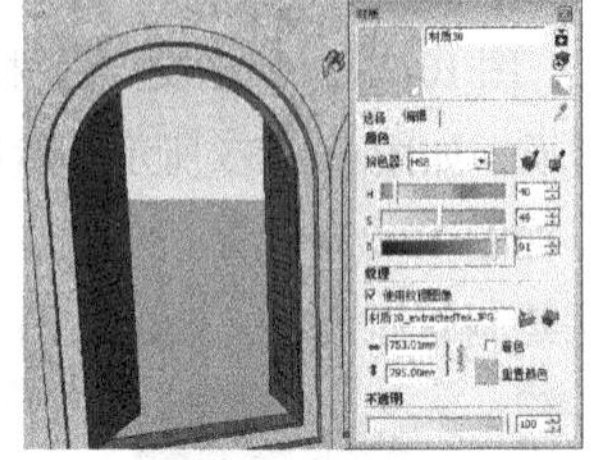

图 10-244　赋予墙体材质

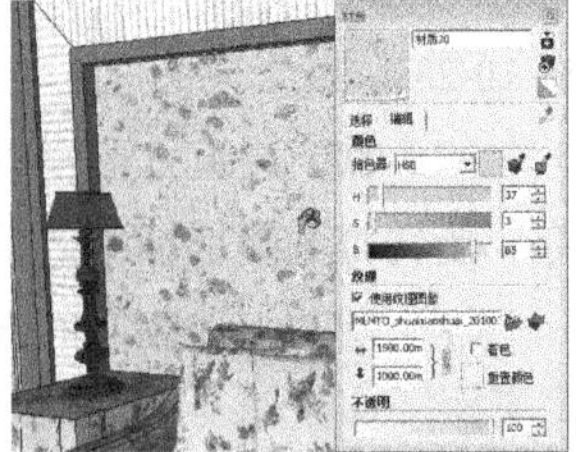

图 10-245　赋予客厅沙发墙面材质

（3）经过以上调整，过道与餐厅的效果如图 10-246 与图 10-247 所示。

（4）空间色彩与质感调整完成后，合并盆栽、装饰画等细节，完成最终效果。

图 10-246　调整后的过道效果

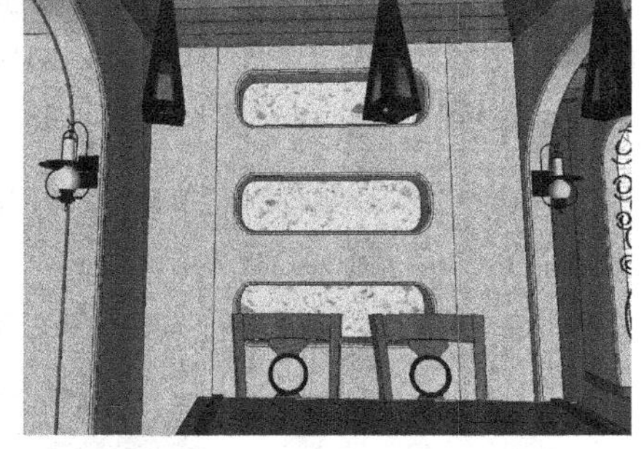

图 10-247　调整后的餐厅效果

10.5.4 合并装饰细节，完成最终效果

（1）执行“窗口>组件”菜单命令，打开“组件”面板，逐步导入各个空间的盆栽效果，如图 10-248 与图 10-249 所示。

图 10-248　导入客厅、过道处盆栽

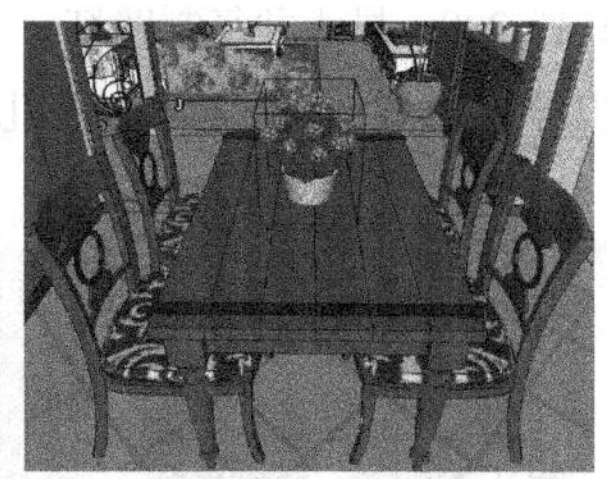

图 10-249　导入餐桌上盆栽

图 10-250　导入沙发背景墙挂画

（2）逐步导入各个空间挂画、书籍、摆设等细节模型，如图 10-250~图 10-255 所示。

图 10-251　导入茶几摆设

图 10-252　导入电视背景墙墙面装饰

图 10-253　导入过道墙面装饰

图 10-254　导入餐厅挂画

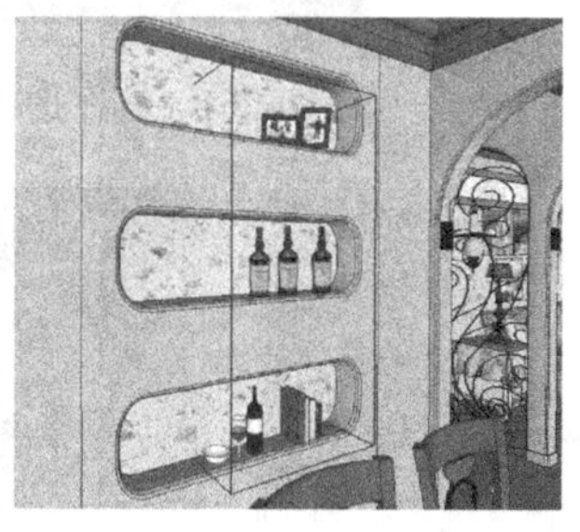

图 10-255　导入餐厅搁置物孔摆设

图 10-256　调整最终的餐厅透视效果

（3）经过以上步骤后，各个空间的最终透视效果分别如图 10-256~图 10-258 所示。

图 10-257　调整最终的过道透视效果

图 10-258　调整最终的客厅透视效果

课后习题

（1）沿用本章介绍的方法，绘制如图 10-259 所示的室内模型。

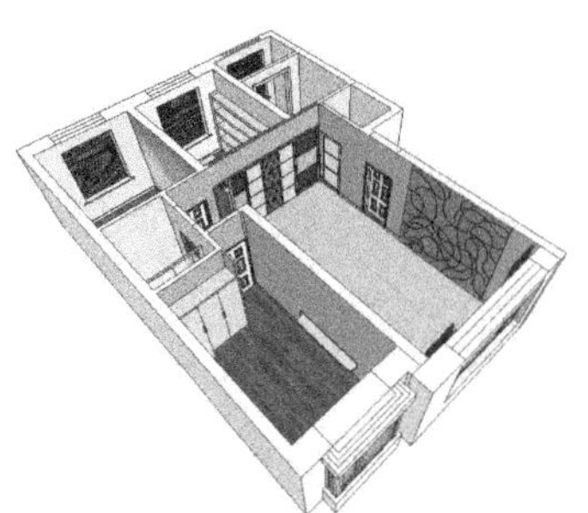

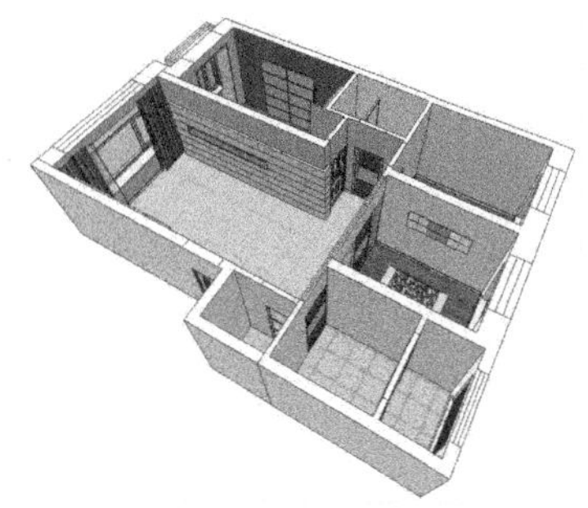

图 10-259　室内模型完成效果

（2）沿用本章介绍的方法，布置如图 10-260~图 10-263 所示的室内环境。

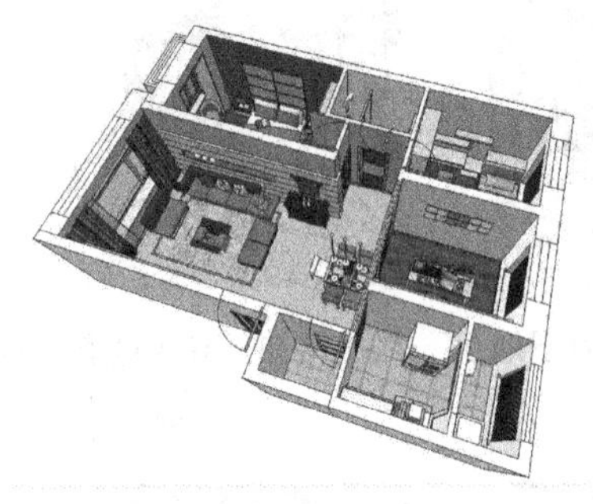

图 10-260　室内整体效果

图 10-261　客厅透视效果

图 10-262　餐厅透视效果

图 10-263　卧室透视效果

参考文献

[1] 马亮，王芬，边海，等.中文版 Google SketchUp Pro 8.0 完全自学教程[M]. 北京：人民邮电出版社，2012.

[2] 麓山文化.建筑・室内・景观设计 SketchUp 2014 从入门到精通[M]. 北京：机械工业出版社，2014.

[3] 科讯教育.SketchUp Pro 8 从入门到精通[M]. 北京：人民邮电出版社，2014.

[4] 张红霞.中文版 Google SketchUp Pro 8.0 实用教程[M]. 北京：人民邮电出版社，2013.

[5] 马亮，韩高峰，等.SketchUp 建筑制图教程[M]. 北京：人民邮电出版社，2012.